TRAITÉ

D'ANALYSE CHIMIQUE

QUALITATIVE

A LA MÊME LIBRAIRIE

23239. — Typographie A. Lahure, rue de Fleurus, 9, à Paris.

Ch. Girard

TRAITÉ
D'ANALYSE CHIMIQUE
QUALITATIVE

Des opérations chimiques, des réactifs et de leur action sur les corps les plus répandus
Essais au chalumeau, Analyse des Eaux potables, des Eaux minérales des Sols, des Engrais, etc.
Recherches chimico-légales, Analyse spectrale.

PAR

R. FRESENIUS

PROFESSEUR DE CHIMIE A L'UNIVERSITÉ DE WIESBADEN

SIXIÈME ÉDITION FRANÇAISE

TRADUITE DE L'ALLEMAND SUR LA QUATORZIÈME ÉDITION

PAR

C. FORTHOMME

PROFESSEUR DE CHIMIE A LA FACULTÉ DES SCIENCES DE NANCY

AVEC 47 FIGURES DANS LE TEXTE
ET UN TABLEAU D'ANALYSE SPECTRALE COLORIÉ

PARIS
LIBRAIRIE F. SAVY
77, BOULEVARD SAINT-GERMAIN, 77
1879

TRAITÉ
D'ANALYSE QUALITATIVE

PREMIÈRE PARTIE
INTRODUCTION A L'ANALYSE QUALITATIVE

OBJET ET UTILITÉ DE L'ANALYSE CHIMIQUE QUALITATIVE
CONDITIONS A REMPLIR POUR RÉUSSIR DANS SON ÉTUDE.

La chimie, comme on le sait, a pour objet l'étude des corps qui composent la masse de notre planète ; elle s'occupe de leur composition, de leur décomposition, et surtout des actions réciproques de ces corps les uns sur les autres. Une branche particulière de cette science porte le nom de chimie *analytique*, parce qu'elle s'occupe plus spécialement de la décomposition (de l'*analyse*) des corps composés et cherche à en découvrir les éléments simples. Si l'on n'a en vue que la connaissance de ces derniers, si l'on ne s'occupe que de leur nature, l'analyse est dite *qualitative* ; mais si l'on veut trouver la quantité de chaque élément, les proportions pondérables suivant lesquelles ils entrent dans la constitution du composé, alors l'analyse s'appelle *quantitative*. La première s'efforce de donner aux éléments d'une substance inconnue des formes déjà connues, afin d'en pouvoir conclure avec certitude la nature des corps simples qui constituent le composé. Le problème que résout l'analyse quantitative est de donner à ces substances, décelées par les recherches qualitatives, des formes qui permettent d'en évaluer le poids avec le plus de rigueur, en d'autres termes, d'en déterminer la quantité.

Les procédés à l'aide desquels on parvient à ces deux buts doivent évidemment différer les uns des autres ; il faut donc étudier séparément l'analyse qualitative et l'analyse quantitative, et d'après leur nature même il faut commencer par la première.

Ayant indiqué l'objet et le but de l'analyse qualitative d'une manière générale, examinons rapidement les connaissances préliminaires qu'elle suppose, le rang qu'elle occupe dans la science, son utilité, les bases sur lesquelles elle s'appuie et les principales subdivisions que l'on doit faire dans tout ce qu'elle embrasse.

Il est évident, tout d'abord, que des recherches d'analyse qualitative supposent la connaissance des corps simples et de leurs principaux composés, ainsi que celle des principes fondamentaux de la chimie ; il faut en outre savoir se rendre compte de ce qui se passe dans les réactions chimiques, et apporter dans la partie matérielle du travail beaucoup d'ordre, une grande propreté et une certaine adresse. Ajoutons encore à cela l'habitude de n'attribuer qu'à soi-même l'erreur produite par un phénomène, en contradiction apparente avec les faits bien prouvés par l'expérience, ou mieux de l'attribuer à ce qu'on n'a pas rempli les conditions nécessaires à la production du phénomène normal, habitude que donne d'ailleurs une confiance entière dans l'invariabilité des lois naturelles. Avec ces qualités, ces connaissances préliminaires, on possèdera tout ce qu'il faut pour faire des progrès rapides et fructueux dans cette étude.

Bien que l'analyse chimique repose sur la chimie générale et soit impossible sans cette dernière, elle n'en est pas moins le fondement sur lequel repose tout l'édifice de la chimie ; elle a la même importance et la même utilité aussi bien pour la théorie que pour la pratique ; et les médecins, les pharmaciens, les minéralogistes, les agronomes, les industriels, etc., ne sauraient s'en passer.

Ce que nous venons de dire suffirait certainement pour engager à travailler avec ardeur cette branche de la chimie, dût cette étude n'avoir aucun charme. Toutefois, celui qui s'y vouera de tout cœur reconnaîtra bientôt qu'elle n'est pas sans attraits, car la recherche de la vérité est le premier besoin de l'esprit humain : il se complaît à résoudre les énigmes, et où rencontrer plus qu'ici une foule de problèmes, les uns faciles, les autres plus compliqués ? C'est pourquoi, dans ces recherches chimiques, quand les résultats ne seront pas marqués du sceau de la vérité et de la certitude la plus inébranlable, l'esprit éprouvera autant de dépit et de découragement que lorsqu'il ne peut arriver, malgré tous ses efforts, à la solution d'un problème de mathématique ; et c'est pourquoi, ici peut-être plus qu'ailleurs, savoir à demi est plus nuisible que ne rien savoir du tout : aussi faut-il bien se garder de n'apporter qu'une attention superficielle dans l'exécution d'une analyse chimique.

Une analyse qualitative peut avoir deux buts différents : ou bien déceler dans un corps la présence ou l'absence d'une substance donnée, par exemple : chercher de la chaux dans l'eau de fontaine; ou bien trouver *tous* les éléments d'une combinaison chimique ou d'un mélange. — Il est évident que tout corps quelconque peut être le sujet d'une analyse chimique.

Dans la chimie pratique, tous les éléments n'ont pas la même importance : un certain nombre d'entre eux est plus répandu dans la nature et intéresse davantage la pharmacie, les arts, l'industrie, l'agriculture, tandis que les autres ne sont que les éléments de minéraux rares. Aussi, pour faciliter l'étude aux commençants et le travail aux chimistes praticiens, on a, dans cet ouvrage, donné plus de développement à ce qui regarde les premiers et leurs combinaisons les plus importantes, tandis qu'on s'est occupé plus brièvement des seconds, et de façon même à pouvoir, au besoin, passer complètement les chapitres qu leur sont consacrés.

L'étude de l'analyse qualitative repose sur quatre points principaux : 1° l'habitude des *opérations chimiques;* 2° la connaissance des *réactifs* et de leur *emploi;* 3° celle de l'*action réciproque des corps sur les réactifs*, et 4° celle de la *marche systématique* à suivre dans chaque recherche analytique.

Il résulte de tout ce qui précède que l'analyse chimique n'est pas seulement un travail intellectuel, mais encore une opération manuelle, et l'on ne pourra arriver au but qu'en sachant unir la théorie à la pratique.

CHAPITRE PREMIER

DES OPÉRATIONS

§ **1**. Les procédés à l'aide desquels on travaille en chimie pour obtenir et isoler tel ou tel produit constituent ce qu'on appelle les *opérations chimiques*. Ils sont les mêmes dans la chimie synthétique que dans la chimie analytique, sauf quelques modifications nécessitées par la différence du but que l'on veut atteindre et par les petites quantités de matière sur lesquelles on opère en général dans les analyses.

Les opérations les plus importantes dans les recherches analytiques sont les suivantes.

1. Dissolution.

§ **2**. Dans son acception la plus générale, la *dissolution* est l'union intime d'un corps quelconque avec un liquide en un seul tout, liquide et homogène. Si le corps est gazeux, la dissolution prend le nom d'*absorption;* si le corps est liquide, on dit le plus souvent qu'il y a *mélange*, et s'il s'agit d'un solide, le mot dissolution conserve sa signification propre ordinaire.

La dissolution est d'autant plus facile que la substance à dissoudre est plus divisée : le liquide à l'aide duquel on l'effectue se nomme le *dissolvant*. Si ce dernier forme avec le corps dissous une combinaison chimique, la dissolution est dite *chimique*, tandis qu'au contraire elle est *simple*, lorsqu'il n'y a pas de combinaison. Dans la *dissolution simple*, le corps dissous n'est pas combiné, il se trouve dans le liquide avec toutes ses propriétés primitives, sauf, bien entendu, celles qui dépendraient de la forme ; on le trouve sans altération quand on enlève le dissolvant. Si, par exemple, on met du sel de cuisine dans de l'eau, on a une dissolution simple, dont la saveur est la même que celle du sel, et celui-ci reparaît avec sa forme primitive, si l'on enlève l'eau par évaporation. — Une dissolution simple est *saturée*, quand elle contient tout ce qu'elle peut contenir de la substance à dissoudre. En général le pouvoir dissolvant des liquides est d'autant plus grand que leur température est plus élevée : aussi le mot saturé doit-il toujours être suivi de l'indication de la température à laquelle la saturation a été faite, et l'on peut regarder comme un fait général que l'échauffement facilite et active la dissolution simple.

La *dissolution chimique* ne renferme plus le corps dissous avec ses propriétés primitives ; il n'y est plus libre, mais intimement combiné en un corps nouveau avec le dissolvant, qui lui aussi a perdu ses propriétés : en sorte que la dissolution offre maintenant les caractères du nouveau corps formé. La dissolution chimique est bien aussi activée par l'élévation de la température, car la chaleur favorise en général les actions chimiques ; mais pour une quantité donnée du dissolvant le poids de substance dissoute est invariable, quelle que soit la température.

Dans la dissolution chimique, le dissolvant et le corps sur lequel il agit ont toujours des propriétés opposées dont les actions tendent à s'équilibrer. Une fois cette tendance à la neutralisation satisfaite, rien n'agit plus pour que la dissolution continue, et des quantités plus ou moins grandes du corps solide restent sans subir d'altération. Alors la dissolution est encore saturée, ou mieux, il y a *neutralisation* du liquide : quand cela arrive, on dit qu'on atteint le *point de saturation* ou de neutralisation.

Les corps qui produisent des dissolutions chimiques sont presque toujours des acides ou des bases. A quelques exceptions près, il faut leur faire subir préalablement une dissolution simple, pour les amener à l'état liquide.

Lorsque l'affinité réciproque de l'acide et de la base est satisfaite, et que le composé est formé, le tout ne prend réellement l'état liquide qu'autant, bien entendu, que le corps nouveau peut entrer en dissolution simple dans le liquide où il se produit. Ainsi, par exemple, si l'on ajoute de l'oxyde de plomb à une solution aqueuse d'acide acétique, tout d'abord l'acide s'unit à la base, et l'acétate de plomb formé donne une solution simple dans l'eau mêlée à l'acide.

Dans les laboratoires, ce n'est que rarement que l'on fait ces dissolutions en broyant dans un mortier à bec le corps à dissoudre avec le dissolvant, qu'on ajoute peu à peu (c'est de cette façon qu'opèrent les pharmaciens). D'ordinaire on fait digérer ou chauffer la substance avec le liquide dans des gobelets en verre à fond plat, des ballons, des tubes à essais ou des capsules. — Pour les dissolutions chimiques, ce qu'il y a de mieux à faire, c'est de mettre d'abord le corps à dissoudre dans de l'eau (ou un liquide indifférent, sans action chimique), puis d'ajouter ensuite peu à peu la substance qui doit agir chimiquement. On évite ainsi d'employer un trop grand excès de cette dernière, on empêche une action trop violente, et la dissolution se fait plus facilement et plus complètement. Il arrive souvent que le produit de la combinaison est insoluble dans un excès du dissolvant ; dans ce cas les premières parties du sel formé, insoluble dans le liquide, enveloppent les portions non attaquées et affaiblissent ou même empêchent complètement une action ultérieure ; ainsi la withérite (carbonate de baryte) se dissout facilement, lorsqu'on la délaye en poudre dans l'eau à laquelle on ajoute peu à peu de l'acide chlorhydrique ; mais l'action est lente et même incomplète, si l'on met le minéral dans une solution concentrée d'acide chlorhydrique, parce que le chlorure de baryum formé est soluble dans l'eau, mais insoluble dans l'acide concentré.

La *cristallisation* et la *précipitation* sont deux opérations inverses de la précédente, car elles ont pour but de rendre la forme solide à un corps liquide ou dissous. Il est bien difficile d'établir entre elles une démarcation bien nette, attendu qu'elles reposent toutes deux sur l'enlèvement du dissolvant. Toutefois nous les traitons à part, car dans leurs formes extrêmes elles diffèrent essentiellement l'une de l'autre, et les buts que l'on se propose d'atteindre, en employant l'une ou l'autre, sont très-distincts.

2. **Cristallisation.**

§ **3**. Dans son sens le plus général, on appelle *cristallisation* toute opération par laquelle on fait prendre naturellement à un corps une forme solide, régulière, mathématiquement déterminée.

Ces formes déterminées, que nous nommons des *cristaux*, étant d'autant plus régulières, d'autant plus parfaites, que l'opération a marché plus lentement, la cristallisation implique toujours l'idée d'un dépôt lent, d'un passage insensible à la forme solide. La formation des cristaux dépend de l'arrangement régulier des éléments matériels du corps (des atomes), ce qui ne peut arriver qu'autant qu'ils pourront se mouvoir librement, et par conséquent lorsque le corps repassera de l'état liquide ou gazeux à l'état solide. Il ne faut regarder que comme des exceptions le cas où il suffit de chauffer au rouge ou tout simplement de ramollir le corps, pour que les atomes se disposent régulièrement, de façon à prendre la forme cristalline, comme cela arrive, par exemple, avec le sucre de raisin, qui devient trouble (prend un aspect cristallin) quand on l'humecte.

Pour déterminer la cristallisation d'un corps, il faut donc supprimer les causes qui lui ont fait prendre l'état liquide ou l'état gazeux. Ces causes sont : ou la *chaleur* comme dans un métal fondu, ou un *dissolvant*, comme dans une solution aqueuse de sel de cuisine, ou enfin ces deux causes réunies, comme dans une dissolution de salpêtre saturée à chaud. Dans le premier cas les cristaux se formeront par le seul refroidissement, dans le second par l'évaporation, dans le troisième en employant ces deux moyens ensemble.

Le plus fréquemment on obtient les cristaux par le refroidissement des dissolutions saturées à chaud. — Le liquide qui reste après le dépôt des cristaux se nomme *eau-mère*. — Les corps solides sont *amorphes*, lorsqu'ils n'ont ni la forme, ni la structure cristalline.

Le but qu'on se propose, en faisant cristalliser une substance, est tantôt de l'obtenir à l'état solide, régulier, tantôt de la séparer des autres corps avec lesquels elle pourrait se trouver mélangée dans la dissolution. Fréquemment aussi la forme même des cristaux ou leur manière de se comporter à l'air, leur inaltérabilité ou bien leur efflorescence ou leur déliquescence, permettent de les distinguer d'autres corps auxquels ils ressemblent sous d'autres rapports : par exemple, le sulfate de soude et le sulfate de potasse. — On fait les cristallisations dans des capsules (des vases en verre peu profonds et larges appelés cristallisoirs), ou bien dans des verres de montre, lorsqu'on opère sur de petites quantités.

Si avec peu de liquide on veut obtenir des cristaux bien nets, il faut laisser évaporer la dissolution spontanément à l'air, ou mieux sous une cloche en verre en mettant, à côté du liquide qui doit cristalliser, un vase ouvert à moitié rempli d'acide sulfurique concentré. — Pour bien examiner de très-petits cristaux, on les regarde à la loupe ou au microscope.

3. Précipitation.

§ 4. Elle se distingue de la cristallisation, en ce que le passage du corps dissous à l'état solide ne se fait pas lentement, mais subitement, tout d'un coup ; peu importe du reste que le corps précipité soit cristallin ou amorphe, qu'il tombe au fond du vase, qu'il nage au milieu du liquide ou qu'il s'élève à sa surface. Une précipitation peut se produire, soit *par un changement dans la nature du dissolvant* (le gypse ou sulfate de chaux en dissolution dans l'eau se dépose, aussitôt que par l'addition d'alcool le dissolvant devient de l'esprit-de-vin étendu) ; par *la mise en liberté d'un corps insoluble dans le liquide* (le cuivre métallique insoluble dans l'eau se précipite dans une dissolution aqueuse de chlorure de cuivre dans laquelle on plonge une lame de zinc) ; soit *par la formation par simple ou double décomposition d'un composé insoluble dans le dissolvant primitif* (il se précipite de l'oxalate de chaux lorsqu'on ajoute de l'acide oxalique dans une dissolution aqueuse d'acétate de chaux ; il se dépose du chromate de plomb, si l'on mélange une solution de chromate de potasse à une solution d'azotate de plomb). Dans ces décompositions par simple ou double affinité, un des produits reste généralement en dissolution : ainsi le chlorure de zinc, l'acide acétique, l'azotate de potasse, dans les exemples précédents. Toutefois il peut arriver que tout se précipite, et qu'il ne reste rien en dissolution : par exemple, si l'on mêle une dissolution de sulfate de magnésie avec de l'eau de baryte, ou du sulfate d'argent avec du chlorure de baryum.

La précipitation peut avoir pour but, comme la cristallisation, d'obtenir une substance sous la forme solide, ou de la séparer d'autres avec lesquelles elle se trouve mélangée dans la dissolution. Dans l'analyse qualitative, elle sert surtout à reconnaître, soit par la couleur des précipités, soit par leurs propriétés, le corps précipité isolément ou en combinaison avec des corps connus.

Le corps solide, qui dans cette opération se produit au milieu du liquide, se nomme un *précipité*, et le réactif qui en détermine la formation est le *précipitant*. Les précipités prennent des désignations diverses suivant leur nature physique ; ils sont cristallins, pulvérulents, floconneux, caillebottés, gélatineux, etc. Il arrive fréquemment qu'en examinant au microscope des précipités en apparence pulvérulents, on reconnaît qu'ils sont formés de petits cristaux, souvent fort réguliers ; cela permet d'établir une différence nette, facile à saisir, entre des dépôts que l'on pourrait croire semblables à la simple vue. On dit qu'il y a simplement un *trouble*, lorsque le précipité est en très-petite quantité et que ses particules sont tellement ténues, qu'elles restent en suspension dans le liquide dont elles ne font que troubler la transparence.

On favorise le dépôt des précipités soit en agitant fortement quand ils sont floconneux, soit, lorsqu'ils sont cristallins, en faisant tournoyer le vase ou en frottant avec une baguette en verre les parois en contact avec le liquide ; la chaleur en outre facilite le dépôt dans la plupart des cas. Suivant les circonstances, on fera les précipitations dans des tubes à essais, dans des ballons ou dans des gobelets à fond plat.

Pour séparer mécaniquement un liquide d'un solide qui s'y trouve en suspension, on opère soit par *filtration*, soit par *décantation*.

4. Filtration.

5. Elle se pratique en versant ensemble le liquide et le corps qui y est en suspension et qu'on veut en séparer sur un appareil à filtrer ;

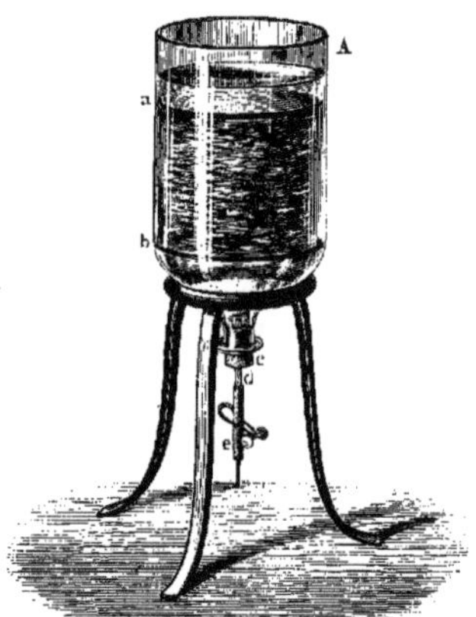

Fig. 1.

celui-ci est presque toujours formé d'un entonnoir, dans lequel on place convenablement une feuille de papier non collée (un *filtre*), qui laissera passer le liquide, mais arrêtera toutes les particules solides. On emploie des filtres avec ou sans plis : les premiers (avec lesquels la filtration est plus rapide) lorsqu'on se propose d'obtenir le liquide clair, les seconds quand on a surtout pour but de recueillir le précipité. Les filtres sans plis doivent être placés dans l'entonnoir de façon à en toucher partout la surface interne, et on les fait en pliant deux fois sur elle-même une feuille de papier circulaire, de sorte que les plis soient perpendiculaires. Quant aux filtres à plis, on ne peut apprendre à les faire qu'en le voyant : toute indication verbale serait insuffisante. Lorsqu'on devra laver le contenu des filtres, les bords de celui-ci ne devront pas dépasser ceux de l'entonnoir.

Il est bon, dans la plupart des cas, d'humecter le filtre avant d'y verser le liquide à filtrer ; non-seulement la filtration est plus rapide, mais on a moins à craindre que des particules du solide soient entraînées à travers les pores du papier.

Le papier à filtre doit contenir le moins possible de substances minérales, surtout de celles (oxyde de fer, chaux) que les acides peuvent dissoudre. Celui qu'on trouve dans le commerce remplit rarement cette condition ; aussi pour les *analyses délicates* on fera bien de le laver toujours préalablement avec de l'eau acidulée. A cet effet on se sert avantageusement de l'appareil représenté dans la figure 1. A est un flacon dont on a fait sauter le fond ; en *a* et en *b* sont deux disques en verre entre lesquels on retient les filtres pliés et coupés. Dans le bouchon *c* passe un tube court en verre *d*, terminé par un bout de tube en caoutchouc que l'on ferme avec une baguette en verre ou une pince de *Mohr*. On remplit le flacon jusqu'au-dessus de *a* avec un mélange de 1 partie d'acide chlorhydrique de densité 1,12 et de 2 parties d'eau ; on abandonne pendant douze heures, puis on ouvre le tube *e* et on laisse couler tout l'acide. Après avoir refermé le tube, on remplit avec de l'eau claire de fontaine ou de pluie, qu'on laisse une heure, et on vide de nouveau. On renouvelle le lavage jusqu'à ce que l'eau qui coule n'ait plus de réaction acide : alors on continue le lavage avec de l'eau distillée jusqu'à ce que le liquide qui passe ne se trouble plus par l'azotate d'argent.

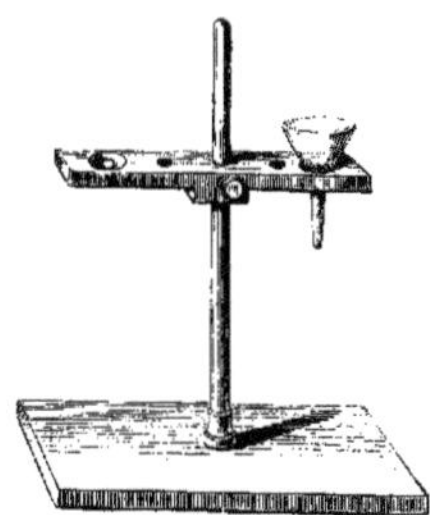

Fig. 2.

Les filtres ainsi lavés sont enfin déposés sur plusieurs doubles de papier buvard, recouverts du même papier, puis séchés dans une étuve. — Si l'on ne veut laver que quelques filtres, on les met les uns dans les autres sur un entonnoir, comme si l'on voulait filtrer un liquide, on verse sur eux goutte à goutte de l'acide chlorhydrique ou azotique

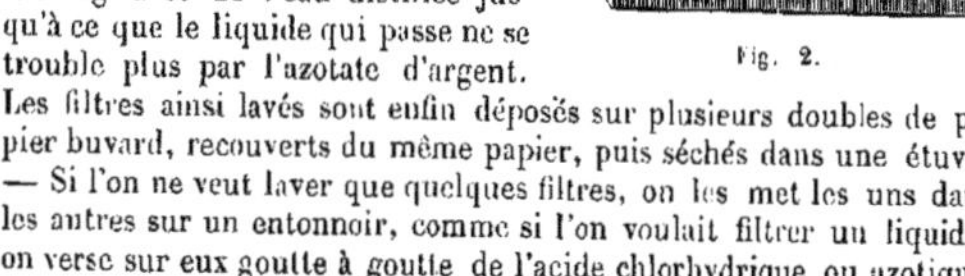

suffisamment étendu, et on les lave complètement avec de l'eau ordinaire d'abord ; on achève avec de l'eau distillée.

La bonté du papier à filtrer dépend encore, outre sa pureté, de la rapidité avec laquelle il laisse passer le liquide, tout en arrêtant complètement le précipité, quelque fin qu'il puisse être (sulfate de baryte, oxalate de chaux). Si l'on n'a pas de papier remplissant seul ces deux conditions, il sera bon d'en avoir de deux sortes, l'un plus épais pour retenir les précipités très-fins, l'autre plus poreux, pour filtrer rapidement quand les particules en suspension sont un peu grosses.

Les entonnoirs seront en verre ou en porcelaine (§ **18**-10). On les placera sur un support solide. Pour les petites filtrations, telles qu'on en fait dans l'analyse qualitative, on se servira d'un support semblable à celui représenté dans la figure 2.

Nous décrirons, dans le traité d'analyse quantitative, les filtrations au moyen d'appareils à succion.

5. **Décantation.**

§ **6**. Cette opération remplace la filtration, lorsque les particules solides en suspension, ayant un poids spécifique beaucoup plus grand que le liquide dont on veut les séparer, tombent rapidement au fond du vase et s'y amassent. Pour débarrasser le précipité du liquide surnageant, il n'y a plus qu'à faire couler celui-ci avec précaution, en inclinant le vase, ou bien à l'enlever avec une pipette ou un siphon. — Dans beaucoup de cas il faut décanter au lieu de filtrer, surtout si le précipité est gélatineux ou mucilagineux, parce qu'alors il obstrue les pores du papier ; dans ce cas en effet il serait tout à fait impossible de laver complètement le précipité sur le filtre. Souvent on combine les deux opérations : on laisse autant que possible le précipité se déposer dans le vase où il s'est formé, puis on jette le liquide sur le filtre, pour l'avoir tout à fait limpide.

6. **Lavage.**

§ **7**. Si l'on a voulu, par filtration ou décantation, obtenir le corps solide précipité, il faut, par des lavages répétés, le débarrasser du liquide qu'il retient toujours par adhérence. Cette opération constitue le *lavage*, et on la pratique généralement et facilement à l'aide de la *fiole à jet* ou *pissette* (*fig.* 3). Le dessin ne demande aucune explication. L'extrémité extérieure du tube *a* est étirée en pointe ; en soufflant avec la bouche par le tube courbé à angle obtus, on fait sortir de *a* avec une certaine force un filet d'eau continu. Cette disposition est très-commode pour le lavage des précipités ; elle a surtout l'avantage de pouvoir servir quand il faut faire usage d'eau chaude. Seulement, pour pouvoir tenir la fiole quand elle est remplie d'eau bouillante, il faut la garnir d'une poignée ou tout simplement envelopper le col de ficelle.

Fig. 3.

Pour laver par décantation, après avoir séparé le liquide du précipité, on agite celui-ci avec de l'eau ou le liquide convenable, on laisse de nouveau déposer, on décante, on ajoute une seconde fois du liquide, etc. La réussite d'une analyse dépendant souvent du bon lavage d'un précipité, il faut s'habituer à ne terminer cette opération que quand le but est réellement atteint, c'est-à-dire quand le précipité est bien de fait complètement débarrassé du liquide au milieu duquel il s'est formé; et il ne faut pas ici se contenter d'à peu près, mais essayer par des moyens convenables le liquide qui s'écoule du filtre. Par exemple, si le corps qu'on doit enlever par le lavage est fixe, il suffit de prendre sur une feuille de platine quelques gouttes de l'eau distillée de lavage et de l'évaporer lentement; s'il n'y a pas de résidu, c'est que le but est atteint.

7. Dialyse.

§ 8. Pour séparer l'un de l'autre des corps qui sont dans la même dissolution, on emploie souvent un procédé qu'on appelle la *dialyse*. Cette opération a en apparence une certaine ressemblance avec la filtration, mais en réalité elle en diffère essentiellement. Elle a été récemment introduite dans la science par *Graham*, et repose sur les manières différentes dont se comportent les substances dissoutes dans l'eau en contact avec les membranes humides. Une classe de corps, les cristalloïdes, traversent certaines membranes que l'on met en contact avec leurs dissolutions, tandis que la seconde classe, celle des colloïdes, est privée de cette propriété. Tous les corps cristallisables appartiennent au groupe des cristalloïdes : dans celui des colloïdes se rangent les substances non cristallisables, telles que les gommes, la dextrine, le caramel, le tannin, l'albumine, les matières extractives, la silice hydratée, etc. — La membrane doit être une matière colloïdale, par exemple, une peau animale, de préférence du parchemin, et l'autre face doit être en contact avec l'eau. Cet effet, suivant Graham, serait dû à ce que les cristalloïdes, absorbant l'eau prise par la cloison colloïdale, ont sans cesse un milieu favorable à leur diffusion, tandis que les colloïdes dissous, n'ayant aucune tendance à enlever l'eau absorbée par la membrane, ne peuvent traverser celle-ci. Les appareils les plus commodes pour les essais dialytiques sont représentés dans les figures 4 et 5. Dans la figure 4, le liquide soumis à la dialyse est placé

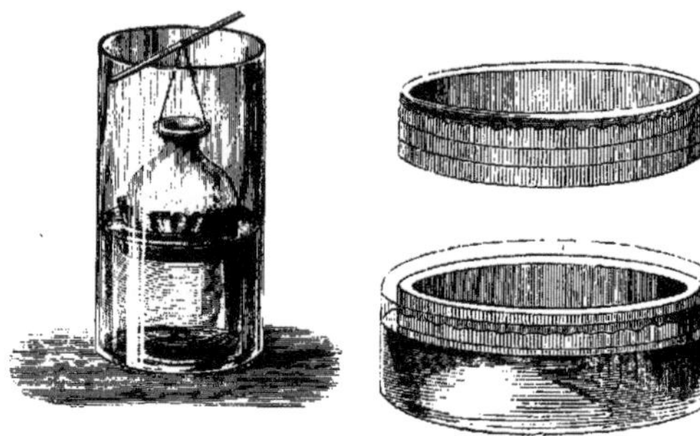

Fig. 4. Fig. 5.

dans le vase en forme de cloche ouvert en haut et fermé en bas avec du parchemin. Dans la figure 5, on le verse dans le cerceau en bois ou en gutta-percha fermé en dessous par une feuille de parchemin. La feuille de parchemin doit avoir 8 à 10 centimètres de diamètre en plus que le contour du vase : on l'étale sur les bords après l'avoir humectée, et on la fixe, sans cependant trop la tendre, avec de la ficelle ou un lien élastique. Le parchemin ne doit pas être poreux : on l'essaye en mouillant la face supérieure avec de l'eau et on ne doit pas voir de taches humides de l'autre côté. Si cela arrivait, on obvierait à ce défaut en étendant sur la feuille du blanc d'œuf liquide que l'on coagulerait ensuite par la chaleur. Quand on a reconnu que le dialyseur est bon, on y verse la masse à essayer. Si elle est tout à fait liquide, on fait usage de la cloche; si elle renferme des parties solides, il vaut mieux employer le cercle. On a soin que le liquide forme une couche de tout au plus 1 et 1/2 centimètre et que la membrane plonge un peu dans l'eau du vase extérieur, dont la quantité sera au moins quatre fois plus grande que celle du liquide à dialyser. On suspendra la cloche comme on le voit dans la figure; quant au cerceau, on le laisse naturellement flotter sur l'eau. Au bout de 24 heures on trouve la moitié ou les trois quarts des substances cristalloïdes dans l'eau extérieure, tandis que les colloïdes restent dans le dialyseur; c'est à peine s'il passe quelque trace de ces derniers dans le vase extérieur. En mettant plusieurs fois consécutives le dialyseur en contact avec de nouvelle eau pure, on parvient à la fin à opérer complètement la séparation des deux sortes de substances. La dialyse peut, entre autres, rendre de grands services dans les recherches de médecine légale, en permettant de séparer des principes colloïdaux des cadavres les cristalloïdes vénéneux.

Pour séparer les substances volatiles de celles qui le sont moins ou qui ne le sont pas du tout, on peut employer quatre moyens, savoir : l'*évaporation*, la *distillation*, le *chauffage au rouge*, la *sublimation*. Les deux premiers s'appliquent aux liquides, les autres aux solides.

8. Évaporation.

§ 9. C'est une des opérations qu'on a le plus fréquemment à faire. On l'emploie chaque fois qu'il faut séparer un liquide volatil d'une substance moins volatile ou fixe, celle-ci pouvant du reste être liquide ou solide; de plus on n'a en vue, dans cette opération, que de conserver la partie moins volatile, le liquide vaporisé n'étant pas recueilli, étant perdu. Par exemple, on l'applique pour chasser une partie de l'eau d'une dissolution, afin de la concentrer et de faire cristalliser le sel; ou bien, si l'on a une dissolution d'un corps non cristallisable, on fera disparaître la totalité du liquide (évaporation *à sec*) pour avoir le corps solide comme résidu. Dans les deux cas, l'eau vaporisée est perdue. On obtient ces résultats toujours en transformant en vapeurs le liquide qu'il faut enlever ; par conséquent ce sera le plus souvent par l'action de la chaleur; mais parfois aussi on pourra laisser le liquide s'évaporer spontanément à l'air libre ou le placer sous une cloche dans une atmosphère limitée, que l'on maintiendra dans le plus grand état de sécheresse possible avec des substances hygroscopiques (acide sulfurique concentré, chlorure de calcium en morceaux). Enfin, dans bien des cas, tout en employant les matières hygroscopiques, on pourra raréfier l'air dans l'espace fermé.

Comme dans les analyses qualitatives on doit avant tout éviter toutes les impuretés, qu'elles sont d'autant plus à craindre que l'opération est plus lente, il faut ici, le plus souvent, évaporer rapidement en chauffant le liquide dans une capsule en porcelaine ou en platine directement sur une lampe à alcool ou sur un bec de gaz, dans un endroit fermé et à l'abri de la poussière. Si l'on ne peut pas remplir cette dernière condition, on aura soin de couvrir la capsule, en permettant toutefois aux vapeurs de se dégager. Pour cela, on couvrira la capsule avec un grand entonnoir renversé, fixé à l'aide d'un support à cornues, et on laissera un petit espace entre les bords de la capsule et ceux de l'entonnoir. Il sera bon d'incliner un peu celui-ci, afin que les gouttes liquides provenant de la condensation de la vapeur puissent être recueillies dans un vase. Si l'on voulait couvrir la capsule avec une feuille de papier, celle-ci devrait être purifiée avec autant de soins que nous l'avons indiqué dans la filtration, sans quoi l'oxyde de fer, la chaux, etc., dissous par la vapeur (surtout quand elle est acide), pourraient retomber dans le liquide. Il est inutile de dire que toutes ces précautions ne sont recommandées que pour les recherches délicates.

Pour évaporer de grandes quantités de liquide, on emploiera avec avantage un ballon en verre, dont on inclinera le col et dont on fermera imparfaitement l'ouverture avec un capuchon de papier à filtre pur ; ou bien on se servira d'une cornue tubulée, dont le col sera relevé obliquement et dont la tubulure restera ouverte. On chauffera sur la flamme du gaz ou sur un feu de charbon.

S'il faut évaporer à une température qui ne dépasse pas 100°, on se sert du bain-marie, représenté dans la figure 6, à moins, bien entendu, que l'on ait dans son laboratoire un appareil convenable.

Fig. 6.

L'évaporation à siccité ne doit jamais, autant que possible, se faire à feu nu, mais soit au bain-marie, soit au bain de sable ou sur une plaque de fer chaude.

Il y a un inconvénient à évaporer de grandes quantités de liquide dans des vases en porcelaine ou en verre, parce que ceux-ci sont souvent attaqués, et leurs éléments altèrent plus ou moins la nature de la substance soumise à l'analyse, ce qu'il faut éviter avec soin dans un travail délicat. Nous indiquons seulement cet inconvénient, sur lequel nous reviendrons quand il s'agira des analyses quantitatives : nous nous contenterons ici de dire qu'il ne faut surtout pas évaporer des liqueurs alcalines dans des vases en verre, parce que les alcalis attaquent le verre d'une façon très-sensible à la température de l'ébullition.

9. **Distillation.**

§ **10.** On fait usage de la distillation quand il faut encore séparer une substance volatile d'une autre substance solide ou liquide, mais moins volatile qu'elle, et quand on tient à conserver le liquide qui sera vaporisé. Il faut donc ici prendre toutes les précautions pour condenser les vapeurs. Dans tout appareil distillatoire, il y a trois parties, qu'on puisse ou non les séparer les unes des autres : 1° un vase (la chaudière) dans lequel on chauffe le liquide à distiller pour le transformer en vapeurs ; 2° un appareil pour refroidir ces vapeurs et les faire repasser à l'état liquide (le réfrigérant ou serpentin) ; 3° un récipient pour recueillir le liquide condensé. Lorsqu'on opère en grand, on se sert d'appareils en métal (alambic en cuivre avec chapiteau et tube réfrigérant en étain) ou bien de grosses cornues en verre; dans les travaux d'analyse, on emploie de petits appareils montés comme l'indique la figure 7.

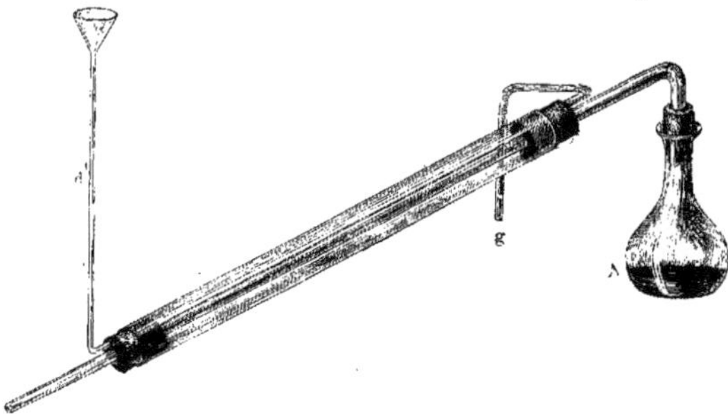

Fig. 7.

10. Chauffage au rouge.

§ **11.** Le chauffage au rouge est jusqu'à un certain point, pour les solides, ce que l'évaporation est pour les liquides, en ce sens qu'on arrive par là à séparer des corps solides plus volatils d'autres qui le sont moins ou qui sont fixes, en se proposant d'obtenir ces derniers. Cette opération exige toujours une haute température, et c'est ce qui la distingue de la simple dessiccation. Quant à l'état que prend après le refroidissement la partie chassée par la volatilisation, cela importe peu ; elle peut être gazeuse, comme lorsqu'on calcine du carbonate de chaux ; ou liquide comme avec l'hydrate de chaux ; ou enfin solide, ainsi que cela arrive lorsqu'on chauffe fortement un mélange renfermant du sel ammoniac.

Bien que le but le plus général du chauffage au rouge soit celui que nous venons d'indiquer, il arrive cependant qu'on y soumet parfois des substances non pour les vaporiser, mais simplement pour modifier leur état physique; c'est ainsi qu'on calcinera l'oxyde de chrome pour le transformer en sa modification insoluble.

Enfin, dans les recherches analytiques, on chauffe souvent au rouge pour conclure quelque chose sur la nature de la substance, d'après la manière dont elle se comporte sous l'action de la chaleur; on examine son plus ou moins de fixité, sa fusibilité, l'absence ou la présence de matières organiques, etc.

Cette opération se pratique d'ordinaire dans des creusets. Quand on travaille en grand, on prend des creusets de Hesse, ou de graphite, que l'on chauffe au milieu des charbons; mais pour les recherches analytiques, on choisit, suivant la nature des substances, de plus petits creusets ou de petits têts en porcelaine, en platine, en argent, en fer, ou aussi des tubes de verre fermés à un bout, et l'on chauffe avec la lampe à alcool de *Berzelius*, ou une bonne lampe à gaz.

11. Sublimation.

§ **12**. Si par l'action de la chaleur on transforme un solide en vapeurs que l'on condense ensuite par le refroidissement, on fait une *sublimation*, et le produit de la condensation de la vapeur s'appelle un *sublimé*. Cette opération est donc, en quelque sorte, la distillation d'un corps solide, et on l'applique à la séparation des substances inégalement volatiles. Elle est très-utile en analyse pour reconnaître certains corps, par exemple, l'arsenic. Les appareils ont des formes qui dépendent de la volatilité de la substance; dans les analyses on se sert surtout de tubes en verre fermés par un bout.

12. Fusion et désagrégation.

§ **13**. *Fondre* un corps, c'est le faire passer de l'état solide à l'état liquide par l'action de la chaleur; la fusion est employée pour déterminer l'union ou la séparation de certains corps.

Désagréger un corps, c'est transformer un corps insoluble ou peu soluble dans l'eau et les acides, en le fondant avec d'autres, de façon que le produit nouveau obtenu puisse alors se dissoudre.

La fusion et la désagrégation se font, suivant les circonstances, dans des creusets en porcelaine, en argent ou en platine, que l'on chauffe en les plaçant soit directement, soit à l'aide d'un triangle en fort fil de platine, sur l'anneau de la lampe à calcination de *Berzelius* ou d'une lampe à gaz. Les triangles en fil de fer, surtout quand on les place sur l'anneau en cuivre assez épais de la lampe, ne permettent pas d'atteindre une aussi haute température, à cause de la chaleur perdue par conductibilité.

On peut aussi faire des fusions dans de petits tubes à essais.

Les corps pour l'analyse desquels il faut avoir recours à la désagrégation sont les sulfates des terres alcalines, un grand nombre de silicates et plusieurs composés alumineux. On emploie le plus généralement pour désagréger la substance du carbonate de soude ou du carbonate de potasse, ou mieux un mélange des deux dans la proportion de leurs poids équivalents (voir § **76**). Dans certains cas on remplace les carbonates alcalins par l'hydrate de baryte. Pour désagréger les aluminates, on fait plus souvent usage du bisulfate de potasse ou de soude.

La désagrégation avec les carbonates alcalins, l'hydrate de baryte ou les bisulfates alcalins, se fait dans un creuset de platine.

L'emploi des vases en platine exige que l'on prenne certaines précautions, sans lesquelles ils seraient bientôt hors d'usage. Il ne faut jamais y traiter de substances qui pourraient laisser dégager du chlore ; ne jamais y fondre d'azotates, d'arséniates alcalins, d'hydrate de potasse ou de soude, de cyanures alcalino-métalliques, de métaux ou de sulfures et d'arseniures métalliques, d'oxydes métalliques facilement désoxydables, de sels métalliques à acides organiques, et de phosphates en présence de matières organiques. Enfin les creusets de platine et surtout leurs couvercles sont endommagés, quand on les chauffe directement sur un feu de charbon violent, parce que les cendres déterminent la formation d'un siliciure de platine, qui rend le creuset cassant. Nous recommanderons de placer toujours le creuset de platine sur un triangle en fil du même métal ; de plus, quand on a chauffé au rouge blanc, il ne faut pas éteindre brusquement le gaz, parce que le changement subit de température pourrait produire des fentes. On nettoiera les creusets salis en les frottant avec du sable de mer, dont les grains arrondis ne pourront pas rayer le métal. Si quelques taches résistaient, on fondra dans le creuset du sulfate acide de potasse ou du borax, on y fera bouillir de l'eau, et l'on polira de nouveau avec du sable de mer.

L'opération suivante se pratique quelquefois avec la fusion.

13. **Détonation.**

§ **14**. Toute décomposition, accompagnée d'une explosion plus ou moins forte, se nomme *détonation*, quelle que soit du reste la cause qui la produit. Toutefois on désigne plus particulièrement par ce mot l'oxydation d'un corps par la voie sèche, à l'aide de l'oxygène d'une substance qu'on y ajoute, ordinairement un azotate ou un chlorate :

c'est donc alors une combustion vive, subite, avec production de lumière, bruit ou explosion.

La détonation peut avoir pour but d'obtenir l'oxyde formé; ainsi on fait détoner le sulfure d'arsenic avec du salpêtre pour produire de l'arséniate de potasse; ou bien c'est un moyen de reconnaître la présence ou l'absence d'une substance. C'est ainsi qu'on essayera si un sel renferme de l'acide azotique ou de l'acide chlorique, en observant s'il détone par sa fusion avec du cyanure de potassium.

Pour opérer dans le premier cas, on projette par portions, dans un creuset chauffé au rouge, le mélange de la substance et du réactif devant produire la détonation. Des essais du second cas se font toujours en opérant sur de petites quantités, et le mieux en projetant sur une mince feuille de platine ou dans une petite cuiller du même métal.

14. Emploi du chalumeau.

§ **15**. Cette opération se pratique exclusivement dans la chimie analytique et y joue un rôle important. Nous allons indiquer d'abord les appareils qu'on emploie, la manière de s'en servir, et nous donnerons plus loin les conséquences auxquelles conduit cette opération.

Fig. 8.

Le *chalumeau* (*fig.* 8) est un petit instrument d'ordinaire en laiton ou en argentan. Il était primitivement employé pour faire des soudures par les ouvriers qui travaillent les métaux, surtout par les bijoutiers. Il se compose de trois parties : 1° un tube *ab*, muni à l'extrémité *a* d'une embouchure en corne, par laquelle on souffle directement avec la bouche ; 2° un petit réservoir cylindrique *cd*, dans lequel le tube *ab* se fixe à frottement dur et en fermant hermétiquement ; cette partie sert de réservoir à air et arrête en même temps l'humidité apportée par l'air venant de la bouche; 3° un plus petit tube *fg*, engagé aussi à frottement dur dans le réservoir *cd*, et formant un angle droit avec le plus long tube *ab*. Le tube *fg* peut être fermé en *h* par une mince plaque en platine percée d'un petit trou, ou mieux il se termine par un petit ajutage qui s'adapte à frottement; cette dernière disposition, représentée dans la figure 9, est peut-être un peu plus coûteuse que la première, mais elle est plus commode et dure plus longtemps. Si par hasard la lumière du bout en platine venait à se fermer avec le temps, il suffirait de chauffer pour la déboucher.

La longueur du chalumeau doit se régler d'après la longueur de la vue de l'opérateur; ordinairement l'instrument a 20 ou 25 centimètres. La forme de l'extrémité par laquelle on souffle varie. Les uns préfèrent une embouchure que l'on introduit dans la bouche en l'entourant des lèvres; d'autres aiment mieux une embouchure semblable à celle des trompettes, que l'on ne fait que presser contre les lèvres. Il est moins fatigant de souffler avec ces dernières, que l'on devra donc employer de préférence quand on aura à faire un fréquent usage du chalumeau.

Fig. 9.

Le chalumeau sert à injecter un mince courant d'air continu dans la flamme d'un bec de gaz, d'une lampe, d'une chandelle ou quelquefois d'une lampe à alcool. Dans le cas d'une combustion ordinaire, on distingue, dans l'une quelconque de ces flammes trois parties principales, représentées dans la figure 10, qui offre l'image de la flamme d'une bougie. On voit au centre un noyau obscur *a*, entouré par une partie très-brillante *efg*, et autour de celle-ci une dernière enveloppe extérieure *bcd* moins lumineuse. Le noyau obscur est formé par les gaz provenant de la décomposition de la graisse ou de la cire par la chaleur, et qui ne peuvent pas brûler faute d'oxygène. Dans la partie brillante, ces gaz sont mélangés avec une quantité d'air insuffisante pour que leur combustion soit complète; c'est alors l'hydrogène des carbures qui brûle d'abord, tandis que le charbon libre porté au rouge donne son éclat à cette partie de la flamme. Dans l'enveloppe externe, l'accès de l'air n'est pas gêné et tous les éléments combustibles qui ont échappé s'y brûlent complètement; cette partie de la flamme est la plus chaude, et c'est à la pointe extrême que se trouve la plus haute température. Si l'on y place un corps oxydable, son oxydation sera prompte, car là se trouvent toutes les conditions favorables, savoir : une haute température et une arrivée continuelle d'air. C'est pour cette raison qu'on appelle cette partie extérieure de la flamme : *la flamme d'oxydation*. Le contraire aura lieu, si l'on met des corps oxydés, pouvant céder leur oxygène, dans la partie brillante; ils y perdent leur oxygène, qui leur est pris par le charbon et les carbures d'hydrogène non brûlés qui se trouvent dans cette portion éclatante de la flamme; celle-ci est appelée alors *flamme de réduction*, car on dit que dans ce cas les corps sont *réduits*.

Fig 10.

Si l'on dirige latéralement sur une flamme un mince courant d'air, on change d'abord la forme de cette flamme ; elle ne s'élève plus verticalement en vacillant, mais elle se rétrécit et s'allonge en pointe dans la direction du courant d'air : ensuite la combustion n'a plus lieu seulement à l'extérieur autour de la flamme, mais encore dans l'intérieur même. Il résulte de là que la température de la flamme est considérablement élevée, parce que la combustion est plus vive et que l'espace dans lequel la chaleur se concentre est plus resserré, ce qui explique les effets énergiques obtenus avec le chalumeau.

Suivant que l'on veut *oxyder* ou *réduire*, il faut tenir différemment le chalumeau et y souffler d'une façon différente. On obtient le plus facilement l'une ou l'autre des deux flammes avec le gaz de l'éclairage sortant d'un bec fendu, dont la fente, légèrement inclinée sur l'axe du tube, a environ un centimètre de longueur et un et demi à deux millimètres de largeur. Le gaz est avantageux, en ce que l'on peut en régler à volonté le courant. Il est fort commode de soutenir le chalumeau à l'aide d'un support métallique mobile qui permette de l'élever ou de l'abaisser (comme, par exemple, l'anneau de la lampe *Bunsen* servant à soutenir les capsules).

La figure 11 représente la flamme de réduction et la figure 12 celle d'oxydation ; la partie lumineuse est ombrée dans les figures. Pour obtenir la flamme de *réduction*, on tient le chalumeau de façon que le bout soit au bord de la flamme, qui ne doit pas être trop faible, et on n'y projette qu'un courant d'air modéré. Le mélange d'air et de gaz est alors incomplet, et entre la partie bleue interne et l'enveloppe exterieure à peine visible il reste une zone brillante et très-propre à la réduction, dont le point le plus chaud est un peu en avant de la pointe de la flamme conique intérieure. Pour avoir la flamme d'*oxydation*, on introduit un peu le bout du chalumeau dans la flamme et, avec un faible courant de gaz, on souffle un peu plus fort. L'air et le gaz se mélangent intimement ; il se forme une flamme conique intérieure, très allongée en pointe, bleuâtre, seulement un peu brillante vers l'extrémité, enveloppée d'une zone mince, très pointue, bleu clair et à peine visible. La pointe du cône intérieur est la partie la plus chaude ; c'est là que l'on placera les corps difficilement fusibles, dont on voudra opérer la fusion, tandis qu'on les mettra un peu en avant de cette pointe, si l'on veut produire l'oxydation, afin que l'air ne manque pas à la combustion.

Au lieu du gaz de l'éclairage, on peut se servir d'une lampe à huile à mèche large et pas trop mince, ou bien d'une forte bougie. La plupart du temps une petite lampe à alcool suffit pour obtenir la flamme d'oxydation.

Il ne faut souffler qu'en faisant jouer les muscles des joues, et non pas en chassant l'air de la poitrine. On s'y habitue facilement, en essayant de respirer quelque temps lentement en maintenant les joues gonflées.

Lorsqu'on est parvenu à respirer ainsi tranquillement, tout en tenant l'embouchure du chalumeau entre les lèvres, il ne reste plus qu'à s'exercer à produire par la contraction des muscles des joues un jet d'air régulier, non interrompu.

Les *supports* sur lesquels on place les substances à essayer au chalu-

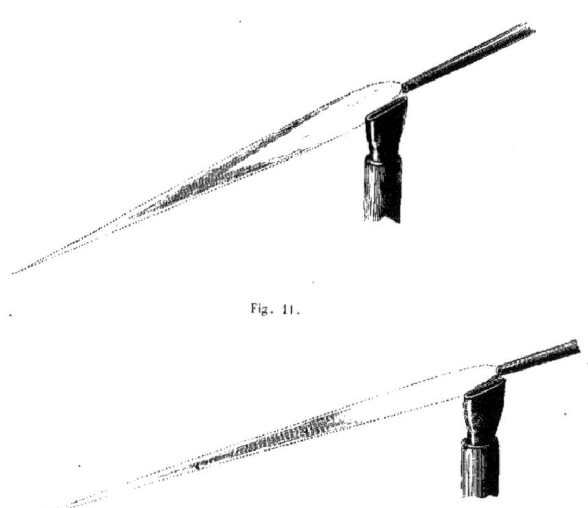

Fig. 11.

Fig. 12.

meau sont d'ordinaire du charbon de bois, des fils ou des lames de platine.

On se sert de *charbon de bois* lorsqu'on veut réduire un oxyde métallique ou un corps analogue, ou bien essayer la fusibilité d'une substance. On place le corps dans une petite cavité conique faite dans le morceau de charbon avec la pointe d'un couteau, ou avec un petit tube en fer-blanc. Si les métaux sont volatils à la température de la flamme de réduction, ils se volatisent en tout ou en partie à mesure qu'ils se réduisent; la vapeur métallique, en traversant la flamme extérieure, s'oxyde de nouveau et l'oxyde se dépose en forme d'anneau ou de tache circulaire autour de l'essai. Beaucoup de ces taches ont des couleurs particulières, qui permettent de reconnaître les métaux. Il faut avoir soin de choisir des morceaux de charbon bien calciné, autrement ils pourraient éclater et l'essai serait perdu. Le charbon de sapin, de tilleul ou de saule, est bien préférable à celui des bois plus durs et plus riches en cendres. On choisit les morceaux bien unis, car ceux qui contiennent des nœuds éclatent par l'action du feu. Ce qu'il y a de mieux, c'est de tailler en morceaux parallélipipédiques allongés du charbon provenant de planchettes de sapin; en les nettoyant bien, ces charbons ne tachent pas les doigts. On se sert seulement des faces qui sont tangentes aux couches annuelles concentriques, car sur les autres les matières fondues se répandraient sur la surface du charbon (*Berzelius*). Depuis peu de temps on trouve dans le commerce des morceaux de charbon artificiel, fabriqué avec de la poudre de charbon et qui ont la forme et la pureté les plus convenables pour faire des supports.

Les raisons qui rendent le charbon si avantageux comme support dans les essais au chalumeau sont : 1° son infusibilité ; 2° sa faible conductibilité pour la chaleur, qui fait qu'un essai peut y être porté à une bien plus haute température que sur tout autre support ; 3° sa porosité, qui lui permet d'absorber facilement les matières en fusion, comme le borax, la soude, etc., tandis que les substances infusibles restent à sa surface ; 4° la propriété qu'il a de réduire les oxydes, qui s'ajoute à l'action de la flamme intérieure du chalumeau.

Le *fil* ou la *feuille de platine* est employé dans tous les essais d'oxydation, lorsqu'on veut traiter un corps par un fondant pour examiner sa solubilité dans ce dernier, les phénomènes qu'il produit en s'y unissant et la couleur de la perle qui en résulte; enfin on s'en sert encore pour placer une substance dans la flamme afin de reconnaître si elle la colore. On choisit des fils de la grosseur d'un mince fil de clavecin, on les coupe en morceaux de 8 centimètres de longueur, que l'on recourbe en petit anneau à chaque bout (*fig.* 13). Pour l'usage, on humecte la petite boucle terminale avec une goutte d'eau, on la plonge dans le fondant réduit en poudre quand, bien entendu, on doit employer cette matière, et avec la lampe à alcool ou le gaz on fond en une perle la partie qui reste adhérente à la boucle. Après le refroidissement, on humecte de nouveau la perle, on y ajoute quelques parcelles de la substance à essayer, puis on fait fondre à une chaleur modérée, en plaçant l'essai, suivant les circonstances, dans la flamme intérieure ou dans la flamme extérieure du chalumeau.

L'emploi du chalumeau est précieux dans les recherches chimiques, parce qu'il donne des résultats immédiats. Ceux-ci sont de deux sortes :

ou bien ils nous font connaître certaines propriétés générales du corps, sa fixité, sa volatilité, sa fusibilité, etc., ou bien, d'après certains phénomènes, ils nous indiquent la nature même du corps. En étudiant l'action des réactifs sur chaque corps en particulier, nous indiquerons quels sont ces phénomènes importants.

L'emploi du chalumeau nécessite l'usage d'une main ; d'un autre côté, l'action de souffler d'une manière continue produit toujours une certaine fatigue, et enfin il n'est pas facile de maintenir longtemps la flamme assez identique à elle-même pour que la substance soit constamment placée dans la partie convenable de la flamme ; aussi depuis longtemps beaucoup de chimistes ont essayé de construire des appareils fonctionnant seuls, et quelques-uns ont eu assez de vogue ; le courant d'air est produit tantôt par un gazomètre, tantôt au moyen d'un ballon en caoutchouc, d'autres fois par une disposition analogue à celle des trompes, etc. Mais l'appareil le plus simple, celui qui donne le mieux les résultats qu'on cherche à obtenir avec le chalumeau ordinaire, est sans contredit la lampe à gaz de *Bunsen*, brûlant sans lumière et sans fumée, et que nous allons décrire dans le paragraphe suivant.

Fig. 13.

15. Emploi des lampes et en particulier de la lampe à gaz.

§ **16**. Toutes les fois que dans les analyses qualitatives il faut chauffer pour évaporer, distiller, porter au rouge, etc., comme on n'opère le plus souvent que sur de petites quantités de substances, on se sert généralement de lampes, soit d'une lampe à alcool, soit, lorsqu'on le peut et cela avec avantage, du gaz de l'éclairage.

Il y a deux sortes de *lampes à alcool* en usage, la lampe simple (*fig.* 16) et la lampe de *Berzelius* à double courant d'air (*fig.* 14). Dans cette dernière, il faut avoir soin de faire communiquer le réservoir à alcool avec le porte-mèche par un tube étroit, et de ne pas les mettre en communication directe, sans quoi en allumant la lampe il pourrait se produire une explosion désagréable. En outre la cheminée ne doit pas être trop étroite et le bouchon de l'ouverture par laquelle on verse l'alcool ne doit pas fermer hermétiquement. La lampe sera portée par une tringle verticale, le long de laquelle on pourra la faire glisser. Le même pied portera un anneau mobile en laiton, pour supporter les capsules et les ballons et un autre anneau en fort fil de fer, qui servira à soutenir les triangles sur lesquels on placera les creusets. Des diverses formes qu'on a données à cette lampe, la plus commode et la plus élégante est celle représentée dans la figure 14. La figure 15 montre la disposition d'un triangle en fer, dans lequel s'en trouve un plus petit en fil de platine, pour soutenir un creuset de platine qu'on doit porter au rouge. Les vases en verre à fond plat, les gobelets qu'il faut chauffer sur

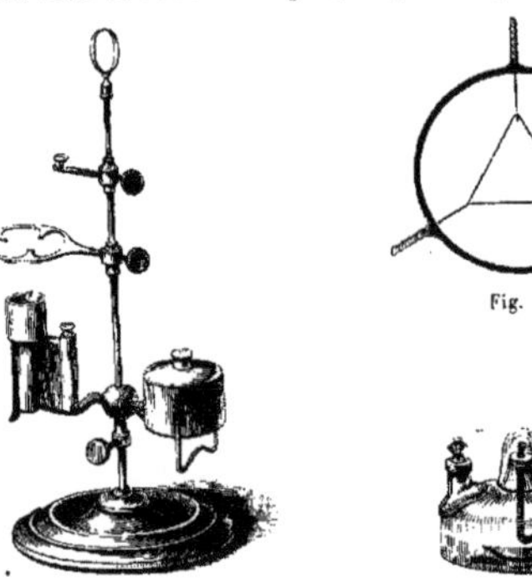

Fig. 15.

Fig. 14.

Fig. 16.

une lampe, seront placés sur une morceau de toile métallique en fil de fer fin, comme on en emploie pour fabriquer les cribles de moyenne dimension.

La *lampe à gaz de Bunsen* est préférable à toutes les autres. Les figures 17 et 18 la représentent dans sa forme la plus simple. *ab* est un pied en fonte de 7 centimètres de diamètre, au milieu duquel est fixé un petit prisme quadrangulaire en laiton *cd* de 25^{mm} de hauteur sur 16^{mm} de largeur. Ce prisme est creusé dans son axe d'une cavité cylindrique de 12^{mm} de profondeur et de 10^{mm} de diamètre. Chaque face du prisme est percée à 4^{mm} du bord supérieur d'un trou circulaire de 8^{mm} de diamètre communiquant avec la cavité intérieure. Sur une des faces, à 1^{mm} au-dessous du trou circulaire, est fixé un ajutage auquel on adapte le tube en caoutchouc qui amènera le gaz. Cet ajutage a sa surface ondulée et est percé d'un canal de 4^{mm} de diamètre. Le gaz arrivant par ce tuyau sort par un tube qui se trouve dans l'axe de la cavité de la pièce rectangulaire : ce tube a 4^{mm} d'épaisseur en haut, un peu plus en bas, et s'élève de 3^{mm} au-dessus de la face supérieure du prisme ; il est percé en haut, pour la sortie du gaz, de trois fentes égales dirigées suivant trois rayons, à 120° de distance l'une de l'autre ; la longueur de chaque fente est de 5^{mm} et sa largeur de $\frac{1}{3}$ mm. L'ouverture supérieure de la cavité de la pièce prismatique est munie d'un pas de vis, à l'aide duquel on fixe un tube en laiton *e* ouvert aux deux bouts, ayant 90^{mm} de longueur et 9^{mm} de diamètre. En posant ce dernier, la lampe est montée. Si l'on ouvre le robinet, le gaz sort par la triple fente dans le tube *ef* et

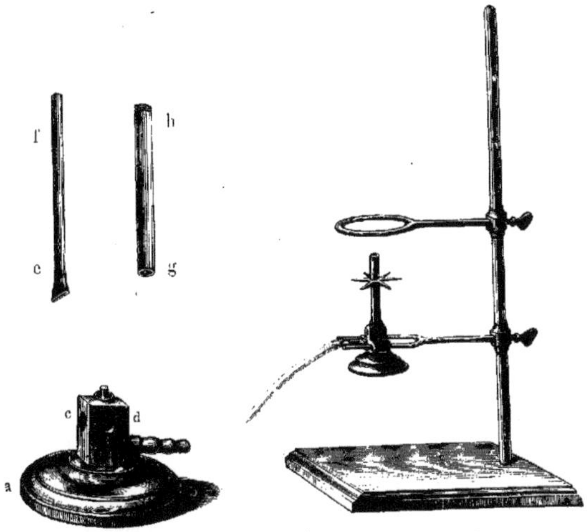

Fig. 17. Fig. 18.

se mélange avec l'air qui pénètre par les ouvertures circulaires *c*. En allumant le mélange en *f*, on obtient une flamme droite, verticale, bleuâtre et sans fumée, que l'on peut régler à volonté au moyen du robinet. Si elle est courte, elle sert comme la lampe à alcool ordinaire, tandis qu'en produisant un fort courant de gaz la flamme sort en bruissant, atteint jusqu'à 2 décimètres et remplace avantageusement la lampe de *Berzelius*. — Lorsqu'on tourne le robinet pour avoir une flamme très courte, il arrive fréquemment qu'elle disparaît, c'est-à-dire que le gaz, au lieu de brûler mélangé avec de l'air à la sortie du tube *ef*, brûle au fond de ce tube, en sortant des fentes inférieures. On peut éviter cet inconvénient complètement en couvrant le haut du tube *ef* avec un petit capuchon en fils métalliques.

Les ballons, les vases à fond plat, etc., que l'on veut chauffer sur la lampe à gaz, seront placés de préférence sur une feuille de toile métallique. C'est un carré de tôle mince sur lequel on fixe aux quatre coins avec de petits rivets en fer un morceau égal de toile métallique (*fig.* 19). On peut, il est vrai, faire usage d'une simple toile métallique, mais celle-ci est rapidement brûlée au milieu, là où frappe le courant gazeux. L'on s'expose dès lors à voir les vases en verre se briser plus fréquem-

Fig. 19.

Fig. 20.

Fig. 21.

ment et plus facilement qu'avec le système que nous indiquons et qui donne une température bien plus uniforme.

Si la lampe à gaz doit être employée pour des essais au chalumeau, on introduit dans le tube *ef* un tube *gh* aplati à la partie supérieure et coupé sous un angle de 68° sur l'axe. De cette façon, on ferme les ouvertures de la pièce prismatique par lesquelles l'air pénètre, et il ne sort plus par la fente de 1 centimètre sur 1 ½ à 2^{mm}, que présente le tube introduit, qu'un courant de gaz pur brûlant avec une flamme éclatante. — La figure 18 représente la lampe à gaz soutenue dans la fourchette d'un support en fer; elle est mobile dans tous les sens. L'anneau qui est au-dessus supporte les objets que l'on doit chauffer. Les six branches disposées en couronne autour du tube sont destinées à porter une cheminée en tôle (*fig.* 23) ou une assiette en porcelaine, dont on fait usage pour les analyses quantitatives.

S'il faut chauffer un creuset jusqu'au rouge vif ou blanc, on emploiera le soufflet à gaz. Mais même sans ce dernier on peut augmenter beaucoup l'effet calorifique de la lampe à gaz, en plaçant le creuset dans l'intérieur d'une petite cheminée en argile, comme l'a indiqué *O.-L. Erd-*

mann (*fig.* 20). Ces cheminées ont 115mm de hauteur, 70mm de diamètre intérieur, et l'épaisseur de la paroi est de 8mm [1].

Bunsen donne à sa lampe une disposition plus commode, lorsqu'elle doit servir de chalumeau pour opérer des réductions, des oxydations, ou pour fondre ou volatiliser, et aussi pour observer la colo-

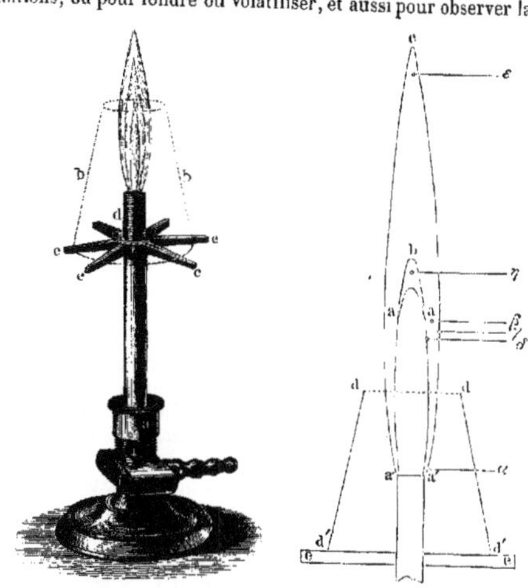

Fig. 22. Fig. 23.

ration de la flamme (§ 17). A la partie inférieure (*fig.* 22) il y a un écrou mobile *a*, que l'on peut élever ou abaisser et qui permet de régler l'arrivée de l'air.

Pour se servir de la lampe, on pose sur le support *ee* une cheminée conique *ddd* (*fig.* 23) de dimension telle que la flamme brûle lentement. La figure 23 représente cette flamme en demi-grandeur naturelle. On y reconnaît : 1° le cône obscur *a'a'aa*, qui renferme le gaz de l'éclairage mêlé à environ 62 pour 100 d'air atmosphérique ; 2° l'enveloppe lumineuse *a'ca'* formée par le mélange en combustion du gaz et de l'air ; 3° la pointe brillante *aba*. Toutefois la lampe

[1] Nous recommandons surtout le fourneau pour chauffage des creusets de V. Wiesnegg. Paris.

n'offre pas cette dernière partie quand elle brûle normalement, les trous de tirage étant ouverts. Si pour des expériences de réduction on voulait obtenir cette pointe *aba*, il faudrait tourner convenablement l'anneau qui règle l'entrée de l'air.

Dans ces trois parties de la flamme nous distinguerons, avec *Bunsen*, six régions, dans lesquelles on peut opérer des réactions différentes et auxquelles il a donné les noms suivants :

1. La *base de la flamme* en α, où la température est relativement faible, parce que le gaz qui y brûle est refroidi par le courant d'air froid qui arrive d'en bas et aussi par le contact du tube métallique, qui enlève de la chaleur par conductibilité. Cette portion de la flamme sert le plus souvent à reconnaître les corps facilement volatils et qui colorent la flamme quand ils sont unis à des substances également colorantes, mais bien moins volatiles : on conçoit en effet que, à cette température relativement basse, les premiers se volatilisent tout d'abord seuls, et la coloration de la flamme qu'ils produisent n'est masquée par rien.

2° La *région de fusion*. Elle se trouve en β, un peu au-dessus du premier tiers de la hauteur totale de la flamme, à égale distance des deux surfaces interne et externe de l'enveloppe lumineuse, qui en ce point a sa plus grande épaisseur. Dans cet endroit la flamme a sa plus haute température (environ 2300° suivant *Bunsen*) ; on y place les corps pour essayer leur fusibilité, leur volatilité, leur pouvoir rayonnant lumineux, en un mot, pour faire toutes les expériences de fusion à une haute température.

3. La *région inférieure d'oxydation* est au bord externe de la région de fusion en γ et est très-propre à produire l'oxydation des oxydes dissous dans les fondants vitreux.

4. La *région supérieure d'oxydation* en ε est formée par la pointe supérieure non brillante de la flamme. L'effet y est maximum, quand les trous d'air de la lampe sont tout à fait ouverts. C'est là que l'on grille les produits volatils d'oxydation et qu'en général on fait toutes les oxydations qui n'exigent pas une trop haute température.

5. La *région inférieure de réduction* est en δ, sur la limite intérieure de la région de fusion du côté du cône obscur. Les gaz réducteurs y sont encore mélangés avec de l'air atmosphérique, ils n'agissent pas avec leur énergie réductrice complète et laissent par conséquent non modifiées beaucoup de substances, qui seraient désoxydées dans la flamme supérieure de réduction. Cette partie de la flamme est surtout commode pour les réductions sur le charbon et dans les fondants vitreux.

6. La *région supérieure de réduction* se trouve en η dans la pointe brillante qui se forme au-dessus du cône obscur, lorsqu'on règle convenablement le courant d'air : celui-ci doit arriver encore en assez grande quantité pour qu'un tube en verre plein d'eau froide, placé

dans la pointe brillante, ne se couvre pas de noir de fumée. Cette partie de la flamme ne contient pas d'oxygène libre, elle est riche en carbone incandescent et a par conséquent un pouvoir réducteur bien plus puissant que la flamme de réduction inférieure. On l'applique surtout à la réduction des métaux que l'on veut recueillir sous forme d'enduits métalliques.

A l'aide d'une pareille flamme gazeuse, on peut, en réduisant autant que possible la surface rayonnante du corps à chauffer, obtenir une température aussi élevée et même plus élevée qu'avec le chalumeau et opérer plus facilement toutes les réductions et les oxydations, en se servant habilement des diverses parties de la flamme.

Pour étudier la manière dont se comporte un corps aux températures élevées, son rayonnement lumineux, sa fusibilité, sa volatilité, sa propriété de colorer la flamme, on le place dans la flamme en le soutenant dans une petite boucle faite au bout d'un fil de platine, dont la grosseur dépasse à peine celle d'un crin de cheval. Si la substance à essayer devait attaquer le platine, on se servirait d'une petite baguette d'amiante, dont la grosseur serait à peu près le quart de celle d'une petite allumette ordinaire. Quant aux matières décrépitantes, on les réduit en poudre fine, on les fait adhérer à un petit morceau de papier à filtre humide d'environ 1 centimètre carré, et on brûle avec soin entre deux petits anneaux en fil fin de platine. L'essai forme ainsi une croûte assez consistante que l'on peut introduire sans difficulté dans la flamme. Pour essayer si un liquide renferme quelque matière pouvant colorer la flamme, on aplatit par quelques coups de marteau la boucle faite au bout du fil de platine; on la plonge dans le liquide, et en la retirant elle en emporte une goutte suffisante. On évapore lentement dans le voisinage de la flamme, en évitant de faire bouillir, puis on essaye le résidu.

Si les corps doivent être soumis pendant un temps assez long à l'action de la flamme, on fera usage du support représenté dans la figure 24. Les glissières à ressort A et B peuvent facilement s'élever ou s'abaisser et tourner en tous sens. A porte d'un côté la petite tige horizontale *a*, qu'on introduit dans le petit tube auquel est soudé le fil de platine. Transversalement à *a* il y a un tube fendu dans lequel on peut faire glisser un tube en verre soutenant à un bout un fil d'amiante *d*. — B soutient un support à ressort avec pince pour tenir les tubes à essais qui doivent être chauffés assez longtemps dans une région déterminée de la flamme. Les baguettes courtes, qui sont implantées sur la partie supérieure élargie du support, sont destinées à porter les petits tubes munis de leurs fils de platine.

On fait les ***essais de réduction*** en employant l'agent réducteur convenable, soit dans de petits tubes à parois minces, soit sur des petites baguettes de charbon. Pour préparer ces dernières suivant l'indication de *Bunsen*, on approche de la flamme un cristal non effleuri de carbonate de soude, et avec la goutte épaisse qui se forme par fusion on frotte sur les trois quarts de sa longueur le bois d'une allumette dont on a coupé le bout soufré. On introduit lentement ce bois dans la flamme, en le tournant autour de son axe : il se forme à la surface du bois carbonisé une croûte de carbonate de soude solide ; on chauffe alors dans la région de fusion de la flamme, et le sel fondu est absorbé par le charbon. C'est à l'extrémité de ce petit morceau de charbon, préservé jusqu'à un certain point de la combustion par cette glaçure de soude, que l'on met l'essai dont on aura pris un morceau gros comme un grain de millet et dont on aura fait une sorte de bouillie avec une goutte de cristal de soude fondu. On fait fondre dans la flamme inférieure d'oxydation, et on transporte l'essai à travers une partie du cône obscur jusque dans la partie la plus chaude de la flamme inférieure de réduction ; au bouillonnement de la soude on reconnaît le moment où la réduction est opérée. Au bout de quelques instants on interrompt l'opération en laissant refroidir l'essai dans le cône obscur de la flamme. Enfin on casse le bout du charbon, on le broie dans un petit mortier en agate avec quelques gouttes d'eau, et on reçoit sur un petit filtre le métal réduit, que l'on débarrassera du charbon par des lévigations convenables, afin de pouvoir l'étudier dans toute sa pureté.

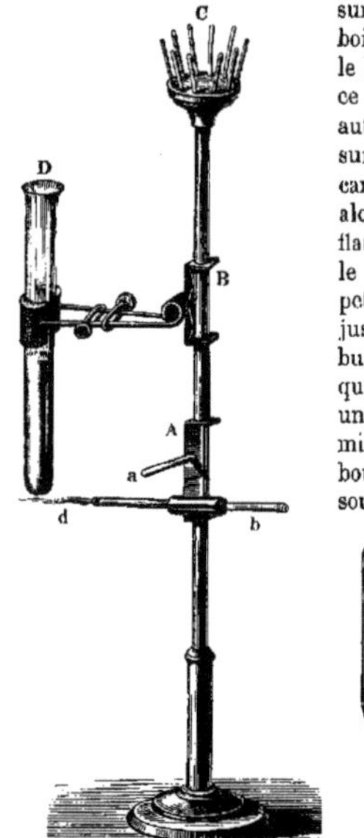

Fig. 24. Fig. 25.

Les éléments volatils réductibles par l'hydrogène et par le charbon peuvent être séparés à l'état pur ou sous forme d'oxydes et précipités sur la porcelaine sous forme de dépôts, plus épais vers leur milieu, et qui sur les bords ressemblent à une efflorescence légère. On peut facilement les transformer en iodures, sulfures ou autres combinaisons qui permettent de les caractériser complètement. Ces réactions sont tellement sensibles, que dans beaucoup de cas il suffit de un dixième de milligramme et au plus d'un milligramme pour les produire.

Pour obtenir les *dépôts métalliques*, on met avec une main dans la flamme de réduction supérieure, là où elle n'est pas très-large, un grain de l'essai supporté par le fil d'amiante ; avec l'autre main on soutient, dans la flamme de réduction supérieure au-dessus du fil d'amiante, une capsule en porcelaine de un à un et demi décimètre de diamètre, à parois minces, vernissée extérieurement et remplie d'eau froide. Les métaux forment alors un dépôt ou une légère efflorescence noire, mate ou miroitante.

Si l'on fait l'essai comme nous venons de le dire, mais en plaçant la capsule en porcelaine dans la flamme d'oxydation supérieure, on obtient un dépôt d'oxyde. Pour l'avoir plus sûrement, il faut, surtout si l'essai est bien petit, diminuer convenablement l'étendue de la flamme. La capsule étant refroidie, si l'on souffle légèrement l'haleine sur le dépôt oxydé et si l'on place la capsule sur l'ouverture d'un flacon à large goulot (*fig.* 26), se fermant avec un bouchon à l'émeri et contenant de l'iodure de phosphore en déliquescence et transformé en acide iodhydrique fumant et acide phosphoreux, l'oxyde se transforme en *iodure*. Si à cause de l'eau absorbée l'acide iodhydrique ne fumait plus, on lui rendrait son activité par addition d'un peu d'acide phosphorique anhydre. Si l'on dirige sur le dépôt d'iodure un courant d'air mêlé de vapeur de sulfhydrate d'ammoniaque et si l'on chasse l'excès de sulfhydrate en chauffant *légèrement* la porcelaine, l'iodure se change en *sulfure*.

Fig. 26.

Si l'on voulait avoir pour des essais ultérieurs une quantité notable de matière réduite, on remplacerait la capsule par un tube à essai à demi rempli d'eau (D, *fig.* 24). Au moyen du tube de verre *b*, servant de support, on place le fil d'amiante qui porte l'essai (*d*, *fig.* 24) devant la lampe, de façon qu'il soit à la même hauteur que le milieu de la flamme de réduction supérieure; au moyen de la coulisse B, on place le tube de façon que son fond arrondi soit juste au-dessus du fil d'amiante, et enfin on amène la lampe au-dessous du tube; l'essai se trouve ainsi dans la flamme de réduction, le dépôt métallique se forme sur le fond du tube, dans lequel on a eu soin de mettre quelques morceaux de marbre pour empêcher les soubresauts pendant l'ébullition de l'eau. En renouvelant l'essai, on peut donner au dépôt la masse que l'on voudra.

16. Étude de la coloration de la flamme et analyse spectrale.

§ **17**. Beaucoup de substances introduites dans une flamme incolore lui communiquent une coloration remarquable, et comme celle-ci offre généralement des différences assez notables suivant les différentes substances, il en résulte que cette coloration peut être regardée comme caractéristique pour les divers corps et peut encore donner un procédé simple et certain pour reconnaître leur présence. Les sels de soude, par exemple, colorent la flamme en jaune, ceux de potasse en violet, ceux de lithine en rouge carmin : de là un moyen facile de les distinguer.

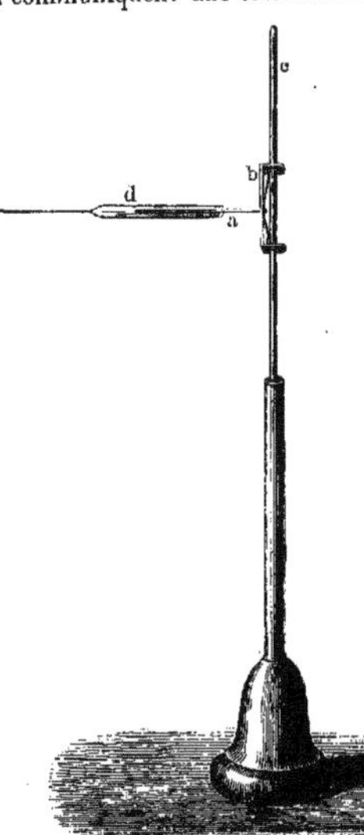

Fig. 27.

La flamme de la lampe de *Bunsen*, munie de sa cheminée, et telle que nous l'avons décrite au § **16** (*fig.* 22), est particulièrement propre à faire de pareilles observations. A l'aide d'un support convenable, celui représenté dans la figure 24, ou celui plus simple de la figure 27, on introduit dans la région de fusion de la flamme du gaz la substance à essayer, soutenue dans un petit anneau fait au bout d'un fil fin de platine. Les sels alcalins et alcalino-terreux colorent la flamme d'une façon tout à fait remarquable. Si l'on compare différents sels d'une seule et même base, on trouve que chaque sel donne la même coloration, seulement avec des intensités différentes, autant cependant que le sel est volatil à une haute température ou tout au moins qu'il permet la volatilisation de la base. Les sels les plus volatils donnent les colorations les plus intenses : ainsi le phénomène est plus marqué avec le chlorure de potassium qu'avec le carbonate, et plus avec celui-ci qu'avec le silicate. Fréquemment on détermine la coloration de la flamme ou on l'exalte, en ajoutant une substance qui décompose la combinaison fixe. Par exemple, dans des silicates ne renfermant que quelques centièmes de potasse, on ne pourrait guère reconnaître directement cette base par la couleur de la flamme, mais on y parvient facilement en ajoutant un peu de sulfate de chaux pur, parce qu'il se produit alors du silicate de chaux et du sulfate de potasse suffisamment volatil.

La coloration de la flamme, qui permet d'une manière si nette de reconnaître la nature d'une combinaison métallique unique, paraît sans valeur lorsqu'on a entre les mains un composé de plusieurs métaux. Ainsi, dans des mélanges de sels de potasse et de soude, on ne voit que le phénomène produit par la soude ; avec des sels de baryte et de strontiane, on ne reconnaît que la coloration de la baryte. Cette difficulté peut être levée de la façon la plus surprenante par deux méthodes, qui sont des découvertes récentes.

Le premier procédé, introduit dans la science par *Cartmell*[1] et développé par *Bunsen*[2] et par *Merz*[3], consiste à examiner la flamme colorée à travers des milieux eux-mêmes colorés (des verres de couleur, une dissolution d'indigo, etc.). Ceux-ci, éteignant la coloration produite par l'un des métaux, permettent de reconnaître celle de celui qui lui est mélangé. Introduit-on, par exemple, dans la flamme un mélange de sels de potasse et de soude, on ne voit que la coloration jaune de la soude : mais en regardant à travers un verre de cobalt bleu foncé, ou une dissolution d'indigo, la lumière de la soude est éteinte et la flamme offre la teinte violette produite par la potasse. Les objets dont on a besoin pour toutes les recherches de ce genre sont très-simples. Il faut :

Fig. 28.

1° Un prisme creux formé par des lames de glace (*fig.* 28) et dont la

[1] *Philosophical Magazine*, XVI, 328.
[2] *Ann. d. Chem. u. Pharm.*, CXI, 257.
[3] *Journ. f. prackt. Chem.*, LXXX, 487.

section est un triangle isocèle dont deux côtés ont chacun 150^{mm} et le troisième 35^{mm}. La dissolution d'indigo dont on le remplit se prépare en dissolvant 1 partie d'indigo dans 8 parties d'acide sulfurique fumant : on ajoute 1500 à 2000 parties d'eau, et l'on filtre. Pour observer, on place le prisme dans la position horizontale contre l'œil, de façon que les rayons de la flamme observée traversent des couches toujours plus épaisses du milieu absorbant.

2° Un verre bleu, un violet, un rouge et un vert. Le bleu est coloré par l'oxyde de cobalt, le violet par le manganèse, le rouge par du protoxyde de cuivre, et le vert par de l'oxyde de fer et du bioxyde de cuivre. Les verres que l'on trouve dans le commerce pour la fabrication des vitraux de couleur ont généralement des nuances convenables. — Nous indiquerons dans le troisième chapitre, à propos de chaque base et de chaque acide, les apparences qu'offrent les flammes colorées par les diverses substances, quand on les regarde à travers ces milieux absorbants.

Le second procédé, l'*analyse spectrale* proprement dite, découvert par MM. *Kirchhoff* et *Bunsen*, consiste à examiner au moyen d'une lunette les rayons de la flamme colorée passant à travers une fente étroite et se réfractant dans un prisme. On obtient alors pour chaque métal colorant la flamme un spectre particulier, offrant tantôt un grand nombre de lignes brillantes colorées, comme avec la baryte, tantôt deux lignes seulement séparées l'une de l'autre, comme avec la lithine, tantôt une seule ligne comme la soude, qui offre une raie unique, nette, jaune. Ces spectres sont caractérisés de deux manières : d'abord parce que les lignes spectrales ont chacune une couleur déterminée, ensuite parce qu'elles occupent une place fixe.

Cette dernière circonstance permet, dans les observations spectrales d'un mélange de métaux capables de colorer la flamme, de reconnaître chacun d'eux sans difficulté : ainsi une flamme dans laquelle on place un mélange de sels de potasse, de soude et de lithine, donne avec la plus grande netteté les spectres de chacun de ces métaux.

MM. *Kirchhoff* et *Bunsen* ont fait construire deux appareils très-convenables pour l'observation des spectres et disposés pour mesurer les positions relatives des lignes spectrales. Tous deux reposent sur le même principe ; le plus grand et le plus parfait est décrit et figuré dans les *Annales de Poggendorff*, CXIII, 374 (*Annales de physique et de chimie*, t. LXVIII, 3e série, traduction de M. *Grandeau*). Nous décrirons ici le plus petit, qui, par sa simplicité et la modicité relative de son prix, est très-propre au but que l'on se propose ici et d'un usage commode pour les laboratoires.

Au centre d'une plate-forme circulaire en fer A (*fig.* 29), un prisme, dont les faces réfringentes figurent un cercle de 25^{mm} de diamètre, est fixé à l'aide d'un étrier, dont une branche presse la partie supérieure du prisme, tandis que l'autre est retenue à vis sur la plate-forme. Sur celle-ci sont fixés une fois pour toutes trois tubes B, C, D, soudés chacun à un bloc en métal, comme cela est indiqué en plus grande dimension dans la figure voisine de celle qui représente l'ensemble de l'appareil. Ce bloc renferme les écrous de deux vis qui, passant à travers des ouvertures un peu larges dans la plaque en fer, permettent de

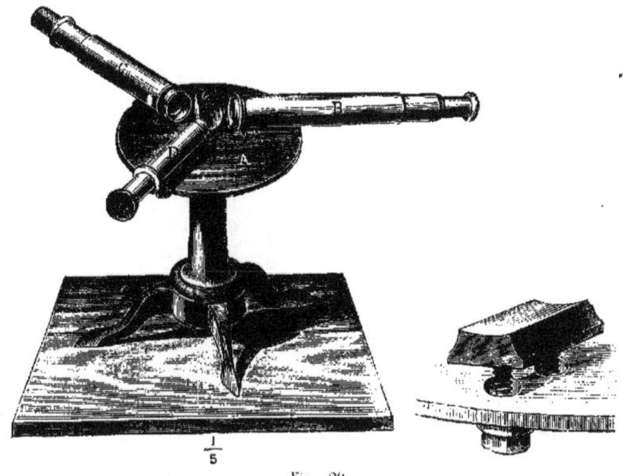

Fig. 29.

fixer chaque tube, quand on lui a donné la position exacte. B est la lunette d'observation : elle a un pouvoir amplifiant égal à 6 environ, et un objectif de 20mm de diamètre. Le tube C est muni de la fente verticale destinée à laisser passer la lumière et taillée dans une feuille d'étain[1]. Le tube D porte l'image photographique d'une échelle en millimètres, prise sur une lame de verre de façon à donner environ $\frac{1}{5}$ de millimètre. Cette lame est couverte d'une feuille d'étain, de manière à ne laisser de transparence que sur la bande étroite qui contient les traits de division et les numéros d'ordre. On éclaire cette échelle au moyen de la flamme d'une bougie qu'on place immédiatement à côté.

Les axes des tubes B et D aboutissent au centre d'une des faces du prisme et sont également inclinés sur elle ; l'axe du tube C passe par

[1] Le diaphragme en étain est trop exposé à se détériorer ; il vaut mieux le remplacer par une fente entre deux lames en laiton, que l'on peut rapprocher à l'aide d'une vis de rappel.

le milieu de la seconde face. Il résulte de cette disposition que le spectre produit par la réfraction des rayons de la flamme colorée, qui ont traversé le tube C, se forme au même point que l'image de l'échelle de D produite par la réflexion, de sorte que la position de chaque raie peut être fixée à l'aide de cette échelle. On donne au prisme une position telle, que la déviation soit minimum pour les rayons de la ligne du sodium, et on dirige la lunette de façon que les lignes rouge et violette du potassium soient à égale distance du centre du cercle qui figure le champ de la vision.

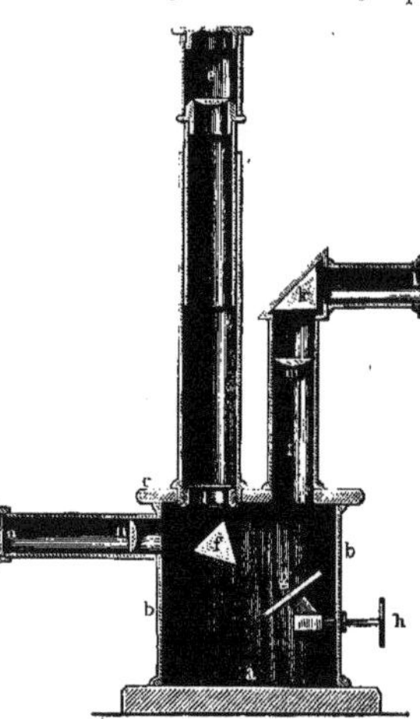

Fig. 30.

A 10 centimètres de la fente on place la flamme incolore dans laquelle on introduira les substances qui devront la colorer. La meilleure flamme est celle que donne la lampe de *Bunsen,* décrite à la page 24. On la dispose de façon que le bord supérieur de la cheminée soit à 20 millimètres au-dessous du bord inférieur de la fente. Une fois le bec de gaz allumé, on y place un peu de sulfate de potasse au moyen du support de la figure 27, comme nous l'avons indiqué page 32, et on tourne la plaque circulaire en fer de l'appareil, qui est mobile, avec tout ce qu'elle porte, autour d'un axe vertical, jusqu'à ce que l'intensité lumineuse du spectre soit maximum.

Pour se garantir dans les observations de toute lumière étrangère, on recouvre les tubes et le prisme d'un drap noir, dans lequel on a taillé trois ouvertures pour laisser passer les trois tubes.

Rexroth[1] a construit un spectroscope dont la disposition est toute différente du précédent; mais qui mérite d'être recommandé autant pour les bons services qu'il peut rendre que pour la modicité relative de son

[1] *Zeitschrift für analyt. Chem.*, III, 443.

prix. Sur le pied circulaire et lourd *a* (*fig.* 30) est fixé un large tube cylindrique *bb*, hermétiquement fermé en haut par le couvercle *c*. Sur celui-ci sont montés d'un côté la lunette *d*, de l'autre le tube disposé pour recevoir la lumière par une fente. Dans la figure, cette partie de l'appareil a été tournée de 90 degrés, afin qu'on puisse mieux représenter la disposition intérieure. La fente mobile est en *l*; *k* est un prisme qui change la direction des rayons et les amène sur la lentille *m* qui les rend parallèles. La lumière arrivée sur le miroir plan *g* est réfléchie vers le prisme en flint *f*. En sortant de celui-ci par la face supérieure, les rayons pénètrent dans la lunette et sont reçus par l'oculaire. A l'aide du bouton *h*, on peut faire tourner le miroir plan autour d'un axe horizontal, de façon à faire glisser d'un côté au côté opposé du champ de la lunette l'image qu'on devra observer, afin d'amener successivement dans l'axe les différents points du spectre. Du côté de la face du prisme *f* par laquelle sortent les rayons est fixé le tube qui porte l'échelle photographiée *o* et une lentille qui rend parallèles les rayons venant de *o*. De cette façon, ces rayons réfléchis par la face du prisme sont vus en même temps que le spectre. L'échelle, qui est fixe, est éclairée par une petite lampe à huile ou un bec de gaz et paraît uniformément brillante dans tout le champ de la lunette. On oriente la ligne du sodium au moyen de la vis *h* : cela offre l'avantage de pouvoir déplacer cette ligne de 20 divisions à gauche, quand on veut lire sur l'échelle la place des raies les plus éloignées, par exemple, la ligne bleue du potassium : on ramène ainsi la raie à mesurer davantage dans le milieu du champ de la lunette et la lecture est plus facile. Dans ce cas, bien entendu, il faut ajouter 20 au nombre observé : réciproquement, s'il s'agissait de ramener vers l'axe une raie rouge, on déplacerait la raie du sodium de 20 divisions vers la droite et on retrancherait 20 du résultat.

On a représenté dans la planche I, du n° 2 au n° 11, les spectres des alcalis et des terres alcalines, ainsi que ceux du thallium et de l'indium ; on y a ajouté le spectre naturel des rayons du soleil, pour faciliter l'orientation. Les spectres sont figurés tels qu'on les verrait dans un appareil muni d'une lunette astronomique. Dans le troisième chapitre nous insisterons sur les lignes qui sont caractéristiques pour chaque métal : nous voulons seulement ici indiquer de quelle manière l'analyse spectrale donne une indication certaine. C'est quand, après avoir introduit dans la flamme une partie du composé métallique, les lignes spectrales qui en résultent coïncident, quant à leur position, avec celles qui sont indiquées dans la figure faite à l'échelle de l'appareil, ainsi que cela est représenté, comme exemple, pour le spectre du strontium, dans la figure 2, planche I. Il est évident que le spectre d'un corps inconnu ne peut être regardé comme identique à celui du strontium qu'autant que les lignes caractéristiques coïncident non-seulement quant à la couleur, mais encore et surtout apparaissent exactement aux mêmes places que celles où elles sont figurées dans l'echelle du strontium.

Chaque observateur doit naturellement faire de pareilles figures pour son appareil, et elles perdent toute valeur, si l'on change quelque chose dans le prisme ou dans l'échelle. Il faut donc donner à l'appareil une position qu'on puisse facilement retrouver, si par hasard il était déplacé, par exemple, le disposer de façon que le bord gauche de la ligne du sodium corresponde à la division 50 de l'échelle.

L'observation des spectres ouvre une ère nouvelle à l'analyse chimique; elle nous permet de trouver des traces de substances qu'il eût été impossible de découvrir avec toute autre méthode ; elle donne à l'expérience une rigueur qui exclut toute incertitude, et enfin elle conduit en quelques secondes au résultat que l'on cherche, tandis que par les autres moyens, en admettant qu'on y parvienne, il faudrait des heures et même des jours entiers.

ADDITION AU CHAPITRE PREMIER

Appareils et ustensiles.

§ **18**. Comme beaucoup de personnes, qui s'occupent pour la première fois d'analyses chimiques, seraient embarrassées dans le choix des appareils et des ustensiles nécessaires ou les mieux appropriés, nous indiquerons ici brièvement les plus indispensables, en insistant sur quelques points utiles soit dans leur achat, soit dans leur fabrication.

1. Une *lampe à alcool de Berzelius* (§ **16**, *fig.* 14).

2. Une *lampe à alcool en verre* (§ **16**, *fig.* 16).

Ou bien, à la place des deux, quand on a le gaz à sa disposition, une *lampe de Bunsen*, surtout celle à couronne et à cheminée (§ **16**, *fig.* 17, 18 et 22).

3. Un *chalumeau* (§ **15**).

4. Un *creuset en platine*. On en choisit un contenant environ 20 grammes d'eau, dont le couvercle ait la forme d'une capsule plate et dont la profondeur ne soit pas trop grande par rapport au diamètre.

5. Une *feuille de platine*. Il ne faut pas la prendre trop mince; qu'elle soit très-lisse, d'environ 40 millimètres de longueur sur 25 millimètres de largeur.

6. Des *fils de platine* (pages 22 et 28). Il suffit de 3 fils gros et 3 fils

fins. On les conserve sous l'eau dans un verre. De cette façon ils sont toujours propres, parce que presque toutes les perles se détachent ou se dissolvent par un contact prolongé avec l'eau.

7. Un *support avec 12 tubes à essais*. Ces tubes ont de 16 à 18 centimètres de long sur 1 à 2 centim. de diamètre. Tous doivent être faits avec du verre blanc, mince, et être assez bien refroidis pour ne pas se casser quand on y verse de l'eau bouillante. Le bord doit être bien arrondi, un peu élargi et n'avoir point de bec, car ce dernier, qui n'offre aucun avantage, empêche de fermer les tubes exactement et d'agiter

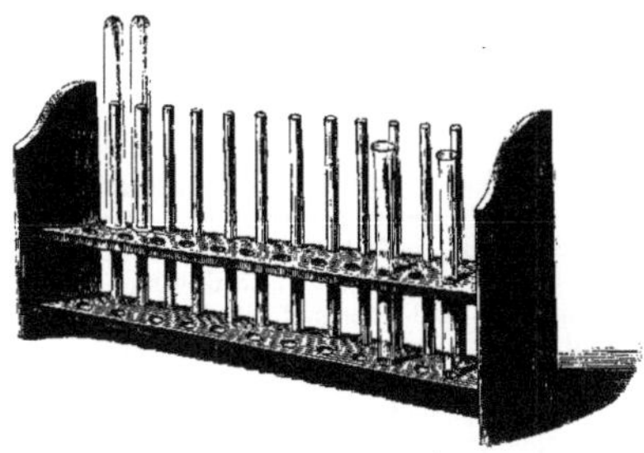

Fig 31.

fortement les liquides qui s'y trouvent. La figure 31 représente la forme la plus convenable de support; les baguettes de l'étage supérieur servent à soutenir les tubes nettoyés; de cette façon ceux-ci s'égouttent facilement et on les a toujours bien secs.

8. Quelques *gobelets en verre* et quelques *petits ballons* en verre mince et bien recuit.

9. Quelques *petites capsules en porcelaine* et divers *petits creusets en porcelaine*.

10. Des *entonnoirs en verre* de diverses grandeurs. Les parois doivent être inclinées de 60° l'une sur l'autre et ne pas se prolonger insensiblement en un tube, mais aboutir brusquement à ce dernier, sous un angle bien net.

11. Une *fiole à jet* (§ 7). Elle contiendra de 300 à 400 centimètres cubes.

12. Quelques *baguettes en verre* et différents *tubes de verre*. Les derniers seront facilement recourbés, étirés, etc., à l'aide de la lampe *Berzelius* ou de la lampe à gaz, et les premières auront leurs extrémités arrondies par fusion.

13. Un choix de *verres de montre*.

14. Un *petit mortier en agate avec son pilon*.

15. *Une pincette* en acier ou en laiton de 12 à 15 centimètres de longueur.

16. Un *support à filtre* en bois (§ **5**).

17. Un *trois-pieds* en fil de fer mince pour soutenir les capsules, etc., qu'on chauffera sur la petite lampe à alcool ou la lampe à gaz.

18. Les *verres colorés* indiqués au § **17**, surtout un bleu et un vert.

CHAPITRE II

DES RÉACTIFS

§ **19.** Des phénomènes très-divers se produisent, comme on le sait, quand des corps se décomposent ou se combinent entre eux. Tantôt un liquide change de couleur, tantôt il se fait un précipité, parfois une effervescence ou une détonation, etc. Si ces phénomènes sont bien caractérisés et s'ils n'accompagnent que l'action mutuelle de deux corps déterminés, il est clair qu'ils pourront caractériser, par l'action de l'un des corps, la présence de l'autre. Si l'on sait, par exemple, que le contact de la baryte et de l'acide sulfurique produit un précipité blanc, ayant des propriétés bien déterminées, on comprend que si, en ajoutant de la baryte à un liquide, il se produit un précipité ayant tous les caractères du premier, la conséquence qu'on est en droit d'en tirer, c'est que ce liquide renferme de l'acide sulfurique.

On appelle *réactifs* ces corps qui, par des phénomènes particuliers faciles à saisir, décèlent la présence d'autres corps en agissant chimiquement sur eux.

Suivant le résultat qu'on obtient par l'emploi des réactifs, on distingue les *réactifs généraux* et les *réactifs spéciaux*. Les premiers servent à reconnaître la classe ou le groupe auquel appartient le corps que l'on cherche ; les seconds font connaître la nature même de la substance, son espèce particulière. Bien que cette division n'ait rien d'absolu, et qu'un seul et même corps puisse être tout aussi bien un réactif général qu'un réactif spécial, il est bon de la conserver, parce qu'elle oblige à se demander, chaque fois qu'on emploie un réactif, dans quel but on s'en sert, si c'est pour caractériser un groupe de corps ou un corps en particulier.

Les *réactifs généraux* doivent caractériser nettement les groupes, et souvent aussi permettre de séparer complètement les corps appartenant à un groupe de tous ceux qui font partie d'un autre ; les *réactifs spé-*

ciaux doivent être caractéristiques et sensibles. Un réactif est *caractéristique*, quand le changement qu'il produit au contact du corps qu'il doit déceler est tellement net qu'il n'y a pas d'erreur possible. Le fer est un réactif caractéristique pour le cuivre, le protochlorure d'étain pour le mercure, parce que les phénomènes qui se produisent, savoir : la précipitation du cuivre métallique et celle de petits globules de mercure, ne laissent aucun doute. Un réactif est *sensible*, quand son effet est encore appréciable, alors même qu'il n'y a qu'une quantité excessivement minime de la substance que l'on cherche, par exemple, l'amidon pour l'iode.

Beaucoup de réactifs sont à la fois caractéristiques et sensibles, par exemple, le chlorure d'or pour le protochlorure d'étain, le prussiate jaune de potasse pour le peroxyde de fer et l'oxyde de cuivre, etc.

Il est presque inutile de dire que, pour qu'on puisse avoir confiance dans les indications fournies par les réactifs, il faut que ceux-ci soient chimiquement purs, c'est-à-dire qu'ils ne renferment que les éléments qui doivent les constituer, sans aucune autre substance qui nous soit inconnue. Il résulte de là qu'avant d'employer un réactif il faut toujours avoir soin de l'essayer, qu'on l'ait préparé soi-même ou qu'on l'ait acheté. On comprend donc la nécessité d'essayer la pureté des réactifs, et on conçoit aussi bien que l'on ne peut pas négliger cette précaution sans nuire aux résultats. Souvent, par exemple, on trouve de l'alumine, parce que la dissolution de potasse ou de soude employée en contenait; du fer, parce que l'on s'est servi de sel ammoniacal ferrugineux, etc. — Quant à cet essai, il ne doit évidemment porter que sur les impuretés que le mode de préparation du réactif pourrait y introduire, et non pas sur toutes les matières étrangères qu'on pourrait imaginer.

On se trompe souvent sur la quantité convenable de réactif que l'on doit ajouter au corps à essayer, et c'est là une des causes d'erreur les plus fréquentes dans les analyses qualitatives. Lorsqu'on indique qu'il faut ajouter un excès, sursaturer, etc., celui qui débute croit, d'après cela, qu'il ne saurait ajouter trop de réactif et, pour n'en pas prendre trop peu, il versera tout un tube à essai plein d'acide, pour saturer quelques gouttes d'un liquide alcalin, ne faisant pas attention que chaque goutte d'acide ajoutée en plus, une fois la saturation opérée, change la nature du liquide, qui maintenant renfermera un excès d'acide. D'un autre côté, il faut éviter avec autant de soin d'employer trop peu de réactif, car une quantité insuffisante produit souvent des phénomènes tout différents de ceux que donne un excès. Le bichlorure de mercure, par exemple, est précipité en blanc par une petite quantité d'acide sulfhydrique et en noir par un excès du même acide. On peut dire qu'en général les commençants augmentent ordinairement les difficultés de leurs travaux et les rendent incertains, parce qu'ils emploient trop de réactifs. On comprend d'où vient cette incertitude, en se rappelant que les changements produits par les réactifs ne sont appréciables que dans certaines limites, que l'on atteint bientôt en étendant les dissolutions.

Il n'y a pas de règle particulière qu'on puisse indiquer pour éviter cette cause d'erreur ; on peut dire seulement d'une manière générale qu'on opérera d'une manière convenable, si, chaque fois qu'on emploie un réactif, on réfléchit au but qu'on se propose, au phénomène que l'on veut produire.

Suivant que les réactifs, pour produire leur effet, doivent être amenés à l'état liquide par l'action de la chaleur ou par celle d'un dissolvant, on les partage en *réactifs par la voix sèche* et *réactifs par la voie humide*. Nous partagerons ensuite ces deux groupes principaux de la manière suivante :

A. Réactifs par la voie humide.
- I. *Dissolvants simples.*
- II. *Acides (et halogènes).*
  - *a*. Oxacides.
  - *b*. Hydracides et halogènes.
  - *c*. Sulfacides.
- III. *Bases (et métaux).*
  - *a*. Oxybases.
  - *b*. Sulfobases.
- IV. *Sels.*
  - *a*. Sels alcalins.
  - *b*. Sels alcalino-terreux.
  - *c*. Sels des métaux lourds.
- V. *Matières colorantes et principes indifférents des végétaux.*

B. Réactifs par la voie sèche.
- I. *Substances servant à opérer la désagrégation et la fusion.*
- II. *Réactifs pour les essais au chalumeau.*

Dans ce second chapitre, nous nous occuperons des réactifs les plus fréquemment employés et les plus importants. Quant à ceux qui ne servent que dans des cas particuliers, nous en parlerons dans des notes, là où nous en aurons besoin.

A. RÉACTIFS PAR LA VOIE HUMIDE.

I. DISSOLVANTS SIMPLES.

Ces dissolvants ne forment aucune combinaison chimique determinée avec les substances qu'ils dissolvent. Ils peuvent en prendre des quantités quelconques jusqu'à une certaine limite, qui est le point de saturation ; celui-ci dépend de la température ; les propriétés de la substance dissoute (saveur, réaction, couleur, etc.) ne sont pas détruites par le dissolvant. (Voir § 2.)

1. Eau (HO).

§ 20. Préparation. — On distille l'eau de fontaine dans une chaudière en cuivre, munie d'un chapiteau et d'un réfrigérant en étain (il est moins bon d'employer une cornue en verre). On ne recueille que les trois quarts du liquide. Si l'eau distillée doit être exempte d'acide carbonique et de carbonate d'ammoniaque, on ne recueille pas les premières portions qui passent à la distillation. — Dans les grands laboratoires de chimie et dans la plupart de ceux des pharmaciens, les appareils à vapeur qui servent à sécher, à chauffer, à faire bouillir, etc., donnent des quantités suffisantes d'eau distillée. — Dans beaucoup de cas, on peut se contenter de l'eau de pluie recueillie à l'air libre [1].

Essais. — Elle doit être incolore, n'avoir ni odeur, ni saveur ; évaporée dans une capsule en platine, elle ne doit pas laisser le moindre résidu. Le sulfhydrate d'ammoniaque n'y produira aucun changement (cuivre, plomb, fer) ; l'eau de baryte ne la troublera pas (acide carbonique). En outre, même par une action prolongée, elle ne doit se troubler ni par l'oxalate d'ammoniaque (chaux), ni par le chlorure de baryum (sulfates) après addition d'un peu d'acide chlorhydrique, ni par l'azotate d'argent (chlorures) après addition d'un peu d'acide azotique, ni enfin par le bichlorure de mercure additionné d'un peu de carbonate de soude (ammoniaque).

Usages. — L'eau [2] sert comme dissolvant simple d'un grand nombre de substances. On la met de préférence dans la fiole à jet (*fig.* 3, page 11), de façon à l'avoir constamment sous la main, pour la faire couler soit en filet mince, soit en jets plus volumineux. — Un usage spécial de l'eau, c'est de transformer certains sels métalliques neutres en un composé

[1] Pour la préparation de l'eau absolument débarrassée de toute trace de matière organique, voir Stass, *Zeitschrift für analyt. Chem.*, VI, 417.

[2] Comme dans les recherches de chimie on ne doit employer que de l'eau distillée, il ne s'agira que de celle-ci dans tout le cours de cet ouvrage, lorsque nous parlerons d'eau.

acide soluble et un autre basique insoluble, en particulier les sels de bismuth et le chlorure d'antimoine.

2. **Alcool** ($C^4H^6O^2$).

§ **21.** Préparation. — On a besoin pour les analyses d'un alcool de 0,83 à 0,84 de densité, ou de 91 à 88 degrés de l'alcoomètre de *Gay-Lussac :* c'est le *spiritus vini rectificatissimus* des pharmaciens. Il faut aussi de l'alcool absolu. On peut facilement préparer ce dernier en mettant dans un appareil distillatoire une partie de chlorure de calcium fondu avec deux parties d'alcool du commerce, à 90°G. L. On laisse digérer deux ou trois jours jusqu'à la dissolution du sel, puis on distille lentement et par fractions. Tant que le liquide qui passe a un poids spécifique moindre que 0,810 (correspondant à 96,5 pour 100 en volumes), on peut le regarder comme de l'alcool absolu ; les parties qui passent ensuite seront mises à part.

Essais. — Il doit être complètement volatil, ne laisser aucune odeur empyreumatique quand on le frotte entre les mains et ne pas changer le papier de tournesol humide, bleu ou rouge. Quand on l'allume, il brûle avec une flamme légèrement bleuâtre et à peine visible.

Usages. — L'alcool sert : *a*) à séparer les corps qui y sont solubles de ceux qui ne le sont pas, par exemple, le chlorure de strontium du chlorure de baryum ; — *b*) à précipiter de leur solution aqueuse les corps insolubles dans l'alcool plus ou moins aqueux, par exemple, le gypse, le malate de chaux ; — *c*) à former certains éthers, par exemple, l'éther acétique caractérisé par son odeur ; — *d*) à réduire quelques peroxydes et acides métalliques avec l'aide d'un acide, ainsi le peroxyde de plomb, l'acide chromique, etc. ; — *e*) à reconnaître des substances qui en colorent la flamme d'une façon particulière, entre autres l'acide borique, la strontiane, la potasse, la soude et la lithine.

3. **Éther** (C^4H^5O).
4. **Chloroforme** (C^2HCl^3).
5. **Sulfure de carbone** (CS^2).

§ **22.** Ces dissolvants sont d'un usage fort restreint dans l'analyse qualitative des substances minérales ; on ne les emploie guère que pour reconnaître et séparer le brome et l'iode. Dans ce cas le chloroforme et le sulfure de carbone sont préférables à l'éther. Ce dernier sert aussi à reconnaître l'acide chromique au moyen de l'eau oxygénée.

Ces produits se préparant bien mieux en grand qu'en petit, il vaudra mieux se les procurer dans le commerce.

Essais. — *L'éther* doit avoir pour densité 0,715 à la température ordinaire de 20° et se dissoudre dans neuf parties d'eau. La dissolution ne changera pas les papiers réactifs. Versé dans un verre de montre, il doit, même à la température ordinaire, se volatiliser promptement et complètement. — Le *chloroforme* doit être limpide comme de l'eau et avoir une densité égale à 1,48. Il n'aura pas de réaction acide et ne troublera pas la dissolution de nitrate d'argent. Agité avec deux volumes d'eau, son volume ne doit pas diminuer d'une manière sensible. Sur un verre de montre, il doit se volatiliser promptement et complètement, même à la température ordinaire. — Le *sulfure de carbone* sera incolore, sans action sur le carbonate de plomb, facilement et complètement volatil à la température ordinaire.

II. ACIDES ET HALOGÈNES.

§ **23.** Les acides, au moins ceux dont les caractères sont les plus tranchés, sont solubles dans l'eau. Les dissolutions ont une saveur acide et rougissent le tournesol. On partage les acides en oxacides, sulfacides et hydracides.

Les *oxacides* provenant en général de la combinaison de l'oxygène avec un métalloïde se combinent avec l'eau en proportion définie pour former des hydrates. Ces derniers sont ceux qu'on emploie le plus souvent; ils se trouvent dans les solutions aqueuses des acides, et on les désigne d'ordinaire par le nom même de l'acide, attendu que la présence de l'eau n'altère pas leurs propriétés acides. Lorsqu'ils agissent sur un oxyde métallique, l'oxyde se substitue à l'eau d'hydratation, et il en résulte un oxysel : $HO, SO^3 + KO = KO, SO^3 + HO$. Lorsque ces sels proviennent de la combinaison de l'acide avec une base puissante, ils n'ont ni réaction acide, ni réaction basique; ils sont neutres (en supposant que l'acide lui-même soit puissant). Mais, si la base est faible, comme, par exemple, l'oxyde d'un métal lourd en général, la réaction du sel est acide; alors il ne s'appelle pas moins sel neutre, si la quantité d'oxygène de la base et la quantité d'oxygène de l'acide sont dans le même rapport numérique que celui qu'on a trouvé dans les sels réellement neutres du même acide, c'est-à-dire dans le rapport qui indique ce qu'on appelle la capacité de saturation de l'acide. Le sulfate de potasse (KO, SO^3) est neutre au papier réactif; le sulfate de cuivre (CuO, SO^3) a une réaction acide, et cependant ce dernier s'appelle sulfate neutre de cuivre, parce que l'oxygène de l'oxyde de cuivre est à l'oxygène de l'acide dans le rapport 1 : 3, c'est-à-dire le même que dans le sulfate de potasse réellement neutre.

Les *hydracides* proviennent de la combinaison des halogènes avec l'hydrogène. La plupart présentent les caractères des acides à un degré prononcé. Ils neutralisent les oxybases; il en résulte un sel haloïde et de l'eau : $HCl + NaO = NaCl + HO$; $3. HCl + Fe^2O^3 = Fe^2Cl^3 + 3. HO$.

Les sels haloïdes formés par les hydracides forts avec les bases fortes sont réellement neutres aux réactifs colorés, tandis que ceux qui résultent de l'action d'un hydracide fort sur une base faible (oxydes des métaux lourds) ont des dissolutions à réaction acide.

Les *sulfacides* sont produits généralement par la combinaison du soufre avec un élément métallique ou non métallique ; ils s'unissent aux sulfobases pour former des sulfosels : $HS + KS = KS, HS$; $ArS^5 + 3NaS = 3NaS, ArS^5$. Les sulfacides étant des acides faibles, les sulfosels solubles ont tous une réaction alcaline.

a. OXACIDES.

1. Acide sulfurique (HO,SO^3).

§ 24. On emploie :

a. L'acide concentré du commerce, ou *acide sulfurique anglais ;*

b. L'acide sulfurique concentré pur.

Pour obtenir avec l'acide sulfurique ordinaire de l'acide chimiquement pur, je recommande les méthodes suivantes :

α. Pour détruire les composés oxygénés de l'azote qui, le plus souvent, se trouvent dans l'acide ordinaire, on chauffe dans une capsule en porcelaine 1000 grammes d'acide anglais avec 3 grammes de sulfate d'ammoniaque, jusqu'à ce qu'il se répande d'abondantes vapeurs d'acide sulfurique. Après refroidissement on ajoute 4 à 5 grammes de peroxyde de manganèse en gros grains (*Blondlot*), et on chauffe à l'ébullition en remuant, pour transformer en acide arsénique l'acide arsénieux qui pourrait se trouver dans l'acide sulfurique. Lorsque le liquide est refroidi, on le sépare du dépôt par décantation en le versant dans une cornue en verre lutée, au moyen d'un entonnoir à long tube qui arrive jusque dans la panse de la cornue. Celle-ci ne doit être qu'à moitié remplie, on la chauffe directement au charbon. Pour éviter les soubresauts, on pose la cornue sur un couvercle renversé de creuset, de façon qu'elle soit plus chauffée latéralement que par le fond. Le col doit pénétrer jusque vers le centre du récipient, pour que l'acide tombe goutte à goutte dans le ballon ; il est inutile de refroidir, ce serait même plutôt dangereux. Pour empêcher le contact direct du col du ballon avec celui de la cornue, qui est très-chaud, on enveloppera celui-ci avec de longs filaments d'amiante. — Quand on a obtenu 10 à 15 grammes de liquide distillé, on change le récipient et on recueille les trois quarts du contenu de la cornue. Ce procédé repose sur ce fait reconnu par *Bussy* et *Buignet*, que, lorsque l'acide sulfurique renferme de l'arsenic à l'état d'acide arsénique, le liquide distillé en est complètement exempt.

β. Une autre méthode également bonne consiste à ajouter quatre parties d'eau à une partie d'acide sulfurique anglais, et à y faire passer longtemps un courant lent d'acide sulfhydrique, en chauffant à 70°. On laisse reposer plusieurs jours, on décante le liquide clair pour le séparer du dépôt formé de soufre, de sulfure de plomb et peut-être de sulfure d'arsenic, et l'on chauffe dans une cornue tubulée, dont le col est redressé et la tubulure ouverte, jusqu'à ce qu'il se dégage des vapeurs d'acide sulfurique avec la vapeur d'eau. L'acide ainsi purifié peut être employé à un grand nombre d'usages ; mais, s'il doit être débarrassé de toute substance non volatile, on le distille dans une cornue lutée, comme il est dit en α. — Aussitôt que dans le col de la cornue les gouttes prennent une apparence huileuse, on change le récipient et on recueille, pour le conserver, l'acide concentré qui commence alors à distiller.

c. *L'acide sulfurique ordinaire étendu.* — On le prépare en versant peu à peu et en remuant une partie d'acide anglais dans 5 parties d'eau, placées dans une capsule en plomb ou en porcelaine. On laisse éclaircir le liquide troublé par un dépôt de sulfate de plomb et l'on décante.

Essais. — L'acide sulfurique chimiquement pur est incolore ; versé dans un tube à essai, sous une dissolution incolore de sulfate de protoxyde de fer, la couche de contact ne doit pas se colorer en brun (acide azotique, acide hypoazotique) ; additionné de 20 parties d'eau et d'un peu d'empois d'amidon, il ne doit pas bleuir par une dissolution d'iodure de potassium (acide hypoazotique). Avec de l'eau et du zinc pur, il doit donner de l'hydrogène qui, en traversant un tube chauffé au rouge, ne doit donner aucun dépôt d'arsenic ; chauffé dans un creuset en platine, il doit se volatiliser complètement, et rester complètement limpide, si l'on ajoute 4 à 5 parties d'alcool (oxyde de plomb, oxyde de fer, chaux). On découvre du reste facilement de petites quantités de plomb, en versant dans l'acide contenu dans un tube à essais un peu d'acide chlorhydrique ; si au contact des deux liquides il se produit un trouble (chlorure de plomb), c'est qu'il y a du plomb. On reconnaît la présence de l'acide sulfureux à l'odeur qu'il répand quand on agite l'acide dans un flacon à moitié rempli.

Usages. — Comme l'acide sulfurique a une plus grande affinité pour la plupart des bases que presque tous les autres acides, on s'en sert pour mettre ceux-ci en liberté, principalement les acides borique, chlorhydrique, azotique et acétique. — La grande tendance qu'a l'acide sulfurique à se combiner à l'eau fait qu'on l'emploie à l'état de concentration pour décomposer plusieurs corps qui ne peuvent exister sans eau (par exemple, l'acide oxalique). — Il est d'un usage fréquent pour faire dégager plusieurs gaz, entre autres l'hydrogène et l'acide sulfhydrique. Il est spécialement employé pour précipiter la baryte, la strontiane et le plomb. Ce sont les circonstances dans lesquelles on opère dans chaque cas particulier qui apprendront de quelle sorte d'acide il faut se servir, s'il faut prendre l'acide pur ou l'acide ordinaire du commerce, concentré ou étendu ; du reste, on l'indiquera chaque fois.

2. **Acide azotique (ou nitrique)** (HO,AzO^5).

§ **25**. Préparation. — *a*. On chauffe à l'ébullition, dans une cornue en verre, l'acide du commerce, autant que possible exempt de chlore, et additionné d'un peu d'azotate de potasse ; il faut que la densité soit au moins égale à 1,31 ; si elle était plus faible, ce procédé ne serait plus applicable. Quand le liquide commence à distiller dans le récipient refroidi, on essaye de temps en temps s'il précipite ou se trouble par l'azotate d'argent. Quand cette dernière réaction n'a plus lieu, on change le récipient et on continue la distillation jusqu'à ce qu'il n'y ait plus qu'un petit résidu dans la cornue. On étend le produit obtenu jusqu'à ce que sa densité soit 1,2.

b. On étend l'acide azotique brut du commerce, de densité 1,38 environ, des $\frac{2}{3}$ de son poids d'eau ; on y verse une dissolution de nitrate d'argent jusqu'à ce qu'il ne se forme plus de précipité de chlorure d'argent ; et même on ajoute un petit excès d'azotate d'argent ; on laisse déposer ; on décante l'acide clair dans une cornue ou un alambic en verre à l'émeri ; on y met un peu de salpêtre bien exempt de chlorure et l'on distille, en refroidissant bien les vapeurs, et ne laissant qu'un faible résidu dans la cornue. Si c'est nécessaire, on étend le liquide distillé, comme il est dit en *a*.

Essais. — L'acide azotique doit être incolore et se volatiliser sans résidu sur la feuille de platine. Il ne doit troubler ni par l'azotate d'argent, ni par l'azotate de baryte. Si l'acide est concentré, il faut avoir soin de l'étendre d'eau avant l'addition des réactifs, sans quoi les azotates se précipiteraient. Il pourrait quelquefois y avoir un peu d'argent : on s'en assurera au moyen d'un peu d'acide chlorhydrique ajouté à l'acide étendu.

Usages. — L'acide azotique sert d'abord comme dissolvant chimique des métaux, des oxydes, des sulfures, des oxysels, etc. Son action sur les métaux et les sulfures vient de l'oxydation des corps, aux dépens d'une partie de l'oxygène de l'acide ; puis l'oxyde métallique formé se dissout à l'état d'azotate dans l'acide non décomposé. La plupart des oxydes sont directement dissous par l'acide azotique à l'état d'azotates, de même que la plupart des sels insolubles dans l'eau et à acide faible, parce que celui-ci est éliminé par l'acide nitrique. La même chose arrive avec les sels à acide soluble, non volatil, par exemple, le phosphate de chaux ; il se produit dans ce cas un azotate et du phosphate acide de chaux. — L'acide azotique est en outre un puissant moyen d'oxydation ;

par exemple, il change le protoxyde de fer en peroxyde, l'étain en oxyde d'étain, etc.

3. Acide acétique ($HO,C^4H^3O^3 = HO,\bar{A}$)

§ **26**. Dans les analyses qualitatives, on n'a jamais besoin d'acide acétique très-fort ; aussi peut-on se contenter de celui qui se trouve dans le commerce sous le nom d'*acetum concentratum* ou *acidum aceticum dilutum*. C'est un acide hydraté de densité 1,038, renfermant 28 pour 100 d'acide acétique monohydraté et obtenu par la distillation de l'acétate de soude pur avec l'acide sulfurique additionné d'un peu d'eau.

Essais. — L'acide ne doit laisser aucun résidu par évaporation et ne dégager aucune odeur empyreumatique, après avoir été saturé avec le carbonate de soude. L'acide sulfhydrique, la solution d'argent et celle de baryte ne doivent ni colorer, ni troubler l'acide étendu, et il doit en être de même avec le sulfhydrate d'ammoniaque après neutralisation de l'acide par l'ammoniaque. La dissolution d'indigo ne se décolore pas non plus quand on la chauffe avec l'acide acétique pur.

Le meilleur moyen de reconnaître les matières empyreumatiques, c'est de neutraliser l'acide avec du carbonate de soude, et d'y verser un peu d'une dissolution de permanganate de potasse. S'il y a décoloration d'abord, puis formation ultérieure d'un précipité brun, c'est un indice de la présence de l'empyreume.

Si l'acide est impur, on le rectifie dans une cornue en verre après y avoir ajouté un peu d'acétate de soude, et s'il contenait de l'acide sulfureux (ce qu'indique le trouble blanc produit par l'hydrogène sulfuré), on laisserait digérer avant la distillation avec de l'oxyde puce de plomb ou un peu de bioxyde de manganèse finement pulvérisé. On ne distille pas jusqu'à siccité.

Usages. — Son emploi dans l'analyse qualitative tient surtout à son pouvoir dissolvant, inégal pour différentes substances. Par exemple, on s'en sert pour séparer l'oxalate de chaux du phosphate. Il est employé en outre pour acidifier les liqueurs lorsqu'on doit éviter la présence des acides minéraux.

4. Acide tartrique ($2HO,C^8H^4O^{10} = 2HO,\bar{T}$)

§ **27**. Il est suffisamment pur dans le commerce. Il vaut mieux le conserver en poudre, car sa dissolution se décompose assez rapidement avec formation de moisissures. Pour l'usage on dissout à chaud la poudre dans un peu d'eau.

Usages. — En ajoutant de l'acide tartrique à une dissolution de peroxyde de fer, de protoxyde de manganèse, d'alumine et de divers autres oxydes métalliques, ces oxydes qui sont insolubles ne sont cependant pas précipités par un alcali, parce qu'il se produit avec l'alcali des tartrates doubles solubles.

On peut, d'après cela, se servir de l'acide tartrique pour séparer les métaux précédents des corps dont cet acide n'empêche pas la précipitation. — L'acide tartrique forme avec la potasse, mais non pas avec la soude, un sel acide, difficilement soluble, c'est donc un moyen précieux de séparer ces deux bases alcalines. Pour ce dernier usage on emploie de préférence à l'acide le *tartrate acide de soude*. On prépare celui-ci en prenant deux parties égales d'acide tartrique ; on en dissout une dans l'eau, on la neutralise par du carbonate de soude : on ajoute alors la seconde portion d'acide et on évapore jusqu'à cristallisation. Pour l'usage on dissout une partie de sel dans 10 parties d'eau.

b. HYDRACIDES ET HALOGÈNES.

1. Acide chlorhydrique (HCl).

§ **28.** PRÉPARATION. — On met dans une cornue 4 parties de sel de cuisine et un mélange froid de 7 parties d'acide sulfurique anglais et 2 parties d'eau : on relève un peu le col de la cornue, que l'on chauffe au bain de sable tant qu'il se dégage du gaz. Au moyen d'un tube en verre recourbé à angle droit, on conduit le gaz dans un ballon bien refroidi, contenant 6 parties d'eau ; pour éviter une absorption, le bout du tube ne doit plonger que tout au plus d'un centimètre au-dessous du niveau de l'eau. L'opération terminée, on prend la densité de la dissolution et on l'étend d'eau de façon que son poids spécifique soit entre 1,11 et 1,12. Si l'acide doit être absolument pur et exempt de toute trace d'arsenic et de chlore, on débarrasse d'abord, d'après le paragraphe **24**, l'acide sulfurique qu'on emploiera, de l'arsenic et des composés nitreux qu'il peut renfermer. On peut encore, au moyen de l'acide brut du commerce, se procurer facilement de l'acide chlorhydrique pur. On étend le premier d'eau de façon à l'amener à la densité 1,12, puis on le distille après addition d'un peu de chlorure de sodium. — Si l'acide brut renferme du chlore avant la distillation, on le fait disparaître par une addition convenable d'une solution aqueuse d'acide sulfureux, et réciproquement, s'il y avait de l'acide sulfureux, on le transformerait en acide sulfurique avec une quantité convenable d'eau de chlore. Il n'est pas rare que l'acide chlorhydrique contienne des traces de chlorure d'arsenic, provenant de l'acide sulfurique arsenical qu'on aura employé pour sa préparation ; si on veut le débarrasser de cette impureté, on mélange 1 partie d'acide et 2 parties d'eau, on y fait passer un courant d'acide sulfhydrique, on laisse déposer le soufre et le sulfure d'arsenic, on décante et on chauffe pour chasser l'hydrogène sulfuré.

Essais. — L'acide chlorhydrique doit être incolore et se vaporiser sans résidu. Si pendant l'évaporation il se colore en jaune, c'est qu'il contient du chlorure de fer. Il ne doit pas bleuir l'empois d'amidon additionné d'iodure de potassium (chlore ou perchlorure de fer), ni décomposer le bleu d'indigo (chlore), ni décolorer l'iodure d'amidon (acide sulfureux). Dans l'acide très-étendu le chlorure de baryum ne fait pas de précipité (acide sulfurique).

Usages. — L'acide chlorhydrique est le dissolvant d'un grand nombre de corps ; — il transforme en chlorures beaucoup de métaux et de sulfures métalliques, avec dégagement d'hydrogène ou d'acide sulfhydrique : — il change en chlorures les oxydes et les peroxydes, et avec les derniers il y a généralement du chlore mis en liberté ; — les sels à acide insoluble ou volatil sont également amenés à l'état de chlorures, avec séparation de leur acide, par exemple, le carbonate de chaux ; — il dissout sans décomposition apparente les sels à acides non volatils et solubles, par exemple le phosphate de chaux. Dans ce dernier cas, il se forme un chlorure et un sel acide soluble de l'autre acide : ainsi, avec le phosphate de chaux, on a du chlorure de calcium et du phosphate acide de chaux. Dans les sels dont la base ne peut pas faire de sel acide soluble avec l'acide même du sel, il se forme des chlorures, tandis que l'acide reste libre dans la liqueur (borate de chaux). — L'acide chlorhydrique est en outre employé spécialement pour reconnaître l'oxyde d'argent, le protoxyde de mercure et le plomb (voy. plus bas), comme aussi pour découvrir l'ammoniaque, avec laquelle il forme du sel ammoniac, qui se condense dans l'air en formant des fumées blanches.

2. Chlore (Cl) et eau de chlore.

§ 29. Préparation. — On mélange 18 parties de gros sel de cuisine avec 15 parties de bon manganèse *finement pulvérisé* et exempt de carbonate de chaux ; on introduit le tout dans un ballon et l'on y verse le mélange *complètement refroidi* de 45 parties d'acide sulfurique anglais avec 21 parties d'eau. Par l'agitation le chlore gazeux commence à se dégager spontanément et très-régulièrement. Si le dégagement s'arrête ou se ralentit, on le fait recommencer ou on l'active en chauffant légèrement. Nous recommandons comme la meilleure cette méthode de *Wiggers*. On conduit d'abord le gaz dans un flacon laveur contenant peu d'eau, puis de là dans un flacon plein d'eau froide, jusqu'à complète saturation. Si l'on désire que la dissolution soit tout à fait exempte de brome, après avoir laissé dégager à peu près la moitié du chlore, on change le flacon laveur et on reçoit le gaz dans la nouvelle eau. — Il faut conserver l'eau de chlore à la cave et dans l'obscurité, sans quoi elle s'altère bientôt; il se dégage de l'oxygène (venant de la décomposition de l'eau), et l'on n'a plus que de l'acide chlorhydrique étendu. Pour l'usage du laboratoire, on garde la dissolution dans des flacons enveloppés de papier noir. — Lorsque l'eau de chlore n'a plus qu'une odeur faible, il faut la jeter.

Usages. — Le chlore a pour les métaux et l'hydrogène une affinité plus grande que le brome et l'iode. Sa dissolution aqueuse nous permettra donc de chasser le brome et l'iode de leurs composés. — Le chlore sert en outre à favoriser la dissolution des métaux (or, platine), à décomposer les sulfures, à transformer l'acide sulfureux en acide sulfurique, le protoxyde de fer en peroxyde, etc., comme aussi à décomposer les substances organiques, parce que, s'emparant de l'hydrogène de l'eau de ces substances, il met en liberté de l'oxygène qui s'unit à la matière organique et en détermine par conséquent la transformation. Pour ce dernier usage, il vaut mieux dégager directement le chlore au sein même du liquide qui renferme la matière organique; pour cela on ajoute à la liqueur l'acide chlorhydrique, on chauffe et l'on y projette du chlorate de potasse ; il se forme du chlorure de potassium, de l'eau, du chlore libre et de l'acide chloreux-chlorique, qui agit comme le chlore.

3. **Eau régale.**

§ 30. Préparation. — On mélange 1 partie d'acide azotique pur avec 3 ou 4 parties d'acide chlorhydrique également pur.

Usages. — Comme l'a démontré *Gay-Lussac*, les deux acides se décomposent mutuellement pour produire du chlore, de l'eau, et les deux composés AzO^2Cl^2 et AzO^2Cl, qui sont gazeux à la température ordinaire. Si l'on prend 1 équivalent à AzO^5,HO avec 3 équivalents HCl on, peut admettre qu'il ne se forme que de l'acide hypochloronitrique AzO^2Cl^2, du chlore et de l'eau ($AzO^5,HO + 3.HCl = AzO^2Cl^2 + Cl + 3.HO$). La décomposition s'arrête quand le liquide est saturé de gaz; mais elle recommence aussitôt qu'on fait disparaître la saturation, soit par l'action de la chaleur, soit par la destruction des acides. — La présence du chlore libre, aussi bien que celle des acides que nous avons nommés, ceux-ci toutefois d'une façon toute secondaire, font de l'eau régale le plus puissant dissolvant des métaux, à l'exception cependant de ceux qui forment avec le chlore des composés insolubles. On l'emploie surtout pour dissoudre l'or, le platine, qui sont tous deux insolubles dans l'acide azotique et dans l'acide chlorhydrique, pour décomposer divers sulfures, par exemple, le cinabre, la pyrite de fer, etc.

4. **Acide hydrofluosilicique** ($SiFl^3,HFl$).

§ **31.** Préparation. — On mélange intimement 1 partie de sable quartzeux, purifié par le lavage et bien desséché, avec 1 partie de fluorure de calcium en poudre bien sèche; on introduit le tout dans une cornue non tubulée, lutée soigneusement avec de l'argile, on y verse 6 parties d'acide sulfurique anglais et on agite pour bien mêler le tout. Comme la chaleur fera boursoufler la masse, il faut que la cornue ne soit remplie qu'au tiers. Le col de la cornue communique, sans fuites, avec un petit récipient tubulé, dont la tubulure porte, au moyen d'un petit tube en caoutchouc, un tube de verre recourbé deux fois à angle droit. A la branche descendante de ce dernier on fixe, à l'aide d'un tube en caoutchouc, le bec d'un entonnoir, dont on plonge l'ouverture évasée dans un vase contenant 4 parties d'eau. Le dégagement du fluorure de silicium gazeux commence à froid, on l'entretient en chauffant modérément la cornue avec des charbons rouges : à la fin de l'opération, on élève fortement la température. Chaque bulle de gaz produit dans l'eau un précipité d'acide silicique hydraté, en même temps qu'il se forme de l'acide hydrofluosilicique : $3.SiFl^2 + 2HO = 2(SiFl^2, HFl) + SiO^2$. L'acide silicique hydraté, qui se dépose, rend le liquide gélatineux, et c'est pourquoi on ne fait pas plonger le tube abducteur immédiatement dans l'eau, car il ne tarderait pas à s'obstruer. Parfois, et surtout vers la fin de l'opération, il se produit dans la masse gélatineuse et épaisse de silice des canaux à travers lesquels le gaz se dégage, sans se décomposer; on évite cette perte en agitant de temps en temps. Lorsque le dégagement gazeux a cessé, on jette la bouillie gélatineuse sur une toile, on exprime le liquide que l'on filtre et conserve pour l'usage. La dissolution d'acide hydrofluosilicique ne doit pas précipiter les sels de strontiane (sulfate de strontiane).

Usages. — L'acide hydrofluosilicique se combine aux bases; il se forme de l'eau et des fluosilicitres métalliques. Parmi ceux-ci, les uns sont insolubles, les autres solubles, ce qui permettra de les séparer au moyen de ce réactif. On n'emploie guère cet acide que pour reconnaître et séparer la baryte.

C. SULFACIDES.

1. **Acide sulfhydrique** (HS).

§ **32.** Préparation. — Le meilleur moyen de se le procurer, c'est de traiter par l'acide sulfurique étendu du protosulfure de fer, cassé en petits morceaux. — Ce sulfure se trouve maintenant dans le commerce à des prix si modérés, que le plus simple est de l'acheter tout préparé. — Toutefois, pour le faire soi-même, on chauffe au rouge blanc, dans un creuset de Hesse, de la tournure de fer ou des bouts de fil de fer longs de 3 à 4 centim., puis on y projette de temps en temps des morceaux de soufre, jusqu'à ce que le contenu du creuset soit en pleine fusion. Si l'on a fait un trou dans le fond du creuset, le sulfure de fer coule à mesure qu'il se forme et on peut le recevoir dans une pelle à charbon, placée dans le cendrier. — On obtient encore un sulfure d'un très-bon usage en projetant par portions, dans un creuset chauffé au rouge, un mélange intime de 30 parties de limaille de fer avec 21 parties de fleur de soufre ; la combinaison se fait chaque fois avec un vif éclat et on attend que la partie projetée dans le creuset soit transformée en sulfure pour jeter une nouvelle portion du mélange. Quand tout est employé, on couvre le creuset et on le porte à une haute température, pour fondre le sulfure plus ou moins complètement. Pour produire le dégagement du gaz, on peut se servir de l'appareil suivant (*fig.* 32).

On met dans le flacon *a* le sulfure de fer avec de l'eau, on y ajoute de l'acide sulfurique anglais et on agite. Le gaz se lave en passant dans la petite fiole *c*. Quand on ne se sert plus de l'appareil, on enlève la dissolution de sulfate de fer ; on lave plusieurs fois avec de l'eau le flacon dans lequel on a laissé le sulfure non attaqué; on le remplit complètement d'eau et on conserve ainsi pour une autre fois. Si l'on ne fait pas ce que nous indiquons, l'appareil se remplit de sulfate de fer cristallisé, qui arrête tout dégagement ultérieur de gaz.

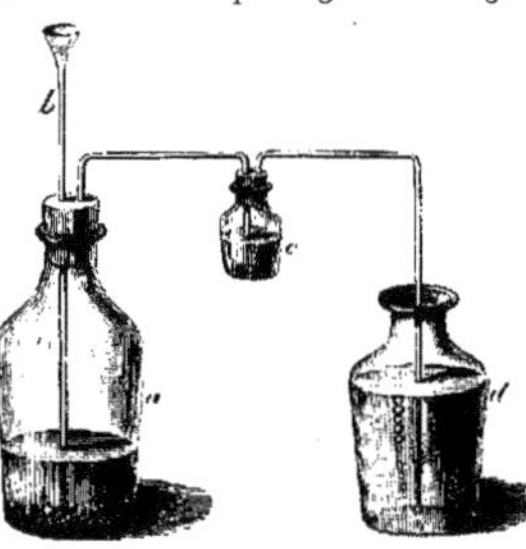

Fig. 32.

Dans les grands laboratoires ou pour les chimistes qui ont souvent besoin d'acide sulfhydrique, je recommande, si l'on n'a pas de gazomètre, l'appareil construit pas *Brugnatelli*, représenté dans la figure 33 avec quelques modifications.

Le ballon B muni d'une tubulure *a*[1] est rempli dans son col de fragments de verre, puis on met par-dessus du sulfure de fer en petits

[1] On pourrait, comme l'a fait *Brugnatelli*, employer un récipient à long col avec tubulure latérale, mais c'est moins commode.

morceaux de façon à remplir la moitié de la boule. Le bouchon en caoutchouc, qui ferme le col, porte latéralement le tube *s* (qu'on peut dans certaines circonstances supprimer (voy. plus bas), puis le tube court *c*, d'au moins un centimètre de diamètre, qui est réuni par un

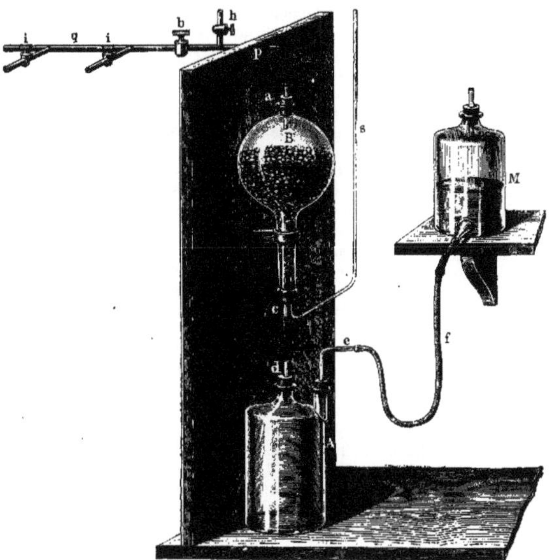

Fig. 33.

tube en caoutchouc à un tube de verre aussi large, communiquant au flacon A. Le tube *e*, qui plonge jusqu'au fond du flacon A, est uni au flacon M par le caoutchouc *f*, et le vase M est fermé par un bouchon traversé par un tube court ouvert aux deux bouts. Le bouchon de la tubulure *a* du ballon B est traversé par un tube, mis en communication avec un tuyau de plomb muni des robinets *h*, *b*, *i*, *i*, et qui est destiné à conduire le gaz où l'on veut l'utiliser.

Pour mettre l'appareil en marche on ouvre le robinet *h*, et on remplit M d'un mélange de 1 volume d'acide chlorhydrique ordinaire et 2 volumes d'eau. Le liquide arrive en A, remplit le flacon et monte en B par *d* et *c*. Quand le col est presque plein, on ferme le robinet *h* et on a soin que M ne soit rempli qu'à moitié. Si maintenant on ouvre *b*, et l'un des robinets *i*, l'acide monte en B jusque sur le sulfure de fer; l'acide sulfhydrique se dégage avec régularité, parce que les larges tubes *c* et *d* permettent un double courant de liquide, l'un descendant de chlorure de fer lourd, l'autre ascendant d'eau acide moins dense. Si l'on veut qu'il y ait une plus grande masse de sulfure en contact avec l'acide, on place une ou plusieurs planchettes sous le flacon M, ce qui augmente la pression. De cette façon on peut régler à volonté le courant gazeux, en élevant ou abaissant le flacon M, de façon à faire passer le gaz dans différents liquides, au moyen des robinets multiples, comme cela peut être nécessaire dans les grands laboratoires.

Si l'appareil ne doit pas servir plus longtemps, on abaisse le flacon M. Le liquide descend dans B et n'est plus en contact avec le sulfure de fer, ce qui arrête tout dégagement de gaz. Si dans cette opération il ne se produit pas assez d'hydrogène sulfuré pour remplir l'espace abandonné par le liquide, l'air arrive par le tube *s*. Si l'on ne supprime pas ce dernier, on lui donne une longueur suffisante pour que le liquide ne puisse pas en sortir, quand la pression dans l'appareil est assez grande.

On peut supprimer le tube *s* en faisant usage des robinets. Dans ce cas, quand on abaisse M, le liquide descend en B plus lentement, parce que l'espace laissé vide par l'acide qui descend est rempli exclusivement par l'acide sulfhydrique. S'il n'y a pas de robinet, le tube *s* est nécessaire pour empêcher que, par l'abaissement du vase M, il y ait absorption du liquide dans lequel on fait passer le courant d'acide sulfhydrique. C'est ce qu'on évite en fermant le robinet *b*, avant d'abaisser le vase M. On fait passer le gaz qui sort par *i*, *i*, à travers un flacon laveur, ou en hiver à travers un tube en U rempli de coton. Lorsque le vase M est vidé, on l'abaisse au-dessous de A, tandis qu'on ouvre le robinet *h*, s'il n'y a pas de tube *s*. Tout le liquide revient en M et on peut recommencer le dégagement.

Cet appareil est si commode que je n'ai pas hésité à le substituer au grand gazomètre en plomb dont je faisais usage depuis tant d'années.

C'est sur le même principe que repose la disposition suivante (*fig.* 34), adoptée par *F. Mohr*, et qui est très-commode quand on ne veut que de petites quantités d'acide sulfhydrique.

A est une éprouvette à dessécher les gaz, fermée en *b* par une lame de plomb percée de trous et dans laquelle on met le sulfure de fer concassé. A l'extrémité du tube *d* on suspend, à l'aide d'un bout de tube en caoutchouc, un tube en verre un peu large rempli de coton, destiné à arrêter le chlorure de fer qui pourrait être entraîné. *c* est un robinet en verre, armé d'un long manche en bois (on pourrait le remplacer par une pince); *e* renferme une dissolution de carbonate de soude, pour arrêter l'acide sulfhydrique qui se dégage de la solution de chlorure et l'empêcher de se répandre dans l'air de la salle. Pour produire le dé-

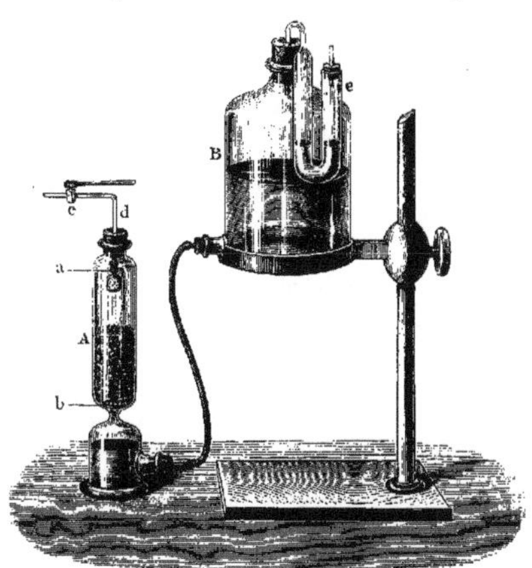

Fig. 34.

gagement on fait usage aussi d'un mélange de 1 volume d'acide chlorhydrique brut et 1 ou 2 volumes d'eau.

Parmi les nombreux appareils construits pour atteindre le même but, je décrirai encore celui de *Pohl*, à cause de sa simplicité et de sa commodité.

Un flacon A (*fig.* 35), de 2 à 2,5 litres de capacité, contient de l'acide sulfurique étendu; à travers le bouchon en caoutchouc B passe à frottement une baguette en verre, d'au moins 9mm de diamètre, arrondie par le haut, et portant à sa partie inférieure un petit panier percé de trous, en caoutchouc dur, ordinaire. Ce panier est doublé de toile grossière et rempli de fragments de sulfure de fer. Si, en enfonçant la baguette en verre, on fait descendre le panier dans le liquide, il se produit un dégagement lent d'hydrogène sulfuré, que l'on peut activer en faisant plonger ce sulfure davantage dans l'acide, ou interrompre complètement en retirant le panier. Le large tube à dégagement R est plein de coton et remplace le flacon laveur.

Fig. 55.

La *dissolution d'hydrogène sulfuré* se prépare en conduisant le gaz dans de l'eau bouillie, aussi froide que possible, et cela jusqu'à saturation, jusqu'à ce que le gaz passe à travers l'eau sans être arrêté. On reconnaît que l'eau est saturée, en fermant le flacon avec le pouce et en l'agitant. Si l'on sent une pression de dedans en dehors, l'opération est terminée; si au contraire la pression agit sur le doigt à l'extérieur, c'est que l'eau peut encore absorber du gaz. Il faut garder cette dissolution dans un flacon hermétiquement fermé, et malgré cela elle finit par se décomposer complètement; l'hydrogène se transforme en eau, une petite partie du soufre s'oxyde et se change en acide sulfurique, tandis que le reste se dépose. On peut la conserver plus longtemps en la mettant, aussitôt après sa préparation, dans de petits flacons bien bouchés, que l'on renverse en plongeant le goulot dans des verres pleins d'eau. Elle doit être limpide, avoir une forte odeur d'hydrogène sulfuré et donner un abondant précipité de soufre avec le perchlorure de fer; elle ne doit pas noircir par l'ammoniaque et ne laisser aucun résidu quand on l'évapore dans une capsule en platine.

Usages. — L'acide sulfhydrique a une grande tendance à former avec les oxydes métalliques de l'eau et un sulfure; comme ces derniers sont presque tous insolubles dans l'eau, cette réaction servira à précipiter les métaux de leurs dissolutions. Les circonstances dans lesquelles cette précipitation s'opère offrent des différences qui nous permettront, comme nous l'indiquerons plus tard, de partager les métaux précipitables en plusieurs groupes. L'acide sulfhydrique sera donc un moyen précieux de séparer les métaux en groupes principaux. Parmi les précipités formés par l'acide sulfhydrique, quelques-uns ont des couleurs tellement nettes, que ce caractère suffit pour les reconnaître. La facile décomposition de l'acide sulfhydrique en fait aussi un agent réducteur pour beaucoup de corps: c'est ainsi qu'il change les sels de peroxyde de fer en sels de protoxyde, l'acide chromique en oxyde de chrome, etc. Dans ces réductions, le soufre se dépose sous forme de poudre blanche et fine. Quant à savoir s'il vaut mieux employer l'acide sulfhydrique à l'état gazeux ou en dissolution, ce sont les circonstances dans lesquelles on l'emploie qui l'apprendront dans chaque cas particulier.

III. BASES ET MÉTAUX.

§ 33. Les bases se divisent en *oxybases* et *sulfobases ;* les premières proviennent de la combinaison de l'oxygène avec un métal ou un radical composé analogue, et les secondes, de la combinaison du soufre avec les mêmes corps.

Les *bases oxygénées* se partagent en alcalis, terres alcalines, terres pures et oxydes des métaux lourds. Les alcalis sont très-solubles dans l'eau, les terres alcalines le sont beaucoup moins, et l'une d'elles même, la magnésie, ne l'est pas ou ne l'est que fort peu. Les terres pures et les oxydes des métaux lourds (excepté l'oxyde de thallium) ne sont pas ou presque pas solubles dans l'eau. Les dissolutions des alcalis et des terres alcalines, à un degré suffisant de concentration, sont caustiques, ont une saveur de lessive, brunissent le papier de curcuma, bleuissent le papier de tournesol rougi, saturent complètement les acides, de sorte que les sels qui en résultent, quand ils sont formés d'un acide puissant, sont sans action sur les couleurs végétales, tandis qu'ils ont en général une réaction alcaline, si l'acide est faible. — Les terres pures et les oxydes des métaux lourds forment aussi des sels avec les acides, mais la plupart ne peuvent neutraliser complètement la réaction acide.

Les *sulfobases*, provenant de la combinaison du soufre avec les métaux alcalins et alcalino-terreux, sont solubles dans l'eau, et la dissolution a une forte réaction alcaline. Les autres sulfobases sont insolubles. Toutes forment des sulfosels avec les sulfacides.

a. OXYBASES.

α. Alcalis.

1. **Potasse** (KO) **et soude** (NaO).

§ 34. La préparation de la potasse ou de la soude parfaitement pure est une opération longue et ennuyeuse : aussi, au lieu de préparer ces substances chimiquement pures, ou même à peu près pures, on se contente de les débarrasser de certaines impuretés, ce qui suffit dans la plupart des cas.

a. *Lessive ordinaire de soude.* — Préparation. — Dans une marmite en fonte bien propre et munie d'un couvercle, on met 3 parties de carbonate de soude cristallisé du commerce, 15 parties d'eau, et on fait bouillir. Alors on y verse peu à peu, en ayant soin de maintenir l'ébullition, un lait de chaux, qu'on a obtenu en versant sur une partie de chaux vive 3 parties d'eau chaude, et en maintenant le mélange dans un vase clos, jusqu'à ce qu'il ait pris une consistance bien homogène. On maintient l'ébullition encore pendant un quart d'heure après l'addition de la chaux ; on prend un petit essai que l'on filtre, et on essaye si le liquide filtré fait encore effervescence avec l'acide chlorhydrique. Si cela avait lieu, il faudrait prolonger l'ébullition, et au besoin ajouter encore du lait de chaux. Si la lessive est bien débarrassée d'acide carbonique, on couvre la marmite, on laisse un peu refroidir, et au moyen d'un siphon rempli d'eau on soutire le liquide clair dans un ballon en verre. On fait bouillir le résidu une seconde fois avec de l'eau, que l'on ajoute au premier liquide. — Dans le ballon, qui doit être bien fermé avec une plaque de verre, on laisse la chaux complètement se déposer; on verse la dissolution limpide dans la marmite en fonte qui a été bien nettoyée, et on évapore de façon à réduire le tout à 6 ou 7 parties. — On obtient ainsi une lessive de densité 1,13 à 1,15 et contenant de 9 à 10 pour 100 de soude. Si l'on veut filtrer une dissolution, qui ne serait pas tout à fait limpide, on prend un entonnoir couvert au fond duquel on met d'abord des morceaux un peu gros de marbre blanc, puis par-dessus du marbre en poudre fine qu'on a eu soin de débarrasser de toute poussière par le lavage (*Graeger*). — Il faut qu'elle soit limpide, incolore, autant que possible exempte d'acide carbonique, et qu'elle ne noircisse pas par le sulfhydrate d'ammoniaque. — En général elle renferme des traces de silice, d'alumine et d'acide phosphorique, et ne peut dès lors être employée pour les recherches exactes. On la conserve dans des flacons fermés par des capuchons en verre, comme le sont les lampes à alcool. Dans le cas où l'on n'aurait pas de pareilles fioles, on prendrait des flacons à l'émeri ordinaires, mais il faudrait avoir la précaution d'enduire le bouchon et le goulot de paraffine, sans quoi on courrait le risque de ne pouvoir déboucher le flacon, surtout si on fait rarement usage de la dissolution.

b. *Hydrate de potasse à l'alcool.* — Préparation. — On fait dissoudre les baguettes ou les plaques de potasse caustique du commerce dans de l'alcool rectifié, en les faisant digérer et les agitant dans un vase en verre fermé. On laisse éclaircir par dépôt ; on décante et au besoin on filtre le liquide dans une capsule en argent, et l'on évapore sur la lampe à gaz ou à alcool, jusqu'à ce qu'il ne se dégage plus de vapeurs ; on a soin d'ajouter de temps en temps un peu d'eau pour éviter que la masse noircisse. On plonge alors l'extérieur de la capsule en argent dans de l'eau froide, pour refroidir le tout ; on enlève le gâteau de potasse caustique ; on le concasse grossièrement dans un mortier chauffé et on conserve dans un flacon bien bouché. Pour l'usage, on dissout chaque fois un morceau suffisant dans de l'eau.

L'hydrate de potasse ainsi obtenu est pur, sauf de petites traces d'alumine, et peut être employé dans la plupart des cas ; il ne contient ordinairement ni acide phosphorique, ni acide sulfurique, ni silice. Sa dissolution doit rester limpide avec le sulfhydrate d'ammoniaque, et faire à peine effervescence avec l'acide chlorhydrique. En l'évaporant à siccité, il doit rester un résidu complètement soluble dans l'eau en un liquide limpide : en la chauffant, après addition d'acide azotique, avec du molybdate d'ammoniaque, il ne doit pas y avoir de précipité jaune, et avec l'ammoniaque à une douce chaleur, même après plusieurs heures, il ne faut pas qu'il se dépose de flocons d'alumine.

c. *Hydrate de potasse préparé avec la baryte.* — Préparation. — On dissout dans l'eau à chaud des cristaux d'hydrate de baryte pure (§ **36**), et l'on y ajoute du sulfate de potasse pur, jusqu'à ce qu'un petit essai filtré, acidulé par l'acide chlorhydrique et étendu, ne précipite plus par le sulfate de potasse. (Pour 16 parties de cristaux de baryte il faut 9 parties de sulfate de potasse.) On laisse reposer le liquide trouble ; on décante la lessive claire, et on l'évapore dans une capsule en argent (*voir* b). — L'hydrate de potasse est alors complètement pur, sauf un peu de sulfate de potasse, qui ne se dissout pas quand on emploie peu d'eau pour faire la dissolution. — Ce n'est que dans des cas fort rares, par exemple, lorsqu'il faut chercher des traces d'alumine, que l'on a besoin de potasse ainsi préparée.

Usages. — A cause de leur grande affinité pour les acides, les alcalis fixes décomposent la plupart des sels et précipitent toutes les bases insolubles dans l'eau. Parmi ces oxydes, plusieurs sont dissous par un excès du précipitant, par exemple : l'alumine, l'oxyde d'un chrome, l'oxyde de plomb ; d'autres ne le sont pas, comme le peroxyde de fer, l'oxyde de bismuth, etc. Les alcalis fixes nous offrent donc un moyen de séparer les premiers oxydes des derniers. — En outre la potasse et la soude dissolvent beaucoup des sels (par exemple, le chromate de plomb), des composés sulfurés, etc., et peuvent servir dès lors aussi bien pour séparer ces corps que pour les reconnaître. Beaucoup des précipités formés par la potasse ou la soude ont des couleurs particulières ou des propriétés caractéristiques, comme l'hydrate de protoxyde de manganèse, celui de protoxyde de fer, le protoxyde de mercure, de sorte que par ces précipités on peut reconnaître les métaux. Les alcalis chassent l'ammoniaque des sels ammoniacaux, de sorte qu'on peut reconnaître cette base à son odeur ou à son action sur les couleurs végétales.

2. **Ammoniaque** (AzH^4O).

§ **35.** Préparation. — Pour préparer la dissolution ammoniacale en petite quantité (naturellement celle qu'on fabriquerait en grand dans des vases en fonte serait moins coûteuse), on met dans un ballon en verre 4 parties de sel ammoniac, cassé en morceaux gros comme des pois, et l'hydrate de chaux sec obtenu avec 5 parties de chaux : on mêle en agitant et on ajoute peu à peu assez d'eau pour que la poudre forme des grumeaux. On place le ballon dans un bain de sable et on le met en communication, à l'aide de tubes en verre, avec deux flacons, dont l'un servant de flacon laveur sera d'une assez grande capacité. Ce dernier renfermera très-peu d'eau ; dans celui où se fera la dissolution on mettra 10 parties d'eau, on le plongera dans un vase plein d'eau froide et on commencera à chauffer. Le dégagement du gaz est rapide. On chauffe jusqu'à ce qu'il n'arrive plus de bulles gazeuses, et on enlève le bouchon du ballon pour qu'il n'y ait pas d'absorption. Le liquide du flacon laveur est impur, mais la dissolution dans le second flacon est pure. On l'étend d'eau jusqu'à la densité 0,96, correspondant à 10 p. 100 d'ammoniaque, et on la conserve dans des flacons à l'émeri.

Essais. — La dissolution ammoniacale doit être incolore, se volatiliser sur une feuille de platine sans le moindre résidu ; chauffée avec un égal volume d'eau de chaux, elle ne doit pas se troubler (acide carbonique), ou le trouble, s'il s'en produit un, doit être très-faible. Après saturation avec l'acide azotique, la dissolution de baryte et celle d'argent n'y produiront pas de précipité et l'acide sulfhydrique n'y déterminera aucune coloration.

Usages. — Bien que la dissolution d'ammoniaque soit obtenue en faisant passer un courant de gaz AzH^3 dans de l'eau, et qu'en l'abandonnant à l'air ou la chauffant, elle laisse dégager de l'ammoniaque, on peut la regarder comme une dissolution aqueuse d'oxyde d'ammonium (AzH^4O), en admettant que tout d'abord un équivalent d'eau (HO) s'unit à AzH^3. Elle est alors analogue à la lessive de potasse ou à celle de soude, et tous ses effets s'expliquent très-simplement en admettant que les oxysels qu'elle forme avec les oxacides renferment l'oxyde d'ammonium (AzH^4O) et non plus l'ammoniaque (AzH^3). C'est un des réactifs les plus fréquemment employés. Il sert surtout à saturer les liquides acides, à précipiter beaucoup d'oxydes métalliques et d'oxydes terreux et à séparer les uns des autres ceux qu'il a précipités, attendu que plusieurs sont solubles dans un excès d'ammoniaque, comme les oxydes de zinc, de cadmium, d'argent, de cuivre, etc., tandis que d'autres ne le sont pas. Certains de ces précipités ou leurs solutions ammoniacales ont des couleurs qui permettent de reconnaître la nature du métal.

Beaucoup d'oxydes, que l'ammoniaque précipite de leur dissolution neutre, ne le sont plus quand les dissolutions sont acides, parce que le sel ammoniacal qui se forme empêche la précipitation (voir plus bas le chlorhydrate d'ammoniaque, § **53**).

β. *Terres alcalines.*

1. **Baryte** (BaO).

§ **36**. Préparation. — Depuis que l'on peut se procurer la withérite facilement et à bon marché, je préfère à toutes les nombreuses méthodes employées pour avoir l'hydrate de baryte la suivante, qui donne un produit pur à un prix modéré. On mélange intimement 100 parties de withérite finement pulvérisée, 10 parties de charbon et 5 parties de colophane; on met le tout dans un pot cylindrique en terre que l'on couvre; on lute les jointures avec de l'argile et on place, pendant une cuisson, dans un four à briques. On fait ensuite bouillir plusieurs fois avec de l'eau la masse refroidie et broyée, on filtre dans des ballons que l'on ferme et qu'on expose au froid et il se dépose de grandes quantités de cristaux de baryte hydraté (BaO,HO + 8 Aq). On fait égoutter ces cristaux dans un entonnoir bien couvert, on les sèche rapidement entre des feuilles de papier à filtrer et on les conserve dans des flacons bien bouchés. Pour l'usage on dissont à chaud une partie de cristaux dans 20 parties d'eau et on filtre. L'eau de baryte ainsi préparée est préférable, à cause de sa pureté, à l'eau-mère d'où l'on a retiré les cristaux. On peut employer pour faire du chlorure de baryum le résidu insoluble dans l'eau, qui est un mélange de withérite non décomposée et de charbon.

Essais. — L'eau de baryte, lorsqu'on en a précipité la baryte par de l'acide sulfurique pur, doit donner par filtration un liquide qui, additionné d'alcool, reste parfaitement limpide et ne laisse aucun résidu fixe lorsqu'on l'évapore dans un creuset de platine.

Usages. — La baryte, étant une base forte, précipite les oxydes métalliques et les oxydes terreux insolubles. Nous ne l'employons, dans la marche des analyses, que pour précipiter la magnésie. — On peut aussi se servir de l'eau de baryte pour précipiter les acides qui font avec cette base des sels insolubles ; c'est pour cela qu'on l'applique à la recherche de l'acide carbonique, à l'élimination de l'acide sulfurique, de l'acide phosphorique, etc.

2. **Chaux** (CaO).

§ **37**. On fait usage de :

a. *L'hydrate de chaux.* — b. *L'eau de chaux.* — Le premier s'obtient en versant sur des morceaux de chaux vive pure, dans une capsule en porcelaine, la moitié de leur poids d'eau. On conserve cet hydrate dans un flacon parfaitement bouché. — Pour avoir l'eau de chaux, on fait digérer pendant quelque temps l'hydrate avec de l'eau distillée froide, on laisse déposer et l'on soutire le liquide clair dans un flacon bien bouché. Si l'eau de chaux ne doit pas renfermer de traces des alcalis, qui sont presque toujours dans la chaux préparée par la calcination de la pierre à chaux, on jette les deux ou trois premières eaux de lavage de la chaux et on ne conserve que les dernières. Il faut que l'eau de chaux colore fortement en brun le papier de curcuma, et donne un précipité assez abondant avec le carbonate de soude. On ne peut plus s'en servir quand elle ne présente plus ces caractères, ce qui ne tarde pas à arriver, si elle n'est pas à l'abri du contact de l'air.

Usages. — La chaux forme avec certains acides des sels insolubles et avec d'autres des sels solubles; on peut donc l'employer pour distinguer ces acides, car elle précipitera les uns et ne précipitera pas les derniers. Parmi les premiers, il en est qui ne seront précipités que dans certaines circonstances, par exemple, par ébullition (acide citrique); cela permettra, d'après les conditions de l'opération, de les distinguer les uns des autres. On emploie l'eau de chaux en particulier pour reconnaître l'acide carbonique et distinguer l'acide tartrique de l'acide citrique. L'hydrate de chaux sert à chasser l'ammoniaque de ses sels.

7. *Métaux lourds et leurs oxydes.*

1. **Zinc** (Zn).

§ **38**. On choisit de bon zinc, qui doit surtout être exempt d'arsenic, ce dont on s'assure par la méthode indiquée dans la troisième partie de cet ouvrage, § **132**, 10; on le fait fondre et on le coule en filet mince dans un vase plein d'eau. — Le zinc arsenifère doit être absolument rejeté, car aucun procédé simple de purification connu ne permet de le débarrasser complètement d'arsenic (*Eliot* et *Storer*[1]). — Le zinc sert à précipiter par simple déplacement certains métaux de leur dissolution ($CuO,SO^3 + Zn = ZnO,SO^3 + Cu$); en outre on l'emploie pour préparer l'hydrogène, et en particulier l'hydrogène arsénié et l'hydrogène antimonié. (Voy. § **131**, 10, et § **132**, 10.) Quelquefois le zinc sert à découvrir l'acide sulfureux et l'acide phosphoreux. Dans ce cas il faut s'assurer qu'il ne renferme pas de sulfure ou de phosphure. (Voy., § **139** et § **148**, la manière de l'essayer et de l'employer dans cette circonstance.)

[1] Suivant *Gunning* (*Scheikundige, Bijdragen*, *Deel*, I, p. 115) on pourrait purifier le zinc en le faisant fondre plusieurs fois avec un mélange de soufre et de carbonate de soude.

2. Fer (Fe).

Le fer précipite beaucoup de métaux à l'état métallique. On l'emploie surtout pour découvrir le cuivre, qui se dépose avec sa couleur caractéristique. Pour ce dernier essai, on peut faire usage de tout objet en fer à surface polie, lame de couteau, aiguille à coudre, morceau de fil de fer, etc.

3. Cuivre (Cu).

Il ne sert guère qu'à réduire les sels de mercure ; ce dernier métal se dépose sur le cuivre en le couvrant d'une couche blanche, qui par le frottement prend l'éclat de l'argent. On peut prendre pour cet usage une monnaie de cuivre quelconque, bien nettoyée avec du sable, ou une lame de cuivre polie.

4. Oxyde de bismuth hydraté (BiO^3,HO).

§ **39.** Préparation. — On dissout dans de l'acide azotique étendu du bismuth, débarrassé d'arsenic par sa fusion avec du foie de soufre ; on étend la dissolution avec de l'eau, jusqu'à ce qu'il se forme un léger précipité persistant, on filtre, on évapore à cristallisation, on broie avec de l'eau les cristaux qui ont été lavés avec de l'eau contenant de l'acide azotique, on ajoute un excès d'ammoniaque, on laisse digérer longtemps, on filtre, on lave et on conserve le précipité blanc desséché.

Essais. L'oxyde de bismuth, dissous dans l'acide azotique étendu, puis précipité par l'hydrogène sulfuré, doit donner un précipité auquel l'ammoniaque et le sulfhydrate d'ammoniaque ne doivent rien enlever, de sorte qu'après filtration le liquide ne se troublera pas par l'acide chlorhydrique, ou tout au plus il s'y formera un trouble blanc pur produit par du soufre.

Usages. — L'oxyde de bismuth est décomposé à l'ébullition par les dissolutions alcalines des sulfures métalliques : il se forme un oxyde et du sulfure de bismuth. Il est préférable pour cette réaction à l'oxyde de cuivre, que l'on peut employer au même usage, parce qu'en ajoutant une nouvelle quantité du réactif on reconnaît facilement si la décomposition est ou n'est pas complète. Il a de plus sur l'oxyde de cuivre l'avantage de ne pas se dissoudre comme lui dans les liqueurs alcalines contenant des substances organiques, et de ne pas modifier le degré d'oxydation de certains composés oxygénés. Il nous sert à transformer les sulfures d'arsenic en acides correspondants, ce que ne peut faire le bioxyde de cuivre, parce que ce dernier, en passant à l'état de protoxyde, change bientôt l'acide arsénieux en acide arsénique.

b. SULFOBASES.

1. **Sulfhydrate d'ammoniaque** (AzH^4S).

§ **40**. On emploie :

a. Le *sulfhydrate neutre d'ammoniaque incolore* ;

b. Le *sulfhydrate sulfuré d'ammoniaque jaune.*

Préparation. — A travers 3 parties d'une dissolution d'ammoniaque, on fait passer un courant d'hydrogène sulfuré jusqu'à refus, et on ajoute ensuite 2 parties de la même solution ammoniacale. — L'action de l'acide sulfhydrique sur l'ammoniaque donne d'abord le produit AzH^4S ($AzH^4O + HS = AzH^4S + HO$), puis ensuite le composé AzH^4S,HS. En ajoutant alors autant d'ammoniaque qu'on en avait saturée, l'ammoniaque s'unit à l'hydrogène sulfuré du sulfure double d'hydrogène et d'ammonium, et on obtient le sulfhydrate simple ou neutre : $AzH^4S, HS + AzH^4O = 2\ (AzH^4S) + HO$. Dans la préparation nous n'indiquons que les $\frac{2}{3}$ de l'ammoniaque à ajouter, parce qu'il vaut mieux que le produit renferme un peu de sulfhydrate sulfuré plutôt que de l'ammoniaque libre. Il n'est pas nécessaire d'employer, comme on a l'habitude de le faire souvent, du sulfure double d'hydrogène et d'ammonium à la place du sulfhydrate neutre : cela ne fait qu'augmenter l'odeur d'hydrogène sulfuré dans les laboratoires, car ce composé, sous l'action des sulfacides métalliques, laisse dégager de l'acide sulfhydrique.

On conservera le sulfhydrate d'ammoniaque dans de petits flacons bien bouchés. Récemment préparé, il est incolore et ne laisse pas déposer de soufre par l'addition des acides ; mais sous l'action de l'air il se colore en jaune, en même temps qu'il se forme de l'ammoniaque, de l'eau et du bisulfure d'ammonium : $2\ (AzH^4S) + O = AzH^4S^2 + AzH^3 + HO$.

Si l'action de l'oxygène de l'air se continue, il se forme peu à peu des sulfures de plus en plus sulfurés ; plus tard il se dépose du soufre, et à la fin on n'a plus qu'une dissolution d'ammoniaque, d'hyposulfite d'ammoniaque et du soufre précipité.

S'il était nécessaire d'employer du sulfhydrate jaune, on pourrait se servir de celui qui a pris cette teinte sous l'action de l'air. On s'en procure plus promptement en faisant digérer un peu de soufre dans le sulfhydrate neutre. — Tous les sulfhydrates colorés en jaune, traités par les acides, laissent déposer du soufre qui donne au liquide un aspect laiteux.

Essais. — Le sulfhydrate d'ammoniaque doit avoir son odeur caractéristique à un haut degré, dégager abondamment de l'hydrogène sulfuré par l'action d'un acide et ne produire dans ce cas aucun précipité ou un précipité d'un blanc pur. Évaporé dans un vase en platine et porté au rouge, il ne laissera aucun résidu et ne se troublera pas, même à chaud, avec les dissolutions calcaires ou magnésiennes (carbonate ou ammoniaque libre).

USAGES. — C'est un des réactifs les plus fréquemment employés. Il sert : — *a*) pour précipiter les métaux qui ne peuvent pas l'être par l'hydrogène sulfuré dans leurs dissolutions acides, par exemple, le fer, le colbat, etc. ($AzH^4S + FeO, SO^3 = FeS + AzH^4O, SO^3$) ; — *b*) pour séparer les sulfures métalliques obtenus avec l'acide sulfhydrique dans les dissolutions acides, parce qu'il dissout certains de ces sulfures, par exemple le sulfure d'arsenic, celui d'antimoine, etc., à l'état de sulfosels (AzH^4S, ArS^3, etc.), tandis que les autres, par exemple le sulfure de plomb, celui de cadmium, etc., restent non dissous. Pour ce dernier usage, le sulfhydrate d'ammoniaque doit contenir un excès de soufre, parce que les sulfures ne peuvent se dissoudre qu'autant qu'ils sont à un haut degré de sulfuration; ainsi le sulfure d'étain (SnS) ne se dissout que quand il est passé à l'état de persulfure (SnS^2).

Des dissolutions d'alumine et d'oxyde de chrome le sulfhydrate d'ammoniaque ne sépare que des oxydes hydratés, avec dégagement d'acide sulfhydrique, parceque les sulfures correspondant à ces oxydes ne peuvent se produire par la voie humide : [$Al^2O^3, 3SO^3 + 3.AzH^4S + 3.HO = Al^2O^3, 3HO + 3(AzH^4O, SO^3) + 3.HS$.] — Les sels insolubles dans l'eau, qui sont dissous dans les acides, sont précipités sans altération de ces dissolutions par le sulfhydrate d'ammoniaque, par exemple le phosphate de chaux dissous dans l'acide chlorhydrique.

2. Sulfure de sodium (NaS).

§ **41**. PRÉPARATION. — C'est la même que celle du sulfhydrate d'ammoniaque; on remplace la dissolution ammoniacale par une lessive de soude. — On conserve le liquide dans un flacon en verre bien bouché. — Si l'on avait besoin de sulfure plus ou moins sulfuré, on ferait digérer le monosulfure avec un peu de fleur de soufre.

USAGES. — On se sert du sulfure de sodium à la place du sulfhydrate d'ammoniaque pour séparer le sulfure de cuivre des sulfures métalliques comme le sulfure d'étain, qui sont solubles dans les sulfures alcalins, parce que le sulfure de cuivre n'est pas tout à fait insoluble dans le sulfhydrate d'ammoniaque.

IV. SELS.

Parmi les nombreux sels qui servent de réactifs, ceux de potasse, de soude et d'ammoniaque sont surtout employés à cause de leur acide, et l'on peut dès lors remplacer souvent les sels de soude par ceux correspondant de potasse et réciproquement : ainsi il est à peu près indifférent de prendre du carbonate de soude ou du carbonate de potasse, du prussiate jaune de potasse ou du prussiate de soude, etc. C'est pour cela que je range les sels alcalins d'après la nature de *leur acide*. Il n'en est plus de même des sels des terres alcalines et des oxydes des métaux lourds. Dans ceux-ci ce n'est plus l'acide qui est important, mais la base, et alors on pourra remplacer un sel d'une base par un autre de la même base; ainsi au lieu du chlorure de barium, on pourra prendre de l'azotate ou de l'acétate de baryte, etc. Ces derniers seront pour cette raison classés d'après les *bases*.

a. SELS ALCALINS.

1. **Sulfate de potasse** (KO,SO^3).

§ **42**. PRÉPARATION. — On fait cristalliser celui du commerce et on dissout une partie du sel pur dans 12 parties d'eau.

USAGES. — Le sulfate de potasse sert à distinguer et à séparer la baryte et la strontiane. Il vaut mieux l'employer pour cet usage que l'acide sulfurique étendu, qui remplirait le même but, parce que l'on ne détruit pas la neutralité des dissolutions.

2. **Phosphate de soude** ($2NaO,HO,PhO^5+24Aq$).

§ **43**. PRÉPARATION. — On purifie le sel du commerce par plusieurs cristallisations. On dissout une partie de sel dans 10 parties d'eau. En chauffant la dissolution avec de l'ammoniaque, elle ne doit pas se troubler; les précipités qu'y produisent les solutions de baryte et d'argent doivent se dissoudre complétement et sans effervescence par addition d'acide azotique étendu.

USAGES. — Le phosphate de soude précipite, par double décomposition, les terres alcalines et tous les oxydes métalliques. Dans la marche de l'analyse il sert, une fois les sulfures métalliques éliminés, à essayer d'une manière générale s'il se trouve des terres alcalines et, après l'enlèvement de la baryte, de la strontiane et de la chaux et une addition d'ammoniaque, il décèle la présence de la magnésie, avec laquelle il forme un précipité de phosphate basique ammoniaco-magnésien.

3. Oxalate d'ammoniaque ($2AzH^4O,C^4O^6+2Aq$).

§ **44**. Préparation. — On dissout à l'ébullition dans 6 parties d'eau une partie d'acide oxalique du commerce (qui le plus souvent renferme de la potasse); on laisse refroidir, on décante ou on sépare par filtration les cristaux d'acide oxalique qui renferment souvent du quadroxalate de potasse: on évapore les eaux mères qui fournissent une seconde, même une troisième fois de l'acide oxalique tout à fait ou presque tout à fait exempt de potasse. On emploie la dernière eau encore et les premiers cristaux pour faire de l'oxalate de potasse ou de soude. Puis on dissout à chaud, dans 2 parties d'eau distillée, une partie d'acide oxalique purifié; on ajoute une dissolution ammoniacale jusqu'à ce que la réaction soit nettement alcaline; puis on abandonne à la cristallisation dans un endroit froid. On laisse égoutter les cristaux; l'eau mère, convenablement évaporée, donne une seconde cristallisation. On purifie le sel obtenu en le faisant de nouveau cristalliser. On dissout une partie de sel dans 24 parties d'eau.

Essais. — La dissolution d'oxalate d'ammoniaque ne doit être troublée ou précipitée ni par l'acide sulfhydrique, ni par le sulfhydrate d'ammoniaque. Le sel, calciné sur une feuille de platine, doit disparaître sans laisser de résidu.

Usages. — L'acide oxalique forme des sels insolubles ou très-peu solubles avec la chaux, la strontiane, la baryte, l'oxyde de plomb et d'autres oxydes métalliques; dès lors l'oxalate d'ammoniaque formera, dans des dissolutions salines de ces oxydes, des précipités d'oxalate correspondant. Dans les recherches analytiques, ce réactif sert surtout à reconnaître la chaux.

4. Acétate de soude ($NaO,C^4H^3O^3+6Aq$ ou $NaO,\bar{A}+6Aq$).

§ **45**. Préparation. — On dissout dans très-peu d'eau du carbonate de soude cristallisé; on neutralise la dissolution avec de l'acide acétique, qu'on met en léger excès; on évapore à cristallisation et on purifie par de nouvelles cristallisations le sel obtenu. Celui-ci doit être incolore et exempt de matières organiques et d'acides minéraux. On dissout pour l'usage une partie de sel dans 10 parties d'eau.

Usages. — L'acétate de soude, en présence d'un acide fort, donne un sel de soude de cet acide et de l'acide acétique libre. Dans les analyses, on l'emploie surtout pour précipiter d'une dissolution chlorhydrique le phosphate de peroxyde de fer, qui est insoluble dans l'acide acétique. Il peut encore servir pour séparer le peroxyde de fer ou l'alumine, qu'il précipite de leurs dissolutions salines à la température de l'ébullition.

5. **Carbonate de soude** (NaO,CO^2+10Aq).

§ **46**. Préparation. — On broie du bicarbonate de soude du commerce, que l'on place dans un entonnoir imparfaitement fermé avec un tampon de coton; on aplanit la surface du sel en poudre; on la recouvre d'une feuille de papier à filtre pas trop facilement perméable, dont on relève les bords contre les parois de l'entonnoir, et en versant sur le papier de petites quantités d'eau, on lave jusqu'à ce que le liquide qui coule, additionné d'acide azotique jusqu'à acidité, ne soit troublé ni par le chlorure de baryum, ni par l'azotate d'argent. On laisse sécher le sel et on le calcine pour le transformer en carbonate neutre de soude. Cette opération réussit le mieux dans un creuset ou une capsule en argent ou en platine; mais on peut aussi prendre un vase en fonte polie, ou, en opérant en petit, une simple capsule en porcelaine. — En faisant cristalliser plusieurs fois le carbonate ordinaire du commerce, on obtient aussi du carbonate de soude pur. — Pour l'usage, on dissout une partie de sel anhydre ou 2, 7 parties de sel cristallisé dans 5 parties d'eau.

Essais. — Le carbonate de soude sera parfaitement blanc. Sa dissolution sursaturée d'acide azotique ne sera troublée ni par le chlorure de baryum, ni par l'azotate d'argent; elle ne rougira pas avec le sulfocyanure de potassium, elle ne se colorera pas en jaune ou ne donnera pas de précipité de la même couleur en la faisant chauffer avec du molybdate d'ammoniaque et de l'acide azotique, et enfin, sursaturée avec de l'acide chlorhydrique, et évaporée à siccité, le résidu blanc devra se dissoudre complétement dans l'eau, sans partie insoluble (acide silicique). Fondu dans un tube de verre dans un courant d'acide carbonique avec du cyanure de potassium, il ne doit pas y avoir trace de sublimé noir (arsenic). (Voy. § **132**, 12.)

Usages. — Le carbonate de soude précipite toutes les bases, sauf les alcalis, en formant le plus souvent des carbonates, mais parfois des oxydes hydratés. Les bases qui sont solubles dans l'eau à l'état de bicarbonates, ne sont complétement précipitées de leur dissolution acide que par l'ébullition. Plusieurs précipités formés par le carbonate de soude ont une couleur propre, qui permet de reconnaître les métaux. La dissolution de carbonate de soude peut servir encore à décomposer beaucoup de sels insolubles alcalino-terreux ou métalliques, surtout ceux à acide organique. Par l'ébullition avec le carbonate de soude, ces sels sont en effet transformés en carbonates insolubles, tandis que l'acide du sel se porte sur la soude et se dissout. Enfin le carbonate de soude est employé fréquemment pour saturer des acides libres.

6. Carbonate d'ammoniaque (AzH^4O,CO^2).

§ 47. Préparation. — On prend du sesquicarbonate d'ammoniaque purifié sans odeur empyreumatique, tel qu'on le prépare en grand par la sublimation d'un mélange de sel ammoniac et de carbonate de chaux ; on nettoie avec soin les pains à la surface, on dissout une partie du sel dans 4 parties d'eau et l'on ajoute une partie de dissolution d'ammoniaque[1].

Essais. — Le carbonate d'ammoniaque est volatil sans résidu ; sursaturé avec de l'acide azotique, il n'est précipité ni par la baryte, ni par le sel d'argent : il n'est ni coloré, ni précipité par l'acide sulfhydrique.

Usages. — Comme le carbonate de soude, le carbonate d'ammoniaque précipite la plupart des oxydes métalliques et des oxydes terreux, et il lui est préféré en général, parce qu'il n'introduit pas dans les liqueurs une substance fixe. La précipitation complète de certains oxydes n'a également lieu qu'à la température d'ébullition. Quelques-uns des précipités sont solubles dans un excès de carbonate d'ammoniaque. Il peut également dissoudre certains oxydes hydratés et quelques sulfures métalliques, et permet ainsi de les séparer de ceux qui y sont insolubles.

Comme avec l'ammoniaque caustique, et pour la même raison, il y a beaucoup d'oxydes que le carbonate d'ammoniaque ne peut pas précipiter dans une dissolution acide (voy. § 53). — Dans les analyses il sert à précipiter la baryte, la strontiane et la chaux, et à les séparer de la magnésie ; en outre il permet de distinguer le sulfure d'arsenic qu'il peut dissoudre du sulfure d'antimoine qui y est insoluble.

7. Bisulfite de soude ($NaO,2SO^2$).

§ 48. Préparation. — Dans un ballon on chauffe 5 parties de tournure de cuivre avec 20 parties d'acide sulfurique anglais, et l'on fait passer le gaz acide sulfureux qui se dégage, d'abord dans un flacon laveur, puis dans un deuxième flacon contenant 4 parties de bicarbonate de soude purifié (§ 46), ou 7 parties de carbonate neutre cristallisé et 20 ou 30 parties d'eau ; ces proportions étant telles que le flacon soit tout au plus rempli à moitié. Lorsqu'il ne se dégage plus d'acide car-

[1] En prenant un appareil continu à acide carbonique muni d'un tube de sûreté, on fait arriver le gaz lavé dans un flacon plein d'une dissolution concentrée d'ammoniaque : le tube abducteur passe à travers un bouchon en caoutchouc. Quand l'air est chassé on ferme hermétiquement le flacon et la saturation se fait seule au bout d'un certain temps : il se forme un abondant dépôt de bicarbonate d'ammoniaque pur.

bonique, on arrête le courant d'acide sulfureux. On garde dans un flacon bien fermé la dissolution, qui doit répandre une forte odeur de gaz sulfureux.

Essais. — Le bisulfite de soude, additionné d'acide sulfurique pur, doit d'abord dégager une grande quantité d'acide sulfureux, puis, évaporé à siccité, donner un résidu dont la solution aqueuse ne sera pas changée par l'acide sulfhydrique et ne se colorera pas en jaune, ou ne sera pas précipitée lorsqu'on la chauffera avec une dissolution de molybdate d'ammoniaque additionnée d'acide azotique.

Usages. — L'acide sulfureux a une grande tendance à passer à l'état d'acide sulfurique en absorbant de l'oxygène ; c'est pour cela qu'il est un puissant agent de réduction. Le sulfite de soude agit de même, lorsqu'on lui ajoute un acide. On s'en sert surtout pour transformer l'acide arsénique en acide arsénieux, l'acide chromique en oxyde de chrome, le peroxyde de fer en protoxyde. En outre le sulfite acide de soude peut permettre de séparer le sulfure d'arsenic, qui y est soluble, des composés sulfurés de l'antimoine et de l'étain, qui y sont insolubles.

8. **Azotite de potasse** (KO,AzO^3).

§ **49**. Préparation. — Dans une marmite en fer on fond 1 partie de salpêtre et on y ajoute 2 parties de plomb : on remue constamment avec une spatule en fer. Au rouge sombre le plomb s'oxyde en grande partie et se change en une poudre jaune. Pour achever l'oxydation, on élève la température au rouge naissant et on maintient à cet état pendant une demi-heure. On lave la masse refroidie à l'eau froide, on filtre et on fait passer un courant d'acide carbonique dans la liqueur. Presque tout le plomb dissous est précipité ; on en enlève les dernières traces avec un peu d'hydrogène sulfuré. Après filtration, on évapore à siccité, en remuant vers la fin, puis on chauffe jusqu'à fusion pour décomposer un peu d'hyposulfite de potasse formée. (*A. Stromeyer.*) On dissout 1 partie de sel dans 2 parties d'eau, on neutralise avec précaution avec de l'acide acétique et on filtre s'il est nécessaire.

Essais. — L'azotite de potasse, additionné d'acide sulfurique étendu, doit donner un abondant dégagement de bioxyde d'azote.

Usages. — L'azotite de potasse est un moyen précieux de reconnaître et de séparer le cobalt, dans les dissolutions duquel il forme un précipité d'azotite double de cobalt et de potasse ; en outre, en présence d'un acide libre, il dégage l'iode de ses combinaisons.

9. **Bichromate de potasse** ($KO,2CrO^3$).

§ **50**. Préparation. — On fait cristalliser le sel du commerce et on en dissout une partie dans 10 parties d'eau.

Usages. — Ce sel décompose la plupart des sels métalliques solubles, par voie de double décomposition. Les chromates qui se précipitent sont généralement très-peu solubles, et ont des couleurs si caractéristiques qu'on en peut conclure facilement la nature du métal. On l'emploie surtout à la recherche du plomb.

10. Antimoniate grenu de potasse (KO,SbO^5+7Aq).

§ **51.** Préparation. — Dans un creuset porté au rouge, on projette par petites portions un mélange intime de parties égales d'émétique et de salpêtre. Lorsque tout est brûlé, on maintient encore au rouge pendant un quart d'heure; au commencement la masse produit un peu d'écume, mais à la fin elle entre tranquillement en fusion. On retire le creuset du feu : après un refroidissement suffisant, on reprend avec de l'eau chaude. Il se dépose une poudre blanche, lourde, et l'on décante le liquide que l'on concentre par évaporation. Au bout d'un ou deux jours, il se dépose une masse pâteuse. On traite celle-ci par trois fois son volume d'eau froide, en remuant avec une spatule, et elle se transforme peu à peu en une poudre fine, grenue, que l'on réunit à celle qui s'est déposée tout d'abord, dans le premier lavage; on lave un peu le tout, et on sèche dans du papier à filtrer; 100 parties d'émétique donnent environ 30 parties d'antimoniate de potasse. (*Brunner.*)

Essais et usages. — L'antimoniate de potasse est très-difficilement soluble dans l'eau, il en exige 90 parties à la température de l'ébullition et 250 parties à froid. Il vaut mieux faire la dissolution au moment de s'en servir, en agitant assez longtemps le sel avec de l'eau froide et filtrant pour séparer la partie non dissoute. Cette dissolution doit être limpide et parfaitement neutre ; elle ne donne aucun précipité avec le chlorure de potassium et le chlorhydrate d'ammoniaque, mais elle en donne un cristallisé avec le chlorure de sodium. L'antimoniate grenu de potasse est un excellent réactif pour la soude, mais son emploi exige des précautions (voy. § **90**).

11. Molybdate d'ammoniaque (AzH^4O,MoO^3) dissous dans l'acide azotique.

§ **52.** Préparation. — On broie en poudre fine du sulfure de molybdène naturel avec son volume de sable quartzeux lavé à l'acide chlorhydrique, et l'on chauffe dans une capsule en platine peu profonde, lorsqu'on opère en petit, et dans un moufle si on traite une assez grande quantité de matière : on remue souvent et on porte au rouge faible, jusqu'à ce que la masse ait pris une couleur jaune citron, qui passe au blanc par le refroidissement. On traite le tout par de l'ammoniaque étendue : on évapore le liquide filtré, on chauffe le résidu au rouge faible, jusqu'à ce qu'il soit jaune ou blanc, et on le fait digérer pendant quelques jours au bain-marie avec de l'acide azotique, pour faire passer à l'état tribasique l'acide phosphorique presque toujours contenu dans le minerai. Après avoir évaporé l'acide azotique, on dissout le résidu dans 4 parties d'ammoniaque en dissolution, on filtre promptement, et on verse la liqueur dans 15 parties en poids d'acide azotique de densité 1,20. — On abandonne pendant plusieurs jours la dissolution dans un endroit chaud, pour que le peu d'acide phosphorique qui pourrait s'y trouver se dépose à l'état de phosphomolybdate d'ammoniaque ; on décante la dissolution incolore, que l'on conserve pour l'usage. Chauffée à 40°, elle ne laisse déposer aucun précipité blanc (acide molybdique ou molybdate acide) ; mais cela arrivera bientôt à une plus haute température, si l'on n'ajoute pas une plus grande quantité d'acide azotique ou chlorhydrique. (*Eggertz.*)

Usages. — L'acide phosphorique et l'acide arsénique forment avec l'acide molybdique et l'ammoniaque des composés particuliers jaunes, qui sont insolubles dans une dissolution azotique de molybdate d'ammoniaque. Ce dernier sera donc très-propre pour faire trouver ces acides, surtout pour reconnaître de petites quantités d'acide phosphorique dans des dissolutions acides renfermant du peroxyde de fer, de l'alumine et des terres alcalines.

12. **Chlorhydrate d'ammoniaque** (AzH^4Cl).

§ **53.** Préparation. — On choisit du beau sel ammoniac sublimé blanc du commerce. S'il contient du fer, il faut l'en purifier. Pour cela, on ajoute à la dissolution un peu de sulfhydrate d'ammoniaque, on laisse le précipité se déposer, on filtre, on ajoute de l'acide chlorhydrique jusqu'à faible réaction acide, on fait bouillir quelque temps, on sature avec de l'ammoniaque, on filtre si cela est nécessaire et on fait cristalliser. On dissout 1 partie du sel dans 8 parties d'eau.

Essais. — Evaporée sur une feuille de platine, la dissolution du sel ammoniac doit laisser un résidu, qui disparaît complétement en chauffant davantage. Le sulfhydrate d'ammoniaque ne doit pas la changer ; sa réaction est complétement neutre.

Usages. — Le sel ammoniac est d'un usage fréquent dans les analyses. Il sert surtout à maintenir en dissolution certains oxydes, par exemple, le protoxyde de manganèse, la magnésie, ou des sels, par exemple, le tartrate de chaux, lorsque d'autres oxydes ou d'autres sels doivent être précipités par l'ammoniaque ou un autre réactif. Cet emploi est fondé sur la tendance qu'ont les sels ammoniacaux à former des sels doubles. En outre le sel ammoniac sert à séparer les uns des autres certains précipités semblables sous d'autres rapports, par exemple le phosphate ammoniaco-magnésien, insoluble dans le sel ammoniac, des autres précipités magnésiens. On l'emploie encore pour précipiter de leurs dissolutions alcalines différents corps, comme l'alumine, l'oxyde de chrome, qui, solubles dans la potasse, sont insolubles dans l'ammoniaque; le sel ammoniac se décompose en effet en présence de la potasse, il se forme du chlorure de potassium, de l'eau et de l'ammoniaque. Enfin ce réactif sert spécialement à précipiter le platine, à l'état de chlorure double de platine et d'ammoniaque.

13. Cyanure de potassium (KCy).

§ 54. Préparation. — On chauffe à une douce chaleur, en remuant constamment, du prussiate jaune de potasse du commerce, bien exempt de sulfate de potasse, jusqu'à ce que toute l'eau de cristallisation soit évaporée; on le broie ensuite, et on ajoute à 8 parties de la poudre sèche 3 parties de carbonate de potasse bien sec. On fond le mélange dans un creuset de Hesse bien fermé, ou mieux dans un creuset en fer, jusqu'à ce que, tout étant porté au rouge sombre, la masse soit fondue en un liquide limpide, et qu'en y plongeant une baguette en verre préalablement chauffée ou une tige en fer, l'essai qu'on en retire soit complétement blanc. Alors on retire le creuset du feu, on le secoue doucement, on laisse un peu refroidir, jusqu'à ce que tout dégagement de gaz ait cessé; enfin on verse le cyanure de potassium fondu dans un vase de fer poli ou d'argent, profond, en forme de creuset et chauffé d'avance, et on laisse refroidir lentement dans un endroit chaud. En versant le sel en fusion, il faut avoir la précaution de ne pas laisser arriver le fer, qui forme au fond du creuset un dépôt pulvérulent fin. Le cyanure de potassium ainsi préparé est très-bon pour les analyses, quoiqu'il renferme du carbonate et du cyanate de potasse; ce dernier, en se dissolvant dans l'eau, se transforme en carbonate de potasse et en carbonate d'ammoniaque: $(KO, C^2AzO + 4,HO = KO, CO^2 + AzH^4O, CO^2)$. On conserve le sel à l'état solide dans un flacon bien bouché, et au moment de l'employer, on en dissout 1 partie dans 4 parties d'eau sans chauffer.

Essais. — Le cyanure de potassium est blanc laiteux, exempt de grains de fer et de fragments de charbon, et donne une dissolution parfaitement limpide dans l'eau. Il ne doit contenir ni silice, ni sulfure de potassium. Sa dissolution d'après cela doit précipiter en blanc par les sels de plomb, et saturée par l'acide chlorhydrique (ce qui produit un dégagement d'acide prussique), elle doit, après évaporation, donner un résidu complétement soluble dans l'eau.

Usages. — Le cyanure de potassium, préparé d'après la méthode indiquée, produit dans la plupart des dissolutions métalliques des précipités de cyanures, d'oxydes ou de carbonates insolubles dans l'eau. Parmi ceux-ci les premiers, les cyanures, sont solubles dans le cyanure de potassium et peuvent se séparer, par addition d'un excès de réactif, des oxydes ou autres qui y sont insolubles. Parmi les cyanures métalliques il en est qui, en présence de l'acide prussique libre et par l'ébullition, se dissolvent toujours à l'état de cyanure double de potassium et du métal; d'autres s'unissent au cyanogène pour former de nouveaux radicaux et restent comme tels en combinaisons solubles avec le potassium. Les composés les plus ordinaires de cette dernière espèce sont le cobalti-cyanure, le ferro-cyanure et le ferri-cyanure de potassium. Ils se distinguent des autres cyanures doubles parce que les acides étendus ne peuvent pas en séparer les cyanures métalliques. Le cyanure de potassium permettra donc de distinguer les métaux formant de pareilles combinaisons de ceux dont les cyanures sont précipités par les acides étendus de leur dissolution dans le cyanure de potassium. Dans les analyses, ce réactif est précieux pour séparer le nickel du cobalt et le cuivre, dont il dissout le sulfure, du cadmium dont le sulfure est insoluble dans le réactif.

14. **Prussiate jaune de potasse** ($2K,C^6Az^3Fe+3Aq=2K,Cfy+3Aq.$)

(FERRO-CYANURE OU CYANO-FERRURE DE POTASSIUM.)

§ **55.** PRÉPARATION. — Celui du commerce est suffisamment pur; on en dissout 1 partie dans 12 parties d eau.

USAGES. — Le ferro-cyanogène forme avec la plupart des métaux des composés insolubles dans l'eau, offrant souvent des couleurs caractéristiques. Ils se produisent quand on met le ferro-cyanure de potassium en présence des sels métalliques dissous, des chlorures, etc., le métal remplaçant le potassium. Le ferro-cyanure de cuivre et celui de fer offrant des couleurs tranchées, le prussiate jaune est surtout employé comme réactif du cuivre et du peroxyde de fer.

15. **Prussiate rouge de potasse** ($3K,C^{12}Az^6Fe^2=3K,Cfdy$).

(FERRI-CYANURE OU CYANO-FERRIDE DE POTASSIUM.)

§ **56.** PRÉPARATION. — Dans une dissolution de 1 partie de prussiate jaune et 10 parties d'eau, on fait passer un courant de chlore gazeux, en agitant fréquemment, jusqu'à ce que le liquide, regardé par transparence (et mieux à la lumière d'une bougie) ait une belle couleur rouge foncé et qu'un essai ajouté dans du perchlorure de fer ne le précipite plus en bleu, mais le colore en brun. On évapore le liquide dans une capsule pour le réduire au 1/4 de son poids et on laisse cristalliser. Les eaux mères évaporées donnent une seconde cristallisation. On réunit alors tous les cristaux, que l'on dissout dans 3 parties d'eau; on filtre, si cela est nécessaire, on évapore rapidement pour réduire à moitié et on abandonne à la cristallisation. Pour l'usage, il vaut mieux ne dissoudre dans l'eau, qu'au moment de s'en servir, quelques-uns des beaux cristaux rouges que l'on a obtenus. Comme nous l'avons dit plus haut, la dissolution ne doit ni précipiter, ni colorer en bleu le perchlorure de fer.

Usages. — Le prussiate rouge décompose les dissolutions métalliques comme le prussiate jaune. Parmi les ferri-cyanures, celui de fer est caractéristique par sa couleur, et pour cette raison, le prussiate rouge sert de réactif pour les sels de fer au minimum.

16. Sulfo-cyanure de potassium (K,C^2AzS^2 ou K,CyS^2).

§ 57. Préparation. — Dans un vase en fer, que l'on peut fermer, on met un mélange de 46 parties de prussiate jaune déshydraté, 17 parties de carbonate de potasse et 32 parties de soufre; on fait fondre à un feu doux, on maintient à cette température jusqu'à ce que la masse, qui au commencement s'était fortement boursouflée, soit en fusion tranquille et limpide; on porte alors au rouge faible pour décomposer l'hyposulfite de potasse formé. On enlève la matière à demi refroidie et encore molle, on la divise et on la fait bouillir à plusieurs reprises avec de l'alcool à 80 ou 90 pour 100. Par le refroidissement le sulfo-cyanure se dépose en cristaux incolores. On retire ce qui reste dans les eaux mères en les distillant. On dissout pour l'usage 1 partie de sel dans 10 parties d'eau.

Essais et usages. — Le sulfo-cyanure de potassium sert à découvrir le peroxyde de fer, dont il est le réactif le plus sensible. — Sa dissolution étendue d'acide chlorhydrique parfaitement pur, doit rester incolore.

b. Sels des terres alcalines.

1. Chlorure de baryum ($BaCl+2Aq$).

§ 58. Préparation. — a. *Par le spath pesant.* — On broie du sulfure de baryum brut (obtenu en calcinant 8 parties de sulfate de baryte naturel, 2 parties de charbon en poudre et 1 partie de colophane) : on en fait bouillir les 9/10 avec quatre fois leur poids d'eau, et on ajoute de l'acide chlorhydrique, jusqu'à ce qu'il ne se dégage plus d'acide sulfhydrique et que le liquide ait une faible réaction acide. On ajoute alors le dernier dixième de sulfure de baryum, on fait bouillir quelque temps et on abandonne à la cristallisation la liqueur alcaline. On fait cristalliser une seconde fois les cristaux desséchés et redissous dans l'eau.

b. *Par la withérite.* — On délaye une partie de withérite en poudre dans 10 parties d'eau et on verse peu à peu de l'acide chlorhydrique ordinaire, jusqu'à dissolution complète du minéral. On ajoute alors un peu de withérite en poudre fine, on chauffe en remuant souvent, jusqu'à ce que le liquide soit neutre, ou n'ait plus qu'une faible réaction acide, on verse un peu de sulfure de baryum dissous, tant qu'il produit un précipité, on filtre, on évapore pour faire cristalliser et on purifie le sel obtenu par de nouvelles cristallisations.

Pour l'usage, on dissout 1 partie de chlorure de baryum dans 10 parties d'eau.

Essais. — Le chlorure de baryum dissous ne doit pas changer les couleurs végétales, ni se colorer ou précipiter par l'acide sulfhydrique ou le sulfhydrate d'ammoniaque. L'acide sulfurique pur précipitant dans la dissolution toute la partie fixe, le liquide filtré, évaporé sur la feuille de platine, ne doit pas laisser le moindre résidu.

Usages. — La baryte formant des sels solubles avec certains acides et insolubles avec d'autres, il en résulte que les premiers, qui ne seront pas précipités par le chlorure de baryum, pourront être séparés des seconds. Les précipités barytiques se comportent différemment avec les acides; aussi en faisant agir ces derniers, nous pourrons former des groupes parmi les acides précipitables et même reconnaître directement certains acides. Le chlorure de baryum est un de nos plus importants réactifs, tant pour distinguer les groupes d'acides que pour reconnaître l'acide sulfurique.

2. **Azotate de baryte** (BaO,AzO^5).

§ **59**. Préparation. — On traite par de l'acide azotique étendu et exempt d'acide chlorhydrique le carbonate de baryte, soit à l'état de withérite, soit obtenu en précipitant par le carbonate de soude une dissolution de sulfure de baryum. On opère du reste absolument comme dans la préparation du chlorure de baryum au moyen de la withérite. On dissout 1 partie de sel dans 15 parties d'eau.

Essais. — La dissolution d'azotate de baryte ne doit pas se troubler par celle d'argent, et pour le reste c'est comme pour le chlorure, de baryum.

Usages. — On se sert de l'azotate à la place du chlorure quand on ne veut pas introduire de chlorure métallique dans le liquide.

3. **Carbonate de baryte.**

§ **60**. Préparation. — On dissout du chlorure de baryum cristallisé dans de l'eau, on fait bouillir et on y ajoute une dissolution de carbonate d'ammoniaque additionnée d'un peu d'ammoniaque caustique (ou du carbonate de soude pur), tant qu'il se forme un précipité : on laisse déposer, on décante cinq ou six fois, on place le précipité sur un filtre, on le lave jusqu'à ce que l'eau de lavage ne se trouble plus par le nitrate d'argent : alors on broie le carbonate avec de l'eau, de manière à en faire un lait épais, que l'on conserve pour l'usage. Il est inutile de dire qu'il faut agiter avant de l'employer.

Essais. — L'acide sulfurique pur doit enlever toute la partie fixe de la dissolution de carbonate de baryte dans l'acide chlorhydrique. (Voy. la baryte caustique, § **36**.)

Usages. — Le carbonate de baryte décompose complétement les dissolutions de certains oxydes métalliques, par exemple celles de peroxyde de fer, d'alumine, en précipitant tout l'oxyde à l'état d'hydrate et de sel basique, tandis que d'autres sels métalliques ne sont pas décomposés. De là un moyen de séparer les oxydes les uns des autres, et on l'applique avec succès à la séparation du peroxyde de fer et de l'alumine, d'avec le protoxyde de manganèse, l'oxyde de zinc, la chaux, la magnésie, etc. Il faut avoir soin seulement de ne pas prendre les sels à l'état de sulfates, car dans ce cas ces dernières bases seraient elles-mêmes précipitées par le carbonate de baryte.

4. **Sulfate de chaux** (CaO,SO^3, **cristallisé** $CaO,SO^3 + 2Aq$).

§ **61**. Préparation. — On fait digérer dans de l'eau, en agitant fréquemment, du gypse cristallisé réduit en poudre, on laisse déposer et on conserve le liquide clair.

Usages. — Le sulfate de chaux, étant un sel un peu soluble, sera un réactif commode à employer lorsqu'il faudra une solution étendue soit d'un sulfate, soit d'un sel chaux. Comme dissolution étendue d'un sel calcaire, il sert à reconnaître l'acide oxalique; comme sulfate étendu, il offre un moyen très-convenable pour distinguer la baryte, la strontiane et la chaux.

5. **Chlorure de calcium** ($CaCl$, **cristallisé** $CaCl + 6Aq$).

§ **62**. Préparation. — On étend de 6 parties d'eau 1 partie d'acide chlorhydrique ordinaire, on y met du marbre ou de la craie, jusqu'à ce qu'il ne puisse plus s'en dissoudre, on ajoute un peu d'hydrate de chaux, et on fait passer un courant d'hydrogène sulfuré, jusqu'à ce que le sulfhydrate d'ammoniaque n'altère plus le liquide. On abandonne 12 heures à l'abri de l'air à une douce chaleur, on filtre, on neutralise exactement, on concentre par la chaleur et on laisse cristalliser. On fait égoutter les cristaux et on en dissout 1 partie dans 5 d'eau.

Essais. — La dissolution de chlorure de calcium doit être neutre, ne se colorer ni précipiter par le sulfhydraté d'ammoniaque, et ne pas dégager d'ammoniaque quand on y ajoute de la potasse ou de l'hydrate de chaux.

Usages. — Le chlorure de calcium agit comme le chlorure de baryum et a des usages analogues. Ce dernier pouvant être employé à grouper les acides inorganiques, le premier permettra de faire de même avec les acides organiques, dont il précipite les uns et pas les autres. Comme avec les précipités de baryte, les conditions dans lesquelles se produisent les sels calcaires insolubles nous offriront un moyen de distinguer les acides.

6. Sulfate de magnésie
(MgO,SO^3, **cristallisé** $MgO,SO^3,+6Aq$).

§ **63**. Préparation. — On dissout dans 10 parties d'eau le sulfate de magnésie du commerce; seulement, dans le cas où il ne serait pas parfaitement pur, on le ferait cristalliser de nouveau.

Essais. — Le sulfate de magnésie aura une réaction neutre. Sa dissolution, additionnée d'une quantité suffisante de chlorhydrate d'ammoniaque, ne sera ni précipitée ni troublée, même au bout d'une demi-heure, par l'ammoniaque pure, par le carbonate, l'oxalate et le sulfhydrate d'ammoniaque.

Usages. — Le sulfate de magnésie sert presque exclusivement à reconnaître l'acide phosphorique et l'acide arsénique, parce que dans les dissolutions aqueuses de leurs sels, et en présence du sel ammoniac et de l'ammoniaque, il forme des sels doubles insolubles, très-caractéristiques (phosphate ou arséniate basique ammoniaco-magnésien). On emploie encore le sulfate de magnésie pour essayer le sulfhydrate d'ammoniaque (voy. § **40**).

C. SELS DES MÉTAUX LOURDS.

1. Sulfate de protoxyde de fer
(FeO,SO^3, **cristallisé** $FeO,SO^3,HO+6Aq$).

§ **64**. Préparation. — On chauffe avec de l'acide sulfurique étendu un excès de clous ou de morceaux de fil de fer exempts de rouille, jusqu'à ce qu'il ne se dégage plus d'hydrogène; on filtre la dissolution suffisamment concentrée, on y ajoute quelques gouttes d'acide sulfurique concentré et on laisse refroidir. On lave les cristaux obtenus avec de l'eau additionnée de très-peu d'acide sulfurique, on les sèche et on les conserve. On peut aussi très-bien retirer le sulfate de fer de la dissolution qui forme le résidu de la préparation de l'acide sulfhydrique au moyen du sulfure de fer et de l'acide sulfurique.

Essais. — Le sulfate de protoxyde de fer doit former de beaux cristaux vert pâle. Il faut rejeter ceux qui, par l'action de l'air, sont plus ou moins oxydés et donnent dans l'eau une dissolution trouble jaune brunâtre, avec un dépôt de sulfate basique de peroxyde de fer. La dissolution du sel, additionnée d'un peu d'acide chlorhydrique, ne doit ni se colorer en noir ni précipiter avec l'acide sulfhydrique.

Usages. — Le sulfate de protoxyde de fer a une grande tendance à se transformer en sel de peroxyde, par conséquent à absorber de l'oxygène. Ce sera donc un puissant agent de réduction. Nous nous en servirons surtout pour réduire l'acide azotique, auquel il enlève 3 équivalents d'oxygène, pour le changer en bioxyde d'azote. Comme cette réaction est accompagnée de la formation d'un composé de bioxyde d'azote et de sulfate de protoxyde de fer non décomposé, caractérisé par une couleur brun noir particulière, elle est tout à fait spécifique et très-sensible pour découvrir l'acide azotique. Le sulfate de protoxyde de fer sert encore à reconnaître l'acide ferri-cyanhydrique, avec lequel il forme une sorte de bleu de Prusse, et à réduire les sels d'or, dont il précipite l'or à l'état métallique.

2. **Perchlorure de fer** (Fe^2Cl^3).

§ **65**. Préparation. — On chauffe dans un ballon un mélange de 10 parties d'eau et 1 partie d'acide chlorhydrique pur, avec des petits clous en fer, jusqu'à ce que, avec un excès de ces derniers, il ne se dégage plus d'hydrogène ; on filtre alors la dissolution dans un autre ballon, et on y fait passer, en agitant souvent, un courant de chlore gazeux jusqu'à ce que, en essayant sur une petite quantité, le ferri-cyanure de potassium n'y forme plus de précipité bleu. On chauffe enfin pour chasser l'excès de chlore, on étend de façon à avoir environ 20 fois le poids du fer dissous, et on conserve la dissolution pour l'usage.

Essais. — La dissolution de perchlorure de fer ne doit pas contenir d'acide en excès ; par conséquent, en en prenant un peu que l'on étendra d'eau et en agitant cet essai avec une baguette de verre trempée dans une dissolution d'ammoniaque, il devra se former un précipité permanent. Il ne faut pas non plus que le prussiate rouge de potasse y produise de coloration bleue.

Usages. — Le perchlorure de fer sert à former des subdivisions dans le groupe des acides organiques non précipités par le chlorure de calcium, parce qu'il précipite les benzoates et les succinates, et non pas les acétates et les formiates. Ces derniers sels neutres, à base de peroxyde de fer, se dissolvent dans l'eau avec une couleur rouge intense, ce qui permet encore d'employer le perchlorure de fer pour reconnaître ces sels. — A l'article Acide phosphorique, chap. III, nous verrons que le perchlorure de fer est on ne peut pas plus commode pour décomposer les phosphates alcalino-terreux. Enfin on s'en sert encore pour reconnaître l'acide de ferro-cyanhydrique, avec lequel il forme du bleu de Prusse.

3. **Azotate d'argent** (AgO,AzO^5).

§ **66**. Préparation. — On dissout de l'argent pur dans de l'acide azotique pur, on évapore à siccité et on prend 1 partie de sel pour 20 parties d'eau.

Essais. — Dans une dissolution de nitrate d'argent, qui doit d'abord être parfaitement neutre, l'acide chlorhydrique étendu doit précipiter tout élément non volatil, en sorte que le liquide séparé par filtration du chlorure d'argent et évaporé sur un verre de montre ne doit pas laisser de résidu et n'être ni coloré, ni précipité par l'acide sulfhydrique.

Usages. — L'oxyde d'argent forme avec les acides des sels dont les uns sont solubles et les autres insolubles ; dès lors l'azotate d'argent, comme le chlorure de baryum, pourra servir à grouper les acides.

La plupart des sels d'argent insolubles dans l'eau se dissolvent dans l'acide azotique étendu, sauf le chlorure, l'iodure, le bromure, le cyanure, le ferro-cyanure, le ferri-cyanure et le sulfure. L'azotate d'argent offrira donc un moyen précieux de distinguer et de séparer des autres acides les hydracides correspondant aux sels que nous venons d'énumérer. Comme beaucoup des sels d'argent insolubles dans l'eau ont une couleur propre (chromate, arséniate), ou se comportent d'une façon particulière avec d'autres réactifs ou sous l'action de la chaleur (formiate d'argent), l'azotate d'argent est important pour déterminer la nature spécifique de certains acides.

4. **Acétate de plomb** ($Pb\overline{O},A$, **cristallisé** $Pb\overline{O},A+3Aq$).

§ **67**. — Le sel de Saturne du commerce de première qualité est suffisamment pur. On en dissout 1 partie dans 10 parties d'eau.

Essais. — Avec de l'eau, à laquelle on a ajouté 1 ou 2 gouttes d'acide acétique, l'acétate de plomb doit former une dissolution limpide et incolore. L'acide sulfhydrique en précipite toute la partie volatile. En ajoutant à la dissolution un excès de carbonate d'ammoniaque et en filtrant, le liquide ne doit pas être coloré en bleu (cuivre).

Usages. — L'oxyde de plomb forme avec beaucoup d'acides des composés insolubles dans l'eau, ayant des couleurs particulières et des propriétés caractéristiques; l'acétate de plomb formera donc avec ces acides ou avec leurs sels des précipités, qui permettront de les caractériser et de les reconnaître. Ainsi le chromate de plomb est remarquable par sa couleur jaune, le phosphate de plomb par la manière dont il se comporte au chalumeau, le malate de plomb par sa facile fusibilité.

5. **Azotate de protoxyde de mercure** (Hg^2O,AzO^5, **cristallisé** Hg^2O,AzO^5+2Aq).

§ **68**. Préparation. — Dans une capsule en porcelaine on met 1 partie de mercure pur avec 1 partie d'acide azotique pur de densité 1, 2 ; on abandonne vingt-quatre heures dans un endroit frais, on sépare les cristaux formés du mercure non dissous et de l'eau-mère, et on les dissout en les triturant dans un mortier avec de l'eau additionnée de $\frac{1}{16}$ d'acide azotique. La dissolution filtrée est conservée dans un flacon, au fond duquel on verse une couche de mercure métallique.

Essais. — La dissolution d'azotate de protoxyde de mercure donne avec l'acide chlorhydrique étendu un abondant précipité blanc de protochlorure de mercure. En séparant le liquide par filtration, il ne doit pas donner de précipité avec l'acide sulfhydrique, ou tout au plus un faible précipité noir (bisulfure de mercure).

Usages. — L'azotate de protoxyde de mercure a une action analogue à celle du sel d'argent correspondant. Premièrement il précipite beaucoup d'acides, en particulier les hydracides, et secondement il sert à reconnaître plusieurs corps facilement oxydables, par exemple l'acide formique, parce que l'oxydation de ces derniers aux dépens de l'oxygène du protoxyde de mercure est accompagnée d'un dépôt très-caractéristique de mercure métallique.

6. **Bichlorure de mercure** ($HgCl$).

§ **69**. Celui du commerce est suffisamment pur ; on en dissout 1 partie dans 16 parties d'eau.

Usages. — Le bichlorure de mercure donne avec certains acides, par exemple l'acide iodhydrique, des précipités à couleur caractéristique, et peut dès lors servir à reconnaître ces acides. — Il est important pour reconnaître l'étain, lorsque ce dernier est dissous à l'état de protochlorure ; la moindre trace de ce dernier sel, additionnée d'un excès de bichlorure de mercure, transforme celui-ci en protochlorure insoluble dans l'eau. C'est de la même manière que le bichlorure de mercure sert à trouver l'acide formique.

7. **Sulfate de cuivre** (CuO,SO^3, **cristallisé** $CuO,SO^3,HO+4Aq$).

§ **70**. Préparation. — Le résidu de la préparation de l'acide sulfureux, employé à faire le sulfite de soude (§ **48**), donne du sulfate de cuivre très-pur. On jette ce résidu dans de l'eau, on chauffe, on filtre et on fait cristalliser plusieurs fois pour purifier. Pour l'usage, on dissout 1 partie de sel dans 10 parties d'eau.

Essais. — L'acide sulfhydrique doit enlever à la dissolution tout ce qui est précipitable, en sorte que la liqueur filtrée ne doit pas changer par addition d'ammoniaque ou de sulfhydrate d'ammoniaque.

Usages. — Le sulfate de cuivre est employé dans l'analyse qualitative pour précipiter l'acide iodhydrique à l'état de proto-iodure de cuivre. Il faut pour cela ajouter à 1 partie de sulfate de cuivre 2 1/2 parties de sulfate de protoxyde de fer, sinon la moitié de l'iode serait mise en liberté. De cette façon le protoxyde de fer passe à l'état de peroxyde et le bioxyde de cuivre se change en protoxyde. — Le sulfate de cuivre sert encore à reconnaître l'acide arsénieux, l'acide arsénique et les ferro-cyanures solubles.

8. **Protochlorure d'étain** ($SnCl$, **cristallisé** $SnCl+2Aq$).

§ **71**. Préparation. — On réduit de l'étain anglais en poudre, soit en le râpant, soit en le faisant fondre dans une petite capsule en porcelaine, retirant du feu et remuant constamment avec un pilon jusqu'à solidification. On fait bouillir longtemps cette poudre dans un ballon avec de l'acide chlorhydrique concentré (en ayant soin que l'étain soit toujours en excès), jusqu'à ce qu'il ne se dégage presque plus d'hydrogène ; on étend la dissolution de quatre fois son volume d'eau, à laquelle on a ajouté un peu d'acide chlorhydrique, et l'on filtre. On verse la solution claire dans un flacon contenant des petits morceaux d'étain métallique (ou une feuille d'étain) et l'on conserve en bouchant avec soin. Si l'on néglige ces précautions, le réactif s'altère bientôt et ne peut plus servir, parce que le protochlorure passe à l'état de perchlorure, en même temps qu'il se décompose de l'oxychlorure blanc.

Essais. — Le protochlorure d'étain doit donner immédiatement avec le bichlorure de mercure un précipité blanc de protochlorure de mercure, avec l'acide sulfhydrique un précipité brun foncé, et n'être ni précipité ni troublé par l'acide sulfurique.

Usages. — La grande tendance du protochlorure d'étain à absorber de l'oxygène pour se changer en oxyde d'étain, ou mieux en bichlorure par l'action de l'acide libre au moment de la formation de l'oxyde, fait de ce réactif un puissant agent de réduction. Il est aussi très-propre à enlever en totalité ou en partie le chlore aux composés chlorurés. Dans la marche des analyses, nous nous en servirons pour découvrir l'or et essayer le mercure.

9. Chlorure de platine ($PtCl^2$, cristallisé $PtCl^2+10Aq$).

§ 72. Préparation. — Dans un ballon à col étroit, on met avec de l'acide azotique et de l'acide chlorhydrique des copeaux de platine, que l'on a purifiés en les faisant bouillir avec de l'acide azotique ; on chauffe légèrement, et de temps en temps on ajoute de nouvel acide azotique, jusqu'à ce que tout le platine soit dissous. On évapore la dissolution au bain-marie, après y avoir ajouté de l'acide chlorhydrique, et on dissout le résidu épais dans 10 parties d'eau.

Essais. — Le chlorure de platine complètement évaporé au bain-marie doit laisser un résidu qui se dissout tout à fait dans l'alcool en un liquide limpide.

Usages. — Le chlorure de platine forme avec le chlorure de potassium et le chlorhydrate d'ammoniaque, mais non avec le chlorure de sodium, un sel double très-peu soluble. Il sert d'après cela à reconnaître l'ammoniaque et la potasse et est pour cette dernière notre réactif presque le plus sensible.

10. Chlorure double de sodium et de palladium ($NaCl,PdCl$).

§ 73. On dissout 5 parties de palladium dans de l'eau régale (voy. § 72), on ajoute 6 parties de chlorure de sodium pur, on évapore à siccité au bain-marie et on dissout 1 partie du sel double restant dans 12 parties d'eau. — La dissolution brune donne un moyen précieux de découvrir et de séparer l'iode.

11. Chlorure d'or ($AuCl^3$).

§ 74. Préparation. — Dans un ballon on met avec un excès d'eau régale de l'or coupé en petits morceaux, cet or pouvant être du reste allié à de l'argent ou à du cuivre ; on chauffe légèrement jusqu'à ce qu'il ne se dissolve plus rien. Si l'or est allié au cuivre, ce qu'on reconnaîtra au précipité rouge brun que produira le prussiate jaune dans un petit essai étendu d'eau, on ajoutera à la dissolution d'or impur un excès d'une solution de sulfate de protoxyde de fer. L'or réduit se déposera en poudre fine, d'un brun noir ; on le lave dans un ballon par décantation, on le redissout dans l'eau régale, on évapore au bain-marie, et on dissout le résidu dans 30 parties d'eau. Si l'or est allié à de l'argent, celui-ci reste à l'état de chlorure insoluble par l'action de l'eau régale : on évapore de suite la première dissolution au bain-marie et on dissout le résidu pour l'usage.

Usages. — Le chlorure d'or cède son chlore avec une grande facilité; dès lors il change facilement les protochlorures en perchlorures, les protoxydes en peroxydes avec le concours de l'eau. Ces oxydations se produisent d'ordinaire avec un dépôt d'or métallique sous forme de poudre brun noir. Dans les analyses, le chlorure d'or ne sert guère qu'à reconnaître le protoxyde d'étain, dans les dissolutions duquel il forme un précipité ou une simple coloration rouge pourpre.

V. MATIÈRES COLORANTES ET SUBSTANCES VÉGÉTALES INDIFFÉRENTES.

1. **Papiers réactifs.**

α. *Papier bleu de tournesol.*

§ **75.** Préparation. — On fait digérer 1 partie de tournesol du commerce avec 6 parties d'eau, on filtre, on partage le liquide bleu intense en deux portions égales : dans une moitié on sature l'alcali libre, en agitant avec une baguette en verre, que l'on plonge de temps en temps dans de l'acide sulfurique très-étendu, jusqu'à ce que la couleur commence à passer au rouge ; on ajoute alors la seconde portion bleu foncé, on verse le tout dans une grande capsule et on plonge dans le bain de teinture des bandes de papier non collé. On les fait sécher en les suspendant sur des fils. Le papier doit être bien régulièrement coloré, ni trop foncé, ni trop clair; il faut en outre qu'il se mouille facilement par son contact avec les liquides.

Usages. — La matière colorante rouge du tournesol ne paraît bleue dans le tournesol du commerce et dans son extrait aqueux ou le papier qu'on en teint, que par suite de la présence d'une base alcaline. Si l'une de ces préparations est mise en contact avec un acide libre, celui-ci se combine à la base et l'on voit apparaître la couleur rouge propre à la matière colorante du tournesol. Le papier bleu est donc un excellent réactif pour reconnaître un acide libre. Les acides faibles volatils ne se combinent que temporairement avec la base de la teinture; aussi, par suite de la volatilisation, la couleur bleue reparaît. Il faut cependant ne pas oublier que ce changement de couleur peut être produit aussi par les sels neutres solubles de la plupart des métaux lourds.

β. *Papier rouge de tournesol.*

Préparation. — On remue de la teinture de tournesol avec une baguette en verre trempée à plusieurs reprises dans de l'acide sulfurique très-étendu, jusqu'à ce que la couleur soit nettement rouge, puis on y trempe des bandes de papier. Il faut qu'après dessiccation la couleur soit d'un rouge bien net.

Usages. — Les alcalis purs, les terres alcalines, leurs sulfures et les carbonates alcalins, de même que les sels solubles de quelques acides faibles, entre autres l'acide borique, redonnent une base à la matière colorante rouge du tournesol et reforment alors la combinaison bleue, telle qu'elle est contenue dans la couleur du commerce. Il en résulte que les dissolutions des substances citées plus haut ramènent au bleu le papier préalablement rougi par un acide, et on peut par ce moyen reconnaître leur présence. L'ammoniaque ne bleuit le papier que temporairement, parce qu'à mesure qu'elle se volatilise la couleur rouge reparaît.

γ. *Papier de georgine.*

Préparation. — On fait bouillir dans de l'eau, ou digérer dans de l'alcool, les pétales violets du *georgina purpurea*, et l'on trempe des bandelettes de papier dans la teinture ainsi obtenue. Le liquide doit être assez concentré pour qu'après dessiccation le papier ait une belle couleur bleu violet, pas trop foncée. Si la teinte passait au rouge, il faudrait ajouter un peu d'ammoniaque à la teinture.

Usages. — Le papier de georgine devient rouge par l'action des acides, et d'un beau vert par les alcalis. Il est donc d'un usage fort commode, puisqu'il peut remplacer les deux papiers précédents. Lorsqu'il est bien préparé, il est d'une sensibilité très-grande et égale pour les acides et pour les alcalis. Les solutions concentrées des alcalis caustiques le colorent en jaune, parce qu'elles détruisent le principe colorant.

δ. *Papier de curcuma.*

Préparation. — On fait digérer et l'on chauffe 1 partie de racine de curcuma en poudre avec 6 parties d'alcool faible, et dans la teinture filtrée on trempe des bandelettes de papier. Après dessiccation, le papier doit être d'un beau jaune et facilement mouillé par les liquides.

Usages. — Il sert, comme le papier rouge de tournesol et le papier de georgine, à reconnaître la présence des alcalis libres et autres, parce que ces substances font passer sa couleur au brun. Il est moins sensible que les autres papiers réactifs, mais son changement de couleur est parfaitement caractéristique et peut être parfaitement saisi avec beaucoup de liquides colorés ; c'est pour cela qu'il est bon d'en avoir toujours sous la main. Lorsqu'on l'emploie, il faut toutefois ne pas oublier qu'il y a aussi quelques corps qui, sans appartenir aux substances que nous avons énumérées plus haut (à propos du papier de tournesol rougi), changent aussi sa couleur jaune en brun surtout par la dessiccation; tel est, par exemple, l'acide borique. Le papier de curcuma est même un réactif fort sensible pour découvrir la présence de ce dernier acide.

Tous les papiers réactifs sont coupés en bandelettes étroites et conservés dans de petites boîtes bien fermées ou dans des flacons enveloppés de papier noir, car l'action continue de la lumière les décolore.

2. Dissolution d'indigo.

Préparation. — Dans 4 ou 6 parties d'acide sulfurique fumant, on introduit peu à peu, par petites portions et en agitant doucement, une partie d'indigo finement pulvérisé. L'acide se colore d'abord en brun, à cause des substances étrangères mêlées à l'indigo; mais bientôt il devient d'un bleu foncé. Il faut éviter une élévation de température sensible, qui altérerait une partie de la matière colorante : aussi en opérant sur de grandes quantités, il sera bon de refroidir le vase, en le plongeant dans de l'eau froide. — Lorsqu'on a introduit tout l'indigo, on couvre le vase, on abandonne pendant 48 heures, on verse le contenu dans 20 fois plus d'eau, on mélange, on filtre et on conserve pour l'usage.

Usages. — L'indigo est détruit par l'ébullition avec l'acide azotique, il se forme des produits oxydés jaunâtres; il sert, d'après cela, à reconnaître l'acide azotique. — La dissolution est également bonne pour découvrir l'acide chlorique et le chlore libre.

B. RÉACTIFS PAR LA VOIE SÈCHE.

I. SUBSTANCES EMPLOYÉES POUR LA DÉSAGRÉGATION ET LA DÉCOMPOSITION.

1. Mélange de carbonate de soude et de carbonate de potasse (NaO,CO^2+KO,CO^2).

§ 76. Préparation. — On fait digérer 10 parties de crème de tartre purifiée et en poudre avec 10 parties d'eau et 1 partie d'acide chlorhydrique, pendant quelques heures, à la température du bain-marie et en agitant souvent; on verse le tout dans un entonnoir au fond duquel on a mis un petit filtre, on laisse égoutter, on couvre la surface du sel avec un disque de papier à filtre, dont on relève les bords contre les parois de l'entonnoir et on lave, en versant de l'eau sur ce papier, jusqu'à ce que le liquide qui s'écoule, additionné d'acide azotique, ne se trouble plus par la dissolution d'argent. — On fait sécher la crème de tartre, ainsi débarrassée de chaux (et d'acide phosphorique). — D'un autre côté, on prépare du salpêtre pur, en dissolvant à la température d'ébullition du salpêtre du commerce dans la moitié de son poids d'eau ; on filtre la dissolution dans un entonnoir en porcelaine chauffé, on reçoit le liquide dans une capsule en porcelaine ou en grès, et on le remue avec une spatule en bois ou en porcelaine jusqu'à complet refroidissement. On jette la poudre cristalline dans un entonnoir fermé en bas par un tampon de coton, on laisse égoutter, on presse, on aplanit la surface, on la couvre d'un double disque de papier filtrant mal, dont on relève les bords, et l'on y verse de l'eau par petites parties et à des intervalles de temps convenables, jusqu'à ce que l'eau de lavage ne soit plus troublée par le nitrate d'argent. — On vide l'entonnoir dans une capsule en porcelaine, on y sèche le sel et on en réduit la masse en poudre fine.

On mélange maintenant 2 parties de crème de tartre pure avec une partie de salpêtre pur, on jette par portions le mélange bien sec dans un vase en fonte bien décapé et chauffé au rouge faible, et après la déflagration on chauffe fortement, jusqu'à ce que, en prenant une petite quantité de la matière sur les bords, elle donne dans l'eau une dissolution parfaitement incolore. — On broie dans l'eau la masse charbonneuse, on filtre, on lave un peu le résidu et on évapore dans une capsule en porcelaine ou en argent, jusqu'à ce qu'il se forme une pellicule à la surface. On laisse alors refroidir en remuant de temps en temps, on jette les cristaux de carbonate de potasse sur un entonnoir, on laisse bien égoutter, on les lave un peu, on les met ensuite dans une capsule en argent ou en porcelaine, on les chauffe de manière à les amener à l'état de poudre sèche, et on les conserve dans un flacon bien bouché. — Les eaux-mères évaporées donnent des traces de silice et d'alumine, et constituent une préparation qui peut servir dans beaucoup de cas.

On mêle 13 parties de ce carbonate de potasse pur exactement avec 10 parties de carbonate de soude pur anhydre, et on conserve le mélange dans un flacon bien bouché. — On pourrait encore le préparer directement en faisant déflagrer 20 parties de crème de tartre pure avec 9 parties de nitrate de soude pur, et en évaporant à siccité la lessive obtenue comme plus haut ; ou bien encore en calcinant au rouge le tartrate double de potasse et de soude pur, reprenant par l'eau la masse charbonneuse et évaporant la dissolution à siccité. — On essayera le sel comme le carbonate de soude (§ 46). On reconnaît s'il s'y trouve du cyanure de potassium en essayant avec un peu d'une dissolution d'un sel de protoxyde de fer passant au maximum (mélange de protoxyde et de sesquioxyde), puis de l'acide chlorhydrique en excès : il ne doit pas se produire de coloration bleu verdâtre ni de précipité bleu se déposant par un long repos.

Usages. — En fondant de la silice ou un silicate avec 4 fois son poids du réactif, par conséquent avec un excès de carbonate de potasse ou de soude, il se forme un silicate alcalin, en même temps que l'acide carbonique se dégage avec effervescence : ce silicate alcalin, soluble dans l'eau, peut alors être séparé de certains oxydes métalliques, et l'acide chlorhydrique en précipite la silice à l'état d'hydrate. — En chauffant un carbonate alcalin fixe avec du sulfate de baryte, de strontiane ou de chaux, il se produit un carbonate alcalino-terreux et un sulfate alcalin, composés dans lesquels on peut maintenant reconnaître avec facilité aussi bien l'acide que la base du sel primitif insoluble. — Nous n'emploierons cependant, pour désagréger les silicates et les sulfates insolubles, ni le carbonate de potasse, ni celui de soude, mais bien le mélange des deux, parce que son point de fusion est bien moins élevé que celui de ses éléments, et qu'alors la désagrégation peut s'opérer facilement à la température de la lampe de *Berzélius* ou de la lampe à gaz. Cette opération se fait toujours dans un creuset de platine, lorsqu'il n'y a pas d'oxyde métallique réductible.

2. **Hydrate de baryte** (BaO,HO).

§ **77**. Préparation. — On chauffe à une douce chaleur, dans une capsule en platine ou en argent, les cristaux préparés d'après le § **36**, jusqu'à ce que toute l'eau de cristallisation soit chassée ; on réduit en poudre la masse blanche et on la conserve dans un flacon bien fermé.

Usages. — L'hydrate de baryte entre en fusion au rouge faible sans perdre son eau. — Si l'on fait fondre avec 4 fois leur poids d'hydrate de baryte les silicates inattaquables par les acides, il se forme des silicates basiques décomposables par les acides. Si donc on traite par de l'eau additionnée d'acide chlorhydrique la masse fondue, qu'on évapore à siccité la dissolution et qu'on fasse digérer le résidu avec de l'acide chlorhydrique, la silice reste insoluble, et les oxydes sont dissous à l'état de chlorures. — On emploie donc l'hydrate de baryte pour désagréger les silicates, lorsqu'on veut y rechercher les alcalis. — Son usage est préférable à celui du carbonate ou du nitrate de baryte, d'abord parce qu'il n'exige pas une aussi haute température, et ensuite parce qu'on n'a pas à craindre les projections que produisent les dégagements de gaz. — La désagrégation par l'hydrate de baryte se fait dans des creusets de platine ou d'argent.

3. **Fluorure de calcium** (CaFl).

§ **78**. On choisit le spath fluor le plus pur, surtout exempt d'alcalis, et on le réduit en poudre fine.

USAGES. — Le fluorure de calcium est employé avec l'acide sulfurique pour attaquer les silicates insolubles dans les acides et surtout pour y rechercher les alcalis. (Voir l'*acide silicique*, dans le troisième chapitre.)

4. Azotate de soude (NaO,AzO^5).

§ 79. PRÉPARATION. — On neutralise de l'acide azotique pur avec du carbonate de soude pur et l'on fait cristalliser. On fait sécher les cristaux et on les réduit en poudre.

ESSAIS. — La dissolution de nitrate de soude ne doit pas être troublée par la dissolution d'argent, ni par celle de baryte, et ne pas être précipitée par le carbonate de soude.

USAGES. — L'azotate de soude est un puissant agent d'oxydation, car en le chauffant avec des substances combustibles il leur cède de son oxygène. Nous nous en servirons surtout pour transformer en oxydes et en acides beaucoup de sulfures métalliques, en particulier le sulfure d'étain, celui d'antimoine et celui d'arsenic; en outre il est très-commode pour brûler promptement et complètement des substances organiques. Pour atteindre ce dernier but, il est quelquefois préférable d'employer l'azotate d'ammoniaque, qu'on prépare en saturant l'acide azotique par le carbonate d'ammoniaque.

5. Bisulfate de potasse ($KO,HO,2SO^3$).

§ 80. Dans une capsule ou un grand creuset en platine, on mélange 87 parties de sulfate neutre de potasse (§ 42) avec 42 parties d'acide sulfurique concentré pur : on chauffe au rouge sombre, jusqu'à ce que la masse soit en fusion bien homogène et limpide comme de l'eau, puis on coule dans une capsule en platine ou un têt en porcelaine plongé dans l'eau froide : on casse en morceaux et l'on conserve pour l'usage.

ESSAIS. — Le sulfate acide de potasse doit se dissoudre complètement et facilement dans l'eau et donner un liquide à réaction acide, qui ne doit se troubler ou précipiter ni par l'acide sulfurique, ni par l'ammoniaque, ni par le sulfhydrate d'ammoniaque.

USAGES. — Le bisulfate de potasse dissout et décompose à la température de fusion beaucoup de corps, qui par la voie humide ne sont pas attaqués par les acides ou ne le sont que très-difficilement : tels sont l'alumine calcinée, l'acide titanique, le fer chromé, etc. On l'emploie donc pour dissoudre ou attaquer de pareilles substances. Il faut opérer la fusion avec le bisulfate dans un vase en platine.

II. RÉACTIFS POUR LE CHALUMEAU.

1. **Carbonate de soude** (NaO,CO^2).

§ **81**. Préparation. — Voir plus haut, § **46**.

Usages. — Le carbonate de soude sert premièrement pour faciliter la réduction des corps oxydés dans la flamme intérieure du chalumeau. Ce réactif, en fondant, met l'oxyde en contact plus intime avec le support en charbon, et permet à la flamme d'atteindre toutes les parties de l'essai. Il agit également par ses propres éléments (suivant *R. Wagner*, il se formerait du cyanure de sodium). Quand la quantité de matière sur laquelle on opère est très-faible, souvent le métal réduit pénètre dans les pores du charbon. Alors on gratte avec un couteau toutes les parois de la petite cavité, on broie le tout dans un petit mortier et on sépare le charbon des parcelles métalliques par lévigation : celles-ci, suivant leur nature, se présentent sous forme de poudre ou de paillettes.

En second lieu, le carbonate de soude agit comme dissolvant. Pour essayer si un corps y est soluble, on emploie pour support des fils de platine. Très-peu de bases se dissolvent dans le carbonate de soude fondu, tandis que cela arrive pour beaucoup d'acides. — Le carbonate de soude est encore un agent de décomposition et de désagrégation, en particulier pour les sulfates insolubles, avec lesquels il y a échange d'acide, en même temps que par suite de la réduction dans la flamme intérieure du sulfate de soude formé, celui-ci se transforme en sulfure de sodium. Avec le sulfure d'arsenic, il donne par fusion du sulfo-arséniure de sodium et de l'arsénite ou de l'arséniate de soude, forme sous laquelle l'hydrogène peut agir comme réducteur. — Enfin le carbonate de soude est le réactif le plus sensible pour reconnaître le manganèse par la voie sèche, parce qu'en le faisant fondre à la flamme extérieure avec une substance manganésifère, il se forme une perle limpide verte de manganate de soude.

2. **Cyanure de potassium** (KCy).

§ **82**. Voir la préparation, § **54**.

Usages. — Le cyanure de potassium employé par la voie sèche est un agent de réduction dont l'énergie dépasse l'action de presque tous les autres réactifs : il réduit les métaux non-seulement dans la plupart des composés oxygénés, mais aussi dans beaucoup de sulfures; dans le premier cas, il prend l'oxygène pour se changer en cyanate de potasse; dans le second, il forme avec le soufre du sulfo-cyanure de potassium. On peut avec lui, et sans difficultés (ordinairement dans un creuset en porcelaine sur la lampe à alcool), retirer les métaux purs de certains composés, comme par exemple de l'acide antimonieux, du sulfure d'antimoine, du peroxyde de fer, etc. Cette décomposition est considérablement favorisée par la grande fusibilité du cyanure de potassium. Dans les analyses, il est d'un secours tout particulier pour réduire l'oxyde d'étain, l'acide antimonique, et surtout le sulfure d'arsenic; pour plus de détails, voir le chapitre III. — Comme réactif au chalumeau, le cyanure de potassium est très-important; son action est très-énergique. Les corps qui, comme l'oxyde d'étain, exigent pour être réduits par la soude une flamme assez forte, sont décomposés avec la plus grande facilité par le cyanure de potassium. Pour les essais au chalumeau, on prend toujours un mélange de parties égales de carbonate de soude et de cyanure de potassium, parce que le dernier seul serait trop fusible. Outre que ce mélange agit plus énergiquement que le carbonate de soude, il a encore l'avantage d'être absorbé facilement dans les pores du charbon et de laisser voir alors des globules métalliques bien nets et bien purs.

3. **Biborate de soude (borax)** ($NaO,2BO^3$, **cristallisé** + 10 Aq).

§ **83**. On essaye le borax du commerce en s'assurant que sa dissolution n'est pas précipitée par le carbonate de soude et ne l'est pas non plus, après addition d'acide azotique, par la dissolution de baryte ou d'argent. Si ces réactifs ne produisent rien, le sel est pur; dans le cas contraire, on purifie par cristallisations successives. On chauffe légèrement dans un creuset de platine le borax cristallisé pur, jusqu'à ce qu'il ne boursoufle plus, on le pulvérise et on le conserve pour l'usage.

Usages. — L'acide borique en fusion montre une grande affinité pour les oxydes au contact desquels il se trouve. Il se combine tout d'abord directement avec l'oxyde, en second lieu il chasse de leurs sels les acides plus faibles que lui, et enfin troisièmement il dispose à l'oxydation, pour s'unir à l'oxyde formé, les métaux, les sulfures et les composés haloïdes que l'on expose à la flamme extérieure du chalumeau. Les borates formés sont généralement fusibles par eux-mêmes, en outre ils fondent bien plus facilement en présence du borate de soude, soit que ce dernier agisse comme simple dissolvant, soit qu'il se forme un sel double. — Dans le borate acide de soude, nous avons de l'acide borique libre et du borate de soude, c'est-à-dire qu'il réunit les deux conditions pour dissoudre et faire fondre les métaux, les sulfures, les oxydes, etc., comme nous venons de l'indiquer; aussi le borax est-il un réactif des plus importants pour les essais au chalumeau. Pour s'en servir, on fait une petite boucle à l'extrémité d'un fil de platine, on la mouille ou on la fait rougir et on la plonge aussitôt dans la poudre de borax ; celle-ci s'y attache en petite quantité et en la plaçant dans la flamme extérieure, elle y fond en une perle incolore. A celle-ci on fixe une petite quantité de la substance à essayer, soit en humectant la perle, soit en touchant la matière avec elle, lorsqu'elle est encore chaude : on replace dans la flamme et on examine ce qui se passe. Il ne faut pas négliger d'observer les points suivants : 1° si le corps fond ou ne fond pas en une perle transparente et si par le refroidissement cette perle conserve ou non sa transparence ; 2° si cette perle offre une couleur déterminée, ce qui, dans beaucoup de cas, par exemple pour le cobalt, conduit immédiatement à un résultat certain; 3° enfin si ces perles se comportent ou non de la même manière dans la flamme extérieure ou dans la flamme intérieure. Ces derniers phénomènes dépendent du passage d'un plus haut degré d'oxydation à un plus bas, et même à l'état métallique, et sont, pour certains corps, très-nettement caractérisés.

4. **Phosphate double de soude et d'ammoniaque (sel de phosphore)** (PhO^5,NaO,AzH^4O,HO, **cristallisé** $+ 8Aq$).

§ **84**. Préparation. — *a*. On chauffe à l'ébullition 6 parties de phosphate de soude, 1 partie de sel ammoniac pur et 2 parties d'eau, et on laisse refroidir. On purifie les cristaux de sel double obtenu du chlorure de sodium qui les imprègne en les faisant de nouveau cristalliser, après avoir ajouté un peu d'ammoniaque. On les fait ensuite sécher et on les conserve en poudre.

b. On prend 2 parties égales d'acide phosphoriqne ordinaire pur, on ajoute à l'une de la soude caustique, à l'autre de l'ammoniaque, jusqu'à ce que les deux liquides aient une réaction alcaline bien nette, puis on les mélange et on fait cristalliser.

Essais. — Le sel de phosphore donne avec l'eau une dissolution faiblement alcaline. Le précipité jaune qu'y produit le nitrate d'argent doit se dissoudre complètement dans l'acide azotique. Fondu sur le fil de platine, il donne une perle transparente et incolore.

Usages. — Quand on chauffe ce sel il perd d'abord son eau de cristallisation, puis son ammoniaque, et il reste du pyrophosphate acide de soude (PhO^5,NaO,HO); en chauffant davantage, le dernier équivalent d'eau se dégage et l'on obtient du métaphosphate de soude (PhO^5,NaO) très-fusible. L'action du sel de phosphore est tout à fait analogue à celle du borate acide de soude. Toutefois, comme l'expérience montre que les verres qu'il forme avec beaucoup de corps sont plus beaux et plus nettement colorés que ceux qu'on obtient avec le borax, on le préfère à ce dernier dans beaucoup de cas. — Pour l'usage de ce sel, on emploie également le fil de platine comme support, en faisant attention toutefois de faire la boucle petite et étroite, sans quoi la perle n'y adhérerait pas. Pour le reste, on opère comme avec le borax.

5. **Azotate de protoxyde de cobalt** (CoO,AzO^5, **cristallisé** + 5Aq).

§ 85. Préparation. — On fond dans un creuset de Hesse 5 parties de sulfate acide de potasse et on y jette par petites portions 1 partie de minerai de cobalt bien grillé, réduit en poudre (autant que possible de l'oxyde de cobalt pur). La masse s'épaissit et devient pâteuse : on chauffe alors plus fort, jusqu'à ce qu'elle redevienne fluide ; on continue à chauffer jusqu'à ce que tout l'excès d'acide sulfurique soit évaporé et qu'il ne se dégage plus de nuages blanchâtres de la matière. On la retire avec une cuiller ou une spatule en fer, on pulvérise après refroidissement, on fait bouillir avec de l'eau jusqu'à ce que la partie insoluble forme une masse molle et on filtre la dissolution d'un rose rouge et qui ne contient pas d'arsenic, de nickel, et non plus de fer le plus souvent. On ajoute à cette dissolution une petite quantité de carbonate de soude, assez pour qu'il se précipite un peu de carbonate de cobalt, on fait bouillir et l'on filtre. Faisant de nouveau bouillir, on précipite la dissolution, exempte de fer avec du carbonate de soude, on lave bien le précipité et on le met encore humide dans un excès d'acide oxalique. L'oxalate rose rouge de cobalt est alors bien lavé, séché et chauffé au rouge dans un tube de verre au milieu d'un courant d'hydrogène. Il se forme de l'acide carbonique qui se dégage et il reste du cobalt métallique. On lave ce dernier d'abord avec de l'eau contenant de l'acide acétique, puis avec de l'eau pure, on le dissout dans de l'acide azotique étendu, on traite, si cela est nécessaire, par de l'acide sulfhydrique, on filtre pour séparer le sulfure de cuivre ou autre, on évapore la dissolution à siccité au bain-marie et on dissout une partie du résidu dans 10 parties d'eau.

Essais. — La dissolution de cobalt doit être exempte de métaux étrangers et surtout de sels alcalins ; si on la précipite par le sulfhydrate d'ammoniaque, le liquide filtré, évaporé sur une lame de platine, ne doit laisser aucun résidu fixe.

Usages. — Le protoxyde de cobalt, chauffé au rouge avec certains corps infusibles, forme avec eux des composés ayant des couleurs propres, et peut servir d'après cela à reconnaître les premiers. Les substances que l'on peut ainsi trouver sont l'oxyde de zinc et l'alumine.

CHAPITRE III

ACTION DES RÉACTIFS SUR LES CORPS

§ 86. Comme nous l'avons déjà dit, l'analyse qualitative repose sur des expériences dont le but est de faire passer les éléments inconnus d'une substance sous des formes connues par leurs propriétés et leurs modes d'action, de manière à pouvoir conclure de ces dernières la nature des éléments que l'on cherche. — Ce sont donc de pareilles expériences que l'on aura à faire dans toutes les opérations analytiques; elles seront d'autant meilleures qu'elles nous conduiront avec plus de certitude à un résultat déterminé, non douteux, qu'il soit du reste affirmatif ou négatif. Mais de même qu'une réponse à une question ne saurait nous être utile, si elle nous est faite dans une langue que nous ne comprenons pas, de même une expérience ne nous servira à rien, si nous ne savons pas l'interpréter, si nous ignorons la conséquence qu'il faut en tirer, dans le cas où un réactif ne modifie pas un corps, ou dans le cas où en agissant sur lui, il produit un précipité, une coloration ou tout autre phénomène particulier.

Avant de nous occuper de l'analyse en elle-même, il est indispensable que nous connaissions réellement et parfaitement les formes et les combinaisons des corps que nous regarderons plus tard comme connues. Il faut pour cela, premièrement, que nous sachions et que nous comprenions les conditions nécessaires à la formation des nouvelles combinaisons, celles surtout qu'exigent les diverses réactions; secondement, il faut que nous saisissions parfaitement la couleur, la forme, en un mot les propriétés physiques qui caractérisent les composés nouveaux obtenus. Il ne faudra donc pas se contenter seulement d'étudier ce chapitre, mais avant tout il faudra faire réellement les expériences qui y sont rapportées.

Pour faire connaître l'action des divers réactifs sur les corps, on prend ordinairement ces derniers les uns après les autres et on indique les réactions caractéristiques. Il nous paraît plus commode, pour ceux qui débutent dans cette étude, de réunir en groupes les corps qui offrent entre eux le plus d'analogies, de façon à bien mettre en évidence les caractères différentiels en les opposant aux caractères de similitude.

A. ACTION DES RÉACTIFS SUR LES OXYDES MÉTALLIQUES ET LEURS RADICAUX

§ **87.** Avant de nous occuper de chaque oxyde métallique en particulier, je vais d'abord les indiquer tous. Nous verrons dans cette énumération quels sont les oxydes qui appartiennent à chaque groupe, puis, en étudiant chacun de ceux-ci d'une manière spéciale, nous indiquerons le motif de la classification suivante :

PREMIER GROUPE. — *Potasse, soude, ammoniaque* (oxyde de cæsium, oxyde de rubidium, lithine).

DEUXIÈME GROUPE. — *Baryte, strontiane, chaux, magnésie.*

TROISIÈME GROUPE. — *Alumine, oxyde de chrome* (oxydes de glucinium, thorium, zirconium, yttrium, erbium, cérium, lanthane, didymium, titane, tantale, niobium).

QUATRIÈME GROUPE. — Oxydes de *zinc, manganèse, nickel, cobalt, fer* (urane, vanadium, thallium, indium).

CINQUIÈME GROUPE. — Oxydes d'*argent, mercure, plomb, bismuth, cuivre, cadmium* (palladium, rhodium, osmium, ruthénium).

SIXIÈME GROUPE. — Oxydes et acides d'*or, platine, étain, antimoine, arsenic* (iridium, molybdène, tellure, tungstène, sélénium).

Parmi ces oxydes métalliques, il n'y a que ceux dont les noms sont écrits en *italiques* que l'on rencontre en assez grande quantité et assez communément dans l'épaisseur de la croûte terrestre que nous connaissons; eux seuls par conséquent jouent un rôle assez important dans la chimie, comme dans les arts, l'industrie, la pharmacie, etc., et dans la suite c'est d'eux surtout que nous nous occuperons avec détail. Des autres nous dirons quelques mots, et les chapitres qui leur seront consacrés dans les premières études de l'analyse qualitative seront écrits en petits caractères. Quant à l'action des métaux eux-mêmes, nous n'en parlerons que pour ceux qui se rencontrent le plus fréquemment à l'état métallique dans les travaux d'analyse.

PREMIER GROUPE.

§ **88.** Corps qu'on rencontre le plus fréquemment : *Potasse, soude, ammoniaque.*

Corps qu'on rencontre rarement : *Oxydes de cæsium*, de *rubidium*, de *lithium.*

PROPRIÉTÉS DU GROUPE. — Les alcalis purs (caustiques) ou à l'état de sulfures, de carbonates et de phosphates, sont solubles dans l'eau (les sels de lithine, il est vrai, sont difficilement solubles). Les alcalis ne sont donc précipités ni à l'état pur, ni à l'état de carbonate ou de phosphate (toutefois, pour la lithine, il faut que les dissolutions soient très étendues), et dans aucune circonstance ils ne sont non plus précipités par l'hydrogène sulfuré ; les dissolutions d'alcalis purs, aussi bien que celles de leurs sulfures et de leurs carbonates, ramènent au bleu le papier de tournesol rougi et brunissent le papier de curcuma à un haut degré.

RÉACTIONS PARTICULIÈRES AUX CORPS LES PLUS COMMUNS DU PREMIER GROUPE

a. **Potasse** (KO).

§ **89.** — 1. La *potasse*, son *hydrate* et ses *sels* ne sont pas volatils au rouge faible. La potasse et son hydrate sont déliquescents à l'air, et le liquide épais qui se produit alors ne se solidifie pas en absorbant l'acide carbonique.

2. Les *sels de potasse* se dissolvent presque tous facilement dans l'eau. Ils sont incolores quand l'acide lui-même n'est pas coloré. Les sels neutres à acide fort ne changent pas les couleurs végétales. Le carbonate cristallise difficilement (avec 2 équivalents d'eau) et est déliquescent. Le sulfate ne contient pas d'eau et est inaltérable à l'air.

3. Le CHLORURE DE PLATINE forme dans les dissolutions neutres ou acides des sels de potasse un précipité lourd, jaune et cristallin de *chlorure double de platine et de potassium* ($KCl,PtCl^2$) ; ce précipité se produit de suite, quand les dissolutions sont concentrées ; si elles sont un peu étendues, il faut un certain temps, quelquefois assez long. Les liqueurs très-étendues ne sont pas précipitées. — Le dépôt est formé d'octaèdres reconnaissables au microscope. Si la dissolution est alcaline, il faut l'aciduler avec de l'acide chlorhydrique avant de verser le chlorure de platine. Le précipité est difficilement soluble dans l'eau : les acides libres n'augmentent pas sa solubilité d'une manière sensible, et l'alcool ne le dissout pas. Le chlorure de platine décèlera donc très-nettement la présence des sels de potasse, quand ceux-ci seront dissous dans l'alcool. Pour que la réaction soit le plus sensible, on évapore au bain-marie, presque jusqu'à siccité, la dissolution du sel de potasse additionnée de chlorure de platine, et l'on reprend le résidu avec un peu d'eau (mieux encore avec de l'alcool, lorsque le résidu ne renferme pas de substances qui y seraient insolubles) qui laisse le chlorure double non dissous. Il faut se garder de confondre ce chlorure avec le chlorure double de platine et d'ammoniaque (§ **91**. 4).

4. L'ACIDE TARTRIQUE donne, dans les dissolutions neutres ou alcalines de sels de potasse (dans le dernier cas en ajoutant le réactif jusqu'à forte réaction acide) un précipité blanc, grenu, cristallin, se dépo-

sant rapidement au fond du vase, formé de *tartrate acide de potasse* ($KO,HO,C^8H^4O^{10}$) ; il se produit de suite dans les dissolutions concentrées, mais souvent après un temps assez long quand elles sont étendues, et enfin, si les liqueurs sont très-étendues, il n'y a pas de précipité. En secouant vivement le liquide ou en le remuant avec une baguette, on favorise beaucoup la formation du précipité ; les alcalis libres ou les acides minéraux le dissolvent, il est très-difficilement soluble dans l'eau froide, mais assez facilement dans l'eau chaude. Si l'on veut rechercher la potasse au moyen de l'acide tartrique dans un liquide acide, il faut d'abord chasser l'acide libre en évaporant et chauffant au rouge, si cela est possible, ou neutraliser par la soude pure ou carbonatée.

Il vaut mieux employer le TARTRATE ACIDE DE SOUDE à la place de l'acide tartrique. La réaction offre les mêmes phénomènes, mais elle est plus sensible, parce que la soude s'unit à l'acide du sel de potasse, tandis qu'en prenant l'acide tartrique, l'acide du sel cherché reste à l'état d'hydrate dans le liquide, ce qui augmente la solubilité du tartrate acide de potasse et s'oppose par conséquent à sa précipitation :

$$KO,AzO^5+NaO,HO.C^8H^4O^{10}=KO,HO,C^8H^4O^{10}+NaO,AzO^5.$$

5. Si l'on fixe à la boucle d'un fil de platine un peu d'un sel de potasse volatil à une haute température et si on le place dans la partie fondante de la flamme de la LAMPE A GAZ de *Bunsen* (page 27), le sel se volatilise et colore en *bleu violet* la partie de la flamme qui se trouve au-dessus de l'essai. Le chlorure et l'azotate se vaporisent promptement, le carbonate et le sulfate moins rapidement, le phosphate encore plus lentement, mais tous donnent cette réaction, bien qu'à des degrés de moins en moins prononcés. Si l'on veut que la réaction soit toujours aussi nette, c'est-à-dire indépendante de la nature de l'acide, on humecte l'essai avec de l'acide sulfurique, ou le dessèche sur le bord de la flamme, puis on le place dans son intérieur. — Avec les silicates et les autres composés difficilement volatils, il faut, pour produire la réaction, mêler à l'essai du gypse pur. Il se forme du silicate de chaux et du sulfate de potasse qui colore la flamme. Si le sel est décrépitant, on le chauffe au rouge dans une cuiller en platine avant de le placer sur le fil. — Au lieu de mettre la substance dans la flamme de la lampe à gaz de *Bunsen*, on peut la placer devant la pointe de la FLAMME INTÉRIEURE DU CHALUMEAU, obtenue avec une lampe à alcool. — La présence d'un sel de soude empêche complétement la coloration de la flamme par la potasse.

Le spectre de la flamme de la potasse, tel qu'on l'observe dans l'APPAREIL SPECTRAL (page 35 et 36), est représenté dans la table I. Il est caractérisé par deux lignes, l'une rouge α, l'autre bleu indigo β. — Si l'on regarde la flamme de potasse à travers le PRISME A INDIGO (page 34), sa couleur paraît bleu de ciel, violet, puis enfin rouge cramoisi intense à travers la couche la plus épaisse de la dissolution. Les composés de chaux, de soude, de lithine, mélangés au sel de potasse, ne changent pas cette réaction, parce que les rayons jaunes ne peuvent pas du tout traverser la dissolution d'indigo et que ceux de la flamme de lithine sont arrêtés par les couches épaisses du liquide à partir d'un point que l'on peut marquer sur le prisme. Mais les substances organiques, qui donnent de l'éclat à la flamme, pourraient induire en erreur ; aussi faut-il s'en débarrasser en commençant par les brûler. — Au lieu du prisme à indigo, on pourra prendre le verre bleu ; il faudra seulement, pour le cas où il y aurait de la lithine, avoir des plaques assez épaisses pour que le rouge de la flamme de lithine ne puisse pas les traverser.

6. En chauffant un sel de potasse (surtout le chlorure) avec un peu d'eau, ajoutant de l'ALCOOL (brûlant avec une flamme incolore), chauffant un peu et allumant, la flamme paraît *violette*. La réaction est bien moins sensible que celle indiquée au n° 5, et la présence de la soude la masque complétement.

b. **Soude** (NaO).

§ **90**. — 1. La *soude*, son *hydrate* et ses *sels* offrent en général les mêmes caractères que les composés correspondants du potassium : le liquide épais provenant de la déliquescence de la soude à l'air devient bientôt solide par suite de l'absorption de l'acide carbonique. — Le carbonate de soude cristallise facilement. Les cristaux (NaO,CO^2+10Aq) s'effleurissent promptement à l'air. Il en est de même des cristaux de sulfate de soude (NaO,SO^3+10Aq).

2. En ajoutant à une dissolution suffisamment concentrée d'un sel de soude neutre ou alcalin, que l'on met pour plus de commodité dans un verre de montre, une dissolution d'ANTIMONIATE GRENU DE POTASSE, préparée d'après le § **52**, il ne se forme pas de trouble au commencement, ou il s'en fait un très-léger ; mais si l'on frotte avec une baguette en verre la paroi couverte de liquide, il se produit rapidement un précipité cristallin d'*antimoniate de soude* (NaO,SbO^5+7Aq), qui se forme d'abord sur les points frottés et se dépose à l'état de poudre lourde sablonneuse. — Dans les dissolutions de sel de soude étendues, le sel ne se dépose qu'au bout d'un temps assez long, par exemple douze heures, et il ne se produit pas si la liqueur est très-étendue. — L'antimoniate de soude qui se dépose a toujours la structure cristalline : s'il se forme lentement, il consiste parfois en octaèdres à base carrée, microscopiques, parfaitement formés ; plus souvent ce sont des prismes à quatre pans terminés par des pyramides ; s'il se dépose promptement, il offre l'aspect de petits cristaux scaphoïdes. La présence d'une

grande quantité de sel de potasse nuit beaucoup à la réaction. Les dissolutions acides ne peuvent pas être essayées avec l'antimoniate de potasse, parce que l'acide libre sépare de ce dernier de l'acide antimonique hydraté, ou de l'antimoniate acide de potasse. Dans ce cas avant d'ajouter le réactif, on chassera l'acide libre par l'action de la chaleur, si cela est possible, ou bien on le neutralisera par du carbonate de potasse, de façon à avoir une légère réaction alcaline. En outre on n'oubliera pas qu'on ne peut essayer avec l'antimoniate de potasse que les dissolutions qui ne renferment pas d'autre base que de la soude ou de la potasse.

3. Si l'on met des sels de soude dans la partie la plus chaude de la flamme de la LAMPE A GAZ de *Bunsen*, ou dans la partie intérieure de la FLAMME DU CHALUMEAU A ALCOOL, ils se comportent comme les sels de potasse, en tenant compte toutefois de leur volatilité relative, et de leur action sur les agents de décomposition, les sels de soude étant un peu plus volatils que ceux correspondants de potasse ; mais ce qu'il y a de caractéristique dans la volatilisation des sels de soude, c'est une coloration *jaune intense* de la flamme, qui permet de découvrir des traces de soude et qui n'est pas altérée par des quantités proportionnellement considérables de potasse.

Le SPECTRE (table I) des sels de soude examiné au spectroscope ordinaire n'offre qu'une ligne jaune α. Si l'on emploie un appareil d'un fort pouvoir dispersif, la raie jaune se dédouble en deux lignes séparées l'une de l'autre, mais très-rapprochées. La réaction est si extraordinairement sensible, que le sel marin renfermé dans les poussières atmosphériques suffit pour donner le spectre de la soude.

Ce qu'il y a de caractéristique pour la flamme de la soude, c'est qu'un cristal de bichromate de potasse qu'elle éclaire paraît incolore, et qu'une bande de papier frotté avec du biiodure de mercure semble blanche avec une pointe de jaune pâle (*Bunsen*). En la regardant à travers un VERRE VERT, cette flamme est jaune orangé (*Mertz*). Ces réactions ne sont pas masquées par la présence de la potasse, de la lithine ou de la chaux.

4. Si l'on traite un sel de soude (surtout le chlorure) comme nous l'avons dit au numéro 6 pour la potasse, la FLAMME DE L'ALCOOL se colore fortement en *jaune ;* la présence de la potasse n'empêche pas cet effet de se produire.

5. Le CHLORURE DE PLATINE ne forme pas de précipité dans les sels de soude. Le chlorure double de sodium et de platine est très-soluble dans l'eau et l'alcool et cristallise en prismes rouge aurore.

6. L'ACIDE TARTRIQUE et le TARTRATE ACIDE DE SOUDE ne précipitent pas les dissolutions des sels de soude, même très-concentrées, à réaction neutre.

c. **Ammoniaque** (AzH^4O).

§ **91.** — 1. L'*ammoniaque* gazeuse à la température ordinaire se rencontre plus fréquemment en dissolution dans l'eau, et se reconnaît de suite à son odeur pénétrante. Le gaz s'en dégage par l'action de la chaleur. On peut admettre qu'il s'y trouve à l'état d'oxyde d'ammonium (AzH^4O) (§ **35**).

2. Tous les *sels ammoniacaux* sont volatils à une faible température, avec ou sans décomposition. La plupart sont facilement solubles dans l'eau. Les dissolutions sont incolores. Les composés neutres de l'ammoniaque avec les acides forts ne changent pas les couleurs végétales.

3. Si l'on broie les sels ammoniacaux avec de l'HYDRATE DE CHAUX, surtout en ajoutant quelques gouttes d'eau, ou bien si on les chauffe soit sous la forme solide, soit dissous, avec de la lessive de POTASSE ou de SOUDE, l'ammoniaque se dégage à l'état gazeux, et on la reconnaît : premièrement, à son *odeur* propre ; deuxièmement, à sa *réaction* sur le papier réactif humide, et troisièmement, à la formation de *fumées blanches* au contact d'un objet (une baguette en verre) trempé dans l'acide chlorhydrique, azotique, acétique, en général dans un acide volatil. Ces fumées blanches sont produites par des sels solides qui se forment dans l'air par la combinaison des deux substances gazeuses. La réaction est plus sensible avec l'acide chlorhydrique, mais avec l'acide acétique on est moins exposé à se tromper. On peut trouver de très-petites quantités d'ammoniaque en plaçant le sel dans un petit verre, avec addition d'hydrate de chaux et d'un peu d'eau, et en couvrant avec un verre de montre à la concavité duquel on fixe un morceau de papier de curcuma humide ou de tournesol rougi : la réaction dans ce cas n'a pas lieu aussi promptement, mais on peut l'activer en chauffant légèrement.

4. LE CHLORURE DE PLATINE se comporte avec les sels ammoniacaux comme avec les sels de potasse ; le précipité jaune de *chlorure double de platine et d'ammoniaque* ($AzH^4Cl,PtCl^2$) a une couleur plus claire que le sel de potasse ; il est formé comme celui-ci d'octaèdres qu'on reconnaît au microscope.

5. L'ACIDE TARTRIQUE, dans les dissolutions de sels ammoniacaux très-concentrées et neutres, précipite une partie de l'ammoniaque à l'état de tartrate acide ($AzH^4O,HO,C^8H^4O^{10}$) ; mais il ne précipite pas les dissolutions un peu étendues. Le TARTRATE ACIDE DE SOUDE précipite mieux les dissolutions concentrées, et même un peu celles qui sont étendues. Le tartrate acide d'ammoniaque est un précipité blanc cristallin : l'agitation et le frottement des parois du verre favorisent son dépôt. Il se comporte avec les dissolvants comme le sel correspondant de potasse; seulement il est un peu plus soluble dans l'eau et les acides.

§ **92**. Récapitulation et remarques. — Les sels de potasse et ceux de soude ne sont pas volatils à une température rouge modérée, les sels d'ammoniaque se vaporisent facilement; on peut donc les séparer sans difficulté en chauffant au rouge. Le moyen le plus certain de reconnaître l'ammoniaque repose sur son déplacement par l'hydrate de chaux. — On ne peut reconnaître les sels de potasse par la voie humide qu'autant qu'on a déjà enlevé ceux d'ammoniaque, parce que tous deux se comportent de même ou à peu près de même avec le chlorure de platine et l'acide tartrique. S'il n'y a plus d'ammoniaque, les deux derniers réactifs sont caractéristiques pour la potasse. On n'oubliera pas que les réactions ne se produisent qu'avec des liqueurs concentrées ; il faudra donc les concentrer fortement quand elles seront étendues. Une seule goutte d'une liqueur concentrée donne un résultat marqué, tandis qu'on n'arrive à rien avec toute la masse d'une solution étendue. — Dans les deux composés difficilement solubles que nous avons appris à connaître, le chlorure double de platine et le tartrate acide de potasse, cette dernière base se reconnaît bien facilement si l'on décompose ces deux sels par la chaleur; on obtient alors du chlorure de potassium avec le sel double de platine et du carbonate avec le tartrate acide. Pour reconnaître directement le potassium dans l'iodure, l'acide tartrique vaut mieux que le sel de platine, parce que la formation de proto-iodure et de periodure de platine et la mise en liberté d'une partie de l'iode donnent au liquide une teinte rouge foncé, où l'on ne peut guère voir le sel double de platine et de potassium, dont la formation est en outre gênée. — Quant à la soude, elle se reconnaît très-facilement par la voie humide avec l'antimoniate de potasse, si le réactif est bien préparé et fraîchement dissous, si la dissolution de soude est concentrée, neutre ou faiblement alcaline, exempte de toute autre base, et enfin si l'on fait bien attention, une fois pour toutes, que l'antimoniate de soude est toujours cristallin et jamais floconneux. S'il s'agissait de chercher par ce moyen de très-petites quantités de soude en présence de beaucoup de potasse, on éliminerait cette dernière par le chlorure de platine ; dans la liqueur filtrée, on enlèvera le platine par l'acide sulfhydrique (§ **127**), on filtrera, on évaporera à siccité, on chauffera légèrement au rouge, on reprendra avec très-peu d'eau et on essayera avec l'antimoniate de potasse.

Par la coloration de la flamme, la potasse et la soude se trouvent bien plus facilement et plus promptement que par la voie humide, et le procédé est bien plus sensible. Nous avons dit, il est vrai, que la couleur de la soude masque complétement celle de la potasse, même quand il y a peu de sel de soude mêlé à beaucoup de sel de potasse; mais alors, avec le secours de l'appareil spectral, les spectres des deux sels apparaissent si nets et si beaux qu'il n'y a pas d'erreur possible. — Si l'on n'avait pas d'appareil spectral, on pourrait encore reconnaître nettement l'effet de la potasse dans une flamme fortement colorée en jaune par la soude au moyen du prisme d'indigo ou du verre bleu ; quant à la couleur produite par la soude, si on veut l'essayer plus à fond, on pourra prendre, comme nous l'avons indiqué plus haut, le papier à iodure de mercure ou le verre vert.

Pour découvrir des *traces d'ammoniaque* dans les dissolutions aqueuses, par exemple des eaux naturelles, on emploie des méthodes qui reposent sur la précipitation de composés mercuriels insolubles dans l'eau et qui renferment l'azote ou l'azote avec une partie de l'hydrogène de l'ammoniaque.

a. Si à l'eau qui renferme une trace d'ammoniaque libre ou carbonaté, on ajoute quelques gouttes de bichlorure de mercure, il se forme, même dans les liqueurs très-étendues, un précipité blanc AzH^2Hg^2Cl, que l'on peut regarder comme un chloro-amidure de mercure ou un chlorure de dimercure-ammonium : ($2AzH^3+2HgCl=AzH^2Hg^2Cl+AzH^4Cl$).

Si la dissolution est par trop étendue, il ne se forme pas de trouble, mais dans ce cas on ajoute quelques gouttes d'une solution de carbonate de potasse ou de carbonate de soude, et au bout de quelque temps il se produit un trouble apparent ou la liqueur devient opaline. La même réaction se produit quand, à de l'eau contenant une trace d'un sel ammoniacal à réaction neutre, on ajoute quelques gouttes de bichlorure de mercure et de carbonate de potasse ou de soude. Le précipité qui se forme par l'addition d'un carbonate alcalin consiste en un équivalent du sel de mercure uni à deux équivalents d'oxyde de mercure.

$$AzH^3+4.HgCl+3.KO,CO^2=(AzH^2Hg^2Cl+2HgO)+HO+3.KCl+3.CO^2.$$

Il faut avoir soin de ne pas mettre trop de bichlorure et de carbonate de soude, sans quoi il se formerait un précipité jaune d'oxychlorure de mercure (*Bohlig*, *Schæyen*).

b. On pourra prendre le réactif de *J. Nessler*. On dissout 2 gr. d'iodure de potassium dans 5 C. C. d'eau et on ajoute en chauffant du biodure de mercure jusqu'à ce qu'il ne se dissolve plus. Après le refroidissement, on étend avec 20 C. C. d'eau, on laisse un peu reposer, on filtre et l'on ajoute à 20 C. C. du liquide qui passe 30 C. C. d'une lessive concentrée de potasse. Si cette dernière addition troublait la liqueur, on filtrerait de nouveau. — Si à cette dissolution on ajoute un peu d'un liquide contenant de l'ammoniaque ou un sel ammoniacal, il se forme un précipité brun rouge, et avec de très-petites quantités de sel ammoniacal, il y a toujours une coloration jaune, le tout produit par de l'iodhydrargyrammonium ($AzHg^4I,2.HO$). La réaction est exprimée dans l'équation suivante : $4\,(HgI,KI)+3.KO+AzH^3=(AzHg^4I+2.HO)+7.KI+HO$. La chaleur favorise la formation du précipité : les chlorures alcalins et les oxysels alcalins ne gênent pas la réaction, mais elle est empêchée par le cyanure et le sulfure de potassium.

RÉACTIONS PARTICULIÈRES DES CORPS DU 1er GROUPE QUE L'ON RENCONTRE PLUS RAREMENT.

1. Oxyde de cæsium (CsO) et 2. Oxyde de rubidium (RbO).

§ **93**. Les combinaisons de cæsium et celles de rubidium semblent être très-répandues dans la nature, mais partout en très-petites quantités. Jusqu'à présent on les a surtout rencontrées dans les eaux-mères de certaines sources minérales et dans quelques minéraux (lépidolithe, mélaphyre, carnallite). Les composés du cæsium et ceux du rubidium offrent en général une très-grande ressemblance avec ceux du potassium; ainsi leur dissolution aqueuse concentrée est précipitée par le CHLORURE DE PLATINE et par l'ACIDE TARTRIQUE, et les sels volatils au rouge colorent la FLAMME en violet. Les différences caractéristiques sont les suivantes : Premièrement, les précipités obtenus par le chlorure de platine sont bien moins solubles dans l'eau que le chlorure de platine et de potassium ; ainsi à 10°100 gr. d'eau dissolvent 900 milligr. de chlorure double de platine et de potassium, et seulement 154 du sel analogue du rubidium et 50 de celui de cæsium. — Secondement, les aluns offrent de grandes différences quant à leur solubilité dans l'eau froide : ainsi à 17°100 parties d'eau dissolvent 13,5 parties d'alun de potasse, 2,27 d'alun de rubidium et 0,619 parties d'alun de cæsium. — Troisièmement et surtout, les flammes colorées par les sels de cæsium et de rubidium donnent des SPECTRES (table I) essentiellement différents de celui du potassium. Dans le spectre du cæsium, il y a deux lignes bleues caractéristiques α et β, remarquables par leur éclat et la netteté de leur contour : à côté d'elles il y a encore la ligne γ, moins importante. — Dans le spectre du rubidium, les yeux sont surtout frappés par l'intensité extraordinaire de deux magnifiques lignes bleu indigo, α et β ; puis il s'y trouve aussi deux raies rouges δ et γ, ayant moins d'éclat, mais qui sont surtout très-caractéristiques. S'il fallait rechercher les deux métaux ensemble à l'aide du spectroscope, il ne faudrait pas choisir les carbonates, mais les chlorures, parce qu'avec les premiers le spectre du rubidium ne se produit pas nettement en même temps que celui du cæsium (*Allen, Heintz*). — Ajoutons encore pour terminer que le carbonate de cæsium est soluble dans l'alcool absolu, tandis que celui de rubidium ne s'y dissout pas. Toutefois il ne faudrait pas croire qu'on pourrait s'appuyer sur cette différence pour séparer les deux métaux par la voie humide, car ces deux carbonates semblent former un sel double qui n'est pas tout à fait insoluble dans l'alcool. — On sépare plus facilement les tartrates acides, parce que le bitartrate de rubidium se dissout dans 8,5 parties d'eau bouillante et 84,57 parties d'eau à 25°, tandis que pour le bitartrate de cæsium il faut 1,02 parties d'eau bouillante et 10,32 d'eau à 25° (*Allen*). (Le bitartrate de potasse exige 15 parties d'eau bouillante et 89 parties d'eau à 25°.)

3. **Lithine** (LiO).

La lithine est assez répandue dans la nature, mais jamais en grande masse. On la rencontre fréquemment dans les analyses d'eaux minérales et de cendres végétales, plus rarement dans les minéraux, fort peu dans les produits industriels ou pharmaceutiques. Elle forme le passage entre les bases du premier groupe et celles du deuxième. Elle est peu soluble dans l'eau et n'attire pas l'humidité de l'air. Ses sels sont pour la plupart solubles dans l'eau, quelques-uns (le chlorure de lithium) sont déliquescents; — le carbonate est difficilement soluble, surtout dans l'eau froide. Le PHOSPHATE DE SOUDE forme dans les dissolutions des sels de lithine, lorsqu'elles ne sont pas trop étendues, et à l'ébullition un précipité blanc, cristallin, qui se dépose rapidement au fond du vase; c'est un phosphate tribasique de lithine ($3LiO,PhO^5$) ; cette réaction, toute caractéristique, est bien plus sensible si, après avoir ajouté le phosphate de soude et assez de lessive de soude pour produire la réaction alcaline, on évapore à siccité, on reprend le résidu par de l'eau, et on ajoute un volume égal d'ammoniaque en dissolution, ce qui produit la précipitation de quantités de lithine, même très-petites, à l'état de $3LiO,PhO^5+Aq$. Le précipité fond au chalumeau, donne par sa fusion avec la soude une perle transparente ; fondu sur le charbon il le pénètre; il se dissout dans l'acide chlorhydrique en donnant un liquide qui, sursaturé d'ammoniaque, reste limpide à froid, mais donne par l'ébullition un précipité cristallin lourd de $3LiO,PhO^5+Aq$ (différence avec les phosphates alcalino-terreux). — L'ACIDE TARTRIQUE et le CHLORURE DE PLATINE ne précipitent pas les solutions des sels de lithine même concentrées. Si l'on introduit un sel de lithine dans la FLAMME DU GAZ ou du CHALUMEAU, comme nous l'avons indiqué pour la potasse (§ **89**, 5), la flamme se colore en rouge carmin. Les silicates contenant de la lithine exigent, pour que la réaction se produise, qu'on leur ajoute du gypse : le phosphate de lithine colore la flamme, si l'on humecte avec de l'acide chlorhydrique la perle fondue. La couleur produite par la soude masque celle que produirait la lithine; il faut donc, en présence de cette première base, examiner la flamme à travers un verre bleu ou une mince couche de solution d'indigo. Peu de potasse ne cache pas la couleur que donne la lithine et l'on peut encore reconnaître celle-ci avec beaucoup de potasse, en mettant l'essai dans la partie fondante du chalumeau et en examinant la flamme à travers le prisme à indigo, par comparaison avec celle que donne de la potasse pure. A travers les couches minces, la flamme contenant de la lithine est plus rouge que celle de la potasse pure ; à travers les couches plus épaisses, les deux flammes semblent également rouges, si la proportion de lithine est très-petite par rapport à la potasse ; si la lithine domine dans l'essai, l'intensité de la flamme contenant de la lithine, devenue rouge à travers les couches plus épaisses, va en diminuant, tandis que la flamme de la potasse n'est pas sensiblement affaiblie dans les mêmes circonstances. Par ce moyen, on peut reconnaître dans les sels de potasse quelques millièmes de lithine. Lorsque la soude n'est pas en trop grande quantité, elle modifie très-peu ces phénomènes (*Cartmell, Bunsen*).

Le SPECTRE DU LITHIUM (table I) est remarquablement beau, et est caractérisé par la magnifique raie rouge carmin α, et la raie très-pâle rouge orangé, β. La flamme d'un brûleur de *Bunsen* ne donne que ces raies; mais si l'on introduit du chlorure de lithium dans la flamme bien plus chaude de l'hydrogène, il se produit en outre une raie bleu mat, bien plus visible si l'on fait usage du mélange détonant. La position de cette ligne est presque la même que celle des deux lignes bleues bien moins vives du cæsium (*Tyndall, Frankland*). — Si l'on ajoute du chlorure de lithium à de l'alcool et qu'on allume, la flamme se colore aussi en carmin. Les sels de soude empêchent cette réaction.

Pour trouver des traces de cæsium, de rubidium et de lithium en présence de grandes quantités de soude ou de potasse, on traite les chlorures métalliques desséchés par quelques gouttes d'acide chlorhydrique et de l'alcool à 90°, ce qui sépare presque tout le chlorure de sodium et celui de potassium. On évapore la dissolution à siccité, on reprend le résidu par très-peu d'eau et on précipite par le chlorure de platine. On filtre, on lave le précipité avec de l'eau bouillante, à plusieurs reprises, pour éliminer le chlorure double de platine et de potassium, et de temps en temps on essaye dans l'appareil spectral. Le spectre du potassium s'affaiblit de plus en plus, tandis que les spectres du cæsium et du rubidium deviennent de plus en plus nets, si ces métaux se trouvent dans le mélange. — On évapore à siccité le liquide qu'on a séparé du précipité par filtration, on chauffe le résidu au rouge dans un courant d'hydrogène pour décomposer le chlorure double de platine et de sodium et le chlorure de platine en excès ; on humecte avec de l'acide chlorhydrique, on évapore et l'on retire enfin le chlorure de lithium avec un mélange d'alcool absolu et d'éther. En évaporant cette dissolution, le chlorure de lithium reste presque pur et on peut le soumettre aux divers essais. Avant de conclure à la présence de la lithine par la coloration de la flamme, il faut s'assurer, pour éviter des erreurs, qu'il n'y a ni strontiane, ni chaux, en essayant avec le carbonate d'ammoniaque un peu du résidu qu'on dissout dans l'eau. — L'addition d'acide chlorhydrique, souvent recommandée avant de reprendre le chlorure de lithium par l'alcool, est nécessaire parce que ce chlorure passe facilement à l'état de lithine caustique, sous l'influence de la vapeur d'eau et à la température rouge faible, et cette lithine, absorbant l'acide carbonique, se transforme en carbonate insoluble dans l'alcool.

DEUXIÈME GROUPE.

Baryte, strontiane, chaux, magnésie.

§ **94**. Propriétés du groupe. — Les terres alcalines à l'état pur (caustiques) sont solubles dans l'eau (la magnésie toutefois l'est très-peu). Leurs dissolutions offrent la réaction alcaline (celle de la magnésie se reconnaît le mieux quand on la place sur le papier réactif humide). Les carbonates et les phosphates neutres alcalino-terreux sont insolubles dans l'eau. — Par conséquent les dissolutions des sels alcalino-terreux seront précipitées par les carbonates et les phosphates alcalins. Cette réaction distingue les oxydes du deuxième groupe de ceux du premier ; mais ce qui empêche de les confondre avec ceux des groupes suivants, c'est qu'ils ne sont précipités ni par l'acide sulfhydrique ni par le sulfhydrate d'ammoniaque. — Les terres alcalines et leurs sels sont incolores et ne sont pas volatils à une température rouge modérée ; leurs azotates et leurs chlorures ne sont pas précipités par le carbonate de baryte.

RÉACTIONS PARTICULIÈRES

a. **Baryte** (BaO).

§ **95.** — 1. La *baryte caustique* est assez soluble dans l'eau chaude, plus difficilement dans l'eau froide ; elle est facilement dissoute par les acides chlorhydrique ou azotique étendus. L'hydrate de baryte fond au rouge, sans perdre son eau.

2. Les *sels de baryte* sont pour la plupart insolubles dans l'eau. Ceux qui s'y dissolvent ne changent pas les couleurs végétales, et à l'exception du chlorure, du bromure et de l'iodure de baryum, ils sont décomposés au rouge dans un tube de verre. Ceux qui sont insolubles se dissolvent dans l'acide chlorhydrique étendu, sauf le sulfate et l'hydrofluosilicate de baryte. — L'azotate de baryte et le chlorure de baryum sont insolubles dans l'alcool et ne sont pas déliquescents à l'air. Les solutions concentrées des sels de baryte sont précipitées par beaucoup d'acide chlorhydrique ou azotique, parce que le chlorure et l'azotate ne sont pas solubles dans ces acides.

3. L'AMMONIAQUE ne précipite pas les dissolutions aqueuses des sels de baryte ; la POTASSE et la SOUDE (exemptes de carbonate) ne les précipitent que lorsqu'elles sont très-concentrées. L'eau peut redissoudre le précipité volumineux qui se produit (cristaux de baryte BaO,HO+8Aq).

4. Les CARBONATES ALCALINS forment un précipité blanc de *carbonate de baryte* (BaO,CO^2). Si la liqueur est acide, le précipité ne se forme complétement qu'après que l'on a chauffé. Le chlorhydrate d'ammoniaque dissout le précipité en petite quantité, mais cependant d'une manière appréciable ; il en résulte que dans les dissolutions très-étendues, contenant beaucoup de sel ammoniac, le carbonate d'ammoniaque ne produira pas de précipité.

5. L'ACIDE SULFURIQUE et tous les SULFATES SOLUBLES, en particulier la DISSOLUTION DE SULFATE DE CHAUX, forment dans les dissolutions de baryte, même très-étendues, un précipité pulvérulent, blanc et lourd de *sulfate de baryte* (BaO,SO^3), insoluble dans les alcalis, à peine soluble dans les acides, qui l'est toutefois assez dans l'acide chlorhydrique et l'acide azotique bouillants, de même que dans les dissolutions con-

centrées des sels ammoniacaux ; toutefois, dans ce dernier cas, il ne faut pas qu'il y ait excès d'acide sulfurique.— En général le précipité se forme de suite; il n'y a que dans les dissolutions très-étendues, et surtout fortement acides, qu'il ne se produit qu'au bout de quelque temps.

6. L'ACIDE HYDROFLUOSILICIQUE donne un précipité d'hydrofluosilicate de baryte ($BaFl,SiFl^2$), sous forme de poudre cristalline, incolore, qui se rassemble promptement au fond du vase. Dans les dissolutions étendues il ne se produit qu'au bout de quelque temps, et il se dissout, d'une manière sensible, dans l'acide chlorhydrique et l'acide azotique. En ajoutant au liquide un volume égal d'alcool, la précipitation a lieu promptement et si complétement que le liquide filtré reste clair, en lui ajoutant de l'acide sulfurique.

7. Le PHOSPHATE DE SOUDE donne dans les dissolutions neutres ou alcalines un précipité blanc, soluble dans les acides, de *phosphate de baryte* ($2BaO, HO,PhO^5$). L'addition de l'ammoniaque n'augmente que peu la quantité du précipité, dont une partie passe à l'état de phosphate basique de baryte ($3BaO,PhO^5$). Le chlorhydrate d'ammoniaque dissout le précipité en quantité notable.

8. L'OXALATE D'AMMONIAQUE, dans les solutions modérément étendues, donne un précipité blanc pulvérulent d'oxalate de baryte ($2BaO,C^4O^6$ $+2Aq$), soluble dans l'acide azotique et l'acide chlorhydrique. — Récemment formé, il se dissout aussi dans l'acide acétique et l'acide oxalique. Ces dissolutions laissent bientôt déposer une poudre cristalline de bioxalate de baryte (BaO,HO,C^4O^6+2Aq).

9. Le CHROMATE DE POTASSE, jaune ou rouge, produit dans les sels de baryte, même en dissolution très-étendue, un précipité jaune clair de *chromate de baryte* (BaO,CrO^3). Il se dissout facilement dans l'acide chlorhydrique ou azotique : l'ammoniaque le précipite de nouveau de la solution rouge jaune.

10. Les sels solubles, réduits en poudre et chauffés avec l'ALCOOL ÉTENDU, communiquent à la flamme de l'alcool une *couleur jaune verdâtre*.

11. Si l'on place un sel de baryte sur un fil de platine dans la zone fondante de la FLAMME DU GAZ de la lampe de *Bunsen* ou dans l'intérieur de la flamme du chalumeau à alcool, la partie au-dessus et surtout en avant de la flamme se colore en *vert jaune*. Les sels solubles, le carbonate et le sulfate donnent de suite cette réaction ou au bout de peu de temps; le phosphate ne la produit qu'après qu'on a humecté l'essai avec de l'acide sulfurique ou de l'acide chlorhydrique. Ce dernier moyen permet de reconnaître la baryte dans les silicates décomposables par les acides; les silicates indécomposables par l'acide chlorhydrique devront être préalablement fondus avec du carbonate de

soude, et le carbonate de baryte résultant fournira la réaction. Ce qui est caractéristique pour la flamme que la baryte colore en vert jaunâtre, c'est qu'elle paraît vert bleuâtre, vue à travers un verre vert. Lorsqu'on emploie des sulfates pour cet essai, la chaux et la strontiane ne masquent pas la réaction de la baryte. — Le *spectre du baryum* est représenté dans la table I. Les lignes vertes α et β sont les plus intenses : la ligne γ est moins brillante, mais est toutefois encore caractéristique. Comme on rencontre dans le commerce du fil de platine renfermant du baryum (*Krant*), il est bon de s'assurer d'abord que le platine à lui seul ne donne pas le spectre du baryum.

12. Le sulfate de baryte n'est pas décomposé ou plus exactement l'est à peine par les dissolutions froides des BICARBONATES ALCALINS ou du CARBONATE D'AMMONIAQUE ; il se comporte de même avec une solution bouillante de 1 PARTIE DE CARBONATE ET DE 3 PARTIES DE SULFATE DE POTASSE. Les dissolutions bouillantes d'un carbonate neutre alcalin finissent, par une action prolongée, par le décomposer complétement ; il est aussi facilement décomposé quand on le fond avec un carbonate alcalin ; il se forme un sulfate alcalin soluble dans l'eau et du carbonate de baryte insoluble.

b. **Strontiane** (SrO).

§ **96.** — **1**. La *strontiane*, son *hydrate* et ses *sels* ne diffèrent pour ainsi dire pas, quant à leurs propriétés générales, des combinaisons correspondantes de la baryte. — L'hydrate de strontiane est moins facilement soluble dans l'eau que celui de baryte. — Le chlorure de strontium est soluble dans l'alcool absolu et est déliquescent à l'air humide. L'azotate est insoluble dans l'alcool absolu et n'est pas déliquescent à l'air.

2. Avec l'AMMONIAQUE, la POTASSE et la SOUDE, comme avec les CARBONATES ALCALINS et le PHOSPHATE DE SOUDE, les sels de strontiane se comportent à peu près comme ceux de baryte. — Le carbonate de strontiane se dissout plus difficilement dans le chlorhydrate d'ammoniaque que celui de baryte.

3. L'ACIDE SULFURIQUE et les SULFATES précipitent des dissolutions des sels de strontiane du *sulfate de strontiane* (SrO,SO^3), sous forme de poudre blanche. Si l'on emploie de l'acide sulfurique étendu et des dissolutions concentrées, le précipité est amorphe, floconneux et devient plus tard cristallin ; — si l'on opère sur une dissolution concentrée ou si l'on fait usage d'un sulfate, le précipité est pulvérulent et cristallin en se formant. La chaleur facilite la précipitation. Le sulfate de strontiane est bien plus soluble dans l'eau que le sulfate de baryte ; aussi, dans les dissolutions étendues, le précipité ne se forme qu'au bout de quelque temps ; il se forme toutefois (aussi dans les dissolutions concentrées) après quelque temps, quand on emploie la solution de sulfate

de chaux. Le sulfate de strontiane est insoluble dans l'alcool, aussi l'addition de l'alcool favorise la formation du précipité. Il se dissout en quantité notable dans les acides chlorhydrique et azotique ; c'est pourquoi une proportion un peu forte de ces acides empêche d'une façon toute particulière la sensibilité de cette réaction. La dissolution chlorhydrique de sulfate de strontiane étendue d'eau est troublée par le chlorure de baryum. Le sulfate de strontiane ne se dissout pas, même à l'ébullition, dans une dissolution concentrée de sulfate d'ammoniaque.

4. L'ACIDE HYDROFLUOSILICIQUE ne donne pas de précipité dans les dissolutions d'un sel de strontiane, même concentrées; et en ajoutant un volume égal d'alcool, il ne se dépose rien, si la solution n'est pas trop concentrée.

5. L'OXALATE D'AMMONIAQUE précipite dans les dissolutions assez étendues de l'*oxalate de strontiane* ($2SrO,C^4O^6+5Aq$) sous forme de poudre blanche facilement soluble dans l'acide chlorhydrique et l'acide azotique, assez dans les sels ammoniacaux, mais au contraire très-peu soluble dans l'acide oxalique et l'acide acétique.

6. Le BICHROMATE DE POTASSE ne précipite pas les solutions, même concentrées, des sels de strontiane : le *chromate neutre* lui-même ne donne pas tout d'abord de précipité. En abandonnant longtemps la liqueur, il se dépose cependant, quand le liquide n'est pas trop étendu, du chromate de strontiane cristallin, jaune clair. Il se dissout peu dans l'eau, mais facilement dans les acides chlorhydrique, azotique et chromique.

7. Si l'on chauffe les sels de strontiane solubles dans l'eau ou dans l'alcool, avec de l'ALCOOL aqueux et qu'on allume celui-ci, la flamme prend une couleur *rouge carmin* très-intense, surtout si l'on remue le liquide avec une baguette en verre.

8. En plaçant un sel de strontiane dans la flamme de la LAMPE A GAZ de *Bunsen* ou dans la flamme intérieure du CHALUMEAU A ALCOOL on observe une couleur *rouge intense*. Le chlorure donne la réaction la plus nette ; avec la strontiane et le carbonate elle l'est un peu moins, elle est plus faible encore avec le sulfate, et enfin on ne l'observe plus ou presque plus avec les composés à acides fixes. Pour opérer il faudra donc placer d'abord l'essai tel quel dans la flamme, puis recommencer après l'avoir humecté avec de l'acide chlorhydrique. Si l'on croit avoir affaire à du sulfate de strontiane, on l'exposera d'abord un instant à la flamme de réduction (pour faire du sulfure de strontium) avant de l'humecter avec de l'acide chlorhydrique. — Vue à travers le VERRE BLEU, la flamme du strontium offre toutes les nuances du pourpre jusqu'au rose (ce qui le distingue du calcium, qui offre dans les mêmes circonstances une faible couleur gris verdâtre); pour faire cette expérience le plus nettement, on laisse l'essai humecté d'acide chlorhydrique décrépiter dans

la flamme. En présence de la baryte, la réaction de la strontiane ne se produit qu'au moment où l'on introduit dans la flamme l'essai humecté avec l'acide chlorhydrique. Le SPECTRE DU STRONTIUM est représenté dans la planche I. Il renferme beaucoup de lignes caractéristiques, principalement la ligne orange α, les lignes rouges β et γ, et la bleue δ. Cette dernière est surtout propre à faire reconnaître la strontiane en présence de la chaux.

9. Le sulfate de strontiane est complétement décomposé par une longue digestion avec une dissolution de CARBONATE D'AMMONIAQUE ou d'un BICARBONATE ALCALIN; il l'est également par l'ébullition avec une dissolution de 1 PARTIE DE CARBONATE ET 3 PARTIES DE SULFATE DE POTASSE (cela le distingue essentiellement du sulfate de baryte).

c. **Chaux** (CaO).

§ **97.** — 1. La *chaux*, son *hydrate* et ses *sels* offrent, dans leurs propriétés générales, une certaine ressemblance avec les composés analogue de baryte et de strontiane. L'hydrate de chaux est bien moins soluble dans l'eau froide que les hydrates de baryte et de strontiane, e il se dissout moins dans l'eau chaude que dans l'eau froide. — L'hydrate de chaux perd son eau au rouge. — Le chlorure de calcium et l'azotate de chaux se dissolvent dans l'alcool absolu et sont déliquescents.

2. L'AMMONIAQUE, la POTASSE, les CARBONATES ALCALINS et le PHOSPHATE DE SOUDE se comportent avec les sels de chaux à peu près comme avec ceux de baryte. Le carbonate de chaux (CaO,CO^2) fraîchement précipité est volumineux et amorphe ; — au bout de quelque temps, ou de suite par l'action de la chaleur, il se dépose et devient cristallin. Récemment précipité, ce carbonate se dissout dans une dissolution de sel ammoniac, mais la liqueur ne tarde pas à se troubler en laissant déposer à l'état cristallin la plus grande partie du sel dissous.

3. L'ACIDE SULFURIQUE et le SULFATE DE SOUDE forment de suite dans les dissolutions de chaux très-concentrées un précipité blanc de *sulfate de chaux* (CaO,SO^3+Aq), qui se dissout complétement dans beaucoup d'eau, et qui est encore bien plus soluble dans les acides que dans l'eau. Il se dissout facilement à l'ébullition dans une dissolution concentrée de sulfate d'ammoniaque. Dans les dissolutions étendues, le précipité ne se forme qu'au bout d'un long temps, et enfin, si la liqueur est très-étendue, il n'y a plus de précipitation. Une solution de gypse ne peut naturellement pas produire de précipité, mais une dissolution de sulfate de potasse saturée à froid et additionnée de 3 parties d'eau, forme, au bout de douze ou vingt-quatre heures, un précipité dans les solutions de chaux. Lorsque celles-ci sont trop étendues pour que l'acide sulfurique seul y forme un précipité, celui-ci se produit

aussitôt si l'on ajoute un volume d'alcool égal à celui de l'acide, ou mieux encore double de ce dernier.

4. L'acide HYDROFLUOSILICIQUE ne précipite pas les sels de chaux même additionnés d'alcool.

5. L'OXALATE D'AMMONIAQUE forme un précipité blanc pulvérulent d'*oxalate de chaux*. Si les liqueurs sont suffisamment concentrées ou chaudes, le précipité ($2CaO,C^4O^6+2Aq$) se fait aussitôt; si elles sont très-étendues et froides, il ne se produit qu'après un certain temps; il est alors nettement cristallin et consiste en un mélange du sel précédent avec le sel $2CaO,C^4O^6+6Aq$. — L'oxalate de chaux se dissout facilement dans les acides chlorhydrique et azotique, mais pas d'une manière sensible dans l'acide acétique et dans l'acide oxalique.

6. Le *chromate de potasse*, jaune ou rouge, ne précipite pas les sels de chaux.

7. Les sels de chaux solubles, chauffés avec de l'ALCOOL AQUEUX, communiquent à la flamme une couleur rouge jaunâtre, que l'on pourrait confondre avec celle que produit la strontiane.

8. Les sels de chaux dans la flamme de la LAMPE A GAZ DE BUNSEN ou dans la flamme intérieure du CHALUMEAU A ALCOOL, la colorent en *rouge jaunâtre*. La réaction est la plus nette avec le chlorure de calcium; avec le sulfate de chaux elle ne se produit que quand il est devenu basique, et avec le carbonate de chaux elle n'est très-nette que lorsque l'acide carbonique a disparu. Les sels à acides fixes ne colorent pas les flammes, à moins qu'on ne les ait décomposés par l'acide chlorhydrique, qu'on ne les ait humectés avec lui. Pour rendre l'action de l'acide plus facile, on aplatit l'œilleton du fil de platine; on y met un peu de la combinaison calcaire, on la fait fritter au feu, on ajoute une goutte d'acide chlorhydrique qui s'attache au petit anneau et on introduit dans la zone fondante de la flamme. C'est lorsque, comme dans le phénomène de *Leidenfrost*, la goutte s'évapore sans bouillir, que la réaction est la plus nette (*Bunsen*). En humectant l'essai avec de l'acide chlorhydrique et en le laissant décrépiter, la flamme colorée par les sels de chaux, examinée à travers un VERRE VERT, paraît vert serin, ce qui la distingue de la strontiane qui, dans les mêmes circonstances, ne donne qu'un jaune extrêmement faible (*Merz*). En présence de la baryte, la réaction ne se produit qu'au moment où l'on place dans la flamme l'essai humecté par l'acide chlorhydrique. — Le SPECTRE DU CALCIUM est représenté dans la planche I. La ligne verte intense β est surtout caractéristique et aussi la ligne brillante orangée α; avec de très-bons appareils seulement on distingue encore la ligne indigo bleu, à droite de la raie G dans le spectre solaire; cette ligne est bien moins brillante que les deux autres et c'est pour cela qu'il faut un bon spectroscope.

9. Avec les carbonates neutres alcalins et les bicarbonates, de même qu'avec une dissolution de carbonate et de sulfate de potasse, le sulfate de chaux se comporte comme le sulfate de strontiane.

d. **Magnésie** (MgO).

§ **98.** 1. LE MAGNÉSIUM est blanc d'argent, dur, malléable, de densité 1,74 : il fond au rouge faible et se volatilise au rouge blanc; chauffé au rouge à l'air, il brûle avec une flamme blanche éblouissante, en produisant de la magnésie. Dans l'air sec il garde son éclat : dans l'air humide il se change peu à peu en hydrate de magnésie. A la température ordinaire l'eau pure n'est pas décomposée par le magnésium, mais en ajoutant de l'acide sulfurique ou de l'acide chlorhydrique, le métal se dissout rapidement et facilement, avec dégagement d'hydrogène.

2. La *magnésie* et son *hydrate* sont blancs et en poudre, bien plus volumineux que les composés analogues des autres terres alcalines. Ils se dissolvent à peine dans l'eau froide ou chaude. L'hydrate de magnésie perd son eau au rouge.

3. Les *sels de magnésie* sont les uns solubles, les autres insolubles dans l'eau. Ceux qui sont solubles ont une saveur amère désagréable, ne changent pas les couleurs végétales lorsqu'ils sont neutres, et sont, à l'exception du sulfate de magnésie, décomposés au rouge faible, voire même déjà par la simple évaporation de leurs dissolutions. Au rouge blanc vif, le sulfate perd aussi son acide. Les sels de magnésie insolubles se dissolvent presque tous dans l'acide chlorhydrique.

4. L'AMMONIAQUE précipite des dissolutions des sels de magnésie neutres une partie de la base à l'état d'hydrate (MgO,HO), sous forme de précipité blanc volumineux. L'autre portion de la magnésie reste en dissolution à l'état de sel double non décomposable par l'ammoniaque, et formé par le sel ammoniacal provenant de la décomposition partielle du sel de magnésie. Cette tendance des sels de magnésie à se combiner aux sels ammoniacaux est cause qu'en présence d'une quantité suffisante d'un sel ammoniacal à réaction neutre, les sels magnésiens ne sont pas précipités par l'ammoniaque, ou, ce qui est la même chose, que l'ammoniaque ne précipite pas les dissolutions de magnésie contenant une quantité suffisante d'acide libre : c'est aussi pour cela que le précipité formé par l'ammoniaque dans les dissolutions neutres disparaît par l'addition du chlorhydrate d'ammoniaque. Il faut faire attention que les liqueurs, qui renferment pour un équivalent de sel magnésien seulement un équivalent d'un sel ammoniacal (AzH^4O,SO^3 ou AzH^4Cl), restent claires quand on n'ajoute qu'un peu d'ammoniaque; mais si on met un grand excès de cet alcali, une partie de la magnésie se précipite.

5. La POTASSE, la SOUDE, la BARYTE CAUSTIQUE et la CHAUX CAUSTIQUE précipitent l'*hydrate de magnésie* de ses dissolutions salines. La

réaction est très-favorisée par l'ébullition. Le chlorhydrate d'ammoniaque et d'autres sels ammoniacaux semblables redissolvent le précipité après qu'il a été lavé. Si ces derniers sont ajoutés à la solution magnésienne en quantité suffisante et avant l'addition du précipitant, l'addition d'un peu d'alcali ne produit rien. Mais si l'on fait bouillir le liquide avec un excès de potasse, le précipité doit naturellement apparaître, parce qu'alors son dissolvant, le sel ammoniacal, est décomposé et enlevé. On se rappellera que l'hydrate de magnésie est aussi plus soluble dans la dissolution de chlorure de potassium, de chlorure de sodium , de sulfate de potasse et de sulfate de soude que dans l'eau, et que par conséquent la précipitation est bien moins complète en présence de ces sels, ou quand ils peuvent se former. Toutefois, dans de pareilles dissolutions, la magnésie est en grande partie précipitée par un excès de lessive de potasse ou de soude.

6. Le CARBONATE DE POTASSE ou le CARBONATE DE SOUDE donnent dans les dissolutions neutres de magnésie un précipité blanc de carbonate basique, $4(MgO,CO^2) + MgO,HO + 10Aq$. Un cinquième de l'acide du carbonate alcalin décomposé maintient en dissolution une partie du carbonate de magnésie à l'état de bicarbonate. Par l'ébullition on chasse cet acide carbonique et il se forme un nouveau précipité ($MgO,CO^2 + 5Aq$). En chauffant les liquides, on favorise d'après cela la précipitation et on augmente la quantité du précipité. Le sel ammoniac et les sels ammoniacaux semblables, en quantité suffisante, empêchent cette réaction et redissolvent le précipité déjà formé et lavé.

7. Si l'on additionne une dissolution de magnésie de CARBONATE D'AMMONIAQUE, le liquide reste d'abord parfaitement limpide. Mais par le repos il se forme promptement si les liquides sont concentrés, plus lentement s'ils sont étendus, un dépôt cristallin de carbonate de magnésie ($MgO,CO^2 + 3Aq$) si l'on emploie peu de carbonate d'ammoniaque et de *carbonate ammoniaco-magnésien* ($AzH^4O,CO^2 + MgO,CO^2 + 4Aq$) si l'on verse une grande quantité de ce réactif. Il n'y a que si les dissolutions sont très-étendues que cela n'a pas lieu. Une addition d'ammoniaque favorise cette réaction; le sel ammoniac l'empêche, à moins que la concentration des liqueurs ne soit très-grande.

8. Le PHOSPHATE DE SOUDE précipite des dissolutions de magnésie qui ne sont pas trop étendues, du *phosphate de magnésie* ($2MgO,HO,PHO^5 + 14Aq$) sous forme de poudre blanche. Par l'ébullition il se dépose du phosphate basique ($3MgO,PHO^5 + 7Aq$), et alors même que les liquides sont assez étendus. — Mais si, avant de verser le phosphate de soude, on ajoute au sel de magnésie du sel ammoniac et de l'ammoniaque, même avec des dissolutions très-étendues, il se forme un précipité blanc, cristallin, de *phosphate basique ammoniaco magnésien* ($2MgO,AzH^4O,PHO^5 + 12Aq$). Sa formation est facilitée, dans les liqueurs

étendues, par l'agitation au moyen d'une baguette de verre. Si la dilution est trop grande pour qu'il se produise un précipité, cependant encore, au bout de quelque temps, on voit des lignes blanchâtres indiquer toutes les parties des parois internes qui ont été touchées par l'agitateur. L'eau et les solutions ammoniacales dissolvent à peine le précipité, mais les acides et même l'acide acétique le font facilement disparaître. Dans l'eau ammoniacale il est pour ainsi dire insoluble.

9. L'oxalate d'ammoniaque ne fait rien dans les dissolutions très-étendues; dans celles qui le sont peu, il ne se forme tout d'abord aucun précipité, mais après un temps assez long on voit apparaître des cristaux de différents oxalates ammoniaco-magnésiens. Dans les dissolutions de magnésie très-concentrées, l'oxalate d'ammoniaque donne promptement un précipité d'oxalate de magnésie ($2MgO,C^4O^6 + 4Aq$), qui renferme de petites quantités des sels doubles cités plus haut. — Le sel ammoniac ou bien mieux encore le sel ammoniac additionné d'ammoniaque libre, gêne cette réaction sans toutefois l'empêcher complétement.

10. L'acide sulfurique, l'acide hydrofluosilicique, et le chromate de potasse ne précipitent pas les sels de magnésie.

11. Les sels de magnésie ne colorent pas les flammes.

§ 99. Récapitulation et remarques. Le peu de solubilité de l'hydrate de magnésie, la solubilité de son sulfate (lorsqu'il n'est pas à l'état de kiesérite, c'est-à-dire de sulfate naturel anhydre ou combiné à un équivalent d'eau) et la tendance des sels magnésiens à s'unir aux composés ammoniacaux pour former des sels doubles, sont les trois caractères principaux qui distinguent la magnésie des autres terres alcalines. Pour la trouver dans une dissolution qui contiendrait toutes les terres alcalines, nous écarterons toujours d'abord la baryte, la chaux et la strontiane. Le moyen le plus facile est d'employer le carbonate d'ammoniaque, après addition d'un peu d'ammoniaque et de chlorhydrate d'ammoniaque et l'action d'une douce chaleur; de cette façon on sépare les terres sous une forme qui sera très-commode pour les recherches ultérieures. Si les liqueurs sont convenablement étendues et en filtrant, les carbonates de baryte, de strontiane et de chaux restent sur le filtre, tandis que la magnésie est en dissolution dans le liquide qui passe. Mais comme le chlorhydrate d'ammoniaque dissout un peu de carbonate de baryte et de chaux, ce dernier toutefois en bien moindre proportion, il se trouve un peu de ces bases dans le liquide filtré, et même celles-ci pourraient rester complétement dissoutes, si elles ne se trouvaient dans le liquide primitif qu'en très-petite quantité. Alors dans les recherches délicates on partage le liquide filtré en trois portions : dans l'une pour déceler des traces de baryte, on verse de l'acide sulfurique étendu ; on traite la seconde par l'oxalate d'ammoniaque, pour ne pas laisser échapper le peu de chaux qui aurait pu se dissoudre. Si, même au bout de quelque temps, les deux réactifs ne produisent aucun trouble, on cherche la *magnésie* dans la troisième partie du liquide filtré. Mais si l'un des réactifs a troublé un des essais, on filtre pour séparer le précipité qui s'est déposé lentement, et dans le liquide qui passe on cherche la magnésie; enfin, dans le cas où l'acide sulfurique et l'oxalate d'ammoniaque auraient tous deux produit des précipités, on mélangerait les deux premiers essais, on filtrerait au bout de quelque temps et on essayerait le liquide filtré. Il faudrait encore s'assurer que le précipité obtenu avec l'oxalate d'ammoniaque est bien de l'oxalate de chaux et non pas de l'oxalate ammoniaco-magnésien; pour cela on le dissout dans un peu d'acide chlorhydrique, on ajoute de l'acide sulfurique étendu, puis de l'alcool.

Pour chercher la baryte, la strontiane et la chaux dans le précipité formé par le carbonate d'ammoniaque, on le dissout dans un peu d'acide chlorhydrique étendu. On traite une petite partie du liquide par la solution de sulfate de chaux, qui formera aussitôt un précipité s'il y a de la *baryte*. On évapore à siccité le reste de la solution chlorhydrique et on traite le résidu par l'alcool absolu; le chlorure de baryum reste en presque totalité insoluble, tandis que le chlorure de strontium et celui de calcium se dissolvent. En mêlant la dissolution alcoolique avec son volume d'eau et quelques gouttes d'acide hydrofluosilicique, les traces de baryte se précipitent au bout de quelques heures à l'état de fluosiliciure de baryum. Le liquide alcoolique filtré est alors additionné d'acide sulfurique. La chaux et la strontiane se précipitent; on sépare le précipité par une nouvelle filtration, on le lave avec de l'alcool étendu, on transforme les sulfates en carbonates en les faisant bouillir avec du carbonate de soude, on dissout les carbonates (après les avoir lavés) dans un peu d'acide chlorhydrique, on évapore la dissolution à siccité, on reprend le résidu avec un peu d'eau et on partage en deux parts le liquide filtré, si cela est nécessaire. Dans l'une, on verse une dissolution de sulfate de chaux. Le précipité qui se formera au bout de quelque temps ou bien quelquefois après un temps assez long, indiquera la présence de la *strontiane* ; — pour éliminer cette dernière base dans la seconde portion du liquide à essayer, on y ajoute une dissolution de sulfate de potasse, on fait bouillir, on filtre et l'on cherche la *chaux* avec l'oxalate d'ammoniaque. — En précipitant la strontiane avec le sulfate de potasse, il peut il est vrai se précipiter aussi de la chaux, surtout si elle se trouve en quantité un peu notable, mais il en reste toujours suffisamment pour qu'on puisse facilement la trouver dans le liquide filtré. — Pour reconnaître les terres alcalines lorsqu'elles sont à l'état de phosphates, ce qu'il y a de mieux c'est de décomposer ces sels au moyen du perchlorure de fer avec addition d'acétate de soude (voir § **142**). — Dans leurs combinaisons avec l'acide oxalique, on les transforme en carbonates en chauffant au rouge. — Si l'on a des sulfates alcalino-terreux, on traite d'abord le mélange par de petites quantités d'eau bouillante. La dissolution renfermera tout le sulfate de magnésie, s'il n'est pas à l'état naturel, avec un peu de sulfate de chaux. On fait ensuite digérer le résidu, comme l'indique *H Rose*, pendant 12 heures à froid avec une dissolution de carbonate d'ammoniaque, ou bien on fait bouillir pendant 10 minutes avec une dissolution de 1 partie de carbonate et 3 parties de sulfate de potasse: on filtre, on lave et on traite de suite par l'acide chlorhydrique étendu, qui dissout le carbonate de strontiane et celui de chaux formés, ainsi que des traces de baryte (*Frésénius*) et du carbonate de magnésie ou ammoniaco-magnésien si l'on avait eu de la kiesérite : le sulfate de baryte reste non décomposé. On peut décomposer ce dernier en le fondant avec un carbonate alcalin. Puis les dissolutions qu'on obtient sont essayées d'après les méthodes indiquées plus haut.

Quand la baryte, la strontiane et la chaux se trouvent ensemble, on peut également les reconnaître par la coloration de la flamme et l'emploi de l'appareil spectral : ce procédé est bien plus facile que celui par la voie humide qui est plus instructif mais aussi plus long. Suivant la nature de l'essai, on le place directement dans la flamme, ou bien on le fait préalablement rougir et on l'humecte avec de l'acide chlorhydrique.

S'il faut chercher de petites quantités de baryte et de strontiane en présence de beaucoup de chaux, on porte fortement au rouge dans un creuset de platine pendant quelques minutes, au moyen d'un soufflet, le mélange des carbonates (ce qui rend caustiques les carbonates de baryte et de strontiane bien plus facilement qu'en l'absence du carbonate de chaux), on fait bouillir le produit calciné avec un peu d'eau distillée, on filtre, on évapore avec de l'acide chlorhydrique et on soumet le résidu à l'analyse spectrale (*Engelbach*).

TROISIÈME GROUPE.

§ **100**. Corps qu'on rencontre le plus souvent : *alumine, oxyde de chrome.*

Corps qu'on rencontre plus rarement : oxydes de *glucinium*, de *thorium*, de *zirconium*, d'*yttrium*, d'*erbium*, de *cérium*, de *lanthane*, de *didymium*, *acide titanique*, *acide tantalique*, *acide niobeux*.

Propriétés du groupe. — Les oxydes de ce groupe sont insolubles dans l'eau, soit à l'état pur, soit à l'état d'hydrate. Leurs sulfures ne peuvent pas se produire par la voie humide. Par conséquent l'acide sulfhydrique ne précipite pas les sels des oxydes du troisième groupe, et le sulfhydrate d'ammoniaque y forme, comme ferait l'ammoniaque seul, un précipité d'oxyde hydraté[1]. Cette action du sulfhydrate d'ammoniaque distingue les oxydes du troisième groupe de ceux des précédents.

RÉACTIONS PARTICULIÈRES AUX OXYDES LES PLUS COMMUNS DU TROISIÈME GROUPE.

a. **Alumine** (Al^2O^3),

§ 101. 1. L'*aluminium* est un métal presque blanc; il ne s'oxyde pas au contact de l'air et le fait à peine même au rouge, quand il est en masse compacte. On peut le limer, il est très-malléable; son poids spécifique n'est que de 2,56. Il fond au rouge clair. Réduit en poudre, il décompose l'eau lentement à la température de l'ébullition, mais ne la décompose pas quand il est en masse. L'aluminium se dissout facilement, en dégageant de l'hydrogène, dans l'acide chlorhydrique et dans une solution chaude de potasse; mais il n'est attaqué que très-lentement, même à chaud, par l'acide azotique.

2. L'*alumine* n'est pas volatile et est incolore, ainsi que son *hydrate*. Elle se dissout très-lentement et très-difficilement dans les acides étendus, plus facilement dans l'acide chlorhydrique concentré et chaud. Le bisulfate de potasse fondu s'y combine facilement en une masse soluble dans l'eau. L'hydrate à l'état amorphe se dissout facilement dans les acides, mais très-difficilement au contraire quand il est cristallisé. Après avoir été chauffée au rouge avec les alcalis, l'alumine, ou plus exactement l'aluminate alcalin, est facilement attaquée par les acides.

3. Les *sels d'alumine* sont incolores, non volatils, les uns solubles, les autres insolubles. Le chlorure d'aluminium anhydre est solide, jaune, cristallin et volatil. Les sels solubles ont une saveur douceâtre, astringente, rougissent le tournesol et perdent leur acide au rouge. Les sels insolubles peuvent se dissoudre dans l'acide chlorhydrique, excepté certains composés naturels. Ceux que n'attaque pas l'acide chlorhydrique sont désagrégés quand on les chauffe au rouge avec le carbonate de potasse sodé ou le sulfate acide de potasse. On peut aussi les décomposer ou les dissoudre en les mettant en poudre fine dans des tubes en

[1] Les oxydes du troisième groupe peuvent presque tous former des combinaisons salines, aussi bien avec les acides qu'avec les bases; par exemple : l'alumine avec la potasse donne de l'aluminate de potasse, et avec l'acide sulfurique du sulfate d'alumine. Ils tiennent par conséquent le milieu entre les acides et les bases; aussi ceux qui se rapprochent le plus des premiers sont désignés sous le nom d'acides, comme on le voit par les derniers termes du groupe.

verre fermés à la lampe, avec de l'acide chlorhydrique à 25 pour 100, ou un mélange de 3 parties en poids d'acide sulfurique monohydraté et 1 partie d'eau, et les maintenant pendant deux heures à une température de 200 à 210° (*A. Mitscherlich*).

4. La POTASSE et la SOUDE donnent dans les dissolutions des sels d'alumine un volumineux précipité d'*hydrate d'alumine* ($Al^2O^3,3HO$), retenant de l'alcali et aussi le plus souvent mélangé avec un sel basique : ce précipité se redissout facilement et complétement dans un excès du précipitant, mais il reparaît de nouveau déjà à froid, complétement à chaud, si l'on ajoute du chlorhydrate d'ammoniaque (voir § 53). Les sels ammoniacaux n'empêchent pas la réaction de la potasse ou de la soude.

5. L'AMMONIAQUE donne également un précipité d'*hydrate d'alumine* ammoniacal, mêlé à un sel basique; il est également dissous par le précipitant, mais difficilement et quand ce dernier est en grand excès et d'autant plus difficilement que la dissolution primitive contient plus de sels ammoniacaux. Cela explique la précipitation complète de l'hydrate d'alumine dans une dissolution potassique, quand on y ajoute un excès de chlorhydrate d'ammoniaque.

6. Les CARBONATES ALCALINS précipitent un *carbonate basique d'alumine* un peu soluble dans un excès de carbonate alcalin fixe, mais bien moins encore dans un excès de carbonate d'ammoniaque. L'ébullition facilite la précipitation par ce dernier réactif.

7. Si l'on fait digérer une dissolution d'un sel d'alumine avec du CARBONATE DE BARYTE en poudre fine, l'acide du premier se porte en grande partie sur la baryte de l'acide carbonique, se dégage et l'alumine se dépose complétement à l'état d'*hydrate mélangé avec un sel alumineux basique :* cette réaction se produit même à froid.

Remarque pour les numéros 4, 5, 6 et 7. L'acide tartrique, l'acide citrique et les autres acides organiques fixes empêchent complétement la précipitation de l'alumine à l'état d'hydrate ou de sel basique, quand ils sont en quantité notable. — La présence du sucre ou d'autres substances organiques semblables est un obstacle à la précipitation complète.

8. Le PHOSPHATE DE SOUDE forme dans les sels d'alumine un précipité de *phosphate* (Al^2O^3,PhO^5). Le précipité blanc et volumineux se dissout facilement dans la potasse et la soude, mais non dans l'ammoniaque : le chlorhydrate d'ammoniaque le précipite dès lors des dissolutions dans les lessives alcalines. — Le précipité se dissout facilement dans l'acide chlorhydrique et l'acide azotique, mais non dans l'acide acétique, ce qui le distingue de l'hydrate d'alumine : d'après cela l'acétate de soude chasse le précipité de sa dissolution dans l'acide chlorhydrique, si ce dernier toutefois n'est pas en trop grand excès. — L'acide tartrique, le

sucre, etc., n'empêchent pas la précipitation du phosphate d'alumine, mais bien l'acide citrique (*Grothe*).

9. L'ACIDE OXALIQUE et ses sels ne précipitent pas les sels d'alumine.

10. Le SULFATE DE POTASSE dans les dissolutions très-concentrées de sels d'alumine détermine la formation d'un *sulfate double d'alumine et de potasse* (alun : $KO,SO^3 + Al^2O^3,3SO^3 + 24Aq$), qui se dépose en petits cristaux ou en poudre cristalline.

11. Si l'on chauffe au rouge sur un charbon, à l'aide du chalumeau, de l'alumine ou une de ses combinaisons humectée avec une dissolution d'AZOTATE DE PROTOXYDE DE COBALT, on obtient une masse non fondue, *bleu de ciel foncé*, provenant de l'union des deux oxydes. La couleur apparaît surtout après le refroidissement. Elle semble violette à la lumière d'une bougie. Cette réaction n'a de valeur qu'autant que le composé alumineux ne renferme aucun autre oxyde et est infusible ou difficilement fusible; elle n'est du reste pas complétement probante, car il y a des combinaisons exemptes d'alumine, non-seulement fusibles, mais encore quelques-unes presque complétement infusibles (par exemple les phosphates neutres des terres alcalines), qui donnent la couleur bleue quand on les calcine avec le cobalt.

b. **Sesquioxyde de chrome** (Cr^2O^3).

§ **102**. 1. Le *sesquioxyde de chrome* est une poudre verte, son *hydrate* une poudre d'un vert gris bleuâtre. Ce dernier se dissout facilement dans les acides ; l'oxyde non chauffé au rouge se dissout plus difficilement, et quand il a été calciné, il est complétement insoluble.

2. Les *sels de chrome* ont une couleur verte ou violette. Certains d'entre eux sont solubles dans l'eau, presque tous dans l'acide chlorhydrique. Les dissolutions ont une belle couleur verte ou violet foncé ; toutefois cette dernière passe au vert par l'action de la chaleur. Les sels à acide volatil le perdent au rouge; ceux qui sont solubles dans l'eau rougissent la teinture de tournesol. Le chlorure de chrome anhydre est cristallin, difficilement volatil, violet, insoluble dans l'eau et les acides.

3. La POTASSE et la SOUDE forment, dans les dissolutions vertes ou violettes des sels de chrome, un précipité vert bleu d'*oxyde de chrome hydraté*, qui se dissout complétement et facilement dans un excès du précipitant en un liquide vert émeraude. En maintenant cette dissolution à l'ébullition, le précipité se dépose de nouveau complétement, de sorte que le liquide surnageant redevient tout à fait incolore. En ajoutant à la dissolution alcaline du chlorhydrate d'ammoniaque, l'oxyde de chrome dissous est de même précipité de nouveau. La chaleur favorise le dépôt complet.

4. L'AMMONIAQUE précipite des dissolutions vertes de l'*oxyde de*

chrome hydraté, vert gris, soluble en vert dans les acides, et des dissolutions violettes un hydrate bleu gris, soluble en violet dans les acides. Beaucoup d'autres circonstances (la concentration, la nature du sel ammoniacal formé, etc.) influent sur la composition et la couleur de cet hydrate. Ces hydrates se dissolvent à froid en petite quantité dans un excès d'ammoniaque et donnent un liquide rouge pêche; mais si l'on chauffe après l'addition de l'excès d'alcali, la précipitation est complète.

5. Les CARBONATES ALCALINS précipitent un *carbonate basique de chrome*, soluble dans un grand excès du précipitant.

6. Le CARBONATE DE BARYTE précipite tout l'oxyde de chrome à l'état d'*hydrate vert mélangé à un sel basique*. La réaction se produit déjà à froid, mais elle n'est complète qu'après une longue digestion.

Remarques pour les numéros 3, 4, 5, 6. — Dans les solutions violettes aussi bien que dans les solutions vertes de l'oxyde de chrome, la précipitation est plus ou moins empêchée par les acides tartrique, citrique, oxalique, par le sucre. Dans ces circonstances, il arrive parfois que le précipité formé se redissout complétement en un liquide rouge; — la précipitation par le carbonate de soude est presque complétement empêchée par ces mêmes acides; ceux-ci rendent aussi incomplète la précipitation par le carbonate de baryte.

7. Si l'on ajoute à une dissolution d'oxyde de chrome dans de la potasse ou de la soude, un léger excès de PEROXYDE PUCE DE PLOMB, et si l'on fait bouillir un peu, l'oxyde de chrome passe à l'état d'acide chromique. On obtient alors en filtrant un liquide jaune, qui est une dissolution de *chromate de plomb* dans une lessive de potasse ou de soude. En ajoutant de l'acide acétique, ce chromate se dépose en poudre jaune (*Chancel*). On peut déceler plus facilement dans ce liquide des traces d'acide chromique, en l'acidulant avec de l'acide chlorhydrique, et en y ajoutant du bioxyde d'hydrogène et de l'éther (voir l'*acide chromique*, § **138**).

8. En fondant l'oxyde de chrome ou ses composés avec de l'AZOTATE et du CARBONATE DE SOUDE, ou mieux encore avec du CHLORATE DE POTASSE et du CARBONATE DE SOUDE, il se forme de l'acide chromique, et l'on obtient un *chromate alcalin* jaune, dont la dissolution dans l'eau a une couleur jaune intense (voir plus loin, § **138**, les réactions de l'acide chromique).

9. Le SEL DE PHOSPHORE dissout l'oxyde de chrome et ses sels, aussi bien dans la flamme de réduction que dans celle d'oxydation, en donnant une perle limpide, d'un vert jaune faible, qui passe au *vert émeraude* par le refroidissement. Le borax se comporte de même. On se sert pour cela de la lampe à gaz de *Bunsen* (§ **16**) ou du chalumeau ordinaire.

§ **103**. RÉCAPITULATION ET REMARQUES. — La solubilité de l'hydrate d'alumine dans les lessives de potasse ou de soude et sa précipitation des solutions alcalines par le chlorhydrate d'ammoniaque donnent un moyen sûr de reconnaître l'alumine, lorsqu'elle n'est pas mêlée à de l'oxyde de chrome. La présence de ce dernier se reconnaît déjà à la couleur de la dissolution et à l'aide du sel de phosphore, et dans ce cas il faut d'abord l'éliminer avant de rechercher l'alumine. On y parvient en fondant dans un creuset en platine 1 partie des oxydes mélangés avec 2 parties de carbonate et 2 parties de chlorate de potasse. On fait bouillir la masse jaune avec de l'eau ; une partie de l'alumine reste libre, tandis que tout le chrome se dissout à l'état de chromate alcalin, et le reste de l'alumine à l'état d'aluminate alcalin. On acidule la solution avec de l'acide azotique, elle devient jaune rouge ; on ajoute alors de l'ammoniaque jusqu'à réaction alcaline faible et le reste de l'alumine se dépose.

La précipitation de l'oxyde de chrome de ses dissolutions dans la potasse ou la soude, au moyen de l'ébullition, est suffisamment exacte, lorsqu'on fait bouillir assez longtemps ; néanmoins ce moyen pourrait fréquemment induire en erreur (lorsqu'on n'a que peu d'oxyde de chrome ou des matières organiques même en petite quantité). Je ferai remarquer encore que la solubilité de l'oxyde de chrome froid dans un excès de potasse ou de soude est gênée par la présence d'autres oxydes (protoxydes de manganèse, de cobalt, de nickel, et surtout le peroxyde de fer) et qu'elle peut être complétement empêchée si ces oxydes sont en grand excès. — Enfin il ne faut pas oublier que la précipitation de l'alumine et de l'oxyde de chrome par l'ammoniaque, le carbonate de soude, etc., est empêchée ou contrariée par les acides organiques non volatils, par le sucre, etc. Si donc il y avait des matières organiques, il sera toujours plus prudent de chauffer au rouge, de fondre le résidu avec du carbonate de soude et du chlorate de potasse, puis d'opérer comme il est dit plus haut. — Quant à l'emploi de la solution alcoolique de morine et de la fluorescence qui s'y développe pour reconnaître des traces d'alumine, je renvoie au travail de *Goppelsrœder* (*Zeitschrift für analyt. Chem.*, VII, 208).

RÉACTIONS PARTICULIÈRES AUX OXYDES DU TROISIÈME GROUPE QU'ON RENCONTRE PLUS RAREMENT.

1. Glucine (Gl^2O^3).

§ **104**. Se rencontre rarement à l'état de silicate dans la phénakite, associée à d'autres silicates dans le béryle, l'euclase et quelques autres minéraux rares. Poudre blanche, sans saveur, insoluble dans l'eau. Après avoir été chauffée au rouge, elle se dissout lentement mais complétement dans les acides; elle est facilement soluble après avoir été fondue avec du sulfate acide de potasse; l'hydrate se dissout facilement dans les acides. Les combinaisons ressemblent beaucoup à celles de l'alumine : les sels solubles ont une saveur douce et astringente et une réaction acide; les silicates de glucine naturels sont complétement désagrégés par leur fusion avec 4 parties de carbonate de potasse sodé. — La POTASSE, la SOUDE, l'AMMONIAQUE, le SULFHYDRATE D'AMMONIAQUE précipitent un hydrate blanc, floconneux, qui ne se dissout pas dans l'ammoniaque, mais se dissout facilement dans la potasse ou la soude, d'où le sel ammoniac le précipite de nouveau. Ces dissolutions alcalines concentrées restent limpides par l'ébullition, celles qui sont plus étendues déposent toute la glucine par une ébullition prolongée (différence avec l'alumine). — L'hydrate fraîchement précipité, maintenu longtemps en ébullition avec du SEL AMMONIAC, se dissout à l'état de chlorure de glucinium, avec dégagement d'ammoniaque (différence avec l'alumine). Les CARBONATES ALCALINS précipitent du carbonate de glucine blanc, qui se dissout dans un grand excès de carbonate alcalin fixe, mais dans un excès moindre de carbonate d'ammoniaque (c'est la différence la plus caractéristique avec l'alumine : mais comme en présence de la glucine il se dissout un peu d'alumine dans le carbonate d'ammoniaque (*Joy*), on ne peut pas baser sur cette réaction un procédé de séparation complète des deux bases). En faisant bouillir ces dissolutions, il se dépose du carbonate basique de glucine, et cela facilement et complétement quand on a employé le carbonate d'ammoniaque, et seulement par évaporation et incomplétement quand la solution est faite dans les carbonates fixes. Le CARBONATE DE BARYTE précipite complétement par digestion à froid. L'ACIDE OXALIQUE et les OXALATES ne donnent pas de précipité (différence avec les oxydes de thorium, de zirconium, d'yttrium, d'erbium, le protoxyde de cérium, les oxydes de lanthane et de didymium). Fondue avec 2 parties de fluorhydrate de fluorure de potassium, la glucine donne une masse qui se dissout dans l'eau acidulée avec l'acide fluorhydrique (ce qui permet de la séparer de l'alumine, qui dans ces conditions reste à l'état de fluorure double d'aluminium et de potassium insoluble). Humectés avec de l'AZOTATE DE PROTOXYDE DE COBALT et chauffés au rouge, les composés de la glucine forment une masse grise.

2. **Oxyde de thorium** (ThO).

Très-rare, dans la thorine, la monacite. Blanc, mais jaune foncé tant qu'il est chaud; calciné, il ne se dissout que lorsqu'on le chauffe avec un mélange de 1 partie d'acide sulfurique concentré et 1 partie d'eau, et il est insoluble dans les autres acides, même après avoir été fondu avec les alcalis. En évaporant avec l'acide chlorhydrique ou l'acide azotique, les sels correspondants font des combinaisons ayant l'aspect d'un vernis et qui se dissolvent facilement dans l'eau. L'acide chlorhydrique et l'acide azotique précipitent de ces solutions des chlorures et des azotates, l'acide sulfurique lui-même peut, suivant les circonstances, y produire un précipité (*Bahr*). L'hydrate humide se dissout facilement dans les acides, mais difficilement quand il est sec. Le chlorure de thorium n'est pas volatil. — La thorine (silicate de thorium) est décomposée par l'acide sulfurique moyennement concentré et par l'acide chlorhydrique concentré. — La potasse, l'ammoniaque, le sulfhydrate d'ammoniaque précipitent des sels un hydrate blanc, insoluble dans un excès du précipitant, même dans la potasse (différence avec l'alumine, la glucine). — Le carbonate de potasse et celui d'ammoniaque précipitent un carbonate basique, facilement soluble dans un excès du précipitant, si ce dernier est concentré, très-difficilement s'il est étendu (différence avec l'alumine). La dissolution dans le carbonate d'ammoniaque dépose de nouveau un sel basique déjà à la température de 50°. — Le carbonate de baryte précipite complétement l'oxyde de thorium. — L'acide fluorhydrique forme un précipité de fluorure de thorium, d'abord gélatineux, mais bientôt pulvérulent. Il est insoluble dans l'eau et dans l'acide fluorhydrique (différence avec l'alumine, la glucine, l'oxyde de zirconium, l'acide titanique). — L'acide oxalique donne un précipité blanc (différence avec l'alumine et la glucine), qui ne se dissout pas dans l'acide oxalique et les autres acides minéraux étendus, mais se dissout dans une solution d'acétate d'ammoniaque renfermant de l'acide acétique libre (différence avec l'oxyde d'yttrium et le protoxyde de cérium); le précipité ne se dissout pas dans un excès d'oxalate d'ammoniaque (différence avec la zircone). — Une dissolution concentrée de sulfate de potasse précipite lentement, mais complétement, les sels de thorium (différence avec l'alumine et la glucine). Le précipité, sulfate double de thorium et de potasse, ne se dissout pas dans une dissolution concentrée de potasse, se dissout lentement et difficilement dans l'eau froide ou chaude, mais facilement si l'on ajoute un peu d'acide chlorhydrique; si l'on fait chauffer une dissolution aqueuse faite à froid de sulfate neutre de thorium, l'oxyde se sépare sous forme de précipité blanc, lourd, caséiforme (différence avec l'alumine et la glucine). Le précipité se redissout dans l'eau froide (différence avec l'acide titanique). Dans les dissolutions neutres ou faiblement acides, l'hyposulfite de soude précipite par ébullition de l'*hyposulfite de thorium* mêlé de soufre, mais la précipitation n'est pas complète (différence avec les oxydes d'yttrium, d'erbium et de didymium).

5. **Zircone** (ZrO^2).

Dans le zircon et quelques autres minéraux rares. Poudre blanche, insoluble dans l'acide chlorhydrique, soluble en la chauffant longtemps dans un mélange de 2 parties d'acide sulfurique monohydraté et 1 partie d'eau en renouvelant l'eau qui s'évapore. L'hydrate ressemble à l'alumine ; précipité à froid et encore humide, il se dissout facilement dans l'acide chlorhydrique, mais difficilement s'il a été précipité à chaud ou s'il est desséché. Les sels solubles dans l'eau rougissent le tournesol ; les silicates naturels de zircone sont désagrégés par le carbonate de soude : on les fond à une haute température avec 4 parties de ce sel. La masse fondue donne à l'eau du silicate de soude et il se dépose du zirconate de soude sous forme de sable, que l'on dissout, après lavage, dans de l'acide chlorhydrique. Le zircon est aussi très-facilement décomposé au rouge quand on le fond avec du fluorhydrate de fluorure de potassium : on obtient ainsi du fluosiliciure de potassium et du fluorure double de zirconium et de potassium. — La potasse, la soude, l'ammoniaque, le sulfhydrate d'ammoniaque précipitent un hydrate floconneux, insoluble dans un excès du précipitant, même potasse ou soude (différence avec l'alumine et la glucine) ; il n'est pas même dissous à l'ébullition par le sel ammoniac (différence avec la glucine). — Les CARBONATES DE POTASSE, de SOUDE et d'AMMONIAQUE donnent un précipité floconneux de carbonate de zircone. Il se dissout dans un grand excès de carbonate de potasse, plus facilement dans le bicarbonate de potasse, et très facilement dans le carbonate d'ammoniaque (différence avec l'alumine) : ces dissolutions donnent un dépôt par l'ébullition. — L'ACIDE OXALIQUE précipite de l'oxalate de zircone volumineux (différence avec l'alumine et la glucine), insoluble dans l'acide oxalique, soluble dans l'acide chlorhydrique, ainsi que dans un excès d'une dissolution d'oxalate d'ammoniaque (différence avec l'oxyde de thorium). — Une dissolution concentrée de SULFATE DE POTASSE produit bientôt un précipité blanc de sulfate double de zircone et de potasse insoluble dans un excès du précipitant (différence avec l'alumine et la glucine) qui, formé à froid, est soluble dans beaucoup d'acide chlorhydrique, et formé à chaud est presque insoluble dans l'eau et l'acide chlorhydrique (différence avec la thorine et le protoxyde de cérium). Le sulfate de zircone est difficilement soluble dans l'eau froide, facilement dans l'eau chaude (différence avec la thorine). Le CARBONATE DE BARYTE ne précipite pas complètement, même avec l'ébullition. — L'ACIDE FLUORHYDRIQUE ne précipite pas (différence avec la thorine et l'oxyde d'yttrium) : l'HYPOSULFITE DE SOUDE précipite (différence avec les oxydes d'yttrium, d'erbium et de didymium). La précipitation de l'hyposulfite de zircone peut se faire aussi par l'ébullition, lorsque pour 1 partie d'oxyde il y a 100 parties d'eau (différence avec l'oxyde de cérium et celui de lanthane). En acidulant faiblement les dissolutions de sels de zircone avec de l'acide chlorhydrique ou de l'acide sulfurique, si l'on y plonge du PAPIER DE CURCUMA et si on le sèche, il se colore en rouge brun (différence avec la thorine). S'il y avait de l'acide titanique, qui dans les mêmes circonstances brunit le papier de curcuma et par conséquent masquerait la réaction de la zircone, on traiterait d'abord la dissolution acide par du zinc, pour réduire l'acide titanique à l'état d'oxyde de titane, dont la solution n'agit pas sur le papier de curcuma (*Pisani*).

4. **Oxyde d'yttrium** (YtO).

La terre d'yttrium, quand elle est pure, est d'un blanc faiblement jaunâtre : dans la flamme d'oxydation elle devient incandescente avec une lumière blanche (différence avec l'oxyde d'erbium), sans fondre, ni se volatiliser. Elle se dissout facilement à froid dans l'acide azotique, l'acide chlorhydrique, et l'acide sulfurique étendu : en chauffant, la dissolution est complète, mais il faut un temps assez long. Les dissolutions sont incolores, les sels aussi ; ceux-ci ont une réaction acide et une saveur douce et astringente. L'oxyde d'yttrium ne se combine pas à l'eau. Dans aucune circonstance il ne produit un spectre ; on ne peut en obtenir un directement, ni avoir un spectre d'absorption avec les dissolutions des sels (*Bahr* et *Bunsen*). Le chlorure d'yttrium anhydre n'est pas volatil (différence avec l'alumine, la glucine et la zircone). — La POTASSE précipite un hydrate blanc, insoluble dans un excès de potasse (différence avec l'alumine et la glucine) ; l'AMMONIAQUE et son SULFHYDRATE donnent la même réaction. Un peu de sel ammoniac n'empêche pas la précipitation par le sulfhydrate, mais un grand excès s'y oppose. — Les CARBONATES ALCALINS précipitent en blanc. Le précipité se dissout difficilement dans le carbonate de potasse, plus facilement dans le bicarbonate de potasse et le carbonate d'ammoniaque (mais bien moins facilement que cela n'a lieu avec la glucine). La dissolution de l'hydrate pur dans le carbonate d'ammoniaque dépose tout l'oxyde d'yttrium par l'ébullition; mais si l'on a ajouté en même temps du chlorhydrate d'ammoniaque, ce dernier se décompose lui-même par l'action prolongée de la chaleur, il se dégage de l'ammoniaque et l'oxyde d'yttrium se dissout de nouveau à l'état de chlorure. Il faut remarquer que la dissolution saturée de carbonate d'yttrium dans le carbonate d'ammoniaque laisse déposer facilement du carbonate double d'ammoniaque et d'yttrium. — L'acide OXALIQUE donne un précipité blanc (différence avec l'alumine et la glucine), qui ne se dissout pas dans l'acide oxalique, difficilement dans l'acide chlorhydrique étendu et qui se dissout en partie quand on le fait bouillir avec l'oxalate d'ammoniaque. Le *sulfate double d'yttrium et de potasse* se dissout facilement dans l'eau et dans une solution de potasse (différence avec les oxydes de thorium, de zirconium et de cérium). — Le CARBONATE DE BARYTE ne précipite pas complètement par l'ébullition (différence avec l'alumine, la glucine, la thorine, les oxydes de cérium et de didymium). — Le CURCUMA n'est pas changé par les solutions salines acidulées (différence avec la zircone). — L'ACIDE TARTRIQUE n'empêche pas la précipitation par les alcalis (différence caractéristique avec l'alumine, la glucine, la thorine, la zircone). Le précipité est du tartrate d'yttrium; il ne se forme souvent qu'après quelque temps, mais la précipitation est complète. — L'HYPOSULFITE DE SOUDE ne précipite pas (différence avec l'alumine, la thorine, la zircone, l'acide titanique.) — L'ACIDE FLUORHYDRIQUE forme un précipité gélatineux, insoluble dans l'eau et l'acide fluorhydrique (différence avec l'alumine, la glucine, la zircone, l'acide titanique); non calciné le précipité se dissout dans les acides minéraux, mais une fois calciné il n'est décomposé que par l'acide sulfurique concentré. — Une dissolution saturée à froid du *sulfate d'yttrium* se trouble de 30° à 40° et presque tout le sel se dépose par l'ébullition. — Avec le BORAX ou le SEL DE PHOSPHORE, l'oxyde d'yttrium donne dans la flamme intérieure ou dans la flamme extérieure une perle transparente, incolore à chaud comme à froid (différence avec l'oxyde de cérium et celui de didymium).

5. **Oxyde d'erbium** (ErO).

Cet oxyde accompagne celui d'yttrium dans la gadolinite[1]. Il est remarquable par sa couleur vive rouge rosé, il ne se modifie pas quand on le chauffe au rouge dans un courant d'hydrogène et il ne fond pas à la température blanche la plus intense. Lorsqu'il est à l'état spongieux et qu'on le

[1] *Mosander* croyait avoir découvert en même temps que l'erbine une autre terre, la terbine; *Popp* les regarda toutes deux comme un mélange d'oxyde d'yttrium avec les oxydes de cérium et de didymium : *Delafontaine* partagea les idées de *Mosander*, mais *Bahr* et *Bunsen* trouvèrent réellement dans la gadolinite, outre l'oxyde d'yttrium une seconde terre, l'erbine (*Ann. d. Chem. u. Pharm.*, 137, I.)

chauffe fortement, il devient incandescent avec une lumière verte intense. Il se dissout difficilement, mais toutefois complétement à chaud, dans les acides AZOTIQUE, CHLORHYDRIQUE et SULFURIQUE. Les *sels* sont plus ou moins colorés en rouge rosé : la couleur des sels hydratés est plus prononcée ; ils ont une réaction acide, une saveur douce et astringente. L'erbine ne se combine pas directement avec l'eau. Le sulfate hydraté ne se dissout dans l'eau que difficilement et lentement, tandis qu'à l'état anhydre la dissolution est facile et prompte. L'azotate basique d'erbium ($2ErO,AzO^5+3Aq$) forme des aiguilles cristallines rouge rose clair, difficilement solubles dans l'acide azotique, décomposées par l'eau en acide azotique et sel surbasique gélatineux et enfin donnant de l'oxyde d'erbium par calcination au rouge. L'oxalate est une poudre sableuse, lourde, rouge rosé. — Enfin la terre d'erbium est surtout caractérisée par le SPECTRE D'ABSORPTION, que fournissent les dissolutions salines. Parmi les raies d'absorption, α se trouve vers 71-74 du tableau spectral, β vers 64,5-65,5, γ vers 32,6-38, δ vers 85-91. La terre calcinée, imprégnée d'acide phosphorique pas trop concentré et chauffée au rouge, donne aussi un spectre direct dont les raies brillantes coïncident avec les raies obscures du *spectre d'absorption*. — Avec le borax et le sel de phosphore, la terre d'erbium donne des perles qui sont transparentes et incolores, aussi bien chaudes que froides (différence avec le protoxyde de cérium et l'oxyde de didymium).

Bahr et *Bunsen* ont fondé sur la différence d'action de la chaleur sur les azotates d'erbium et d'yttrium un procédé de séparation des terres de ces métaux, qui du reste offrent une grande analogie dans presque toutes leurs réactions.

6. Oxydes de cérium.

Le cérium se présente rarement à l'état de protoxyde, dans la cérite, l'orthite, etc. Il forme trois oxydes : un protoxyde (CeO), un sesquioxyde (Ce^2O^3) et un peroxyde (CeO^2) ; ces oxydes peuvent se combiner entre eux. L'hydrate de protoxyde est blanc, devient jaune à l'air en absorbant de l'oxygène, et si on le chauffe au rouge au contact de l'air, il passe à l'état de peroxyde rouge ou rouge orangé (aucun des oxydes precèdents n'offre ces caractères). L'hydrate de protoxyde se dissout facilement dans les acides; le peroxyde calciné, s'il renferme de l'oxyde de lanthane ou de didymium, se dissout facilement dans l'acide chlorhydrique avec dégagement de chlore : mais s'il est pur, il est à peine attaqué par l'acide chlorhydrique bouillant, à moins que l'on n'ajoute un peu d'alcool (différence avec la thorine, et la zircone); les dissolutions renferment du protochlorure. Le sesquioxyde se dissout, toutefois difficilement, dans l'acide sulfurique concentré; il n'est pour ainsi dire pas attaqué par l'acide nitrique. L'oxyde, obtenu au moyen de l'oxalate évaporé avec de l'acide azotique, forme un sel basique, qui donne avec l'eau une émulsion et n'est encore qu'incomplétement soluble dans une grande quantité d'eau (différence avec la thorine). — Les sels de protoxyde sont incolores, quelquefois avec une légère teinte améthyste ; ceux qui sont solubles rougissent le tournesol. Le chlorure n'est pas volatil (différence avec l'alumine, la glucine, la zircone). La cérite, silicate hydraté de protoxyde de cérium 2(CeO,LaO,DiO) SiO^2 + 2Aq est insoluble dans l'eau régale, mais elle est décomposée par sa fusion avec le carbonate de soude; l'acide sulfurique concentré la décompose également. — La POTASSE précipite un hydrate blanc, qui jaunit à l'air. Il ne se dissout pas dans un excès du précipitant (différence avec l'alumine et la glucine). — L'AMMONIAQUE précipite un sel basique insoluble dans un excès d'alcali. — Les CARBONATES ALCALINS donnent un précipité blanc, qui se dissout peu dans un excès de carbonate de potasse, un peu plus facilement dans le carbonate d'ammoniaque. — L'ACIDE OXALIQUE précipite complétement en blanc, même dans les dissolutions assez acides (différence avec l'alumine et la glucine). Le précipité ne se dissout pas dans l'acide oxalique, mais dans beaucoup d'acide chlorhydrique. — Une dissolution saturée de SULFATE DE POTASSE précipite, même dans les liqueurs un peu acides, un sulfate double de potasse et de protoxyde de cérium blanc (différence avec l'alumine et la glucine), difficilement soluble dans l'eau froide, facilement dans l'eau chaude (*Bahr*), pas du tout dans une solution saturée de sulfate de potasse (différence avec l'oxyde d'yttrium). Par l'ébullition avec beaucoup d'eau, à laquelle on a ajouté un peu d'acide chlorhydrique, le précipité finit par se dissoudre. — Le CARBONATE DE BARYTE ne précipite pas de suite l'oxyde de cérium, mais il le fait complétement par une action prolongée. — L'ACIDE TARTRIQUE empêche la réaction de l'ammoniaque (différence avec l'oxyde d'yttrium), mais nullement celle de la potasse. — L'HYPOSULFITE DE SOUDE ne précipite pas à l'ébullition les dissolutions très-concentrées; le soufre qui se dépose ne fait qu'entraîner avec lui de petites quantités des sels. — Si dans une dissolution pas trop acide de protoxyde de cérium, additionnée d'acétate de soude, on fait passer un courant de CHLORE, ou si l'on y ajoute de l'HYPOCHLORITE DE SOUDE, tout le cérium (exempt de didymium et de lanthane) se précipite à l'état de *peroxyde* jaune clair (*Popp*). — Si l'on dissout un sel de protoxyde de cérium dans l'acide azotique avec addition d'un volume égal d'eau, qu'on y ajoute un peu de peroxyde de plomb et qu'on fasse bouillir quelques minutes, la liqueur se colore en jaune, quand même il n'y a que des traces de cérium. Si l'on évapore cette dissolution à siccité et si l'on chauffe le résidu jusqu'à chasser une partie de l'acide, l'eau acidifiée avec de l'acide azotique n'y dissout pas de cérium (mais les oxydes de lanthane ou de didymium qui pourraient s'y trouver mélangés) (*Gibbs*).

Les solutions de sesquioxyde de cérium sont précipitées à froid par le CARBONATE DE BARYTE. — L'HYPOSULFITE DE SOUDE précipite la solution d'azotate de sesquioxyde de cérium. — Le BORAX et le SEL DE PHOSPHORE, avec les oxydes de cérium, donnent dans la flamme extérieure une perle rouge (différence avec les oxydes précédents); la couleur pâlit, souvent même disparaît, par le refroidissement. Dans la flamme intérieure la perle est incolore.

7. **Oxyde de lanthane.**

Il accompagne généralement l'oxyde de cérium. Il est blanc, ne change pas quand on le chauffe au rouge au contact de l'air (différence avec l'oxyde de cérium), se transforme lentement au contact de l'eau froide, rapidement au contact de l'eau chaude, en un hydrate blanc laiteux. L'oxyde anhydre et l'oxyde hydraté bleuissent le papier de tournesol rougi, se dissolvent dans la dissolution de sel ammoniac et dans les acides étendus. L'oxyde de lanthane se rapproche donc de la magnésie. Les sels sont incolores; la dissolution saturée de sulfate de lanthane dans l'eau froide laisse déposer déjà à 30° une partie de sel (différence avec le protoxyde de cérium). — Le SULFATE DE POTASSE, l'ACIDE OXALIQUE, le CARBONATE DE BARYTE donnent les mêmes réactions qu'avec le cérium. — La POTASSE précipite un hydrate, insoluble dans un excès de potasse et qui ne brunit pas à l'air. — L'AMMONIAQUE précipite un sel basique, qui passe laiteux à travers le filtre quand on le lave. — Le précipité obtenu par le carbonate d'ammoniaque ne se dissout pas du tout dans un excès du précipitant (différence avec CeO). Si l'on sursature une dissolution étendue et froide d'acétate de lanthane avec de l'ammoniaque, qu'on lave le précipité gélatineux plusieurs fois avec de l'eau froide et qu'on ajoute un peu d'IODE en poudre, il se forme une coloration bleue qui gagne peu à peu toute la masse (différence caractéristique avec tous les autres oxydes terreux).

8. Oxyde de didymium.

Il accompagne le protoxyde de cérium avec celui de lanthane. Blanc quand il a été fortement calciné, brun foncé quand il l'a été faiblement après avoir été humecté avec de l'acide azotique, il redevient blanc si on le chauffe de nouveau à une haute température. Au contact de l'eau il se change lentement en hydrate, attire rapidement l'acide carbonique, n'a pas de réaction alcaline et se dissout facilement dans les acides. Les dissolutions concentrées ont une couleur rougeâtre ou violet pâle. L'azotate de didyme se change par la chaleur en un sel basique ($4DiO,AzO^5+5Aq$) (différence avec le lanthane), qui est gris à chaud comme à froid (différence avec l'erbium). Le chlorure de didymium est fixe. La solution saturée du sulfate ne dépose pas le sel à 30°, mais bien à l'ébullition. La POTASSE précipite un hydrate insoluble dans un excès d'alcali, inaltérable à l'air. — L'AMMONIAQUE précipite un sel basique, qui ne se dissout pas dans l'ammoniaque, mais un peu dans le chlorhydrate d'ammoniaque. — Les CARBONATES ALCALINS forment des précipités abondants, qui ne se dissolvent pas dans un excès du précipitant, ni dans le carbonate d'ammoniaque (différence avec le protoxyde de cérium), mais un peu dans une dissolution concentrée de sel ammoniac. — L'ACIDE OXALIQUE précipite presque complétement : le précipité se dissout difficilement dans l'acide chlorhydrique à froid, mais facilement à chaud. — Le CARBONATE DE BARYTE précipite l'oxyde de didymium de ses dissolutions lentement et incomplétement (plus lentement que l'oxyde de cérium et celui de lanthane). Une solution concentrée de SULFATE DE POTASSE précipite les sels de didymium plus lentement et moins complétement que ceux de protoxyde de cérium. Le précipité ne se redissout ni dans une dissolution de sulfate de potasse, ni dans l'eau (*Delafontaine*), mais il se dissout bien difficilement dans l'acide chlorhydrique chaud. — L'HYPOSULFITE DE SOUDE ne précipite pas les solutions de didymium. — Avec le BORAX, l'oxyde de didymium forme dans les deux flammes un verre presque incolore, qui prend seulement une teinte faible rouge améthyste pour de grandes quantités d'oxyde. — Dans la flamme de réduction, on obtient avec le SEL DE PHOSPHORE une perle rouge améthyste à reflets violets; avec la SOUDE dans la flamme extérieure, il se produit une masse blanc grisâtre (différence avec le manganèse). Le didymium donne un spectre d'absorption tout à fait caractéristique. Il a été d'abord décrit par *Gladstone*, puis plus tard par *O.-L. Erdmann* et *Delafontaine. Bahr* et *Bunsen* ont exactement fixé la position des lignes (*Zeitschrift f. analyt Chem.*, V.110). Comme l'erbium, le didymium fournit aussi un spectre d'émission, mais il est fort pâle.

Pour séparer le cérium du lanthane et du didymium, on peut employer une des méthodes suivantes :

a. Si la dissolution des trois bases est acide, on la neutralise, sans cependant produire un précipité permanent, on ajoute une quantité suffisante d'acétate de soude et un excès d'hypochlorite de soude, puis on fait bouillir quelques instants ; le cérium se précipite à l'état de peroxyde, tandis que le lanthane et le didymium restent dissous (*Popp, Ann. d. Chem. u. Pharm.*, CXXXI, 360).

b. On précipite les bases avec la potasse, on met le précipité lavé en suspension dans une lessive de potasse et on fait passer un courant de chlore. Les oxydes de lanthane et de didymium se dissolvent, le peroxyde de cérium reste (*Damour* et *Sainte-Claire Deville, Compt. rend.*, LIX, 272).

c. On dissout dans un grand excès d'acide azotique, on fait bouillir avec le peroxyde de plomb, on évapore à siccité la dissolution rouge orangé et l'on chauffe le résidu jusqu'à chasser une partie de l'acide : on traite par de l'eau acidulée avec de l'acide azotique et on sépare l'azotate basique de sesquioxyde de cérium insoluble du liquide qui contient le lanthane et tout le didymium (*Gibbs, Zeitschr. f. analyt. Chem.*, III, 396). Il ne faut pas oublier dans cette dernière méthode d'enlever avec l'hydrogène sulfuré le plomb qui se trouvera dans le dépôt aussi bien que dans la solution, avant d'opérer un traitement ultérieur.

d. On chauffe les chromates à 110° et on sépare par l'eau chaude les combinaisons du lanthane et du didymium qui n'ont pas été décomposées. Le cérium reste à l'état d'oxyde insoluble (*Pattinson* et *Clark, Chem. News*, XVI, 259).

Dans les dissolutions obtenues par l'une ou l'autre de ces méthodes et qui renferment le lanthane et le didymium, on précipite les bases (après avoir enlevé le plomb, si c'est nécessaire) à l'aide de l'oxalate d'ammoniaque : on transforme les oxalates en oxydes par la calcination et on traite ces oxydes par l'acide azotique faible. Si, dans le premier traitement, la séparation du cérium n'a pas été complète, ce qu'il peut y en avoir encore reste à l'état d'oxyde. On évapore la solution à siccité dans une capsule à fond plat et on chauffe entre 400 et 500°. Les sels fondent en dégageant de l'acide hypoazotique. On traite par de l'eau chaude, qui dissout le nitrate de lanthane et laisse le nitrate basique gris de didymium. En renouvelant l'opération de l'évaporation avec l'acide, etc., on finit par séparer les deux bases d'une façon assez satisfaisante (*Damour* et *Sainte-Claire Deville*). La séparation est moins complète si le lanthane et le didymium sont à l'état de sulfates : on sature l'eau entre 5° et 6° avec le mélange sec des deux sels, on chauffe la solution à 30°, ce qui fait déposer la plus grande partie du sulfate de lanthane, tandis que la majeure partie de celui de didymium reste dissoute. *Cl. Winkler* (*Zeitschr. f. analyt. Chem.*, IV, 417) a indiqué une autre méthode pour séparer le lanthane du didymium, mais elle ne réussit pas lorsqu'il y a en même temps beaucoup de cérium.

9. Acide titanique.

Le titane forme deux oxydes, l'oxyde de titane (Ti^2O^3) et l'acide titanique (TiO^2). C'est le dernier qu'on rencontre le plus fréquemment dans les analyses. On le trouve libre dans le rutile et l'anatase, en combinaison avec les bases dans la titanite, le fer titané, etc. Il existe en petites quantités dans quelques minéraux ferrugineux et dans les scories des hauts fourneaux. Les petits cubes d'un rouge cuivreux qu'on trouve quelquefois dans ces derniers sont des cyanures ou des azotures de titane. Légèrement chauffé au rouge, l'acide titanique est blanc; en élevant davantage la température, il devient jaune citron. Fortement chauffé, il est jaune ou brunâtre. Il est infusible, insoluble dans l'eau, et a une densité qui varie de 3,9 à 4,25. Le perchlorure de titane ($TiCl^2$) est un liquide incolore, très-volatil, fumant fortement à l'air. — *a. Action des acides et réactions des solutions acides d'acide titanique.* L'acide titanique calciné ne se dissout pas dans les acides, sauf dans l'acide fluorhydrique et l'acide sulfurique concentré. Si l'on évapore la dissolution dans l'acide fluorhydrique après addition d'acide sulfurique, il ne se volatilise pas de fluorure de titane (différence avec la silice). Maintenu longtemps en fusion avec le bisulfate de potasse, l'acide titanique donne une masse transparente qui se dissout dans beaucoup d'eau froide. On obtient facilement une solution limpide d'acide titanique en le fondant avec le fluorhydrate de fluorure de potassium et en dissolvant la masse dans l'acide chlorhydrique étendu. — Le titanofluorure de potassium est peu soluble (à 14° 1 : 96). — L'acide titanique hydraté, soit humide, soit desséché tout simplement à l'air sans chaleur, se dissout dans les acides étendus, mais surtout dans l'acide chlorhydrique et dans l'acide sulfurique. Toutes ces dissolutions dans l'acide chlorhydrique ou dans l'acide sulfurique, surtout dans le dernier, fortement étendues d'eau et maintenues LONGTEMPS EN ÉBULLITION, laissent déposer de l'acide titanique sous forme de poudre blanche, insoluble dans les acides étendus. Beaucoup d'acide libre retarde le dépôt et diminue la quantité du précipité. Le précipité provenant de la dissolution chlorhydrique peut se recueillir sur un filtre; mais quand on le lave, si l'on n'a pas ajouté à l'eau un acide ou du sel ammoniac, il passe à travers le filtre en donnant au liquide un aspect laiteux. Dans les dissolutions chlorhydrique ou sulfurique d'acide titanique, la POTASSE produit un précipité blanc, volumineux d'hydrate d'acide titanique, insoluble dans un excès de potasse : l'AMMONIAQUE, le SULFHYDRATE D'AMMONIAQUE et le CARBONATE DE BARYTE donnent le même résultat. Le précipité formé à froid et lavé avec de l'eau froide se dissout dans l'acide chlorhydrique et dans l'acide sulfurique étendu. La présence de l'acide tartrique empêche sa formation. — Le PRUSSIATE JAUNE DE POTASSE donne un précipité brun foncé, la DÉCOCTION DE NOIX DE GALLE en produit un d'abord brun, puis bientôt rouge orangé. — Si l'on fait bouillir les dissolutions d'acide titanique avec de l'HYPOSULFITE DE SOUDE, tout l'acide titanique est précipité. — Même dans les solutions fortement chlorhydriques, le PHOSPHATE DE SOUDE précipite presque complétement l'acide titanique à l'état de phosphate titanique. Le précipité lavé a pour formule $2TiO^2,PhO^5$ (*Merz*). — Le ZINC MÉTALLIQUE ou l'ÉTAIN, par suite de la réduction de l'acide titanique en oxyde de titane, colore au bout de quelque temps la dissolution d'abord en violet pâle, puis en bleu ; plus tard il se forme un précipité bleu, qui peu à peu devient blanc. Si dans le liquide devenu bleu, mais encore limpide, on ajoute de la lessive de potasse ou de l'ammoniaque, il se dépose de l'oxyde de titane hydraté bleu, qui peu à peu, par suite de la décomposition de l'eau, se change en hydrate bleu d'acide titanique. La réduction de l'acide titanique dans la solution chlorhydrique a lieu aussi en présence du fluorure de potassium (différence avec l'acide niobique) : dans ce cas le liquide prend une couleur vert clair. — Les dissolutions de chlorure de titane dans l'eau offrent des caractères tout différents, selon qu'elles ont été faites à froid ou à chaud. Les solutions faites à froid ne précipitent ni par l'acide sulfurique, ni par l'acide chlorhydrique, ni par l'acide azotique ; mais elles précipitent par les acides phosphorique, arsénique et iodique. — Si on les fait bouillir quelques instants, elles deviennent légèrement opalines et modifiées de telle sorte que les acides chlorhydrique et azotique y déterminent maintenant des précipités blancs insolubles dans un excès de l'acide précipitant : l'acide sulfurique forme aussi un précipité, mais qui se redissout dans un excès d'acide. La dissolution faite à froid renferme de l'acide titanique, celle obtenue à l'ébullition contient l'acide modifié, l'acide métatitanique. La même différence se remarque dans les hydrates (*R. Weber*, *Pogg. Ann.*, CXX, 287). — *b. Réaction en présence des alcalis.* Fraîchement précipité, l'acide titanique est à peine soluble dans la lessive de potasse. Si on le fond avec l'HYDRATE DE POTASSE et si on traite par l'eau, la solution alcaline renferme alors un peu plus d'acide titanique. En fondant avec des CARBONATES ALCALINS, il se dégage de l'acide carbonique, et on a un titanate neutre alcalin. L'eau prend à la masse fondue de l'alcali libre et carbonaté, il reste un titanate acide de l'alcali, qui se dissout dans l'acide chlorhydrique. — L'acide titanique, mêlé avec du charbon et chauffé au rouge dans un courant de CHLORE GAZEUX, donne du chlorure de titane, liquide, volatil, répandant d'abondantes fumées à l'air. — Le SEL DE PHOSPHORE ne dissout que difficilement l'acide titanique en un verre incolore dans la pointe de la flamme extérieure du chalumeau ; mais la fusion est facile et complète dans l'intérieur même de la flamme devant la pointe de la flamme intérieure. Si l'on reporte la perle transparente dans la pointe de la flamme extérieure, elle devient trouble si elle contient assez d'acide titanique, et en continuant l'action du chalumeau, l'acide se sépare en cristaux microscopiques ayant la forme de l'anatase (*G. Rose*). Si l'on place la perle dans une bonne flamme de réduction, après une action prolongée elle paraît jaune à chaud, rouge quand elle est moins chaude, et violette lorsqu'elle est complétement refroidie. La réduction est facilitée par l'addition d'un peu d'étain. Si l'on ajoute un peu de sulfate de protoxyde de fer, la perle obtenue dans la flamme de réduction est rouge sang.

10. Acide tantalique.

Le tantale forme avec l'oxygène l'acide tantalique TaO^5 (Ta = 182) : l'existence d'un oxyde inférieur est probable, mais sa formule et ses propriétés ne sont pas connues encore d'une façon bien nette. L'acide tantalique se trouve dans la colombite, la tantalite (presque toujours avec de l'acide niobique). L'acide tantalique est blanc, il devient faiblement jaunâtre à chaud (différence avec TiO^2) ; l'acide obtenu par voie humide renferme de l'eau d'hydratation. Le poids spécifique de l'acide anhydre est entre 7, 6 et 8,01. — L'acide tantalique n'est pas réduit au rouge dans un courant d'HYDROGÈNE. Il se combine avec les acides et avec les bases.

a. Dissolutions acides. En faisant agir le CHLORE gazeux sec sur un mélange intime d'acide et de charbon chauffé au rouge, on obtient le chlorure de tantale ($TaCl^5$) jaune, solide, fusible et volatil, qui se décompose complétement dans l'eau en laissant déposer de l'acide tantalique ; ce chlorure se dissout entièrement dans l'acide sulfurique, presque entièrement dans l'acide chlorhydrique et en partie dans la lessive de potasse. — Si l'acide tantalique contient de l'acide titanique, le mélange charbonneux traité par le chlore donne du chlorure de titane qui fume fortement à l'air. L'acide tantalique hydraté se dissout dans l'ACIDE FLUORHYDRIQUE : la dissolution additionnée de fluorure de potassium forme de fines aiguille d'un sel ($2KFl,TaFl^5$) très-caractéristique et remarquable par son peu de solubilité dans l'eau acidulée d'acide fluorhydrique (1 : 150 — 1 : 200). — L'acide chlorhydrique et l'acide sulfurique concentré ne dissolvent pas l'acide tantalique calciné. Si on le fait fondre avec le sulfate acide de potasse, en traitant la masse par de l'eau, il reste comme résidu, uni à de l'acide sulfurique (c'est une différence avec l'acide titanique, mais un moyen imparfait de les séparer). Chauffé dans une atmosphère de carbonate d'ammoniaque, le sulfate d'acide tantalique reste pur. Si l'on ajoute un excès d'acide chlorhydrique à une dissolution d'un tantalate alcalin, le précipité qui se forme d'abord se dissout en un liquide opalin. L'AMMONIAQUE et le SULFHYDRATE D'AMMONIAQUE précipitent de ce liquide un hydrate ou du tantalate acide d'ammoniaque, mais l'acide tartrique empêche la réaction. — L'ACIDE SULFURIQUE précipite de la solution opaline du sulfate tantalique, Si l'on met les solutions tantaliques acides en contact avec du zinc, il ne se produit pas de coloration bleue (différence avec l'acide niobique).

b. Action des alcalis. En maintenant longtemps en fusion avec de l'HYDRATE DE POTASSE, il se fait du tantalate de potasse. La masse fondue se dissout dans l'eau. — Avec l'HYDRATE DE SOUDE la masse fondue est trouble. Traitée par un peu d'eau, l'excès de soude se dissout, mais tout le tantalate de soude reste parce qu'il est insoluble dans une lessive de soude ; toutefois en enlevant l'excès d'alcali, le tantalate se dissout dans l'eau. Une lessive de soude précipite de leur dissolution les tantalates alcalins, et à l'état cristallin quand on ajoute lentement le précipitant. L'acide carbonique précipite des solutions de tantalates alcalins des sels acides qui, bouillis avec du carbonate de soude, ne se dissolvent pas. — L'ACIDE SULFURIQUE précipite du sulfate tantalique des solutions, même étendues, de tantalates alcalins. — Le PRUSSIATE JAUNE DE POTASSE et la TEINTURE DE NOIX DE GALLE donnent, après qu'on a acidifié les liquides, le premier un précipité jaune, le second un précipité brun clair. — Le SEL DE PHOSPHORE fond l'acide tantalique en une perle incolore, qui reste telle dans la flamme intérieure et ne devient pas rouge sang par addition de sulfate de fer (différence avec l'acide titanique).

11. Acide niobique.

Le niobium (Nb = 94) s'unit à l'oxygène en plusieurs proportions. NbO^2,NbO^4 sont des oxydes, NbO^5 (l'acide niobique) est un acide. Ce dernier est rare et se trouve, le plus souvent avec l'acide tantalique, dans la colombite, la samarskite, etc. Il est blanc et devient jaune quand on le chauffe (différence avec l'acide tantalique). Son poids spécifique varie de 4,37 à 4,53 (différence avec l'acide tantalique). Fortement chauffé au rouge dans un courant d'HYDROGÈNE, l'acide niobique se change en oxyde noir NbO^4. L'acide niobique se combine avec les acides ou avec les bases.

a. Dissolutions acides de l'acide niobique. L'ACIDE SULFURIQUE concentré le dissout avec l'aide de la chaleur, quand il n'a pas été trop fortement calciné. En ajoutant beaucoup d'eau froide on a une solution limpide. Le SULFATE ACIDE DE POTASSE donne facilement avec lui une masse fondue incolore qui, traitée par l'eau bouillante, laisse insoluble de l'acide niobique retenant de l'acide sulfurique, et qui se dissout facilement dans l'acide fluorhydrique (*Voy. plus bas*). — En traitant par un courant de CHLORE un mélange intime de charbon et d'acide niobique, on obtient de l'oxychlorure de niobium (NbO^2Cl^3) blanc, infusible, difficilement volatil, en même temps que du chlorure de niobium ($NbCl^5$), jaune, plus volatil. Ces deux combinaisons traitées par l'eau fournissent des liquides troubles, dans lesquels une partie de l'acide niobique se dépose, tandis que la plus grande partie se dissout. En faisant bouillir ces combinaisons avec de l'acide chlorhydrique et en ajoutant ensuite de l'eau, on a des dissolutions limpides, qui ne sont plus précipitées ni par l'ébullition, ni par addition d'acide sulfurique à froid (différence avec le chlorure de tantale). En chauffant au rouge de l'acide niobique dans de la vapeur de chlorure de niobium, il se forme de l'oxychlorure (différence avec l'acide tantalique). Dans les dissolutions acides d'acide niobique l'AMMONIAQUE ou le SULFHYDRATE D'AMMONIAQUE précipite de l'acide niobique hydraté retenant de l'ammoniaque. — Cet hydrate, et en général l'acide niobique non calciné, se dissout dans l'ACIDE FLUORHYDRIQUE. La dissolution additionnée de fluorure de potassium donne du fluorure double de potassium et de niobium ($KFl,NbFl^5$) si l'acide fluorhydrique domine, autrement on a un composé de fluorure de potassium et d'oxy-fluorure de niobium (KFl,NbO^2Fl^3). On peut aussi obtenir ce dernier en dissolvant le niobate de potasse dans l'acide fluorhydrique : il est assez soluble dans l'eau froide, 1 : 12,5 (différence avec le fluorure double de potassium et de titane 1 : 96 et celui de tantale 1 : 200). — Si l'on fait digérer avec du ZINC ou de l'ÉTAIN une dissolution chlorhydrique ou sulfurique d'acide niobique, elle se colore en bleu, souvent en brun, par suite de la réduction de l'acide niobique en oxydes inférieurs. La réaction n'a pas lieu en présence d'un fluorure alcalin (différence avec l'acide titanique).

b. Dissolutions alcalines. L'acide niobique fond avec l'HYDRATE DE POTASSE en une masse transparente, soluble dans l'eau. Avec l'HYDRATE DE SOUDE, il se comporte comme l'acide tantalique. Dans les dissolutions de niobate de potasse, la LESSIVE DE SOUDE précipite du niobate de soude presque insoluble; en faisant bouillir une dissolution de niobate de potasse avec du BICARBONATE DE POTASSE, il se précipite du niobate acide de potasse presque insoluble. — Si l'on fond de l'acide niobique avec du CARBONATE DE SOUDE et si l'on fait bouillir la masse fondue avec de l'eau, il reste non dissous du niobate acide de soude cristallin. — L'ACIDE CARBONIQUE, dans une solution de niobate de soude, précipite tout l'acide à l'état de sel acide. — Le SEL DE PHOSPHORE dissout en grande quantité l'acide niobique : la perle obtenue dans la flamme extérieure est incolore tant qu'elle est chaude; dans la flamme intérieure la perle, suivant la quantité d'acide, est violette, bleue ou brune; avec le sulfate de fer la couleur est rouge.

Le meilleur procédé que l'on puisse employer pour découvrir, lorsqu'ils sont mélangés, beaucoup des corps du troisième groupe, — et même, lorsque cela est possible, tous les métaux de ce groupe, — sera indiqué dans le troisième chapitre de la seconde partie.

QUATRIÈME GROUPE.

§ **105.** CORPS QU'ON RENCONTRE LE PLUS FRÉQUEMMENT : *oxyde de zinc, protoxyde de manganèse, protoxyde de nickel, protoxyde de cobalt, protoxyde de fer, peroxyde de fer.*

CORPS PLUS RARES : *oxydes d'urane, de vanadium, de thallium, d'indium.*

PROPRIÉTÉS DU GROUPE. — Les dissolutions des oxydes du quatrième groupe, qui contiennent un acide fort en liberté, ne sont pas précipitées par l'acide sulfhydrique; lorsqu'elles sont neutres, elles ne le sont pas non plus ou très-incomplétement; mais si elles sont alcalines, ou si, au lieu d'acide sulfhydrique, on emploie du sulfhydrate d'ammoniaque, elles sont précipitées complétement[1]. Les précipités formés, qui sont des sulfures métalliques correspondant aux oxydes, sont insolubles dans l'eau; les uns sont facilement solubles dans les acides étendus, d'autres (sulfure de nickel et sulfure de cobalt) le sont très-difficilement : les uns ne se dissolvent pas dans les sulfures alcalins, d'autres ne s'y dissolvent que peu (nickel) dans certaines circonstances, ou bien enfin ils s'y dissolvent complétement (vanadium). — Les oxydes du quatrième groupe se distinguent donc de ceux du premier et du second, parce qu'ils sont précipités par le sulfhydrate d'ammoniaque, — et de ceux du troisième groupe, parce que le précipité qu'ils donnent

[1] Voir, § **113**, *d*, la façon toute particulière dont se comporte l'acide vanadique en présence du sulfhydrate d'ammoniaque.

avec le sulfhydrate d'ammoniaque est un sulfure métallique et non pas un oxyde hydraté, comme cela arrive avec l'alumine, l'oxyde de chrome, etc.

RÉACTIONS PARTICULIÈRES AUX OXYDES LES PLUS COMMUNS DU QUATRIÈME GROUPE.

a. **Oxyde de zinc** (ZnO).

§ **106.** 1. Le *zinc métallique* est blanc bleuâtre, très-brillant; il se couvre à l'air d'une mince couche de carbonate basique de zinc. Il est d'une dureté moyenne, malléable entre 100 et 150°, cependant plus ou moins cassant; sur le charbon il fond facilement au chalumeau, entre en ébullition à une température plus élevée, brûle avec une flamme vert bleuâtre, en remplissant l'air d'une fumée blanche et couvrant le charbon d'oxyde. — Il se dissout dans l'acide sulfurique et dans l'acide chlorhydrique étendus en dégageant de l'hydrogène, dans l'acide azotique étendu en donnant du protoxyde d'azote et dans l'acide azotique concentré en produisant du bioxyde d'azote.

2. L'*oxyde de zinc* et son *hydrate* sont blancs, insolubles dans l'eau, très-solubles dans l'acide sulfurique, l'acide azotique et l'acide chlorhydrique. L'oxyde de zinc devient jaune citron quand on le chauffe, mais redevient blanc par le refroidissement. Chauffé au rouge au chalumeau, il devient très-éclatant.

3. Les *sels de zinc* sont incolores, les uns solubles dans l'eau, les autres dans les acides. Les sels neutres solubles dans l'eau rougissent le tournesol et sont facilement décomposés par la chaleur, à l'exception du sulfate qui supporte une faible chaleur rouge. Le chlorure de zinc est volatil au rouge.

4. L'ACIDE SULFHYDRIQUE précipite des solutions neutres une partie du zinc à l'état de *sulfure de zinc* (ZnS) hydraté, blanc. Dans les solutions acides, il ne se forme pas de précipité, si l'acide libre est un acide fort. Dans une dissolution d'oxyde de zinc dans l'acide acétique, même en excès, tout le zinc est précipité par l'hydrogène sulfuré.

5. Le SULFHYDRATE D'AMMONIAQUE dans les dissolutions neutres, comme l'acide sulfhydrique dans les solutions alcalines, précipite tout le zinc en *sulfure de zinc* hydraté blanc. Le sel ammoniac favorise beaucoup la réaction. Quand les liqueurs sont très-étendues, le précipité ne se produit qu'au bout d'un temps assez long. Il n'est dissous ni par un excès de sulfhydrate d'ammoniaque, ni par la potasse, ni par l'ammoniaque : l'acide chlorhydrique, l'acide azotique, l'acide sulfurique étendu le dissolvent facilement; l'acide acétique ne l'attaque pas.

6. La POTASSE et la SOUDE précipitent de l'*oxyde de zinc hydraté*

(ZnO,HO) blanc, gélatineux, qui se dissout facilement et complétement dans un excès du précipitant. En faisant bouillir ces dissolutions alcalines, elles ne changent pas si elles sont concentrées; mais si elles sont étendues, presque tout l'oxyde de zinc se dépose sous forme de précipité blanc. Lorsque les dissolutions alcalines ne renferment pas un trop grand excès de potasse ou de soude, le chlorhydrate d'ammoniaque y produit un précipité blanc d'hydrate d'oxyde de zinc, qui se redissout par addition d'une plus grande quantité de sel ammoniac (différence avec l'alumine).

7. L'AMMONIAQUE produit aussi dans les dissolutions de zinc qui ne contiennent pas un trop grand excès d'acide libre, un précipité d'*oxyde de zinc hydraté*, qui se dissout facilement dans un excès d'ammoniaque. Cette dissolution concentrée se trouble quand on la mélange avec de l'eau. Si on la fait bouillir lorsqu'elle est concentrée, une partie seulement de l'oxyde de zinc se dépose, mais tout l'oxyde se précipite si la solution est étendue. Les sels ammoniacaux contrarient ou empêchent ces dépôts.

8. Le CARBONATE DE SOUDE précipite du *carbonate basique de zinc*, $(3(ZnO,HO)+2(ZnO,CO^2)+4Aq)$ insoluble dans un excès du précipitant. Les sels ammoniacaux en grand excès empêchent la réaction.

9. Le CARBONATE D'AMMONIAQUE donne le même précipité que le carbonate de soude, seulement il se redissout dans un excès de carbonate d'ammoniaque. De l'oxyde de zinc se dépose si l'on fait bouillir la dissolution étendue. Les sels ammoniacaux contrarient ou empêchent ce dépôt.

N. B. Si les dissolutions de zinc renferment des acides organiques fixes, la précipitation par les alcalis purs ou carbonatés ne se fait qu'incomplétement ou même pas du tout. Le sucre ne l'empêche pas.

10. Le CARBONATE DE BARYTE à froid ne précipite pas d'oxyde de zinc des dissolutions aqueuses des sels de zinc, sauf cependant du sulfate.

11. Le FERROCYANURE DE POTASSIUM précipite du *ferrocyanure de zinc* $(2Zn,Cy^3Fe)$ blanc, mucilagineux, un peu soluble dans un excès du précipitant, insoluble dans l'acide chlorhydrique.

12 Le FERRICYANURE DE POTASSIUM précipite du *ferricyanure de zinc* $(3Zn,Cy^6Fe^2)$, jaune orangé brunâtre, soluble dans l'acide chlorhydrique et dans l'ammoniaque.

13. L'oxyde de zinc ou ses sels, mélangé avec le CARBONATE DE SOUDE et exposé à la FLAMME DE RÉDUCTION, couvre le charbon d'un dépôt d'*oxyde de zinc* jaune tant qu'il est chaud, mais qui devient blanc par le refroidissement. Cet oxyde se produit, parce que le zinc réduit se volatilise au moment de sa mise en liberté et s'oxyde de nouveau en traversant les couches extérieures de la flamme. Le *dépôt métallique* obtenu d'après le procédé indiqué à la page 50 est noir avec une efflorescence

brune : — le *dépôt d'oxyde* est blanc et dès lors ne peut guère se voir sur la porcelaine. En dissolvant ces dépôts dans un peu d'acide azotique, on les soumet à l'essai suivant.

14. Si l'on humecte de l'oxyde de zinc ou un sel de zinc avec de l'AZOTATE DE PROTOXYDE DE COBALT, et si on le chauffe au chalumeau, on obtient une combinaison d'oxyde de zinc et de cobalt infusible et colorée en beau *vert*. D'après cela, si avec la dissolution de cobalt on humecte auprès de la petite cavité le charbon qui a servi à l'essai 13, le dépôt qu'on obtient paraît *vert après le refroidissement*. Cette réaction peut se faire encore d'une autre façon et être très-sensible : on ajoute à la solution du sel de zinc très-peu du sel de protoxyde de cobalt (pas assez pour que la liqueur paraisse rouge clair), puis un léger excès de carbonate de soude, on fait bouillir, on filtre et on calcine sur une feuille de platine le précipité lavé. En broyant le résidu on reconnaît nettement la couleur verte (*Bloxam*).

b. **Protoxyde de manganèse** (MnO).

§ **107**. 1. Le *manganèse métallique* est blanc grisâtre, très-dur, cassant, très-difficilement fusible. — Il s'oxyde promptement à l'air et dans l'eau en dégageant de l'hydrogène : il se change alors en une poudre vert noirâtre. Il se dissout facilement dans les acides à l'état de protoxyde.

2. Le *protoxyde de manganèse* est vert clair, son hydrate est blanc. Le premier, chauffé à l'air, prend feu et se change en oxyde salin brun; le second, à la température ordinaire, absorbe promptement l'oxygène de l'air et passe à l'état d'hydrate d'oxyde salin. Ils se dissolvent facilement dans l'acide chlorhydrique, l'acide azotique et l'acide sulfurique. — Les *oxydes supérieurs du manganèse* se transforment tous en protochlorure avec dégagement de chlore, lorsqu'on les chauffe avec de l'acide chlorhydrique, et en sulfate de protoxyde, avec dégagement d'oxygène, lorsqu'on les traite à chaud par l'acide sulfurique concentré.

3. Les *sels de protoxyde de manganèse* sont incolores ou rose pâle, les uns solubles dans l'eau, les autres dans les acides. Tous ceux qui se dissolvent dans l'eau, excepté le sulfate, se décomposent facilement au rouge. Les dissolutions ne changent pas les couleurs végétales.

4. L'HYDROGÈNE SULFURÉ ne précipite pas les dissolutions acides, ni celles qui sont neutres, ou bien très-incomplétement ces dernières.

5. LE SULFHYDRATE D'AMMONIAQUE dans les solutions neutres, et l'acide sulfhydrique dans celles qui sont alcalines, précipitent tout le manganèse à l'état de *sulfure* (MnS) sous forme d'un précipité blanc jaunâtre, quand il est en petite quantité, et couleur de chair lorsqu'il est abondant : il devient brun foncé à l'air, et il est insoluble dans le sulfhy-

drate d'ammoniaque et les alcalis, et se dissout facilement dans l'acide chlorhydrique, l'acide azotique et l'acide acétique. Sa formation est beaucoup favorisée par l'addition de sel ammoniac. Dans les dissolutions très-étendues, il ne se dépose que si l'on abandonne longtemps la liqueur dans un endroit chaud. L'oxalate, le tartrate, et surtout le citrate d'ammoniaque retardent la précipitation : le dernier sel l'empêche d'être complète. — Si l'ammoniaque et son sulfhydrate sont en excès un peu notable, le précipité hydraté couleur de chair passe à l'état de sulfure anhydre vert même à froid, mais rapidement à l'ébullition. Le sel ammoniac empêche ou retarde cette transformation. — Si les dissolutions contenaient beaucoup d'ammoniaque libre, il faudrait neutraliser presque complétement avec de l'acide chlorhydrique avant la précipitation.

6. La POTASSE, la SOUDE et l'AMMONIAQUE donnent un précipité blanchâtre de *protoxyde de manganèse hydraté* (MnO,HO), qui au contact de l'air devient bientôt brunâtre, puis enfin brun noir foncé, parce que l'hydrate de protoxyde absorbant l'oxygène de l'air se change en hydrate d'oxyde salin. L'ammoniaque et le carbonate d'ammoniaque ne dissolvent pas le précipité, mais le sel ammoniac empêche complétement la précipitation par l'ammoniaque, et partiellement celle par la potasse. La solution de sel ammoniac ne dissout dans le précipité que la partie qui n'est pas encore suroxydée. Cette solubilité de l'hydrate de protoxyde dans le sel ammoniac tient à la tendance qu'ont les sels de protoxyde de manganèse à former des sels doubles avec les sels ammoniacaux. Les solutions ammoniacales de ces sels doubles brunissent à l'air et laissent déposer de l'hydrate brun d'oxyde salin.

N. B. Les acides organiques fixes peuvent retarder et même empêcher la précipitation du protoxyde de manganèse par les alcalis (et aussi par les carbonates alcalins). Le sucre agit comme les acides en présence des alcalis, mais non pas pour la précipitation par les carbonates.

7. Le FERROCYANURE DE POTASSIUM précipite du *ferrocyanure de manganèse* ($2Mn,Cy^3Fe$) blanc rougeâtre, soluble dans l'acide chlorhydrique.

8. Le FERRICYANURE DE POTASSIUM précipite du *ferricyanure de manganèse* ($3Mn,Cy^6Fe^2$) brun, insoluble dans l'acide chlorhydrique et dans l'ammoniaque.

9. Si sur du PEROXYDE DE PLOMB ou du MINIUM, on fait tomber goutte à goutte un peu d'un liquide exempt de chlore contenant du protoxyde de manganèse, si l'on ajoute de l'acide azotique aussi exempt de chlore, que l'on fasse bouillir et qu'on laisse déposer, le liquide clair paraît rouge pourpre, à cause de l'acide permanganique formé (*Hoppe-Seyler*).

10. Le carbonate de baryte, mis en digestion à froid avec les dissolutions aqueuses des sels de protoxyde de manganèse, ne précipite pas ce dernier. Il faut cependant excepter le sulfate.

11. Tout composé manganésifère, réduit en poudre fine, mêlé avec 2 ou 3 parties de soude, et chauffé sur un fil de platine ou sur une lame mince de platine à la flamme extérieure du gaz ou du chalumeau, donne du *manganate de soude* (NaO,MnO^3), qui communique à l'essai, tant qu'il est chaud, une couleur *verte*, mais qui, par refroidissement, devient *vert bleuâtre*, en même temps que la masse perd plus ou moins sa transparence. Cette réaction permet de reconnaître les moindres traces de manganèse.

12. Le borax et le sel de phosphore, dans la flamme extérieure du gaz ou du chalumeau, donnent avec les composés manganésifères une perle transparente, rouge violet, qui par le refroidissement devient rouge améthyste et qui, dans la flamme de réduction, perd sa couleur par suite de la réduction du peroxyde en protoxyde. Si la quantité de sel de manganèse est un peu considérable, le verre de borax paraît noir, mais celui du sel de phosphore ne perd jamais sa transparence. Ce dernier, dans la flamme intérieure, se décolore bien plus facilement que le premier.

c. Protoxyde de nickel (NiO).

§ **108**. 1. Le *nickel métallique* qui a été fondu est blanc d'argent à reflet gris; il est brillant, dur, malléable, difficilement fusible; à la température ordinaire il ne s'oxyde pas à l'air, et ne le fait que lentement au rouge : il est attirable à l'aimant et peut même s'aimanter. Dans l'acide chlorhydrique et l'acide sulfurique étendu il se dissout lentement à chaud, en faisant dégager de l'hydrogène : il est facilement dissous par l'acide azotique. Les solutions renferment du protoxyde de nickel.

2. L'*hydrate de protoxyde de nickel* est vert clair, inaltérable à l'air. Au rouge, il se transforme en *protoxyde* vert. Tous deux se dissolvent facilement dans les acides chlorhydrique, azotique et sulfurique. Le protoxyde de nickel, cristallisé en octaèdres, ne se dissout pas dans les acides, mais il est attaqué par le sulfate acide de potasse fondu. Le *sesquioxyde de nickel* (Ni^2O^3) est noir et se dissout à l'état de protochlorure dans l'acide chlorhydrique avec dégagement de chlore. En chauffant au rouge faible l'azotate de protoxyde de nickel, on obtient du protoxyde renfermant un peu de sesquioxyde et de couleur vert grisâtre.

3. Les *sels de protoxyde de nickel*, à l'état anhydre, sont généralement jaunes, et verts s'ils sont hydratés : les dissolutions sont vert clair. Les sels neutres solubles rougissent faiblement le tournesol et se décomposent au rouge.

4. L'HYDROGÈNE SULFURÉ ne précipite pas les sels de protoxyde de nickel à acides forts, en présence d'un acide libre ; en l'absence d'acide libre, une petite partie du nickel se dépose lentement à l'état de *sulfure* noir (NiS). — L'acétate de nickel, contenant de l'acide acétique libre, n'est pas précipité, ou l'est à peine ; mais sans acide, presque tout le nickel se précipite par une action prolongée de l'acide sulfhydrique.

5. Le SULFHYDRATE D'AMMONIAQUE dans les dissolutions neutres et l'acide sulfhydrique dans les solutions alcalines, donnent un précipité noir de *sulfure de nickel* hydraté (NiS). Ce sulfure n'est pas tout à fait insoluble dans le sulfhydrate d'ammoniaque, surtout si celui-ci contient de l'ammoniaque libre ; aussi le liquide au milieu duquel il se dépose est le plus souvent coloré en brun. Le chlorhydrate d'ammoniaque et surtout l'acétate favorisent beaucoup cette réaction. L'acide acétique dissout à peine le précipité, l'acide chlorhydrique le dissout très-difficilement, mais il disparaît promptement à chaud dans l'eau régale.

6. La POTASSE et la SOUDE précipitent de l'*oxyde hydraté de nickel* (NiO,HO), vert clair, insoluble dans un excès d'alcali, inaltérable à l'air et à l'ébullition, même avec addition d'alcool. Le carbonate d'ammoniaque le redissout, après lavage, en un liquide bleu verdâtre, d'où la potasse et la soude précipitent de nouveau le nickel sous forme d'oxyde hydraté vert pomme.

7. L'AMMONIAQUE, en petite quantité, ne produit qu'un léger trouble verdâtre ; en en ajoutant davantage, ce trouble disparaît et on obtient un liquide bleu renfermant de l'*oxyde de nickel ammoniacal*. La potasse et la soude précipitent de cette liqueur de l'hydrate d'oxyde. Dans les dissolutions qui renferment des sels ammoniacaux ou des acides libres, l'ammoniaque ne détermine aucun trouble.

N. B. La présence des acides organiques fixes et du sucre empêche ou rend difficile la précipitation par les alcalis des dissolutions de protoxyde de nickel.

8. Le FERROCYANURE DE POTASSIUM précipite du *ferrocyanure* de nickel ($2Ni,Cy^3Fe$) blanc verdâtre, insoluble dans l'acide chlorhydrique.

9. Le FERRICYANURE DE POTASSIUM précipite du *ferricyanure* de nickel ($3Ni,Cy^6Fe^2$), insoluble dans l'acide chlorhydrique.

10. Le CYANURE DE POTASSIUM donne un précipité vert jaunâtre de *cyanure de nickel* (NiCy), qui se dissout facilement dans un excès du précipitant en un liquide jaune brun contenant du cyanure double de nickel et de potassium (NiCy+KCy). L'acide sulfurique et l'acide chlorhydrique, décomposant le cyanure de potassium, décomposent ce cyanure double, en sorte qu'ils précipitent de nouveau de cette dissolution le cyanure de nickel ; lorsque les liqueurs sont étendues, il faut un peu de temps. Ce cyanure de nickel est très-difficilement soluble à froid

dans un excès de ces acides, mais l'est facilement à l'ébullition. Si l'on fait passer sans chauffer un courant de chlore dans la dissolution alcaline du cyanure double de nickel et de potassium, à laquelle on ajoutera un excès d'alcali si c'est nécessaire, tout le nickel se précipite peu à peu à l'état d'oxyde hydraté noir.

11. Si dans une dissolution concentrée d'un sel de protoxyde de nickel, rendue alcaline par l'ammoniaque, on ajoute une dissolution de SULFOCARBONATE DE POTASSE[1], le liquide devient rouge brun foncé, peu transparent, presque noir par réflexion; — si la liqueur est extrêmement étendue, elle prend par l'addition du réactif une couleur rouge rosé (*C. D. Braun*). L'apparition de cette couleur dans les dissolutions très-étendues est caractéristique pour le nickel.

12. Le CARBONATE DE BARYTE, en digestion à froid avec les sels de nickel, ne précipite pas l'oxyde, excepté toutefois avec le sulfate.

13. L'AZOTITE DE POTASSE, additionné d'acide acétique, ne précipite pas les dissolutions, même les plus concentrées. Mais si les solutions renferment de la chaux, de la baryte ou de la strontiane, il se forme dans les liquides pas trop étendus un précipité cristallin jaune d'azotite double de nickel et de chaux, etc., qui se dissout difficilement dans l'eau froide; facilement dans l'eau chaude en donnant une liqueur verte. (*Künzel.— O. L. Erdman.*)

14. Le BORAX et le SEL DE PHOSPHORE donnent dans la flamme extérieure une perle transparente. Le verre de borax est violet quand il est chaud, et brun rouge quand il est froid; le verre de phosphore chaud a une couleur qui varie du rougeâtre au rouge brun, et froid du jaune au jaune rougeâtre. Dans la flamme intérieure, la perle de sel de phosphore ne change pas, mais celle de borax devient grise et trouble par la formation de nickel réduit. En chauffant longtemps, le nickel se rassemble, sans cependant fondre en un bouton, et la perle devient incolore.

15. En opérant la réduction sur une BAGUETTE DE CHARBON, comme il est dit à la page 30, les composés de protoxyde de nickel fournissent, quand on broie le charbon, des paillettes métalliques blanches, brillantes, ductiles, qui s'amassent en houppes à la pointe d'une lame de couteau aimantée. Avec l'acide azotique elles produisent une solution verte, qu'on peut étudier ultérieurement.

d. **Protoxyde de cobalt** (CoO).

§ **100**. 1. Le *cobalt métallique* fondu est gris d'acier, très-dur, sus-

[1] Pour préparer ce réactif, on sature avec de l'acide sulfhydrique la moitié d'une dissolution de potasse à 5 p. 100, on ajoute l'autre moitié, on fait digérer à une douce chaleur avec 1/25 de son volume de sulfure de carbone. on sépare le liquide rouge orangé foncé du sulfure de carbone non dissous et on le conserve pour l'usage dans des flacons bien bouchés.

ceptible d'un beau poli, ductile, difficilement fusible, magnétique; il ne s'oxyde pas à l'air à la température ordinaire, mais bien au rouge, et se comporte comme le nickel en présence des acides. Les dissolutions contiennent du protoxyde de cobalt.

2. Le *protoxyde de cobalt* est brun clair : son hydrate est une poudre rouge pâle ; tous deux se dissolvent facilement dans les acides azotique, chlorhydrique et sulfurique. Le *sesquioxyde de cobalt* (Co^2O^3) est noir; il donne du chlore avec l'acide chlorhydrique, en se dissolvant à l'état de protochlorure.

3. Les *sels de protoxyde de cobalt* qui renferment de l'eau de cristallisation sont rouges ; les sels anhydres sont bleus pour la plupart. Les dissolutions qui ne sont pas trop concentrées sont rouge clair et conservent cette couleur même lorsque la liqueur est assez étendue. Les sels neutres solubles rougissent un peu le tournesol, et se décomposent au rouge; le sulfate seul peut supporter une température un peu élevée. — Si l'on évapore une dissolution de chlorure de cobalt, vers la fin la couleur rouge clair passe au bleu; — en ajoutant de l'eau le liquide redevient rouge.

4. L'ACIDE SULFHYDRIQUE ne précipite pas les dissolutions des sels de cobalt à acides forts, en présence des acides libres; si la liqueur est neutre, une partie du cobalt se dépose peu à peu sous forme de sulfure noir (CoS). — L'acétate de cobalt avec un excès d'acide acétique est à peine précipité ou même ne l'est pas du tout : mais sans acide libre, il l'est complétement ou presque complétement.

5. Le SULFHYDRATE D'AMMONIAQUE dans les dissolutions neutres, et l'acide sulfhydrique dans les dissolutions alcalines, précipitent tout le cobalt à l'état de *sulfure hydraté*, noir (CoS). Le chlorhydrate d'ammoniaque favorise beaucoup la précipitation. Le sulfure de cobalt est insoluble dans les alcalis et le sulfhydrate d'ammoniaque, à peine soluble dans l'acide acétique, très-difficilement dans l'acide chlorhydrique et très facilement à chaud dans l eau régale.

6. La POTASSE et la SOUDE produisent des précipités bleus de *sels de cobalt basiques* insolubles dans le précipitant. Ceux-ci, à l'air, deviennent verts en absorbant de l'oxygène; par l'ébullition ils se changent en *hydrate de protoxyde de cobalt*, retenant de l'alcali, de couleur rouge pâle, le plus souvent mal définie à cause du peroxyde formé. Si avant de faire bouillir on ajoute de l'alcool, le précipité se change rapidement en sesquioxyde hydraté brun foncé. Le carbonate neutre d'ammoniaque dissout complétement les sels basiques de cobalt et l'hydrate de protoxyde, quand ils sont bien lavés, en formant un liquide d'un rouge violet intense, dans lequel une nouvelle addition de potasse ou de soude produit un précipité bleu, tandis que le liquide reste violet.

7. L'AMMONIAQUE donne le même précipité que la potasse; toutefois

un excès du précipitant le dissout en un liquide brun rougeâtre, dans lequel une addition de potasse ou de soude précipite une partie du cobalt à l'état de sel basique bleu. Dans les dissolutions renfermant des sels ammoniacaux ou des acides libres, l'ammoniaque ne donne pas de précipité.

N. B. La présence des acides organiques fixes ou du sucre empêche ou rend difficile la précipitation du protoxyde de cobalt par les alcalis.

8. Le FERROCYANURE DE POTASSIUM précipite dans les solutions de protoxyde de cobalt du ferrocyanure de cobalt ($2Co,Cy^3Fe$) vert, insoluble dans l'acide chlorhydrique.

9. Le FERRICYANURE DE POTASSIUM précipite du ferricyanure de cobalt rouge brun ($3Co,Cy^6Fe^2$), insoluble dans l'acide chlorhydrique.

10. Le CYANURE DE POTASSIUM produit un précipité blanc brunâtre de *cyanure de cobalt* (CoCy), qui se dissout dans un excès de cyanure de potassium en donnant du cyanure double de cobalt et de potassium. Les acides précipitent le cyanure de cobalt de cette dissolution. Mais, si l'on fait bouillir celle-ci avec un excès de cyanure de potassium, et avec de l'acide cyanhydrique libre (en ajoutant une ou deux gouttes d'acide chlorhydrique), ou bien si l'on fait passer un courant de chlore sans chauffer dans le liquide additionné de lessive de potasse ou de soude, il se forme du cobalti-cyanure de potassium (K^3,Co^2Cy^6), dont la dissolution n'est plus précipitée par les acides (différence essentielle avec le nickel). — Si dans la dissolution non modifiée du cyanure double de cobalt et de potassium on verse de l'azotite de potasse et de l'acide azotique, le liquide se colore en rouge de sang, ou en rose orangé, s'il est très-étendu, par suite de la formation d'un nitrocyanure double de cobalt et de potassium. — Si, après avoir ajouté de la lessive de soude à la solution de cyanure double de cobalt et de potassium, on l'agite, elle se colore en brun en absorbant de l'oxygène (différence essentielle avec le nickel, *C. D. Braun*).

11. Le SULFOCARBONATE DE POTASSE, dans les solutions de sels de protoxyde de cobalt rendues alcalines par l'ammoniaque, détermine une coloration variant du brun au noir, si elles sont assez concentrées, et qui est jaune vineux, si elles sont étendues.

12. Si dans une dissolution d'un sel de cobalt on ajoute un peu d'acide tartrique ou citrique, de l'ammoniaque en excès et enfin un peu de PRUSSIATE ROUGE DE POTASSE, le liquide convenablement concentré devient rouge jaunâtre foncé ; la couleur est rosée, si la liqueur est très-étendue (*Skey*). Cette réaction très-sensible est très-propre à reconnaître le cobalt en présence du nickel.

13. Le CARBONATE DE BARYTE se comporte comme avec les sels de nickel.

14. Si l'on ajoute à une dissolution d'un sel de protoxyde de cobalt de

l'AZOTITE DE POTASSE en quantité pas trop faible, puis de l'acide acétique jusqu'à réaction *fortement* acide, et si l'on place le mélange à une douce température, tout le cobalt se dépose à l'état de précipité cristallin d'un beau jaune, formé d'*azotite cobaltico-potassique* ($Co^2O^3,3KO, 5AzO^5,2HO$) (*Fischer, Stromeyer*). La réaction se fait promptement dans les liqueurs concentrées, mais il faut un certain temps, si elles sont étendues. L'équation suivante rend compte de la réaction : $2\,(CoO,SO^3) + 6\,(KO,AzO^3) + HO,\overline{A} + HO = KO,\overline{A} + 2\,(KO,SO^3) + Co^2O^3,3KO, 5AzO^3,2HO + AzO^2$[1]. Le précipité est assez soluble dans l'eau pure, peu dans les dissolutions des sels de potasse et dans l'alcool, et insoluble en présence de l'azotite de potasse. Bouilli avec de l'eau il se dissout, pas toutefois en grande quantité, en un liquide rouge, qui reste clair par le refroidissement, et dans lequel les alcalis précipitent du protoxyde de cobalt hydraté. Cette réaction est très-bonne pour distinguer et séparer le cobalt du nickel.

15. Le BORAX avec les composés cobaltifères, dans la flamme intérieure comme dans la flamme extérieure, donne un verre d'un bleu magnifique, violet à la lumière d'une bougie, et qui paraît presque noir, s'il y a un excès de cobalt. Cette réaction est aussi caractéristique que sensible. Le sel de phosphore se comporte de même, mais il est moins sensible.

Dans la réduction sur la BAGUETTE DE CHARBON (page 50) les composés de cobalt se comportent comme ceux du nickel. La solution obtenue avec l'acide azotique est rouge.

e. **Protoxyde de fer** (FeO).

§ 110. 1. Le *fer métallique* pur est gris blanc (plus ou moins gris, s'il renferme du charbon), brillant, dur, malléable, très-difficilement fusible, attirable à l'aimant. Au contact de l'air et de l'humidité, il se couvre de rouille (hydrate de peroxyde), et au rouge, à l'air, il se change en oxyde magnétique noir. — L'acide chlorhydrique et l'acide sulfurique étendu dissolvent le fer avec dégagement d'hydrogène. Si le métal renferme du charbon, l'hydrogène est mêlé de carbures d'hydrogène. Les dissolutions renferment du protoxyde de fer. L'acide azotique étendu dissout le fer en donnant à froid de l'azotate de protoxyde et un dégagement de protoxyde d'azote ; à chaud, on a de l'azotate de peroxyde et du bioxyde d'azote. Avec du fer carburé, il se dégage aussi un peu d'acide carbonique et il reste à l'état insoluble une substance brune, d'apparence ulmique, soluble dans les alcalis, et aussi un peu de graphite, suivant les circonstances.

2. Le *protoxyde de fer* est une poudre noire ; son hydrate est blanc :

[1] *C. D. Braun* (*Zeitschrift f. Anal. Chem.*, 335) ne regarde pas ce précipité comme un composé pur, mais comme un mélange de diverses combinaisons.

mais, quand il est humide, il absorbe promptement l'oxygène de l'air, devient vert grisâtre et enfin brun rouge. Tous deux sont facilement dissous par l'acide chlorhydrique, l'acide sulfurique et l'acide azotique.

3. Les *sels de protoxyde de fer* anhydres sont blancs; hydratés, ils sont verts; leurs dissolutions ne paraissent vertes que quand elles sont concentrées. Celles-ci, abandonnées à l'air, absorbent de l'oxygène et se transforment en sels de peroxyde en même temps qu'il se dépose un sel basique; le chlore et l'acide azotique à l'ébullition les changent en sels de peroxyde. Les sels de protoxyde solubles rougissent le tournesol et sont décomposés au rouge.

4. L'ACIDE SULFHYDRIQUE ne précipite pas les dissolutions des sels de protoxyde de fer acidulées par des acides forts; il ne précipite pas non plus les dissolutions neutres ou acidulées par des acides faibles, ou bien il ne les précipite qu'incomplétement en les colorant en noir.

5. Le SULFHYDRATE D'AMMONIAQUE dans les dissolutions neutres et l'acide sulfhydrique dans les dissolutions alcalines précipitent tout le fer à l'état de protosulfure (FeS) hydraté. Le précipité est noir, insoluble dans les alcalis et les sulfures alcalins, facilement soluble dans l'acide chlorhydrique et dans l'acide azotique : il passe au brun rouge à l'air par suite d'une oxydation. Les dissolutions très-étendues se colorent en vert par l'addition du sulfhydrate d'ammoniaque, et, en les abandonnant à elles-mêmes, le sulfure de fer se dépose lentement en poudre noire. Le sel ammoniac favorise la réaction à un haut degré.

6. La POTASSE et l'AMMONIAQUE précipitent le *protoxyde de fer hydraté* (FeO,HO), qui au premier moment est presque blanc, mais devient rapidement vert sale, puis brun, en absorbant l'oxygène de l'air. Les sels ammoniacaux empêchent partiellement la précipitation par la potasse et complétement celle par l'ammoniaque. Dans ces dissolutions alcalines de protoxyde de fer, produites par la présence des sels ammoniacaux, il se dépose, au contact de l'air, de l'hydrate d'oxyde salin et de l'hydrate de peroxyde. Les acides organiques fixes, le sucre, etc., empêchent ou contrarient la réaction.

7. Le PRUSSIATE JAUNE DE POTASSE produit un précipité blanc bleuâtre de *ferrocyanure double de potassium et de fer* ($KFe^3,2(Cy^3Fe)$, qui, en absorbant l'oxygène de l'air, passe rapidement au bleu. L'acide azotique et le chlore le transforment subitement en bleu de Prusse : $3(KFe^3,2(Cy^3Fe))+4Cl=3KCl+FeCl+2(Fe^4,3(Cy^3Fe))$.

8. Le PRUSSIATE ROUGE DE POTASSE produit un précipité bleu magnifique de *ferricyanure de fer* (Fe^3,Cy^6Fe^2). Par la couleur, on ne peut pas le distinguer du bleu de Prusse. Il est insoluble dans l'acide chlorhydrique, mais la potasse le décompose facilement. Si les solutions de fer sont très-étendues, ce réactif ne produit qu'une coloration vert bleuâtre foncée.

9. Le SULFOCYANURE DE POTASSIUM ne doit pas altérer les dissolutions des sels de protoxyde de fer bien exemptes de peroxyde.

10. Le CARBONATE DE BARYTE à froid ne donne pas de précipité, excepté avec le sulfate de protoxyde de fer.

11. Le BORAX dans la flamme d'oxydation donne avec les sels de protoxyde de fer un verre d'une couleur variant du jaune au rouge foncé. Quand elle est froide, la perle semble incolore ou jaune. Dans la flamme intérieure, elle devient vert bouteille par suite de la réduction du peroxyde formé, qui passe à l'état d'oxyde salin. Le sel de phosphore se comporte de même ; la couleur du verre diminue davantage par le refroidissement, et les phénomènes de réduction sont moins apparents.

12. Réduits sur la BAGUETTE DE CHARBON (page 30), les composés de protoxyde de fer donnent une poudre noir mat, attirable à l'aimant. Le fer réduit, dissous dans quelques gouttes d'eau régale, donne un liquide jaune qu'on soumettra aux réactions du § **111**.

f. **Peroxyde de fer** (FeO^3).

§ **111**. 1. Le *peroxyde de fer* cristallisé naturel est gris d'acier ; il donne, quand on le broie, une poudre rouge brun, aussi bien que le peroxyde préparé artificiellement. — L'hydrate est rouge brun. Tous deux se dissolvent dans l'acide chlorhydrique, l'acide azotique et l'acide sulfurique, l'hydrate facilement, l'oxyde anhydre plus difficilement, et même celui-ci ne se dissout complétement que par l'action prolongée de la chaleur. — L'oxyde de fer salin, l'oxyde magnétique (FeO,Fe^2O^3), est noir et se transforme dans l'acide chlorhydrique en protochlorure et en perchlorure, et dans l'eau régale en perchlorure.

2. Les *sels de peroxyde de fer* neutres et anhydres sont presque blancs : les sels basiques sont jaunes ou rouge brun. La couleur des dissolutions est brun jaune, et par la chaleur elle passe au jaune rouge. Les sels neutres solubles rougissent le tournesol et se décomposent par la chaleur.

3. L'ACIDE SULFHYDRIQUE, dans les dissolutions acidifiées par un acide fort, donne un trouble blanc produit par un dépôt de soufre, en même temps que le sel de peroxyde passe à l'état de sel de protoxyde : $Fe^2O^3, 3SO^3 + HS = 2(FeOSO^3) + HO,SO^3 + S$. Dans les sels neutres, l'addition rapide de l'hydrogène sulfuré dissous dans l'eau produit, outre le dépôt de soufre, une coloration noire passagère. Dans l'acétate neutre de peroxyde de fer, l'acide sulfhydrique précipite la plus grande partie du métal ; mais, s'il y a une suffisante quantité d'acide acétique libre, il ne se dépose que du soufre.

4. Le SULFHYDRATE D'AMMONIAQUE dans les dissolutions neutres, et

l'acide sulfhydrique dans les dissolutions alcalines, précipitent tout le fer, sous forme de *sulfure* (FeS) noir, hydraté, mêlé à du soufre libre : $Fe^2Cl^3 + 3.AzH^4S = 3.AzH^4Cl + 2.FeS + S$. Si les liquides sont fortement étendus, le réactif ne produit qu'une coloration d'un vert noirâtre, et le sulfure de fer très-finement divisé ne se dépose qu'après un temps assez long. Le sel ammoniac favorise beaucoup la réaction. A propos des sels de protoxyde de fer, nous avons fait connaître la solubilité du sulfure.

5. La POTASSE, l'AMMONIAQUE, donnent un précipité volumineux de *peroxyde de fer hydraté* ($Fe^2O^3,3HO$), brun rouge, insoluble dans un excès du précipitant aussi bien que dans les sels ammoniacaux. Les acides organiques fixes ou le sucre, lorsqu'ils sont en quantité suffisante, empêchent complétement la précipitation.

6. Le PRUSSIATE JAUNE DE POTASSE, même dans les dissolutions étendues, donne un précipité d'un beau bleu, insoluble dans l'acide chlorhydrique, décomposé par la potasse avec formation de peroxyde hydraté. Ce précipité est le *bleu de Prusse* $Fe^4,3(Cy^3Fe)$: $2.Fe^2Cl^3 + 3.(K^2,Cy^3Fe) = 6.KCl + Fe^4,3(Cy^3Fe)$.

7. Le PRUSSIATE ROUGE DE POTASSE colore les dissolutions en brun rouge foncé, mais ne donne pas de précipité.

8. Le SULFOCYANURE DE POTASSIUM, dans les dissolutions acides des sels de peroxyde de fer, produit une coloration rouge de sang très-intense, par suite de la formation de *sulfocyanure de fer* soluble. Cette coloration ne disparaît pas, si l'on ajoute un peu d'alcool et si l'on fait bouillir (différence avec les réactions semblables de l'acide hypoazotique § **158**). — Dans les dissolutions de peroxyde de fer, additionnées d'acétate de soude (et qui sont plus ou moins colorées en rouge par l'acétate de fer formé), le sulfocyanure de fer, qui colore la liqueur en rouge de sang, ne se forme que si l'on ajoute beaucoup d'acide chlorhydrique. Il en est de même, si la dissolution contient un fluorure alcalin ou un oxalate.

A l'aide de ce réactif, on peut reconnaître la présence du peroxyde de fer dans des liquides qui en contiennent si peu, que tous les autres réactifs n'y produiraient aucun changement. Dans ce cas, pour voir le mieux la couleur rouge, on placera le petit tube à essais verticalement au-dessus d'une feuille de papier blanc et on regardera dans l'intérieur de haut en bas.

On peut encore rendre la réaction plus sensible, si l'on agite avec un peu d'éther le liquide contenant le peroxyde de fer, après y avoir ajouté l'acide chlorhydrique et un excès de la dissolution de sulfocyanure récemment préparée avec des cristaux de ce réactif. Le sulfocyanure de fer se dissout dans l'éther, dont la couche apparaît plus ou moins rouge.

9. Le CARBONATE DE BARYTE précipite déjà à froid tout le peroxyde de fer à l'état d'*hydrate mélangé à un sel basique*.

10. Au CHALUMEAU les sels de peroxyde de fer se comportent comme ceux de protoxyde.

§ **112**. RÉCAPITULATION ET REMARQUES. — Si l'on se rappelle l'action de la lessive de potasse sur chacun des oxydes du quatrième groupe, on pensera tout d'abord qu'elle pourra servir à séparer l'oxyde de zinc, qui se dissout dans un excès d'alcali, des autres oxydes qui y sont insolubles. — Mais, si l'on tente l'expérience, on verra facilement qu'avec le peroxyde de fer, le protoxyde de cobalt, etc., se précipitent des quantités non insignifiantes d'oxyde de zinc, car très-souvent dans le liquide alcalin qui passe à la filtration on ne peut retrouver ce dernier. Cette méthode serait tout à fait impraticable, s'il se trouvait en même temps dans le mélange du peroxyde de chrome, parce que les dissolutions alcalines d'oxyde de zinc et de peroxyde de chrome se précipitent mutuellement.

En considérant la manière dont ces oxydes se comportent vis-à-vis le sel ammoniac et un excès d'ammoniaque, on serait tenté de croire que par ce moyen on pourrait séparer le peroxyde de fer des protoxydes de cobalt, de nickel, de manganèse, ainsi que de l'oxyde de zinc. — Mais cette méthode, appliquée à ces oxydes mélangés, serait également inexacte, car avec le peroxyde de fer il se précipite toujours plus ou moins des autres oxydes, si bien que, par ce procédé, de petites quantités de cobalt, de manganèse, etc., pourraient tout à fait échapper à l'analyse.

Bien mieux que l'ammoniaque et le sel ammoniac, le carbonate de baryte permettra de séparer le peroxyde de fer des autres oxydes du groupe, car il précipite le peroxyde de fer tout à fait exempt d'oxyde de zinc et de protoxyde de manganèse, et presque complétement pur de nickel et de cobalt, si, avant de mettre le carbonate de baryte, on a soin d'ajouter du chlorhydrate d'ammoniaque. — Le but qu'on se propose en employant le carbonate de baryte, c'est-à-dire la séparation de l'oxyde de fer seul à l'état de sel basique, peut être obtenu d'une autre manière. Après avoir presque complétement neutralisé avec du carbonate de soude le léger excès d'acide, on ajoute de l'acétate de soude et l'on fait bouillir; ou bien encore on verse dans la liqueur assez étendue une quantité assez notable de sel ammoniac, puis avec précaution du carbonate d'ammoniaque, jusqu'à ce que le liquide, dont la réaction était encore acide, commence à se troubler, et l'on fait bouillir. Dans ces deux derniers cas, il faut séparer par la filtration à chaud le sel basique de peroxyde de fer qui se dépose.

On séparera très-bien le protoxyde de manganèse de ceux de cobalt et de nickel, ainsi que de l'oxyde de zinc, si l'on traite par de l'acide acétique convenablement étendu les sulfures précipités de ces métaux, après les avoir bien lavés : le sulfure de manganèse seul se dissout. — En ajoutant ensuite à la solution acétique un peu de potasse, la moindre parcelle du précipité suffira pour reconnaître le manganèse au chalumeau avec la soude. — En reprenant les sulfures insolubles dans l'acide acétique, après lavage, par de l'acide chlorhydrique très-étendu, le sulfure de zinc se dissout en laissant intacts presque tout le sulfure de nickel et celui de cobalt : en reprenant le liquide, le faisant bouillir pour chasser l'acide sulfhydrique et le concentrant, puis ajoutant sans chauffer un excès de potasse ou de soude, on pourra, dans le liquide filtré, reconnaître la présence du zinc au moyen de l'acide sulfhydrique.

On dessèche le filtre, sur lequel se trouvent le sulfure de cobalt et celui de nickel, on le brûle dans une petite capsule en porcelaine, et l'on essaye une petite portion du résidu au chalumeau avec du borax, dans la flamme intérieure : le cobalt, même en présence du nickel, se reconnaît presque toujours avec certitude ; il n'en est pas tout à fait de même pour déceler le nickel en présence du cobalt. Dans ce cas, le moyen le meilleur consiste à chauffer le reste du résidu avec un peu d'eau régale étendue d'eau, filtrer, évaporer la solution pour en réduire beaucoup le volume, ajouter à la dissolution concentrée des sels de l'azotite de potasse en suffisante quantité, puis de l'acide acétique jusqu'à forte réaction acide, et abandonner le tout dans un endroit tiède pendant assez longtemps, environ douze heures. Le cobalt se sépare à l'état d'azotite cobaltico-potassique ; alors dans le liquide filtré on peut précipiter le nickel par la soude, et pour plus de certitude essayer avec le chalumeau ou suivant le § **108**, 11. Si la liqueur est trop étendue, s'il fallait reconnaître de petites quantités de nickel en présence d'une grande proportion de cobalt, il vaudrait mieux faire usage de la dissolution des cyanures des métaux dans le cyanure de potassium, additionné de lessive de soude. On reconnaît le cobalt à la couleur foncée qu'elle prend au contact de l'air et le nickel au dépôt d'oxyde noir de nickel formé par l'action du chlore (§ **108**, 10, et § **109**, 10).

Dans les analyses, tous les oxydes du groupe étant précipités à l'état de sulfure par le sulfhydrate d'ammoniaque, il est plus commode de séparer tout d'abord le nickel et le cobalt, ou au moins la plus grande partie de ces métaux. A cet effet, on traite le précipité encore humide de tous les sulfures par de l'eau additionnée d'un peu d'acide chlorhydrique, mais sans chauffer, tout simplement en remuant doucement. Les sulfures de nickel et de cobalt restent presque complétement insolubles, tandis que tous les autres sulfures se dissolvent. Après avoir filtré et lavé, on traite ces derniers comme cela est indiqué plus haut.

On fait bouillir le liquide filtré avec de l'acide azotique, ce qui fait passer le fer à l'état de peroxyde. On neutralise presque complétement l'acide libre avec du carbonate de soude, puis on peut séparer le fer à l'état de sel basique, à froid par le carbonate de baryte ou à la température de l'ébullition par l'acétate de soude. Enfin dans le liquide filtré on cherche le manganèse et le zinc. On précipite de nouveau par le sulfhydrate d'ammoniaque après addition de sel ammoniac; on lave et on sépare les sulfures, comme nous l'avons dit, au moyen de l'acide acétique, — ou encore par la lessive de potasse ou celle de soude, après avoir précipité la baryte par l'acide sulfurique et avoir fortement concentré la liqueur.

Les petites quantités de cobalt et de nickel qui passent en dissolution, lorsqu'on traite les sulfures par l'acide chlorhydrique, restent avec le sulfure de zinc quand on sépare ce dernier du sulfure de manganèse par l'acide acétique, — et dans l'autre traitement par la potasse ou la soude, les deux métaux restent avec l'oxyde de manganèse. Le sulfure de zinc s'enlève facilement du précipité noirâtre par l'acide chlorhydrique étendu, et le manganèse, à l'aide de la soude dans la flamme extérieure, peut parfaitement se reconnaître à côté du cobalt et du nickel.

En présence des substances organiques fixes, il faut employer la seconde méthode dans laquelle on précipite d'abord tous les métaux à l'état de sulfures, parce que ces substances organiques empêchent ou rendent incomplète la précipitation du peroxyde de fer par le carbonate de baryte.

On reconnaît le protoxyde et le peroxyde de fer mélangés en essayant le premier avec le ferricyanure de potassium et le second avec le ferrocyanure ou le sulfocyanure de potassium.

RÉACTIONS PARTICULIÈRES AUX OXYDES PLUS RARES DU QUATRIÈME GROUPE.

a. **Oxydes d'uranium.**

§ **113.** — L'uranium est très-rare : on le trouve dans la pechblende, l'uranite, etc.; on emploie son oxyde pour fabriquer le verre vert jaunâtre, connu sous le nom de verre d'urane. L'uranium forme deux oxydes, un protoxyde (UO) et un peroxyde (U^2O^3). Le premier est brun et se dissout dans l'acide azotique en donnant de l'azotate de sesquioxyde. L'hydrate de sesquioxyde est jaune. Vers 300° environ, il perd son eau et devient rouge, et à la température rouge il se change en oxyde salin vert noir foncé. Les dissolutions du peroxyde dans les acides sont jaunes. L'HYDROGÈNE SULFURÉ ne les change pas ; le SULFHYDRATE D'AMMONIAQUE, après la neutralisation de tout acide libre, donne un précipité qui se dépose lentement, qui se dissout facilement dans les acides, même dans l'acide acétique, et dont la formation est favorisée par la présence du sel ammoniac. Formé à froid, il est brun chocolat et renferme du sulfure d'uranium, du sulfhydrate d'ammoniaque et de l'eau. Il ne se dissout pas dans le sulfhydrate d'ammoniaque très-sulfuré, mais bien dans le sulfhydrate simple neutre, s'il n'est pas mélangé avec d'autres sulfures métalliques : par le lavage le précipité passe peu à peu à l'état de sesquioxyde hydraté jaune. En faisant chauffer ou bouillir une dissolution d'uranium additionnée de sulfhydrate d'ammoniaque, le sulfure tout d'abord précipité se décompose en soufre et en protoxyde noir, insoluble dans un excès de sulfhydrate d'ammoniaque (*Remelé*). L'oxysulfure d'uranium (mais non pas le précipité transformé en soufre et en protoxyde) se dissout facilement dans le carbonate d'ammoniaque (ce qui est une différence essentielle de l'uranium avec le zinc, le manganèse, le fer, etc., et un moyen de les séparer). Si l'oxysulfure d'uranium reste longtemps en contact avec le liquide aqueux, devenu noir par la dissolution partielle du précipité dans un excès de sulfhydrate d'ammoniaque, il prend peu à peu une couleur rouge de sang, probablement parce qu'il devient cristallin (*Remelé*). — L'AMMONIAQUE, la POTASSE, la SOUDE donnent des précipités jaunes d'oxyde d'uranium alcalin, insolubles dans un excès du précipitant. Le CARBONATE D'AMMONIAQUE, ainsi que le BICARBONATE DE POTASSE ou de SOUDE, donnent des précipités jaunes de carbonate d'oxyde d'uranium alcalin, *qui se dissolvent facilement dans un excès du précipitant*. La potasse et la soude chassent de ces dissolutions tout l'oxyde d'uranium. Le CARBONATE DE BARYTE précipite complétement même à froid (différence essentielle avec le nickel, le cobalt, le manganèse et le zinc, et moyen de séparer l'uranium de ces métaux). Le PRUSSIATE JAUNE forme un précipité brun rouge (très-sensible). Le SEL DE PHOSPHORE et le borax donnent dans la flamme extérieure une perle jaune devenant vert jaunâtre par le refroidissemenett, dans la flamme intérieure une perle verte.

b. Oxydes de thallium.

Le thallium se rencontre, mais toujours en très-petites quantités, dans les pyrites de cuivre et dans quelques pyrites de fer, dans certains soufres bruts, dans les poussières des chambres de plomb dont les fours sont alimentés par des pyrites contenant du thallium. On le trouve quelquefois dans l'acide sulfurique et dans l'acide chlorhydrique du commerce ; on l'a reconnu dans des micas à lithine, dans certaines préparations de bismuth et de cadmium, dans des minerais de zinc, de mercure et d'antimoine, dans des cendres de végétaux et dans quelques eaux salées. — C'est un métal qui ressemble au plomb ; sa densité est 11,86 ; il est mou, fusible à 290°, volatil au rouge blanc, mais déjà au rouge dans un courant d'hydrogène ; il produit de petits craquements quand on le ploie, comme fait l'étain ; il ne décompose l'eau qu'en présence d'un acide. L'acide sulfurique étendu et l'acide azotique dissolvent facilement le thallium, il est plus difficilement soluble dans l'acide chlorhydrique. Il forme un *oxyde basique* (TlO) et un *peroxyde* (TlO^3). L'*oxyde* est incolore, fusible, et en fondant il attaque le verre et la porcelaine. Il se dissout dans l'eau : la dissolution incolore est alcaline, caustique, et absorbe l'acide carbonique. Il se dissout aussi dans l'alcool. — Le *peroxyde* est insoluble dans l'eau, violet noir ; son hydrate est brun. A froid, il est difficilement attaqué par l'acide sulfurique concentré, mais il se combine avec lui à chaud. En chauffant pendant longtemps, il se forme du sulfate de protoxyde avec dégagement d'oxygène. Chauffé avec de l'acide chlorhydrique, il donne un chlorure correspondant à l'oxyde : c'est une masse blanche cristalline, qui se décompose par la chaleur en chlore et en protochlorure. — Dans les dissolutions des sels de peroxyde, les alcalis précipitent de l'oxyde hydraté; l'acide sulfhydrique transforme ces sels en sels de protoxyde avec un dépôt de soufre; l'iodure de potassium fournit de l'iode et un protoiodure : l'acide chlorhydrique ne les précipite pas.

Les *sels de protoxyde de thallium* sont incolores; les uns sont facilement solubles dans l'eau (sulfate, azotate, phosphate, tartrate, acétate), d'autres le sont plus difficilement (carbonate, protochlorure), quelques-uns enfin sont complétement insolubles (iodure). En faisant bouillir les sels de protoxyde avec de l'acide azotique, le protoxyde ne se peroxyde pas ; cette transformation est cependant complète, si l'on fait bouillir et évaporer avec de l'eau régale. — La POTASSE, la SOUDE, l'AMMONIAQUE, ne précipitent pas les dissolutions aqueuses. Les CARBONATES ALCALINS ne précipitent le carbonate de thallium que des dissolutions très-concentrées (car 100 parties d'eau à 18° dissolvent 52,5 parties de carbonate de thallium). L'ACIDE CHLORHYDRIQUE, pourvu que les dissolutions ne soient pas trop étendues, précipite du chlorure de thallium blanc, inaltérable à la lumière, moins soluble dans l'acide chlorhydrique étendu que dans l'eau pure et qui se dépose facilement. L'IODURE DE POTASSIUM, même dans les liqueurs les plus étendues, précipite de l'iodure de thallium jaune clair, à peine soluble dans l'eau, un peu moins insoluble dans une dissolution d'iodure de potassium. Le CHLORURE DE PLATINE, dans les dissolutions qui ne sont pas trop étendues, précipite du chlorure double de thallium et de platine, orangé pâle, très-peu soluble. L'ACIDE SULFHYDRIQUE ne précipite pas les dissolutions rendues fortement acides par des acides minéraux (à moins qu'il n'y ait de l'acide arsénieux, auquel cas il se forme un précipité rouge brun contenant tout l'arsenic et une partie du thallium) : les dissolutions neutres ou faiblement acides sont incomplétement précipitées ; mais dans la dissolution de protoxyde de thallium dans l'acide acétique tout le métal est enlevé à l'état de sulfure noir. — Le SULFHYDRATE D'AMMONIAQUE, comme l'acide sulfhydrique dans les dissolutions alcalines, précipite tout le thallium à l'état de sulfure noir, qui se rassemble facilement en grumeaux, surtout si l'on chauffe. Ce sulfure est insoluble dans l'ammoniaque, les sulfures alcalins et le cyanure de potassium : il s'oxyde rapidement à l'air en passant à l'état de sulfate de protoxyde ; il se dissout facilement dans l'acide azotique, l'acide chlorhydrique et l'acide sulfurique, mais il n'est que difficilement attaqué par l'acide acétique. En chauffant le sulfure de thallium, il fond d'abord, puis ensuite se volatilise. Le ZINC précipite tout le thallium sous forme de lamelles cristallines noires. Les FLAMMES INCOLORES sont colorées en vert intense par les composés du thallium. Le SPECTRE ne fournit qu'une seule ligne, très-caractéristique, d'un vert émeraude magnifique (voir le tableau). Pour de petites quantités de thallium, le phénomène ne dure que peu de temps. En général l'analyse spectrale est le meilleur moyen de découvrir le thallium. Souvent les minerais thallifères donnent de suite la raie verte : en opérant sur le soufre brut, il est bon d'enlever d'abord la plus grande partie du soufre avec le sulfure de carbone et d'observer le résidu. S'il y a beaucoup de sels de soude et très-peu de thallium, on ne reconnaît le spectre de ce dernier qu'en introduisant dans la flamme l'essai un peu humide et en observant le spectre qui se forme tout d'abord. — Dans les essais par la voie humide, on emploiera surtout l'iodure de potassium, à cause de la sensibilité de la réaction ; s'il y avait du fer, il faudrait d'abord le réduire à l'aide du sulfite de soude.

c. **Oxyde d'indium.**

Jusqu'à présent on n'a trouvé l'indium que dans le sulfure de zinc de Freiberg, dans le zinc qu'on en extrait et dans le minerai de tungstène. C'est un métal blanc, très-brillant, rappelant le platine pour la couleur ; il est très-mou, ductile ; il tache le papier, est susceptible d'un beau poli, reste brillant à l'air et dans l'eau même bouillante. Il est aussi fusible que le plomb : sur le charbon et au chalumeau il garde un éclat métallique brillant, il colore la flamme en bleu, donne un enduit jaune foncé à chaud, jaune clair à froid et que la flamme du chalumeau fait difficilement disparaître. L'indium se dissout lentement à froid dans les acides sulfurique et chlorhydrique étendus, avec dégagement d'hydrogène : la chaleur active la dissolution. Dans l'acide sulfurique concentré il se dissout avec dégagement d'acide sulfureux : il disparaît facilement dans l'acide azotique, même étendu et froid. — L'oxyde d'indium (InO) chaud est brun ; froid, il est jaune paille : il ne colore pas les flux vitreux. Il est facilement réduit au rouge par l'hydrogène ou le charbon : en employant en même temps un fondant, on obtient des globules métalliques. L'oxyde calciné se combine lentement à froid avec les acides, mais en chauffant la dissolution est rapide et complète. — Les sels d'indium sont incolores, le sulfate, l'azotate, ainsi que le chlorure hygroscopique et volatil, sont facilement solubles dans l'eau. — Les ALCALIS précipitent un hydrate blanc, volumineux, semblable à l'hydrate d'alumine, tout à fait insoluble dans l'ammoniaque et la lessive de potasse ; l'acide tartrique empêche la réaction ; les CARBONATES ALCALINS précipitent du carbonate d'indium blanc, gélatineux. Le précipité récemment formé se dissout dans le carbonate d'ammoniaque, mais non pas dans les carbonates de potasse ou de soude : il se dépose, si l'on fait bouillir la première solution. — Le PHOSPHATE DE SOUDE donne un précipité blanc, volumineux ; les OXALATES ALCALINS, un précipité cristallin. Dans les solutions presque neutres de sulfate d'indium, l'ACÉTATE DE SOUDE précipite par ébullition un sulfate basique. — Le CARBONATE DE BARYTE en digestion, même à froid, précipite des solutions de sels d'indium tout le métal à l'état de sel basique (différence essentielle avec le zinc, le manganèse, le cobalt, le nickel et le protoxyde de fer, et moyen de les séparer). — Dans les dissolutions où domine un acide fort, l'ACIDE SULFHYDRIQUE ne produit rien : si les liqueurs sont peu acides et étendues, les phénomènes sont les mêmes qu'avec le zinc, il se sépare un peu de sulfure ; mais dans les dissolutions acétiques le sulfure d'indium se précipite à l'état gélatineux d'un beau jaune. Le précipité obtenu avec le SULFHYDRATE D'AMMONIAQUE, dans une solution d'indium additionnée d'acide tartrique, puis ensuite d'ammoniaque, est blanc : c'est probablement un sulfhydrate de sulfure ; il devient jaune par l'action de l'acide acétique. — Le sulfure d'indium ne se dissout pas dans le sulfhydrate d'ammoniaque à froid : il se dissout au contraire à chaud et il se sépare de nouveau par le refroidissement avec une couleur blanche. — Le FERROCYANURE DE POTASSIUM précipite en blanc; le FERRICYANURE, le SULFOCYANURE et le CHROMATE DE POTASSIUM ne font rien. — Le ZINC déplace l'indium métallique en lamelles blanches, brillantes. — Si l'on introduit un composé d'indium dans une FLAMME INCOLORE, celle-ci prend une teinte violet bleu particulière. Dans le spectre, on reconnaît deux lignes bleues caractéristiques (voir le tableau). Avec le chlorure d'indium, elles ont un grand éclat, surtout Inα : mais elles disparaissent rapidement. Si l'on veut observer plus longtemps le spectre, il vaut mieux employer le sulfate.

d. Oxydes du vanadium.

— Le vanadium estra re : on le rencontre à l'état de vanadate en petites quantités dans les minerais de fer et de cuivre, et par conséquent dans les scories des fourneaux. Il forme quatre oxydes : le bioxyde VaO^2 ($Va=51,3$), le trioxyde VaO^3, le tétroxyde VaO^4 et l'acide vanadique VaO^5 (*Roscoë*). — VaO^2 est gris, avec éclat métallique, insoluble dans l'eau, soluble dans les acides étendus avec dégagement d'hydrogène et formation d'un liquide bleu, qui décolore en les réduisant les matières colorantes organiques. — VaO^3 est noir, insoluble, irréductible au rouge dans un courant d'hydrogène, et se transforme lentement en VaO^4 au contact de l'air. Les dissolutions acides de VaO^3 sont vertes. — VaO^4 est bleu foncé, acide; les dissolutions sont d'un bleu pur. Chauffés avec de l'acide azotique ou de l'eau régale, fondus avec du salpêtre ou calcinés dans l'oxygène ou à l'air, tous les oxydes inférieurs se changent en VaO^5. — L'acide vanadique n'est pas volatil, il est fusible, prend la structure cristalline en se solidifiant, sa couleur varie du rouge foncé au rouge orangé. Chauffé au rouge dans un courant d'hydrogène, il se change en VaO^3. L'acide vanadique est difficilement soluble dans l'eau, cependant il rougit fortement le papier de tournesol humide. Il se combine aux bases et aux acides.

a. Dissolutions acides. Les acides forts donnent avec l'acide vanadique des liquides rouges ou jaunes, qui se décolorent souvent par l'ébullition. La dissolution sulfurique étendue, légèrement chauffée avec du ZINC, devient d'abord bleue, puis verte, et enfin passe de la teinte bleu lavande au violet. VaO^5 est alors réduit à l'état de VaO^2, car en ajoutant de l'ammoniaque on a un précipité brun de bioxyde hydraté, qui absorbe aussitôt l'oxygène de l'air; l'ACIDE SULFUREUX, l'ACIDE SULFHYDRIQUE, les SUBSTANCES ORGANIQUES, réduisent aussi les solutions d'acide vanadique, mais seulement jusqu'à l'état de VaO^4, et pour cela les liqueurs deviennent seulement bleues. Le SULFHYDRATE D'AMMONIAQUE colore en brun : en acidulant avec de l'acide chlorhydrique, ou mieux encore de l'acide sulfurique, on précipite du pentasulfure de vanadium, soluble dans un excès de sulfhydrate d'ammoniaque avec coloration brun rouge. Le FERROCYANURE DE POTASSIUM forme un précipité vert, floconneux, insoluble dans les acides; la TEINTURE DE NOIX DE GALLE produit, au bout de quelque temps, un précipité noir bleu dans les dissolutions qui ne renferment pas d'acide libre.

b. Vanadates. L'acide vanadique donne trois séries de sels. Outre les sels tribasiques, qu'on rencontre dans les minéraux, il y a des sels bibasiques et monobasiques. Les sels neutres tribasiques sont jaunes pour la plupart : ceux des alcalis et quelques autres se transforment en une modification incolore lorsqu'on les chauffe avec de l'eau. Les sels acides sont rouge jaune. Les sels supportent la chaleur rouge, la plupart sont solubles dans l'eau, tous le sont dans l'acide azotique. Les vanadates alcalins se dissolvent dans l'eau d'autant moins qu'il y a plus d'alcali libre ou de sel alcalin. Avec les ACIDES, les dissolutions se colorent en jaune ou en rouge; l'AZOTATE D'ARGENT, l'AZOTATE DE PROTOXYDE DE MERCURE, le CHLORURE DE BARYUM, l'ACÉTATE DE PLOMB, forment des précipités blancs ou jaune blanchâtre, facilement solubles dans les acides; le SULFHYDRATE D'AMMONIAQUE agit comme sur les dissolutions acides; le FERROCYANURE DE POTASSIUM précipite en jaune; la TEINTURE DE NOIX DE GALLE colore en noir foncé, surtout les dissolutions des vanadates acides alcalins. — Si l'on sature la dissolution d'un vanadate alcalin avec du CHLORHYDRATE D'AMMONIAQUE, tout l'acide vanadique se dépose à l'état de vanadate d'ammoniaque blanc, insoluble dans un excès de sel ammoniac (réaction tout à fait caractéristique). Le précipité se transforme par calcination au rouge en acide vanadique ou mélange de cet acide avec un oxyde. — Si l'on agite une solution acidulée d'un vanadate alcalin avec de l'EAU OXYGÉNÉE, il se produit une couleur rouge. En agitant avec de l'éther, celui-ci ne se colore pas (réaction très-sensible) (*Werther*). Le BORAX dissout l'acide vanadique en une perle transparente dans la flamme intérieure et dans la flamme extérieure : dans celle-ci la perle est incolore, ou jaune, s'il y a une grande quantité d'acide; dans la flamme intérieure elle est d'un beau vert : si l'on ajoute une plus grande quantité de matière, la perle paraît brune à chaud, mais elle redevient verte en se refroidissant.

CINQUIÈME GROUPE.

§ **115**. Oxydes qu'on rencontre le plus souvent : *Oxyde d'argent, protoxyde de mercure, bioxyde de mercure, oxyde de plomb, oxyde de bismuth, oxyde de cuivre, oxyde de cadmium.*

Oxydes plus rares : *Oxyde de palladium, oxyde de rhodium, oxyde d'osmium, oxyde de ruthénium.*

PROPRIÉTÉS DE CE GROUPE. — Les sulfures correspondant à ces oxydes sont insolubles dans les acides étendus et dans les sulfures alcalins[1] : par conséquent les dissolutions de ces oxydes seront précipitées complétement par l'acide sulfhydrique, qu'elles soient neutres ou qu'elles renferment un acide ou un alcali libre. — Cette circonstance que les dissolutions des sels du cinquième groupe peuvent être précipitées par l'acide sulfhydrique en présence d'un acide fort et libre distingue ce groupe du quatrième et des précédents.

Pour plus de facilité, nous établirons une subdivision dans les oxydes les plus communs, et nous les partagerons en :

[1] Voir toutefois l'oxyde de cuivre et les oxydes de mercure pour lesquels l'insolubilité dans les sulfures alcalins n'est qu'incomplète.

1° *Oxydes précipités par l'acide chlorhydrique*, savoir : l'oxyde d'argent, le protoxyde de mercure et l'oxyde de plomb.

2° *Oxydes non précipités par l'acide chlorhydrique*, savoir : le bioxyde de mercure, l'oxyde de cuivre, l'oxyde de bismuth, l'oxyde de cadmium.

Le plomb devrait appartenir aux deux subdivisions, car, si le peu de solubilité de son chlorure le rapproche de l'argent et du mercure, toutefois ce n'est pas un motif suffisant pour le séparer complétement des métaux de la seconde subdivision.

RÉACTIONS PARTICULIÈRES AUX OXYDES LES PLUS COMMUNS DU CINQUIÈME GROUPE.

Première subdivision : Oxydes précipités par l'acide chlorhydrique.

a. **Oxyde d'argent** (AgO).

§ **115**. 1. L'*argent métallique* est blanc, brillant, passablement dur, très-malléable, assez difficilement fusible. Il ne s'oxyde pas lorsqu'on le fond au contact de l'air. L'acide azotique le dissout facilement, l'acide sulfurique et l'acide chlorhydrique étendus ne l'attaquent pas.

2. L'*oxyde d'argent* est une poudre brune grisâtre, qui n'est pas complétement insoluble dans l'eau, et qui se dissout facilement dans l'acide azotique étendu. Il ne forme pas d'hydrate. Cet oxyde, ainsi que le sous-oxyde noir (Ag^2O) et le peroxyde (AgO^2), se décompose sous l'action de la chaleur en oxygène et en argent métallique.

3. Les *sels d'argent* sont fixes et incolores ; beaucoup noircissent à la lumière. Les sels solubles à l'état neutre n'altèrent pas les couleurs végétales et sont décomposés au rouge.

4. L'ACIDE SULFHYDRIQUE et le SULFHYDRATE D'AMMONIAQUE précipitent du *sulfure d'argent* (AgS) noir, insoluble dans les acides étendus, dans les alcalis, dans les sulfures alcalins et dans le cyanure de potassium ; ce précipité est facilement décomposé par l'acide azotique, qui le dissout avec dépôt de soufre.

5. La POTASSE et la SOUDE précipitent l'*oxyde d'argent* sous forme de poudre brune, insolubles dans un excès du précipitant, mais très-soluble dans l'ammoniaque.

6. L'AMMONIAQUE en très-petite quantité dans les sels neutres donne un précipité brun d'*oxyde d'argent*, très-soluble dans un excès d'ammoniaque. Les dissolutions acides ne sont pas précipitées.

7. L'ACIDE CHLORHYDRIQUE et les CHLORURES SOLUBLES produisent un précipité blanc, caillebotté de *chlorure d'argent* (AgCl). Si le liquide est très-étendu, il ne fait au commencement que devenir opalin, blanc

bleuâtre ; mais en l'abandonnant dans un lieu chaud le chlorure d'argent se dépose au fond du vase. Le chlorure blanc, exposé à la lumière, perd du chlore, devient d'abord violet et enfin noir ; il ne se dissout pas dans l'acide azotique, mais se dissout facilement dans l'ammoniaque, d'où il est de nouveau précipité par les acides. L'acide chlorhydrique concentré et les dissolutions concentrées des chlorures alcalins dissolvent, surtout à chaud, des quantités notables de chlorure d'argent, qui se dépose de nouveau, si l'on étend la dissolution. Le chlorure d'argent est fusible sans décomposition, et après refroidissement il se présente en masse cornée translucide.

8. En chauffant dans la FLAMME INTÉRIEURE DU CHALUMEAU sur un morceau de charbon les sels d'argent avec de la SOUDE, on obtient des globules métalliques blancs, brillants, ductiles, en même temps qu'il se forme un faible enduit rouge foncé, qui toutefois peut aussi ne pas se produire. La réduction sur les baguettes de charbon est aussi très-facile.

b. **Protoxyde de mercure** (Hg^2O).

§ **116.** 1. Le *mercure métallique* est blanc, brillant, liquide à la température ordinaire ; il se solidifie à — 39° et bout à 360°. Il ne se dissout pas dans l'acide chlorhydrique ; dans l'acide azotique étendu et froid, il se change en azotate de protoxyde, et dans le même acide concentré et chaud, en azotate de bioxyde.

2. Le *protoxyde de mercure* est une poudre noire, facilement soluble dans l'acide azotique : il se volatilise sous l'action de la chaleur en se décomposant. Il ne forme pas d'hydrate.

3. Les *sels de protoxyde de mercure* sont volatils au rouge en se décomposant presque tous. Le protochlorure et le protobromure sont volatils sans décomposition. Les sels de protoxyde de mercure sont généralement incolores. Les sels solubles à l'état neutre rougissent le tournesol ; l'azotate en contact avec beaucoup d'eau se décompose en un sel acide soluble et un sel basique insoluble, jaune clair.

4. L'HYDROGÈNE SULFURÉ et le SULFHYDRATE D'AMMONIAQUE donnent des précipités noirs insolubles dans les acides étendus, dans le sulfhydrate d'ammoniaque et dans le cyanure de potassium. Ces précipités ne sont pas, comme on le croyait, des protosulfures de mercure, mais des *mélanges de bisulfure et de mercure métallique extrêmement divisé.* Le monosulfure de sodium, en présence d'un peu de soude caustique, dissout un pareil précipité, en séparant du mercure métallique ; le bisulfure de sodium le dissout également, mais sans dépôt métallique ; les dissolutions contiennent du bisulfure de mercure (HgS). Le précipité cède du mercure à l'acide azotique bouillant, en même temps qu'il se

forme le composé blanc $HgO,AzO^5 + 2.HgS$; il est facilement décomposé et dissous par l'eau régale.

5. La POTASSE, la SOUDE et l'AMMONIAQUE donnent des précipités noirs insolubles dans un excès du précipitant. Les précipités obtenus par les alcalis fixes sont du *protoxyde de mercure;* celui que donne l'ammoniaque est un *sel basique renfermant de l'ammoniaque ou une amide.*

6. L'ACIDE CHLORHYDRIQUE et les CHLORURES SOLUBLES précipitent du protochlorure de mercure (Hg^2Cl) sous forme de poudre fine, blanche et brillante. L'acide chlorhydrique et l'acide azotique froid ne l'attaquent pas; mais, si on le fait bouillir longtemps avec ces acides, il se dissout, quoique très-lentement et très-difficilement, en se transformant avec l'acide chlorhydrique en bichlorure et mercure métallique, et avec l'acide azotique en bichlorure et azotate de bioxyde. L'eau régale et l'eau de chlore dissolvent facilement le protochlorure de mercure en le changeant en bichlorure. L'ammoniaque et la potasse le décomposent; la première précipite une combinaison d'amidure et de protochlorure de mercure (Hg^2AzH^2,Hg^2Cl), et le second du protoxyde.

7. Si l'on place sur une LAME DE CUIVRE BIEN DÉCAPÉE une goutte d'une dissolution neutre ou légèrement acide d'un sel de protoxyde de mercure, qu'on lave au bout de quelque temps et qu'on frotte légèrement la tache avec du coton ou du papier, elle paraît d'un beau blanc d'argent brillant. En chauffant légèrement, cette argenture apparente disparaît par suite de la volatilisation du mercure qui s'était déposé sur le cuivre.

8. Le PROTOCHLORURE D'ÉTAIN donne un précipité gris de *mercure métallique* qui se rassemble en gouttelettes, si, après avoir laissé déposer, on décante le liquide et on fait bouillir le précipité avec de l'acide chlorhydrique additionné d'un peu de protochlorure d'étain.

9. Si l'on mélange intimement les composés mercuriels anhydres avec de la SOUDE anhydre et qu'on place le tout dans un tube à essai en verre, en recouvrant la masse d'une couche de soude, sous l'action d'une forte chaleur il y aura toujours décomposition et mise en liberté de *mercure métallique*, qui se dépose au-dessus de la partie chauffée sous forme de sublimé gris, qu'on reconnaît à la loupe ou au microscope pour être formé par d'infiniment petits globules de mercure. En le frottant avec une baguette en verre, la poussière mercurielle se rassemble en plus grosses gouttelettes.

c. **Oxyde de plomb** (PbO).

§ **117.** 1. Le *plomb métallique* est gris bleuâtre, brillant au moment où on le coupe, mou, malléable, facilement fusible, volatil au rouge blanc. Fondu au chalumeau sur du charbon, il couvre celui-ci d'un oxyde jaune. Il est très-peu attaqué, même à chaud, par l'acide chlorhydrique et l'acide sulfurique de concentration moyenne, mais l'acide azotique étendu le dissout facilement, surtout à chaud.

2. L'*oxyde de plomb* est une poudre jaune ou jaune rougeâtre, d'un aspect rouge brun, quand elle est chaude, et fusible à la chaleur rouge. Son hydrate est blanc. Tous deux se dissolvent facilement dans l'acide azotique et dans l'acide acétique. Le *sous-oxyde* (Pb^2O) est noir, le *minium* ($2PbO, PbO^2$) est rouge : ce qu'on appelle le *sexquioxyde* (PbO,PbO^2) est brun clair, le *peroxyde* (PbO^2) est brun. Tous, chauffés au rouge au contact de l'air, se suroxydent. Le peroxyde ne se dissout pas à chaud dans l'acide azotique, mais, si l'on ajoute un peu d'alcool, la dissolution est complète et elle renferme de l'azotate de plomb.

3. Les *sels de plomb* sont fixes, la plupart incolores; les sels solubles à l'état neutre rougissent le tournesol et se décomposent au rouge. Le chlorure de plomb, chauffé au rouge au contact de l'air, se volatilise en partie en laissant de l'oxychlorure de plomb.

4. L'ACIDE SULFHYDRIQUE et le SULFHYDRATE D'AMMONIAQUE précipitent du sulfure de plomb (PbS), insoluble dans les acides étendus froids, dans les alcalis, dans les sulfures alcalins et le cyanure de potassium, mais décomposé par l'acide azotique chaud. Si celui-ci est étendu, du soufre se dépose et tout le plomb se dissout à l'état d'azotate; — si l'acide est fumant, tout le soufre est oxydé et l'on n'obtient que du sulfate de plomb insoluble; — si l'acide est de concentration moyenne, les deux réactions ont lieu en même temps, c'est-à-dire qu'une partie du plomb se dissout à l'état d'azotate, le reste se dépose à l'état de sulfate avec le soufre non oxydé. — Si une dissolution de plomb renferme un grand excès d'un acide minéral concentré, l'acide sulfhydrique ne produit de précipité qu'après addition d'eau ou après saturation partielle de l'acide par un alcali. — Si l'on précipite une dissolution de plomb par l'acide sulfhydrique en présence de beaucoup d'acide chlorhydrique libre, il se produit parfois un précipité rouge de chlorosulfure de plomb, qui toutefois est transformé en sulfure noir par un excès d'acide sulfhydrique.

5. La POTASSE, la SOUDE et l'AMMONIAQUE précipitent des *sels basiques* blancs, insolubles dans l'ammoniaque, mais solubles dans la potasse et la soude. Dans l'acétate de plomb, l'ammoniaque (exempte d'acide carbonique) ne produit pas de suite un précipité, parce qu'il se forme un acétate tribasique soluble.

6. Le CARBONATE DE SOUDE précipite du *carbonate basique de plomb* [par exemple : $6(PbO,CO^2) + PbO,HO$], blanc, pas tout à fait insoluble dans un excès du précipitant, surtout en chauffant, mais qui ne se dissout pas dans le cyanure de potassium.

7. L'ACIDE CHLORHYDRIQUE et les CHLORURES MÉTALLIQUES donnent

dans les dissolutions concentrées un précipité blanc, lourd, soluble dans beaucoup d'eau, surtout à chaud. Il est transformé par l'ammoniaque en chlorure de plomb basique ($PbCl,3PbO+HO$), qui est une poudre également blanche, mais presque insoluble dans l'eau. Dans l'acide azotique étendu et dans l'acide chlorhydrique, le chlorure de plomb est plus difficilement soluble que dans l'eau.

8. L'ACIDE SULFURIQUE et les SULFATES donnent un précipité de *sulfate de plomb* (PbO,SO^3), presque insoluble dans l'eau et les acides étendus. Si les dissolutions sont étendues, et surtout si elles contiennent beaucoup d'acide libre, le précipité ne se forme qu'au bout d'un temps quelquefois assez long. Il est bon d'ajouter un excès notable d'acide sulfurique étendu, cela rend la réaction plus sensible, parce que le sulfate de plomb est bien moins soluble dans l'acide sulfurique étendu que dans l'eau. Pour recueillir de petites quantités de sulfate de plomb, ce qu'il y a de mieux à faire, c'est, après l'addition de l'acide sulfurique, d'évaporer autant que possible au bain-marie et de reprendre le résidu par l'eau, ou mieux encore par l'alcool, si c'est possible. L'acide azotique et l'acide chlorhydrique concentrés et bouillants le dissolvent, et la lessive de potasse plus facilement. Il peut se dissoudre assez bien dans certains sels ammoniacaux, entre autres l'acétate d'ammoniaque, et l'acide sulfurique étendu le précipite de nouveau.

9. Le CHROMATE DE POTASSE produit un précipité de *chromate de plomb* (PbO,CrO^3), jaune, facilement soluble dans la potasse, difficilement soluble dans l'acide azotique étendu.

10. Les composés de plomb, mêlés avec de la SOUDE et chauffés sur le charbon dans la FLAMME DE RÉDUCTION, donnent très-facilement des *globules métalliques*, mous et malléables ; en même temps le charbon se couvre d'un enduit jaune d'*oxyde de plomb*. La réduction peut se faire aussi très-facilement sur les petites baguettes de charbon.

11. L'*enduit métallique de plomb* obtenu par le moyen indiqué à la page 30 est noir avec une efflorescence brune, l'enduit d'*oxyde* est jaune d'ocre clair, celui d'*iodure* jaune citron ou jaune d'œuf, celui de *sulfure* passe du rouge brun au noir, et ne disparaît pas par le sulfhydrate d'ammoniaque (*Bunsen*).

§ **118.** RÉSUMÉ ET REMARQUES. — Les oxydes métalliques de la première subdivision du cinquième groupe sont nettement caractérisés par les chlorures correspondants, car la manière différente dont ceux-ci se comportent avec l'eau et avec l'ammoniaque nous permet à la fois de les reconnaître et de les séparer. Si l'on fait bouillir en effet avec assez d'eau le précipité formé de trois chlorures, ou si on le lave assez longtemps sur le filtre avec de l'eau bouillante, le chlorure de plomb se dissout, tandis que le chlorure d'argent et le protochlorure de mercure restent insolubles. En traitant alors ceux-ci par l'ammoniaque, le protochlorure de mercure se transforme en un précipité noir, insoluble dans un excès d'ammoniaque, tandis que le chlorure d'argent se dissout facilement dans l'alcali, d'où on le précipite de nouveau par l'acide azotique (quand on n'opère que sur de petites quantités, il sera bon de chasser d'abord la plus grande partie de l'ammoniaque par la chaleur). — L'acide sulfurique décèlera facilement le plomb dans la solution aqueuse de chlorure de plomb.

Deuxième subdivision : Oxydes non précipités par l'acide chlorhydrique.

a. **Bioxyde de mercure** (HgO).

§ **119**. 1. Le *bioxyde de mercure* se présente sous la forme d'une poudre rouge vif, cristalline, donnant, quand on l'écrase, une poussière d'un rouge jaune mat : ou bien encore, quand il est obtenu par précipitation de l'azotate ou du bichlorure, c'est une poudre jaune. Si on le chauffe, sa couleur devient de plus en plus foncée, et au rouge faible il se décompose en oxygène et en mercure. Les deux modifications se dissolvent facilement dans l'acide chlorhydrique et l'acide azotique.

2. Les *sels de bioxyde de mercure* se volatilisent au rouge en se décomposant, excepté le bichlorure, le bibromure et le biiodure ; en faisant bouillir une dissolution de bichlorure de mercure, ce sel se volatilise avec la vapeur d'eau. Ces sels sont la plupart incolores. Les sels neutres solubles rougissent le tournesol. L'azotate et le sulfate sont décomposés par beaucoup d'eau en sels acides solubles et en sels basiques insolubles.

3. L'ACIDE SULFHYDRIQUE ou le SULFHYDRATE AMMONIAQUE en très-petite quantité produisent, en agitant le liquide, un précipité blanc ; en augmentant peu à peu la quantité du réactif, le précipité devient jaune orangé, rouge brun ; mais un excès du précipitant donne du *bisulfure de mercure* (HgS) d'un noir pur. Ce changement de couleur du précipité suivant la quantité d'hydrogène sulfuré distingue le bioxyde de mercure de tous les autres corps. Il provient de ce que tout d'abord il se forme une combinaison double, blanche, de bisulfure et du sel non encore décomposé avec le bichlorure, par exemple (HgCl + 2.HgS) : puis elle se transforme en composé jaune et brun de plus en plus riche en bisulfure, et enfin elle devient du bisulfure pur. Le bisulfure de mercure n'est dissous qu'en très-petite quantité par le sulfhydrate d'ammoniaque : il se dissout quand on le fait digérer à chaud dans le sulfhydrate jaune. La potasse et le cyanure de potassium ne le dissolvent pas et il est tout à fait insoluble dans les acides azotique, chlorhy-

drique, même à l'ébullition. En le soumettant longtemps à l'action de l'acide azotique concentré et chaud, il se change en un composé blanc $2.HgS + HgO,AzO^5$. — Le sulfure de potassium et le sulfure de sodium le dissolvent complétement en présence d'un peu de potasse ou de soude caustique, mais il est insoluble dans le sulfhydrate de sulfure de potassium et dans le sulfhydrate de sulfure de sodium. — L'eau régale le décompose et le dissout avec facilité. — Si la dissolution du sel de mercure contient un grand excès d'acide minéral concentré, l'acide sulfhydrique ne produit de précipité qu'après addition d'eau.

4. La POTASSE, versée en quantité insuffisante dans les dissolutions neutres ou faiblement acides, donne un précipité brun rougeâtre qui est jaune, si l'alcali est en excès. Le premier est un sel basique, tandis que le second est du bioxyde de mercure. Tous deux sont insolubles dans un excès du précipitant. Dans les dissolutions très-acides, la réaction ne se produit pas ou ne se produit qu'incomplétement ; en présence des sels ammoniacaux, les précipités ne sont ni rouges, ni jaunes, mais blancs. Celui qui se produit dans le bichlorure en présence d'un excès de sel ammoniac a une composition à peu près analogue à celle indiquée dans le n° 5 suivant.

5. L'AMMONIAQUE donne des précipités blancs, comme ceux que produit la potasse en présence du sel ammoniac ; par exemple, dans une dissolution de sublimé corrosif, on précipite du *chloramidure de mercure* (Hg^2Cl,AzH^2).

6. Le PROTOCHLORURE D'ÉTAIN, versé en petite quantité dans une dissolution de bichlorure de mercure ou d'un autre sel additionné d'acide chlorhydrique, précipite du *protochlorure de mercure* $(2.HgCl + SnCl = Hg^2Cl + SnCl^2)$; si l'on ajoute une plus grande quantité de réactif, le protochlorure précipité d'abord est réduit à l'état *métallique* $(Hg^2Cl + SnCl = Hg^2 + SnCl^2)$. Dès lors le premier précipité, qui était blanc, devient gris, et après décantation, en le faisant bouillir avec de l'acide chlorhydrique et un peu de protochlorure d'étain, il se réunit en globules.

7. Si dans une dissolution de bioxyde de mercure acidulée avec de l'acide chlorhydrique on plonge un petit élément galvanique formé d'une lame de platine et d'une feuille d'étain, réunies à une extrémité par une pince en bois sans cependant se toucher, tout le mercure se dépose peu à peu et de préférence sur la lame de platine. On prend celle-ci, on la sèche, on la roule pour l'introduire dans un tube de verre : en chauffant celui-ci assez fortement, on obtient un sublimé de gouttelettes de mercure qu'on peut reconnaître déjà à l'œil nu, mais qu'on distinguera mieux au microscope. En le chauffant avec un peu d'iode, il se change en iodure rouge (*van den Broek*).

8. Les sels de bioxyde de mercure se comportent comme ceux de

protoxyde avec CUIVRE MÉTALLIQUE, et lorsqu'on les chauffe avec de la SOUDE dans un tube de verre.

b. **Oxyde de cuivre** (CuO).

§ 120. 1. Le *cuivre métallique* a une couleur rouge particulière et un grand éclat; il est assez dur, malléable, fond assez difficilement, et se recouvre, au contact de l'air et de l'humidité, d'une couche verte de carbonate basique; chauffé à l'air au rouge, il se change à la surface en oxyde noir. Le cuivre ne se dissout pas ou ne se dissout qu'à peine dans l'acide chlorhydrique et l'acide sulfurique étendu, même à l'ébullition, mais il est facilement soluble dans l'acide azotique. L'acide sulfurique concentré le change en sulfate avec dégagement d'acide sulfureux.

2. Le *protoxyde de cuivre* est rouge, son hydrate est jaune, et tous deux, chauffés à l'air, se changent en bioxyde. En traitant le protoxyde par l'acide sulfurique étendu, il se sépare du cuivre métallique, tandis qu'il se dissout du sulfate de bioxyde : avec l'acide chlorhydrique, il se fait du protochlorure blanc, qui se dissout dans un excès d'acide et est de nouveau précipité de la dissolution par de l'eau.

3. Le *bioxyde de cuivre* est une poudre noire, inaltérable par la chaleur. Son hydrate (CuO, HO) est bleu clair. Tous deux se dissolvent facilement dans les acides chlorhydrique, sulfurique et azotique.

4. Les *sels de cuivre* neutres sont pour la plupart solubles dans l'eau ; ceux qui sont solubles rougissent le tournesol, et, à l'exception du sulfate qui peut supporter une assez haute température, ils se décomposent au rouge faible. A l'état anhydre, ils ont presque tous une couleur blanche, tandis qu'hydratés ils sont bleus ou verts et leurs dissolutions offrent la même couleur, même dans un assez grand état de dilution.

5. L'HYDROGÈNE SULFURÉ et le SULFHYDRATE D'AMMONIAQUE précipitent du *bisulfure de cuivre* (CuS) noir brun dans les dissolutions neutres, alcalines ou acides. Ce sulfure ne se dissout ni dans les acides étendus, ni dans les alcalis caustiques. Les dissolutions chaudes de sulfure de sodium ou de sulfure de potassium ne l'attaquent pas ou ne le font que très-faiblement ; le sulfhydrate d'ammoniaque en dissout un peu plus, ce qui fait qu'on ne doit pas employer ce réactif pour séparer le sulfure de cuivre des autres sulfures métalliques. Il est facilement décomposé et dissous par l'acide azotique bouillant, mais pas du tout par l'acide sulfurique étendu et bouillant. Le cyanure de potassium le dissout complétement. — Si une dissolution de cuivre contient un excès d'acide minéral concentré, l'hydrogène sulfuré ne produira la réaction qu'après addition d'eau.

6. La POTASSE et la SOUDE forment un précipité volumineux, bleu

clair d'*hydrate de bioxyde de cuivre* (CuO, HO). Dans les liqueurs concentrées avec un excès du précipitant, au bout d'un certain temps et même à froid, il devient noir et se contracte au milieu du liquide dans lequel il est en suspension; dans les dissolutions étendues, cet effet se produit de suite par l'ébullition. Ce phénomène est produit par la transformation de l'hydrate (CuO, HO) en un autre moins riche en eau 3.CuO, HO.

7. Le CARBONATE DE SOUDE précipite du *carbonate basique hydraté* ($CuO, CO^2 + CuO, HO$) bleu verdâtre, passant à l'état d'hydrate noir brun par l'ébullition, donnant avec l'ammoniaque une dissolution bleu d'azur, et avec le cyanure de potassium une dissolution incolore.

8. L'AMMONIAQUE, ajoutée en petite quantité dans un sel de cuivre neutre, donne un précipité bleu verdâtre d'un *sel basique*. Ce dernier se dissout très-facilement, par une nouvelle addition d'ammoniaque, en un liquide transparent, d'un beau bleu d'azur, dont la couleur est produite par un *sel de cuivre ammoniacal*. Par exemple, avec le sulfate de cuivre il se forme le composé $AzH^3, CuO + AzH^4O, SO^3$. Dans les dissolutions qui renferment une certaine quantité d'acide libre, l'ammoniaque ne donne pas de précipité, mais aussitôt que l'alcali domine la couleur bleue apparaît. Cette dernière ne cesse d'être sensible que lorsque les liqueurs sont très-étendues. Dans ces dissolutions bleues, la potasse produit à froid, au bout d'un temps assez long, un précipité d'oxyde bleu hydraté, mais par l'ébullition tout le cuivre est éliminé à l'état d'oxyde hydraté noir. Le CARBONATE D'AMMONIAQUE se comporte absolument de la même manière que l'ammoniaque caustique.

N. B. En présence des acides organiques fixes, les sels de cuivre ne sont pas précipités par les alcalis purs ou carbonatés ; les dissolutions alcalines qui se forment alors sont fortement colorées en bleu. Dans les solutions qui renferment du sucre ou des matières organiques analogues, les alcalis caustiques en excès forment des précipités solubles, mais celui obtenu avec le carbonate de soude ne se redissout pas.

9. Le PRUSSIATE JAUNE DE POTASSE produit dans les dissolutions modérément étendues un précipité brun rouge de *ferrocyanure de cuivre* (Cu^2, Cy^3Fe) ; si la liqueur est très-étendue, il ne se forme qu'une coloration rouge. Le précipité est insoluble dans les acides étendus, mais il est décomposé par la potasse.

10. Dans une dissolution d'un sel de bioxyde de cuivre, on ajoute de l'acide sulfureux ou du sulfite de soude additionné d'un peu d'acide chlorhydrique, puis on y verse du SULFOCYANURE DE POTASSIUM ; il se forme un précipité blanc de *sulfocyanure de cuivre* (Cu^2, CyS^2) pour ainsi dire insoluble dans l'eau et dans les acides étendus.

11. Le FER MÉTALLIQUE, en contact avec une dissolution concentrée d'un sel de cuivre, se couvre presque instantanément d'une couche

rouge de *cuivre métallique ;* si le liquide était très-étendu, le dépôt ne serait apparent qu'au bout de quelque temps. Un peu d'acide libre facilite la réaction. — Si l'on verse un liquide contenant du cuivre et un peu d'acide chlorhydrique libre dans UNE PETITE CAPSULE EN PLATINE (le couvercle d'un creuset) et si l'on y ajoute un petit morceau de ZINC, la surface blanche du platine se couvre bientôt, même avec des dissolutions très-étendues, d'une couche très-visible de *cuivre*. Au lieu de cette disposition, on peut plonger dans la dissolution acide un fort FIL DE PLATINE, dont l'extrémité est roulée en une spirale, au centre de laquelle on met un morceau de fil de fer. Au bout d'un temps assez long, le platine se recouvre de *cuivre*.

12. Les composés de cuivre mêlés avec de la SOUDE et chauffés sur le charbon dans la FLAMME INTÉRIEURE DU CHALUMEAU donnent du *cuivre métallique*, sans enduit particulier sur le charbon : la réduction réussit assez bien sur les petites baguettes de charbon (page 30). On reconnaît facilement le métal ainsi réduit, en prenant le résidu avec le charbon qui l'entoure et en broyant le tout avec de l'eau dans un petit mortier; on enlève la poudre de charbon par lévigation et on trouve au fond de l'eau des paillettes métalliques rouges.

13. Le cuivre métallique, un alliage renfermant ce métal, une trace d'un de ses sels, voire même un bout de fil de platine plongé dans une dissolution très-étendue de cuivre, introduits dans la zone de fusion de la FLAMME DU GAZ ou dans la FLAMME INTÉRIEURE DU CHALUMEAU, communiquent à la partie supérieure ou extérieure de la flamme une magnifique coloration vert émeraude. Très-peu d'acide chlorhydrique ajouté à l'essai exalte le bel effet de cette réaction, du reste très-sensible : la flamme paraît alors bleu d'azur à l'extérieur.

14. Le BORAX et le SEL DE PHOSPHORE dissolvent facilement l'oxyde de cuivre dans la flamme extérieure du gaz ou du chalumeau. Les perles paraissent vertes quand elles sont chaudes et bleues en se refroidissant. Dans la flamme intérieure, s'il n'y a pas trop de cuivre, elles sont incolores; par le refroidissement elles deviennent rouges et opaques. Dans la zone inférieure de réduction de la flamme du bec *Bunsen*, les perles se colorent facilement en brun rouge, si on ajoute un peu d'oxyde d'étain, parce qu'il se forme du protoxyde de cuivre. Si l'on porte une perle alternativement dans la zone inférieure d'oxydation et dans celle de réduction, elle devient rouge rubis et transparente.

c. Oxyde de bismuth (BiO^3).

§ **121.** 1. Le *bismuth métallique* est d'un blanc d'étain, un peu rougeâtre, d'un éclat moyen, médiocrement dur, cassant, facilement fusible; en fondant sur le charbon, il couvre celui-ci d'oxyde jaune. Le bismuth se dissout facilement dans l'acide azotique, à peine dans l'acide chlorhydrique et pas du tout dans l'acide sulfurique étendu. L'acide sulfurique concentré le change en sulfate, avec dégagement d'acide sulfureux.

2. L'*oxyde de bismuth* est une poudre jaune, prenant, quand on la chauffe, une couleur jaune foncé et fusible à la température rouge. L'hydrate est blanc. Tous deux se dissolvent facilement dans les acides azotique, chlorhydrique et sulfurique. Le *sous-oxyde* noir gris (BiO^2) et l'*acide bismuthique* rouge (BiO^5) se changent tous deux en oxyde (BiO^3), quand on les chauffe au rouge au contact de l'air, et chauffés avec l'acide azotique ils donnent de l'azotate d'oxyde ordinaire.

3. Les *sels de bismuth* sont fixes, décomposés pour la plupart au rouge ; le chlorure est volatil. Ils sont incolores ou blancs, les uns solubles, les autres insolubles dans l'eau. Les sels solubles neutres rougissent le tournesol et sont décomposés par beaucoup d'eau, de façon qu'il se dépose un sel basique insoluble et que la plus grande partie de l'acide reste en dissolution avec un peu d'oxyde de bismuth.

4. L'HYDROGÈNE SULFURÉ et le SULFHYDRATE D'AMMONIAQUE donnent dans les dissolutions neutres ou acides un précipité noir de *sulfure de bismuth* (BiS^3) insoluble dans les acides étendus, dans les alcalis, les sulfures alcalins, le cyanure de potassium. L'acide azotique bouillant le décompose facilement et le dissout. Les dissolutions de bismuth qui renferment un grand excès d'acide azotique ou d'acide chlorhydrique ne sont précipitées par l'acide sulfhydrique qu'après avoir été étendues d'eau.

5. La POTASSE et l'AMMONIAQUE précipitent de l'*oxyde de bismuth hydraté*, blanc, insoluble dans un excès du précipitant.

6. Le CARBONATE DE SOUDE et le CARBONATE D'AMMONIAQUE produisent un précipité blanc, volumineux, de *carbonate basique de bismuth* (BiO^3,CO^2), insoluble dans un excès du précipitant ainsi que dans le cyanure de potassium. La réaction est favorisée par la chaleur.

7. Le BICHROMATE DE POTASSE précipite du *chromate de bismuth* (BiO^3, $2CrO^3$) jaune. Il se distingue du chromate de plomb, parce qu'il est facilement soluble dans l'acide azotique étendu et insoluble dans la potasse.

8. L'ACIDE SULFURIQUE ÉTENDU ne précipite pas une dissolution d'azotate de bismuth convenablement étendue. Si après l'addition d'un excès d'acide sulfurique on évapore à siccité au bain-marie, il reste une masse saline blanche, soluble en un liquide limpide dans l'eau acidulée d'acide sulfurique (différence caractéristique avec l'oxyde de plomb). En abandonnant cette dissolution à elle-même, il se dépose (souvent après plusieurs jours seulement) du sulfate de bismuth basique (BiO^3, SO^3 $+2Aq$) sous forme d'aiguilles cristallines, microscopiques, blanches, solubles dans l'acide azotique.

9. La réaction qui caractérise surtout l'oxyde de bismuth, c'est la décomposition de ses sels neutres par l'EAU, avec dépôt d'un sel basique insoluble. Dès lors, si l'on étend de beaucoup d'eau une dissolution de bismuth, il se forme aussitôt un précipité blanc permanent, pourvu qu'il n'y ait pas un trop grand excès d'acide libre. C'est avec le chlorure que la réaction est le plus sensible, parce que le *chlorure basique* ($BiCl^3,2BiO^3$) est presque absolument insoluble dans l'eau. Si dans l'azotate l'eau ne produisait rien, à cause de la présence d'une trop grande quantité d'acide libre, le précipité se formerait presque toujours, aussitôt qu'on ajouterait du chlorure de sodium ou d'ammonium. L'acide tartrique n'empêche pas la réaction de l'eau.

10. Si l'on ajoute à une dissolution d'un sel de bismuth un excès d'une solution de PROTOCHLORURE D'ÉTAIN dans une lessive de potasse ou de soude, il se forme un précipité noir de protoxyde de bismuth (BiO^2). Cette réaction est caractéristique et très-sensible.

11. Les composés de bismuth mêlés à la SOUDE et chauffés dans la FLAMME DE RÉDUCTION donnent des *grains de bismuth* cassants, qui éclatent sous le choc du marteau ; en même temps le charbon se couvre d'un léger enduit d'*oxyde*, orangé quand il est chaud, jaune quand il est froid. — La réduction se fait aussi très-bien sur la baguette de charbon (page 30). En broyant le bout qui contient le bismuth réduit, on a des paillettes métalliques jaunâtres.

12. L'enduit *métallique* obtenu suivant la page 30 est noir avec une efflorescence brune, l'enduit d'*oxyde* est blanc jaunâtre (il devient noir avec le protochlorure d'étain et la lessive de soude, voy. 10. — Différence avec l'enduit d'oxyde de plomb), l'enduit d'*iodure* est brun bleuâtre avec des efflorescences rouges, que le souffle de l'haleine fait passagèrement disparaître ; l'enduit de *sulfure* est brun d'ombre, avec efflorescence brun café que le sulfhydrate d'ammoniaque ne fait pas disparaître (*Bunsen*).

d. Oxyde de cadmium (CdO).

§ **122.** 1. Le *cadmium métallique* est blanc d'étain, brillant, pas très-dur, malléable, fusible au rouge, volatil un peu au-dessus de la température d'ébullition du mercure, et peut dès lors être facilement sublimé dans un tube de verre. Chauffé au chalumeau sur le charbon, il s'enflamme et brûle en donnant une fumée brune d'oxyde, qui couvre le charbon. L'acide chlorhydrique et l'acide sulfurique étendu le dissolvent avec dégagement d'hydrogène, mais il est bien plus facilement dissous par l'acide azotique.

2. L'*oxyde de cadmium* est une poudre brune, fixe ; son hydrate est blanc. Tous deux se dissolvent facilement dans l'acide chlorhydrique, l'acide azotique et l'acide sulfurique.

3. Les *sels de cadmium* sont incolores ou blancs, en partie solubles dans l'eau. Ces derniers à l'état neutre rougissent le tournesol et se décomposent en rouge.

4. L'ACIDE SULFHYDRIQUE et le SULFHYDRATE D'AMMONIAQUE précipitent dans les dissolutions neutres, alcalines ou acides du *sulfure de cadmium* (CdS) jaune vif, insoluble dans les acides étendus, dans les alcalis, dans les sulfures alcalins et dans le cyanure de potassium (différence avec le cuivre). L'acide azotique et l'acide chlorhydrique bouillants et l'acide sulfurique étendu également bouillant (différence avec le cuivre) décomposent le précipité et le dissolvent facilement. Les dissolutions renfermant un grand excès d'acide ne sont précipitées par l'hydrogène sulfuré qu'après addition d'une grande quantité d'eau.

5. La POTASSE et la SOUDE donnent un précipité blanc d'*oxyde de cadmium hydraté* (CdO,HO), insoluble dans un excès du précipitant.

6. L'AMMONIAQUE précipite également de l'*oxyde hydraté* blanc, mais celui-ci se dissout facilement et complétement en un liquide incolore, dans un excès du précipitant.

7. Le CARBONATE DE SOUDE et le CARBONATE D'AMMONIAQUE précipitent du *carbonate de cadmium* (CdO,CO^2) blanc, insoluble dans un excès du réactif. Les sels ammoniacaux contrarient la réaction et l'ammoniaque l'empêche. Le précipité est facilement dissous par le cyanure de potassium, et en abandonnant longtemps ces dissolutions étendues, il se dépose de nouveau : la chaleur favorise le dépôt.

8. Le SULFOCYANURE DE POTASSIUM ne précipite pas les sels de cadmium, même après addition d'acide sulfureux (différence avec le cuivre).

9. En chauffant les combinaisons de cadmium avec de la SOUDE à la FLAMME DE RÉDUCTION, le métal réduit se volatilise aussitôt et s'oxyde de nouveau en traversant la flamme extérieure ; il en résulte de l'*oxyde de cadmium*, qui couvre le charbon d'un enduit jaune brun, lequel n'est bien nettement visible qu'après le refroidissement.

10. L'enduit *métallique* de cadmium obtenu d'après la page 50 est noir, avec efflorescence brune ; l'enduit d'*oxyde* est noir brun, passant au brun, puis au blanc ; l'*iodure* est blanc ; le *sulfure* jaune citron et ne disparaît pas par le sulfhydrate d'ammoniaque (*Bunsen*).

§ **123.** RÉCAPITULATION ET REMARQUES.—Les oxydes de la seconde subdivision du cinquième groupe peuvent, comme nous l'avons dit, être séparés au moyen de l'acide chlorhydrique, complétement du protoxyde de mercure et de l'oxyde d'argent, mais ne le sont qu'incomplétement de l'oxyde de plomb. Les traces de sel de bioxyde de mercure, que le chlorure d'argent précipité entraîne avec lui par attraction, peuvent être complétement enlevées par le lavage (*G.-J. Mulder*).—Le bioxyde de mercure se distingue de tous les autres par l'insolubilité du sulfure correspondant dans l'acide azotique bouillant. Cette propriété donne un moyen facile de le séparer ; il faut seulement avoir bien soin, avant de traiter les sulfures par l'acide azotique, de les débarrasser *complétement* par le lavage de l'acide chlorhydrique ou des chlorures métalliques qu'ils pourraient contenir. Du reste la réaction avec le protochlorure d'étain ou celle du cuivre métallique, comme aussi l'essai au chalumeau, décèlent facilement le bioxyde de mercure, lorsqu'on a éliminé tous les composés du protoxyde. — Si l'on applique la voie humide, le meilleur moyen de dissoudre le sulfure de mercure est de le chauffer avec de l'acide chlorhydrique et un petit cristal de chlorate de potasse. — L'oxyde de plomb se sépare des autres à l'aide de l'acide sulfurique. La séparation est complète, si après avoir ajouté l'excès d'acide sulfurique étendu on évapore au bain-marie, on reprend le résidu par de l'eau contenant un peu d'acide sulfurique et on sépare aussitôt par filtration le sulfate de plomb qui reste. On traite celui-ci par la voie sèche d'après le § **117**, 10, ou bien on l'essaye par le moyen suivant : on ajoute à l'essai un peu d'une dissolution de chromate de potasse et l'on chauffe. Le précipité blanc se change en chromate jaune de plomb, qu'on lave ; on le met avec un peu de lessive alcaline de potasse ou de soude et l'on chauffe, le précipité se dissout : on acidule avec de l'acide acétique, et on obtient de nouveau un dépôt jaune de chromate de plomb. — Après avoir enlevé le mercure et le plomb, l'oxyde de bismuth se séparera au moyen d'un excès d'ammoniaque des oxydes de cuivre et de cadmium, puisque ces derniers sont solubles dans l'ammoniaque. On dissout le précipité filtré sur un verre de montre à l'aide d'une ou deux gouttes d'acide chlorhydrique ; on ajoute de l'eau, et le trouble laiteux qui se produit suffit pour accuser la présence du bismuth. — La présence d'une quantité notable de cuivre est déjà décelée par la couleur bleue de la dissolution ammoniacale. Pour des quantités moindres on évapore cette dissolution presque à siccité : on ajoute un peu d'acide acétique, puis du prussiate jaune de potasse. — On sépare facilement le cuivre du cadmium en concentrant fortement la dissolution ammoniacale par évaporation, puis on acidifie avec de l'acide chlorhydrique, on ajoute un peu d'acide sulfureux et du sulfocyanure de potassium ; on sépare par filtration le sulfocyanure de cuivre, et dans la liqueur filtrée on précipite le cadmium par l'acide sulfhydrique (il faut éviter de mettre un excès inutile d'acide sulfureux). — Ou bien on fait agir sur les sulfures du cyanure de potassium ou de l'acide sulfurique étendu, mais bouillant (1 partie d'acide concentré avec 5 parties d'eau). On précipite la dissolution des deux métaux par l'hydrogène sulfuré et on sépare le précipité du liquide par décantation ou filtration. On traite le précipité par un peu d'eau et un petit morceau de cyanure de potassium : le sulfure de cuivre se dissout seul], tandis que le sulfure de cadmium jaune reste non dissous. — Si l'on fait bouillir le mélange des deux sulfures avec de l'acide sulfurique étendu, le sulfure de cadmium se dissout seul : par conséquent dans la liqueur filtrée l'acide sulfhydrique précipite le sulfure de cadmium jaune (*A. W. Hofmann*).

RÉACTIONS PARTICULIÈRES AUX OXYDES RARES DU CINQUIÈME GROUPE.

a. **Protoxyde de palladium** (PdO).

§ **124.** Le *palladium* est assez rare ; on le trouve allié à l'or et à l'argent et surtout avec le minerai de platine. Sa couleur est un peu plus foncée que celle du platine, avec lequel il a du reste beaucoup de ressemblance. Le palladium fond très-difficilement ; au rouge sombre, au contact de l'air, il devient bleu : mais chauffé plus fortement il reprend son éclat métallique et sa couleur claire. Il se dissout difficilement dans l'acide azotique pur, un peu plus facilement dans l'acide azotique nitreux, très-peu dans l'acide sulfurique concentré et bouillant ; mais il se dissout bien dans le sulfate acide de potasse et facilement dans l'eau régale. Les oxydes sont : un sous-oxyde Pd^2O, un protoxyde PdO et un oxyde PdO^2. — Le *protoxyde de palladium* est noir, son hydrate est brun foncé : tous deux se décomposent à une haute température en oxygène et en métal. — L'*oxyde de palladium* (PdO^2) est noir et se dissout à chaud dans l'acide chlorhydrique étendu à l'état de protochlorure avec dégagement de chlore. — Les *sels de protoxyde* sont en général bruns ou rouge brun, solubles dans l'eau ; les dissolutions concentrées sont rouge brun ; étendues, elles sont jaunes ; dans celle de l'azotate avec un petit excès d'acide, l'eau précipite un sel basique brun. Au rouge les oxysels aussi bien que le protochlorure sont décomposés en abandonnant du palladium métallique. L'ACIDE SULFHYDRIQUE et le SULFHYDRATE D'AMMONIAQUE précipitent dans les dissolutions neutres ou acides du *sulfure de palladium* noir. Celui-ci ne se dissout pas dans le sulfhydrate d'ammoniaque, mais dans l'acide chlorhydrique bouillant et facilement dans l'eau régale. — Dans une dissolution de protochlorure, on obtient : — avec la POTASSE, un sel brun basique, soluble dans un excès du précipitant ; — avec l'AMMONIAQUE, un précipité rouge chair de chlorure de palladium ammoniacal ($PdCl,AzH^3$), qui se dissout dans un excès d'ammoniaque en un liquide incolore, duquel l'acide chlorhydrique précipite du chlorure de palladammonium jaune cristallin ($AzPdH^3Cl$) ; — avec le CYANURE DE MERCURE, un précipité blanc jaunâtre, gélatineux de cyanure de palladium, peu soluble dans l'acide chlorhydrique et facilement dans l'ammoniaque (réaction tout à fait caractéristique). — Le PROTOCHLORURE D'ÉTAIN, en l'absence de l'acide chlorhydrique libre, donne un précipité noir brun : s'il y a de l'acide chlorhydrique, on a une dissolution d'abord rouge, puis brune et enfin verte, qu'une addition d'eau rend rouge brun. — Le SULFATE DE PROTOXYDE DE FER précipite du palladium, qui se dépose sur les parois du vase ; — l'IODURE DE POTASSIUM précipite de l'iodure de palladium noir (caractéristique). — Le CHLORURE DE POTASSIUM, dans les dissolutions très-concentrées, précipite du chlorure double de palladium et de potassium (PdCl.KCl), sous forme d'aiguilles jaune d'or, facilement solubles dans l'eau en un liquide rouge foncé, mais insolubles dans l'alcool absolu. — L'AZOTITE DE POTASSE, dans les dissolutions pas trop étendues, donne un précipité jaunâtre, cristallin, qui devient rougeâtre quand on l'abandonne longtemps, et qui se dissout dans beaucoup d'eau. — Le SULFOCYANURE DE POTASSIUM ne précipite pas les sels de palladium, même avec addition d'acide sulfureux (différence avec le cuivre et le meilleur procédé de séparation). Traitées avec la SOUDE, dans la flamme supérieure d'oxydation, toutes les combinaisons de palladium donnent une éponge métallique grise.

b. **Sesquioxyde de rhodium** (Rh^2O^3).

Le *rhodium* se rencontre en petites quantités dans le minerai de platine ; c'est un métal blanc d'argent, très-ductile, très-difficilement fusible, ou bien, quand il est obtenu par voie humide, c'est une poudre grise. Cette dernière, chauffée au rouge au contact de l'air, prend l'oxygène, mais à une température plus élevée tout l'oxygène absorbé se dégage de nouveau. Le rhodium ne se dissout dans aucun acide, pas même dans l'eau régale, à moins qu'il ne soit allié au platine, au cuivre, etc., mais il n'est pas attaqué, s'il est uni à l'or ou à l'argent. L'acide phosphorique hydraté ou le sulfate acide de potasse tous deux en fusion le dissolvent à l'état de sel de sesquioxyde. Le rhodium forme quatre oxydes : le protoxyde RhO, le sesquioxyde Rh^2O^3, le peroxyde RhO^2 et un acide faible RhO^4. Le *sesquioxyde* est gris ; il forme un hydrate jaune et un hydrate noir brun : il ne se dissout pas dans les acides, mais dans les fondants du métal. Les dissolutions sont d'un rouge rosé. L'ACIDE SULFHYDRIQUE et le SULFHYDRATE D'AMMONIAQUE par une action prolongée précipitent, surtout à chaud, du sulfure brun de rhodium, qui ne se dissout pas dans le sulfhydrate d'ammoniaque, mais bien dans l'acide azotique bouillante. L'HYDRATE DE POTASSE, en léger excès seulement, donne aussitôt un précipité jaune de sesquioxyde de rhodium (Rh^2O^3,5HO), qui à la température ordinaire est soluble dans un excès de potasse ; si l'on fait bouillir la dissolution alcaline jaune, l'hydrate brun noir Rh^2O^3,3HO se précipite. — Dans la dissolution du sesquichlorure, l'hydrate de potasse ne produit d'abord rien, mais en ajoutant de l'alcool l'oxyde noir Rh^2O^3,3HO ne tarde pas à se déposer (*Claus*). — L'AMMONIAQUE, au bout d'un certain temps, donne un précipité jaune soluble dans l'acide chlorhydrique. Le ZINC précipite du rhodium métallique noir. — En chauffant le sesquichlorure de rhodium avec de l'AZOTITE DE POTASSE, il devient jaune et laisse déposer une poudre jaune orangé, peu soluble dans l'eau, mais très-soluble dans l'acide chlorhydrique, tandis qu'une autre partie du rhodium se change en un sel jaune, soluble dans l'eau et précipitable par l'alcool (*Gibbs*). Tous les composés solides de rhodium, chauffés au rouge dans un courant d'HYDROGÈNE, ou sur un fil de platine avec de la SOUDE, dans la flamme supérieure d'oxydation, donnent le métal parfaitement caractérisé par son insolubilité dans l'eau régale, sa solubilité dans le sulfate acide de potasse fondu, et l'action de la potasse et de l'alcool sur cette dissolution.

c. **Oxydes d'osmium.**

L'*osmium* se trouve, mais rarement, à l'état d'osmiure d'iridium dans les minerais de platine. C'est une poudre noire ou grise, à éclat métallique, infusible. Le métal, ainsi que le protoxyde (OsO) et le peroxyde (OsO^2), s'oxydent facilement quand on les chauffe au contact de l'air; il se produit de l'*acide osmique* (OsO^4), volatil, facilement reconnaissable à son odeur infecte, désagréable, rappelant celle du chlore et celle de l'iode (très-caractéristique). Si sur une petite lame mince de platine on introduit un peu d'osmium dans la FLAMME DU GAZ ou de l'ALCOOL, à la moitié de la hauteur et dans l'enveloppe extérieure, la flamme acquiert un éclat extraordinaire. On peut ainsi reconnaître des traces d'osmium dans de l'iridium qui en renfermerait : toutefois le phénomène ne dure qu'un instant; mais il peut se reproduire, si, après avoir placé l'essai dans la flamme de réduction, on le reporte dans l'enveloppe extérieure. L'acide AZOTIQUE, surtout l'acide rouge fumant, et l'eau régale, dissolvent l'osmium à l'état d'acide osmique. La chaleur favorise la réaction, mais alors l'acide osmique se volatilise. L'osmium fortement chauffé ne se dissout plus dans les acides. Si on le fond avec du salpêtre et qu'on distille la masse fondue avec de l'acide azotique, on trouve l'acide osmique dans le liquide qui passe à la distillation. — En chauffant l'osmium dans le CHLORE gazeux sec et sans air, il se forme d'abord, mais toujours en petite quantité, du *protochlorure d'osmium* ($OsCl$) noir bleu, puis du bichlorure plus volatil ($OsCl^2$) rouge de minium : en prenant du chlore humide, on a un mélange vert des deux chlorures. Le protochlorure donne une dissolution bleue, celle du bichlorure est jaune et celle des deux ensembles est verte, mais passe bientôt au rouge. Les dissolutions ne tardent pas à se décomposer : il se produit de l'acide osmique (OsO^4), de l'acide chlorhydrique et un mélange de protoxyde (OsO) et de bioxyde (OsO^2) d'osmium, qui se dépose en poudre noire. En chauffant un mélange de poudre d'osmium ou de sulfure d'osmium et de chlorure de potassium dans du chlore gazeux, il se forme un *chlorure double d'osmium et de potassium*, peu soluble dans l'eau, insoluble dans l'alcool et qui se présente en petits octaèdres. La solution se conserve mieux que celle du bichlorure. La potasse la décolore; à l'ébullition, il se dépose de l'hydrate de bioxyde d'osmium noir bleu : en faisant fondre le chlorure double avec le carbonate de soude, il se sépare du *bioxyde* (OsO^2). L'acide osmique anhydre (OsO^4) ne mérite pas le nom d'acide (suivant *Claus*) : il ne réagit pas sur les couleurs végétales et ne forme pas de sels. Anhydre, il est blanc, cristallin, fusible à une température peu élevée; il bout vers 100° et ses vapeurs irritent fortement le nez et les yeux. Chauffé avec de l'eau, il fond et ne se dissout que lentement. La dissolution a une odeur forte, pénétrante, désagréable. Les ALCALIS la colorent par suite de la formation d'osmite de potasse (KO,OsO^3) jaune; si l'on distille, la plus grande partie de l'acide osmique se dégage (très-caractéristique), le reste se décompose en oxygène et acide osmieux et, à l'ébullition, en acide osmique, bioxyde d'osmium et potasse libre. — L'acide osmique décolore l'INDIGO, précipite l'iode de la dissolution d'IODURE DE POTASSIUM, transforme l'ALCOOL en aldéhyde et en acide acétique. L'AZOTITE DE POTASSE le réduit facilement en osmite de potasse. — L'ACIDE SULFHYDRIQUE précipite du sulfure noir brun, qui ne se dépose qu'en présence d'un acide puissant libre; le précipité ne se dissout pas dans le sulfhydrate d'ammoniaque. Le SULFITE DE SOUDE colore la dissolution en violet bleu foncé; peu à peu il se dépose du sulfite de protoxyde d'osmium bleu noir, surtout par l'évaporation ou bien en chauffant avec du sulfate ou du carbonate de soude. Le SULFATE DE PROTOXYDE DE FER précipite de l'oxyde noir;

le PROTOCHLORURE D'ÉTAIN forme un précipité brun, qui se dissout dans l'acide chlorhydrique en donnant un liquide brun ; le ZINC et beaucoup de métaux déplacent l'osmium métallique en présence d'un fort acide libre. — Toutes les combinaisons d'osmium donnent le métal quand on les chauffe au rouge dans un courant d'hydrogène.

d. **Oxydes de ruthénium.**

On rencontre le ruthénium en petites quantités dans le minerai de platine. C'est un métal cassant, blanc grisâtre, très-difficilement fusible. Il est à peine attaqué par l'eau régale, ne l'est pas du tout par le bisulfate de potasse fondu. Chauffé au rouge à l'air, il donne de l'oxyde Ru^2O^3, noir bleu, insoluble dans les acides ; chauffé au rouge avec du chlorure de potassium dans un courant de chlore, il se change en chlorure double de potassium et de ruthénium ; fondu avec le salpêtre, l'hydrate de potasse ou le chlorate de potasse, il donne du ruthéniate de potasse (KO,RuO^3). Celui-ci fondu est noir vert, se dissout en un liquide jaune orangé, qui colore la peau en noir par suite d'une réduction et d'un dépôt d'oxyde noir. Les acides précipitent de l'oxyde noir, qui donne avec l'acide chlorhydrique une dissolution jaune orangé : celle-ci est décomposée par la chaleur en acide chlorhydrique et en oxyde brun noir, qui reste longtemps en suspension. — Si la dissolution est concentrée, elle donne avec le chlorure de potassium et le chlorhydrate d'ammoniaque des précipités cristallins, violets, chatoyants, qui bouillis avec de l'eau laissent déposer de l'oxychlorure noir. La POTASSE précipite de l'hydrate d'oxyde de ruthénium noir, insoluble dans les alcalis, mais soluble dans les acides ; l'HYDROGÈNE SULFURÉ GAZEUX ne produit d'abord aucun changement, mais au bout de quelque temps la liqueur devient bleu d'azur et laisse déposer du sulfure de ruthénium brun (très-caractéristique) ; le SULFHYDRATE D'AMMONIAQUE donne un précipité noir brun, qui se dissout à peine dans un excès de réactif. Le SULFOCYANURE DE POTASSIUM (en l'absence des autres métaux des minerais de platine) produit au bout de quelque temps une couleur rouge, passant peu à peu au pourpre et devenant d'un beau violet par la chaleur (très-caractéristique). Le ZINC fait d'abord naître une coloration bleu d'azur, puis plus tard le liquide se décolore et il se dépose du ruthénium métallique. L'AZOTITE DE POTASSE colore la dissolution en jaune orangé, en formant un sel double facilement soluble dans l'eau et dans l'alcool et dont la dissolution alcaline additionnée d'un peu de sulfhydrate d'ammoniaque incolore devient rouge cramoisi (caractéristique) ; en ajoutant davantage de sulfhydrate, il se précipite du sulfure de ruthénium.

SIXIÈME GROUPE.

§ **125**. Oxydes les plus communs : *Oxyde d'or, oxyde de platine, protoxyde d'étain, bioxyde d'étain, oxyde d'antimoine, acide arsénieux, acide arsénique.*

Oxydes plus rares : *Oxydes d'iridium, de molybdène, de tungstène, de tellure et de sélénium.*

Les oxydes supérieurs des éléments du sixième groupe ont plus ou moins les caractères des acides, cependant nous nous en occuperons ici, parce qu'il n'est guère possible de les séparer des oxydes inférieurs des mêmes éléments, dont ils se rapprochent par l'action de l'acide sulfhydrique.

PROPRIÉTÉS DU GROUPE. — Les sulfures correspondant aux oxydes sont insolubles dans les acides étendus. Ils s'unissent aux sulfures alcalins soit directement, soit après s'être combinés à une nouvelle proportion de soufre, et forment ainsi des sulfosels solubles dans lesquels ils jouent le rôle de sulfacides. Il résulte de là que ces oxydes, comme ceux du cinquième groupe, seront précipités par l'hydrogène sulfuré dans les dissolutions acides. Mais ces sulfures métalliques précipités se distingueront de ceux du cinquième groupe par leur solubilité dans le sulfhydrate d'ammoniaque, le sulfure de potassium, etc., d'où ils seront de nouveau précipités par un acide.

Pour plus de facilité, nous ferons parmi les oxydes les plus fréquents de ce groupe deux subdivisions, savoir :

1. *Les oxydes dont les sulfures correspondants sont insolubles dans l'acide azotique ou dans l'acide chlorhydrique* et donnent immédiatement le métal pur, lorsqu'on les fond avec un mélange d'azotate et de carbonate de soude. Ce sont : l'oxyde d'*or* et celui de *platine*.
2. *Les oxydes dont les sulfures correspondants sont solubles dans l'acide chlorhydrique ou dans l'acide azotique bouillants*, et qui, fondus avec l'azotate et le carbonate de soude, se changent en oxydes ou acides. Ce sont : les oxydes d'*antimoine*, d'*étain* et d'*arsenic*.

RÉACTIONS PARTICULIÈRES AUX OXYDES LES PLUS COMMUNS DU SIXIÈME GROUPE.

Première subdivision.

a. **Oxyde d'or** (AuO^3).

§ 126. 1. L'*or métallique* est jaune rougeâtre, très-brillant, assez mou, très-ductile, difficilement fusible ; il ne s'oxyde pas, quand on le fond à l'air ; il ne se dissout ni dans l'acide chlorhydrique, ni dans l'acide azotique, ni dans l'acide sulfurique, mais il est soluble dans les liquides contenant du chlore ou qui en dégagent, comme, par exemple, l'eau régale. Les dissolutions contiennent du chlorure d'or.

2. L'*oxyde d'or* est une poudre brun noirâtre ; son hydrate a la couleur des châtaignes. Tous deux sont réduits par la lumière et la chaleur, ils se dissolvent facilement dans l'acide chlorhydrique, mais sont insolubles dans les oxacides étendus. L'acide azotique et l'acide sulfurique, tous deux concentrés, dissolvent un peu d'oxyde d'or que l'eau

précipite de nouveau. Le *sous-oxyde* (AuO) est noir violet et se décompose par la chaleur en or et en oxygène.

3. On ne connaît pour ainsi dire pas d'*oxysels* d'or. Les *sels haloïdes* sont jaunes et la couleur se conserve dans les dissolutions même très-étendues. Tous sont très-facilement réduits au rouge. La dissolution neutre de chlorure d'or rougit le tournesol.

4. L'ACIDE SULFHYDRIQUE précipite tout l'or des dissolutions neutres ou acides. Si l'on fait la réaction à froid, le précipité noir brun est du *sulfure d'or* (AuS^3) : à l'ébullition, on obtient le *sous-sulfure* (AuS). Les précipités ne se dissolvent ni dans l'acide azotique, ni dans l'acide chlorhydrique, mais sont solubles dans l'eau régale. Ils ne se dissolvent pas non plus dans le sulfhydrate d'ammoniaque incolore, mais ils se dissolvent dans le sulfhydrate jaune et bien plus facilement encore dans le sulfure jaune de sodium ou de potassium.

5. Le SULFHYDRATE D'AMMONIAQUE précipite du sulfure (AuS^3) brun noir. Un excès du précipitant ne redissout le précipité que quand le réactif renferme un excès de soufre.

6. L'AMMONIAQUE, seulement dans les dissolutions concentrées, donne un précipité jaune et rougeâtre d'or *ammoniacal* (or fulminant). Plus la dissolution est acide plus il faut ajouter d'ammoniaque, plus aussi il reste d'or dissous.

7. Le BICHLORURE D'ÉTAIN renfermant du PROTOCHLORURE (mélange d'une dissolution de protochlorure avec un peu d'eau de chlore) produit, même dans les solutions d'or les plus étendues, un précipité rouge pourpre, quelquefois violet ou passant au rouge brun, connu sous le nom de *pourpre de Cassius ;* quelquefois il n'y a qu'une coloration analogue. (Ce précipité est une combinaison hydratée de stannate d'oxydule d'or avec du stannate d'étain : AuO,SnO^2+SnO,SnO^2+4HO.) Il est insoluble dans l'acide chlorhydrique.

8. Les SELS DE PROTOXYDE DE FER réduisent la dissolution de chlorure d'or et déposent de *l'or métallique* en poudre brune, très-fine. Le liquide qui tient le précipité en suspension paraît bleu noirâtre par transparence. Le précipité desséché, comprimé avec une lame de couteau, prend l'éclat métallique.

9. L'AZOTITE DE POTASSE dans les dissolutions d'or très-étendues précipite de l'or métallique. Quand le degré de dilution est trop grand, le liquide se colore d'abord en bleu.

10. Si l'on verse dans une dissolution de chlorure d'or un excès de potasse ou de soude, elle reste claire et par l'addition d'ACIDE TANNIQUE il se forme de l'or métallique. La chaleur favorise la réaction.

11. Sur la BAGUETTE DE CHARBON (page 30) tous les composés d'or sont réduits. En broyant on obtient des paillettes d'or brillantes, insolubles dans l'acide azotique, qui ne se dissolvent que dans l'eau régale.

b. **Oxyde de platine** (PtO^2).

§ **127.** 1. Le *platine métallique* est gris d'acier clair, très-brillant, assez dur, très-difficilement fusible ; il ne s'oxyde pas au rouge à l'air. L'acide chlorhydrique, l'acide azotique, l'acide sulfurique ne peuvent pas le dissoudre, mais l'eau régale l'attaque surtout à chaud et le dissout à l'état de chlorure ($PtCl^2$).

2. L'*oxyde de platine* est brun noir, son *hydrate* est une poudre brun rouge. Tous deux sont réduits par la chaleur. Ils se dissolvent facilement dans l'acide chlorhydrique, mais difficilement dans les oxacides. Le *protoxyde* de platine (PtO) est noir, son hydrate est brun. Les deux oxydes sont réduits au rouge.

3. Les *sels de platine* sont décomposés par la chaleur : ils ont une couleur jaune. Le *chlorure de platine* est brun rouge ; sa dissolution, même très-étendue, est jaune rouge : elle rougit le tournesol. Une faible élévation de température le transforme en *protochlorure* (PtCl), qui à son tour est complétement réduit, si l'on chauffe davantage. La dissolution de perchlorure, qui renferme du protochlorure, est d'un brun très-foncé.

4. L'HYDROGÈNE SULFURÉ produit à froid, dans les dissolutions acides ou neutres, mais toujours au bout d'un temps assez long, un précipité brun noir de *sulfure de platine* (PtS^2). Si l'on chauffe le liquide additionné d'acide sulfhydrique, le précipité se forme aussitôt. Les sulfures alcalins, surtout les polysulfures, employés en excès le dissolvent. Le sulfure de platine est insoluble dans l'acide chlorhydrique et dans l'acide azotique ; il est dissous par l'eau régale.

5. Le SULFHYDRATE D'AMMONIAQUE donne le même précipité : il est lentement et difficilement dissous par un excès du précipitant ; si ce dernier renferme un excès de soufre, la dissolution est toutefois complète ; elle est rouge brun et les acides en précipitent le sulfure non altéré.

6. Le CHLORURE DE POTASSIUM et le CHLORHYDRATE D'AMMONIAQUE (et par conséquent la potasse et l'ammoniaque en présence de l'acide chlorhydrique) forment dans les dissolutions pas trop étendues de chlorure de platine des précipités cristallins jaunes de *chlorure double de platine et de potassium* ou d'*ammonium*. Dans les dissolutions étendues, on peut obtenir les précipités en évaporant au bain-marie la dissolution contenant le réactif, puis en reprenant le résidu par un peu d'eau ou par de l'alcool faible. Ces précipités ne se dissolvent pas plus dans les acides que dans l'eau, mais ils sont solubles à chaud dans une lessive de potasse. — Quand on les calcine, le chlorure double de platine et d'ammonium laisse pour résidu de la mousse de platine, celui de potassium donne du platine et du chlorure de potassium. La décomposition du dernier n'est même complète que si la calcination se fait dans

un courant d'hydrogène ou après addition d'un peu d'acide oxalique.

7. Le PROTOCHLORURE D'ÉTAIN, dans les dissolutions qui contiennent beaucoup d'acide chlorhydrique libre, fait passer le bichlorure de platine à l'état de protochlorure; la liqueur prend une coloration rouge brun foncé, mais il ne se produit pas de précipité.

8. Le SULFATE DE PROTOXYDE DE FER ne précipite pas les solutions de bichlorure de platine, si on ne les maintient pas trop longtemps à l'ébullition avec le réactif: dans ce dernier cas, le bichlorure est réduit et il se dépose du platine.

9. Si, dans la boucle d'un fil fin de platine, on chauffe dans la FLAMME SUPÉRIEURE D'OXYDATION une combinaison platinique avec de la soude, on obtient une masse spongieuse grise, qui broyée dans un mortier en agate se change en paillettes ductiles, blanc d'argent, insolubles dans les acides chlorhydrique et azotique, solubles dans l'eau régale.

§ **128.** RÉCAPITULATION ET REMARQUES. — Les réactions de l'or et du platine permettent, au moins pour la plupart, de reconnaître ces métaux en présence de beaucoup d'autres oxydes et de les distinguer l'un de l'autre dans une même solution. Dans ce dernier cas, ce qu'il y a de mieux, c'est d'évaporer la dissolution à siccité avec du sel ammoniac, en chauffant à une douce chaleur, puis de traiter le résidu par de l'alcool faible pour chercher le platine dans le résidu insoluble et l'or dans la liqueur. Le premier donnera le platine métallique par calcination; la seconde, après addition d'eau pour étendre l'alcool, donnera l'or avec le sulfate de protoxyde de fer.

Seconde subdivision.

a. **Protoxyde d'étain** (SnO).

§ **129.** 1. L'*étain métallique* est blanc gris, très-brillant, mou, malléable; il produit des craquements quand on le ploie: chauffé à l'air, il se change en oxyde blanc grisâtre; chauffé au chalumeau sur le charbon, il couvre celui-ci d'un enduit blanc. L'acide chlorhydrique concentré le dissout à l'état de protochlorure, avec dégagement d'hydrogène; l'eau régale, suivant les circonstances, donne ou un mélange de protochlorure et de bichlorure, ou simplement du bichlorure. L'acide sulfurique étendu l'attaque difficilement; l'acide concentré à chaud le change en sulfate de bioxyde. L'acide azotique médiocrement étendu l'oxyde facilement, surtout à chaud; l'oxyde blanc formé (acide stannique hydraté $SnO^2,2HO$) ne se dissout pas dans un excès d'acide.

2. Le *protoxyde d'étain* est une poudre noire ou noir grisâtre. Son hydrate est blanc. Il est réduit par sa fusion avec le cyanure de potassium. Il se dissout facilement dans l'acide chlorhydrique. L'acide azo-

tique le transforme en acide stannique insoluble dans un excès d'acide.

3. Les *sels de protoxyde d'étain* sont décomposés par la chaleur : ils sont incolores. Les sels neutres solubles rougissent le tournesol. Ils absorbent facilement l'oxygène de l'air et se transforment, en totalité ou en partie, en sels de bioxyde. Le protochlorure d'étain, soit en cristaux, soit en dissolution, absorbe également l'oxygène et forme de l'oxychlorure insoluble et du bichlorure : c'est pour cela que la dissolution de protochlorure d'étain se trouble, quand on ouvre souvent le flacon qui la renferme et quand il n'y a que peu d'acide libre. Aussi le protochlorure d'étain fraîchement préparé ne donne une dissolution limpide qu'avec de l'eau purgée d'air, tandis que la solution des cristaux conservés n'est claire qu'avec de l'eau contenant de l'acide chlorhydrique.

4. L'HYDROGÈNE SULFURÉ précipite dans les dissolutions neutres ou acides du *protosulfure d'étain* hydraté (SnS) brun foncé : dans les liqueurs alcalines la réaction ne se produit pas ou est incomplète. Un grand excès d'acide chlorhydrique peut empêcher le précipité de se former. Le protosulfure d'étain ne se dissout pas ou se dissout à peine dans le monosulfure d'ammonium, mais il se dissout facilement dans le polysulfure jaune. De cette dissolution les acides précipitent du persulfure jaune mêlé à du soufre. Le protosulfure se dissout aussi dans la lessive de potasse ou de soude, d'où il est précipité par les acides à l'état de sulfure brun. L'acide chlorhydrique bouillant le dissout avec dégagement d'acide sulfhydrique ; l'acide azotique bouillant le change en acide métastannique hydraté insoluble.

5. Le SULFHYDRATE D'AMMONIAQUE produit le même précipité de *protosulfure* hydraté.

6. La POTASSE, la SOUDE, l'AMMONIAQUE et les CARBONATES ALCALINS donnent un volumineux précipité d'*hydrate d'oxyde d'étain* (SnO,HO), facilement soluble dans un excès de potasse ou de soude, mais qui ne se dissout pas dans les autres précipitants. Si l'on évapore rapidement la dissolution dans la potasse, il se produit du stannate de potasse soluble et il se dépose de l'étain métallique ; mais si l'évaporation est lente, il se précipite du protoxyde anhydre cristallin.

7. Le CHLORURE D'OR, dans le protochlorure ou dans les dissolutions des sels de protoxyde d'étain additionnées d'acide chlorhydrique, produit un précipité brun, ou brun rouge, ou rouge de pourpre, suivant que les solutions sont plus ou moins exemptes de bichlorure d'étain (voir § **126**, 7). Si les liqueurs sont étendues, il ne se fait qu'une coloration plus ou moins brune ou rouge.

8. En ajoutant à du protochlorure d'étain, ou à un sel de protoxyde additionné d'acide chlorhydrique, un excès de BICHLORURE DE MERCURE, celui-ci cède au sel d'étain la moitié de son chlore et il se forme un précipité blanc de *protochlorure de mercure*.

9. Si, dans un liquide contenant du protoxyde d'étain ou du protochlorure d'étain et de l'acide chlorhydrique, on verse un mélange de prussiate rouge de potasse et de perchlorure de fer, il se produit aussitôt un précipité de bleu de Prusse, par suite de la réduction du fer-ricyanure de fer $Fe^2(Cy^6Fe^2)$ en ferrocyanure de fer $Fe^4(Cy^3Fe)^3$, comme l'indique l'équation : $2.Fe^2(Cy^6Fe^2) + 2.HCl + 2.SnCl = Fe^4(Cy^3Fe)^3 + H^2(Cy^3Fe) + 2SnCl^2$. Cette réaction est très-sensible, mais elle n'a de valeur qu'autant qu'il n'y a dans les liqueurs aucune substance réductrice.

10. Le ZINC précipite dans les dissolutions de sels de protoxyde d'étain additionnées d'acide chlorhydrique de l'*étain métallique* en forme de paillettes grises ou en petites masses spongieuses : si l'on fait l'expérience dans une capsule en platine, celle-ci ne se colore pas en noir.

11. Les composés de protoxyde d'étain mélangés avec de la SOUDE et un peu de BORAX, ou mieux avec parties égales de SOUDE et de CYANURE DE POTASSIUM, et chauffés sur un charbon dans la FLAMME INTÉRIEURE du chalumeau, donnent des grains ductiles d'*étain métallique*. Le meilleur moyen de les reconnaître, c'est de broyer l'essai avec les parcelles de charbon qui l'enveloppent, en le comprimant fortement dans un petit mortier avec de l'eau, puis de se débarrasser du charbon par décantation. En chauffant fortement les grains d'étain sur le charbon celui-ci se couvre d'oxyde blanc.

12. Si, sur une perle de borax faiblement colorée en bleu par du bioxyde de cuivre, on met une trace d'une combinaison d'étain et si l'on chauffe la perle dans la RÉGION INFÉRIEURE DE RÉDUCTION de la flamme du gaz (page 29), la perle se colore en rouge brun ou rouge rubis, par suite de la réduction du bioxyde de cuivre en protoxyde (voy. § **120**, 14). Cette réduction n'a pas lieu sans la présence d'un composé d'étain.

b. Bioxyde d'étain (SnO^2).

§ **130**. 1. Le *bioxyde d'étain* est une poudre dont la couleur varie du blanc au jaune paille et passe au brun par la chaleur. — Il forme avec les acides, les bases et l'eau deux séries différentes de composés. — L'hydrate précipité par les alcalis d'une dissolution de bichlorure d'étain se dissout facilement dans l'acide chlorhydrique, mais celui qui provient de l'action de l'acide azotique sur l'étain — l'acide métastannique hydraté — est insoluble dans l'acide chlorhydrique. Cependant si l'on fait bouillir peu de temps dans ce dernier l'acide métastannique, celui-ci se combine à l'acide chlorhydrique et, si l'on décante l'excès d'acide et qu'on ajoute de l'eau, on obtient une dissolution limpide. Les solutions aqueuses de bichlorure d'étain ordinaire ne sont pas précipitées par l'acide chlorhydrique concentré, tandis que cet acide précipite du métabichlorure blanc dans la dissolution aqueuse de métabichlorure.— La dissolution de bichlorure d'étain ordinaire ne jaunit pas par l'addition de protochlorure, tandis que cette coloration est très-tranchée, si la solution renferme du métabichlorure (*Lœwenthal*). Les dissolutions étendues des deux bichlorures donnent par l'ébullition des précipités d'hydrates correspondant aux deux chlorures.

2. Les *sels de bioxyde d'étain* sont incolores. Ceux qui sont solubles sont décomposés au rouge et rougissent, à l'état neutre, la teinture de tournesol. Le bichlorure d'étain anhydre est un liquide volatil qui répand à l'air d'abondantes fumées blanches.

3. L'ACIDE SULFHYDRIQUE donne, dans toutes les dissolutions acides ou neutres et surtout à chaud, un précipité qui est blanc, floconneux, quand le sel d'étain est en excès, et jaune mat, si c'est l'acide sulfhydrique qui domine. Avec du bichlorure d'étain, le premier est sans doute (on n'en a pas d'analyse) un chlorosulfure d'étain, le dernier est du bisulfure hydraté (SnS^2). Les dissolutions alcalines ne sont pas précipitées et une trop grande quantité d'acide chlorhydrique libre empêche aussi la réaction. — Le bisulfure d'étain se dissout difficilement dans l'ammoniaque pure, pour ainsi dire pas dans le carbonate d'ammoniaque, pas du tout dans le bisulfite de potasse : mais il est facilement soluble dans la potasse ou la soude, dans les sulfures alcalins, dans l'acide chlorhydrique concentré bouillant et dans l'eau régale. L'acide azotique concentré le change en acide métastannique hydraté. En faisant détoner le bisulfure d'étain avec l'azotate et le carbonate de soude, on obtient du sulfate de soude et du bioxyde d'étain. Si l'on chauffe avec de l'oxyde de bismuth la dissolution du bisulfure d'étain dans la potasse, il se forme du sulfure de bismuth et de l'oxyde d'étain, qui reste dissous dans la liqueur alcaline.

4. Le SULFHYDRATE D'AMMONIAQUE forme le même précipité de *bisulfure hydraté*, facilement soluble dans un excès du précipitant, d'où les acides le séparent de nouveau sans qu'il ait subi d'altération.

5. La POTASSE, la SOUDE, l'AMMONIAQUE, le CARBONATE DE SOUDE et le CARBONATE D'AMMONIAQUE donnent des précipités blancs, qui, suivant la nature de la dissolution, sont du bioxyde hydraté ou de l'acide métastannique hydraté. Celui-ci se dissout peu dans un excès de lessive de potasse ou de soude; mais le premier se dissout facilement dans un petit excès, peu au contraire dans un grand excès de lessive de potasse : il est très-difficilement soluble dans un faible excès de lessive de soude et encore la dissolution n'est complète que lorsqu'elle est très-étendue. En ajoutant davantage de lessive de soude, on précipite presque tout l'oxyde d'étain.

6. Un excès de SULFATE DE SOUDE ou d'AZOTATE D'AMMONIAQUE (ainsi

que la plupart des sels neutres alcalins) précipite de toutes les dissolutions des sels de bioxyde d'étain, autant toutefois qu'elles ne sont pas trop acides, tout l'étain à l'état d'*oxyde hydraté* ou d'*acide métastannique hydraté*. La chaleur facilite la réaction : $SnCl^2 + 4.NaO,SO^3 + 4.HO = SnO^2,2HO + 2.NaCl + 2(NaO,HO,2SO^3)$.

7. LE ZINC MÉTALLIQUE, dans le bichlorure d'étain en présence d'acide chlorhydrique libre, donne de l'étain métallique en lamelles grisâtres ou en masse spongieuse. Si l'expérience se fait dans une capsule en platine, celle-ci ne se colore pas en noir (différence avec l'antimoine).

8. AU CHALUMEAU, les sels de bioxyde d'étain se comportent comme ceux de protoxyde (§ **129**, 11 et 12). — Le bioxyde d'étain est également réduit avec facilité, quand on le chauffe dans un tube de verre ou dans un creuset avec du cyanure de potassium.

c. **Oxyde d'antimoine** (SbO^3).

§ **131**. 1. L'*antimoine métallique* est d'un blanc d'étain un peu bleuâtre, brillant, dur, cassant, très-fusible, volatil à une haute température. Si on le chauffe au chalumeau sur du charbon, il dégage une fumée blanche, épaisse, d'oxyde d'antimoine qui recouvre le charbon ; ce phénomène dure encore quelques instants après qu'on a retiré l'essai de la flamme : il est surtout bien prononcé, si l'on dirige un courant d'air sur le métal. — Si l'on tient l'essai sans le déranger ni l'agiter, de manière que la fumée monte bien verticalement, chaque grain métallique se recouvre d'un réseau d'aiguilles brillantes d'oxyde d'antimoine. L'acide azotique oxyde facilement l'antimoine : s'il est étendu, il le change presque tout entier en oxyde ; s'il est plus concentré, il se forme de plus en plus d'acide antimonique ; s'il est concentré et bouillant, il le transforme presque complétement en acide antimonique; tous deux ne sont pas tout à fait insolubles dans l'acide azotique, en sorte que, dans le liquide acide séparé par filtration du précipité, on trouve toujours des traces d'antimoine. L'acide chlorhydrique, même bouillant, n'attaque pas l'antimoine : mais l'eau régale le dissout facilement, en formant du protochlorure ($SbCl^3$) ou du perchlorure ($SbCl^5$), suivant la concentration et la durée de l'action.

2. L'*oxyde d'antimoine*, suivant sa préparation, se présente en aiguilles cristallines blanches, brillantes, ou en poudre blanche. Il fond au rouge faible et se volatilise sans décomposition à une haute température. Il est facilement dissous par l'acide chlorhydrique et par l'acide tartrique, mais l'est à peine par l'acide azotique. Si on le fait bouillir avec de l'acide chlorhydrique (exempt de chlore) et de l'iodure de potassium (exempt d'acide iodique), il ne se dépose pas d'iode (*Bunsen*). Fondu avec le cyanure de potassium, il est facilement réduit.

3. L'*acide antimonique* (SbO^5) est jaune pâle et son hydrate est blanc. Tous deux rougissent le papier de tournesol humide, se dissolvent à peine dans l'eau, presque pas dans l'acide azotique et facilement dans l'acide chlorhydrique concentré chaud, en donnant du perchlorure d'antimoine ($SbCl^5$), dont la dissolution se trouble par addition d'eau. En faisant bouillir l'acide antimonique avec de l'acide chlorhydrique et de l'iodure de potassium, il se dépose de l'iode qui, en se dissolvant dans l'acide iodhydrique formé, colore la liqueur en brun (*Bunsen*). — Chauffé au rouge, l'acide antimonique dégage de l'oxygène et se change en *antimoniate d'antimoine* (SbO^5,SbO^3). L'antimoniate de potasse et celui d'ammoniaque sont à peu près les seuls solubles dans l'eau; les acides précipitent des dissolutions de l'acide antimonique hydraté, le chlorure de sodium précipite de l'antimoniate de soude (§ **90**, 2).

4. Les *sels d'antimoine* sont la plupart décomposés au rouge; les sels haloïdes se volatilisent facilement sans décomposition. Les sels neutres solubles rougissent le tournesol; additionnés de beaucoup d'eau, ils donnent un sel basique insoluble et des dissolutions acides contenant de l'oxyde d'antimoine. Ainsi l'EAU, dans la dissolution de chlorure d'antimoine dans l'acide chlorhydrique, donne un précipité blanc, volumineux, qui devient lourd et cristallin au bout de quelque temps: c'est de l'*oxychlorure basique d'antimoine* (poudre d'Algaroth), $SbCl^3,5SbO^3$. L'acide tartrique, dissolvant facilement ce précipité, en empêchera la précipitation, si on l'ajoute avant de verser l'eau. Cette action de l'acide tartrique distingue l'oxychlorure d'antimoine de l'oxychlorure de bismuth, qui se forme dans les mêmes circonstances.

5. L'HYDROGÈNE SULFURÉ précipite incomplétement l'oxyde d'antimoine de ses dissolutions neutres : il ne le précipite pas, ou au moins pas entièrement, des dissolutions alcalines; mais si les liquides sont acides et si l'acide libre (acide minéral) n'est pas en trop grande quantité, l'oxyde est complétement précipité à l'état de *protosulfure d'antimoine* (SbS^3) amorphe, rouge orangé. La potasse et les sulfures alcalins, surtout avec excès de soufre, dissolvent facilement ce sulfure; l'ammoniaque l'attaque peu et dans le bicarbonate d'ammoniaque il est presque insoluble, surtout s'il ne renferme pas de bisulfure d'antimoine. Il n'est pas dissous par les acides étendus et le bisulfite de potasse. L'acide chlorhydrique concentré bouillant l'attaque avec dégagement d'acide sulfhydrique.

Le précipité chauffé à l'air se change en antimoniate d'antimoine et en antimoine sulfuré. En le faisant détoner avec de l'azotate de soude, il se forme du sulfate et de l'antimoniate de soude. — Si l'on fait bouillir la dissolution potassique de protosulfure d'antimoine avec de l'oxyde de bismuth, on a du sulfure de bismuth et l'oxyde d'antimoine reste dissous dans la lessive de potasse. Fondu avec le cyanure de potassium, le sulfure d'antimoine donne de l'antimoine métallique et du sulfocyanure de potassium. Si l'on fait l'opération dans un tube de verre dont la partie fermée est renflée en boule, ou si l'on opère dans un courant de gaz acide carbonique (voy. § **132**, 12), on n'a pas de sublimé d'antimoine. Mais si l'on chauffe le mélange de soude ou de soude et de cyanure de potassium avec le sulfure d'antimoine dans un courant d'hydrogène (voy. § **132**, 4), il se produit un miroir d'antimoine dans le tube, tout à côté de la place où se trouve le mélange.

Dans la dissolution chlorhydrique d'acide antimonique, l'acide sulfhydrique précipite du persulfure d'antimoine (SbS^5), mélangé de protosulfure et de soufre. Le précipité se dissout bien à chaud dans la lessive de soude ou dans l'ammoniaque, très-peu dans le bicarbonate d'ammoniaque froid, facilement dans l'acide chlorhydrique concentré et bouillant avec dégagement d'hydrogène sulfuré et dépôt de soufre.

6. Le SULFHYDRATE D'AMMONIAQUE précipite du *protosulfure d'antimoine* rouge orangé qui se dissout facilement dans un excès du réactif, si celui-ci contient un excès de soufre. Les acides séparent de cette dissolution du persulfure d'antimoine (SbS^5), dont la couleur rouge orangé paraît un peu plus claire, à cause d'un peu de soufre qui y est le plus souvent mélangé.

7. La POTASSE, la SOUDE, l'AMMONIAQUE, le CARBONATE DE SOUDE et le CARBONATE D'AMMONIAQUE forment dans le protochlorure d'antimoine ou dans les sels simples un précipité blanc, volumineux d'*oxyde d'antimoine;* dans les dissolutions d'émétique ou des composés analogues, la précipitation est moins complète et n'a lieu souvent qu'après quelque temps. Le précipité est très-soluble dans un excès de potasse ou de soude, mais non dans l'ammoniaque, et il ne se dissout qu'à chaud dans le carbonate de soude.

8. Le ZINC MÉTALLIQUE fait déposer de l'*antimoine métallique* en poudre noire de toutes les solutions d'antimoine, pourvu qu'elles ne renferment pas d'acide azotique libre. Si l'on verse quelques gouttes d'une dissolution d'antimoine contenant un peu d'acide chlorhydrique libre dans une petite capsule en platine, ou dans l'intérieur d'un couvercle de creuset en platine, et si l'on met dans le liquide un petit morceau de zinc, il se dépose de l'antimoine, en même temps qu'il se dégage de l'hydrogène mélangé d'un peu d'hydrogène antimonié. Les parties du platine en contact avec le liquide se colorent par suite de cette réduction en brun ou en noir, même avec des liqueurs très-étendues, de sorte que je recommande cette réaction comme aussi sensible que caractéristique. — L'acide chlorhydrique à froid n'enlève pas la tache, que fait disparaître aussitôt l'acide azotique à chaud.

9. Si l'on ajoute de l'AZOTATE D'ARGENT à une dissolution d'oxyde d'antimoine dans une lessive de potasse ou de soude, il se forme en

même temps que le précipité brun gris d'oxyde d'argent, de l'*oxydule d'argent* noir. De l'ammoniaque versée en excès dissout l'oxyde, mais le sous-oxyde reste non dissous (*H. Rose*). La formation de ce dernier s'explique par l'équation : $KO,SbO^3+4.AgO=KO,SbO^5+2.Ag^2O$. — Cette réaction extrêmement sensible offre en outre un excellent moyen de démontrer la présence de l'oxyde d'antimoine à côté de l'acide antimonique.

10. Si, dans un flacon d'où se dégage de l'hydrogène par l'action de l'acide sulfurique étendu sur du zinc pur, on ajoute une dissolution d'oxyde d'antimoine, le zinc n'est plus oxydé seulement par l'oxygène de l'eau, mais encore par celui de l'oxyde d'antimoine. Il se dépose de l'antimoine métallique, dont une partie, au moment de sa mise en liberté, s'unit à l'hydrogène pour former de l'*hydrogène antimonié* (SbH^3). En faisant l'opération dans un flacon tubulé, en fermant la tubulure avec un bouchon traversé par un tube recourbé à angle droit dont la branche horizontale étirée en pointe ne présente qu'une étroite ouverture[1] et en allumant le courant d'hydrogène, après avoir laissé partir tout l'air de l'appareil, la flamme prend une coloration vert-bleuâtre, produite par la combustion de l'antimoine provenant de la décomposition de l'hydrogène antimonié : on voit en même temps s'élever une fumée blanche d'oxyde d'antimoine, qui se dépose facilement sur les objets froids et ne se dissout pas dans l'eau. — Si l'on écrase la flamme avec un corps froid, le mieux avec une capsule en porcelaine, il se dépose sur ce corps de l'*antimoine métallique* excessivement divisé, noir, et qui forme des taches presque dépourvues d'éclat. Si l'on chauffe au rouge en son milieu le tube par lequel le gaz se dégage, la couleur vert-bleuâtre de la flamme diminue et en même temps, des deux côtés de la partie chauffée, il se forme dans le tube de verre un miroir métallique d'antimoine.

Comme les acides de l'arsenic donnent dans les mêmes circonstances des taches d'arsenic métallique analogues, il est nécessaire de les examiner avec plus de soin, avant de pouvoir affirmer si elles sont produites ou non par de l'antimoine. Si les taches sont déposées sur une capsule de porcelaine, on arrive facilement à les reconnaître, en les traitant par une dissolution de chlorure de soude (hypochlorite de soude et chlorure de sodium, qu'on prépare en traitant une dissolution de chlorure de chaux par un léger excès de carbonate de soude et en filtrant); si les taches sont produites par l'antimoine, elles ne disparaissent pas, ou seulement après un temps très-long (tandis que les taches d'arsenic

[1] Pour un essai rigoureux, on emploiera l'appareil de Marsh, qui sert dans les recherches de l'arsenic (§ **132**, 10). La coloration de la flamme est surtout nette et pure si le gaz brûle à l'extrémité d'un tube de platine.

se dissolvent de suite); — si l'on a un dépôt miroitant formé dans le tube abducteur, on le chauffera dans le tube en maintenant le courant d'hydrogène, et il ne se volatilisera qu'à une haute température; le gaz qui se dégagera n'aura pas l'odeur d'ail; en allumant ce gaz, les taches sur la porcelaine ne se formeront que si le courant gazeux est assez fort, et le miroir métallique, avant de se volatiliser, fondra en petits globules brillants, très-facilement reconnaissables à la loupe. — Voici encore un autre moyen de reconnaître l'antimoine dans ces circonstances. Dans le tube où se trouve le dépôt, on fait passer un courant très-lent d'acide sulfhydrique gazeux sec et l'on chauffe modérément le miroir avec une lampe à alcool, en sens inverse du courant gazeux; l'antimoine se transforme en sulfure d'antimoine plus ou moins jaune rouge et presque noir s'il est en couche épaisse. Maintenant, si l'on conduit dans le même tube un courant faible d'acide chlorhydrique gazeux sec, le sulfure d'antimoine disparaît, tout d'un coup s'il forme une couche mince, au bout de quelque temps si le dépôt est épais. Le sulfure d'antimoine est en effet décomposé facilement par l'acide chlorhydrique, et le protochlorure d'antimoine formé est excessivement volatil dans un courant d'acide chlorhydrique gazeux. En faisant arriver ensuite ce courant gazeux dans un peu d'eau, on y reconnaît la présence de l'antimoine facilement au moyen de l'hydrogène sulfuré. On voit donc par l'ensemble de toutes ces réactions que l'antimoine est un métal très-facile à distinguer nettement et sûrement des autres métaux.

L'action de l'hydrogène contenant de l'hydrogène antimonié sur la dissolution d'azotate d'argent sera étudiée plus loin au § **134**, 6.

11. En soumettant à la FLAMME INTÉRIEURE DU CHALUMEAU et sur le charbon un mélange d'une combinaison d'antimoine avec de la SOUDE et du CYANURE DE POTASSIUM, on obtient des globules cassants d'*antimoine métallique*, qu'on reconnaît en outre facilement aux phénomènes particuliers qu'il présente en s'oxydant (voy. § **131**, 1).

12. Si l'on introduit un composé antimonié dans la région supérieure de réduction de la flamme du gaz (page 29), la flamme se colore en vert fauve sans qu'il y ait d'odeur, l'*enduit de réduction* formé est tantôt mat, tantôt miroitant, l'*enduit d'oxydation* est blanc. Si, après l'avoir humecté avec de l'azotate d'argent tout à fait neutre, on souffle sur lui de l'ammoniaque, il se produit une tache noire d'antimoniate de sous-oxyde d'argent (*Bunsen*).

d. Acide arsénieux (AsO^3).

§ **132**. 1. L'*arsenic métallique* est gris noir, brillant; il conserve son éclat dans l'air sec, mais il le perd dans l'air humide, en se couvrant d'une couche de sous-oxyde; c'est pour cela que l'arsenic métallique du commerce est terne avec des faces cristallines bronzées et irisées. L'arsenic n'est pas très-dur, il est très-cassant, se volatilise au rouge sombre avant de fondre. Ses vapeurs ont une odeur d'ail très-caractéristique, qui est due au sous-oxyde en vapeur qui se forme. Si l'on chauffe l'arsenic en laissant arriver l'air avec abondance, il brûle à une haute température avec une flamme bleuâtre, en répandant une fumée blanche d'acide arsénieux, qui se dépose sur les corps froids. Si on le chauffe dans un tube de verre fermé par en bas, un tube à essais, il se volatilise en grande partie non oxydé et se dépose au-dessus de la partie chauffée à l'état de sublimé brillant noir (noir brun en couche mince), formant un miroir arsenical. — Au contact de l'air et de l'eau, l'arsenic se change lentement en acide arsénieux ; l'acide azotique faible l'oxyde à chaud et le transforme en acide arsénieux qui ne se dissout que très-peu dans l'excès d'acide ; l'acide azotique concentré le fait passer en partie à l'état d'acide arsénique ; l'acide chlorhydrique et l'acide sulfurique étendu ne l'attaquent pas, mais avec l'acide sulfurique concentré et bouillant on obtient de l'acide arsénieux et un dégagement d'acide sulfureux.

2. L'*acide arsénieux* forme le plus souvent une masse tantôt transparente et vitreuse, tantôt blanche et semblable à de la porcelaine. Broyé, il donne une poudre blanche, sablonneuse et lourde. La chaleur le transforme en vapeurs blanches et inodores. Si on le chauffe dans un tube à essais, le sublimé qu'on obtient est formé de petits octaèdres et de petits tétraèdres brillants. L'eau mouille difficilement l'acide arsénieux, comme s'il était en quelque sorte un corps gras ; il est très-peu soluble dans l'eau froide, un peu plus facilement dans l'eau chaude. Il se dissout en quantité assez grande dans l'acide chlorhydrique et dans la lessive de potasse ou de soude. L'eau régale le transforme à l'ébullition en acide arsénique. L'acide arsénieux est très-vénéneux.

3. Les *arsénites* se décomposent pour la plupart au rouge, en donnant ou de l'arsenic qui se volatilise et un arséniate, ou de l'acide arsénieux et la base. — Les arsénites alcalins sont seuls solubles dans l'eau, les autres sont solubles dans l'acide chlorhydrique ou au moins décomposés par lui. Le protochlorure d'arsenic ($AsCl^3$) anhydre est un liquide incolore, volatil, fumant à l'air, pouvant se mélanger avec peu d'eau, mais qu'une plus grande quantité d'eau décompose en acide arsénieux, dont une partie se dépose, et en acide chlorhydrique qui maintient en dissolution l'autre partie de l'acide arsénieux. En chauffant et en évaporant une dissolution d'acide arsénieux dans l'acide chlorhydrique, il se dégage du chlorure d'arsenic avec l'acide chlorhydrique.

4. L'ACIDE SULFHYDRIQUE colore en jaune les dissolutions aqueuses d'acide arsénieux, sans y produire de précipité : il ne précipite pas non plus les dissolutions aqueuses neutres des arsénites alcalins ; mais si l'on

ajoute un acide fort, il se produit aussitôt un précipité jaune vif de *protosulfure d'arsenic* (AsS^3), qui se forme également dans les dissolutions chlorhydriques des arsénites insolubles dans l'eau. Un grand excès d'acide chlorhydrique n'empêche pas la précipitation complète. Les dissolutions alcalines ne sont pas précipitées. Les alcalis purs, les alcalis mono ou bicarbonatés et les sulfures alcalins dissolvent promptement et complétement le précipité, qu'attaque à peine l'acide chlorhydrique concentré et bouillant. L'acide azotique bouillant le décompose et le dissout avec facilité.

Si l'on fait digérer le protosulfure d'arsenic fraîchement précipité avec du bisulfite de potasse et de l'acide sulfureux, il se dissout; si l'on fait bouillir, le liquide se trouble par un dépôt de soufre, qu'une ébullition prolongée fait en grande partie disparaître de nouveau. La liqueur contient, après qu'on a chassé l'acide sulfureux, de l'arsenic et de l'hyposulfite de potasse : $2.AsS^3+8(KO,2SO^2)=2(KO,AsO^3)+6(KO,S^2O^2)+S^3+7.SO^2$ (*Bunsen*).

En faisant détoner le protosulfure d'arsenic avec du carbonate et de l'azotate de soude, il se forme de l'arséniate et du sulfate de soude. La dissolution alcaline du sulfure d'arsenic, bouillie avec du carbonate hydraté ou de l'azotate basique de bismuth, donne du sulfure de bismuth et de l'arsénite de potasse.

On mélange du sulfure d'arsenic avec 3 ou 4 parties de carbonate de soude et un peu d'eau, on divise la masse en bouillie sur de petits éclats de verre pour la laisser sécher, puis on la chauffe rapidement au rouge dans un tube de verre à travers lequel on fait passer un courant d'hydrogène sec; alors, si la température est assez élevée, la plus grande partie de l'arsenic est réduite et se sépare. Une portion se dépose sur la paroi interne du tube en formant un miroir métallique, tandis que l'autre portion est entraînée en suspension dans le gaz; si l'on allume celui-ci, il brûle avec une flamme bleuâtre, en même temps qu'on obtient des taches arsenicales sur une capsule en porcelaine, avec laquelle on écrase la flamme. En fondant le sulfure d'arsenic avec du carbonate de soude, il se forme d'abord du sulfoarsénite de sulfure de sodium et de l'arsénite de soude : ($2.AsS^3+4.NaO,CO^2=3NaS,AsS^3+NaO,AsO^3+4.CO^2$.). En chauffant davantage, l'arsénite de soude se décompose en arsenic et en arséniate de soude ($5.AsO^3=2As+3.AsO^5$), le sulfoarséniure de sodium en arsenic et en persulfure d'arsenic uni au sulfure de sodium ($5.AsS^3=2.As+3.AsS^5$), et enfin l'action de l'hydrogène transforme l'arséniate de soude en hydrate de soude, arsenic et eau. De cette façon tout l'arsenic est éliminé, sauf celui qui est dans le pentasulfure uni au sulfure de sodium, ces deux corps formant un sulfosel que l'hydrogène ne décompose pas (*H. Rose*). — Ce procédé de réduction donne des résultats très-exacts; il ne permet pas toutefois de distinguer avec une certitude suffisante l'arsenic de l'antimoine, ou de découvrir l'un en présence de l'autre (voy. § **131**, 5). On donne à l'appareil la disposition représentée dans la figure 36.

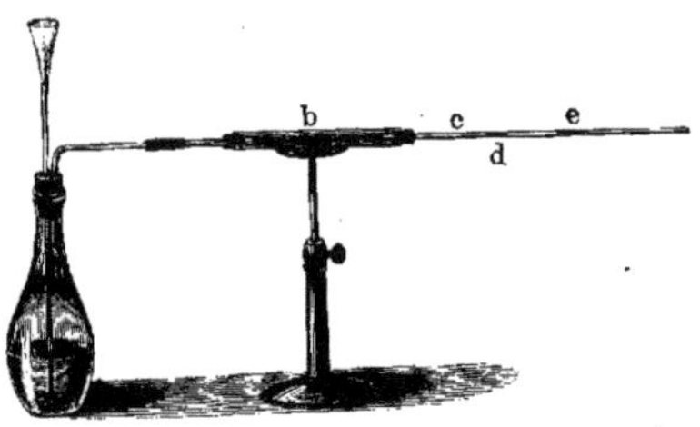

Fig. 36.

a est le flacon à dégagement, *b* un tube à chlorure de calcium, *c* un tube en verre peu fusible et exempt de plomb, dans lequel on introduit en *d* les fragments de verre sur lesquels on a étalé le mélange. Quand tout l'appareil est plein d'hydrogène pur, on chauffe d'abord faiblement le tube *d* pour chasser le reste de l'humidité, puis ensuite on élève brusquement et fortement la température, en employant la lampe à gaz munie de sa cheminée ou la flamme du chalumeau, et cela pour empêcher la sublimation du sulfure d'arsenic non décomposé. Il se forme alors en *e* un miroir métallique. — Nous indiquerons au n° 12 de ce paragraphe une autre méthode pour transformer le sulfure d'arsenic en arsenic ; elle est d'une grande sensibilité et ne permet pas de confondre l'arsenic avec l'antimoine.

5. Le SULFHYDRATE D'AMMONIAQUE donne également du *trisulfure d'arsenic*. Toutefois il ne se dépose pas si les dissolutions sont neutres ou alcalines, parce qu'il reste en dissolution, combiné avec le sulfhydrate d'ammoniaque ; mais l'addition d'un acide libre le précipite aussitôt.

6. L'AZOTATE D'ARGENT ne produit rien, ou simplement un léger trouble blanc jaunâtre, dans une dissolution aqueuse d'acide arsénieux; mais si l'on ajoute un peu d'ammoniaque, on obtient un précipité jaune d'*arsénite d'argent* ($3AgO,AsO^3$). Celui-ci se forme de suite, si l'on ajoute l'azotate d'argent à une solution d'un arsénite neutre. Le précipité se dissout facilement dans l'acide azotique, ainsi que dans l'ammoniaque, et n'est pas tout à fait insoluble dans l'azotate d'ammoniaque; dès lors, si l'on dissout un peu du précipité dans beaucoup d'acide azotique, il ne reparaît pas quand on neutralise par l'ammoniaque, parce

qu'il reste en dissolution dans le nitrate d'ammoniaque formé. Si l'on chauffe à l'ébullition une dissolution ammoniacale d'arsénite d'argent, il se dépose de l'*argent métallique*, tandis que l'acide arsénieux se change en acide arsénique.

7. Le SULFATE DE CUIVRE, dans les mêmes circonstances que l'azotate d'argent, donne un précipité vert jaunâtre d'*arsénite de cuivre*.

8. Si l'on dissout l'acide arsénieux dans un excès de potasse ou de soude caustique, ou si l'on additionne une dissolution d'un arsénite alcalin de POTASSE ou de SOUDE CAUSTIQUE, qu'on ajoute ensuite un peu d'une dissolution étendue de SULFATE DE CUIVRE, on obtient un liquide limpide, bleu : en le faisant bouillir il se forme un précipité rouge de *protoxyde de cuivre*; il reste dans la liqueur de l'arséniate de potasse. Si l'on a soin de ne pas mettre trop de la solution de cuivre, cette réaction est d'une grande sensibilité. Si le précipité rouge de protoxyde de cuivre ne peut pas être aperçu par transparence, on pourra cependant le reconnaître, même quand il sera en très-petite quantité, en regardant de haut en bas suivant l'axe du tube d'essai. Quelque importante que soit cette réaction pour caractériser l'acide arsénieux dans certains cas et surtout pour le distinguer de l'acide arsénique, elle ne peut pas servir toutefois comme caractéristique de l'arsenic, car le sucre de raisin et d'autres substances organiques donnent également du protoxyde de cuivre en agissant sur les sels de cuivre.

9. Si l'on chauffe une dissolution d'acide arsénieux additionnée d'acide chlorhydrique avec une lame ou un fil de cuivre bien décapé, il se forme sur le cuivre, même dans les liqueurs étendues, un dépôt métallique gris de fer, qui, lorsqu'il est abondant, se partage en houppes noires. En lavant la lame ainsi recouverte pour enlever l'acide libre et en la chauffant avec une solution ammoniacale, le dépôt se détache du cuivre et se dépose en paillettes (*Reinsch*). Ce n'est pas de l'arsenic pur, mais de l'*arséniure de cuivre* (Cu^5As). En le chauffant dans un courant d'hydrogène, après l'avoir simplement desséché ou après l'avoir chauffé au rouge dans un courant d'air (ce qui produit un peu d'acide arsénieux), il se dégage relativement peu d'arsenic et il reste un alliage plus riche en cuivre (*Frésénius, Lippert*).

Ce n'est que lorsqu'on a déjà démontré la présence de l'arsenic dans un alliage que cette réaction est réellement décisive, car l'antimoine et d'autres métaux, dans les mêmes circonstances, donnent des précipités analogues sur le cuivre.

10. Si l'on met une dissolution acide ou neutre d'acide arsénieux ou d'un arsénite avec du ZINC, de l'EAU et de l'ACIDE SULFURIQUE ÉTENDU, il se forme de l'*hydrogène arsénié* gazeux (AsH^3), de la même manière qu'il se fait de l'hydrogène antimonié avec les composés d'antimoine (voy. § **131**, 10). Cette réaction est propre à faire trouver les moindres

traces d'arsenic. On se sert à cet effet de l'appareil représenté dans la figure 37 ou de tout autre analogue[1].

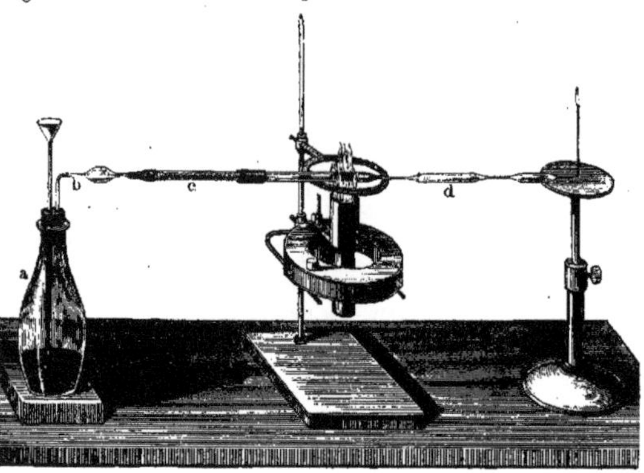

Fig. 37.

a est le flacon à dégagement, *b* une boule destinée à arrêter l'eau entraînée, *c* un tube rempli de coton et de chlorure de calcium pour dessécher le gaz et que l'on réunit aux tubes *b* et *d* avec des tubes en caoutchouc qu'on a fait bouillir dans une lessive de soude. Le tube *d* a environ 7 mm de diamètre intérieur (*fig.* 38) et est en verre difficilement fusible et exempt de plomb. Pour les recherches délicates, on étire le tube *d* comme l'indique la figure. On fait dégager régulièrement et lentement de l'hydrogène avec du zinc granulé pur et de l'acide sulfurique, étendu de 3 parties d'eau en ajoutant quelques gouttes de chlorure de platine. — Quand on juge que tout l'air de l'appareil a été expulsé, on allume le gaz qui se dégage du tube *d*; il est bon de prendre auparavant la précaution d'envelopper le flacon *a* d'un linge mouillé, pour se mettre à l'abri des accidents dans le cas où il y aurait une explosion. — Il faut d'abord s'assurer que ni le zinc ni l'acide sulfurique ne contiennent d'arsenic. Pour cela on écrase la flamme avec une soucoupe en porcelaine; si l'hydrogène ren-

Fig. 38.

[1] J'adopte de préférence la disposition de l'appareil de Marsh, décrite par Otto dans son excellent *Traité de Chimie*.

ferme de l'hydrogène arsénié, il se forme sur la porcelaine des taches d'arsenic brunes ou d'un brun noirâtre. Si cela n'a pas lieu et dans les opérations délicates, on chauffe encore la partie du tube *d* indiquée sur la figure, avec une lampe de *Berzelius* ou une lampe à gaz, de manière à porter au rouge, et l'on attend pour s'assurer qu'il ne se forme pas de dépôt d'arsenic dans la partie rétrécie du tube. Lorsqu'on est convaincu ainsi que l'hydrogène est bien pur, on verse par le tube à entonnoir le liquide dans lequel on veut rechercher l'arsenic et on lave le tube avec de l'eau pure. Il est tout à fait important de ne verser tout d'abord que très-peu du liquide à essayer, car, s'il contenait une quantité un peu notable d'arsenic et si l'on en introduisait trop dans le flacon, le dégagement de gaz deviendrait si tumultueux que l'on ne pourrait pas continuer l'opération.

Si le liquide introduit renferme un composé oxygéné ou haloïde d'arsenic, aussitôt il se dégage avec l'hydrogène de l'hydrogène arsénié, qui donne à la flamme une teinte bleuâtre, par suite de l'arsénic réduit qui brûle dans la flamme. En même temps il se dégage de celle-ci une fumée blanche d'acide arsénieux, qui se dépose sur les corps froids. En plaçant une capsule en porcelaine dans la flamme, il se dépose sur elle, sous forme de taches noires, de l'arsenic réduit, non encore oxydé, absolument comme cela arrive avec l'antimoine (voy. § **131**, 10). Les taches d'arsenic sont d'un noir brun, très-brillantes, celles d'antimoine sont ternes et noir foncé; on les distingue aussi facilement les unes des autres au moyen du chlorure de soude (mélange d'hypochlorite de soude et de chlorure de sodium), qui dissout aussitôt les taches d'arsenic, tandis qu'il n'agit pas sur celles d'antimoine ou ne les attaque qu'au bout d'un temps assez long (voy. § **131**, 10).

En chauffant le tube *d* comme cela est indiqué sur la figure, il se dépose au delà du point chauffé, dans la partie étirée, un miroir brillant d'arsenic, qui est plus sombre et moins argentin que celui d'antimoine et qui peut encore se reconnaître à ce qu'en le chauffant il est facilement entraîné par le courant gazeux sans subir de fusion préalable, et que le gaz qui se dégage alors (non allumé) offre à un haut degré l'odeur caractéristique de l'arsenic. En allumant le gaz pendant qu'on chauffe le miroir, la flamme déposera sur une capsule de porcelaine, avec laquelle on l'écrase, des taches d'arsenic même avec un faible courant gazeux.

Les moyens que nous venons d'indiquer sont très-bons pour distinguer les taches et le miroir d'arsenic de ceux d'antimoine, mais le plus souvent ils sont insuffisants pour reconnaître l'arsenic avec certitude, lorsqu'il est mélangé avec l'antimoine. Dans ce cas la meilleure marche à suivre est celle-ci :

On chauffe au rouge en plusieurs points le long tube à travers lequel se dégage le gaz à essayer, de façon à y former des miroirs métalliques aussi beaux que possible. On fait ensuite passer à travers le tube un courant très-lent d'acide sulfhydrique sec et on chauffe les miroirs avec une lampe à alcool, en sens contraire du courant gazeux. Dans le cas où il n'y a que de l'arsenic, il se forme dans le tube du sulfure d'arsenic jaune ; s'il n'y avait que de l'antimoine, on obtiendrait du sulfure d'antimoine jaune orangé ou noir ; mais, si les miroirs sont formés par de l'arsenic et de l'antimoine, les deux sulfures se forment à côté l'un de l'autre, de façon que celui d'arsenic, qui est plus volatil, est toujours devant celui d'antimoine, qui est plus fixe. Si maintenant on fait passer dans le tube contenant les sulfures un courant d'acide chlorhydrique sec sans chauffer, rien ne change, s'il n'y a que du sulfure d'arsenic, quand même on maintiendrait longtemps le courant de gaz acide. Si ce n'est que de l'antimoine, tout disparaît dans le tube, ainsi que nous l'avons indiqué au § **131**, 10. Enfin, s'il y a en même temps de l'arsenic et de l'antimoine, le sulfure d'antimoine se volatilise aussitôt, tandis que celui d'arsenic reste. En faisant ensuite passer dans le tube un peu d'une dissolution d'ammoniaque, le sulfure d'arsenic est dissous et on peut très-facilement le distinguer d'un peu de soufre mis en liberté. — L'ensemble de ces différentes réactions ne peut laisser aucun doute sur la présence de l'arsenic.

Nous indiquerons au § **134**, 6, l'action de l'hydrogène mélangé d'hydrogène arsénié sur la dissolution de nitrate d'argent.

La méthode à l'aide de laquelle on découvre l'arsenic par le moyen de l'hydrogène arsénié a été découverte par *Marsh*.

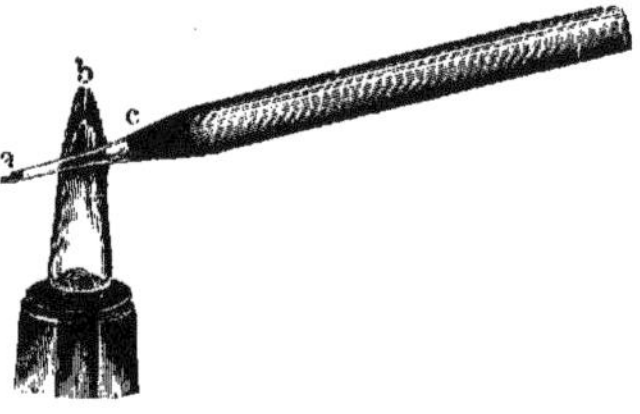

Fig. 59.

11. Si l'on met dans la pointe d'un petit tube de verre effilé (*fig.* 59) un grain d'acide arsénieux *a*, qu'on fasse tomber par-dessus un petit éclat *b* de charbon récemment calciné, qu'on chauffe d'abord celui-ci au rouge, puis ensuite l'acide arsénieux, la vapeur de ce dernier passant

sur le charbon rouge est réduite et il se forme en *c* un *miroir d'arsenic métallique*. En coupant ensuite le tube entre *b* et *c* et en le chauffant dans une position inclinée (de manière que *c* soit en haut), le dépôt se volatilise en répandant l'odeur d'ail. C'est le moyen le plus simple et le plus sûr de reconnaître l'acide arsénieux pur.

12. Si l'on fait fondre les arsénites, l'acide arsénieux pur ou le sulfure, avec un mélange de parties égales de CARBONATE DE SOUDE et de CYANURE DE POTASSIUM, tout l'arsenic est réduit et la base aussi suivant sa nature; leur oxygène transforme une partie du cyanure en cyanate de potasse. Dans la réduction du sulfure d'arsenic il se forme du sulfocyanure de potassium. On met le composé arsenical bien sec dans un petit tube de verre soufflé en une petite boule à l'extrémité fermée (*fig.* 40), on

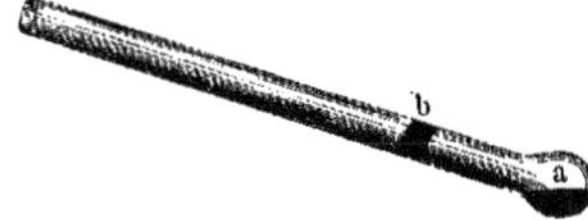

Fig. 40.

ajoute environ 6 fois autant du fondant également bien sec et on mélange en secouant. La boule doit être tout au plus pleine à moitié, sans quoi le cyanure de potassium en fondant grimperait dans le tube. Si par la première action de la chaleur le mélange dégageait encore un peu d'eau, il faudrait l'enlever *complétement*, en introduisant dans le tube des bandes de papier buvard tortillées. L'expérience ne réussit bien et avec certitude que lorsqu'on prend le plus grand soin de nettoyer et de sécher le tube. La réduction se produit quand on chauffe fortement avec la lampe à gaz ou à alcool, et il ne faut pas cesser de chauffer trop tôt, car il faut souvent attendre un peu de temps avant que l'arsenic soit complétement sublimé. Le miroir qui se forme en *b* est de la plus grande netteté. On l'obtient avec tous les arsénites dont les bases sont irréductibles ou qui peuvent se transformer en arséniures, perdant par la chaleur tout ou partie de leur arsenic. — Cette méthode de réduction des composés arsenicaux par le cyanure de potassium se recommande tout particulièrement à cause de sa simplicité, de l'exactitude de ses résultats, de la netteté des opérations, et parce qu'elle peut s'appliquer même quand il n'y a que de très-petites quantités d'arsenic. — Elle est particulièrement convenable pour préparer directement l'arsenic métallique au moyen du sulfure, auquel cas elle surpasse sans aucun doute en simplicité et en rigueur toutes les méthodes indiquées jusqu'à présent. — La sensibilité du procédé de réduction par le cyanure de potassium est extraordinairement augmentée, si l'on chauffe le mélange dans un courant d'acide carbonique sec. — Toutes les expériences à ce sujet peuvent être faites avec l'appareil indiqué figure 41 et figure 42, d'après les recherches que j'ai faites en collaboration avec *L. de Babo.*

a est un appareil continu à acide carbonique. Le gaz qui sort quand

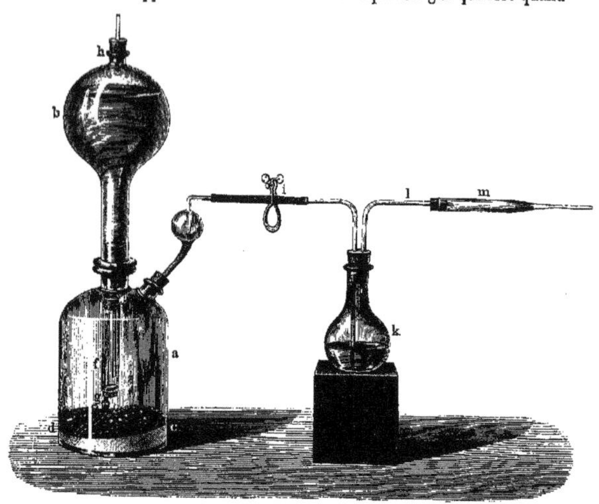

Fig. 41.

on ouvre *i* passe d'abord dans l'acide sulfurique de la fiole *k* et s'y dessèche. Le tube *l* amène le gaz dans le tube à réduction *m*, qui est représenté dans la figure 42 en demi-grandeur et auquel on donne un diamètre intérieur de 8 millimètres.

Lorsque l'appareil est monté et rempli d'acide carbonique sec, on broie dans un petit mortier un peu chaud le sulfure d'arsenic ou l'arsénite à réduire avec 12 parties d'un mélange bien sec, formé de 3 parties de carbonate de soude et 1 partie de cyanure de potassium ; on verse la poudre sur une petite bande de papier fort, ployée en gouttière, qu'on pousse dans le tube jusqu'en *e*, et on fait faire un demi-tour au tube autour de son axe. Le mélange tombe de cette façon en *d e* dans le tube à réduction sans le salir, et on retire la bande de papier. On fixe le tube à l'appareil : en ouvrant la pince *i* on laisse arriver un courant modéré d'acide carbonique et on dessèche le mélange avec tout le soin possible, en chauffant doucement le tube dans toute sa longueur avec une lampe à alcool. Quand toute trace d'eau a disparu et que le courant gazeux est assez ralenti pour que les bulles se succèdent dans l'acide sulfurique environ de seconde en seconde, on chauffe au rouge la partie *c* (*fig.* 42) avec une lampe à gaz ou à alcool. Cela fait, avec une autre lampe on chauffe fortement en allant de *d* en *c* jusqu'à ce que tout l'arsenic soit chassé. — L'arsenic réduit se dépose en *h*, tandis que des parcelles se dégagent en *i*, en remplissant l'air d'une odeur d'ail. A la fin on amène lentement la seconde lampe jusqu'en *c*, et on ramasse ainsi en *h*

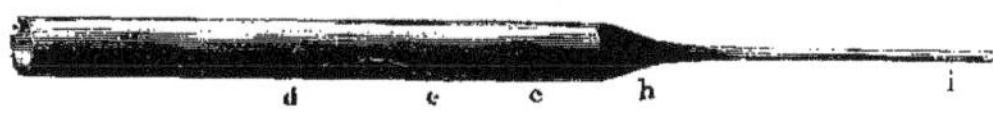

Fig. 42.

tout l'arsenic qui aurait pu se déposer dans la partie large du tube. Alors on fond le tube à la pointe et on rassemble tout le miroir de *i* en *h* en chauffant, ce qui lui donne un bel aspect nettement métallique. On peut de cette façon obtenir un dépôt miroitant très-visible avec $\frac{2}{10}$ de milligramme de sulfure d'arsenic. Le sulfure d'antimoine, ou les autres composés d'antimoine, traités de la même manière, ne donnent pas de miroir métallique.

13. L'acide arsénieux et ses composés chauffés sur le CHARBON à la FLAMME INTÉRIEURE DU CHALUMEAU répandent, surtout si l'on ajoute à l'essai un peu de soude, cette odeur d'ail dont nous avons si souvent parlé, qui permet de reconnaître des traces d'arsenic et se produit par la réduction et la nouvelle oxydation de l'arsenic. Toutefois cette réaction, comme toutes celles que fournit l'odorat, peut induire en erreur.

e. **Acide arsénique** (AsO^5).

§ **133**. 1. L'*acide arsénique hydraté* cristallise en prismes incolores, diaphanes, déliquescents à l'air, dont la composition est représentée par la formule $2\,(3HO, AsO^5) + Aq$. A 100° l'eau de cristallisation se dégage, une température plus élevée chasse l'eau d'hydratation et l'acide fond. Au rouge l'acide se décompose en oxygène et acide arsénieux. L'acide anhydre ne se dissout que lentement dans l'eau. L'acide arsénique est vénéneux.

2. La plupart des *arséniates* sont insolubles dans l'eau. Parmi ceux

qu'on appelle neutres, il n'y a que les sels alcalins qui se dissolvent dans l'eau. La plupart des arséniates neutres et basiques peuvent supporter une forte chaleur rouge sans se décomposer. Les sels acides perdent leur excès d'acide, qui se transforme en acide arsénieux et oxygène.

Une dissolution d'acide arsénique ou d'un arséniate dans l'acide chlorhydrique, si ce dernier n'est pas en trop grande quantité, peut être maintenue assez longtemps en ébullition sans qu'il se volatilise du chlorure d'arsenic : ce n'est que lorsque le résidu est formé d'environ parties égales d'acide chlorhydrique de densité 1,12 et d'eau qu'il se dégage des traces de chlorure d'arsenic avec l'acide chlorhydrique.

3. L'acide sulfhydrique ne précipite pas les dissolutions alcalines ou neutres; dans celles qui sont acides, il produit d'abord, avec un dépôt de soufre, une réduction de l'acide arsénique en acide arsénieux, puis un précipité de trisulfure. Cette réaction se continue jusqu'à ce que tout l'arsenic soit précipité à l'état de trisulfure AsS^3, mélangé à 2S (*Wackenrode, Ludwig, H. Rose*). La réaction ne se fait pas de suite : dans les dissolutions étendues il faut quelquefois 12 à 24 heures ; on l'active en chauffant (environ vers 70°). Si dans une dissolution d'acide arsénique libre ou combiné on ajoute de l'acide sulfureux ou du sulfite de soude et un peu d'acide chlorhydrique, l'acide sulfureux et l'acide arsénique réagissent l'un sur l'autre (surtout à chaud) ; il se forme de l'acide arsénieux et de l'acide sulfurique, et en traitant après par l'acide sulfhydrique, tout l'arsenic se précipite à l'état de trisulfure.

4. Le sulfhydrate d'ammoniaque, dans les dissolutions neutres et alcalines, transforme l'acide arsénique en sulfure, qui reste en dissolution à l'état de sulfoarséniure ammoniacal. L'addition d'un acide décompose ce sulfosel et le sulfure d'arsenic se dépose ; la précipitation est plus rapide que celle produite dans les dissolutions acides par l'hydrogène sulfuré. La chaleur favorise la réaction. Le précipité n'est pas un mélange de AsS^3 avec 2S, mais bien AsS^5.

5. L'azotate d'argent, dans les circonstances indiquées à propos de l'acide arsénieux, produit un précipité rouge brique caractéristique d'*arséniate d'argent* ($3AgO, AsO^5$), facilement soluble dans l'acide azotique étendu et dans l'ammoniaque et qui se dissout un peu dans l'azotate d'ammoniaque. Si donc on dissout un peu du précipité dans beaucoup d'acide azotique, la neutralisation par l'ammoniaque peut ne pas le faire reparaître. La dissolution ammoniacale d'arséniate d'argent ne laisse pas déposer d'argent métallique par ébullition (différence avec l'acide arsénieux).

6. Le sulfate de cuivre donne, dans les mêmes circonstances qu'avec les arsénites, un précipité vert bleuâtre d'*arséniate de cuivre* ($2CuO, HO, AsO^5$).

7. Si l'on chauffe une dissolution étendue d'acide arsénique addition-

née d'un peu d'acide chlorhydrique, avec du CUIVRE MÉTALLIQUE, celui-ci reste parfaitement brillant (*Werther*, *Reinsch*); mais, si l'on ajoute à un volume de la liqueur deux volumes d'acide chlorhydrique concentré, le cuivre se recouvre d'un dépôt grisâtre, absolument comme avec l'acide arsénieux. Dans ces conditions, la réaction est aussi sensible qu'avec l'acide arsénieux (*Reinsch*).

8. Avec le ZINC en présence de l'acide sulfurique, avec le CYANURE DE POTASSIUM et au CHALUMEAU, les arséniates se comportent comme les arsénites. Si l'on opère la réduction de l'acide arsénique par le zinc dans une petite capsule en platine, ce métal ne se tache pas en noir (différence avec l'antimoine).

9. Dans un mélange limpide de sulfate de magnésie, de sel ammoniac et d'ammoniaque caustique en assez grande quantité, si l'on ajoute une dissolution d'acide arsénique ou d'un arséniate soluble dans l'eau, il se dépose de suite avec les solutions concentrées, au bout de quelque temps avec les solutions étendues, un précipité cristallin d'arséniate ammoniaco-magnésien ($2MgO,AzH^4O,AsO^5+12Aq$). Si l'on dissout un petit essai du précipité sur un verre de montre dans une goutte d'acide azotique, qu'on y ajoute un peu d'azotate d'argent et qu'on touche la dissolution avec une baguette en verre trempée dans l'ammoniaque, il se forme de l'arséniate d'argent rouge brique; si l'on fait passer en chauffant un courant d'acide sulfhydrique dans la dissolution chlorhydrique de l'arséniate ammoniaco-magnésien, il se forme un précipité jaune (différence entre l'arséniate et le phosphate ammoniaco-magnésien).

§ **134**. RÉCAPITULATION ET REMARQUES. — Dans ce qui suit j'indiquerai les différents moyens qui permettent de reconnaître l'étain, l'antimoine et l'arsenic, lorsqu'ils sont ensemble, ou à l'aide desquels on peut les séparer l'un de l'autre, et ensuite les méthodes qu'on peut employer pour découvrir les divers degrés d'oxydation de chaque métal.

1. Si l'on a un mélange de sulfure d'étain, de sulfure d'antimoine et de sulfure d'arsenic, on en broie une partie avec une partie de carbonate de soude sec et une partie d'azotate de soude; on projette le mélange par portions dans un petit creuset en porcelaine dans lequel on a fait fondre à une chaleur modérée 2 parties d'azotate de soude. La masse fondue est formée d'oxyde d'étain, d'antimoniate et d'arséniate de soude avec du sulfate, du carbonate, de l'azotate et de l'azotite de soude. Il ne faut pas trop élever la température et ne pas maintenir trop longtemps la fusion, pour éviter que l'azotite de soude donne de la soude caustique, qui formerait du stannate de soude soluble dans l'eau. En traitant la masse par un peu d'eau froide, l'oxyde d'étain et l'antimoniate de soude restent insolubles, tandis que l'arséniate de soude et les autres sels se dissolvent.—En acidulant le liquide filtré avec de l'acide

azotique et en chauffant pour chasser l'acide carbonique et l'acide azoteux, on peut reconnaître et séparer l'acide arsénique d'après le § **133**, 5, avec l'azotate d'argent, ou d'après le § **133**, 9, avec un mélange de sulfate de magnésie, de sel ammoniac et d'ammoniaque.

Le résidu insoluble, formé d'oxyde d'étain et d'antimoniate de soude, lavé une fois avec de l'eau et trois fois avec de l'alcool faible, est traité par l'acide chlorhydrique dans le creux d'un couvercle de creuset de platine et légèrement chauffé : il se dissout entièrement, ou il reste un précipité blanc, lorsqu'il y a beaucoup d'étain. Sans se préoccuper de ce dernier, on ajoute un petit morceau de zinc, les métaux sont réduits et l'antimoine se reconnaît aussitôt à la coloration noire du platine. Lorsque le dégagement de gaz est presque achevé, on retire le reste du zinc, on chauffe le contenu du couvercle avec un peu d'acide chlorhydrique, l'étain se dissout à l'état de protochlorure et l'antimoine reste sous forme de flocons noirs. Le premier, l'étain, peut se reconnaître dans le liquide au moyen du bichlorure de mercure ou d'un mélange de perchlorure de fer et de prussiate rouge de potasse, et le dernier, l'antimoine, dissous dans un peu d'eau régale, sera décelé par l'hydrogène sulfuré. Nous ne ferons qu'indiquer ici le principe de la méthode employée pour reconnaître l'arsenic, l'étain et l'antimoine mélangés ensemble, car nous y reviendrons dans la marche générale de l'analyse, et nous en parlerons d'une manière plus spéciale dans le premier chapitre de la seconde partie du § **192**.

2. Après avoir débarrassé les sulfures mélangés de la plus grande partie de l'eau qu'ils retiennent en plaçant sur du papier buvard le filtre sur lequel on les a recueillis, on les traite à une douce chaleur par l'acide chlorhydrique fumant : le sulfure d'antimoine et le sulfure d'étain se dissolvent seuls, le sulfure d'arsenic reste presque complétement insoluble. En traitant ce dernier par l'ammoniaque et en évaporant la dissolution après y avoir ajouté un fragment de carbonate de soude, on peut facilement avec le résidu obtenir le miroir arsenical, en faisant agir sur lui le cyanure de potassium et la soude dans un courant d'acide carbonique (§ **132**, 12). On traitera d'après 1 la dissolution qui renferme l'étain et l'antimoine.

S'il y avait un grand excès d'antimoine, on pourrait aussitôt traiter cette dissolution par un excès de sesquicarbonate d'ammoniaque et faire bouillir. Dans ce cas la plus grande partie de l'antimoine se dissout, tandis que l'oxyde d'étain reste en retenant un peu d'oxyde d'antimoine. On peut alors bien plus facilement reconnaître la présence de l'étain dans le résidu en employant la méthode 1 (*Bloxam*).

3. Si l'on fait digérer le mélange des sulfures avec un peu de sesquicarbonate d'ammoniaque ordinaire solide et d'eau, à une douce chaleur, le sulfure d'arsenic seul se dissout, les sulfures d'étain et d'anti-

moine restent. Toutefois la séparation n'est pas tout à fait complète; un peu de sulfure d'antimoine se dissout tandis qu'un peu de sulfure d'arsenic reste dans le résidu. Il faut alors traiter par l'ammoniaque. après le lavage, le précipité de sulfure d'arsenic formé par l'acide chlorhydrique qu'on verse jusqu'à acidité dans la dissolution alcaline, surtout quand l'acide ne donne que quelques flocons, puis évaporer la dissolution ammoniacale après addition d'un fragment de carbonate de soude et fondre le résidu avec du cyanure de potassium dans un courant d'acide carbonique, pour obtenir le miroir arsenical. Le résidu insoluble dans le carbonate d'ammoniaque est traité d'après 2.

4. On dissout les trois sulfures dans le sulfure de potassium, on ajoute un *grand* excès d'une dissolution concentrée d'acide sulfureux, on fait digérer quelque temps au bain-marie, on fait bouillir jusqu'à ce que tout l'acide sulfureux soit chassé et on filtre; le liquide filtré renferme tout l'arsenic à l'état d'acide arsénieux (qu'on précipitera par l'acide sulfhydrique), tandis que le sulfure d'antimoine et celui d'étain restent non dissous (*Bunsen*). On traite ces derniers d'après 2.

5. Dans les analyses d'alliages métalliques on obtient souvent l'oxyde d'étain, l'oxyde d'antimoine et l'acide arsénique, à l'état de résidu insoluble dans l'acide azotique. Ce qu'il y a de mieux est de les fondre avec de l'hydrate de soude dans un creuset en argent, de reprendre par l'eau, d'ajouter 1/3 d'alcool (suivant le volume), de séparer par filtration l'antimoniate de soude insoluble et de le laver avec de l'alcool faible, auquel on a ajouté quelques gouttes d'une solution de carbonate de soude. — On acidifie le liquide filtré avec de l'acide chlorhydrique, et on précipite à chaud l'étain et l'arsenic à l'état de sulfures. On chauffe ceux-ci dans un courant d'acide sulfhydrique, tout l'étain reste à l'état de sulfure, tandis que le sulfure d'arsenic se volatilise et est recueilli dans de l'ammoniaque (*H. Rose*).

6. Je rappellerai ici qu'on peut reconnaître l'arsenic et l'antimoine mélangés en traitant le miroir obtenu avec l'appareil de *Marsh* par l'acide sulfhydrique, puis séparer les sulfures formés à l'aide de l'acide chlorhydrique gazeux (§ **132**, 10). — Mais on peut encore très-bien, par l'un des procédés suivants, séparer l'arsenic et l'antimoine, lorsqu'ils sont mélangés à l'état de composés hydrogénés. — *a.* On fait passer lentement les gaz mélangés avec un excès d'hydrogène dans une dissolution d'azotate d'argent (il faut, bien entendu, purifier les gaz de toute trace d'acide chlorhydrique et d'acide sulfhydrique en les faisant passer dans un tube rempli de fragments de verre mouillés avec une dissolution étendue d'acétate de plomb). Tout l'antimoine contenu dans les gaz se précipite à l'état d'antimoniure d'argent noir (Ag^3Sb), tandis que l'arsenic, par suite de la réduction de l'oxyde d'argent, reste à l'état d'acide arsénieux dans la dissolution, et on pourra l'y reconnaître,

soit par une addition convenable d'ammoniaque, qui précipitera l'arsénite d'argent, soit, après avoir précipité l'excès d'argent par l'acide chlorhydrique, en employant l'acide sulfhydrique; mais, comme il passe toujours un peu d'antimoine dans la dissolution, il ne faudrait pas regarder le précipité qui pourrait se former comme du sulfure d'arsenic, sans le soumettre à des essais ultérieurs suivant le § **132**, 12. — Dans l'antimoniure d'argent précipité, souvent mélangé à beaucoup d'argent, on reconnaîtra le plus facilement l'antimoine, en le faisant d'abord bouillir avec de l'eau pour le débarrasser complétement de toute trace d'acide arsénieux, puis en le portant à l'ébullition avec de l'acide tartrique et de l'eau. L'antimoine se dissout seul, et dans la solution acidulée avec l'acide chlorhydrique on découvre facilement le métal avec l'acide sulfhydrique (*A. W. Hofmann*). — *b*. On fait passer les gaz mélangés avec un excès d'hydrogène dans un tube un peu large contenant une couche de 10 à 12 centimètres de petits morceaux d'hydrate de potasse. Celui-ci décompose l'hydrogène antimonié et se couvre par suite d'une pellicule à éclat métallique : l'hydrogène arsénié au contraire n'est pas altéré, et en sortant du tube à potasse on peut chercher à former avec le gaz exempt d'antimoine soit les taches, soit l'anneau (§ **132**, 10), ou essayer la réaction avec l'azotate d'argent dissous (*Dragendorff*[1]).

7. Si le *protoxyde d'étain* et le *peroxyde* se trouvent tous deux dans un même liquide, on découvrira le protoxyde en traitant un premier essai par le bichlorure de mercure, le chlorure d'or, ou un mélange de prussiate rouge de potasse et de perchlorure de fer, et avec un autre essai, renfermant peu d'acide libre, versé dans une dissolution concentrée et chaude de sulfate de soude, on cherchera le peroxyde.

8. On découvrira l'*oxyde d'antimoine* en présence de l'*acide antimonique* par la réaction indiquée au § **131**, 9; — et l'*acide antimonique* en présence de l'*oxyde d'antimoine* en traitant ces oxydes, débarrassés de toute autre substance, par l'acide chlorhydrique et l'iodure de potassium (§ **131**, 2 et 3).

9. L'*acide arsénieux* et l'*acide arsénique* se distinguent dans une dissolution au moyen du nitrate d'argent. Si le précipité renferme peu d'arséniate et beaucoup d'arsénite d'argent, le premier ne se reconnaît qu'en versant goutte à goutte, avec précaution, de l'acide azotique très-étendu, qui dissout d'abord l'arsénite jaune. — On trouve encore mieux de petites quantités d'acide arsénique en présence de l'acide arsénieux, au moyen d'un mélange de sulfate de magnésie, de sel ammoniac et d'ammoniaque (§ **133**, 9), ce qui opère en outre une sépara-

[1] *Dragendorff, Manuel de Toxicologie*, traduit de l'allemand par *Ritter*, Paris, 1 vol. in-8, avec fig.

tion complète des deux acides. — L'acide arsénieux, en présence de l'acide arsénique, se reconnaît à ce que la dissolution acidulée est précipitée *de suite*, sans chauffer, par l'acide sulfhydrique, ce qui n'est pas le cas pour l'acide arsénique; — on le reconnaît encore facilement à la réduction de l'oxyde de cuivre opérée par l'acide arsénieux dans les dissolutions alcalines, ou bien encore par le dépôt d'argent métallique, que l'ébullition détermine dans une dissolution ammoniacale d'arsénite d'argent. — S'il fallait découvrir les degrés de sulfuration d'un sulfure arsenical dans un sulfosel, on ferait bouillir sa dissolution alcaline avec de l'oxyde de bismuth hydraté, on séparerait par filtration le sulfure de bismuth, et on essayerait si la liqueur renferme de l'acide arsénieux ou de l'acide arsénique. On distingue le trisulfure et le pentasulfure en enlevant d'abord avec du sulfure de carbone le soufre qui est mélangé, puis on dissout le résidu dans l'ammoniaque, on ajoute un excès d'azotate d'argent, on sépare le sulfure d'argent par filtration, et on examine si par addition d'ammoniaque il se forme de l'arsénite ou de l'arséniate d'argent.

RÉACTIONS PARTICULIÈRES AUX OXYDES PLUS RARES DU SIXIÈME GROUPE.

a. **Oxyde d'iridium.**

§ **135.** L'*iridium* se trouve uni au platine et à d'autres métaux dans le minerai de platine ; on le rencontre aussi surtout à l'état d'osmiure d'iridium. Dans ces derniers temps on l'a employé, allié au platine, pour fabriquer des creusets, etc. Il est semblable au platine, mais cassant et on ne peut pas plus difficile à fondre. Compacte ou obtenu par réduction au rouge à l'aide de l'hydrogène, il ne se dissout dans aucun acide, pas même dans l'eau régale (différence avec l'or et le platine); réduit par la voie humide à l'aide de l'acide formique, ou allié à beaucoup de platine, il se dissout dans l'eau régale et donne un chlorure ($IrCl^2$). Le BISULFATE DE POTASSE en fusion l'oxyde, mais ne le dissout pas (différence avec le rhodium). Fondu avec l'HYDRATE DE SOUDE au contact de l'air, ou avec l'azotate de soude, il s'oxyde également. La combinaison du sesquioxyde d'iridium (Ir^2O^3) avec la soude se dissout en partie dans l'eau : si on la chauffe avec de l'eau régale, elle se dissout avec une couleur rouge foncé noirâtre, à l'état de chlorure d'iridium ($IrCl^2$) et de chlorure de sodium.

Si l'on traite au rouge naissant par le CHLORE GAZEUX un mélange d'iridium en poudre et de chlorure de sodium, il se forme un chlorure double de sodium et d'iridium, qui se dissout dans l'eau avec une couleur brun rouge foncé. La POTASSE en excès change la couleur foncée de la dissolution en une couleur verte, en même temps qu'il se précipite un peu de chlorure double d'iridium et de potassium brun noir. Si l'on chauffe la dissolution et si on l'expose longtemps à l'air, elle se colore d'abord en rouge, puis plus tard en bleu d'azur (différence caratéristique avec le platine) : en évaporant à siccité et en traitant par l'eau, il reste un précipité bleu insoluble d'oxyde d'iridium

(IrO^2) et le liquide est incolore. L'ACIDE SULFHYDRIQUE décolore d'abord les dissolutions de perchlorure ; il se forme du protochlorure avec dépôt de soufre, puis plus tard il se précipite du sulfure d'iridium brun. Le SULFHYDRATE D'AMMONIAQUE donne le même précipité, qui se dissout dans un excès de réactif. Le CHLORURE DE POTASSIUM précipite du chlorure double noir brun, insoluble dans une dissolution concentrée de chlorure de potassium. Dans les solutions concentrées le CHLORHYDRATE D'AMMONIAQUE précipite du chlorure double d'ammonium et d'iridium en poudre rouge noir, formée de petits octaèdres microscopiques, insolubles dans le sel ammoniac concentré. Les deux chlorures doubles de potassium et d'ammonium se colorent en vert olive, surtout quand les liqueurs sont chaudes, par addition d'AZOTITE DE POTASSE : il se forme du sesquichlorure d'iridium uni au chlorure de potassium ou d'ammonium [$2(KCl,IrCl^2) + KO,AzO^3 = 3KCl,Ir^2Cl^3 + AzO^4$]; ce composé cristallise par le refroidissement. La dissolution verte se colore en jaune, si l'on chauffe ou si l'on évapore avec un excès d'azotite de potasse et laisse par l'ébullition précipiter un composé blanc, à peine soluble dans l'eau et dans l'acide chlorhydrique (différence essentielle avec le platine et moyen de séparer les deux métaux) (*Gibbs*). — Si l'on fait dissoudre par ébullition le chlorure double d'ammonium et d'iridium dans de l'eau et si l'on ajoute de l'ACIDE OXALIQUE, le perchlorure est réduit à l'état de sesquichlorure et la dissolution reste claire par refroidissement (différence avec le platine) (*C. Lea*). Si l'on fait bouillir la dissolution de bichlorure d'iridium avec le PROTOCHLORURE D'ÉTAIN, si l'on ajoute un excès de potasse et si l'on chauffe de nouveau, il se fait un précipité couleur de foie. Le SULFATE DE PROTOXYDE DE FER décolore la dissolution, mais ne précipite pas de métal, le ZINC élimine de l'iridium noir. — Si l'on met de l'oxyde d'iridium en suspension dans une solution de SULFATE DE POTASSE, qu'on sature avec de l'acide sulfureux et qu'on fasse bouillir, en renouvelant l'eau qui s'évapore, jusqu'à ce que tout l'acide sulfureux libre soit chassé, tout l'iridium se transforme en sulfite insoluble (tandis que, s'il y a du platine, il reste en dissolution à l'état de sulfite double de platine et de potasse) (*C. Birnbaum*). — Chauffées au rouge avec de la SOUDE dans la flamme supérieure d'oxydation, toutes les combinaisons d'iridium donnent le métal, qui broyé est gris, sans éclat et non ductile.

b. Oxyde de molybdène (IrO^2).

Le molybdène n'est pas très-répandu dans la nature ; on le trouve surtout à l'état de sulfure et de molybdate de plomb. Depuis qu'on a reconnu que le molybdate d'ammoniaque est un excellent réactif pour découvrir et doser l'acide phosphorique, le molybdène a acquis une certaine importance dans la chimie pratique. Le *molybdène* est blanc d'étain, dur : il s'oxyde quand on le chauffe au contact de l'air, il se dissout dans l'acide azotique et est très-difficilement fusible ; le *protoxyde* (MoO) et le *sesquioxyde* (Mo^2O^3) sont noirs ; le *bioxyde* (MoO^2) est brun foncé. Chauffés à l'air ou traités par l'acide azotique, ils se transforment tous en *acide molybdique* (MoO^3). — Celui-ci est une masse blanche, poreuse, qui dans l'eau se divise en petites écailles et se dissout en petite quantité ; il fond au rouge, ne se volatilise dans un vase fermé qu'à une très-haute température, mais à l'air il se sublime déjà au rouge, en petites feuilles ou en aiguilles transparentes. Chauffé au rouge dans un courant d'hydrogène, il se change d'abord en MoO^2 et enfin en métal, si l'on chauffe très-fortement et pendant assez longtemps. L'acide non calciné se dissout dans les acides. Les dissolutions sont incolores ; la solution chlorhydrique en contact avec du zinc se colore bientôt en brun, en gris ou en bleu, suivant les proportions des réactifs ou les degrés de concentration : en ajoutant du protochlorure d'étain ces changements se font de suite. — En faisant digérer avec du CUIVRE, la solution sulfurique se colore en bleu et la solution chlorhydrique en brun. La réaction n'a souvent lieu qu'au bout d'un certain temps. Le PRUSSIATE JAUNE DE POTASSE donne un précipité brun rouge, la DÉCOCTION DE NOIX DE GALLE un précipité vert. L'ACIDE SULFHYDRIQUE en petite quantité colore les dissolutions en bleu ; en grande quantité il produit un précipité noir brun : la liqueur au-dessus du précipité paraît d'abord verte. En laissant reposer, chauffant et renouvelant le courant d'acide sulfhydrique, on finit enfin, bien que difficilement, par précipiter tout le molybdène à l'état de trisulfure noir brun (MoS^3). Le précipité se dissout dans les sulfures alcalins et les acides reprécipitent le sulfure de molybdène (MoS^3) de ces sulfosels : la chaleur favorise la réaction. Calciné à l'air ou chauffé avec de l'acide azotique, le sulfure de molybdène se change en acide molybdique. Si dans la solution d'acide molybdique dans un excès d'ammoniaque on ajoute du sulfhydrate d'ammoniaque jaune et si l'on chauffe quelque temps à l'ébullition, il se forme, si le sulfhydrate n'est pas en trop grand excès, outre un précipité noir brun, une liqueur rouge foncée ayant une très-grande puissance de coloration. Si l'on ajoute à un liquide renfermant de l'acide molybdique de sulfocyanure de potassium et un peu d'acide chlorhydrique, il n'y a pas de coloration ; mais, si l'on ajoute un peu de zinc, il y a réduction et par suite formation d'un sulfocyanure molybdique correspondant à l'oxyde ou au sesquioxyde, et le liquide se colore en rouge carmin. L'addition de l'acide phosphorique n'empêche pas la réaction (différence avec le sulfocyanure de fer). En agitant le liquide rouge avec l'éther, les sulfocyanures se dissolvent dans ce dernier et il se forme une couche d'éther rouge (*C.-D. Braun*).

L'acide molybdique est facilement dissous par les solutions des ALCALIS PURS OU CARBONATÉS ; dans ces dissolutions concentrées, l'ACIDE AZOTIQUE et l'ACIDE CHLORHYDRIQUE précipitent l'acide molybdique, qui se redissout dans un excès d'acide. Les dissolutions des molybdates alcalins sont colorées en jaune par l'ACIDE SULFHYDRIQUE et donnent alors par addition d'un acide un précipité noir brun. — Quant à l'action de l'acide molybdique sur l'ACIDE PHOSPHORIQUE et l'ammoniaque, voir le § **142**, 10.

Si l'on chauffe l'acide molybdique sur le charbon à la FLAMME D'OXYDATION, il se volatilise ; le charbon se couvre d'une poudre jaune, cristalline, devenant blanche par le refroidissement. Dans la FLAMME DE RÉDUCTION, il se fait du molybdène métallique, que l'on peut avoir en poudre grise en enlevant le charbon par lavage. Le sulfure de molybdène dans la flamme d'oxydation donne de l'acide sulfureux et de l'acide molybdique recouvrant le charbon.

c. Oxydes du tungstène.

Le tungstène (appelé wolfram en Allemagne) est peu répandu dans la nature et partout en petites quantités. Les minerais les plus ordinaires sont le scheelin calcaire (tungstate de chaux) et le wolfram (tungstate de protoxyde de fer et de protoxyde de manganèse). Le *tungstène*, obtenu par la réduction de l'acide tungstique au moyen de l'hydrogène et au rouge, est une poudre gris de fer, très-difficilement fusible. Cette poudre, chauffée au rouge à l'air, passe à l'état d'acide tungstique (WO^3), et au rouge dans un courant de chlore sec, bien privé d'air, elle se change en perchlorure (WCl^3), volatil, violet noir, et en composé rouge plus volatil (WCl^2,WCl^3) : tous deux au contact de l'eau se décomposent en acide chlorhydrique et en oxydes correspondants. — Les acides, même l'eau régale, ne dissolvent pas le tungstène : il n'est pas davantage attaqué par la lessive de potasse, à moins qu'elle ne renferme un hypochlorite alcalin. Le *bioxyde* de tungstène est noir; fortement chauffé au rouge au contact de l'air, il se change en acide tungstique. L'*acide tungstique* est jaune citron, fixe, insoluble dans l'eau et les acides. En le fondant avec le bisulfate de potasse et en traitant par l'eau la masse fondue, on obtient d'abord une liqueur acide, ne contenant pas d'acide tungstique. Après avoir enlevé ce liquide, le résidu consistant en tungstate de potasse avec un fort excès d'acide tungstique se dissout, et cela complétement, si l'on ajoute du carbonate d'ammoniaque à l'eau (différence avec la silice et moyen de les séparer). En faisant fondre l'acide tungstique avec les carbonates alcalins, on obtient facilement les tungstates alcalins solubles dans l'eau, mais ils se forment difficilement, si l'on opère par ébullition avec les dissolutions des carbonates. L'ACIDE AZOTIQUE, l'ACIDE CHLORHYDRIQUE et l'ACIDE SULFURIQUE précipitent ces dissolutions en blanc : les précipités deviennent jaunes par l'ébullition et sont insolubles dans un excès d'acide (différence avec l'acide molybdique), mais solubles dans l'ammoniaque. Si l'on évapore à siccité avec de l'acide chlorhydrique et qu'on reprenne le résidu avec de l'eau, il reste de l'acide tungstique. Le CHLORURE DE BARYUM, le CHLORURE DE CALCIUM, l'ACÉTATE DE PLOMB, l'AZOTATE D'ARGENT, l'AZOTATE DE PROTOXYDE DE MERCURE, donnent des précipités blancs; le FERROCYANURE DE POTASSIUM, avec addition d'un peu d'acide, colore fortement en rouge brun et au bout de quelque temps il se fait un précipité de la même couleur; la TEINTURE DE NOIX DE GALLE, avec addition d'un peu d'acide, précipite en brun; l'ACIDE SULFHYDRIQUE change à peine les solutions acides; le SULFHYDRATE D'AMMONIAQUE ne précipite pas la dissolution des tungstates alcalins; en acidifiant, il se dépose du sulfure de tungstène brun clair (WS^3), un peu soluble dans l'eau pure, pas du tout dans l'eau contenant des sels. Le PROTOCHLORURE D'ÉTAIN produit un précipité jaune; si l'on acidifie avec de l'acide chlorhydrique et que l'on chauffe, il devient d'un beau bleu (réaction très-sensible et caractéristique). En additionnant une dissolution de tungstate alcalin avec de l'acide chlorhydrique et mieux encore avec un excès d'acide phosphorique, et en y mettant du ZINC, il se produit une belle coloration bleue. — Le SEL DE PHOSPHORE dissout l'acide tungstique. La perle, dans la flamme d'oxydation, paraît transparente, incolore ou jaunâtre; dans la flamme de réduction elle prend une couleur bleu pur, et, si l'on ajoute du sulfate de protoxyde de fer, elle devient rouge sang. Avec un peu de SOUDE sur le charbon, dans la flamme de réduction, on a du tungstène en poudre. — Les tungstates insolubles dans l'eau peuvent pour la plupart être décomposés, en les mettant en digestion avec un acide. Le minéral appelé wolfram est difficilement attaqué par les acides, mais en le fondant avec un carbonate alcalin l'eau enlève du tungstate alcalin à la masse fondue.

d. Oxydes du tellure.

Le *tellure* se trouve à l'état natif, ou allié à d'autres métaux et à l'état d'acide tellureux, toujours en petites quantités et peu répandu. C'est un métal blanc, cassant, facilement fusible, qu'on peut volatiliser dans un tube de verre et qui, chauffé à l'air, brûle avec une flamme bleu verdâtre, en répandant des vapeurs blanches épaisses d'acide tellureux. Le tellure ne se dissout pas dans l'acide chlorhydrique, mais facilement dans l'acide azotique, qui le change en acide tellureux (TeO^2). Dans l'acide sulfurique concentré et froid, le tellure en poudre se dissout avec une couleur pourpre, mais une addition d'eau le précipite de nouveau. L'*acide tellureux* est blanc, fusible au rouge faible en un liquide jaune, volatil à l'air au rouge vif et ne donnant pas de sublimé cristallin. L'acide anhydre se dissout facilement dans l'acide chlorhydrique, peu dans l'acide azotique, facilement dans la lessive de potasse, lentement dans l'ammoniaque, presque pas dans l'eau. L'acide tellureux hydraté est blanc, assez soluble dans l'eau froide, soluble dans l'acide chlorhydrique et dans l'acide azotique. En ajoutant de l'eau à ces dissolutions, il se précipite un hydrate blanc; avec la solution azotique, au bout de quelque temps presque tout l'acide tellureux se dépose à l'état cristallin. Les ALCALIS PURS et CARBONATÉS précipitent de la solution chlorhydrique un hydrate blanc, soluble dans un excès du précipitant. — L'ACIDE SULFHYDRIQUE fournit dans les dissolutions acides un précipité brun (TeS^3) (semblable par sa couleur au sulfure d'étain), que dissout facilement le sulfhydrate d'ammoniaque. Le SULFITE DE SOUDE, le PROTOCHLORURE D'ÉTAIN, le ZINC, précipitent du tellure métallique noir. — L'*acide tellurique* (TeO^3) se forme quand on fond du tellure ou un tellurite avec un azotate et un carbonate alcalin. Le produit de la fusion est soluble dans l'eau et le liquide reste clair à froid, quand on l'acidifie avec de l'acide chlorhydrique; mais, si l'on fait bouillir, il se dégage du chlore, il se forme de l'acide tellureux, et la dissolution est alors précipitée par l'eau, si l'excès d'acide n'est pas trop grand.

Si l'on fond du tellure, du sulfure ou un composé oxygéné de tellure avec du CYANURE DE POTASSIUM dans un courant d'hydrogène, il se forme du cyanotellurure de potassium. La masse fondue se dissout dans l'eau, et un courant d'air précipite tout le tellure de cette dissolution (différence avec le sélénium et moyen de les séparer). — Suivant *Bunsen*, les combinaisons telluriques essayées par la voie sèche (page 29) donnent dans la flamme supérieure de réduction une couleur *bleue* terne, tandis que la région d'oxydation de la flamme qui est au-dessus paraît verte. La volatilisation n'est accompagnée d'aucun dégagement d'odeur. L'ENDUIT FORMÉ PAR LA RÉDUCTION est noir avec efflorescences brun noir : il donne une dissolution rouge carmin, si on le chauffe avec de l'acide sulfurique concentré. L'ENDUIT D'OXYDATION est blanc, peu visible, et le protochlorure d'étain le rend noir par suite de la réduction du tellure. Chauffés avec de la SOUDE sur les BAGUETTES DE CHARBON, les composés tellurés forment du tellurure de sodium qui, humecté sur de l'argent poli, produit une tache noire, et, si l'essai contient beaucoup de tellure, dégage avec l'acide chlorhydrique l'odeur de l'acide tellurhydrique, avec dépôt de tellure.

e. Oxydes du sélénium.

Le *sélénium* est assez rare et à l'état de séléniure métallique. On le trouve ordinairement dans les poussières des fours à griller et dans l'acide sulfurique de Nordhausen. Voisin du tellure et du soufre, cet élément forme en quelque sorte un passage entre les métaux et les métalloïdes. Fondu, il est noir gris ; volatil à une haute température, il peut se sublimer ; chauffé à l'air, il brûle en répandant une odeur caractéristique de radis pourris et en se transformant en acide sélénieux (SeO^2). L'acide sulfurique concentré le dissout sans l'oxyder, et en étendant d'eau le sélénium se précipite en flocons rouges. L'acide azotique et l'eau régale dissolvent le sélénium à l'état d'*acide sélénieux*. Celui-ci se transforme vers 200° en vapeurs jaune foncé, qui, en se condensant, forment des aiguilles blanches à quatre pans ; lorsqu'il est hydraté, il s'offre en cristaux semblables à ceux du salpêtre. Tous deux donnent avec l'eau une dissolution fortement acide. — Parmi les sels neutres, ceux à base alcaline sont seuls solubles dans l'eau, les solutions ont une réaction alcaline ; tous les sélénites se dissolvent facilement dans l'acide azotique, ceux de plomb et d'argent assez difficilement. — Dans les dissolutions d'acide sélénieux ou de ses sels, l'ACIDE SULFHYDRIQUE (en présence de l'acide chlorhydrique libre) donne un précipité, jaune à froid, jaune rouge à chaud de *sulfure de sélénium* (?), soluble dans le sulfhydrate d'ammoniaque. — Avec le CHLORURE DE BARYUM (après avoir neutralisé tout acide libre, s'il y en avait) on a un précipité blanc de *sélénite de baryte* soluble dans l'acide chlorhydrique ou dans l'acide azotique. — Le PROTOCHLORURE D'ÉTAIN ou l'ACIDE SULFUREUX, avec addition d'acide chlorhydrique, produit un précipité rouge de *sélénium*, qui est gris quand on opère à chaud. Le CUIVRE métallique noircit de suite quand on le plonge dans un liquide chaud chlorhydrique renfermant un peu d'acide sélénieux : si on laisse quelque temps le liquide sur le cuivre, il est coloré en rouge clair par le sélénium mis en liberté (*Reinsch*). — L'*acide sélénique* se forme quand on chauffe le sélénium ou ses composés avec un carbonate et un azotate alcalin. Le produit fondu se dissout dans l'eau, l'acide chlorhydrique ne trouble pas la dissolution limpide ; en la faisant bouillir il se dégage du chlore et l'acide sélénique se change en acide sélénieux. — Si l'on fond du sélénium ou un de ses composés avec du CYANURE DE POTASSIUM dans un courant d'hydrogène, il se forme du cyanoséléniure de potassium, duquel l'action de l'air ne sépare pas le sélénium (comme avec le tellure), mais qui n'abandonne le sélénium que par une ébullition prolongée, après addition d'acide chlorhydrique. Essayés d'après la page 29, tous les composés séléniés COLORENT LA FLAMME en bleu de bleuet : quand on les VOLATILISE et qu'on brûle les vapeurs, il se dégage une odeur fétide caractéristique : l'ENDUIT DE RÉDUCTION est rouge brique ou rouge cerise et donne avec l'acide sulfurique concentré une dissolution vert sale. L'enduit d'OXYDATION est blanc et, si on le touche avec le protochlorure d'étain, il devient rouge, à cause du sélénium mis en liberté. Avec les petites BAGUETTES DE CHARBON et la SOUDE, il se forme du séléniure de sodium, qui, humecté sur de l'argent, donne du séléniure d'argent noir et, avec les acides, de l'acide sélenhydrique.

B. RÉACTIONS DES ACIDES ET DE LEURS RADICAUX.

§ **136**. Les réactifs qui servent à reconnaître les acides se partagent, comme ceux qu'on emploie pour la recherche des bases, en *réactifs généraux* décelant les groupes et en *réactifs spéciaux* indiquant chaque acide en particulier. La formation et la délimitation des groupes sont moins faciles à établir pour les acides que pour les bases.

On partage les acides en deux groupes principaux, les acides *inorganiques* et les *acides organiques*. Nous nous appuyons, pour faire cette division, sur le caractère le plus important au point de vue analytique, sans nous arrêter aux considérations théoriques. Nous établissons en effet cette différence sur l'action de la chaleur à une haute température et nous regardons comme acides organiques tous ceux dont les sels (surtout ceux à base alcaline ou alcalino-terreuse) se décomposent au rouge avec un résidu de charbon. Cette propriété a l'avantage d'être facile à constater à la simple vue et d'indiquer avec certitude le groupe principal auquel appartient l'acide. — Les sels alcalins ou alcalino-terreux à acide organique se transforment au rouge en carbonates.

Nous donnerons d'abord, comme nous l'avons fait pour les bases, un aperçu général des acides dont nous nous occuperons dans cet ouvrage.

I. Acides inorganiques.

Premier groupe :

Section *a*. *Acide chromique* (acide sulfureux, acide hyposulfureux, acide iodique).

Section *b*, *Acide sulfurique* (acide hydrofluosilicique).

Section *c*. *Acide phosphorique, acide borique, acide oxalique, acide fluorhydrique* (acide phosphoreux).

Section *d*. *Acide carbonique, acide silicique*.

Deuxième groupe :

Chlore et acide chlorhydrique, brome et acide bromhydrique, iode et acide iodhydrique, cyanogène et acide cyanhydrique avec les *acides ferro* et *ferri-cyanhydrique, soufre* et *acide sulfhydrique* (acide azoteux, acide hypochloreux, acide chloreux, acide hypophosphoreux).

Troisième groupe :

Acide azotique, acide chlorique (acide perchlorique).

II. Acides organiques.

Premier groupe :

Acide oxalique, acide tartrique, acide citrique, acide malique (acide paratartrique).

Deuxième groupe :

Acide succinique, acide benzoïque.

Troisième groupe :

Acide acétique, acide formique (acide propionique, acide butyrique, acide lactique).

Les acides dont les noms sont écrits en caractères italiques sont ceux que l'on trouve le plus fréquemment dans les analyses de minéraux, d'eaux minérales, de cendres végétales, de produits industriels, de composés pharmaceutiques, etc. ; ceux qui sont entre parenthèses se rencontrent plus rarement.

I. ACIDES INORGANIQUES

PREMIER GROUPE.

ACIDES PRÉCIPITÉS DE LEURS DISSOLUTIONS NEUTRES PAR LE CHLORURE DE BARYUM.

§ 137. Nous partagerons ce groupe en quatre sections et nous distinguerons :

a. Les acides qui sont décomposés par l'acide sulfhydrique dans les dissolutions acides et que pour cette raison on aura déjà reconnus dans la recherche des bases, savoir : l'*acide chromique* (l'acide sulfureux, l'acide hyposulfureux, ce dernier étant déjà décomposé par l'addition de l'acide chlorhydrique dans un de ses sels, de même que l'acide iodique[1]).

b. Les acides qui ne sont pas décomposés par l'acide sulfhydrique dans les dissolutions acides et dont les composés avec la baryte sont insolubles dans l'acide chlorhydrique : l'*acide sulfurique* (l'acide hydrofluosilicique).

c. Les acides qui ne sont pas décomposés par l'acide sulfhydrique dans les solutions acides et dont les composés barytiques sont solubles dans l'acide chlorydrique sans décomposition apparente, en tant que les acides ne peuvent être complétement éliminés des solutions chlorhydriques par la chaleur ou l'évaporation ; *acide phosphorique*, *acide*

[1] Dans la première section du premier groupe des acides, il faudrait faire entrer tous les composés oxygénés ayant les caractères des acides et dont nous avons déjà parlé dans le sixième groupe des oxydes métalliques (acides de l'arsenic, de l'antimoine, du sélénium, etc.). Mais, comme l'action de l'acide sulfhydrique pourrait les faire confondre plutôt avec d'autres bases qu'avec d'autres acides, il nous a paru plus convenable de ranger parmi les oxydes métalliques ces composés qui, jusqu'à un certain point, forment le passage entre les acides et les bases.

borique, acide oxalique, acide fluorhydrique (acide phosphoreux). (Bien que l'acide oxalique dût être rangé parmi les acides organiques, on l'a placé ici parce que la décomposition de ses sels au rouge sans résidu charbonneux peut induire en erreur sur sa nature organique.)

d. Les acides qui ne sont pas décomposés par l'acide sulfhydrique dans les dissolutions acides et dont les sels de baryte sont solubles dans l'acide chlorhydrique avec élimination de l'acide : *acide carbonique, acide silicique.*

PREMIÈRE SECTION DU PREMIER GROUPE DES ACIDES INORGANIQUES.

Acide chromique (CrO^3).

§ 138. 1. L'*acide chromique* se présente en masse cristalline, rouge écarlate, ou en cristaux en aiguilles. Il se décompose au rouge en oxyde de chrome et oxygène. A l'air, il tombe rapidement en déliquescence, se dissout dans l'eau avec une couleur rouge brun foncé, appréciable même quand la dissolution est très-étendue.

2. Les *chromates* sont tous rouges ou jaunes, en grande partie insolubles dans l'eau. Plusieurs d'entre eux sont décomposés au rouge. Les chromates alcalins sont fixes, solubles dans l'eau ; les dissolutions des chromates alcalins neutres sont jaunes, celles des bichromates sont brun rouge. Les couleurs sont apparentes même quand les liqueurs sont très-étendues. La couleur jaune de la dissolution d'un sel neutre passe au brun rouge par l'addition d'un acide, par suite de la formation d'un sel acide.

3. L'ACIDE SULFHYDRIQUE agissant sur une dissolution acidifiée d'un chromate produit d'abord une coloration brunâtre, qui passe ensuite au vert à cause de la formation d'un sel de sesquioxyde de chrome, en même temps qu'il se dépose du soufre, qui rend le liquide laiteux : ($KO,2CrO^3+4.HO,SO^3+3.HS=KO,SO^3+Cr^2O^3,3SO^3+3.HO+3S$). La chaleur favorise la réaction et fait passer une partie du soufre à l'état d'acide sulfurique.

4. Le SULFHYDRATE D'AMMONIAQUE versé en excès dans un bichromate alcalin donne aussitôt un précipité vert gris brunâtre de *chromate d'oxyde de chrome* hydraté : en faisant bouillir, tout le chrome se sépare à l'état d'hydrate d'oxyde vert. Dans une solution de chromate neutre, on n'a d'abord qu'une coloration brun foncé, mais bientôt se forme le précipité vert gris brunâtre, qui devient vert par l'ébullition.

5. L'acide chromique peut être réduit à l'état d'oxyde par beaucoup d'autres réactifs, entre autres par l'ACIDE SULFUREUX, l'ACIDE CHLORHYDRIQUE concentré à chaud ou l'acide étendu avec addition d'alcool (il

se dégage du chloréthyle avec de l'aldéhyde), par le ZINC MÉTALLIQUE, et aussi en le chauffant avec l'ACIDE TARTRIQUE, l'ACIDE OXALIQUE, etc. Toutes ces réactions sont nettement caractérisées par le changement de la couleur jaune ou rouge de la dissolution, qui prend la teinte verte du sel à oxyde de chrome.

6. Le CHLORURE DE BARYUM forme dans les dissolutions aqueuses des chromates un précipité blanc jaunâtre de *chromate de baryte* (BaO, CrO^3), soluble dans l'acide chlorhydrique et l'acide azotique étendus.

7. L'AZOTATE D'ARGENT donne avec les dissolutions aqueuses des chromates un précipité rouge pourpre foncé de *chromate d'argent* (AgO,CrO^3), soluble dans l'acide azotique et l'ammoniaque; dans les dissolutions faiblement acides le précipité est du *bichromate d'argent* ($AgO, 2CrO^3$).

8. L'ACÉTATE DE PLOMB précipite dans les solutions aqueuses ou acétiques d'un chromate du *chromate de plomb* (PbO,CrO^3) jaune, soluble dans la potasse, difficilement soluble dans l'acide azotique et insoluble dans l'acide acétique. En chauffant avec un alcali le sel neutre jaune passe à l'état de sel basique rouge ($2PbO,CrO^3$).

9. Si l'on verse au-dessus d'une dissolution acide très-étendue d'EAU OXYGÉNÉE[1], (environ 6 à 8 C. C.) un peu d'éther (une couche d'un demi-centimètre de haut) et si l'on y ajoute un liquide contenant un chromate, la dissolution d'eau oxygénée se colore en beau bleu. En retournant plusieurs fois, mais sans agiter, le tube fermé avec le pouce, la dissolution devient incolore et c'est l'éther qui devient bleu. Ce dernier phénomène est très-caractéristique. La coloration est encore appréciable avec une partie de chromate de potasse dans 40,000 parties d'eau (*Storer*); la présence de l'acide vanadique diminue beaucoup la sensibilité (*Werther*). Suivant toute probabilité, cette couleur bleue est produite par une combinaison d'acide chromique et d'eau oxygénée. Au bout de quelque temps l'acide chromique est réduit, et la coloration de l'éther disparaît.

10. En fondant des chromates insolubles avec du CARBONATE et de l'AZOTATE DE SOUDE, puis traitant la masse par l'eau, on a une dissolution colorée en jaune par les chromates alcalins formés et qui devient rouge brun par addition d'un acide. Les oxydes restent purs ou à l'état de carbonates, à moins qu'ils ne soient solubles dans la soude provenant de la décomposition de l'azotate alcalin.

[1] On prépare très-facilement une dissolution d'eau oxygénée, en broyant avec un peu d'eau un morceau de bioxyde de baryum gros comme un pois et en portant le tout, en agitant, dans un mélange d'environ 30 C. C. d'acide chlorhydrique et 120 C. C. d'eau. La dissolution peut se garder assez longtemps sans se décomposer. Si l'on n'avait pas de bioxyde de baryum, on pourrait employer le bioxyde de sodium impur qui se produit dans la combustion du sodium à l'air. On chauffe un peu de sodium dans une petite capsule en porcelaine, jusqu'à ce qu'il s'enflamme et on le laisse brûler tranquillement.

11. Les chromates se comportent comme les sels de chrome avec le SEL DE PHOSPHORE et le BORAX dans la flamme du chalumeau.

12. On peut reconnaître très-peu d'acide chromique dans une dissolution aqueuse par l'un des moyens suivants : on ajoute au liquide légèrement acidulé par de l'acide sulfurique un peu de TEINTURE DE GAYAC (1 partie de résine pour 100 parties d'alcool à 60 pour 100) ; il en résulte une coloration bleu intense, qui disparaît bientôt lorsqu'il n'y a que des traces d'acide chromique (*H. Schiff.*) — Ou bien, dans la dissolution d'un chromate alcalin aussi neutre que possible, on verse un peu d'une décoction aqueuse étendue de bois de campêche; il se forme aussitôt une coloration noir intense, s'il n'y a que très-peu du sel le liquide se colore seulement en violet rouge. (*B. Wildestein.*)

Comme l'acide sulfhydrique réduit l'acide chromique à l'état de sesquioxide de chrome, on le trouve toujours dans la marche de l'analyse, quand on cherche les bases. En outre on le reconnaît facilement à la couleur intense des liquides contenant des chromates, à la réaction de l'eau oxygénée et aux précipités caractéristiques qu'il donne avec les sels de plomb et avec ceux d'argent. Pour reconnaître des traces de chrome, comme il y en a dans certains minéraux, par exemple la serpentine, on peut faire usage des réactions du numéro 12, après avoir fondu la matière à essayer avec un carbonate et un azotate alcalin.

ACIDES PLUS RARES DE LA PREMIÈRE SECTION.

a. **Acide sulfureux** (SO^2).

§ **139.** L'*acide sulfureux* est un gaz incolore, non combustible, ayant une odeur forte de soufre brûlé. Il se dissout en assez grande quantité dans l'eau : la dissolution à l'odeur du gaz, rougit le tournesol, décolore le papier de Fernambouc ; à l'air elle absorbe l'oxygène et se transforme en acide sulfurique. Les sulfites sont incolores. Ceux à base alcaline sont seuls facilement solubles dans l'eau ; ceux qui sont difficilement solubles ou insolubles se dissolvent dans l'eau chargée d'acide sulfureux, d'où ils se précipitent par l'ébullition. — Tous les sels traités par l'ACIDE SULFURIQUE ou l'ACIDE CHLORHYDRIQUE dégagent de l'acide sulfureux; la DISSOLUTION AQUEUSE DE CHLORE dissout la plupart des sulfites à l'état de sulfates. Le CHLORURE DE BARYUM précipite les sels neutres, mais pas l'acide libre ; le précipité se dissout dans l'acide chlorhydrique. L'ACIDE SULFHYDRIQUE décompose l'acide libre ; il se forme de l'eau, de l'acide pentathionique et du soufre libre, qui se dépose. Dans une dissolution contenant de l'acide sulfurique, après avoir ajouté un volume égal d'acide chlorhydrique, on met un fil de cuivre bien décapé et on chauffe à l'ébullition : s'il y a beaucoup d'acide sulfureux, le cuivre devient noir, comme couvert de suie ; s'il y a peu d'acide sulfureux, la surface devient seulement mate et perd son éclat. (*H. Reinsch.*) — Si l'on dégage de l'hydrogène avec du ZINC exempt de soufre ou de l'ALUMINIUM et de l'ACIDE CHLORHYDRIQUE, et si l'on met des traces d'acide sulfureux ou d'un sulfite dans le flacon, il se dégage aussitôt avec l'hydrogène de l'acide sulfhydrique, en sorte que le gaz colore et précipite en noir une dissolution d'acétate de plomb, additionnée de lessive de soude jusqu'à redissolution du précipité. — L'acide sulfureux est un puissant agent de réduction; il réduit l'acide chromique, l'acide permanganique, le bichlorure de mercure (qu'il ramène à l'état de protochlorure); il décolore l'iodure d'amidon, précipite en bleu un mélange de prussiate rouge et de perchlorure de fer, etc. — Avec une dissolution chlorhydrique de PROTOCHLORURE D'ÉTAIN, il se forme au bout de quelque temps un précipité brun de *sulfure d'étain*. — A une dissolution aqueuse d'un sulfite alcalin, additionnée d'acide acétique jusqu'à acidité, si l'on ajoute très-peu de NITROPRUSSIATE DE SOUDE et une quantité relativement plus grande de SULFATE DE ZINC, il se produit une coloration rouge, si la quantité de sulfite n'est pas trop faible; si le sulfite est en trop faible proportion, il ne se forme aucune coloration, mais elle se développe aussitôt qu'on ajoute un peu d'une solution de prussiate jaune de potasse. Si la quantité de sulfite n'est pas trop faible, l'addition du prussiate produit un précipité rouge pourpre (*Bœdeker*). Les hyposulfites alcalins ne donnent pas cette réaction.

b. **Acide hyposulfureux** (S^2O^2).

Il n'existe pas à l'état libre. Ses sels sont pour la plupart solubles dans l'eau; presque toutes les dissolutions peuvent bouillir sans décomposition; l'hyposulfite de chaux se décompose dans cette circonstance en sulfite et en soufre. Si l'on ajoute de l'ACIDE SULFURIQUE ou de l'ACIDE CHLORHYDRIQUE à une dissolution d'un hyposulfite, le liquide reste d'abord limpide et inodore, mais bientôt — et d'autant plus vite que la concentration est plus grande — il devient de plus en plus trouble, en même temps que l'odeur de l'acide sulfureux se développe. La chaleur favorise cette décomposition. — L'AZOTATE D'ARGENT donne un précipité blanc d'*hyposulfite d'argent*, soluble dans un excès du précipitant; au bout de peu de temps — mais presque de suite à chaud — ce précipité devient noir, en se transformant en sulfure d'argent et acide sulfurique. — L'hyposulfite de soude dissout le chlorure d'argent; en ajoutant un acide à la dissolution, elle reste d'abord claire; plus tard — de suite à l'ébullition — elle laisse déposer du sulfure d'argent. — Le CHLORURE DE BARYUM donne un précipité blanc, soluble dans beaucoup d'eau, surtout d'eau chaude, décomposable par l'acide chlorhydrique. — Le PERCHLORURE DE FER colore en violet rouge les solutions des hyposulfites alcalins (différence avec les sulfites); en abandonnant la liqueur, elle se décolore par suite de la réduction du perchlorure en protochlorure : la décoloration est plus prompte à chaud. — La dissolution acide d'ACIDE CHROMIQUE est aussitôt réduite par les hyposulfites et la dissolution d'IODURE D'AMIDON aussitôt décolorée. — Avec le ZINC ou l'ALUMINIUM et l'ACIDE CHLORHYDRIQUE, les hyposulfites se comportent comme les sulfites.

Si l'on avait à rechercher un sulfite et un hyposulfite alcalin en présence d'un sulfure alcalin, comme c'est souvent le cas, on ajouterait du sulfate de zinc à la dissolution jusqu'à ce que tout le sulfure soit décomposé; on séparerait le sulfure de zinc par filtration, puis, dans une partie du liquide filtré, on chercherait l'acide hyposulfureux au moyen d'un acide, et dans une autre portion on chercherait l'acide sulfureux avec le nitro-prussiate de soude, etc.

c. **Acide iodique** (IO^5).

Il est blanc, en tables hexagonales, facilement soluble dans l'eau et se décompose à une chaleur modérée en vapeur d'iode et en oxygène. Les iodates sont décomposés au rouge, soit en oxygène et en iodures, soit en iode, oxygène et oxydes métalliques; ceux à base alcaline se dissolvent facilement dans l'eau. Le CHLORURE DE BARYUM donne avec les iodates alcalins un précipité blanc d'*iodate de baryte*, soluble dans l'acide azotique; l'AZOTATE D'ARGENT donne un précipité blanc d'*iodate d'argent*, en grains cristallins, facilement soluble dans l'ammoniaque et pas dans l'acide azotique. L'ACIDE SULFHYDRIQUE précipite de l'*iode* — avec dépôt de soufre — dans une dissolution d'acide iodique, puis cet iode se dissout ensuite à l'état d'acide iodhydrique; un excès d'hydrogène sulfuré décolore le liquide, car l'iode se change en acide iodhydrique avec un nouveau dépôt de soufre. L'acide iodique combiné aux bases est aussi décomposé par l'acide sulfhydrique. — L'ACIDE SULFUREUX précipite de l'*iode*, qui passe aussi à l'état d'acide iodhydrique par l'action d'un excès d'acide sulfureux.

DEUXIÈME SECTION DU PREMIER GROUPE DES ACIDES INORGANIQUES.

Acide sulfurique (SO^3).

§ **140**. 1. L'*acide sulfurique anhydre* est une masse blanche, cristalline, sous forme de barbes de plumes, répandant à l'air des fumées abondantes; l'acide *concentré* (acide hydraté, qui renferme un peu plus d'eau que ce qui correspond à la formule SO^3,HO) est un liquide incolore, de consistance oléagineuse. Tous deux carbonisent les matières organiques. Ils se mélangent à l'eau en toutes proportions, avec une élévation notable de température; — l'acide anhydre produit le bruissement d'un fer rouge qu'on plonge dans l'eau froide.

2. Les sulfates neutres sont facilement solubles dans l'eau, excepté les sulfates de baryte, de strontiane, de chaux et de plomb. Les sulfates basiques des métaux lourds, insolubles dans l'eau, se dissolvent tous dans l'acide chlorhydrique et dans l'acide azotique. La plupart des sulfates sont incolores ou blancs. Les sulfates alcalins sont indécomposables au rouge, les autres se comportent différemment à cette haute température : plusieurs ne sont pas décomposés, d'autres le sont difficilement, d'autres enfin le sont facilement.

3. Le CHLORURE DE BARYUM donne, dans les dissolutions d'acide sulfurique ou d'un sulfate même on ne peut pas plus étendues, un précipité fin, pulvérulent, lourd, blanc, de *sulfate de baryte* (BaO,SO^3), insoluble dans l'acide chlorhydrique étendu et dans l'acide azotique. Dans

les liquides très-étendus il ne se dépose qu'au bout d'un temps assez long. Les acides concentrés et les dissolutions concentrées de beaucoup de sels diminuent la sensibilité de la réaction.

4. L'ACÉTATE DE PLOMB précipite du *sulfate de plomb* (PbO,SO^3), lourd, blanc, difficilement soluble dans l'acide azotique étendu, complétement soluble dans l'acide chlorhydrique concentré bouillant.

5. Les sulfates alcalino-terreux insolubles dans l'eau et les acides, fondus avec les CARBONATES ALCALINS, se transforment en *carbonates*, sauf le sulfate de plomb qui se change en *oxyde pur*; en même temps il se fait un sulfate alcalin. — Maintenus en digestion, surtout aussi à l'ébullition, avec une dissolution concentrée d'un carbonate alcalin, les sulfates alcalino-terreux et le sulfate de plomb se transforment en carbonates insolubles et en sulfates alcalins solubles (*V.* §§ **95**, **96**, **97**).

6. Si l'on fond un sulfate avec de la SOUDE sur le charbon à la flamme intérieure du chalumeau ou sur les baguettes de charbon sodé (page 30), l'acide sulfurique est réduit, et il se fait du sulfure de sodium, que l'on reconnaît à l'odeur d'acide sulfhydrique qui se dégage, si l'on humecte l'essai et les parties du charbon dans lesquelles la masse fondue a pénétré et si l'on ajoute un peu d'acide. Si l'on met cet essai humecté sur une lame polie d'argent (une pièce de monnaie), il se forme bientôt une tache noire de sulfure d'argent, qui ne pourrait offrir de doute que si l'on pensait qu'il pût y avoir du tellure ou du sélénium.

REMARQUES. —L'acide sulfurique est, de tous les acides, le plus facile à reconnaître au moyen de la réaction caractéristique et très-sensible des sels de baryte. Il faut toutefois bien se garder de confondre le sulfate de baryte avec les précipités de chlorure de baryum et surtout d'azotate de baryte, qui se produisent quand on verse des dissolutions de ces sels dans des liqueurs contenant beaucoup d'acide chlorhydrique ou d'acide azotique libre. Ces précipités disparaissent aussitôt qu'on étend d'eau ces liquides acides et sont dès lors faciles à distinguer du sulfate de baryte. — Il faut donc, quand on cherche l'acide sulfurique avec le chlorure de baryum, ne pas oublier d'étendre suffisamment les liqueurs; on ajoutera aussi un peu d'acide chlorhydrique pour neutraliser l'influence de certains sels, par exemple des citrates alcalins, et on abandonnera le liquide plusieurs heures à une douce chaleur, si l'on veut découvrir des traces d'acide sulfurique. On trouvera le sulfate de baryte déposé au fond du vase. Si l'on avait quelque doute sur la nature du précipité formé par le chlorure de baryum, en présence de l'acide chlorhydrique libre, en l'essayant d'après le n° 6 toute incertitude disparaîtrait. S'il fallait avec le chlorure de baryum déceler de petites quantités d'acide sulfurique dans un liquide renfermant beaucoup d'acide chlorhydrique ou d'acide azotique libre, il faudrait d'abord enlever la plus grande partie de ces derniers par évaporation ou neutraliser avec un alcali. — Pour découvrir l'acide sulfurique libre en présence d'un sulfate, on additionne le liquide à essayer d'un peu de sucre de canne et on évapore à siccité à 100° dans une petite capsule en porcelaine. S'il y avait de l'acide libre, le résidu serait noir, ou vert noirâtre s'il y avait peu d'acide. Les autres acides libres ne décomposent pas le sucre de canne dans cette circonstance.

Acide hydrofluosilicique (HFl, $SiFl^2$).

§ **141**. Liquide fortement acide : évaporé dans le platine, il se volatilise complétement en se transformant en fluorure de silicium et acide fluorhydrique ; évaporé dans une capsule en verre, il l'attaque en formant avec les bases du verre de l'eau et des fluosiliciures métalliques, en grande partie solubles dans l'eau rougissant le tournesol et se décomposant au rouge en fluorure métallique et en fluorure de silicium. L'acide hydrofluosilicique donne un précipité cristallin avec le CHLORURE DE BARYUM (§ **95**, 6), mais n'est pas précipité par le chlorure de strontium et l'acétate de plomb. Les SELS DE POTASSE précipitent de l'*hydrofluosilicate de potasse* gélatineux, transparent; l'AMMONIAQUE en excès précipite de l'*acide silicique hydraté*, en même temps qu'il se fait du *fluorhydrate d'ammoniaque*. Si l'on chauffe un fluosilicate métallique avec de l'ACIDE SULFURIQUE concentré, il se dégage de l'acide fluorhydrique et du fluorure de silicium gazeux, répandant à l'air d'épaisses fumées blanches ; si l'on fait l'expérience dans un vase en platine recouvert avec une lame de verre, celle-ci est rongée (§ **145**, 5) : le résidu est formé des sulfates correspondant aux fluosiliciures.

TROISIÈME SECTION DU PREMIER GROUPE DES ACIDES INORGANIQUES.

a. **Acide phosphorique** (PhO^5).

§ **142**. 1. Le *phosphore* est un corps solide, incolore, d'un aspect gras, translucide et de densité 1,84. Il est très-vénéneux, fond à 44°,3 et bout à 290°. Sous l'influence de la lumière, le phosphore conservé sous l'eau devient d'abord jaune, puis rouge, et se couvre enfin d'une croûte blanche. Mis au contact de l'air, à la température ordinaire, le phosphore répand une odeur désagréable, très-caractéristique, en émettant des fumées blanches, lumineuses dans l'obscurité. — Elles sont formées par l'oxydation de la vapeur de phosphore et consistent en acide phosphorique et acide phosphoreux. Si l'air est humide, il se produit en même temps de l'ozone, de l'eau oxygénée et de l'azotite d'ammoniaque. — Le phosphore s'enflamme très-facilement et brûle avec une flamme éclatante en se changeant en acide phosphorique, qui se répand dans l'air sous forme de fumée blanche. Par l'action prolongée de la lumière ou d'une température de 250°, le phosphore se transforme en phosphore rouge, appelé aussi phosphore amorphe. A cet état il ne s'altère pas à l'air, n'est plus lumineux, est bien moins inflammable et a pour densité 2,1. — L'acide azotique et l'eau régale dissolvent très-facilement le phosphore à chaud. Les dissolutions contiennent au commencement de l'acide phosphoreux mêlé à l'acide phosphorique. L'acide chlorhydrique est sans action. Si l'on fait bouillir le phosphore avec une lessive de potasse ou de soude ou avec du lait de chaux, il se forme des hypophosphites et des phosphates, en même temps qu'il se dégage de l'hydrogène phosphoré spontanément inflammable. Si l'on met une substance contenant du phosphore non oxydé au fond d'un ballon, que l'on suspende dans le col avec un bouchon fermant incomplétement une petite bandelette de papier trempée dans du nitrate d'argent et que l'on chauffe vers 30° à 40°, la bande de papier se colore en noir, même pour de très-petites quantités de phosphore, par suite de l'action réductrice de la vapeur de phosphore. La réaction terminée, si l'on fait bouillir avec de l'acide chlorhydrique la partie non décomposée du sel d'argent, que l'on filtre et concentre autant que possible au bain-marie, on pourra dans le résidu reconnaître l'acide phosphorique à ses réactions (*J. Scherer*). Il faut toutefois ne pas oublier que la coloration en noir des sels d'argent peut être produite par l'acide sulfhydrique, l'acide formique, les produits volatils des putréfactions, etc.; de même que la présence de l'acide phosphorique dans la bande de papier n'aura de valeur qu'autant qu'on aura démontré que le papier à filtre employé était primitivement exempt d'acide phosphorique.—On verra au § 221 les phénomènes que présente le phosphore lorsqu'on le fait bouillir avec de l'acide sulfurique étendu et lorsqu'on l'introduit dans un appareil à hydrogène monté avec du zinc et de l'acide sulfurique étendu.

2. L'*acide phosphorique anhydre* est blanc, semblable à la neige, très-déliquescent à l'air; il produit au contact de l'eau le bruissement d'un fer rouge et se dissout dans l'eau. Il forme avec cette dernière et avec les bases trois séries de composés, savoir : avec 3 équivalents d'eau ou de base, l'acide phosphorique hydraté ordinaire ou les phosphates ordinaires; avec 2 équivalents d'eau ou de base, l'acide pyrophosphorique ou les pyrophosphates; avec 1 équivalent d'eau ou de base, l'acide métaphosphorique ou les métaphosphates. Comme dans la nature et les analyses on ne rencontre que les composés phosphoriques tribasiques, nous ne nous occuperons en détail que de ceux-ci et nous ne dirons que quelques mots des acides bibasique et monobasique.

3. L'*hydrate d'acide phosphorique ordinaire* ($3HO,PhO^5$) forme des cristaux transparents, déliquescents, se transformant rapidement à l'air en une dissolution sirupeuse, sans causticité. Sous l'action de la chaleur, suivant que 1 ou 2 équivalents d'eau sont éliminés, il se change en

acide pyrophosphorique ou métaphosphorique. Chauffé dans une capsule en platine ouverte, l'hydrate d'acide phosphorique, lorsqu'il est pur, se volatilise complétement sous forme de fumées blanches, mais toutefois difficilement.

4. Les *phosphates tribasiques* à bases fixes ne sont pas décomposés par la chaleur; mais, s'ils renferment 1 équivalent d'eau basique ou d'ammoniaque, ils se changent en pyrophosphates, et s'ils en renferment 2 équivalents, ils se transforment en métaphosphates. — Parmi les phosphates tribasiques neutres, il n'y a que ceux à bases alcalines qui soient solubles dans l'eau : les dissolutions ont une réaction alcaline. Si l'on fond un pyrophosphate ou un métaphosphate avec du carbonate de soude, la masse contient toujours l'acide phosphorique à l'état tribasique.

5. Le CHLORURE DE BARYUM, dans les dissolutions aqueuses des phosphates alcalins neutres ou basiques, mais non pas dans celle de l'hydrate d'acide phosphorique, forme un précipité blanc de *phosphate de baryte* ($2BaO,HO,PhO^5$ ou $3BaO, PhO^5$)[1], soluble dans l'acide chlorhydrique et dans l'acide azotique, mais difficilement dans le chlorhydrate d'ammoniaque.

6. La solution de SULFATE DE CHAUX avec les phosphates neutres ou alcalins, mais non pas avec l'hydrate, donne un précipité blanc de *phosphate de chaux* ($2CaO,HO,PhO^5$ ou $3CaO,PhO^5$), facilement soluble dans les acides, même dans l'acide acétique. Le sel ammoniac le dissout également.

7. Le SULFATE DE MAGNÉSIE produit dans les dissolutions concentrées des phosphates alcalins neutres, souvent après un temps assez long, un précipité blanc de *phosphate de magnésie* ($2MgO,HO,PhO^5+14Aq$); si l'on opère à la température de l'ébullition, il se fait aussitôt un précipité de sel basique ($3MgO,PhO^5+5Aq$). Ce dernier se forme encore quand on ajoute du sulfate de magnésie à un phosphate alcalin basique. — Si, à une dissolution d'acide phosphorique libre ou combiné à un alcali, on ajoute du SULFATE DE MAGNÉSIE, additionné d'assez de sel ammoniac pour n'être pas précipité par l'ammoniaque qu'on y versera en excès, il se produit, même avec des dissolutions très-étendues, un précipité blanc, cristallin, de *phosphate basique ammoniaco-magnésien* ($2MgO,AzH^4O,PhO^5+12Aq$), qui se rassemble facilement au fond du vase. Il est insoluble dans l'ammoniaque, presque insoluble dans le chlorhydrate d'ammoniaque, mais il est facilement dissous par les acides, même par l'acide acétique. Souvent on ne le voit qu'au bout de quelque temps, l'agitation favorise sa formation (voir plus haut, § **98**,

[1] Le précipité a la première composition si le phosphate alcalin est à 2 équivalents, et la seconde s'il est à 3 équivalents de base fixe ou d'ammoniaque.

8). Cette réaction n'est caractéristique qu'autant qu'il n'y a pas dans les liquides d'acide arsénique (§ **133**, 9).

8. L'AZOTATE D'ARGENT précipite dans les dissolutions des phosphates alcalins neutres et basiques du *phosphate d'argent* ($3AgO,PhO^5$), jaune clair, soluble dans l'acide azotique et dans l'ammoniaque. Si la dissolution contient un phosphate basique, le liquide au milieu duquel est suspendu ce précipité est neutre au papier réactif; si c'est un sel neutre qui est dissous, ce liquide a une réaction acide, parce que dans ce cas l'acide azotique, en échange des 3 équivalents d'oxyde d'argent qu'il donne à l'acide phosphorique, n'en reçoit que 2 équivalents d'alcali et 1 d'eau (et ce dernier n'enlève pas les propriétés acides).

9. A un liquide contenant de l'acide phosphorique et de l'acide chlorhydrique ou azotique en *très-petit* excès, si l'on ajoute assez d'acétate de soude, puis une goutte de PERCHLORURE DE FER, il se forme un précipité blanc jaunâtre, floconneux, gélatineux de *phosphate de fer* (Fe^2O^3, PhO^5+4Aq). — Il faut éviter un excès de perchlorure de fer, parce qu'il se formerait de l'acétate de peroxyde de fer (de couleur rouge), dans lequel le précipité n'est pas insoluble. — Cette réaction est importante pour découvrir l'acide phosphorique dans les phosphates alcalino-terreux, mais elle n'a de valeur qu'autant qu'il n'y a pas d'acide arsénique, car celui-ci se comporte absolument de la même manière. Si l'on veut séparer tout l'acide phosphorique à l'état de phosphate de fer, on ajoute assez de perchlorure de fer pour que la dissolution devienne rouge, on fait bouillir (ce qui précipite tout le peroxyde de fer partie à l'état de phosphate, partie à l'état d'acétate basique) et on filtre chaud. Dans la liqueur filtrée, on a maintenant les terres alcalines à l'état de chlorures. Si l'on veut par cette réaction chercher l'acide phosphorique en présence de beaucoup de peroxyde de fer, on fait bouillir la dissolution chlorhydrique avec du sulfite de soude, jusqu'à décoloration (réduction du perchlorure en protochlorure), on ajoute du carbonate de soude, jusqu'à ce que le liquide soit presque neutre, puis de l'acétate de soude et enfin une goutte de perchlorure de fer. (Le motif pour lequel on opère ainsi, c'est que l'acétate de protoxyde de fer ne dissout pas le phosphate de peroxyde de fer.)

10. Si l'on met dans un petit tube à essais quelques centimètres cubes de la dissolution de MOLYBDATE D'AMMONIAQUE dans l'acide azotique (§ **52**) et qu'on y ajoute un peu d'un liquide contenant de l'acide phosphorique à l'état acide ou neutre, on obtient, de suite si la quantité d'acide phosphorique est notable, ou au bout de quelque temps et à froid, un précipité pulvérulent, fin, jaune clair, qui se dépose bientôt au fond du tube et sur ses parois. Pour des quantités excessivement petites d'acide phosphorique, par exemple 0,00002 gr., la réaction ne se produit qu'au bout de quelques heures et aussi en chauffant un peu, mais pas au delà

de 40°. Le liquide qui surnage le précipité est incolore, s'il n'y a pas, bien entendu, de matière colorante étrangère. Il ne faut jamais mettre un volume du liquide dans lequel on essaye l'acide phosphorique plus grand que le volume de la dissolution molybdique et ne pas considérer une simple coloration jaune comme indiquant la présence de l'acide phosphorique.

Le précipité jaune contient de l'*acide molybdique*, de l'*ammoniaque*, de l'*eau* et un peu (3 pour 100) d'*acide phosphorique*. Comme il n'est insoluble dans les acides étendus qu'en présence d'un excès d'acide molybdique, il ne peut pas se former s'il y a un excès d'acide phosphorique, circonstance qu'il ne faut pas oublier : certaines substances organiques, par exemple l'acide tartrique, empêchent aussi la précipitation. Lorsqu'il est déposé, le précipité se reconnaît également bien au milieu d'un liquide fortement coloré. — Si on le lave avec la dissolution molybdique employée à le former, qu'on le dissolve dans l'ammoniaque et qu'on ajoute un mélange de sulfate de magnésie, de sel ammoniac et d'ammoniaque, il se forme du phosphate ammoniaco-magnésien.

En opérant comme nous l'avons indiqué, l'acide phosphorique ne pourra être confondu avec aucun autre acide, car l'acide arsénique avec la dissolution molybdique ne donne pas de précipité *à froid*, mais seulement à chaud et même à l'ébullition (le liquide surnageant paraît jaune) : l'acide silicique ne produit à froid aucune réaction, en chauffant il y a une forte coloration jaune, mais pas de précipité.

11. Si dans une cuiller ou un creuset en platine on fond une substance contenant un phosphate (ou un phosphure) finement pulvérisée et intimement mélangée avec 5 parties d'un mélange de 3 parties de carbonate de soude, 1 partie de salpêtre et 1 partie d'acide silicique, qu'on fasse bouillir dans l'eau, qu'on décante le liquide, qu'on y ajoute du carbonate d'ammoniaque, qu'on fasse de nouveau bouillir et qu'on filtre pour séparer la silice précipitée, on n'a plus dans la dissolution qu'un phosphate alcalin qu'on pourra reconnaître par les réactions 7, 8, 9 ou 10.

12. On introduit la substance contenant de l'acide phosphorique, après l'avoir calcinée et pulvérisée, dans un petit tube de verre de la grosseur d'un fétu de paille fermé par un bout ; on y ajoute un morceau de fil de magnésium long d'environ 1 centimètre (ou un morceau de sodium) qui doit être recouvert par l'essai chauffé : il se produit avec une vive lumière du phosphure de magnésium (ou de sodium) et le contenu noir du tube mouillé avec de l'eau dégage dès lors l'odeur caractéristique de l'hydrogène phosphoré. (*Winkelblech. Bunsen.*)

13. Le BLANC D'ŒUF n'est précipité ni par l'acide phosphorique tribasique, ni par une dissolution d'un phosphate tribasique additionnée d'acide acétique.

APPENDICE.

α. Acide phosphorique bibasique.

§ **143**. La dissolution de l'hydrate $2HO,PhO^5$ se transforme par l'ébullition en $3HO,PhO^5$. Les dissolutions des sels peuvent supporter la chaleur sans se décomposer; mais si on les fait bouillir avec des acides forts, l'acide passe à la modification tribasique. Si l'on fond les sels avec un excès de carbonate de soude, ils se changent en phosphates tribasiques. — Les pyrophosphates neutres à bases alcalines sont seuls solubles dans l'eau; les sels acides (par exemple, NaO,HO,PhO^5) passent au rouge à l'état de métaphosphates (NaO,PhO^5). — Le CHLORURE DE BARYUM ne précipite pas l'acide libre; avec les sels il donne un précipité blanc de pyrophosphate de baryte ($2BaO,PhO^5$), soluble dans l'acide chlorhydrique. — L'AZOTATE D'ARGENT précipite dans la dissolution de l'acide hydraté, surtout après addition d'un alcali, du *pyrophosphate d'argent* ($2AgO,PhO^5$) blanc, terreux, soluble dans l'acide azotique et dans l'ammoniaque. — Le SULFATE DE MAGNÉSIE précipite du *pyrophosphate de magnésie* ($2MgO,PhO^5$). Le précipité se dissout dans un excès de phosphate comme dans un excès de sulfate de magnésie. L'ammoniaque ne le précipite pas de ces dissolutions, mais il s'en dépose par l'ébullition (cela permet de reconnaître l'acide pyrophosphorique qui se trouve avec l'acide phosphorique tribasique). — Si dans une dissolution pas trop étendue d'un pyrophosphate alcalin on verse une dissolution concentré de CHLORURE COLBATHEXAMINIQUE (chlorluteocobaltiaque)[1], il se produit aussitôt un précipité de paillettes brillantes jaune rougeâtre pâle (différence avec l'acide phosphorique tribasique et l'acide monobasique). (*C. Braun.*) — Le BLANC D'ŒUF n'est coagulé ni par l'acide libre, ni par les pyrophosphates additionnés d'acide acétique. — Le MOLYBDATE D'AMMONIAQUE avec l'acide azotique ne donne pas de précipité.

β. Acide phosphorique monobasique.

On connaît jusqu'à présent cinq espèces de phosphates monobasiques et on a préparé presque tous les acides hydratés correspondants. Nous n'indiquerons pas ici les réactions particulières à chacune de ces variétés, nous dirons seulement que tous les acides phosphoriques monobasiques se distinguent des acides bibasique et tribasique, parce qu'ils coagulent immédiatement le BLANC D'ŒUF, ce que font aussi les dissolutions des sels après addition d'acide acétique. — Les hydrates et les sels, qui sont précipités par le NITRATE D'ARGENT, le sont en blanc. — Avec le SULFATE DE MAGNÉSIE, le chlorhydrate d'ammoniaque et l'ammoniaque, il ne se forme rien ou un précipité soluble dans le chlorhydrate d'ammoniaque. — Tous les phosphates monobasiques, fondus avec le carbonate de soude, se changent en phosphates tribasiques.

[1] Ce réatif s'obtient sous forme de cristaux jaunes, $Co^2Cl^3,6AzH^3$, en abandonnant une solution ammoniacale de sesquichlorure de cobalt avec un excès de chlorhydrate d'ammoniaque.

b. **Acide borique** (BO^3).

§ **144.** 1. L'*acide borique* anhydre est une masse vitreuse, incolore, fusible au rouge, indécomposable par la chaleur; — hydraté (HO,BO^3), c'est une masse blanche poreuse; — cristallisé, ce sont des lamelles comme de petites écailles. Il se dissout dans l'eau et dans l'alcool. En évaporant les dissolutions, la vapeur d'eau ou d'alcool entraîne beaucoup d'acide borique. Ces dissolutions rougissent le tournesol et brunissent un peu le papier de curcuma, et celui-ci, fortement desséché, devient rouge brun. Les *borates* sont indécomposables au rouge; ceux à base alcaline sont seuls solubles dans l'eau. Les dissolutions des borates alcalins sont incolores; toutes, même celles des sels acides, ont une réaction alcaline.

2. Le CHLORURE DE BARYUM produit dans les dissolutions pas trop étendues des borates alcalins un précipité de *borate de baryte* blanc, soluble dans les acides et dans les sels ammoniacaux, dont la formule est BaO,BO^3+Aq avec les borates neutres et $3BaO,5BO^3+6Aq$ avec les borates acides. (*H. Rose.*)

3. L'AZOTATE D'ARGENT, avec les dissolutions concentrées des borates alcalins neutres, donne un précipité blanc, légèrement jaunâtre à cause d'un peu d'oxyde d'argent libre (AgO,BO^3+HO), tandis qu'avec les borates acides concentrés le précipité ($3AgO,4BO^3$) est blanc. — Les solutions étendues des borates alcalins forment avec l'azotate d'argent un précipité brun gris d'oxyde d'argent. (*H. Rose.*) Tous ces précipités se dissolvent dans l'acide azotique et dans l'ammoniaque.

4. Si, dans une dissolution très-concentrée et chaude d'un borate alcalin, on verse de l'ACIDE SULFURIQUE étendu ou de l'ACIDE CHLORHYDRIQUE, il se dépose par le refroidissement de l'*acide borique* en paillettes cristallines, brillantes.

5. Si l'on ajoute à de l'ALCOOL de l'acide borique libre ou un borate, et dans ce dernier cas avec de l'acide sulfurique concentré pour mettre l'acide borique en liberté, la flamme de l'alcool allumé est colorée en *vert jaunâtre*, parce que, surtout en agitant, l'acide borique emporté par la vapeur d'alcool est porté au rouge dans la flamme. La réaction est surtout bien sensible lorsque l'on chauffe la petite capsule contenant le mélange, que l'on enflamme l'alcool, qu'on le laisse brûler quelque temps et qu'on l'éteint pour le rallumer ensuite. Alors, aussitôt que la flamme se produit, ses bords paraissent verts, quand même l'acide borique serait en quantité trop minime pour produire une coloration à la manière ordinaire. — *Il faut ajouter de l'acide sulfurique concentré et n'en pas mettre trop peu.* — Comme les sels de cuivre colorent aussi la flamme en vert, il faut préalablement les éliminer par l'acide sulfhydrique. La présence des chlorures métalliques pourrait

aussi induire en erreur, parce que le chlorure d'éthyle donne à la flamme une teinte verte.

6. Dans une dissolution d'acide borique, ou dans une dissolution d'un borate alcalin ou alcalino-terreux additionnée d'acide chlorhydrique jusqu'à réaction acide faible, mais nette, si l'on plonge la moitié d'une bande de PAPIER DE CURCUMA, et si on la sèche (sur un verre de montre) à 100°, la moitié plongée prend une teinte *rouge* caractéristique. (*H. Rose.*)

Cette réaction est fort sensible. Il ne faut pas confondre cette couleur rouge particulière avec la coloration d'un brun noir que prend le papier de curcuma humecté avec de l'acide chlorhydrique assez concentré, puis séché, ni avec la teinte rouge brun que le perchlorure de fer ou la solution chlorhydrique de molybdate d'ammoniaque ou de zircone communique de suite au papier de curcuma ou mieux encore après la dessiccation. — En humectant le papier de curcuma coloré en rouge par l'acide borique avec une dissolution d'un alcali carbonaté, la couleur passe au noir bleu ou au noir vert ; mais un peu d'acide chlorhydrique ramène aussitôt la teinte rouge brun. (*Vogel, H. Ludwig.*)

7. En mettant une substance contenant de l'acide borique et réduite en poudre fine, additionnée d'une goutte d'eau, avec un flux formé de 4 1/2 parties de bisulfate de potasse et 1 partie de spathfluor en poudre fine et exempt d'acide borique, en plaçant cette pâte à l'œilleton d'un fil de platine et la chauffant dans l'enveloppe extérieure de la flamme de *Bunsen* ou à la pointe de la flamme interne du chalumeau, il se dégage du fluorure de bore, qui colore la flamme en vert, mais seulement pendant quelques instants. Avec les combinaisons facilement décomposables, la réaction se produit tout simplement en humectant l'essai avec de l'acide hydrofluosilicique et le portant dans la flamme.

8. L'acide borique et les borates fondus avec le carbonate de soude et introduits dans la flamme de l'APPAREIL SPECTRAL donnent, même pour de très-petites quantités, un spectre composé de quatre lignes brillantes intenses, également larges et à égales distances. $BO^3\alpha$ est vert jaune et se confond avec $Ba\gamma$, $BO^3\beta$ est vert clair et se confond avec $Ba\beta$, $BO^3\gamma$ est vert bleu clair (elle se confond presque avec la ligne bleu du baryum) et $BO^3\delta$ est très-faiblement bleue et ne coïncide pas tout à fait avec $Sr\delta$ (*Simmler*).

c. **Acide oxalique** ($C^4O^6 = \overline{O}$).

§ **145.** 1. L'*acide oxalique hydraté* ($2HO, C^4O^6$) est une poudre blanche ; l'*acide oxalique cristallisé* ($2HO, C^4O^6 + 4Aq$) forme des prismes rhombiques incolores. Tous deux se dissolvent facilement dans l'eau et dans l'alcool. Chauffé rapidement dans un vase ouvert, l'hydrate se décompose en partie et en partie se volatilise sans altération. Les vapeurs provoquent fortement la toux. Si l'on chauffe l'hydrate dans un tube à essais, il se sublime presque tout entier sans décomposition.

2. Les *oxalates* sont tous décomposés au rouge, l'acide se transformant en acide carbonique et en oxyde de carbone. Les oxalates alcalins, ainsi que ceux de baryte, de strontiane et de chaux, se changent dans ce cas en carbonates (presque sans dépôt de charbon quand ils sont purs); l'oxalate de magnésie déjà au rouge faible se transforme en magnésie pure; les oxalates métalliques, suivant la réduction plus ou moins facile de l'oxyde, donnent ou le métal pur ou l'oxyde. Les oxalates alcalins et quelques oxalates métalliques sont solubles dans l'eau.

3. Le CHLORURE DE BARYUM dans les dissolutions neutres donne un précipité blanc *d'oxalate de baryte* ($2BaO,C^4O^6+2Aq$). Il se dissout peu dans l'eau, plus facilement dans le chlorhydrate d'ammoniaque, l'acide acétique ou l'eau chargée d'acide oxalique, et très-facilement dans l'acide azotique et dans l'acide chlorhydrique ; l'ammoniaque le précipite sans altération de ces dernières dissolutions.

4. L'AZOTATE D'ARGENT forme dans les dissolutions aqueuses d'acide oxalique ou d'un oxalate alcalin un précipité blanc d'*oxalate d'argent* ($2AgO,C^4O^6$). Il est très-peu soluble dans l'eau, difficilement dans l'acide azotique étendu, très-facilement dans l'acide azotique concentré chaud et dans l'ammoniaque.

5. L'EAU DE CHAUX et tous les SELS DE CHAUX solubles, par conséquent la dissolution de sulfate de chaux, donnent dans les dissolutions aqueuses d'acide oxalique et des oxalates alcalins, même excessivement étendues, un précipité blanc en poudre fine d'*oxalate de chaux* ($2CaO,C^4O^6+2Aq$ et parfois $2CaO,C^4O^6+6Aq$). Il est pour ainsi dire insoluble dans l'eau, il ne se dissout presque pas dans l'acide acétique et dans l'acide oxalique, et est très-soluble dans l'acide chlorhydrique et dans l'acide azotique. Les sels ammoniacaux n'empêchent nullement sa formation. Une addition d'ammoniaque favorise considérablement la précipitation de l'acide oxalique libre par les sels de chaux. Dans les liqueurs *très-étendues* le précipité ne se forme qu'au bout de quelque temps.

6. En chauffant l'hydrate d'acide oxalique ou un oxalate sec avec un excès d'ACIDE SULFURIQUE CONCENTRÉ, celui-ci enlève à l'acide l'eau ou l'oxyde métallique sans lequel il ne peut exister, et il le décompose en *acide carbonique* et en *oxyde de carbone*, qui se dégagent tous deux avec effervescence ($C^4O^6=2CO+2CO^2$). Si l'expérience ne se fait pas avec des quantités trop minimes de matière, on peut enflammer le gaz oxyde de carbone, qui brûle avec une flamme bleue caractéristique. Si dans cette réaction l'acide sulfurique prend une teinte foncée, c'est que l'acide oxalique est mélangé à une substance organique.

7. En mêlant l'acide oxalique ou un oxalate avec un peu de BIOXYDE DE MANGANÈSE en poudre fine (bien exempt de carbonates), ajoutant un peu d'eau et quelques gouttes d'acide sulfurique, il se produit une vive effervescence causée par un dégagement d'*acide carbonique* [$2.MnO^2+C^4O^6+2.SO^3=2(MnO,SO^3)+4.CO^2$].

8. Si l'on fait bouillir un oxalate alcalino-terreux avec une dissolution concentrée de CARBONATE DE SOUDE et si l'on filtre, dans le liquide filtré se trouve l'acide oxalique combiné à la soude et dans le précipité la base à l'état de carbonate. Avec les oxalates des métaux lourds on n'est pas toujours certain d'arriver à son but en employant cette méthode, parce que plusieurs d'entre eux forment des sels doubles qui restent en partie dissous dans le liquide alcalin, comme cela arrive par exemple avec l'oxalate de protoxyde de nickel. Il faut dès lors séparer ces métaux à l'état de sulfures.

d. **Acide fluorhydrique** (HFl).

§ 146. 1. L'*acide fluorhydrique* anhydre est un gaz incolore, fumant à l'air, corrosif, que l'eau absorbe facilement. Sa dissolution se distingue de tous les autres acides, parce qu'elle dissout l'acide silicique ainsi que les silicates insolubles dans l'acide chlorhydrique; dans cette dissolution il se forme du fluorure de silicium et de l'eau ($SiO^2+2.HFl=SiFl^2+2.HO$). L'acide fluorhydrique se comporte de même avec les oxydes métalliques, il donne naissance à des fluorures métalliques et à de l'eau.

2. Les *fluorures métalliques* des métaux alcalins sont solubles dans l'eau et ont une réaction alcaline; ceux des métaux alcalino-terreux ne se dissolvent pas ou très-peu dans l'eau. Le fluorure d'aluminium est très-soluble. Les fluorures correspondant aux oxydes des métaux lourds se dissolvent en général très-difficilement dans l'eau, par exemple: ceux de cuivre, de plomb, de zinc; d'autres au contraire se dissolvent facilement: tels sont ceux de fer, d'étain, de mercure, etc. — Parmi ceux qui sont insolubles dans l'eau, quelques-uns se dissolvent dans l'acide fluorhydrique libre, d'autres ne s'y dissolvent pas. — Chauffés au rouge dans un creuset, presque tous les fluorures sont inaltérables.

3. Le CHLORURE DE BARYUM précipite la solution aqueuse d'acide fluorhydrique, mais plus complétement celle des fluorures alcalins. Le précipité blanc volumineux de *fluorure de baryum* (BaFl) est pour ainsi dire tout à fait insoluble dans l'eau, mais il se dissout dans une grande quantité d'acide chlorhydrique ou d'acide azotique; l'ammoniaque ne le précipite pas de ces dissolutions, ou l'en sépare très-incomplétement, à cause de l'action dissolvante des sels ammoniacaux neutres.

4. Si l'on ajoute du CHLORURE DE CALCIUM à une dissolution aqueuse d'acide fluorhydrique ou d'un fluorure, il se fait du *fluorure de calcium* (CaFl), sous forme de précipité gélatineux, tellement transparent qu'on croirait tout d'abord que la liqueur reste limpide. Une addition d'ammoniaque détermine la séparation complète du précipité. Il est presque insoluble dans l'eau, peu soluble dans l'acide chlorhydrique et l'acide azotique, seulement il se dissout un peu plus dans l'acide chlorhydrique bouillant. Dans cette dernière solution l'ammoniaque ne produit pas de précipité ou en forme un très-faible, parce que le sel ammoniac formé maintient le fluorure en dissolution. Dans l'acide fluorhydrique libre le fluorure de calcium n'est guère plus soluble que dans l'eau ; il est insoluble dans les liquides alcalins.

5. Pour essayer un fluorure métallique soluble ou insoluble, on réduit la substance en poudre fine, que l'on place dans un creuset de platine ; on y verse autant d'ACIDE SULFURIQUE CONCENTRÉ qu'il en faut pour faire une bouillie claire (et pas davantage), on couvre le creuset avec un verre de montre en verre dur, dont la partie convexe, placée en dessous, a été recouverte d'une couche de cire sur laquelle on a tracé quelques traits avec une pointe fine, de façon à aller jusqu'à la surface du verre; on remplit d'eau la concavité du verre de montre et on place le creuset sur une plaque de fer chaude. Au bout d'une demi-heure ou d'une heure, si l'on a opéré avec un fluorure, en enlevant la couche de cire on verra les traits nettement gravés sur le verre. — (Pour déposer la cire sur le verre, on le chauffe avec précaution, on y pose un morceau de cire qui fond et que l'on étale bien également en tournant convenablement le verre : pour enlever la couche, on chauffe de nouveau et on essuie avec un linge.) Si la quantité d'acide fluorhydrique mis en liberté par l'acide sulfurique est faible, souvent, après avoir enlevé la cire, on ne distingue pas les traits gravés, mais il suffit alors de projeter l'haleine sur la surface du verre : la vapeur d'eau se condensant différemment sur la surface polie et sur les points corrodés, rend les traits apparents. Toutefois cet effet produit par la condensation de la vapeur de l'haleine pouvant avoir d'autres causes, on pourra de la non-apparition des dessins sur le verre conclure l'absence de fluor; mais l'apparition des traits ne serait pas une preuve aussi certaine de l'existence de l'acide fluorhydrique. Il ne faudra cependant s'en rapporter à ces caractères que si les traits reparaissaient après avoir bien lavé le verre de montre avec de l'eau et l'avoir séché[1].

[1] Suivant *J. Nicklès*, tout acide sulfurique, et en général tous les acides capables de faire dégager de l'acide fluorhydrique, peuvent graver des traits sur le verre ; cependant avec des verres de montre en verre de Bohême je n'ai rien obtenu de semblable. Il sera bon toutefois, avant d'employer un acide sulfurique, de s'assurer que sa vapeur seule ne corrode pas le verre. On débarrasse facilement l'acide sulfu-

La réaction 5 ne réussit pas s'il y a trop d'acide silicique, ou si la substance ne peut pas être décomposée par l'acide sulfurique. Dans ces cas on emploiera, suivant les circonstances, une des deux méthodes suivantes :

6. Si l'on a un fluorure décomposable par l'acide sulfurique et mêlé à beaucoup d'acide silicique, on y découvrira le fluor en chauffant le mélange dans un petit tube à essais avec de l'*acide sulfurique concentré*. Il se dégage en effet, dans ce cas, du *fluorure de silicium*, qui répand à l'air humide d'abondantes fumées blanches. En conduisant le gaz dans l'eau au moyen d'un tube recourbé, mouillé à l'intérieur, ce tube perdra d'abord sa transparence à cause de la silice qui se déposera sur ses parois, et si la quantité de fluorure est assez grande, il se déposera dans l'eau de l'acide silicique hydraté en même temps que l'acide hydrofluosilicique restera en dissolution. — Pour reconnaître par ce moyen de très-petites quantités de fluor, on chauffe les substances avec l'acide sulfurique concentré dans un ballon fermé par un bouchon percé de deux trous. Dans l'un on fait passer un tube droit plongeant jusqu'au fond du ballon et par lequel on fera circuler un courant d'air sec, dans l'autre on adapte un petit tube à angle droit se terminant dans le ballon un peu au-dessous du bouchon, et communiquant au dehors avec un tube en U contenant un peu d'ammoniaque et relié à un aspirateur. Le fluorure de silicium gazeux, entraîné par l'air, se combine à l'ammoniaque, surtout si l'on chauffe un peu : il se forme du fluorhydrate d'ammoniaque et de l'acide silicique hydraté. On filtre, on évapore à siccité dans un creuset de platine et on traite le résidu d'après 5. — Avec les substances difficilement décomposables, on remplace l'acide sulfurique par le bisulfate de potasse et l'on chauffe jusqu'à la fusion, en ayant soin d'ajouter un peu de marbre (pour déterminer un dégagement lent et continu de gaz).

7. S'il faut chercher le fluor dans des silicates indécomposables par l'acide sulfurique, il est nécessaire de les désagréger préalablement. Pour cela, on les fond avec 4 parties de carbonate de potasse sodé. On traite la masse par l'eau, on filtre, on concentre par évaporation, on laisse refroidir, on place le liquide dans un vase en platine ou en argent, on verse de l'acide chlorhydrique jusqu'à réaction acide et on abandonne au repos jusqu'à ce que tout l'acide carbonique soit éliminé. On sursature d'ammoniaque, on chauffe, on filtre dans un flacon, on ajoute au liquide encore chaud du chlorure de calcium, on ferme et on laisse déposer le précipité, ce qui n'a lieu qu'au bout d'un temps assez

rique concentré du peu d'acide fluorhydrique qu'il pourrait contenir en l'étendant de son volume d'eau et le ramenant par évaporation dans une capsule en platine à son premier degré de concentration.

long. On rassemble ce précipité sur un filtre, on le sèche et on l'essaye par la méthode 5. (*H. Rose.*)

8. On peut aussi, au moyen du CHALUMEAU, découvrir de petites quantités de fluorures dans les minéraux, les scories, etc. A une extrémité d'un tube de verre, on introduit, comme le montre la figure 43, un petit canal en mince feuille de platine; on y place la substance finement pulvérisée, mélangée avec du sel de phosphore fondu préalablement et avec du charbon en poudre, puis on dirige le dard du chalumeau de façon que les produits de la combustion traversent le tube de verre. Les fluorures donnent dans ce cas de l'acide fluorhydrique, qu'on reconnaît à son odeur pénétrante et parce qu'il ternit le verre (qu'on avait eu soin, bien entendu, de nettoyer parfaitement et de sécher), et encore parce qu'en mettant en contact avec l'air acide qui sort du tube un morceau de papier de Fernambouc humide [1], qui devient jaune (*Berzelius, Smithson*). — Avec les fluorures renfermant des silicates, il se dégage du fluorure de silicium, qui colore également en jaune le papier de Fernambouc et laisse déposer de la silice dans le tube. Après avoir lavé et séché le tube, il paraît dépoli et mat çà et là. — Les minéraux hydratés qui renferment de petites quantités de fluorures, chauffés sans rien ajouter dans un tube de verre fermé à un bout, produisent généralement la coloration du papier de Fernambouc humide qu'on suspend dans le tube. (*Berzelius.*)

Fig. 43.

§ 147. RÉCAPITULATION ET REMARQUES. — Les combinaisons barytiques des acides de la troisième section sont dissoutes par l'acide chlorhydrique sans décomposition apparente; les alcalis, en neutralisant l'acide chlorhydrique, les précipitent de ces dissolutions sans altération. Les sels de baryte des acides de la première section du premier groupe se comportent de même : il faudra donc enlever d'abord ceux-ci, s'ils se trouvaient dans la substance à analyser, pour que la réaction des sels de baryte dont il s'agit puisse permettre de conclure la présence de l'acide phosphorique, de l'acide borique, de l'acide oxalique et de l'acide fluorhydrique. Toutefois, malgré cela, il ne faudrait pas encore attribuer une grande valeur à cette réaction, non pas tant pour reconnaître les acides en question que pour les séparer d'autres acides, car ces sels de baryte, surtout le borate et le fluorure, ne sont pas reprécipités par l'ammoniaque de leur dissolution chlorhydrique, si la quan-

[1] On le prépare en trempant du papier fin dans une décoction de bois de Fernambouc.

tité d'acide libre est un peu considérable ou s'il y a un sel ammoniacal en certaine proportion. L'*acide borique* est parfaitement caractérisé par la coloration qu'il communique à la flamme de l'alcool et par son action sur le papier de curcuma. Cette dernière réaction est très-propre même à en déceler des traces. S'il y avait des oxydes des métaux lourds, on les éliminerait d'abord par l'acide sulfhydrique ou le sulfhydrate d'ammoniaque. S'il faut évaporer une dissolution étendue d'acide borique, on y ajoutera un alcali pour retenir l'acide, qui sans cela partirait en grande partie avec la vapeur d'eau. — La recherche de l'*acide phosphorique* dans des composés solubles n'offre pas de difficulté; la réaction avec le sulfate de magnésie est la plus convenable, mais elle ne peut pas s'appliquer aux combinaisons insolubles dans l'eau. — Pour découvrir l'acide phosphorique dans les sels alcalino-terreux, et surtout pour séparer l'acide phosphorique des terres alcalines, on emploiera le perchlorure de fer (§ **142**, 9); pour trouver l'acide phosphorique en présence de l'alumine et du peroxyde de fer, la dissolution azotique du molybdate d'ammoniaque est la meilleure réaction. Mais, dans ces deux manières d'opérer, il faut suivre *exactement* la marche qui a été indiquée. Si l'acide phosphorique est uni à des oxydes du quatrième, cinquième ou sixième groupe, outre la méthode indiquée au § **142**, 11, on peut plus simplement encore l'isoler ou le combiner à l'ammoniaque en précipitant les bases par l'acide sulfhydrique ou le sulfhydrate d'ammoniaque.

L'*acide oxalique* se reconnaît facilement avec la solution de gypse, si l'on a un oxalate alcalin. Le précipité fin, pulvérulent, insoluble dans l'acide acétique ne laisse aucun doute, car l'acide paratartrique produit seul la même réaction : mais on ne le rencontre que très-rarement. Toutefois les doutes seraient levés en chauffant le précipité au rouge à l'abri du contact de l'air : le paratartrate de chaux, en se décomposant, laisse un dépôt notable de charbon, ce que ne fait pas l'oxalate; en outre le paratartrate se dissout à froid dans une lessive de soude ou de potasse et l'oxalate y est insoluble. L'action des oxalates avec l'acide sulfurique ou avec le peroxyde de manganèse et l'acide sulfurique est encore un essai suffisant. — Dans les sels insolubles, le meilleur moyen de trouver l'acide oxalique est de les décomposer par l'ébullition avec le carbonate de soude (§ **145**, 8). — Enfin rappelons-nous qu'il y a des oxalates solubles que les sels de chaux ne précipitent pas, surtout l'oxalate de chrome et celui de peroxyde de fer, parce qu'ils forment des sels doubles solubles avec l'oxalate de chaux. — L'*acide fluorhydrique* est facile à reconnaître dans les sels décomposables par l'acide sulfurique; seulement il ne faut pas oublier qu'une trop grande quantité d'acide sulfurique empêche le dégagement facile de l'acide fluorhydrique, et par conséquent diminue la sensibilité de la réaction et qu'on ne peut pas reconnaître nettement l'action corrosive sur le verre, si, au lieu d'acide fluorhydrique, il ne se dégage que du fluorure de silicium; aussi avec les combinaisons riches en silice, il faut, outre la réaction indiquée au § **146**, 5, essayer celle du numéro 6, si l'on veut avoir quelque certitude. — Dans les silicates, qui ne sont pas décomposés par l'acide sulfurique, on pourrait fréquemment laisser échapper la présence du fluor, si on négligeait de les essayer avec soin d'après la méthode indiquée au n° 7.

Acide phosphoreux (PhO^3).

§ **148**. Anhydre, c'est une poudre blanche, volatile, qui brûle à l'air quand on chauffe; — en contact avec un peu d'eau, il fournit un liquide épais, cristallisable quand on l'abandonne longtemps à lui-même, et qui se décompose par la chaleur en acide phosphorique hydraté et en hydrogène phosphoré non spontanément inflammable. Il est très-soluble dans l'eau. Les phosphites alcalins sont facilement solubles dans l'eau, les autres s'y dissolvent difficilement, mais se dissolvent dans les acides étendus. Tous se décomposent au rouge; ils laissent un phosphate et il se dégage de l'hydrogène ou un mélange d'hydrogène et de phosphure d'hydrogène. — L'AZOTATE D'ARGENT, surtout à chaud et avec addition d'ammoniaque, donne un dépôt d'argent métallique; l'AZOTATE DE PROTOXYDE DE MERCURE, dans les mêmes circonstances, forme un précipité de mercure métallique; avec un excès de PERCHLORURE DE MERCURE, l'acide phosphoreux précipite du protochlorure de mercure, au bout de quelque temps à froid, mais de suite à chaud. — Le CHLORURE DE BARYUM et le CHLORURE DE CALCIUM, avec addition d'ammoniaque, donnent, dans les dissolutions pas trop étendues, un précipité blanc, soluble dans l'acide acétique. — Un mélange de sulfate de magnésie, de sel ammoniac et d'ammoniaque ne précipite que les dissolutions un peu concentrées. — L'ACÉTATE DE PLOMB précipite du phosphite de plomb blanc, insoluble dans l'acide acétique. En le chauffant à l'ébullition avec un excès d'ACIDE SULFUREUX, il se change en phosphate, avec un dépôt de soufre. — Avec le ZINC et l'ACIDE SULFURIQUE, l'acide phosphoreux dégage de l'hydrogène mélangé d'hydrogène phosphoré, qui dès lors brûle avec une flamme verte et précipite du phosphure d'argent dans une dissolution d'azotate d'argent.

QUATRIÈME SECTION DU PREMIER GROUPE DES ACIDES INORGANIQUES.

a. **Acide carbonique** (CO^2).

§ **149**. 1. Le *carbone* est un corps solide, sans odeur, ni saveur. Il ne peut fondre et se volatiser qu'aux plus hautes températures. (*Desprez*.) Il est combustible et donne de l'acide carbonique, quand l'accès de l'oxygène ou de l'air est suffisant. A l'état de diamant le carbone est cristallisé, transparent comme de l'eau, extrêmement dur et très-difficile à brûler. — A l'état de graphite, il est opaque, gris noir, mou, gras au toucher, il tache le papier et les doigts en gris et brûle difficilement. Le charbon obtenu par la décomposition des matières organiques est noir, opaque, non cristallin, parfois dense, brillant, difficilement combustible, et parfois terne, poreux, facilement combustible.

2. L'*acide carbonique* à la température et à la pression ordinaires est un gaz incolore, beaucoup plus dense que l'air, de sorte qu'on peut le faire couler d'un vase dans un autre. Il n'a pour ainsi dire pas d'odeur, a une saveur aigrelette, rougit le papier de tournesol humide, mais la coloration rouge disparaît par la dessiccation. L'acide carbonique est facilement absorbé par la lessive de potasse; il se dissout assez bien dans l'eau.

3. L'*eau chargée d'acide carbonique* a une saveur légèrement acide, piquante, rougit passagèrement le papier de tournesol, colore la teinture de tournesol en rouge vineux, perd son acide carbonique quand on l'agite dans un flacon à moitié rempli d'air et plus complétement encore quand on la chauffe. Les *carbonates* perdent presque tous leur acide carbonique au rouge. Tous ceux dont les oxydes sont incolores sont blancs ou incolores. A l'état neutre, il n'y a que les carbonates alcalins qui soient solubles dans l'eau, et leur dissolution a une forte réaction alcaline. A l'état de bicarbonates, non-seulement ceux à bases alcalines se dissolvent, mais encore ceux des terres alcalines et plusieurs à bases métalliques.

4. Les carbonates sont décomposés par tous les ACIDES libres solubles dans l'eau, excepté l'acide cyanhydrique et l'acide sulfhydrique; l'acide carbonique se dégage *avec effervescence* à l'état de gaz incolore, presque inodore, rougissant le tournesol d'une manière passagère. Il faut, surtout avec les carbonates alcalins, employer un excès d'acide, sans quoi il ne se produirait souvent pas d'effervescence par suite de la formation d'un bicarbonate. — Il faut avoir la précaution de chauffer d'abord avec un peu d'eau les corps dans lesquels on veut chercher de l'acide carbonique, afin que les bulles d'air qui se dégageraient sans cela ne puissent pas induire en erreur. Si l'on craint que par l'ébullition avec de l'eau, l'acide carbonique ne s'échappe, on remplacera l'eau pure par de l'eau de chaux. Si l'on veut s'assurer par une expérience directe que le gaz qui se dégage est bien de l'acide carbonique, on plonge une baguette de verre dans de l'eau de chaux et on l'enfonce dans le tube à essai, de façon que le bout inférieur soit tout près du liquide, sans cependant le toucher. Si le gaz est de l'acide carbonique, l'eau de chaux suspendue à la baguette en verre se trouble, car

5. L'EAU DE CHAUX et l'EAU DE BARYTE, en contact avec l'acide carbonique ou un carbonate soluble, donnent un précipité blanc de *carbonate neutre de chaux* (CaO,CO^2) ou *de baryte* (BaO,CO^2). Si l'on essaye l'acide carbonique libre, il faut toujours employer un excès de réactif,

parce que les bicarbonates des terres alcalines se dissolvent dans l'eau. Les précipités obtenus se dissolvent avec effervescence dans les acides; ces dissolutions, purgées d'acide carbonique par l'ébullition, ne sont pas précipitées par l'ammoniaque. Comme l'eau de chaux peut dissoudre de petites quantités de carbonate de chaux, il faut, pour trouver des traces d'acide carbonique, employer de l'eau de chaux qu'on a saturée de carbonate de chaux, en la laissant longtemps en contact avec ce sel. (*Welter*, *Berthollet.*)

6. Le CHLORURE DE CALCIUM et le CHLORURE DE BARYUM donnent des précipités de *carbonate de chaux* et de *carbonate de baryte*, immédiatement avec les carbonates neutres alcalins et seulement après l'ébullition avec les bicarbonates (surtout s'ils sont étendus). Avec l'acide carbonique libre il n'y a pas de précipité.

b. Acide silicique (SiO^2).

§ **150.** 1. L'*acide silicique* est incolore ou blanc, inaltérable et infusible dans la partie la plus chaude de la flamme du chalumeau. Il fond dans la flamme du mélange détonant. On le trouve sous deux modifications (plus exactement, cristallisé ou amorphe). Il est insoluble dans l'eau et dans les acides (sauf l'acide fluorhydrique), tandis que l'hydrate d'acide silicique se dissout dans ces liquides, mais seulement au moment de sa précipitation. L'acide amorphe et l'acide hydraté se dissolvent dans les solutions aqueuses chaudes des alcalis caustiques ou carbonatés, mais l'acide cristallisé y est insoluble ou à peine soluble. Celui-ci et ceux-là, fondus avec les alcalis purs ou carbonatés, donnent des silicates alcalins basiques solubles. Parmi les *silicates*, il n'y a que ceux à bases alcalines qui se dissolvent dans l'eau.

2. Tous les acides décomposent les dissolutions des silicates alcalins. Dans une dissolution même concentrée, si l'on ajoute tout d'un coup beaucoup d'acide chlorhydrique, l'acide silicique mis en liberté reste dissous : mais si au contraire on ajoute l'acide chlorhydrique peu à peu en agitant, la plus grande partie de l'acide se précipite à l'état d'hydrate gélatineux. Plus les liqueurs sont étendues, plus il reste d'acide silicique dissous : dans les dissolutions très-étendues il ne se forme pas de précipité. — Si l'on évapore à siccité une dissolution quelconque d'un silicate alcalin, additionnée d'un excès d'acide chlorhydrique ou d'acide azotique, l'acide silicique se dépose à mesure que l'acide volatil se dégage, et si l'on traite le résidu par de l'eau et de l'acide chlorhydrique, l'acide silicique reste libre (ou à l'état d'hydrate si l'on n'a chauffé qu'à 100°) sous forme de poudre insoluble. En ajoutant du sel ammoniac aux dissolutions des silicates alcalins, il se forme (si les dissolutions ne sont pas trop étendues) des précipités d'acide silicique hydraté (renfermant de l'alcali). La chaleur favorise la réaction.

3. Parmi les silicates insolubles dans l'eau, les uns sont décomposés par l'acide chlorhydrique ou l'acide azotique, tandis que les autres ne sont pas attaqués même à l'ébullition. Dans la décomposition des premiers, la plus grande partie de l'acide silicique se dépose en général à l'état d'hydrate gélatineux, plus rarement pulvérulent. Pour séparer entièrement l'acide, on évapore à siccité la dissolution chlorhydrique avec le précipité d'hydrate silicique qui y est en suspension, on chauffe, en remuant, à une température uniforme un peu supérieure à l'ébullition de l'eau, et cela jusqu'à ce qu'il ne se dégage plus de vapeurs acides, on humecte le résidu avec de l'acide chlorhydrique, on chauffe avec de l'eau et on sépare par filtration l'acide silicique, qui reste insoluble, du liquide qui contient les bases. — Parmi les silicates indécomposables par l'acide chlorhydrique, il y en a quelques-uns, comme le kaolin, par exemple, qui sont complétement décomposés avec élimination d'acide silicique pulvérulent, quand on les chauffe avec un mélange de 8 parties d'acide sulfurique monohydraté et 3 parties d'eau; beaucoup d'autres sont attaqués par ce mélange. La plupart des silicates qui résistent à l'action des acides chlorhydrique ou sulfurique, quand on les fait bouillir sous la pression atmosphérique, sont complétement décomposés, si l'on fait la réaction entre 200 et 210° dans un tube fermé à la lampe et à fortes parois, chauffé au bain d'air ou de paraffine.

4. Si l'on fond un silicate quelconque finement pulvérisé avec 4 parties du mélange de CARBONATE DE POTASSE ET DE SOUDE, jusqu'à ce qu'il ne se dégage plus d'acide carbonique, et si l'on fait bouillir la masse avec de l'eau, la plus grande partie de la silice se dissout à l'état de silicate alcalin, tandis que les terres alcalines, les terres pures (excepté l'alumine et la glucine, qui se dissolvent plus ou moins complètement) et les oxydes des métaux lourds restent non dissous. Si l'on humecte la masse fondue avec de l'eau, si, sans filtrer, on ajoute de l'acide chlorhydrique ou de l'acide azotique jusqu'à forte réaction acide et qu'on traite le liquide d'après 3, l'acide silicique reste insoluble, tandis que les bases se dissolvent. En fondant avec 4 parties d'HYDRATE DE BARYTE, faisant digérer la masse avec de l'eau après avoir ajouté de l'acide chlorhydrique ou de l'acide azotique, traitant la solution acide d'après 3, l'acide silicique est également précipité. On peut ensuite trouver dans la liqueur filtrée les bases et surtout les alcalis.

5. Si l'on fait agir sur la silice de l'ACIDE FLUORHYDRIQUE, soit en dissolution aqueuse concentrée, soit à l'état gazeux, il se dégage du fluorure de silicium gazeux ($SiO^2 + 2. HFl = SiFl^2 + 2. HO$); avec l'acide étendu il se forme de l'acide hydrofluosilicique ($SiO^2 + 3. HFl = SiFl^2,HFl + 2. HO$). Si l'acide fluorhydrique agit sur un silicate, il se forme un fluosiliciure métallique ($CaO,SiO^2 + 3. HFl = SiFl^2,CaFl + 3. HO$) qui,

chauffé avec l'acide sulfurique hydraté, se change en sulfate avec dégagement d'acide fluorhydrique et de fluorure de silicium gazeux. — Si l'on mélange un silicate avec 3 parties de fluorhydrate d'ammoniaque ou 5 parties de spath fluor en poudre, qu'on remue avec de l'hydrate d'acide sulfurique pour en faire une bouillie et qu'on chauffe (le mieux à l'air libre) jusqu'à ce qu'il ne se dégage plus de vapeurs, tout l'acide silicique se sublime à l'état de fluorure de silicium gazeux. Dans le résidu, on trouve les bases à l'état de sulfates mélangés avec du sulfate de chaux.

6. On mélange, partie de silice en poudre fine ou d'un silicate avec 2 parties de cryolithe ou de spath fluor exempt de silice et réduit en poudre, on chauffe modérément le mélange avec 4 à 6 parties d'acide sulfurique concentré dans un creuset en platine (en évitant les projections), au-dessus de la surface du mélange on tient une goutte d'eau suspendue à la boucle d'un fil fin de platine, et bientôt cette goutte se recouvre d'une pellicule d'acide silicique hydraté, provenant de la décomposition du fluorure de silicium qui se dégage. (*Barfoed.*)

7. En fondant de l'acide silicique ou un silicate avec du CARBONATE DE SOUDE au bout d'un fil de platine, il se forme une sorte d'*écume* dans la perle fondue, par suite du dégagement d'acide carbonique. La perle obtenue avec l'acide silicique pur est toujours limpide quand elle est chaude; celle que fournissent les silicates ne l'est qu'autant qu'ils sont riches en silice (comme les minéraux feldspathiques). Quant à la permanence de la limpidité par le refroidissement, cela dépend de la proportion entre la silice, la soude et les autres bases.

8. Le SEL DE PHOSPHORE fondu ne dissout pour ainsi dire pas l'acide silicique. Dès lors si, au bout du fil de platine, on fond avec du sel de phosphore de l'acide silicique ou un silicate en petits morceaux, ou en petites écailles, les bases se dissolvent, tandis que l'acide silicique se sépare et nage çà et là dans la perle limpide sous forme de petite masse plus ou moins transparente, ayant conservé la forme du morceau employé et qu'on pourrait appeler le *squelette de silice*.

§ **151**. RÉCAPITULATION ET REMARQUES. — On reconnaît facilement l'acide carbonique à son action sur l'eau de chaux et les carbonates à ce que, traités par un acide, ils dégagent un gaz presque inodore. Certains carbonates, comme la magnésite, ne sont décomposés qu'après avoir été chauffés. S'il se produisait en même temps d'autres gaz, on essayerait le mélange gazeux qui se dégage, avec l'eau de chaux ou de baryte. — L'acide silicique et les silicates sont faciles à trouver par leur action sur le sel de phosphore. En outre, à l'état dans lequel on l'obtient toujours dans les analyses, l'acide se distingue de tous les autres corps parce qu'il ne se dissout ni dans les acides (excepté l'acide fluorhydrique), ni dans le sulfate acide de potasse, tandis qu'au contraire il est soluble dans les lessives bouillantes des alcalis purs ou carbonatés, et on ne peut le confondre avec d'autres substances, parce qu'il se volatilise complétement, si on l'évapore dans une capsule en platine avec de l'acide fluorhydrique ou avec du fluorhydrate d'ammoniaque et de l'acide sulfurique.

DEUXIÈME GROUPE DES ACIDES INORGANIQUES.

Acides qui ne sont pas précipités par le chlorure de baryum, mais qui le sont par l'azotate d'argent : acide *chlorhydrique*, acide *bromhydrique*, acide *iodhydrique*, acide *cyanhydrique*, acide *ferrocyanhydrique*, acide *ferricyanhydrique*, acide *sulfhydrique* (acide azoteux, acide hypoazotique, acide chloreux, acide hypophosphoreux).

Les sels d'argent, qui correspondent aux hydracides, sont tous insolubles dans l'acide azotique étendu. Ces acides se combinent avec les oxydes métalliques de telle sorte que le métal s'unit au radical halogène, par exemple au soufre, tandis qu'en même temps l'oxygène de la base forme de l'eau avec l'hydrogène de l'hydracide.

a. **Acide chlorhydrique** (HCl).

§ **152**. 1. Le *chlore* est un gaz jaune verdâtre, lourd, détruisant les couleurs végétales (tournesol, indigo, etc.), d'une odeur désagréable et suffocante; il a une action très-pernicieuse sur les organes de la respiration ; il n'est pas combustible et n'entretient la combustion que de très-peu de corps. L'antimoine très-divisé, l'étain, etc., s'y enflamment et y brûlent en se changeant en perchlorures. Il est assez soluble dans l'eau. L'eau de chlore est faiblement jaune verdâtre, elle répand fortement l'odeur du gaz, blanchit les couleurs végétales, se décompose sous l'action de la lumière (§ **29**), perd son odeur quand on l'agite avec du mercure, parce que ce métal se transforme en protochlorure. — On peut reconnaître facilement de petites quantités de chlore libre dans un liquide, en y versant une dissolution d'un sel de protoxyde de fer pur additionné de sulfocyanure de potassium, ce qui donne aussitôt une coloration rouge par suite de la peroxydation du fer produite par le chlore, — ou bien encore, en l'absence de toute trace d'acide azoteux, en versant le liquide à essayer dans une dissolution d'iodure de potassium additionnée d'un peu d'empois d'amidon. (*V.* § **154**, 9.)

2. L'*acide chlorhydrique* à la température et à la pression ordinaires est un gaz incolore, formant dans l'air d'épaisses fumées blanches, à odeur forte et très-piquante ; il est excessivement soluble dans l'eau. — Sa dissolution concentrée (acide chlorhydrique fumant) perd par la chaleur la majeure partie du gaz dissous.

3. Les *chlorures métalliques*, excepté ceux de plomb, d'argent et le protochlorure de mercure, sont facilement solubles dans l'eau. Ils sont pour la plupart blancs ou incolores. Beaucoup sont volatils sans décomposition, d'autres se décomposent au rouge, quelques-uns sont fixes à une chaleur rouge modérée.

4. L'acide chlorhydrique libre et les dissolutions de chlorures métalliques donnent avec l'AZOTATE D'ARGENT, même dans les liqueurs très-étendues, un précipité blanc de *chlorure d'argent* (AgCl). Ce précipité devient d'abord violet à la lumière, puis noir; il est insoluble dans l'acide azotique étendu, très-soluble dans l'ammoniaque et le cyanure de potassium, et peut fondre par l'action de la chaleur sans éprouver de décomposition (§ **115**, 7).

5. L'AZOTATE DE PROTOXYDE DE MERCURE et L'ACÉTATE DE PLOMB produisent dans les liquides qui renferment de l'acide chlorhydrique libre ou un chlorure des précipités de *protochlorure de mercure* (Hg^2Cl) ou de *chlorure de plomb* (PbCl). (Voy. les propriétés de ces précipités § **116**, 6 et § **117**, 7.)

6. Si l'on chauffe de l'acide chlorhydrique avec du BIOXYDE DE MANGANÈSE ou un chlorure métallique avec du BIOXYDE DE MANGANÈSE et de l'ACIDE SULFURIQUE, il se dégage du *chlore gazeux*, que l'on reconnaît à sa couleur, à son odeur et à son action décolorante sur les couleurs végétales. Pour reconnaître ce dernier effet, on expose à l'action du gaz une bande de papier humide, trempée dans de la teinture de tournesol ou dans une dissolution d'indigo.

7. Si l'on broie un chlorure métallique avec du CHROMATE DE POTASSE, qu'on mette le mélange dans une petite cornue tubulée et qu'on chauffe avec de l'ACIDE SULFURIQUE CONCENTRÉ, il se dégage un gaz rouge brun foncé, qui contient une grande quantité d'acide chlorochromique (CrO^2Cl) et se condense en un liquide de même couleur, qui se rend dans le récipient disposé *ad hoc*. En mêlant ce liquide avec un excès d'ammoniaque, il se forme, d'après l'équation $CrO^2Cl + 2.AzH^4O = AzH^4Cl + AzH^4O,CrO^3$, un liquide coloré en jaune par le chromate d'ammoniaque, dont la couleur devient jaune rouge par l'addition d'un acide, à cause de la formation d'un chromate acide d'ammoniaque.

8. Pour découvrir le chlore dans les chlorures insolubles dans l'eau et l'acide azotique, on les fond avec du carbonate de potasse sodé. L'eau dissout alors dans la masse fondue l'excès de carbonate alcalin et le chlorure alcalin formé.

9. En dissolvant dans la PERLE DE SEL DE PHOSPHORE et à la flamme extérieure du chalumeau assez de BIOXYDE DE CUIVRE, pour que cette perle devienne opaque, puis en y plaçant, quand elle est fondue, une substance renfermant du chlore et chauffant à la flamme de réduction, la perle s'entoure d'une flamme d'un beau bleu, tirant sur le rouge

pourpre et cela tant qu'il y a du chlore. (*Berzelius*.) Voir au § 151 ce qui est relatif au spectre du chlorure de cuivre.

b. **Acide bromhydrique** (HBr).

§ **153.** 1. Le *brome* est un liquide dense, brun rouge. Son odeur désagréable rappelle celle du chlore ; il bout à 63°, se volatilise promptement déjà à la température ordinaire. Sa vapeur est rouge brun. Le brome blanchit les couleurs végétales comme le chlore ; il se dissout un peu dans l'eau, plus facilement dans l'alcool et très-facilement dans l'éther. Les solutions sont rouge jaune.

2. L'*acide bromhydrique gazeux*, l'*acide bromhydrique* en dissolution aqueuse et les *bromures métalliques* offrent dans leurs propriétés la plus grande analogie avec les composés chlorés correspondants.

3. L'AZOTATE D'ARGENT produit dans les dissolutions aqueuses d'acide bromhydrique ou de bromures métalliques un précipité blanc jaunâtre, devenant gris à la lumière, de *bromure d'argent* ($AgBr$), insoluble dans l'acide azotique étendu, assez difficilement soluble dans l'ammoniaque, très-soluble dans le cyanure de potassium.

4. L'AZOTATE DE PROTOXYDE DE PALLADIUM, mais non pas le protochlorure de palladium, donne avec les dissolutions de bromures un précipité brun rouge de *bromure de palladium* ($PdBr$), qui se forme de suite si les liqueurs sont concentrées et au bout seulement d'un temps assez long si elles sont étendues.

5. L'ACIDE SULFURIQUE décompose à chaud l'acide bromhydrique et les bromures métalliques, excepté le bromure d'argent et le bibromure de mercure : l'hydrogène ou le métal s'oxyde et le brome est mis en liberté. Si l'on opère avec une dissolution, le brome libre la colore en jaune ou en jaune rougeâtre ; si l'on agit sur un bromure solide ou sur une dissolution concentrée, il se dégage des vapeurs de brome rouge brun ou jaune brunâtre si elles sont en faible quantité ; elles se déposent en petites gouttelettes liquides sur les parties froides du tube à essais, lorsqu'elles sont en quantité suffisante. — A froid et dans les dissolutions étendues, le brome n'est mis en liberté ni par l'acide azotique, même fumant, ni par une dissolution d'acide hypoazotique dans l'acide sulfurique, ni enfin par l'acide chlorhydrique et l'azotite de potasse.

6. Le CHLORE GAZEUX ou l'EAU DE CHLORE chasse immédiatement le brome de ses composés et la liqueur prend une coloration rouge jaunâtre, si la quantité de brome n'est pas trop faible. Il faut éviter de mettre un grand excès de chlore, car la coloration disparaîtrait complétement ou presque complétement, par suite de la formation d'un chlorure de brome. — La réaction est bien plus sensible, si l'on ajoute un

liquide capable de prendre le brome, mais qui ne se mélange pas avec l'eau, surtout le sulfure de carbone et le chloroforme. On ajoute au liquide neutre ou faiblement acide, contenu dans un petit tube à essais, un peu de sulfure de carbone ou de chloroforme, assez pour former une grosse goutte au fond du tube ; puis on verse goutte à goutte l'eau de chlore étendue et l'on agite. Pour une proportion notable de brome (par exemple, 1 de brome pour 1000 d'eau) les gouttes se colorent en jaune rougeâtre, — pour très-peu de brome (1 de brome pour 30000 d'eau) elles prennent une teinte jaune pâle encore très facile à saisir. L'éther, dont on se servait autrefois dans cette réaction, est bien moins convenable. Il faut également éviter ici un excès d'eau de chlore et essayer aussi si cette eau fortement étendue et agitée avec le sulfure de carbone ou le chloroforme ne les colore pas, car ce n'est que dans ce cas qu'on pourra l'employer. En agitant avec un peu de lessive de potasse et en chauffant la dissolution de brome dans le sulfure de carbone ou le chloroforme (ou l'éther), la couleur disparaît, et l'on a en dissolution du bromure de potassium et du bromate de potasse. En évaporant et en calcinant, le bromate se change en bromure et l'on peut essayer le résidu de la calcination d'après 7.

7. Les bromures métalliques chauffés avec du PEROXYDE DE MANGANÈSE et de l'ACIDE SULFURIQUE dégagent des *vapeurs rouges de brome*. La présence de beaucoup de chlorure n'est pas favorable à la réaction et exige qu'on ajoute un peu d'eau et qu'on ne verse l'acide sulfurique que peu à peu et en très-petite quantité. Pour une faible proportion de brome la couleur de la vapeur n'est plus appréciable. Mais si l'on chauffe le mélange dans une petite cornue et qu'on dirige les vapeurs dans un long tube en verre, formant réfrigérant, on reconnaît presque toujours les vapeurs de brome en regardant dans le tube suivant sa longueur, et les premières gouttes qui passent à la distillation sont colorées en jaune. On fera bien de recueillir les premières vapeurs et les premières gouttes de liquide dans un tube à essais, contenant un peu d'amidon humecté avec de l'eau ; alors

8. L'AMIDON humide, en contact avec le brome libre, surtout à l'état de vapeur, se colore en jaune, en se changeant en bromure d'amidon. La coloration ne se produit pas toujours la même. Pour faire cette réaction, avec les gouttes obtenues dans la distillation indiquée au n° 7, on ferme le tube à la lampe et on le retourne avec précaution, de façon que le liquide soit dessous et l'amidon par-dessus. Après 12 ou 24 heures la coloration jaune apparaîtra; mais elle disparaît avec le temps. — On peut faire cette réaction plus simplement de la manière suivante, et elle est tout aussi sensible; dans un petit gobelet en verre on chauffe le liquide contenant le brome libre ou le mélange primitif de bromure, de manganèse et d'acide sulfurique, on ferme le vase avec un verre de

montre au-dessous duquel on a collé une bande de papier humectée avec de l'empois d'amidon et saupoudrée d'amidon en poudre.

9. En chauffant un mélange de bromure et de CHROMATE DE POTASSE avec de l'ACIDE SULFURIQUE, il se dégage, comme avec les chlorures, un gaz rouge brun. Toutefois ce dernier est du brome pur, car le liquide qui se condense, sursaturé d'ammoniaque, ne devient pas jaune, mais tout à fait incolore.

10. En ajoutant à une dissolution d'acide bromhydrique ou d'un bromure alcalin un peu de CHLORURE D'OR, il se produit une coloration variant du jaune paille au rouge orangé foncé, par suite de la formation du *bromure d'or*. — S'il y avait en même temps une combinaison iodurée, il faudrait l'éliminer avant d'essayer cette réaction. (*Bill.*)

11. Les bromures métalliques insolubles dans l'eau et dans l'acide azotique se traitent comme les chlorures analogues.

12. La PERLE DE SEL DE PHOSPHORE contenant un excès d'oxyde de cuivre, chauffée à la flamme intérieure du chalumeau avec une substance renfermant du brome, colore la flamme, surtout vers les bords, en bleu tirant sur le vert. (*Berzelius.*) Voy. au § **157** ce qui est relatif au spectre du bromure de cuivre.

c. **Acide iodhydrique** (HI).

§ **154**. 1. L'*iode* est un corps solide, mou, en lames cristallines brillantes, noires et répandant une odeur caractéristique désagréable. Il fond à une faible température et se transforme à une température un peu plus élevée en belles vapeurs violettes, qui en refroidissant se condensent en un sublimé noir. Il se dissout peu dans l'eau (la dissolution est brun clair); mais il est très-soluble dans l'alcool, dans l'éther et dans la dissolution d'iodure de potassium (ces dissolutions sont brun rouge foncé). Il détruit lentement et faiblement les couleurs végétales; il tache la peau en brun et forme avec l'amidon un composé fortement coloré en bleu foncé. Celui-ci se produit toujours quand de l'iode en vapeur ou un liquide contenant de l'iode libre rencontre de l'amidon ou mieux encore de l'empois d'amidon; il est détruit par les alcalis, le chlore, le brome, l'acide sulfureux et les autres agents réducteurs.

2. L'*acide iodhydrique* est un gaz semblable à l'acide chlorhydrique et à l'acide bromhydrique, et très-soluble dans l'eau. La dissolution aqueuse d'acide iodhydrique est incolore, mais elle brunit promptement au contact de l'air, en même temps qu'il s'y forme de l'eau et de l'iode qui reste dissous dans l'acide non encore décomposé.

3. Les *iodures métalliques* ont beaucoup d'analogie avec les chlorures. Toutefois ceux des métaux lourds sont bien plus insolubles dans

l'eau, et beaucoup, par exemple l'iodure de plomb, les deux iodures de mercure, offrent des couleurs caractéristiques.

4. L'AZOTATE D'ARGENT, dans les dissolutions aqueuses d'acide iodhydrique ou d'un iodure métallique, donne un précipité blanc jaunâtre d'*iodure d'argent* (AgI), qui noircit à la lumière ; il est insoluble dans l'acide azotique étendu, *très-difficilement soluble dans l'ammoniaque* et très-soluble dans le cyanure de potassium.

5. Le PROTOCHLORURE DE PALLADIUM et l'AZOTATE DE PROTOXYDE DE PALLADIUM forment, même dans les dissolutions très-étendues d'acide iodhydrique ou d'un iodure métallique, un précipité brun noir de *proto-iodure de palladium* (PdI), un peu soluble dans les dissolutions salines (sel de cuisine, chlorure de magnésium, etc.), insoluble ou à peine soluble dans les acides chlorhydrique et azotique étendus et froids.

6. Une solution de 1 partie de SULFATE DE CUIVRE et 2 1/2 parties de SULFATE DE PROTOXYDE DE FER précipite des dissolutions aqueuses neutres des iodures du *proto-iodure de cuivre* (Cu^2I) blanc sale. L'addition d'un peu d'ammoniaque favorise la précipitation complète de l'iode. Les chlorures et les bromures ne sont pas précipités par ce réactif. On peut employer le sulfate de cuivre seul, en ajoutant après qu'il est versé assez d'acide sulfureux pour décolorer le liquide que l'iode éliminé brunissait.

7. L'ACIDE AZOTIQUE pur et exempt d'acide azoteux ne décompose l'acide iodhydrique et les iodures métalliques que quand il est concentré et surtout qu'on opère à chaud. L'ACIDE AZOTEUX et l'ACIDE HYPOAZOTIQUE au contraire décomposent les iodures avec la plus grande facilité, même dans les liqueurs les plus étendues. D'après cela les dissolutions incolores deviennent rouge brun, aussitôt qu'on y ajoute un peu d'acide azotique rouge fumant, ou un mélange de cet acide avec l'acide sulfurique, ou mieux une dissolution d'acide hypoazotique dans l'acide sulfurque, ou enfin de l'azotite de potasse avec un peu d'acide sulfurique, ou d'acide chlorhydrique. Si les liqueurs sont un peu concentrées, l'iode se dépose en lamelles noires, en même temps qu'il se dégage du bioxyde d'azote et des vapeurs d'iode.

8. Comme la couleur bleue de l'iodure d'amidon est plus facile à saisir que la teinte jaune de la dissolution aqueuse d'iode, la sensibilité des réactifs précédents est augmentée, si l'on ajoute d'abord au liquide que l'on essaie un peu d'EMPOIS D'AMIDON très-étendu et très-limpide, puis quelques gouttes d'acide sulfurique étendu pour qu'il y ait une réaction acide prononcée et enfin un des réactifs indiqués plus haut, 7. Avec la dissolution d'acide hypoazotique dans l'acide sulfurique il faut, pour que la réaction soit le plus nette, n'en mettre que quelques gouttes avec une baguette en verre, et alors je puis recommander ce réactif

avec *Otto*, qui l'a indiqué le premier : il faut employer davantage d'acide azotique rouge fumant pour que la réaction ait son maximum d'intensité, aussi n'est-il pas aussi bon pour rechercher de très-petites quantités d'iode. — L'azotite de potasse est aussi d'une sensibilité remarquable. On ajoute au liquide à essayer de l'acide sulfurique étendu ou de l'acide chlorhydrique jusqu'à réaction acide nette, on introduit ensuite une ou deux gouttes d'une dissolution concentrée d'azotite de potasse. — Quand il n'y a que des traces d'iode, le liquide ne devient pas bleu, mais rougeâtre. — La réaction n'est pas sensiblement gênée par un excès des liquides contenant les acides azoteux ou hypoazotique. — Comme l'iodure d'amidon donne une dissolution incolore avec l'eau chaude, il faut nécessairement opérer sur des liquides froids, et plus la température est basse, plus la réaction est nette. On atteint le maximum de sensibilité en refroidissant avec de la glace, laissant l'amidon se déposer et regardant dans le tube à essais au-dessus d'une feuille de papier blanc (*V.* § **157**).

9. Le CHLORE GAZEUX et l'EAU DE CHLORE chassent aussi l'iode de ses combinaisons, mais un excès de chlore se combine de nouveau à l'iode pour donner du chlorure d'iode incolore. Dès lors une dissolution étendue d'un iodure métallique additionnée d'un peu d'empois d'amidon se colorera aussitôt en bleu par l'action d'un peu d'eau de chlore, mais se décolorera de nouveau par une nouvelle addition de chlore. Comme il est difficile de ne pas dépasser la limite de la quantité de chlore à ajouter, surtout quand on n'a que très-peu d'iode, l'eau de chlore est peu employée pour trouver des traces d'iode.

10. Si l'on ajoute à une dissolution d'acide iodhydrique ou d'un iodure métallique du CHLOROFORME ou du SULFURE DE CARBONE, de façon qu'il en reste quelques gouttes non dissoutes, puis qu'on mette l'iode en liberté (avec une goutte d'acide sulfurique nitreux, — ou d'acide chlorhydrique avec de l'azotite de potasse, — ou d'eau de chlore, etc.), qu'on agite fortement et qu'on laisse reposer, le chloroforme ou le sulfure de carbone se rassemble au fond du tube, coloré en rouge violet plus ou moins foncé par l'iode qu'il a pris au liquide. (C'est une réaction également très-sensible.) Si l'on agite un liquide contenant de l'iode avec du PÉTROLE, de la BENZINE ou de l'ÉTHER, les premiers se colorent presque en rouge, l'éther en brun rouge ou en jaune. (L'iode colore l'éther beaucoup plus que le brome, à quantité égale.)

11. Si l'on chauffe un iodure métallique avec de l'ACIDE SULFURIQUE CONCENTRÉ, avec de l'ACIDE SULFURIQUE et du PEROXYDE DE MANGANÈSE, ou avec de l'ACIDE SULFURIQUE et du CHROMATE DE POTASSE, l'iode est mis en liberté ; on le reconnaît à la couleur de sa vapeur, ou bien lorsqu'il y en a peu, en le faisant agir sur une petite bande de papier imprégnée d'empois d'amidon.

12. Fondus avec le CARBONATE DE POTASSE SODÉ, les iodures insolubles dans l'eau et l'acide azotique se comportent comme les chlorures analogues.

13. Une PERLE DE SEL DE PHOSPHORE SURSATURÉE D'OXYDE DE CUIVRE, chauffée au rouge dans la flamme intérieure du chalumeau avec un composé ioduré, colore la flamme en vert intense. (Voy. au § 157 le spectre de l'iodure de cuivre.)

d. **Acide cyanhydrique** (HCy).

§ **155**. 1. Le *cyanogène* (Cy=C^2Az) est un gaz incolore, d'une odeur pénétrante, particulière, brûlant avec une flamme rouge pourpre, assez soluble dans l'eau.

2. L'*acide cyanhydrique* ou *prussique* est un liquide incolore, très-volatil, combustible, ayant une odeur qui rappelle celle des amandes amères; il se mêle à l'eau en toutes proportions, se décompose spontanément quand il est pur et est vénéneux à un haut degré.

3. Parmi les *cyanures métalliques*, ceux à métaux alcalins ou alcalino-terreux sont solubles dans l'eau; les solutions ont l'odeur de l'acide cyanhydrique. Ils sont facilement décomposés par les acides, même par l'acide carbonique. Chauffés au rouge à l'abri du contact de l'air, le cyanure de potassium et celui de sodium fondent sans décomposition; fondus avec les oxydes de plomb, de cuivre, d'antimoine, d'étain et d'autres, ils les réduisent et se changent en cyanates. Parmi les cyanures des métaux lourds, peu sont solubles dans l'eau et tous sont décomposés au rouge. Ils donnent alors, soit du cyanogène et le métal, comme font les cyanures des métaux nobles, soit de l'azote et un carbure métallique, comme cela arrive avec tous les autres cyanures des métaux lourds. Beaucoup de ces derniers résistent aux oxacides étendus et ne sont décomposés que difficilement par l'acide azotique. Tous les cyanures métalliques sont décomposés si on les chauffe et si on les évapore avec de l'acide sulfurique concentré; l'acide chlorhydrique en attaque quelques-uns et l'acide sulfhydrique en décompose un bon nombre.

4. Les *cyanures métalliques* ont une grande tendance à se combiner entre eux, aussi la plupart des cyanures des métaux lourds se dissolvent dans le cyanure de potassium. Les composés qui résultent de cette action sont :

a. Ou de véritables sels doubles, des combinaisons du second ordre, par exemple KCy+NiCy. Les acides, en décomposant le cyanure de potassium, séparent le cyanure métallique auquel il était uni.

b. Ou des sels haloïdes simples, des combinaisons du premier ordre, dans lesquels un métal, par exemple le potassium, est uni à un radical composé formé de cyanogène et d'un autre métal (fer, cobalt, manganèse, chrome). Le prussiate jaune de potasse K^2,Cy^3Fe (ou K^2Cfy) et le prussiate rouge K^3,Cy^6Fe^2 (ou $K^3,Cfdy$), le cobalti-cyanure de potassium K^3,Cy^6Co^2, etc. sont des combinaisons de ce genre. Dans leurs dissolutions froides, les acides étendus ne précipitent pas de cyanure métallique. Le potassium peut être remplacé par de l'hydrogène, et il en résulte un véritable hydracide, qu'on ne saurait confondre avec l'acide cyanhydrique.

Dans ce qui suit, nous indiquerons d'abord les réactions de l'acide cyanhydrique et des cyanures simples, puis nous dirons quelques mots des acides ferro et ferri-cyanhydrique.

5. L'AZOTATE D'ARGENT produit dans les dissolutions d'acide prussique ou d'un cyanure alcalin un précipité blanc de *cyanure d'argent* (AgCy), facilement soluble dans le cyanure de potassium, un peu moins dans l'ammoniaque, insoluble dans l'acide azotique étendu, se décomposant au rouge en argent métallique avec un résidu de paracyanure d'argent.

6. Dans une dissolution d'acide cyanhydrique libre, si l'on ajoute un peu d'une solution de SULFATE DE PROTOXYDE DE FER, qui est restée quelque temps au contact de l'air, il ne se produit aucun changement; mais si l'on y verse quelques gouttes d'une LESSIVE DE POTASSE ou de SOUDE, il se forme un précipité vert bleuâtre, mélange de bleu de Prusse (Fe^4Cfy^3), de protoxyde et de peroxyde de fer. En ajoutant maintenant — le mieux après avoir légèrement chauffé — de l'acide chlorhydrique, les oxydes se dissolvent seuls et le *bleu de Prusse* reste insoluble. Quand il n'y a qu'une très-petite quantité d'acide cyanhydrique, le liquide paraît vert après l'addition de l'acide chlorhydrique, et ce n'est qu'au bout de quelque temps qu'il se dépose un léger précipité bleu.— Les phénomènes sont tout à fait les mêmes, quand on verse dans une solution d'un cyanure alcalin une dissolution de sulfate de protoxyde de fer contenant du sulfate de peroxyde ou du perchlorure de fer et qu'on ajoute ensuite de l'acide chlorhydrique.

7. En ajoutant à un liquide qui renferme un peu d'acide prussique ou d'un cyanure alcalin assez de sulfhydrate d'ammoniaque jaune pour que le liquide paraisse jaune, puis un peu d'ammoniaque et chauffant dans une petite capsule en porcelaine, en renouvelant l'eau évaporée si c'est nécessaire, jusqu'à complète décoloration et volatilisation ou décomposition du sulfhydrate d'ammoniaque en excès, on n'a plus que du sulfocyanure d'ammonium, et en acidulant avec de l'acide chlorhydrique (ce qui ne doit pas dégager d'acide sulfhydrique), on obtient une belle couleur rouge de sang avec le perchlorure de fer. (*Liebig.*) Cette réaction est extrêmement sensible. L'équation suivante explique la transformation de l'acide prussique en sulfocyanure d'ammonium: $AzH^4S^5 + 2(AzH^4O) + 2.HCy = 2(AzH^4,CyS^2) + AzH^4S + 2.HO$. En présence d'un

acétate, la réaction exige pour se produire une plus grande quantité d'acide chlorhydrique. — Si l'on veut découvrir le *cyanogène* dans une combinaison *insoluble* en le transformant en sulfocyanure de fer, on fond de l'hyposulfite de soude à la bouche d'un fil de platine jusqu'à ce qu'on ait chassé toute l'eau de cristallisation et que la masse se gonfle; on ajoute une petite quantité de la substance, on chauffe peu de temps dans la flamme, on retire aussitôt que le soufre commence à brûler et on plonge la petite masse dans quelques gouttes de perchlorure de fer additionné d'acide chlorhydrique. S'il y a du cyanogène dans l'essai, on voit apparaître la couleur rouge sang du sulfocyanure de fer et elle ne disparaît pas. Si l'on chauffe trop longtemps, la réaction n'est pas nette, parce que, dans ce cas, le sulfocyanure de sodium formé se décompose. Ce procédé est surtout convenable pour distinguer le cyanure d'argent d'avec le chlorure, le bromure ou l'iodure. (*A. Frœhde.*)

8. A une dissolution assez concentrée d'un cyanure alcalin, si l'on ajoute un peu d'une solution d'ACIDE PICRIQUE (1 partie d'acide pour 250 parties d'eau) et si l'on fait bouillir, la liqueur se colore en rouge foncé par suite de la formation du picrocyaminate de potasse : en abandonnant au repos, l'intensité de la coloration augmente. — Si la dissolution du cyanure est très-étendue, il ne faut ajouter d'acide picrique que pour colorer la liqueur en jaune citron. Souvent après l'ébullition la coloration rouge n'apparaît pas de suite, mais elle se manifeste par le refroidissement et un long repos. Cette réaction est très-sensible. (*C. D. Braun.*)

9. On trempe du papier à filtre dans de la teinture froide de GAÏAC contenant 3 à 4 pour cent de résine, après l'évaporation de l'alcool on l'humecte avec une dissolution de SULFATE DE CUIVRE à 1/4 pour cent. Si l'on expose ce papier à l'action de l'air renfermant des traces de vapeur d'acide cyanhydrique, il bleuit par suite de l'action de l'oxygène mis en liberté à l'état actif : $3.CuO + 2.HCy = Cu^2Cy, CuCy + 2.HO + O$. (*Pagenstecher*, *Schœnbein.*)

10. Si l'on ajoute à une dissolution très-étendue d'iodure d'amidon des traces d'acide cyanhydrique ou, après addition d'acide sulfurique étendu, d'un cyanure alcalin, la coloration disparaît aussitôt ou au bout de peu de temps, parce que l'iode au contact de l'acide prussique se décompose en iodure de cyanogène et acide iodhydrique. (*Schœnbein.*) Cette réaction est très-sensible : cependant elle ne suffit pas seule, elle n'est pas caractéristique, car beaucoup d'autres substances décolorent l'iodure d'amidon.

11. Dans le cyanure de mercure, on ne peut déceler le cyanogène par aucune des méthodes précédentes. Pour y parvenir, on traite sa dissolution par l'acide sulfhydrique : on obtient un précipité de sulfure de mercure et de l'acide prussique libre qui reste en dissolution. —

On reconnaît très-bien le cyanure de mercure solide en le chauffant dans un tube de verre (3).

APPENDICE A L'ACIDE CYANHYDRIQUE.

a. Acide ferrocyanhydrique ($H^2Cfy = H^2,Cy^3Fe$). Il est soluble dans l'eau; certains ferrocyanures sont solubles dans l'eau, surtout ceux qui renferment les métaux alcalins et alcalino-terreux : mais le plus grand nombre est insoluble. Tous sont décomposés au rouge; s'ils ne sont pas complétement anhydres, il se dégage de l'acide prussique, de l'acide carbonique et de l'ammoniaque, parfois de l'azote et quelquefois du cyanogène. Dans les dissolutions aqueuses de l'acide ferrocyanhydrique ou des ferrocyanures, le PERCHLORURE DE FER produit un précipité bleu de *ferrocyanure de fer* (Fe^4Cfy^3), le SULFATE DE CUIVRE un précipité rouge brun de *ferrocyanure de cuivre* (Cu^2Cfy), l'AZOTATE D'ARGENT un précipité blanc de *ferrocyanure d'argent* (Ag^2Cfy), insoluble dans l'acide azotique et l'ammoniaque, soluble dans le cyanure de potassium. — Les ferrocyanures insolubles sont décomposés à l'ébullition par une lessive de soude : il se forme du ferrocyanure de sodium et l'oxyde se dépose, autant toutefois qu'il n'est pas soluble dans la soude. — Chauffés avec 2 parties d'acide sulfurique concentré et 1 partie d'eau, jusqu'à ce que tout l'acide soit chassé, ils sont décomposés et le cyanogène part à l'état d'acide cyanhydrique. En les projetant dans le salpêtre fondu, le cyanogène donne de l'acide carbonique et de l'azote, et les métaux restent à l'état d'oxydes dans la masse fondue.

b. L'*acide ferricyanhydrique* ($H^3Cfdy = H^3,Cy^6Fe^2$) et beaucoup de ferricyanures sont solubles dans l'eau; tous les ferricyanures se décomposent au rouge comme les ferrocyanures. Dans les dissolutions aqueuses de l'acide ferricyanhydrique et de ses sels, le PERCHLORURE DE FER ne produit pas de précipité bleu, mais le SULFATE DE PROTOXYDE DE FER donne un précipité bleu de *ferricyanure de fer* ($3Fe,Cfdy$), le SULFATE DE CUIVRE un précipité vert jaunâtre de *ferricyanure de cuivre* ($3Cu,Cfdy$), insoluble dans l'acide chlorhydrique, l'AZOTATE D'ARGENT un précipité orange de *ferricyanure d'argent* ($3Ag, Cfdy$) insoluble dans l'acide azotique, très-soluble dans l'ammoniaque et le cyanure de potassium. Les ferricyanures insolubles sont décomposés à l'ébullition par la lessive de soude. Dans le liquide séparé par filtration des oxydes métalliques précipités, on trouve ou du ferricyanure de sodium seulement, ou un mélange de ferro et de ferricyanure de sodium. Chauffés avec un mélange de 3 parties d'acide sulfurique concentré et 1 partie d'eau, ou fondus avec le salpêtre, les ferricyanures sont décomposés comme les ferrocyanures.

e. **Acide sulfhydrique** (HS).

§ **156.** 1. Le *soufre* est un corps solide, friable, sans saveur, insoluble dans l'eau. Tantôt il est sous forme de cristaux jaunes ou brunâtres ou de masse cristalline de la même couleur : tantôt c'est une poudre jaune ou blanc jaunâtre ou grisâtre. Il fond à une température peu élevée : en chauffant davantage, il se transforme en vapeurs jaunes brunâtres, qui se condensent dans l'air froid en poudre jaune et en gouttelettes sur les parois du vase. Chauffé à l'air, il brûle avec une flamme bleuâtre en se changeant en acide sulfureux, facile à reconnaître à son odeur suffocante. L'acide azotique concentré, l'eau régale et un mélange de chlorate de potasse et d'acide chlorhydrique le dissolvent peu à peu à une douce chaleur, en le faisant passer à l'état d'acide sulfurique ; la lessive de soude bouillante le dissout en un liquide jaune contenant du sulfure de sodium et de l'hyposulfite de soude : il est insoluble dans la dissolution aqueuse d'ammoniaque froide, et ne s'y dissout que peu à chaud. Le sulfure de carbone dissout facilement le soufre à l'état ordinaire : cependant il y a une modification qui y est insoluble.

2. L'*acide sulfhydrique*, à la température et à la pression ordinaires, est un gaz incolore, combustible, facile à reconnaître à son odeur d'œufs pourris, soluble dans l'eau et rougissant momentanément la teinture de tournesol.

3. Les *sulfures* alcalins et alcalino-terreux sont seuls solubles dans l'eau. Ces sulfures, ainsi que les monosulfures de fer, de manganèse et de zinc, sont décomposés par les acides minéraux étendus, en dégageant de l'hydrogène sulfuré, facile à reconnaître à son odeur et à son action sur la solution de plomb (*V.* 4). Si le degré de sulfuration est plus élevé, il se dépose en même temps un précipité blanc de soufre très-divisé, que l'on ne saurait confondre avec les autres précipités à cause de la manière dont il se comporte quand on le chauffe. Parmi les sulfures métalliques du cinquième et du sixième groupe, les uns sont décomposés par l'acide chlorhydrique concentré bouillant avec dégagement d'acide sulfhydrique : les autres, non attaqués par l'acide chlorhydrique, le sont par l'acide azotique concentré et bouillant. Les composés du soufre avec le mercure, l'or et le platine résistent à l'action de ces deux acides, mais se dissolvent facilement dans l'eau régale. Dans l'action de l'acide azotique et de l'eau régale sur les sulfures, il se produit de l'acide sulfurique et le plus souvent en outre du soufre se dépose. Chauffés dans un tube fermé par un bout, beaucoup de sulfures — surtout ceux à un haut degré de sulfuration — donnent un sublimé de soufre. Tous les sulfures métalliques sont décomposés par

voie de fusion avec le salpêtre et le carbonate de soude. On trouve le soufre à l'état de sulfate dans l'extrait aqueux de la masse fondue.

4. Si l'acide sulfhydrique, soit gazeux, soit dissous, est mis en contact avec l'AZOTATE D'ARGENT ou l'ACÉTATE DE PLOMB, il produit des précipités noirs de *sulfure d'argent* ou de *sulfure de plomb*. Aussi quand l'odeur ne suffit pas pour déceler l'acide sulfhydrique, ces réactifs ne laissent aucun doute. S'il est à l'état gazeux, on place dans l'air à essayer une petite bande de papier humecté avec une dissolution d'acétate de plomb et un peu d'ammoniaque ; ce papier, sous l'action de l'acide sulfhydrique, se couvrira d'une pellicule brillante noir brun de sulfure de plomb. — S'il faut démontrer la présence de traces de sulfures alcalins en présence d'alcalis libres ou carbonatés, on mêle le liquide avec une dissolution d'oxyde de plomb dans une lessive de soude, que l'on prépare en ajoutant de la lessive de soude à une dissolution d'acétate de plomb, jusqu'à ce que le précipité se redissolve.

5. Si dans un liquide contenant de l'acide sulfhydrique ou un sulfure alcalin, on verse de la soude, puis du NITROPRUSSIATE DE SOUDE[1], le liquide se colore en violet rouge. — La réaction est très-sensible, mais cependant elle l'est encore moins que celle obtenue avec la solution alcaline de plomb.

6. Si l'on chauffe les sulfures dans la flamme extérieure du CHALUMEAU, le soufre brûle avec une flamme bleue, en répandant l'odeur bien connue de l'acide sulfureux. Si l'on chauffe l'essai dans un tube de verre incliné, ouvert aux deux bouts et dans la partie supérieure duquel on a mis une bandelette de papier bleu de tournesol, celui-ci est rougi par l'acide sulfureux.

7. Si l'on fait bouillir un sulfure métallique en poudre fine dans une petite capsule en porcelaine avec une lessive de potasse et si l'on chauffe jusqu'à la fusion de l'hydrate de potasse, ou bien si l'on fond l'essai avec de l'hydrate de potasse dans une cuiller en platine, qu'on dissolve ensuite dans peu d'eau, qu'on y plonge une lame d'argent (une pièce de monnaie bien nettoyée) et qu'on chauffe, l'argent devient noir brun (par suite de la formation d'un sulfure). On peut de nouveau rendre à l'argent sa blancheur en le frottant avec un morceau de peau et de la chaux en poudre. (*Kobell.*)

8. Dans une petite éprouvette ou un ballon à large goulot, si l'on met de la poudre d'un sulfure métallique non attaqué ou difficilement décomposé par l'acide chlorhydrique, avec un volume égal de fer pulvérulent bien exempt de soufre (*ferrum alcoholisatum* des pharmacies), si l'on y verse environ un centimètre de haut d'acide chlorhydrique (1 vol. d'acide fumant et 1 vol. d'eau), il se dégage de l'hydrogène

[1] Nous n'avons pas cité le nitroprussiate de soude parmi les réactifs parce qu'on peut s'en passer.

mêlé d'acide sulfhydrique reconnaissable à son action sur un papier imprégné d'acétate de plomb et séché, que l'on suspend dans le col du ballon au moyen d'un bouchon fermant imparfaitement. — Le réalgar, l'orpiment et le sulfure de molybdène naturel ne produisent pas cette réaction. (*Kobell.*)

§ **157**. Récapitulation et remarques. — La plupart des acides du premier groupe sont précipités par l'azotate d'argent, mais ces précipités ne peuvent pas être confondus avec les composés d'argent que forment les acides du deuxième groupe, parce que ceux-ci sont insolubles dans l'acide azotique étendu, tandis que les premiers s'y dissolvent. — La présence de l'acide sulfhydrique gêne plus ou moins dans la recherche des acides du deuxième groupe ; aussi, quand il se trouve dans l'essai, il faut commencer par l'éliminer. On y parvient par la simple ébullition quand l'acide sulfhydrique est libre : s'il est combiné à un alcali, on le précipite avec un sel métallique qui ne précipite pas les autres acides soit dans la dissolution elle-même, soit quand elle est acide. — L'acide iodhydrique et l'acide cyanhydrique peuvent se reconnaître, même en présence de l'acide chlorhydrique et de l'acide bromhydrique, par les réactions aussi sensibles que caractéristiques fournies par l'amidon avec addition d'un liquide azoteux et par la dissolution d'un sel de protoxyde de fer en partie peroxydé. — Le chlore et le brome se trouvent plus ou moins difficilement en présence de l'iode et du cyanogène ; il faut donc, avant de rechercher les premiers, éliminer les seconds ou faire en sorte qu'ils ne puissent gêner. On se débarrasse facilement du cyanogène en calcinant le mélange des composés argentiques, le cyanure d'argent étant seul décomposé. En faisant fondre ensuite le résidu de la calcination avec du carbonate de potasse sodé et faisant bouillir avec de l'eau, le chlore, le brome et l'iode restent en dissolution à l'état de composés binaires alcalins. Les composés d'argent fondus sont également bien décomposés par le zinc. Pour cela on les met avec de l'eau, on ajoute un peu d'acide sulfurique étendu et quelque peu de zinc grenaillé, on laisse pendant quelque temps, et la liqueur filtrée renferme du chlorure, du bromure, de l'iodure de zinc, séparés de l'argent qui s'est déposé à l'état métallique.

La séparation de l'iode d'avec le chlore et le brome peut se faire en traitant par l'ammoniaque les sels d'argent, mais plus exactement encore en le précipitant à l'état de proto-iodure de cuivre. Le meilleur moyen de le séparer du brome seul, c'est d'employer le protochlorure de palladium, qui ne précipite que l'iode ; on sépare l'iode du chlore à l'aide de l'azotate de protoxyde de palladium.

Pour découvrir le brome avec le chlore et l'iode on pourra opérer le plus simplement de la manière suivante : on ajoute au liquide quelques gouttes d'acide sulfurique étendu, puis de l'empois d'amidon et on y verse un peu d'acide azotique rouge fumant ou mieux une dissolution d'acide hypoazotique dans l'acide sulfurique. La réaction de l'iode se produit aussitôt. On verse alors de l'eau de chlore goutte à goutte, jusqu'à disparition de la couleur bleue, puis encore un peu plus pour mettre en liberté le brome que l'on rassemble dans quelques gouttes de chloroforme ou de sulfure de carbone, où l'on peut le reconnaître à ses propriétés. — On peut prendre avec le chloroforme ou le sulfure de carbone l'iode mis en liberté dans le liquide fortement étendu, et dans la liqueur passée à travers un filtre mouillé reconnaître le brome avec le sulfure de carbone ou le chloroforme et l'eau de chlore. Au lieu de cela on peut encore, aussitôt après la mise en liberté de l'iode, ajouter de l'eau de chlore avec précaution ; dans ce cas la couleur rouge violet produite par l'iode diminue peu à peu et disparaît bientôt pour être remplacée par la couleur jaune brunâtre que le brome communique à ces dissolvants.

Le meilleur moyen de découvrir les chlorures en présence des bromures et des iodures, c'est de précipiter d'abord avec le nitrate d'argent, de laisser digérer le précipité avec un mélange de 1 partie de dissolution d'ammoniaque avec 3 parties d'eau, de séparer par filtration l'iodure d'argent, de précipiter le liquide filtré avec l'acide azotique, de laver et sécher le précipité (qui renferme le chlorure et le bromure d'argent avec des traces d'iodure), de le fondre avec du carbonate de soude, de traiter la masse fondue avec de l'eau, neutraliser la solution avec l'acide sulfurique (la liqueur peut avoir une réaction encore un peu alcaline), évaporer à siccité, fondre le résidu avec du bichromate de potasse et traiter le produit obtenu d'après le § **152**, 7. — La réaction serait gênée s'il y avait une trop grande quantité d'iodure ; il faudrait donc dans ce cas éliminer d'abord l'iode.

Quant à la réaction de l'iodure d'amidon, il ne faut pas oublier que certains sels (alun, sulfates alcalins, sulfate de magnésie, etc.) diminuent la sensibilité du réactif. En outre, si l'on emploie le sulfure de carbone, la présence des sulfocyanures pourrait induire en erreur, si l'on met l'iode en liberté avec l'acide hypoazotique (*Nadler*), parce qu'alors, même en l'absence de l'iode, le liquide prend une couleur rouge à cause de la formation du pseudo-sulfocyanogène. En agitant avec le sulfure de carbone, ce dernier prend la majeure partie de la substance colorante.

En terminant je dirai encore qu'outre les moyens que j'ai indiqués pour mettre l'iode en liberté, il y en a encore beaucoup d'autres qui ont été recommandés et que l'on peut employer. Ainsi : l'acide iodique ou un iodate alcalin et de l'acide chlorhydrique (*Liebig*), le perchlorure de fer et l'acide sulfurique, le chlorure de platine avec addition d'un peu d'acide chlorhydrique (*Hempel*), le permanganate de potasse en dissolution légèrement acide (*Henry*), etc. A ce sujet je ferai les remarques suivantes : l'acide iodique doit être employé avec précaution, parce que 1° la présence d'une substance réductrice peut mettre en liberté de l'iode du réactif même, et 2° un excès d'acide iodique fait aussitôt disparaître la réaction. — Dans les dissolutions très-étendues, le perchlorure de fer additionné d'acide sulfurique n'agit pas de suite, mais si l'on attend un peu, la réaction est très-sensible : un excès de réactif n'a pas d'inconvénient. On peut surtout se servir avec avantage du perchlorure de fer, si l'iode doit être mis en liberté sous forme de vapeurs, ce qu'il faut surtout faire par exemple en présence des sulfocyanures. On chauffe dans ce cas presque à l'ébullition et l'on fait agir les vapeurs qui se dégagent sur du papier imprégné d'empois d'amidon frais. — Le permanganate de potasse agit dans les liqueurs les plus étendues. Mais comme un liquide coloré par très-peu d'iodure d'amidon paraît rouge, on pourrait confondre cette coloration avec celle du permanganate. On ne peut donc compter sur la réaction qu'au bout de 6 à 12 heures. — On comprend facilement qu'on peut opérer de bien des manières pour rendre très-sensible la réaction par l'amidon. Ceux que cette question intéresserait, pourront consulter les travaux de *Morin*[1] et de *Hempel*[2].

Suivant *Al. Mitscherlich*[3], on peut aussi reconnaître le chlore, le brome et l'iode par l'analyse spectrale, parce que les spectres des chlorure, bromure et iodure de cuivre offrent tous trois beaucoup de lignes bleues et vertes, mais qui diffèrent les unes des autres suivant les sels par leurs positions et leur intensité. On peut encore les déceler, en chauffant avec précaution dans un courant d'hydrogène avec de l'oxyde de cuivre, le chlorure, le bromure et l'iodure d'argent, parce que la flamme de l'hydrogène est colorée d'abord par le chlorure de cuivre, puis par le bromure et enfin seulement par l'iodure qui est le moins volatil. Ce procédé, à cause de la ressemblance des spectres, exige beaucoup de précautions et me paraît plutôt intéressant au point de vue purement scientifique qu'important au point de vue pratique : aussi pour les détails je renverrai au mémoire original.

ACIDES PLUS RARES DU DEUXIÈME GROUPE.

1. **Acide azoteux** (AzO^3).

§ **158**. A l'état libre et à la température ordinaire, c'est un gaz rouge brun ;

[1] *Journal für pract. Chem.*, LXXVIII, I.
[2] *Ann. d. Chem. u. Pharm.*, CVII, 102.
[3] *Zeitschr. f. analyt. Chem.*, IV, 153.

au contact de l'eau, il se décompose en acide azotique et en bioxyde d'azote, ce dernier se dégageant si la quantité d'eau n'est pas trop grande ($3.AzO^3 = AzO^5 + 2.AzO^2$). Les azotites sont décomposés au rouge. Ils sont en grande partie solubles dans l'eau. Si on les traite, eux ou leurs dissolutions concentrées, par de l'acide sulfurique étendu, il ne se dégage pas de gaz azoteux, mais du bioxyde d'azote, en même temps qu'il se forme de l'acide azotique. — Dans les dissolutions des azotites alcalins, l'AZOTATE D'ARGENT produit un précipité blanc, soluble dans beaucoup d'eau, surtout à chaud ; avec le SULFATE DE PROTOXYDE DE FER et un acide, il se forme une coloration brune, due à la dissolution du bioxyde d'azote dans le sel de fer. Dans les dissolutions qui renferment de l'acide azoteux et où l'on a neutralisé par un acide le peu d'alcali qui pourrait être libre, l'ACIDE SULFHYDRIQUE donne un abondant dépôt de soufre en même temps qu'il y a formation d'azotate d'ammoniaque. L'ACIDE PYROGALLIQUE colore en brun les dissolutions même assez étendues des azotites acidulées avec l'acide sulfurique (*Schœnbein*). Si l'on ajoute à un azotite alcalin une dissolution de CYANURE DE POTASSIUM, puis un peu d'une solution neutre de CHLORURE DE COBALT et d'acide acétique, la liqueur se colore en rose orangé, par suite de la production du nitro-cyanocobaltate de potasse (*C.-D. Braun*). — Le réactif le plus sensible de l'acide azoteux est la dissolution d'IODURE DE POTASSIUM additionnée d'empois d'amidon, surtout avec un peu d'acide sulfurique (*Price, Schœnbein*). L'eau qui contient avec de l'acide sulfurique libre un cent-millième d'azotite de potasse est colorée d'une manière très-appréciable par l'iodure d'amidon au bout de quelques secondes ; avec un millionième d'azotite la réaction se voit nettement après quelques minutes. Il faut faire attention toutefois que cette réaction n'est caractéristique, qu'autant que la liqueur ne renferme pas de substances pouvant décomposer l'iodure de potassium (acide iodique, peroxyde de fer, etc.). — On verse dans de l'eau de la solution d'INDIGO jusqu'à ce que la couleur soit bleu foncé et que le liquide ne soit plus transparent, on ajoute un peu d'acide chlorhydrique et enfin en agitant de la dissolution d'un POLYSULFURE ALCALIN, jusqu'à ce que le mélange ait complétement perdu la couleur bleue, on filtre, et si l'on met dans le liquide filtré une très-petite quantité d'un azotite, aussitôt il se manifeste une coloration bleue très-nette. Nous recommandons cette réaction quand il y a dans le liquide à essayer d'autres corps réducteurs qui empêcheraient la coloration bleue de l'empois à iodure de potassium (*Schoenbein*). Il faut seulement ne pas oublier que d'autres substances oxydantes peuvent faire reparaître la couleur de l'indigo. — Si l'on ajoute du SULFOCYANURE DE POTASSIUM à un liquide contenant de l'acide azoteux, par exemple à une solution d'azotite de potasse acidulée avec de l'acide acétique, le liquide ne se colore pas ; mais si l'on y verse encore de l'acide azotique, il se produit une couleur rouge foncé, qui disparaît si l'on ajoute un peu d'alcool ou si l'on chauffe quelque temps (différence avec le sulfocyanure de fer). En agitant avec du sulfure de carbone, celui-ci prend presque toute la substance colorante. Comme on le voit, cette réaction n'est produite que par l'acide hypoazotique et non par l'acide azoteux, ce qui permettra de les distinguer l'un de l'autre

2. **Acide hypochloreux** (ClO).

A la température ordinaire, c'est un gaz vert jaunâtre, d'une odeur désagréable, suffocante, analogue à celle du chlore ; il est soluble dans l'eau. Les dissolutions aqueuses étendues peuvent distiller. Les hypochlorites sont généralement mélangés avec des chlorures, ainsi dans le chlorure de chaux, l'eau de Javelle, etc., et leurs dissolutions sont altérées par l'ébullition : les hypochlorites se transforment en chlorures et en chlorates, et il ne se dégage de l'oxygène qu'avec les dissolutions concentrées. — En versant dans une dissolution de chlorure de chaux de l'acide chlorhydrique ou de l'acide sulfurique, il se dégage du chlore, tandis que, par addition d'un peu d'acide azotique, de l'acide hypochloreux est mis en liberté. — L'azotate d'argent précipite du chlorure d'argent de la dissolution de chlorure de chaux (l'hypochlorite d'argent qui se forme se décompose bientôt en chlorure d'argent et chlorate d'argent : $3\,(AgO,ClO) = AgO,ClO^5 + 2.AgCl$. — L'azotate de plomb donne un précipité d'abord blanc, qui devient peu à peu rouge orangé, puis enfin brun, par suite de la formation de peroxyde de plomb : les sels de protoxyde de manganèse donnent un précipité noir brun de peroxyde hydraté. — La dissolution de permanganate de potasse n'est pas décolorée. La teinture de tournesol et celle d'indigo sont un peu décolorées par les dissolutions alcalines, mais la couleur est rapidement détruite par l'addition d'un acide. Si l'on colore en bleu une dissolution d'acide arsénieux dans l'acide chlorhydrique avec de l'indigo, et si en agitant on ajoute peu à peu une dissolution de chlorure de chaux, la décoloration ne se produit que lorsque tout l'acide arsénieux est passé à l'état d'acide arsénique.

3. **Acide chloreux** (ClO^3).

Gaz vert jaunâtre, d'une odeur désagréable particulière, soluble dans l'eau. La dissolution est fortement colorée en jaune, même quand elle est très-étendue. Les chlorites sont, pour la plupart, solubles dans l'eau ; les dissolutions se décomposent facilement : il se forme un chlorure et un chlorate. — L'azotate d'argent précipite du chlorite d'argent blanc, soluble dans beaucoup d'eau ; la dissolution de permanganate de potasse est aussitôt décomposée, il se dépose au bout de quelque temps un précipité brun ; les teintures de tournesol et d'indigo sont subitement décolorées, même quand elles renferment un excès d'acide arsénieux. Si à une dissolution étendue et faiblement acide d'un sel de protoxyde de fer on ajoute une dissolution étendue d'acide chloreux, la liqueur prend momentanément une teinte améthyste, puis au bout de quelques secondes apparaît la coloration jaune des sels de peroxyde de fer (*Lenssen*).

4. **Acide hypophosphoreux** (PhO).

Sa dissolution concentrée est sirupeuse et ressemble à celle de l'acide phosphoreux (§ **148**), avec laquelle elle a encore ceci d'analogue que, chauffée à l'abri du contact de l'air, elle se décompose en acide phosphorique hydraté et en hydrogène phosphoré non spontanément inflammable. Tous les hypophosphites sont solubles dans l'eau, tous se transforment au rouge en phosphates et en hydrogène phosphoré, qui le plus souvent s'enflamme spontanément. Le chlorure de baryum, le chlorure de calcium, l'acétate de plomb ne précipitent pas les hypophosphites (différence avec les phosphites) ; l'azotate d'ar-

GENT donne un précipité d'abord blanc d'HYPOPHOSPHITE D'ARGENT, qui bientôt à la température ordinaire, mais plus rapidement sous l'action de la chaleur, noircit en laissant de l'argent métallique. Dans un excès de BICHLORURE DE MERCURE, l'acide hypophosphoreux précipite, lentement à froid, rapidement à chaud, du protochlorure de mercure. Avec le ZINC et l'ACIDE SULFURIQUE ÉTENDU, l'acide hypophosphoreux donne de l'hydrogène mélangé d'hydrogène phosphoré (voir l'acide phosphoreux, § **148**).

TROISIÈME GROUPE DES ACIDES INORGANIQUES

ACIDES QUI NE SONT PRÉCIPITÉS NI PAR LES SELS DE BARYTE NI PAR LES SELS D'ARGENT : *acide azotique, acide chlorique* (acide perchlorique).

a. **Acide azotique** (AzO^5).

§ **159.** 1. L'*acide azotique anhydre* cristallise en prismes à six pans. Il fond à 29°,5 et bout vers 45° (*Deville*). L'*acide azotique hydraté* est un liquide incolore, mais qui est rouge, s'il renferme de l'acide hypoazotique : il est très-corrosif, décompose rapidement les matières organiques, colore en jaune celles de ces matières qui renferment de l'azote et enfin répand à l'air des fumées blanches.

2. Tous les *azotates neutres* sont solubles dans l'eau ; il n'y a d'insolubles que quelques composés basiques. Tous sont décomposés au rouge. Les azotates alcalins dégagent d'abord de l'oxygène et se changent en azotites, puis plus tard ils donnent de l'oxygène et de l'azote; les autres azotates dégagent de l'oxygène et de l'acide azoteux ou de l'acide hypoazotique.

3. Si l'on projette un azotate sur un CHARBON ROUGE, ou si l'on met du charbon ou une matière organique, par exemple un morceau de papier, dans un azotate fondu, il se produit une *déflagration*, c'est-à-dire que le charbon brûle avec vivacité et projection d'étincelles, aux dépens de l'oxygène de l'acide azotique,

4. Si l'on mélange un azotate avec du CYANURE DE POTASSIUM en poudre et si l'on chauffe une petite quantité du mélange sur une feuille de platine, il y a déflagration, vive lumière et même explosion. Cette réaction permet même de reconnaître de très-petites quantités d'azotate.

5. Si l'on met un azotate avec un peu de TOURNURE DE CUIVRE et qu'on chauffe le mélange dans un tube à essais avec de l'acide sulfurique concentré, l'air du petit tube se colore en rouge jaunâtre, parce que sous l'action de l'acide azotique chassé par l'acide sulfurique, le cuivre attaqué fait dégager du bioxyde d'azote qui, avec l'oxygène de l'air, passe à l'état d'acide hypoazotique. La coloration se voit très-bien en regardant dans le tube suivant la direction de son axe.

6. Si l'on additionne une dissolution d'azotate avec un volume égal d'ACIDE SULFURIQUE concentré, exempt de composés nitreux, qu'on laisse refroidir et qu'on verse une dissolution concentrée de SULFATE DE PROTOXYDE DE FER, de façon que les deux liquides ne se mélangent pas, la couche de séparation se colore d'abord en pourpre, puis en brun ou prend une teinte rougeâtre, s'il n'y a que des traces d'acide azotique. En mêlant la masse, elle reste *limpide* et prend une teinte brune un peu purpurine. — L'acide azotique est en effet décomposé par le protoxyde de fer; trois cinquièmes de son oxygène se portent sur le protoxyde pour en faire passer une partie à l'état de peroxyde, et le bioxyde d'azote produit s'unit au sel de protoxyde de fer non encore peroxydé pour former un composé particulier qui se dissout dans l'eau en la colorant en brun. — Avec l'acide sélénieux on a une réaction analogue, mais en mélangeant les liquides et en laissant reposer, il se dépose du sélénium rouge (*Wittstock*).

7. Si l'on fait bouillir dans un petit tube un peu d'acide chlorhydrique, qu'on y ajoute une ou deux gouttes d'une dissolution très-étendue d'INDIGO DANS L'ACIDE SULFURIQUE et qu'on fasse bouillir encore une fois, le liquide reste bleu (pourvu que l'acide chlorhydrique soit exempt de chlore). Si maintenant on ajoute à cette dissolution bleu clair un azotate solide ou dissous, et si l'on chauffe encore à l'ébullition, le liquide est décoloré par suite de la décomposition de l'indigo. — Cette réaction est très-sensible. Toutefois il ne faut pas oublier que d'autres substances, particulièrement le chlore, produisent également la décoloration.

8. Un liquide contenant un peu d'acide azotique colore en rouge vif la dissolution de BRUCINE dans l'acide sulfurique concentré et pur. Cette réaction est d'une sensibilité extrême. La teinte rouge passe bientôt au rouge jaune. L'acide chlorique donne la même réaction.

9. On dissout 1 partie d'ACIDE PHÉNIQUE (phénol) dans 4 parties d'acide sulfurique concentré, on ajoute 2 parties d'eau et on met une ou deux gouttes de ce liquide sur un azotate solide (par exemple le résidu de l'évaporation de quelques gouttes d'une eau de fontaine contenant un azotate). Il se produit un composé nitrogéné du phénol avec une coloration rouge brun, que l'addition d'une ou de deux gouttes d'ammoniaque concentré rend jaune, parce qu'il se fait du nitrophénate d'ammoniaque : parfois aussi la couleur est verte et passagère. Cette réaction est très-sensible (*H. Sprengel*).

10. On peut encore découvrir des traces d'acide azotique en le faisant passer à l'état d'acide azoteux. On peut opérer par la voie humide ou par la voie sèche ; par la voie humide, on chauffe pendant quelque temps la dissolution d'acide azotique ou d'azotate avec du zinc très-divisé et mieux avec de l'amalgame de zinc et l'on filtre (*Schœnbein*);

— par la voie sèche, on fait fondre à une chaleur modérée avec du carbonate de soude la substance à essayer, on traite la masse refroidie par de l'eau et on filtre. On met alors l'un ou l'autre des liquides filtrés avec de l'iodure de potassium, un peu d'empois d'amidon et de l'acide sulfurique étendu, et le liquide est bleui par l'iodure d'amidon. (*V.* § **158**, 1.)

b. **Acide chlorique** (ClO^5).

§ **160.** 1. L'*acide chlorique* en dissolution le plus concentrée possible est un liquide oléagineux, incolore ou légèrement jaunâtre, d'une odeur qui rappelle celle de l'acide azotique. Il rougit le tournesol et aussitôt après le blanchit. La solution étendue est incolore et inodore.

2. Tous les CHLORATES sont solubles dans l'eau. Ils perdent tout leur oxygène au rouge et donnent pour résidu un chlorure.

3. Avec le CHARBON ou une matière organique, tous les chlorates détonent et avec bien plus de violence que les azotates.

4 Les chlorates mêlés au CYANURE DE POTASSIUM et chauffés sur la feuille de platine produisent, même en petite quantité, une violente déflagration. Il ne faut opérer que sur très-peu de matière.

5. Si l'on colore en bleu clair la dissolution d'un chlorate avec un peu de la solution sulfurique d'INDIGO, si l'on ajoute un peu d'acide sulfurique étendu, puis goutte à goutte, avec précaution, une dissolution de sulfite de soude, la couleur de l'indigo disparaît aussitôt. La cause de cette réaction aussi sensible que caractéristique, c'est que l'acide sulfureux s'empare de l'oxygène de l'acide chlorique et met en liberté du chlore ou un composé d'un degré inférieur d'oxydation qui décolore instantanément l'indigo.

6. Si l'on chauffe un chlorate avec de l'ACIDE CHLORHYDRIQUE moyennement étendu, les éléments des deux acides se combinent, surtout à chaud, il se forme de l'eau, du chlore et de l'acide chloreux-bichlorique ($2.ClO^5,ClO^3$). Le petit tube dans lequel on fait l'essai se remplit d'un gaz jaune verdâtre d'une odeur très-désagréable, analogue à celle du chlore, et l'acide chlorhydrique se colore en jaune verdâtre. Si l'on a coloré l'acide chlorhydrique avec de l'indigo, la couleur bleue disparaît aussitôt, même avec des traces de chlorate.

7. Si l'on met dans un verre de montre quelques gouttes d'ACIDE SULFURIQUE CONCENTRÉ et qu'on y ajoute un peu d'un chlorate, les deux tiers de l'oxyde métallique passent à l'état de sulfate et l'autre tiers à l'état de perchlorate ; de l'acide chloreux-chlorique est mis en liberté et colore l'acide sulfurique en jaune foncé ; on peut reconnaître en outre le gaz à son odeur et à sa couleur verdâtre : [$3(KO,ClO^5) + 4.HOSO^3 = 2(KO.HO,2SO^3) + KO,ClO^7 + (ClO^4,ClO^3) + 2.HO$]. Dans cette expérience

il faut chauffer modérément et n'opérer que sur de faibles quantités, sans quoi le gaz en se décomposant produit une violente explosion.

8. L'acide chlorique se comporte comme l'acide azotique avec la dissolution de brucine dans l'acide sulfurique concentré (*Luck*). Voir § **159**, 8.

§ **161**. Récapitulation et remarques. — Parmi les réactions qui permettent de reconnaître l'acide azotique, les résultats les plus certains sont fournis par le sulfate de protoxyde de fer avec l'acide sulfurique, par le phénol, par la transformation du sel en azotite et par la tournure du cuivre avec l'acide sulfurique ; la déflagration avec le charbon, la détonation avec le cyanure de potassium, la décoloration de l'indigo, sont des phénomènes que produisent aussi les chlorates. Ces dernières réactions n'ont donc de valeur qu'autant qu'on est certain qu'il n'y a pas de chlorates. On peut reconnaître l'acide azotique libre dans un liquide en l'évaporant à siccité au bain-marie, après avoir ajouté quelques barbes de plume ; s'il se manifeste une coloration jaune, c'est un indice de la présence de l'acide azotique (*Runge*). — Pour trouver l'acide chlorique, quand il n'y a pas d'autres composés oxygénés du chlore, le meilleur procédé c'est de chauffer l'essai au rouge après addition de carbonate de soude et d'essayer ensuite la dissolution avec l'azotate d'argent. S'il y avait un chlorate, il sera passé à l'état de chlorure que fera trouver le sel d'argent. Le procédé n'est aussi simple qu'autant qu'il n'y a pas de chlorure. Dans le cas où ce dernier sel existe dans le mélange, on ajoute de l'azotate d'argent tant qu'il se forme un précipité, puis on ajoute au liquide filtré du carbonate de soude pur, on évapore et l'on calcine. Cependant en général il n'est pas nécessaire de suivre une marche aussi longue, parce que la réaction avec l'acide sulfurique concentré, comme celle de l'indigo et de l'acide sulfureux, prouve la présence de l'acide chlorique avec une certitude complète, quand même il y aurait de l'acide azotique. — S'il faut trouver de l'acide azotique en présence d'une grande quantité d'acide chlorique, on met un excès de carbonate de soude, on évapore si c'est nécessaire, on calcine le résidu modérément, mais assez longtemps pour que tout le chlorate soit changé en chlorure, et dans le résidu on cherche de l'acide azotique ou de l'acide azoteux.

Acide perchlorique (ClO^7).

§ **162**. L'acide pur, anhydre, est un liquide très-mobile, incolore, qui fait violemment explosion si on le verse goutte à goutte sur un morceau de charbon et qui répand à l'air des fumées blanches épaisses (*Roscoë*). L'hydrate cristallise en aiguilles ; la dissolution aqueuse concentrée est lourde et oléagineuse. La dissolution étendue peut distiller et laisse d'abord dégager de l'eau, puis de l'acide étendu et enfin de l'acide concentré. Tous les perchlorates sont solubles dans l'eau et la plupart le sont facilement; tous sont décomposés au rouge, ceux à base alcaline laissent un résidu de chlorure. Les SELS DE POTASSE, dans les dissolutions pas trop étendues, forment un précipité blanc cristallin de perchlorate de potasse (KO,ClO^7), difficilement soluble dans l'eau, insoluble dans l'alcool; les SELS DE BARYTE et ceux d'ARGENT ne les précipitent pas. L'acide sulfurique concentré ne décompose pas l'acide perchlorique à froid et ne le décompose que difficilement à chaud (différence avec l'acide chlorique). L'acide chlorhydrique, l'acide azotique et l'acide sulfureux ne décomposent pas la dissolution aqueuse d'acide perchlorique ou d'un perchlorate, de sorte qu'en y ajoutant de la teinture d'indigo, celle-ci n'est pas décolorée (différence avec tous les autres acides du chlore).

II. ACIDES ORGANIQUES.

PREMIER GROUPE

Les hydrates des acides du premier groupe se décomposent par la chaleur complétement ou partiellement[1], les acides sont décomposés par l'ébullition avec l'acide azotique[2], leurs sels de chaux sont insolubles ou difficilement solubles dans l'eau, les dissolutions de leurs sels alcalins neutres ne sont pas précipitées par le perchlorure de fer : *acide oxalique, acide tartrique* (acide paratartrique), *acide citrique, acide malique.*

§ 163. a. **Acide oxalique.**

Ses réactions ont été déjà indiquées au § **145**.

b. **Acide tartrique** ($2HO,C^8H^4O^{10}$).

1. L'*acide tartrique hydraté* est en cristaux incolores, inaltérables à l'air, ayant une saveur acide agréable, solubles dans l'eau et dans l'alcool. A 100° il ne perd pas d'eau, il fond à 170°, se carbonise à une plus haute température, en répandant une odeur toute particulière, très-caractéristique, qui rappelle celle du pain brûlé. La dissolution aqueuse d'acide tartrique et celle de presque tous les tartrates font dévier vers la droite le plan de polarisation de la lumière. — Chauffé avec l'acide azotique, il se décompose en acides oxalique, acétique et saccharique.

2. Les *tartrates* alcalins et ceux des oxydes du troisième et du quatrième groupe se dissolvent dans l'eau. Évaporée au bain-marie à con-

[1] L'acide oxalique hydraté, chauffé avec précaution, se sublime en partie sans décomposition.

[2] La décomposition de l'acide oxalique par l'acide azotique bouillant en acide carbonique et en eau, ne se fait que lentement.

sistance sirupeuse, la dissolution de tartrate de peroxyde de fer laisse déposer un sel basique pulvérulent. Tous les tartrates insolubles dans l'eau se dissolvent dans l'acide chlorhydrique ou dans l'acide azotique. Les tartrates sont décomposés au rouge avec un dépôt de charbon et en répandant la même odeur que l'acide.

3. Si, dans une dissolution d'acide tartrique ou d'un tartrate alcalin, on verse une quantité pas trop grande d'un sel de PEROXYDE DE FER ou d'ALUMINE, puis de l'ammoniaque ou de la potasse, il ne se fait pas de précipité de peroxyde de fer ou d'alumine, parce que les sels doubles qui se sont formés ne sont pas décomposés par les alcalis. De même la précipitation de beaucoup d'autres oxydes par les alcalis est empêchée par l'acide tartrique.

4. L'acide tartrique libre donne avec un SEL DE POTASSE, surtout avec l'acétate de potasse, un précipité très-peu soluble de *tartrate acide de potasse*. La même chose se produit, si l'on ajoute à un tartrate neutre de l'acétate de potasse et de l'acide acétique libre. Le tartrate acide de potasse se dissout facilement dans les alcalis et les acides minéraux : l'acide tartrique et l'acide acétique ne favorisent pas sa solubilité. La formation des précipités tartriques est facilitée par l'agitation ou par le frottement des parois intérieures des vases avec une baguette en verre. Pour que la réaction soit sensible, on concentre fortement la dissolution tartrique, puis sur un verre de montre on en met une ou plusieurs gouttes avec une goutte de dissolution concentrée d'acétate de potasse ; on remue avec une petite baguette en verre, et aussitôt il se dépose de petits cristaux sur les points frottés. Une addition d'un volume égal d'alcool augmente beaucoup la sensibilité de la réaction. — En présence de l'acide borique, la réaction ne se produit que si l'on prend du fluorure de potassium au lieu d'acétate de potasse : il se fait du fluoborure de potassium, et on évite ainsi la formation du composé très-soluble d'acide borique, d'acide tartrique et de potasse (*Barfoed*).

5. Le CHLORURE DE CALCIUM [1] précipite des dissolutions de tartrates neutres du TARTRATE DE CHAUX blanc ($2CaO,C^8H^4O^{10}+8Aq$). En présence des sels ammoniacaux, le précipité ne se forme qu'au bout d'un temps quelquefois assez long : l'agitation ou le frottement des parois du vase active sa formation. Le précipité est cristallin ou le devient au bout de quelque temps ; il se dissout en un liquide clair dans une lessive froide et pas trop étendue de potasse ou de soude et tout à fait exempte d'a-

[1] Le tartrate de potasse ou de soude dissout le tartrate de chaux (et d'autres sels insolubles dans l'eau, par exemple, le phosphate de chaux, le sulfate de baryte, etc.) ; les réactions reposant sur la précipitation du tartrate de chaux ne pourront donc se produire qu'après la décomposition complète des tartrates alcalins.

cide carbonique. Mais si l'on fait bouillir cette dissolution, le tartrate de chaux se dépose de nouveau à l'état gélatineux; par le refroidissement le liquide s'éclaircit de nouveau.

6. L'EAU DE CHAUX avec les tartrates neutres ou avec l'acide tartrique libre, et dans ce cas ajoutée jusqu'à réaction alcaline, produit des précipités blancs, d'abord floconneux, puis cristallins, qui, tant qu'ils sont floconneux, se dissolvent facilement et promptement dans l'acide tartrique et dans la solution de sel ammoniac. Mais au bout de quelques heures, le tartrate de chaux se dépose de nouveau sur les parois du vase sous forme de petits cristaux.

7. La dissolution de SULFATE DE CHAUX en excès [1] ne précipite pas celle d'acide tartrique; dans un tartrate alcalin neutre elle ne forme qu'un faible précipité au bout d'un temps assez long.

8. Si l'on ajoute de l'ammoniaque à une quantité, même très-faible, de tartrate de chaux, puis un petit morceau d'AZOTATE D'ARGENT cristallisé et qu'on chauffe lentement, les parois du tube se recouvrent d'une pellicule miroitante d'argent métallique. En chauffant rapidement et en employant de l'azotate d'argent dissous, l'argent réduit se dépose en poudre (*Arthur Casselman*).

9. L'ACÉTATE DE PLOMB précipite en blanc les solutions d'acide tartrique et de ses sels. Le précipité ($2PbO,C^8H^4O^{10}$) se dissout facilement dans l'acide azotique et dans l'ammoniaque exempte de carbonate.

10. L'AZOTATE D'ARGENT ne précipite pas l'acide libre, mais précipite en blanc les sels neutres. Le précipité ($2AgO,C^8H^4O^{10}$) se dissout facilement dans l'acide azotique et dans l'ammoniaque; par ébullition il noircit à cause de l'argent métallique réduit.

11. Si l'on chauffe l'acide tartrique ou un tartrate avec de l'ACIDE SULFURIQUE monohydraté, celui-ci prend une teinte brune, en même temps qu'il y a un dégagement gazeux.

c. **Acide citrique** ($3HO,C^{12}H^5O^{11}$).

§ **164.** 1. L'*acide citrique cristallisé*, tel qu'on l'obtient par le refroidissement de ses dissolutions, a pour formule : $3HO,C^{12}H^5O^{11}+2Aq$. Il cristallise en cristaux transparents, incolores, inodores, d'une saveur fortement acide agréable; il se dissout facilement dans l'eau et dans l'alcool, il s'effleurit lentement à l'air, perd à 100° son eau de cristallisation, fond à une température plus élevée et se carbonise ensuite en répandant des vapeurs acides, d'une odeur forte, faciles à distinguer de celles qui sont émises par l'acide tartrique. — Chauffé avec l'acide azotique, l'acide citrique donne de l'acide oxalique et de l'acide acé-

[1] Voir le renvoi de la page 259.

tique; avec beaucoup d'acide azotique, il ne se fait que de l'acide acétique.

2. Les *citrates alcalins* neutres ou acides sont très-solubles dans l'eau; par conséquent ils ne sont pas précipités par l'acétate de potasse. Les combinaisons de l'acide citrique avec les oxydes métalliques qui sont des bases faibles, par exemple le peroxyde de fer, sont aussi solubles dans l'eau. Évaporée jusqu'à consistance sirupeuse au bain de sable, la dissolution de citrate de fer ne laisse pas déposer de sel solide. Les citrates empêchent la précipitation par les alcalis du peroxyde de fer, de l'alumine, etc., tout comme font les tartrates et pour la même raison.

3. Le CHLORURE DE CALCIUM ne produit de précipité dans les dissolutions d'acide citrique ni à froid, ni à chaud. Mais si l'on sature de potasse ou de soude une dissolution concentrée d'acide citrique additionnée d'un *excès* de chlorure de calcium [1], il se forme aussitôt un précipité de *citrate neutre de chaux* ($3CaO,C^{12}H^5O^{11}+4Aq$), insoluble dans la potasse, mais facilement dissous par le sel ammoniac. Si l'on fait bouillir cette dissolution dans le sel ammoniac, il se dépose du citrate de chaux de même composition, blanc, cristallin, mais qui ne se dissout plus dans le sel ammoniac. — Si l'on sature d'ammoniaque une solution d'acide citrique mêlée de chlorure de calcium, il se produit à froid un précipité au bout de plusieurs heures. En faisant bouillir le liquide clair, il se dépose tout d'un coup du citrate de chaux ayant les mêmes propriétés que plus haut. — Si l'on chauffe du citrate de chaux avec de l'ammoniaque et de l'azotate d'argent, celui-ci n'est pas réduit ou l'est fort peu.

4. L'EAU DE CHAUX en excès [1] ne précipite pas à froid les dissolutions d'acide citrique ou d'un citrate. Mais si l'on chauffe à l'ébullition la dissolution additionnée d'un assez grand excès d'eau de chaux préparée à chaud, il se forme un précipité de *citrate de chaux*, qui disparaît en grande partie par le refroidissement.

5. L'ACÉTATE DE BARYTE en excès dans une solution d'un citrate alcalin donne à froid comme à chaud un précipité amorphe, dont la composition est $3BaO,C^{12}H^5O^{11}+7Aq$. — Le même précipité se forme si l'on ajoute à l'acide citrique de l'eau de baryte en excès. — Dans les dissolutions étendues il ne se forme pas, parce qu'il n'est pas insoluble dans l'eau : mais si l'on chauffe, il se sépare d'abord un précipité amorphe, qui se change bientôt en un sel de composition $3BaO,C^{12}H^5O^{11}+5Aq$,

[1] Les citrates alcalins sont de véritables dissolvants pour beaucoup de combinaisons insolubles dans l'eau (sulfate de baryte, phosphate et oxalate de chaux, etc.) ; par conséquent les réactions 3 et 4, basées sur la précipitation du citrate de chaux, ne pourront se produire que lorsque la quantité de chlorure de calcium ou de chaux sera suffisante pour décomposer tout le citrate alcalin.

sous forme de petites aiguilles cristallines microscopiques. Si l'on chauffe ce dernier ou le sel amorphe avec un excès d'acétate de baryte au bain-marie pendant deux heures, il se produit un autre sel très-caractéristique. Ce sont des prismes klinorhombiques parfaitement nets, dont la formule est $2(3BaO,C^{12}H^5O^{11})+7Aq$. — Si la dissolution est très-étendue le sel ne se forme qu'après concentration. — Réaction très-caractéristique pour l'acide citrique (*H. Kœmmerer*). — L'addition d'une goutte d'acide acétique favorise beaucoup la formation du sel caractéristique.

6. Si l'on ajoute un excès d'ACÉTATE DE PLOMB à une dissolution d'acide citrique, il se forme un précipité blanc de *citrate de plomb* ($3PbO, C^{12}H^5O^{11}$), qui, après avoir été lavé, se dissout facilement dans l'ammoniaque. En faisant digérer pendant plusieurs heures ce précipité au bain-marie avec de l'eau ou de l'acide acétique il devient cristallin et a pour composition $3PbO,C^{12}H^5O^{11}+3Aq$. — On ne voit pas au miscroscope de cristaux nettement formés.

7. L'AZOTATE D'ARGENT précipite dans les citrates alcalins du *citrate d'argent* ($3AgO,C^{12}H^5O^{11}$) blanc, floconneux, ne noircissant pas par l'ébullition. En faisant bouillir le précipité en grande quantité dans très-peu d'eau, il se décompose peu à peu en donnant de l'argent métallique.

8. En chauffant l'acide citrique ou un de ses sels avec de l'ACIDE SULFURIQUE CONCENTRÉ, il se dégage au commencement un mélange d'oxyde de carbone et d'acide carbonique, sans que l'acide sulfurique noircisse ; mais par une ébullition prolongée la couleur du liquide se fonce et en même temps il se dégage de l'acide sulfureux.

d. **Acide malique** ($2HO,C^8H^4O^8$).

§ 165. 1. L'*acide malique hydraté* cristallise difficilement en croûtes cristallines, déliquescentes à l'air, facilement solubles dans l'eau et dans l'alcool. — Chauffé à 150°, l'acide malique hydraté se change lentement en acide fumarique ($2HO,C^8H^2O^6$) en perdant 2 équivalents d'eau ; à 180° il se décompose en eau, en *acide maléique* ($2HO,C^8H^2O^6$) qui se volatilise, et en *acide fumarique* ($2HO,C^8H^2O^6$) qui reste ; enfin si la température dépasse 200°, l'acide fumarique lui-même se volatilise. Cette action de la chaleur est tout à fait caractéristique. En chauffant dans une petite cuiller, il se dégage de la masse écumante des vapeurs acides : en opérant dans un petit tube, il se condense dans les parties froides d'abord des cristaux d'acide maléique, puis plus tard d'acide fumarique. — Chauffé avec l'acide azotique, l'acide malique donne facilement de l'acide oxalique avec dégagement d'acide carbonique.

2. L'acide malique forme avec la plupart des bases des sels solubles dans l'eau. Le malate acide de potasse est assez soluble dans l'eau, aussi l'acide malique n'est-il pas précipité par l'acétate de potasse. L'acide malique empêche, comme l'acide tartrique, la précipitation du peroxyde de fer, etc., par les alcalis.

3. Le CHLORURE DE CALCIUM ne précipite pas les dissolutions d'acide malique libre, même après saturation avec l'ammoniaque ou la soude. Mais si l'on fait bouillir, le précipité se forme si les liqueurs sont concentrées. Si l'on dissout le *malate de chaux* ($2CaO,C^8H^4O^8 + 6Aq$) formé dans très-peu d'acide chlorhydrique, qu'on ajoute de l'ammoniaque et qu'on fasse bouillir, il se dépose de nouveau; mais si on le dissout dans une plus grande quantité d'acide chlorhydrique, il ne se dépose plus, même par une ébullition prolongée, après addition d'un excès d'ammoniaque. Si l'on ajoute 1 ou 2 volumes d'esprit-de-vin, le malate de chaux se dépose en flocons blancs. Si l'on chauffe d'abord le liquide presque à l'ébullition et qu'on y ajoute ensuite l'alcool chaud, le précipité se dépose sous forme de grumeaux mous, qui s'attachent aux parois du verre, se durcissent par le refroidissement, et se désagrégent sous la pression en poudre cristalline (*Barfoed*). Chauffé avec l'ammoniaque et l'azotate d'argent, le malate de chaux ne réduit pas l'argent ou la réduction est faible.

4. L'EAU DE CHAUX ne précipite ni l'acide libre, ni les malates. Même par l'ébullition le liquide reste clair, pourvu que l'eau de chaux ait été préparée avec de l'eau bouillante.

5. L'ACÉTATE DE PLOMB précipite dans les dissolutions d'acide malique ou d'un malate du *malate de plomb* ($2PbO,C^8H^4O^8 + 6Aq$) blanc. La précipitation est plus complète si l'on neutralise le liquide avec de l'ammoniaque, parce que le précipité est un peu soluble dans l'acide malique et dans l'acide acétique libres, ainsi que dans l'ammoniaque. Si l'on chauffe à l'ébullition le liquide dans lequel le précipité est en suspension, une partie de celui-ci se dissout, le reste fond et ressemble sous l'eau à de la résine fondue. Si l'on veut produire la réaction avec de petites quantités de matière, on chauffe d'abord légèrement jusqu'à ce que le précipité se soit rassemblé; on décante la majeure partie du liquide et on chauffe le reste à l'ébullition avec le précipité. Cette réaction n'est bien nette que si le malate de plomb est tout à fait pur; elle ne se produit pas ou est incomplète, s'il y a d'autres sels de plomb ou si l'on ajoute de l'ammoniaque.

6. L'AZOTATE D'ARGENT précipite dans les malates alcalins neutres du *malate d'argent* blanc, qui devient un peu gris par l'ébullition ou un long repos.

7. Si dans une dissolution chaude d'acide malique libre on ajoute de la magnésie pure ou carbonatée, jusqu'à ce qu'il n'y ait plus de réac-

tion acide, qu'on filtre, qu'on concentre par évaporation et qu'on additionne la solution chaude avec de l'esprit-de-vin chaud, il se dépose du malate de magnésie ($2MgO,C^8H^4O^8$) sous forme de masse gommeuse, gluante, s'attachant aux parois du verre : il devient dur par le refroidissement. Cette réaction ne permet pas de distinguer l'acide citrique d'avec l'acide malique (*Barfoed*).

8. Chauffé avec l'ACIDE SULFURIQUE CONCENTRÉ, l'acide malique donne d'abord un mélange d'acide carbonique et d'oxyde de carbone : puis le liquide devient brun et noir, en dégageant de l'acide sulfureux.

§ **166.** RÉCAPITULATION ET REMARQUES. — Ce qui caractérise l'*acide oxalique* parmi les acides organiques dont nous venons de parler, c'est que son sel calcaire est de suite précipité de sa dissolution chlorhydrique par l'ammoniaque et par l'acétate de soude, et que l'acide libre est précipité de sa dissolution par le sulfate de chaux. L'*acide tartrique* se reconnaît au peu de solubilité de son sel acide de potasse, à la solubilité de son sel de chaux dans une lessive froide de potasse ou de soude, à l'action du tartrate de chaux sur l'ammoniaque et l'azotate d'argent et enfin à l'odeur qu'il répand quand on le chauffe, lui ou ses sels. En présence des autres acides, le meilleur réactif est l'acétate de potasse ou le fluorure de potassium (§ **163**, 4). L'*acide citrique* est le mieux caractérisé par la manière dont il se comporte avec l'eau de chaux ou le chlorure de calcium et l'ammoniaque en présence du sel ammoniac, en supposant toutefois qu'il n'y a ni acide oxalique, ni acide tartrique ou qu'on les a éliminés et qu'on a employé un excès suffisant d'eau de chaux ou de chlorure de calcium. L'examen microscopique du sel de baryte est encore un moyen très-bon et très-certain de le reconnaître (§ **164**, 5). — L'*acide malique* serait parfaitement caractérisé par le sel de plomb à chaud et sous l'eau, si cette réaction avait une plus grande sensibilité et n'était pas si facilement empêchée par la présence d'autres acides. Le meilleur moyen de le reconnaître, c'est de le chauffer dans un tube de verre pour le changer en acide maléique et en acide fumarique ; mais encore ici il faut n'agir que sur l'acide hydraté pur. L'acide malique se distingue des acides citrique et tartrique parce que son sel de plomb est difficilement soluble dans l'ammoniaque non carbonatée, tandis que le citrate et le tartrate de plomb s'y dissolvent avec facilité. — Si des quatre acides un seul se trouve en dissolution, on peut le reconnaître sans difficulté avec l'eau de chaux, car l'acide malique n'est pas precipité, l'acide citrique ne l'est qu'à l'ébullition, l'acide tartrique et l'acide oxalique le sont à froid ; le précipité formé par l'acide tartrique se dissout dans le sel ammoniac, tandis que l'oxalate de chaux y est insoluble. — Si les quatre acides sont ensemble dans la dissolution, on précipite d'abord l'acide tartrique et l'acide oxalique par le chlorure de calcium en excès et l'ammoniaque en présence du sel ammoniac. Il faut toutefois remarquer que dans ces circonstances le tartrate de chaux ne se précipite pour ainsi dire complétement qu'après un temps assez long (on peut le séparer de l'oxalate en traitant par la lessive de soude) et qu'un citrate alcalin, s'il est en certaine proportion, empêche la précipitation complète de l'acide oxalique et plus encore celle de l'acide tartrique. — Au liquide filtré on ajoute avec précaution de l'esprit-de-vin en quantité modérée et on précipite le citrate de chaux (et avec lui le reste de l'oxalate et du tartrate de chaux). On filtre, on ajoute plus d'alcool au liquide et on a le malate de chaux. A l'aide de ce dernier on prépare l'acide hydraté, en dissolvant le sel calcaire dans l'acide acétique, ajoutant de l'esprit-de-vin, et filtrant, s'il le faut. On précipite le liquide filtré avec l'acétate de plomb, on neutralise avec l'ammoniaque, on lave le précipité, on le met en suspension dans de l'eau, on le décompose par un courant d'acide sulfhydrique et on évapore à siccité le liquide filtré. — Une autre méthode meilleure pour déceler l'acide malique avec les trois autres acides consiste à unir les acides à l'ammoniaque, concentrer fortement la dissolution, la neutraliser encore chaude avec de l'ammoniaque (parce que pendant l'ébullition il s'est fait des sels acides) et ajouter 8 vol. d'alcool à 98 pour 100. Au bout de 12 ou 24 heures on filtre pour séparer le malate d'ammoniaque des oxalate, citrate et tartrate d'ammoniaque précipités : on traite le malate par l'acétate de plomb et on étudie l'acide et son hydrate (*Barfoed*). — S'il fallait découvrir peu d'acide citrique ou d'acide malique en présence de beaucoup d'acide tartrique, on précipiterait celui-ci par l'acétate de potasse après avoir ajouté un volume d'alcool concentré. Dans le liquide filtré, après avoir augmenté encore la quantité d'alcool, on précipiterait complétement les autres acides par le chlorure de calcium en excès et l'ammoniaque.

Acide paratartrique ($2HO,C^8H^4O^{10}$).

§ **167**. L'*acide paratartrique* cristallisé a pour formule : $2HO,C^8H^4O^{10}+2Aq$. L'eau de cristallisation se dégage lentement à l'air et rapidement à 100° (différence avec l'acide tartrique). Il se comporte avec les dissolvants comme l'acide tartrique. — Les *paratartrates* offrent beaucoup de caractères semblables à ceux des tartrates ; toutefois un grand nombre d'entre eux en diffèrent par la proportion d'eau, la forme et la solubilité. La dissolution aqueuse de l'acide et des sels ne dévie pas le plan de polarisation. Le CHLORURE DE CALCIUM précipite dans la dissolution de l'acide ou de ses sels du *paratartrate de chaux* ($2CaO,C^8H^4O^{10}+8Aq.$) en poudre blanche cristalline. Il est précipité de sa dissolution dans l'acide chlorhydrique par l'ammoniaque, de suite ou au bout d'un temps assez court (différence avec l'acide tartrique). Il se dissout dans la lessive de potasse ou de soude et s'en sépare de nouveau par l'ébullition (différence avec l'acide oxalique). L'EAU DE CHAUX en excès donne aussitôt un précipité blanc, qui ne se dissout pas dans le sel ammoniac (différence avec l'acide tartrique). — Le SULFATE DE CHAUX, dans une dissolution d'acide paratartrique, ne produit pas de suite un précipité (différence avec l'acide oxalique), mais au bout de 10 à 15 minutes il se dépose du paratartrate de chaux (différence avec l'acide tartrique); dans les dissolutions des sels neutres, le précipité se forme aussitôt. — Avec les SELS DE POTASSE, l'acide paratartrique se comporte comme l'acide tartrique. En faisant cristalliser du paratartrate double de potasse et de soude ou de soude et d'ammoniaque, on obtient deux sortes de cristaux, dont les formes sont symétriques comme un objet l'est avec son image dans un miroir. Les uns renferment de l'acide tartrique ordinaire (dextroracémique), les autres de l'acide lévoracémique, c'est-à-dire de l'acide en tout identique à l'acide tartrique, mais qui dévie le plan de polarisation à gauche. Si l'on redissout ensemble les deux sortes de cristaux, la dissolution présente de nouveau les caractères de l'acide paratartrique (*Pasteur*).

DEUXIÈME GROUPE DES ACIDES ORGANIQUES.

Les hydrates des acides du deuxième groupe sont volatils sans décomposition : chauffés avec l'acide azotique, ou ils ne sont pas décomposés (acide succinique), ou ils se transforment en acides nitrogénés (acide benzoïque). Les sels de chaux sont ou facilement solubles dans l'eau (acide benzoïque) ou difficilement solubles (acide succinique), les sels alcalins neutres sont précipités par le perchlorure de fer : *acide succinique*, *acide benzoïque*.

a. **Acide succinique** ($2HO,C^8H^4O^6$).

§ **168.** 1. L'*acide succinique hydraté* forme des cristaux prismatiques ou tabulaires incolores et inodores (prismes rhombiques ou tables rhomboïdales) : il se dissout facilement dans l'eau et dans l'alcool, peu dans l'éther, difficilement dans l'acide azotique : quand il est pur, il est inodore, il a une légère saveur acide et se volatilise avec un faible dépôt de charbon. L'acide des pharmacies a toujours une odeur d'huile empyreumatique et laisse un plus grand résidu charbonneux. L'acide succinique n'est pas décomposé quand on le chauffe avec l'acide azotique, aussi peut-on l'obtenir facilement pur en le faisant bouillir environ une demi-heure avec cet acide, qui décompose le peu de matière huileuse qui s'y trouve mélangée. Par sublimation on obtient des aiguilles soyeuses brillantes. L'hydrate dans cette opération perd de l'eau, en sorte qu'après plusieurs sublimations on obtient l'acide anhydre. A l'air l'acide succinique brûle avec une flamme bleue, non fuligineuse.

2. Les *succinates* sont décomposés au rouge; les succinates alcalins

et alcalino-terreux donnent des carbonates et un dépôt de charbon. La plupart des succinates sont solubles dans l'eau.

Le succinate de soude étant peu soluble dans l'alcool concentré et pouvant bien cristalliser, soit neutre, soit acide, on peut l'avoir facilement pur, même dans des liquides impurs, et par conséquent s'en servir pour rechercher et séparer l'acide succinique[1]. — En chauffant les succinates avec du bisulfate de potasse dans un petit tube de verre, l'acide se sublime. — On peut encore avoir l'acide avec les sels en les décomposant par l'acide sulfurique et en traitant par l'alcool absolu à chaud.

3. A une dissolution froide, neutre et convenablement étendue d'un succinate alcalin, si l'on ajoute du CHLORURE DE CALCIUM, il ne se forme pas de précipité : dans la liqueur, l'alcool détermine un dépôt gélatineux de *succinate de chaux*, qui se dissout facilement dans le sel ammoniac. Mais dans cette dernière dissolution, l'addition d'une plus grande quantité d'alcool fait reparaître le précipité gélatineux : toutefois si cette solution était très-étendue, il ne se produirait rien tout d'abord, mais un peu plus tard il se déposerait du succinate de chaux cristallisé ($2CaO,C^8H^4O^6+6Aq$).

4. Le PERCHLORURE DE FER donne, dans une dissolution de succinate neutre alcalin, un précipité volumineux rouge brunâtre pâle de *succinate de fer* ($Fe^2O^3,C^8H^4O^6$), en même temps qu'un tiers de l'acide succinique est mis en liberté et tient en dissolution une partie du précipité, si l'on filtre à chaud. Le précipité se dissout facilement dans les acides minéraux ; l'ammoniaque le décompose en séparant un succinate de fer très-basique, d'une consistance moins volumineuse, et en laissant la plus grand partie de l'acide succinique dissous à l'état de succinate d'ammoniaque.

5. L'ACÉTATE DE PLOMB, versé goutte à goutte dans une solution d'acide succinique libre ou d'un succinate alcalin, forme un précipité blanc amorphe qui se redissout très-facilement dans un excès d'acide succinique, dans les succinates alcalins et aussi dans la solution d'acétate de plomb, mais s'en sépare bientôt sous forme cristalline. Ce dernier précipité, qui est du *succinate neutre de plomb* ($2PbO,C^8H^4O^6$) se dissout à peine dans l'eau, l'acide acétique, l'acide succinique, et l'acétate de plomb : il se dissout facilement dans l'acide azotique et se transforme par l'action de l'ammoniaque en un sel basique ($6PbO,C^8H^4O^6$).

6. A un mélange d'ALCOOL, d'AMMONIAQUE et de CHLORURE DE BARYUM si l'on ajoute de l'acide succinique libre ou combiné, il se forme un précipité blanc de *succinate de baryte* ($2BaO,C^8H^4O^6$).

[1] Meissner et Jolly. *Zeitschr. f. analyt. Chem.* IV, 502.

b. **Acide benzoïque** ($HO,C^{14}H^5O^3$).

§ **169.** 1. L'*acide benzoïque hydraté* pur se présente en lamelles ou aiguilles blanches, inodores, quelquefois aussi en poudre cristalline. Sous l'action de la chaleur, il fond et se volatilise ensuite complétement, en répandant des vapeurs qui grattent la gorge d'une façon particulière et provoquent la toux : convenablement refroidies, ces vapeurs se condensent en aiguilles brillantes, elles peuvent s'enflammer et brûlent avec une flamme brillante et fuligineuse. L'acide ordinaire officinal a l'odeur de la résine de benjoin et laisse quand on le chauffe un résidu de charbon. L'hydrate est fort peu soluble dans l'eau froide, mais assez facilement dans l'eau chaude et dans l'alcool. La dissolution alcoolique saturée devient laiteuse, si l'on y ajoute de l'eau.

2. La plupart des *benzoates* sont solubles dans l'eau : les seuls qui soient insolubles sont ceux à base faible, comme par exemple le peroxyde de fer. Ceux qui sont solubles ont une saveur âcre particulière. Si l'on ajoute à leur dissolution aqueuse *concentrée* un ACIDE fort, l'acide benzoïque est chassé et se dépose à l'état d'hydrate en poudre peu soluble, d'un blanc brillant. On le chasse sous la même forme des benzoates insolubles, en traitant ceux-ci par un acide fort pouvant faire un sel soluble avec la base du benzoate.

3. Le PERCHLORURE DE FER précipite incomplétement la dissolution d'acide benzoïque libre et complétement celle des benzoates alcalins neutres. Le précipité de *benzoate de fer* [$2Fe^2O^3,3(C^{14}H^5O^3)+15Aq$] est volumineux, couleur de chair, insoluble dans l'eau, décomposé par l'ammoniaque comme le succinate de fer, et se distingue de ce dernier parce qu'il se dissout dans un peu d'acide chlorhydrique en laissant déposer la plus grande partie de l'acide benzoïque.

4. L'ACÉTATE DE PLOMB ne précipite pas l'acide benzoïque libre, mais il précipite en flocons blancs les benzoates à bases alcalines.

5. En mettant dans un mélange d'ALCOOL, d'AMMONIAQUE et de CHLORURE DE BARYUM de l'acide benzoïque libre ou combiné à un alcali, il ne se produit pas de précipité.

§ **170.** RÉCAPITULATION ET REMARQUES. — L'acide succinique et l'acide benzoïque se distinguent l'un de l'autre par la couleur de leurs sels de fer et surtout parce que l'acide succinique est facilement soluble dans l'eau, tandis que l'acide benzoïque l'est difficilement, et encore par la manière dont ils se comportent avec le chlorure de baryum et surtout le chlorure de calcium et l'alcool. L'acide benzoïque n'est généralement pas tout à fait pur et sa présence est souvent indiquée déjà par l'odeur du benjoin.

On peut reconnaître les deux acides en présence l'un de l'autre, et quand même il y aurait d'autres acides, en précipitant par le perchlorure de fer, chauffant avec de l'ammoniaque le précipité lavé, filtrant, concentrant fortement la liqueur, et ajoutant à une partie de l'acide chlorhydrique, à l'autre du chlorure de baryum et de l'alcool.

L'acide succinique et l'acide benzoïque n'empêchent pas la précipitation du peroxyde de fer, de l'alumine, etc., par les alcalis.

TROISIÈME GROUPE DES ACIDES ORGANIQUES

Les hydrates de ces acides peuvent distiller avec de l'eau (l'hydrate d'acide lactique avec difficulté), les sels de chaux sont facilement solubles dans l'eau, les solutions des sels alcalins neutres ne sont pas précipitées à froid par le perchlorure de fer : *acide acétique, acide formique* (acide lactique, acide propionique, acide butyrique).

a. **Acide acétique** ($HO,C^4H^3O^3$).

§ **171.** 1. L'*hydrate d'acide acétique* forme des cristaux lamelleux, transparents, qui fondent à 17° en un liquide incolore, d'une odeur pénétrante particulière et d'une saveur fortement acide. La chaleur le transforme complétement en vapeurs inflammables, brûlant avec une flamme bleue. Il se mêle à l'eau en toutes proportions. Ce sont ces mélanges qui portent simplement le nom d'acide acétique. L'hydrate se dissout aussi dans l'alcool.

2. Les *acétates* sont décomposés au rouge. Parmi les produits de la décomposition, on trouve généralement de l'acide acétique hydraté, et presque toujours de l'acétone ($C^6H^6O^2$). Les acétates alcalins et alcalino-terreux se changent par là en carbonates. Ceux à bases métalliques laissent, les uns le métal, les autres l'oxyde. Presque tous les résidus sont charbonneux. La plupart des acétates sont solubles dans l'eau et dans l'alcool ; le plus grand nombre se dissout facilement dans l'eau, il n'y en a que peu qui s'y dissolvent difficilement. — Si l'on chauffe un acétate avec de l'acide sulfurique étendu dans un appareil distillatoire, l'acide acétique libre se trouve dans le liquide condensé.

3. Si l'on ajoute à de l'acide acétique du PERCHLORURE DE FER et qu'on neutralise presque l'acide avec de l'ammoniaque, ou si l'on mélange un acétate neutre avec du perchlorure de fer, il se forme de l'*acétate de peroxyde de fer* qui colore le liquide en rouge foncé. Si l'on fait bouillir la liqueur rouge avec un excès d'acétate, elle se décolore en même temps que tout le peroxyde de fer se dépose en flocons jaunes bruns d'acétate basique. — L'ammoniaque précipite de la dissolution d'acétate de fer tout le peroxyde de fer à l'état d'hydrate. — Un liquide coloré en rouge par l'acétate de peroxyde de fer devient jaune par

une addition d'acide chlorhydrique (différence avec le sulfocyanure de fer).

4. Les acétates neutres, mais non pas l'acide acétique libre un peu étendu, donnent avec l'AZOTATE D'ARGENT un précipité blanc, cristallin, d'*acétate d'argent* ($AgO,C^4H^3O^3$), très-peu soluble dans l'eau froide. Il se dissout plus facilement dans l'eau chaude et se dépose par le refroidissement en cristaux déliés. L'ammoniaque le dissout facilement, l'acide acétique libre n'augmente pas sa solubilité dans l'eau.

5. L'AZOTATE DE PROTOXYDE DE MERCURE produit dans l'acide acétique, mais plus facilement encore dans les acétates, un précipité en écailles cristallines d'*acétate de protoxyde de mercure* ($Hg^2O,C^4H^3O^3$), difficilement soluble à froid dans l'eau et dans l'acide acétique, facilement soluble dans un excès du précipitant. Par la chaleur il se dissout dans l'eau, mais s'en sépare de nouveau par le refroidissement sous forme de petits cristaux. Toutefois dans cette opération l'acétate de mercure est en partie décomposé; il se dépose du mercure métallique et le précipité prend une couleur grise. Si au lieu de faire bouillir avec de l'eau, on employait de l'acide acétique, la quantité de mercure réduit serait bien moindre.

6. Le BICHLORURE DE MERCURE chauffé avec de l'acide acétique ou avec un acétate ne donne pas de précipité de protochlorure de mercure.

7. En chauffant un acétate avec de l'ACIDE SULFURIQUE concentré, il se dégage des vapeurs d'*hydrate d'acide acétique*, qu'on reconnaît facilement à l'odeur. Mais si l'on chauffe avec un mélange à volume égal d'ACIDE SULFURIQUE concentré et d'ALCOOL, il se dégage de l'*éther acétique* ($C^4H^5O,C^4H^3O^3$), dont l'odeur agréable et caractéristique se manifeste déjà à froid par la simple agitation du mélange et qui trompe bien moins que l'odeur forte de l'acide libre.

8. Si l'on chauffe de l'acide acétique étendu avec un excès d'OXYDE DE PLOMB, une partie de celui-ci se dissout à l'état d'acétate basique de plomb. Le liquide a une réaction alcaline et ne donne pas de cristaux par le refroidissement.

b. **Acide formique** (HO,C^2HO^3).

§ **172**. 1. L'*acide formique hydraté* est un liquide incolore, ayant la transparence de l'eau, répandant de légères fumées, d'une odeur particulière, fortement pénétrante. Au-dessous de zéro il cristallise en lamelles incolores. Il peut se mêler à l'eau et à l'alcool en toutes proportions. La chaleur le volatilise complétement, les vapeurs peuvent s'allumer et brûlent avec une flamme bleue.

2. Les *formiates* chauffés au rouge laissent comme les acétates correspondants, soit des carbonates, soit des oxydes ou des métaux; en même temps il y a un résidu de charbon et il se dégage des carbures

d'hydrogène, de l'acide carbonique et de la vapeur d'eau. Tous les formiates se dissolvent dans l'eau, quelques-uns seulement sont solubles dans l'alcool.

3. Avec le PERCHLORURE DE FER, la réaction est la même que celle de l'acide acétique.

4. L'AZOTATE D'ARGENT ne précipite pas l'acide formique libre et ne précipite les formiates alcalins que lorsqu'ils sont en dissolution concentrée. Le précipité blanc, difficilement soluble, cristallin, de *formiate d'argent* (AgO,C^2HO^3) prend bientôt une couleur foncée, en même temps qu'il se sépare de l'argent métallique. Avec le temps la réduction devient complète à froid, mais elle a lieu de suite, si l'on chauffe le liquide avec le précipité. La même réduction de l'oxyde d'argent a lieu quand même la liqueur est trop étendue pour donner un précipité, ou si l'on opère avec de l'acide formique libre. Mais elle ne se produit pas en présence d'un excès d'ammoniaque. L'acide formique, que l'on peut regarder comme une combinaison d'oxyde de carbone et d'eau, prend donc l'oxygène à l'oxyde d'argent, forme de l'acide carbonique qui se dégage et de l'eau; le métal réduit se dépose.

5. L'AZOTATE DE PROTOXYDE DE MERCURE ne donne rien avec l'acide formique libre; dans les dissolutions concentrées des formiates alcalins, il détermine un précipité blanc, difficilement soluble, de *formiate de protoxyde de mercure* (Hg^2O,C^2HO^3). Il devient bientôt gris, à cause du mercure mis en liberté; avec le temps la réduction est complète à froid, elle est presque instantanée à chaud. Comme avec le sel d'argent, elle a lieu même dans les liquides assez étendus pour que le formiate de mercure reste dissous, ou bien avec l'acide formique libre.

6. En chauffant l'acide formique ou un formiate alcalin avec du BICHLORURE DE MERCURE entre 60° et 70°, il se précipite du *protochlorure de mercure*. L'acide chlorhydrique libre ou une trop grande quantité de chlorure alcalin empêche la réaction.

7. En chauffant l'acide formique ou un de ses sels avec de l'ACIDE SULFURIQUE CONCENTRÉ, l'acide formique est décomposé, sans que le mélange noircisse, en eau et en oxyde de carbone qui se dégage avec effervescence et brûle, si on l'allume, avec sa flamme bleue caractéristique. Dans cette réaction l'acide sulfurique s'empare de l'eau ou de l'oxyde, sans lesquels l'acide formique ne peut exister et ce dernier se dédouble alors en ses éléments ($C^2HO^3 = 2.CO + HO$). En chauffant dans un appareil distillatoire un formiate avec de l'acide sulfurique étendu, l'acide formique libre distille et on peut déjà le reconnaître à son odeur; si l'on chauffe avec un mélange d'acide sulfurique et d'alcool, il se dégage de l'éther formique, dont l'odeur est caractéristique et rappelle un peu celle des noyaux de pêche.

8. L'oxyde de plomb se dissout à chaud dans l'acide formique

étendu. Par le refroidissement, et si c'est nécessaire après concentration par évaporation, le formiate de plomb (PbO,C^2HO^3) se dépose en aiguilles ou en petits prismes brillants.

§ **173.** Récapitulation et remarques. — L'acide acétique et l'acide formique se distinguent facilement de tous les autres acides organiques, parce qu'ils peuvent distiller avec l'eau et forment avec le peroxyde de fer des sels neutres, solubles dans l'eau avec une couleur rouge de sang, qui disparaît par l'ébullition. Ils diffèrent l'un de l'autre par l'odeur de leur hydrate et celle de leur éther, par leur action sur les sels d'argent, sur ceux de mercure, sur l'oxyde de plomb et aussi par leur décomposition par l'acide sulfurique concentré. On peut les séparer l'un de l'autre en les chauffant tous deux avec un excès d'oxyde d'argent ou de bioxyde de mercure; l'acide formique réduit ces oxydes tout en se décomposant lui-même, tandis que l'acide acétique reste en dissolution combiné avec eux.

ACIDES PLUS RARES DU TROISIÈME GROUPE DES ACIDES ORGANIQUES.

1. Acide lactique ($2HO,C^{12}H^{10}O^{10}$).

§ **174.** Dans les liquides animaux, les substances végétales devenues acides, etc. L'hydrate d'acide lactique pur est un liquide sirupeux, inodore, d'une saveur mordante, franchement acide. Chauffé lentement, il donne à 130°, comme produit de la distillation, de l'eau et un peu d'acide lactique hydraté, en laissant comme résidu un anhydride ($C^{12}H^{10}O^{10}$), qui lui-même, entre 250° et 300°, se décompose en oxyde de carbone, acide carbonique, lactide et autres produits. — L'hydrate d'acide lactique se dissout facilement dans l'eau, dans l'alcool et dans l'éther. En faisant bouillir la dissolution aqueuse, il se volatilise un peu d'acide lactique avec la vapeur d'eau. Les lactates sont tous solubles dans l'eau, mais la plupart le sont difficilement; ils se comportent de la même manière avec l'alcool; ils sont tous insolubles dans l'éther. La manière dont quelques-uns se produisent et l'observation microscopique de leurs formes offrent des caractères qui permettent de reconnaître l'acide lactique; ceux qui sont les plus propres à faire ces observations sont le lactate de chaux et celui de zinc. — Pour préparer le premier avec des liqueurs animales ou végétales, le procédé suivant, indiqué par *Scherer*, paraît le meilleur. On étend le liquide, si cela est nécessaire, avec de l'eau, on ajoute de l'eau de baryte et on filtre. On distille le liquide filtré avec un peu d'acide sulfurique (pour éliminer les acides volatils), on fait digérer le résidu pendant plusieurs jours avec de l'alcool concentré, on distille la dissolution acide avec du lait de chaux, on filtre encore chaud pour séparer l'excès de chaux et le sulfate de chaux, on fait passer un courant d'acide carbonique dans le liquide filtré, on chauffe encore une fois à l'ébullition, on sépare par filtration le carbonate de chaux, on évapore, on chauffe le résidu avec de l'alcool concentré, on filtre et on abandonne au repos pendant plusieurs jours le liquide neutre, dans lequel le lactate de chaux se dépose. S'il y a trop peu d'acide lactique pour qu'il se dépose des cristaux, on évapore à consistance sirupeuse, on ajoute de l'alcool concentré, on laisse reposer quelque temps, on décante ou on filtre la dissolution alcoolique dans un vase qu'on puisse fermer et on ajoute peu à peu une petite quantité d'éther. Alors les moindres traces de lactate de chaux se déposeront. — Vu au microscope, le lactate de chaux forme des aiguilles réunies en houppes. Deux de ces houppes sont toujours accolées l'une à l'autre par une sorte de pédoncule, de façon à ressembler à des pinceaux qui se pénètrent mutuellement. — Le lactate de zinc, quand il s'est déposé rapidement, s'offre sous le microscope en aiguilles groupées en boules ; si l'évaporation est très-lente, on obtient d'abord des cristaux qui ressemblent à des pilons tronqués des deux côtés ; ces cristaux croissent peu à peu, les deux extrémités se rejoignent, tandis que le milieu forme une sorte de ventre proéminent (*Funcke*).

2. **Acide propionique** ($HO,C^6H^5O^3$).

3. **Acide butyrique** ($HO,C^8H^7O^3$).

L'acide propionique se forme dans beaucoup de circonstances, il se trouve surtout dans les liquides fermentés. L'hydrate pur cristallisé en lamelles bout entre 140° et 142°, se dissout facilement dans l'eau; sur l'acide phosphorique aqueux ou une dissolution de chlorure de calcium, l'acide propionique forme une couche superficielle d'apparence huileuse. Il a une odeur particulière qui rappelle celle de l'acide butyrique et de l'acide acétique; pendant la distillation de la solution aqueuse, l'acide passe dans le récipient. *L'acide butyrique* se trouve dans les substances végétales, surtout dans les différents liquides fermentés. L'hydrate pur est un liquide incolore, très-mobile, corrosif, très-acide, d'une odeur désagréable de beurre rance et d'acide acétique, bouillant à 160°. Il se dissout en toutes proportions dans l'eau et dans l'alcool ; dans les dissolutions aqueuses concentrées, le chlorure de calcium, les acides concentrés, etc., le séparent sous forme d'une huile peu consistante. La dissolution aqueuse d'acide butyrique en exhale surtout fortement et nettement l'odeur; à la distillation l'acide passe avec la vapeur d'eau.

L'acide propionique et l'acide butyrique se rencontrent ensemble dans les liquides fermentés, dans le guano, dans certaines eaux minérales, et associés à l'acide formique et à l'acide acétique. On opère de la manière suivante pour reconnaître leur présence. On distille avec un peu d'acide sulfurique la substance convenablement étendue d'eau, on sature avec de l'eau de baryte le liquide qui a distillé, on évapore à siccité et on traite le résidu à plusieurs reprises avec de l'alcool concentré à 85 pour 100. Le formiate de baryte et une partie de l'acétate ne sont pas pris par l'alcool, qui dissout le reste de l'acétate, le propioniate et le butyrate. On évapore la solution alcoolique, on reprend le résidu avec de l'eau, on y ajoute avec précaution du sulfate d'argent, on fait bouillir, on filtre et on laisse le liquide évaporer dans l'étuve (il vaut mieux qu'il y ait plutôt un peu de sel de baryte non décomposé qu'un excès de sulfate d'argent). On retire les cristaux qui se déposent les premiers, puis ensuite ceux qui se forment après, et enfin on recueille les derniers et on étudie leur nature. L'acétate d'argent dissous dans l'acide sulfurique concentré répand l'odeur de l'acide acétique et ne donne pas de gouttelettes huileuses ; de propionate et le butyrate laissent dégager l'odeur des acides correspondants, en formant des gouttelettes huileuses (qu'on ne voit qu'au microscope, quand il y a de trop petites quantités). Il n'y a pas d'autre moyen certain de distinguer l'acide propionique de l'acide butyrique que de déterminer la proportion d'argent contenu dans les sels d'argent séparés et de conclure d'après l'équivalent des acides. Si dans la dissolution il y a beaucoup d'acétate de baryte et peu de propionate et de butyrate, on précipite exactement la baryte avec de l'acide sulfurique dans la dissolution aqueuse des sels de baryte solubles dans l'alcool, on neutralise la moitié du liquide acide avec de la soude, on y ajoute l'autre moitié, on distille, on sature avec de la baryte le liquide condensé, dans lequel se trouveront maintenant les acides propionique et butyrique, on ajoute le sulfate d'argent et on achève comme plus haut.

DEUXIÈME PARTIE

MARCHE SYSTÉMATIQUE DE L'ANALYSE QUALITATIVE

GÉNÉRALITÉS SUR LA MARCHE A SUIVRE DANS UNE ANALYSE QUALITATIVE ET SUR LE PLAN ADOPTÉ DANS CETTE DEUXIÈME PARTIE.

Lorsqu'on connaît les réactifs et leurs actions sur les corps, on est à même de se convaincre qu'une combinaison simple est bien réellement telle que ses propriétés physiques l'avaient fait entrevoir. Quelques réactions simples, par exemple, nous apprendront qu'une substance que nous soupçonnons être du spath calcaire est bien en effet du carbonate de chaux, qu'une autre que nous prenons tout d'abord pour du gypse est réellement du sulfate de chaux. Ces connaissances nous suffiront aussi d'ordinaire pour savoir si dans une substance composée se trouve ou non un corps déterminé, si par exemple une poudre blanche renferme ou non du protochlorure de mercure. Mais s'il faut déterminer la nature chimique d'un corps qui nous est tout à fait inconnu, s'il faut découvrir *tous* les éléments d'un mélange ou d'une combinaison chimique complexe, s'il faut prouver enfin que la substance ne renferme rien autre chose que ce qu'on y a trouvé, il s'agit alors d'une analyse qualitative *complète;* la connaissance des réactifs et de leurs effets ne suffit plus, il faut nécessairement procéder systématiquement, c'est-à-dire savoir dans quel ordre on emploiera les dissolvants, les réactifs généraux et les réactifs particuliers, autant pour s'assurer promptement de l'absence des corps qui ne sont pas dans la substance étudiée, que pour se convaincre avec célérité et certitude de l'existence réelle de ceux qui s'y trouvent. Si cette marche méthodique nous manque, ou si dans l'espoir d'arriver plus promptement au but, nous voulons nous affranchir de toute méthode, l'analyse n'a plus rien que de vague, d'indécis, surtout pour les commençants, et les résultats obtenus ne sont plus les données d'une opération réellement scientifique, mais celles d'un hasard parfois favorable, parfois aussi trompeur.

Toute analyse doit donc se faire d'après une méthode déterminée, sans qu'il soit nécessaire cependant que celle-ci soit toujours la même. Au contraire l'habitude, la réflexion, l'examen des circonstances nous conduisent, dans la plupart des cas, à adopter des procédés différents. Mais tous ont ceci de commun qu'on commencera par partager en certains groupes les substances que l'on a entre les mains ou que l'on soupçonne, puis on formera des subdivisions dans chaque groupe, et enfin on terminera par chercher les caractères appartenant à chaque corps en particulier. La divergence des méthodes repose en partie sur la manière dont on fait succéder les réactifs et en partie sur leur choix.

Pour être à même de pouvoir plus tard prendre des méthodes particulières qu'on se crée soi-même, il faut d'abord se bien pénétrer d'un procédé général, consacré par l'expérience et embrassant tous les cas possibles. Une fois qu'on aura acquis une certaine habitude, on pourra en réfléchissant trouver dans quels cas telle ou telle modification dans la marche générale conduirait plus promptement ou plus facilement au but.

Dans le *premier chapitre* de cette deuxième partie, nous exposons cette méthode simple et certaine, applicable à tous les cas et confirmée par l'expérience. Les éléments et les composés dont on y parle sont les mêmes que ceux dont il a été question dans la première partie (excepté ceux écrits en petits caractères).

Le mode d'exposition est directement applicable à une recherche pratique, de sorte qu'en suivant exactement la marche tracée, non seulement il n'est pas possible de s'égarer, mais on arrivera promptement et sûrement au but.

Ce premier chapitre se divise ainsi :

1. Essai préliminaire;
2. Dissolution ;
3. Recherche particulière.

Cette dernière se subdivise encore suivant que dans le composé à analyser il n'y a qu'*une* base ou *un* acide, ou que dans le mélange peuvent se rencontrer tous les composés que nous avons étudiés. Dans ce dernier cas, il faut faire attention que, si la recherche préliminaire n'a pas indiqué avec une certitude absolue l'absence de certains corps, on ne saurait passer aucun paragraphe sans s'exposer à laisser échapper un ou plusieurs corps. Si l'on ne veut pas rechercher tous les éléments d'un composé ou d'un mélange, mais seulement quelques-uns, on trouvera facilement les paragraphes qu'il faudra consulter.

Il sera nécessaire, pour établir une marche aussi générale, de considérer tous les cas possibles; mais bien entendu, tout en supposant les corps dans toutes sortes de mélanges, nous les supposerons purs de substances organiques étrangères, car ces dernières souvent masquent complétement les réactions ou les modifient profondément.

Bien que cette méthode soit telle qu'à quelques exceptions près elle puisse s'appliquer toujours, il y aura cependant quelques cas particuliers où il sera commode et même nécessaire de la modifier. Parfois aussi, avant de l'employer, il sera bon de soumettre la substance à un traitement préliminaire : par exemple si elle renfermait des matières organiques colorantes ou mucilagineuses. Pour guider dans ces cas particuliers, j'ai indiqué dans le *deuxième chapitre* quelques exemples des plus importants et des plus fréquents, et décrit avec détail la manière de procéder dans l'analyse. On verra facilement d'après cela comment se simplifie la marche générale, quand surtout le nombre des substances auxquelles il faut avoir égard est restreint.

Enfin pour qu'une analyse soit profitable et faite avec intelligence, il faut que celui qui la fait sache parfaitement sur quoi reposent la séparation et la détermination de chaque corps, et se rende compte du motif pour lequel, dans la marche de l'opération, on a employé tel réactif plutôt que tel autre, et pourquoi on a suivi tel ou tel ordre. C'est pour cela que, dans un *troisième chapitre*, nous avons donné l'explication de la marche analytique, en ajoutant quelques remarques sur l'application pratique. Comme ce chapitre est en définitive la clef du premier et du deuxième, j'engage fortement à s'en bien pénétrer, même avant de commencer les essais. J'ai cru devoir faire un chapitre à part de ces explications théoriques, d'abord parce qu'elles seront plus faciles à comprendre dans leur ensemble, et ensuite parce qu'en les intercalant dans l'indication de la marche pratique à suivre, cela aurait produit des longueurs et des additions qui auraient par trop nui à la netteté de l'exposition.

Dans ce troisième chapitre, j'ai aussi choisi l'occasion de faire remarquer dans quels résidus, dans quelles dissolutions, dans quels précipités, etc., obtenus dans le cours de l'analyse, on avait à chercher les éléments qu'on rencontre plus rarement et comment, dans le cas où l'on désirerait les trouver, il faudrait opérer méthodiquement pour reconnaître leur présence avec certitude.

CHAPITRE PREMIER

PROCÉDÉ PRATIQUE

MARCHE GÉNÉRALE A SUIVRE

I. ESSAI PRÉLIMINAIRE[1]

§ 175

On examine d'abord les propriétés extérieures de la substance à étu- 1[2]
dier, celles que les sens perçoivent directement : la couleur, la dureté, la densité, l'odeur, etc., car souvent on en peut tirer des conséquences utiles. Avant d'aller plus loin, il faut considérer la quantité de matière dont on peut disposer, pour juger par là ce qu'on en peut employer pour les essais préliminaires. Il faut s'habituer à l'économie sans exagération, quand bien même on aurait à sa disposition des kilogrammes de matière : il faut se faire une loi de n'employer jamais qu'une partie de la substance pour faire les essais, afin d'en conserver, quand ce ne serait que fort peu, pour les cas imprévus et pour des expériences définitives.

A. LE CORPS A ANALYSER EST SOLIDE.

§ 176

I. *Le corps n'est ni un métal, ni un alliage.*

1. Si la substance est en poudre ou en petits cristaux, elle est propre 2
à faire les essais ; si elle est en plus gros cristaux ou en morceaux solides, il faut d'abord, si c'est possible, en *pulvériser finement* une partie. Pour les corps peu durs, on peut le faire dans un mortier en porcelaine ; pour ceux qui sont plus durs on les concasse d'abord dans un mortier en acier ou sur une enclume en acier, puis on les broie dans un mortier en agate.
2. *On chauffe un peu de la poudre dans un petit tube fermé à un* 3
bout, d'environ 6 centimètres de longueur et 5 millimètres de largeur, d'abord modérément sur une lampe à alcool ou à gaz, puis ensuite plus fortement dans la flamme du chalumeau. Les phéno-

[1] Voir à ce sujet les remarques dans le chapitre III de la deuxième partie.
[2] Ces chiffres placés en marge ont pour but de faciliter les recherches lorsque, dans le cours de l'exposition, on renvoie d'un paragraphe à un autre.

mènes qui se produisent permettent de tirer quelques conséquences certaines sur la nature du corps, ou au moins conduisent à quelques inductions vraisemblables. Je réunis dans les remarques suivantes ce qu'il y a surtout à examiner, ce à quoi il faut faire le plus attention.

a. *Le corps ne change pas :* Absence de substances organiques, de 4
sels hydratés, de corps facilement fusibles ou volatils (excepté toutefois l'acide carbonique, dont le départ ne produit souvent aucun changement appréciable).

b. *La couleur du corps change, sans que cependant il entre en* 5
fusion à une température pas trop élevée. La couleur passe : du blanc au jaune et redevient blanche par refroidissement, cela indique l'*oxyde de zinc*, — du blanc au brun jaune et redevient jaune clair sale par le refroidissement, cela indique l'*oxyde d'étain*, — du blanc ou du jaune rougeâtre au rouge brun et reste jaune par le refroidissement, la matière en outre fond au rouge, cela indique l'*oxyde de plomb*, — du blanc ou jaune pâle au jaune orangé jusqu'au brun rouge, devenant jaune pâle par le refroidissement, la matière fondant au rouge vif, cela indique l'*oxyde de bismuth*, — du brun rouge au noir redevenant rouge brun par refroidissement, cela indique le *peroxyde de fer*, — du jaune à l'orangé foncé, avec fusion à une haute température, cela indique le *chromate neutre de potasse*, — etc.

c. *Le corps fond sans dégager de vapeur d'eau.* A une haute 6
température, il se dégage un gaz (oxygène) et un morceau de charbon projeté dans l'essai brûle avec un vif éclat : cela décèle un *azotate* ou un *chlorate*.

d. *Il se dégage de la vapeur d'eau, qui se condense dans les par-* 7
ties froides du tube, cela indique : α. *un corps contenant de l'eau de cristallisation* (dans ce cas le corps fond d'ordinaire facilement, puis après la vaporisation de l'eau il redevient solide; beaucoup se boursouflent considérablement en perdant leur eau, par exemple : le borax, l'alun, etc.), ou β. un *hydrate* décomposable (alors le plus souvent il n'y a pas de fusion); ou γ. un sel *anhydre*, ayant retenu de l'eau *mécaniquement interposée* entre ses lamelles (d'ordinaire le corps décrépite), ou δ. un corps qui a attiré l'*humidité* de l'air.

On essaye la réaction des gouttes d'eau condensées dans le

tube. Si elles sont alcalines, cela tient à de l'ammoniaque; si elles sont acides, cela est dû à un acide volatil (acide sulfurique, acide sulfureux, acide fluorhydrique, acide chlorhydrique. acide bromhydrique, acide iodhydrique, acide azotique, etc.).

e. *Il se dégage des gaz ou des vapeurs*. On examine s'ils ont une 8
couleur, une odeur, une réaction acide ou alcaline, s'ils sont combustibles, etc.

aa. L'*oxygène* indique un peroxyde, un chlorate, un azotate, etc. Une allumette présentant un point en ignition se rallume dans le courant du gaz.

bb. L'*acide sulfureux* provient souvent de la décomposition d'un sulfate : on le reconnaît à son odeur et à sa réaction acide.

cc. L'*acide hypoazotique* provient de la décomposition des azotates, surtout de ceux des métaux lourds; il est reconnaissable à la couleur rouge brun et à l'odeur des vapeurs.

dd. L'*acide carbonique* vient d'un carbonate décomposable par la chaleur ou d'un oxalate à oxyde réductible comme l'oxalate de cuivre. Le gaz n'a ni couleur, ni odeur, il n'est pas combustible. Une goutte d'eau de chaux, suspendue à un verre de montre, se trouble dans le courant de gaz.

ee. L'*oxyde de carbone* est produit par un oxalate ou un formiate. Le gaz brûle avec une flamme bleue. Avec les oxalates, l'oxyde de carbone est mélangé avec de l'acide carbonique et alors plus difficile à allumer : avec les formiates il y a une carbonisation très-nette. Les premiers mis dans un verre de montre avec du bioxyde de manganèse, un peu d'eau et un peu d'acide sulfurique concentré dégagent de l'acide carbonique, ce qui n'arrive pas avec les seconds.

ff. Le *chlore*, le *brome* ou l'*iode* indique la présence d'un composé des halogènes. Les gaz se reconnaisent à leur couleur (vert jaunâtre, rouge brun, violet), ainsi qu'à l'odeur : s'il se dégage une quantité notable d'iode, il se forme un sublimé noir (voir 9).

gg. Le *cyanogène* dénote un cyanure décomposable par la chaleur. Le gaz est reconnaissable à son odeur et à la couleur pourpre de sa flamme, s'il est assez pur.

hh. *L'acide sulfhydrique*, caractérisé par son odeur, indique un sulfure hydraté.

ii. *L'ammoniaque* provient de la décomposition d'un sel ammoniacal, ou d'un composé cyanogéné, ou d'une matière organique azotée : dans ce dernier cas, l'essai brunit ou se charbonne, et avec l'ammoniaque il se dégage ou du cyanogène ou des huiles combustibles à odeur forte.

f. *Il se forme un sublimé :* présence de corps volatils. Les suivants 9
sont ceux qu'on rencontre le plus souvent :

aa. *Soufre*. Soit à l'état de simple mélange, soit dans certains sulfures métalliques. — Il se sublime en gouttes brun rouge, devenant solides par le refroidissement et de couleur jaune ou brun jaune.

bb. *Iode*. Provenant de mélanges, de certains iodures métalliques, d'acide iodique, etc. Vapeur bleu violacé, sublimé noir, odeur d'iode.

cc. *Sels ammoniacaux*. Sublimé blanc, dégageant de l'ammoniaque si on le chauffe sur une lame de platine avec un peu de soude et une goutte d'eau.

dd. *Mercure* et ses composés. — Le *mercure métallique* forme de petits globules, le *sulfure* est noir et devient rouge quand on l'écrase, le *bichlorure* fond avant de se volatiliser, le *protochlorure* se volatilise avant de fondre, le sublimé chaud est jaune et devient blanc par refroidissement, — le *biiodure de mercure rouge* donne un sublimé jaune.

ee. *Arsenic* et ses composés. L'*arsenic métallique* forme le miroir bien connu, l'*acide arsénieux* de petits cristaux brillants, les *sulfures d'arsenic* des sublimés jaunes rouges quand ils sont chauds, jaunes quand ils sont froids.

ff. *Oxyde d'antimoine*. Il fond en un liquide jaune avant de se volatiliser. Le sublimé est formé d'aiguilles brillantes.

gg. *Acide benzoïque* et *acide succinique*. On les reconnaît à l'odeur des vapeurs.

hh. *Acide oxalique hydraté*. Sublimé cristallin blanc, vapeurs épaisses dans le tube. Un petit essai chauffé sur la lame en platine avec une goutte d'acide sulfurique concentré, donne un abondant dégagement de gaz.

g. *L'essai se charbonne :* Substances organiques. Il se dégage presque toujours en même temps des gaz (de l'acétone avec les acétates) et de l'eau dont la réaction est acide ou alcaline. Si le résidu fait effervescence avec les acides, tandis que cela n'avait pas lieu avec la matière primitive, cela indique des acides organiques combinés à des alcalis ou à des terres alcalines. — Les sels qui sont formés par des oxydes métalliques facilement réductibles combinés à des acides organiques laissent souvent les métaux à l'état métallique, par exemple l'acétate de cuivre ; il en résulte qu'on peut n'avoir que fort peu ou même pas du tout de charbon, par suite de sa combustion aux dépens de l'oxygène de l'oxyde. 10

3. *On place une parcelle du corps dans une petite cavité pratiquée dans un morceau de charbon et on dirige sur elle la flamme intérieure du chalumeau.* 11

Comme il se reproduit ici presque tous les phénomènes que l'on aura déjà reconnus en chauffant dans un petit tube, nous ne parlerons que de ceux qui sont propres à l'action spéciale du chalumeau. Si en chauffant sur le charbon il se dégage de l'acide sulfureux, cela indique en général la présence d'un sulfure métallique.

Les phénomènes suivants sont ceux desquels on peut, jusqu'à un certain point, tirer des conséquences certaines.

a. *Le corps fond et pénètre dans le charbon ou forme une perle au fond de la cavité,* sans qu'il y ait d'enduit sur le charbon : cela indique très-probablement des sels alcalins. 12

b. *Il reste* sur le charbon *un résidu infusible, blanc,* soit immédiatement, soit après une fusion préalable dans de l'eau de cristallisation ; présence de la baryte, de la strontiane, de la chaux, de la magnésie, de l'alumine, de l'oxyde de zinc (jaune à chaud) et de l'acide silicique. — La *strontiane*, la *chaux*, la *magnésie* et l'*oxyde de zinc* se distinguent par l'éclat qu'ils communiquent à la flamme du chalumeau. Sur la masse blanche calcinée, on met une goutte d'azotate de cobalt et l'on chauffe fortement de nouveau. L'*alumine* est décelée par une belle couleur bleue, la *magnésie* par une couleur rougeâtre, l'*oxyde de zinc* par une couleur verte. Il faut se rappeler qu'en présence de l'*acide silicique* et aussi de certains *phosphates alcalino-terreux*, il peut se produire une coloration bleue plus ou moins intense. 13

Dans les cas a. ou b. on peut compléter l'essai des alcalis ou des terres alcalines par la coloration de la flamme. A cet effet on fixe un peu de la substance à l'anneau d'un fil fin de platine, on humecte avec de l'acide sulfurique, on sèche avec précaution auprès du bord de la flamme et on introduit dans la zone fondante de la flamme à gaz de *Bunsen*. Il se produit d'abord la coloration due aux alcalis, plus tard — après la vaporisation de ceux-ci — apparaît celle produite par la baryte, et enfin — après avoir humecté avec de l'acide chlorhydrique — celle de la strontiane ou de la chaux. Voir pour plus de détails § **92** et § **99**.

c. *Il reste un résidu d'une autre couleur, il y a réduction d'un* 14
métal ou dépôt d'un enduit sur le charbon. Dans ce cas on ne peut pas tirer de conclusion immédiate de la réaction ; il faut déterminer d'autres phénomènes plus explicites, et pour cela on mélange un peu de la poudre additionnée d'une goutte d'eau avec du carbonate de soude, on chauffe sur le charbon à la flamme réductrice du chalumeau, puis on observe, et le résidu dans la petite cavité du charbon, et l'enduit qui recouvre les bords du trou.

α. Après avoir bien soufflé, on obtient un grain métallique sans 15
que le charbon se couvre d'un enduit : présence de l'*or* ou du *cuivre*. Ce dernier se reconnaît aussi à la coloration de la flamme. — Les oxydes de platine, de fer, de cobalt et de nickel sont bien aussi réduits, mais ils ne donnent pas de grains métalliques.

β. Avec ou sans bouton métallique il se forme un enduit sur le 16
charbon.

aa. Il est *blanc*, éloigné de l'essai, facile à volatiliser et répand une odeur d'ail : *arsenic*.

bb. Il est *blanc* peu éloigné de l'essai, on peut facilement le faire changer de place : *antimoine*. D'ordinaire on obtient en même temps des grains métalliques, qui, lorsqu'on cesse de souffler, répandent encore longtemps des fumées blanches et se recouvrent par le refroidissement de cristaux d'oxyde d'antimoine : ils sont de plus cassants.

cc. Il est *jaune* à chaud, blanc à froid, assez rapproché de l'essai, et se volatilise difficilement : *zinc*.

dd. Il est *jaune pâle* à chaud, blanc à froid, étalé immédiatement autour de l'essai, ne peut être volatilisé par aucune flamme : *étain*. Les globules métalliques qui se forment en même temps, mais seulement dans une bonne flamme de réduction, sont blancs, facilement fusibles et malléables.

ee. Il est *jaune citron* à chaud, jaune de soufre à froid, chauffé dans la flamme de réduction la place qu'il occupait prend un aspect bleuâtre : *plomb*. On observe en même temps des globules métalliques très-fusibles et malléables.

ff. Il est *jaune orangé foncé* à chaud, jaune citron à froid, chauffé dans la flamme de réduction il change de place sans laisser de trace bleuâtre : *bismuth*. Les grains métalliques qu'on obtient en même temps sont facilement fusibles et cassants.

gg. Il est *brun rouge*, jaune orangé en couche mince, se volatilise sans apparence de coloration : *cadmium*.

hh. Il est faible et rouge foncé : *argent*. S'il y avait en même temps un peu de plomb et d'antimoine, l'enduit serait rouge carmin.

S'il y a eu réduction d'un métal, on humecte avec de l'eau la partie où se trouve l'essai, on la détache, on la broie dans un petit mortier en porcelaine et on élimine les parcelles de charbon avec de l'eau par lévigation. On obtient alors des paillettes ou des filaments jaunes pour l'or, rouges pour le cuivre, presque blancs pour l'argent, blancs gris pour l'étain, gris blancs pour le plomb : avec le bismuth, c'est une poudre grise rougeâtre ; avec le zinc, elle est blanc bleuâtre, et grise avec l'antimoine. S'il y avait ensemble du cuivre et de l'étain, ou du cuivre avec du zinc, il se formerait le plus souvent des alliages jaunes.

4. *On fond un petit essai avec une perle de sel de phosphore et on* 17
l'expose pendant quelque temps à la flamme extérieure du chalumeau.

a. *Le corps fond facilement et se dissout en grande quantité et en perle transparente à chaud.*

α. *La perle chaude est colorée :* 18

en *bleu*, violette à la lumière d'une bougie : *cobalt ;*

en *vert*, bleue quand elle est froide, rouge à la flamme de réduction après refroidissement : *cuivre ;*

en *vert*, surtout très-beau après refroidissement, ne changeant pas dans la flamme de réduction : *chrome ;*

en *rouge brun*, jaune clair ou incolore par refroidissement, rouge vif dans la flamme de réduction, devenant jaune par refroidissement, puis verdâtre : *fer;*

en *rougeâtre* pouvant passer jusqu'au *rouge brun*, plus claire après refroidissement, jaune ou jaune rougeâtre, parfois même incolore, inaltérable dans la flamme de réduction : *nickel;*

en *brun jaune*, jaune clair ou incolore par refroidissement, presque incolore dans la flamme de réduction (surtout quand on la touche avec un peu d'étain), gris noirâtre par refroidissement : *bismuth;*

en *jaunâtre clair* ou elle est *opaline*, un peu trouble à froid, gris blanchâtre dans la flamme de réduction : *argent;*

en *rouge améthyste*, surtout à froid, constamment en ébullition dans la flamme extérieure, incolore dans la flamme de réduction, mais pas tout à fait limpide : *manganèse.*

β. *La perle chaude n'est pas colorée :* 19

aa. *elle reste limpide après le refroidissement : antimoine, alumine, zinc, cadmium, plomb, chaux, magnésie* (les cinq derniers en excès donnent une perle d'émail blanc, la perle saturée d'oxyde de plomb est jaunâtre) ;

bb. *avec un léger excès, elle est blanc d'émail par refroidissement : baryte, strontiane.*

b. *Le corps ne se dissout que lentement et en petite quantité :* 20

α. La perle est incolore et reste limpide même après refroidissement. La partie non dissoute paraît à demi-transparente; en ajoutant un peu de peroxyde de fer, le verre prend la teinte de la perle de fer : *acide silicique.*

β. La perle est incolore et reste telle, même après une addition d'un peu de peroxyde de fer : *étain.*

c. *Le corps ne se dissout pas dans la perle* (il y nage avec l'apparence métallique) : *or, platine.* 21

5. *Dans les minéraux on recherche le fluor, d'après le* § **146**, 8.

Comme un corps que l'on analyse peut être mélangé avec les substances les plus diverses, il n'est pas possible de limiter les cas d'une manière tout à fait précise dans ces essais, d'autant plus qu'ils sont généraux. Si dans la suite des expériences, il se manifestait des réactions se rapportant à deux ou plusieurs des paragraphes, il faudrait naturellement diriger les recherches d'après ces indications.

Après avoir terminé l'essai préliminaire, on procède à la dissolution du corps à essayer, d'après le § **180** (32).

§ 177

II. *Le corps est un métal ou un alliage.*

1. *On chauffe l'essai avec de l'eau additionnée d'un peu d'acide* 22
acétique. S'il se dégage de l'*hydrogène*, c'est l'indice d'un métal léger (peut-être aussi du manganèse métallique).

2. *On chauffe l'essai dans la flamme intérieure du chalumeau sur* 23
le charbon et l'on observe s'il y a fusion, formation d'un enduit, dégagement d'une odeur, etc.

Les métaux suivants se laissent reconnaître avec plus ou moins de certitude : l'*arsenic*, à l'odeur d'ail ; — le *mercure*, à sa facile volatilisation ; — l'*antimoine*, le *zinc*, le *plomb*, le *bismuth*, le *cadmiun*, l'*étain*, l'*argent*, à leur fusibilité avec formation d'un enduit sur le charbon (16) ; le *cuivre*, à la coloration verte de la flamme extérieure. Quand il n'y a qu'un seul métal pur ou presque pur, on peut encore tirer quelques autres conséquences ; ainsi l'*or* fond sans laisser d'enduit, le *platine*, le *fer*, le *manganèse*,, le *nickel* et le *cobalt*, lorsqu'ils sont purs, sont infusibles dans la flamme du chalumeau.

3. *On chauffe l'essai à la flamme du chalumeau, dans un tube en* 24
verre fermé à un bout.

   a. *Il ne se forme pas de sublimé dans les parties froides du tube :* absence de mercure.

   b. *Il se forme un sublimé : mercure, cadmium* ou *arsenic*. Celui du premier métal, formé de petits globules, ne peut être confondu avec ceux du cadmium ou de l'arsenic.

Après ces essais préliminaires, on procède à la dissolution d'après le § **181** (42).

§ 178

B. LE CORPS A ANALYSER EST LIQUIDE.

1. *On évapore un essai* dans une petite capsule en platine ou un 25
petit creuset en porcelaine, et l'on examine s'il y a quelque chose

en dissolution et (d'après le §) **176** de quelle nature est le résidu.

2. *On essaye avec le papier de tournesol.*

a. *Le papier bleu est rougi.* Cette réaction peut provenir aussi bien d'un acide libre ou d'un sel acide que d'un sel métallique soluble dans l'eau. Pour distinguer ces deux cas, on verse un peu du liquide sur un verre de montre et l'on y plonge la pointe d'une baguette en verre trempée dans une solution étendue de carbonate de soude; si le liquide reste clair ou si le précipité formé se redissout par l'agitation, c'est le premier cas; si le trouble persiste, c'est le second, au moins généralement. 26

b. *Le papier rouge est ramené au bleu :* cela indique un alcali libre ou carbonaté, des terres alcalines libres, des sulfures alcalins, comme aussi une série de sels formés d'un alcali ou d'un oxyde alcalino-terreux combiné à un acide faible. 27

3. *On examine à l'odeur*, ou dans le cas où l'odorat ne donnerait pas de résultats certains par *une distillation*, si le dissolvant simple est de l'eau, de l'alcool, de l'éther, etc. Dans le cas où ce n'est pas de l'eau, on évapore à siccité et on traite le résidu d'après le § **176**. 28

4. Si la dissolution est aqueuse et a une réaction acide, *on en étend une petite partie avec beaucoup d'eau*. Si elle devient laiteuse, cela indique l'*antimoine*, le *bismuth* (peut-être aussi l'étain). *Voir* § **121**, 9 et § **131**, 4. 29

Après ces essais préliminaires, on procède aux recherches particulières. Si la dissolution est aqueuse et à réaction neutre, elle ne peut contenir que des substances solubles dans l'eau; si au contraire elle a une réaction acide et cela par la présence d'un acide libre, il faut dans les recherches particulières prendre en considération les corps qui sont insolubles dans l'eau, mais sont solubles dans les acides. En tenant compte de ces remarques, si l'on est fondé à croire qu'il n'y a qu'une base et qu'un acide, on passe au § **182** ou § **185**; si rien ne le fait supposer, on suit le § **189**. — Si le liquide a une réaction alcaline, on opère d'après le § **182**, si l'on peut croire qu'il n'y a qu'un acide et une base ; autrement on suit le § **189**. 30

II. DISSOLUTION DES CORPS OU LEUR DIVISION D'APRÈS L'ACTION DE CERTAINS DISSOLVANTS[1]

§ 179

Les dissolvants que nous employons pour séparer les corps simples 31
ou les corps composés et les mélanges sont l'eau et les acides (chlorhydrique, azotique, eau régale) ; sous ce rapport, nous partagerons les corps en trois classes :

Première classe : *Corps solubles dans l'eau.*

Deuxième classe : *Corps insolubles ou difficilement solubles dans l'eau, mais solubles dans les acides chlorhydrique, azotique ou dans l'eau régale.*

Troisième classe : *Corps insolubles ou difficilement solubles dans l'eau, dans les acides chlorhydrique, azotique et dans l'eau régale.*

Comme il est plus commode de traiter les alliages métalliques d'une manière un peu différente, nous indiquerons pour eux une méthode particulière (§ **181**).

Pour faire la dissolution ou pour procéder aux recherches, on opère de la manière suivante :

A. LE CORPS N'EST NI UN MÉTAL NI UN ALLIAGE.

§ 180

1. A environ 1 gramme du corps à essayer, réduit en poudre, on ajoute 32
10 à 12 fois son volume d'eau distillée, dans un petit ballon ou dans un tube à essais, on chauffe à l'ébullition sur une lampe à alcool ou sur la lampe à gaz.

a. *Il se dissout en entier.* Dans ce cas, en tenant compte des réac- 33
tions trouvées dans les recherches préliminaires (30), le corps doit être rangé dans la première classe. On opère avec la dissolution d'après le § **182** ou le § **189**, suivant qu'il n'y a qu'une base et qu'un acide ou qu'il y en a plusieurs.

b. *Il reste un résidu, même après une ébullition prolongée.* On 34
laisse déposer, on filtre, en faisant en sorte, autant que possible, que le résidu reste dans le tube. On évapore lentement sur une feuille de platine bien propre quelques gouttes du liquide

[1] Voir les remarques dans le troisième chapitre de la deuxième partie.

filtré clair. S'il ne reste rien sur la lame, c'est que la substance est insoluble dans l'eau : on opère d'après (35). S'il y a un résidu, c'est que le composé est, au moins en partie, soluble dans l'eau. On fait encore une fois bouillir avec de l'eau et on filtre dans la première solution. On traite ce liquide d'après le § **182** ou le § **189**, suivant qu'il n'y a qu'une base et un acide ou qu'il y en a plusieurs. On lave le résidu avec de l'eau et on le traite d'après le n° (35).

2. A une partie du résidu qui a bouilli avec de l'eau on ajoute de l'acide chlorhydrique étendu. Si elle ne se dissout pas, on chauffe à l'ébullition; si l'on n'obtient pas encore une dissolution complète, on décante le liquide dans un autre petit tube, on fait bouillir le résidu avec de l'acide chlorhydrique concentré, et l'on réunit les deux liqueurs, si l'on a obtenu la dissolution complète. 35

Les phénomènes qui peuvent se produire pendant le traitement par l'acide chlorhydrique et qu'il faut bien observer sont : α. effervescence indiquant de l'acide carbonique ou de l'acide sulfhydrique ; β. dégagement de chlore, provenant d'un peroxyde, d'un chromate, etc.; γ. odeur d'acide prussique, dénotant des cyanures métalliques insolubles. Comme ceux-ci sont plus facilement décomposés par une méthode un peu différente, nous leur consacrerons un chapitre particulier (*voir* § **204**).

a. *La dissolution est complète dans l'acide chlorhydrique:* ou il se dépose du soufre (facile à reconnaître à sa couleur, sa densité, et facile à séparer par filtration après une ébullition prolongée), ou de l'acide silicique hydraté gélatineux ; après avoir filtré, si cela est nécessaire, on passe au § **185** ou au § **190**, suivant qu'on soupçonne une seule base ou plusieurs. Le corps appartient à la deuxième classe. On sépare le soufre ou l'acide silicique par filtration et on fixe leur nature d'une façon définitive en les essayant d'après le § **188** et le § **203**. 36

b. *Il reste un résidu insoluble.* Dans ce cas, on met provisoirement de côté le petit tube dans lequel se trouve l'essai bouilli avec l'acide chlorhydrique, et on fait bouillir une autre partie du corps insoluble dans l'eau ou déjà épuisé par l'eau, avec de l'acide azotique préalablement additionné d'eau. S'il se dégage du bioxyde d'azote ou de l'acide azoteux, cela indique qu'il y a oxydation. 37

α. *L'essai se dissout complétement par ébullition avec de l'acide azotique et addition ultérieure d'eau, où il ne reste non* 38 *dissous que du soufre ou de l'hydrate d'acide silicique en gelée;* alors la substance appartient encore à la deuxième classe. On garde la dissolution pour la recherche ultérieure des bases, d'après le § **185** ou le § **189**, III (109), et on opère pour le reste comme au n° (36).

β. *Après l'ébullition avec l'acide azotique, il reste un résidu insoluble.* On passe au n° (40). 39

3. Si le résidu insoluble dans l'eau ne se dissout ni dans l'acide chlor- 40
hydrique, ni dans l'acide azotique, il faut essayer d'en obtenir la dissolution complète au moyen de l'eau régale. A cet effet on mélange le contenu du petit tube, dans lequel on a essayé l'acide azotique, avec celui du tube dans lequel on a fait agir l'acide chlorhydrique concentré, on chauffe à l'ébullition, on décante le liquide clair; dans le cas où la dissolution ne serait pas complète, on chauffe quelque temps le résidu avec de l'eau régale concentrée et on y ajoute le premier liquide, obtenu avec l'eau régale étendue, qu'on avait décanté et la dissolution dans l'acide chlorhydrique étendu, qu'on avait mise de côté (35). Après avoir de nouveau porté le tout à l'ébullition, on examine si la dissolution est complète ou si, même avec l'eau régale, il y a un résidu insoluble. — Dans ce *dernier cas* on filtre, après avoir ajouté de l'eau si cela est nécessaire[1], on lave le résidu à l'eau bouillante, et on opère sur le liquide auquel on a réuni les eaux de lavage d'après le § **185** ou le § **190**, suivant qu'on a une ou plusieurs bases et acides ; — dans le *premier cas*, on traite de même et immédiatement la dissolution limpide[2].

4. Si l'eau régale bouillante laisse un résidu, on le lave complétement 41
avec de l'eau et on le traite suivant le § **188** ou le § **203**, suivant qu'il n'y a qu'un acide et une base ou qu'il y en a plusieurs.

B. LE CORPS EST UN MÉTAL OU UN ALLIAGE.

§ 181

Ce qu'il y a de mieux, c'est de partager les métaux de la manière 42
suivante, d'après l'action de l'acide azotique :

[1] Dans le cas où l'eau produirait un trouble dans la liqueur, ce qui indiquerait du bismuth ou de l'antimoine, il faudra le faire disparaître en ajoutant de l'acide chlorhydrique.

[2] Si par le refroidissement de la dissolution acide il se dépose des cristaux aciculaires

I. *Métaux qui ne sont pas attaqués par l'acide azotique :* or, platine.

II. *Métaux oxydés par l'acide azotique, mais dont les oxydes ne se dissolvent ni dans un excès d'acide, ni dans l'eau* (en quantité assez notable) : antimoine, étain.

III. *Métaux oxydés par l'acide azotique et transformés en azotates solubles dans un excès d'acide ou dans l'eau :* tous les autres métaux.

En conséquence on ajoute à une partie du corps de l'acide azotique de densité 1,20 et l'on chauffe.

1. *La dissolution est complète ou se produit complétement par addition d'eau :* absence de platine [1], d'or, d'antimoine [2] et d'étain. Suivant qu'on suppose ou un plusieurs métaux, on opère d'après le § **181** ou le § **189**. III (109). 43

2. *Il reste un résidu :*

a. *Il est métallique.* On filtre et on traite la dissolution d'après le § **189**, III (109), après s'être assuré qu'elle renferme quelque chose ; par lavage on débarrasse le résidu de tous les métaux dissous, on attaque avec l'eau régale et on cherche l'*or* et le *platine* d'après le § **128**. 44

b. *Il est blanc, pulvérulent :* cela indique de l'*antimoine* ou de l'*étain*. On filtre, on essaye si quelque chose est dissous, on traite le liquide filtré d'après le § **189**, III (109) ; — d'après le § **134**, 5, on cherche dans le résidu bien lavé l'*oxyde d'antimoine*, l'*oxyde d'étain* et l'*acide arsénique* (dont une petite quantité peut se trouver dans le précipité, combinée à l'oxyde d'antimoine ou à l'oxyde d'étain). 45

laires, ils sont formés généralement par du chlorure de plomb. Il est bon dans ce cas de séparer la liqueur des cristaux et d'examiner chacun en particulier. Si par l'ébullition avec l'eau régale il s'est formé du métaperchlorure d'étain avec de l'oxyde d'étain, l'eau de lavage se trouble en tombant goutte à goutte dans le premier liquide filtré fortement acide. On recueille alors l'eau de lavage à part, on traite les deux liquides séparés par l'acide sulfhydrique d'après le § **190**, puis on filtre à travers un seul et même filtre.

[1] Les alliages d'argent et de platine contenant peu de ce dernier, se dissolvent dans l'acide azotique.

[2] Des traces d'antimoine peuvent quelquefois passer dans la dissolution.

III. OPÉRATIONS ANALYTIQUES PROPREMENT DITES.

COMBINAISONS SIMPLES.[1]

A. CORPS SOLUBLES DANS L'EAU.

Recherche de la base[2].

§ 182

1. On verse un peu d'acide chlorhydrique dans une petite quantité de 46
la dissolution aqueuse.

a. *Il ne se forme pas de précipité :* absence certaine d'argent, de protoxyde de mercure, et absence probable de plomb. On passe au n° (50).

b. *Il se forme un précipité.* On partage en deux parties le liquide 47
dans lequel il est en suspension et à une des portions on ajoute de l'ammoniaque.

α. *Le précipité disparaît, le liquide devient clair et limpide.* Le précipité était du chlorure d'argent, donc présence de l'*argent.* Pour s'en convaincre, on traite la liqueur primitive par le chromate de potasse et par l'acide sulfhydrique (*voy.* § **115**, 4 et § **138**, 7).

β. *Le précipité devient noir.* Cela indique du protochlorure 48
de mercure que l'ammoniaque transforme en amidochlorure. On reconnaît par là la présence du *protoxyde de mercure.* Pour s'en convaincre on fait agir sur la liqueur primitive du protochlorure d'étain et on essaye avec la lame de cuivre (*voy.* § **116**).

[1] J'emploierai cette expression ici, et par la suite, pour désigner d'une manière rapide les combinaisons dans lesquelles il n'y a qu'*un* acide et *une* base, ou *un* métal avec *un* métalloïde. Ce chapitre n'a en quelque sorte d'autre utilité que de préparer à l'analyse générale, car il est bon, avant d'entreprendre l'étude d'un composé complexe, de s'être familiarisé avec l'analyse des combinaisons simples. — Ce n'est que dans des cas exceptionnels, que dans une analyse proprement dite on pourra faire usage de ce chapitre, car il n'y a pas d'observation superficielle et préliminaire, de caractères extérieurs qui puissent faire connaître si un corps ne renferme qu'une base ou en renferme plusieurs.

[2] On s'occupera ici des acides de l'arsenic et de l'acide silicique, car leur recherche rentre dans ce procédé général.

γ. *Le précipité ne change pas.* C'est du chlorure de plomb que l'ammoniaque ne dissout pas. Donc on avait du *plomb*. Pour s'en assurer, on peut d'abord étendre de beaucoup d'eau et chauffer la seconde moitié du liquide dans laquelle est suspendu le précipité formé par l'acide chlorhydrique. Il doit se dissoudre, si c'est réellement du chlorure de plomb. En second lieu, on traite la liqueur primitive par l'acide sulfurique et l'acide sulfhydrique (§ **117**, 4 et 8). 49

2. Au liquide acidulé par l'acide chlorhydrique on ajoute de l'acide sulfhydrique, en quantité suffisante pour qu'il en répande l'odeur après avoir été fortement secoué : on chauffe, on ajoute de nouveau un peu d'acide sulfhydrique et on laisse un intant en repos [1]. 50

a. *La liqueur reste claire.* On passe au n° (56), car il n'y a aucun des métaux suivants: plomb, bismuth, cuivre, cadmium, bioxyde de mercure, or, platine, étain, antimoine, arsenic, peroxyde de fer.

b. *Il se forme un précipité.*

α. *Il est blanc* : il est formé par du soufre et indique une substance décomposable par l'acide sulfhydrique avec dépôt de soufre [2]. Parmi les oxydes métalliques qui produisent cet effet, il faut surtout compter le *peroxydé dé fer* (§ **111**,5). On s'assure de la présence de ce dernier dans la liqueur primitive par l'ammoniaque et le prussiate jaune de potasse (§ **111**, 5 et 6); si l'on n'y trouve pas de peroxyde de fer, on passe au n° (56). 51

β. *Le précipité est jaune.* Il peut être formé de sulfure de cadmium, de sulfure d'arsenic, de bisulfure d'étain, et indique alors le cadmium, l'arsenic ou l'oxyde d'étain. Pour distinguer lequel des trois, dans une partie du liquide tenant le précipité en suspension, on verse un excès d'ammoniaque, un peu de sulfhydrate d'ammoniaque et l'on chauffe. 52

aa. *Le précipité ne disparaît pas* : *Cadmium*, parce que son

[1] S'il se forme un précipité aussitôt après l'addition de l'acide sulfhydrique, il est inutile de chauffer, etc.; mais si le liquide reste clair, ou ne fait que se troubler un peu, il faut opérer comme nous l'indiquons, sans quoi on s'exposerait à laisser l'acide arsénique et l'oxyde d'étain.

[2] Si dans cette réaction la couleur de la solution passe de la couleur rouge au vert, cela indique de l'acide chromique.

sulfure est insoluble dans l'ammoniaque et dans le sulfhydrate d'ammoniaque. On acquiert la certitude en essayant au chalumeau la substance primitive ou le précipité formé dans la solution par le carbonate d'ammoniaque (§ **122**, 9).

bb. *Le précipité disparaît* : *Oxyde d'étain* ou *arsenic*. On ajoute de l'ammoniaque à une petite portion de la liqueur primitive.

αα. *Il se forme un précipité blanc* : *Oxyde d'étain*. On s'en assure en réduisant ce précipité au chalumeau avec du cyanure de potassium et de la soude (§ **130**, 8).

ββ. *Il ne se forme pas de précipité* : *Arsenic*. Pour lever les doutes, on cherche à obtenir le miroir métallique avec la substance primitive, ou avec le précipité de sulfure mélangé de cyanure de potassium et de soude, ou par tout autre procédé convenable ; en outre on peut traiter la substance primitive dans la flamme intérieure du chalumeau avec de la soude (§ **132**, 12 et 13). Si la dissolution renferme de l'acide arsénieux, l'acide sulfhydrique produit immédiatement le précipité jaune : si elle contient de l'acide arsénique, le précipité ne se produit qu'après qu'on a chauffé ou en laissant assez longtemps reposer. Pour d'autres caractères distinctifs, voir (§ **134**, 9).

γ. *Le précipité est orangé*. Il est formé de sulfure d'antimoine 53
et décèle la présence de l'*oxyde d'antimoine*. On s'en convainc en essayant la liqueur primitive avec le zinc dans une petite capsule en platine (§ **131**, 8).

δ. *Le précipité est brun foncé*. C'est du sulfure d'étain, donc 54
on a du *protoxyde d'étain*. On essaye une partie de la liqueur primitive avec la dissolution de bichlorure de mercure (§ **129**, 8).

ε. *Le précipité est noir brun* ou *noir*. Cela peut être du sul- 55
fure de plomb, du sulfure de cuivre, du sulfure de bismuth, du sulfure d'or, de sulfure de platine, du bisulfure de mercure. Pour s'y reconnaître, on fait avec la liqueur primitive les essais suivants :

aa. A une petite portion on ajoute de l'acide sulfurique

étendu. Précipité blanc : *plomb*. On s'en assure avec le chromate de potasse (§ **117**, 9).

bb. A une petite portion on ajoute de la solution de soude caustique. Précipité jaune : *bioxyde de mercure*. On s'en assure avec le protochlorure d'étain et le cuivre métallique (§ **119**).

En général on peut avoir déjà reconnu le bioxyde de mercure à ce que le précipité formé par l'acide sulfhydrique n'est pas noir dès qu'il se forme, mais il ne le devient qu'en passant successivement du blanc au jaune, puis à l'orangé, à mesure que l'acide sulfhydrique arrive en excès (§ **119**, 3). — Avec les solutions très-acides, l'essai avec la lessive de potasse ou de soude ne conduit pas au but (§ **119**, 4).

cc. A une petite portion on ajoute un excès d'ammoniaque. Précipité bleuâtre, se dissolvant en un liquide bleu d'azur dans un excès d'ammoniaque, ou tout simplement liquide limpide bleu d'azur : *cuivre*. On s'en assure avec le prussiate jaune (§ **120**, 9).

dd. Si l'ammoniaque a produit un précipité blanc, insoluble dans un excès d'ammoniaque, on filtre, on lave le précipité, on le dissout dans un verre de montre avec une ou deux gouttes d'acide chlorhydrique après addition de deux gouttes d'eau, puis on ajoute une plus grande quantité d'eau. S'il se forme un trouble laiteux, il provient du chlorure de bismuth et indique la présence du *bismuth*. On s'en assure en essayant avec une dissolution de protochlorure d'étain dans la lessive de soude le reste du précipité formé par l'ammoniaque (§ **121**, 10).

ee. A une petite portion de la liqueur primitive, on ajoute de la dissolution de sulfate de protoxyde de fer. Il se forme un précipité fin, noir, d'*or* métallique, qui décèle ce métal. On s'en assure en traitant ce précipité au chalumeau, ou en essayant la liqueur primitive avec le protochlorure d'étain (§ **126**).

ff. A une portion de la liqueur on ajoute du chlorure de potassium et de l'alcool. S'il se forme un précipité jaune, c'est qu'on a du *platine*. On s'en assure en chauffant le précipité au rouge (§ **127**).

3. A une petite portion de la liqueur primitive on ajoute du sel ammoniac[1], puis de l'ammoniaque jusqu'à réaction alcaline, enfin, que l'ammoniaque ait ou non produit un précipité, un peu de sulfhydrate d'ammoniaque et l'on chauffe, s'il ne s'est pas formé de précipité à froid. 56

a. *Il n'y a pas de précipité.* On passe au nº (62), car il n'y a pas de fer, cobalt, nickel, manganèse, zinc, chrome, alumine et silice[2].

b. *Il y a un précipité.*

α. *Il est noir* : protoxyde de fer[3], nickel ou cobalt. On ajoute à une portion de la liqueur primitive de la lessive de potasse ou de soude. 57

aa. On a un précipité blanc verdâtre sale, qui bientôt devient brun rouge à l'air: *protoxyde de fer.* On s'en assure avec le prussiate rouge potasse (§ **110**).

bb. On obtient un précipité vert clair, dont la couleur ne change pas : *nickel.* On s'en assure par l'ammoniaque et l'addition de potasse ou de soude (§ **108**).

cc. Il se forme un précipité bleu de ciel, devenant rouge clair par l'ébullition, ou prenant une teinte foncée : *cobalt.* On s'en assure avec le chalumeau (§ **109**).

β. *Il n'est pas noir.* 58

aa. Il est nettement couleur de chair : c'est du sulfure de manganèse qui indique le *protoxyde de manganèse.* On s'en assure en ajoutant de la soude à la liqueur primitive, ou en employant le chalumeau (§ **107**).

[1] L'addition du sel ammoniac a pour but d'empêcher la précipitation par l'ammoniaque de la magnésie qui pourrait se trouver dans la liqueur.

[2] On ne peut tirer cette conclusion avec certitude pour l'alumine et d'autres métaux lourds, qu'autant qu'il n'y a pas de substances organiques, et surtout pas d'acides organiques fixes, car ces matières contrarient et même empêchent la précipitation non-seulement de l'alumine et de l'oxyde de chrome, mais encore du manganèse, etc. (§ **107**, 5). Si donc la substance primitive renferme des matières organiques et qu'un essai préalable semble indiquer des métaux du troisième et du quatrième groupe, il faudra fondre un essai avec du carbonate et de l'azotate de soude, humecter avec de l'eau, chauffer avec de l'acide chlorhydrique, filtrer et traiter suivant (56) la dissolution ainsi obtenue.

[3] Le peroxyde de fer doit avoir été déjà trouvé par l'essai (51).

bb. Il est bleuâtre : c'est de l'hydrate d'oxyde de chrome, par conséquent on a de l'*oxyde de chrome*. On s'en assure en traitant la liqueur primitive par la soude et en essayant au chalumeau (§ **102**).

cc. Il est blanc, et ne se dissout pas à chaud dans une nouvelle quantité de sulfhydrate d'ammoniaque [1] : il peut être formé d'hydrate d'alumine, d'acide silicique hydraté ou de sulfure de zinc, et indiquer par conséquent l'alumine ou l'oxyde de zinc ou la silice, celle-ci se trouvant en général dans la liqueur primitive à l'état de silicate alcalin. — Pour pousser plus loin, on ajoute de la soude avec précaution à une portion de la liqueur primitive, on attend pour voir s'il se forme un précipité, puis on ajoute une nouvelle quantité de soude jusqu'à ce que le précipité soit redissous. 59

αα. Si la soude n'a pas produit de précipité, on est fondé à chercher la silice. On évapore à siccité un essai de la liqueur primitive avec de l'acide chlorhydrique, on reprend le résidu avec de l'acide chlorhydrique et de l'eau (§ **150**, 2); la *silice* reste insoluble. L'alcali passé dans la dissolution se cherche d'après le n° (65). 60

ββ. Si la soude produit un précipité qui se redissout dans un excès de l'alcali, on ajoute à une portion de cette dissolution alcaline *un peu* d'acide sulfhydrique (c'est-à-dire de façon qu'il reste encore un excès d'hydrate de soude non modifié). Précipité blanc : *zinc*. Essai corroborant avec la solution de cobalt et le chalumeau (§ **106**). L'acide sulfhydrique ne produisant pas ce précipité, on ajoute au reste de la solution alcaline du chlorhydrate d'ammoniaque et l'on chauffe. Précipité blanc insoluble dans une nouvelle addition de chlorhydrate d'ammoniaque : *alumine*. On s'en assure avec la solution de cobalt et le chalumeau (§ **101**).

REMARQUE RELATIVE AUX N^{os} (58) ET (59).

Comme de légères impuretés suffisent pour masquer les couleurs des précipités indiqués aux n^{os} (58) et (59), il vaut mieux dans ce cas

[1] Si le précipité formé par le sulfhydrate d'ammoniaque est blanc, se dissout quand on le chauffe dans une nouvelle quantité de sulfhydrate, c'est du soufre formé par l'action d'un corps qui, en solution alcaline, décompose le sulfhydrate d'ammoniaque, par exemple un ferricyanure.

adopter la marche suivante pour découvrir le manganèse, le chrome, le zinc, l'alumine et la silice.

A une portion de la liqueur primitive on ajoute de la soude, d'abord en petite quantité, puis ensuite en excès.

aa. *Il ne se forme pas de précipité*, cela indique la *silice;* on opère d'après le n° (60). 61

bb. *Il se forme un précipité blanchâtre*, qui ne se dissout pas dans un excès du précipitant et devient brun à l'air : *manganèse*. On s'en assure avec le chalumeau (§ **107**).

cc. *Il se forme un précipité* qui se redissout dans la soude : *oxyde de chrome, alumine, oxyde de zinc.*

αα. On ajoute à une portion de la dissolution alcaline *un peu* d'acide sulfhydrique (c'est-à-dire de façon qu'il reste encore un excès d'hydrate de soude non modifié). Précipité blanc : *zinc*.

ββ. Si la liqueur primitive est verte ou violette ou si la dissolution alcaline a une teinte verte, et si le précipité formé par la soude et qui s'est redissous était bleuâtre, c'est de l'*oxyde de chrome*. On s'en assure en faisant bouillir la dissolution alcaline et en employant le chalumeau (§ **102**).

γγ. On ajoute à la dissolution alcaline du chlorhydrate d'ammoniaque et l'on chauffe. Précipité blanc insoluble dans une nouvelle addition de sel ammoniac : *alumine*. On s'en assure avec le chalumeau et la dissolution de cobalt (§ **101**).

4. On ajoute à une portion de la liqueur primitive du chlorhydrate d'ammoniaque, du carbonate d'ammoniaque, additionné d'un peu d'ammoniaque caustique, et l'on chauffe légèrement. 62

a. *Il ne se forme pas de précipité :* Absence de baryte, strontiane et chaux. On passe au n° (64).

b. *Il se forme un précipité :* Présence de la baryte, de la strontiane ou de la chaux. 63

On sépare le précipité par filtration, on le lave, on le dissout dans de l'acide chlorhydrique étendu, on évapore à siccité, on chauffe le résidu avec de l'eau, on filtre, et dans une portion de la liqueur on verse une quantité assez notable de la dissolution de sulfate de chaux.

α. *Il ne se produit pas de trouble, même au bout de 5 à 10 minutes : chaux.* On s'en assure par l'oxalate d'ammoniaque (§ **97**).

β. *Tout d'abord il n'y a pas de trouble, mais il apparaît après quelque temps : strontiane.* On s'en assure par la coloration de la flamme (§ **96**, 7 ou 8).

γ. *Il se forme aussitôt un précipité : baryte.* On s'en assure avec l'acide hydrofluosilicique (§ **95**).

5. A l'essai du nº (62), dans lequel le carbonate d'ammoniaque après addition de sel ammoniac n'a pas produit de précipité, on ajoute du phosphate de soude, un peu d'ammoniaque, et on frotte les parois internes du vase avec une baguette en verre. 64

a. *Il n'y a pas de précipité :* Absence de magnésie; on passe au nº (65).

b. *Il se fait un précipité cristallin : magnésie.*

6. On évapore une goutte de la dissolution primitive sur une feuille de platine très-propre, et cela très-lentement, puis on porte au rouge faible. 65

a. *Il n'y a pas de résidu fixe.* On cherche l'*ammoniaque*, en ajoutant de l'hydrate de chaux à la liqueur primitive et essayant la vapeur qui se dégage à son odeur, aux fumées blanches qu'elle peut former avec l'acide acétique et à la réaction alcaline (§ **91**).

b. *Il reste un résidu fixe* : potasse ou soude. A une portion de la liqueur primitive (que l'on concentrera fortement par évaporation, dans le cas où elle serait étendue), on ajoute du chlorure de platine et l'on agite un peu ou l'on frotte avec une baguette en verre. 66

α. *Point de précipité, même au bout de 10 à 15 minutes; soude.* Essai par la coloration de la flamme ou l'antimoniate de potasse (§ **90**).

β. *Précipité jaune cristallin : potasse.* On s'en assure avec l'acide tartrique ou par la coloration de la flamme (§ **89**).

COMBINAISONS SIMPLES.

A. CORPS SOLUBLES DANS L'EAU.

Recherche de l'acide.

I. *Acide inorganique.*

§ **183**

On examine avant tout quels sont les acides qui peuvent former avec la base trouvée des composés solubles dans l'eau (*voy.* Appendice IV), car cela facilite les recherches suivantes.

1. En cherchant les bases on a déjà pu découvrir *l'acide arsénieux* et 67
l'acide arsénique : on les distingue l'un de l'autre au moyen de l'azotate d'argent, ou avec la potasse et le sulfate de cuivre (*voy.* § **134**, 9).

2. *L'acide carbonique*, *l'acide sulfhydrique* et *l'acide chromique* se 68
trouvent également en suivant dans la recherche de la base la marche indiquée. Les deux premiers se reconnaissent à l'effervescence que produit l'acidechlorhydrique; on les distingue à l'odeur et, si cela est nécessaire, on s'assure de la présence de l'acide carbonique par l'eau de chaux (§ **149**) et de celle de l'acide sulfhydrique par la dissolution d'acétate de plomb (§ **156**). On peut aussi par ce moyen reconnaître l'acide sulfhydrique et l'acide carbonique libres en dissolution dans l'eau. Quant à l'acide chromique, il sera dans tous les cas décelé par la couleur jaune ou rouge de la dissolution, aussi bien que par son changement de couleur et par le dépôt de soufre produit par une addition d'acide sulfhydrique. On s'assure en outre de sa présence par la solution de plomb ou d'argent (**138**).

3. On acidifie un essai avec de l'acide chlorhydrique, — ou avec de 69
l'acide azotique, dans le cas où l'on aurait trouvé de l'argent ou du protoxyde de mercure, — on ajoute un peu de chlorure de baryum ou d'azotate de baryte. Si l'addition de l'acide chlorhydrique avait formé un précipité gélatineux d'acide silicique hydraté, on recommencerait l'expérience, après avoir étendu la liqueur davantage : il vaut mieux aussi dans ce cas acidifier en une seule fois (*voy.* § **150**, 2).

   a. *Le liquide reste clair :* absence d'acide sulfurique. On passe au n° (70).

b. *On obtient un précipité blanc, fin, pulvérulent : acide sulfurique.* Le précipité ne doit pas se dissoudre par une grande addition d'acide chlorhydrique ou d'acide azotique.

4. A un nouvel essai, qu'on aura rendu neutre ou faiblement alcalin avec de l'ammoniaque dans le cas où il aurait une réaction acide, on ajoute une dissolution de sulfate de chaux. 70

a. *Il ne se forme pas de précipité :* absence d'acide phosphorique, d'acide silicique, d'acide oxalique et de fluor. On passe au n° (73).

b. *Il se forme un précipité :* On ajoute un excès d'acide acétique. 71

α. *Il se dissout facilement : acide phosphorique* ou *acide silicique.* On évapore à siccité une portion de la liqueur primitive après avoir acidulé avec de l'acide chlorhydrique, on traite le résidu par un peu d'acide chlorydrique et d'eau. S'il reste un résidu insoluble, il est formé d'*acide silicique.*. S'il n'en reste pas, on ajoute à une portion du liquide primitif du sel ammoniac, du sulfate de magnésie et de l'ammoniaque. Un précipité cristallin dénote l'*acide phosphorique* (§ **142**).

β. *Il ne se dissout que difficilement ou même pas du tout : acide oxalique* ou *fluor.* L'oxalate de chaux est pulvérulent, le fluorure de calcium est en flocons gélatineux. On s'assure de la présence de l'acide oxalique en traitant la substance primitive par le bioxyde de manganèse et l'acide sulfurique (§ **145**) et de celle du fluor par la corrosion du verre (§ **146**). 72

5. On acidule un nouvel essai avec de l'acide azotique et l'on y ajoute de la dissolution d'azotate d'argent. 73

a. *Le liquide reste clair :* absence certaine du chlore, du brome, de l'iode, du ferricyanogène et du ferrocyanogène et absence probable du cyanogène (à l'état de cyanure métallique simple). (En effet parmi les cyanures métalliques solubles, le cyanure de mercure n'est pas précipité par l'azotate d'argent; la nature de la base trouvée fait connaître s'il faut s'occuper de ce sel : quant à la manière d'y trouver le cyanogène, voy. au § **155**, 11). On passe au n° (76).

b. *Il se forme un précipité.*

α. *Il est orangé : ferricyanogène.* On s'en assure avec le sulfate de protoxyde de fer (§ **155**, appendice). 74

β. *Il est blanc ou blanc jaunâtre.* On traite le précipité par un excès d'ammoniaque, immédiatement si la base est un alcali ou une terre alcaline, après avoir filtré et lavé si la base est une terre ou un oxyde d'un métal lourd.

αα. Il ne se dissout pas : *iode* ou *ferrocyanogène*. Dans le premier cas le précipité est jaune pâle, dans le second il est blanc, gélatineux. On s'assure de l'iode par l'empois d'amidon et l'acide hypoazotique (§ **154**), du ferrocyanogène par le perchlorure de fer (§ **155**, appendice).

ββ. Il se dissout : *chlore*, *brome* ou *cyanogène*. S'il y a du 75
cyanogène, la substance primitive répand en général l'odeur de l'acide prussique et le précipité d'argent se dissout un peu moins facilement dans l'ammoniaque. On s'en assure en ajoutant à la dissolution primitive du sulfate de protoxyde de fer, de la soude, puis de l'acide chlorhydrique (§ **155**). — Si c'est du *brome*, la dissolution primitive se colore en jaune par l'eau de chlore : pour de petites quantités on s'aide du chloroforme ou du sulfure de carbone (§ **153**). — S'il n'y a ni cyanogène, ni brome, le précipité d'argent ne peut provenir que du *chlore*.

6. A un petit essai de la dissolution aqueuse primitive, on ajoute avec 76
précaution de l'acide chlorhydrique jusqu'à réaction nettement acide, on y plonge une bandelette de papier de curcuma, que l'on dessèche ensuite à 100°. Si la moitié plongée prend une teinte rouge brun, c'est qu'on a de l'*acide borique*. On s'en assure en ajoutant de l'acide sulfurique, de l'alcool et en enflammant (§ **144**).

7. Les essais préliminaires indiquent généralement si l'on a de l'*acide* 77
azotique et de l'*acide chlorique* (6). On s'assure du premier avec l'acide sulfurique et le sulfate de protoxyde de fer (§ **159**) et du dernier en traitant le sel solide par l'acide sulfurique concentré (§ **160**).

COMBINAISONS SIMPLES.

A. CORPS SOLUBLES DANS L'EAU.

Recherche de l'acide.

II. *Acide organique.*

§ 184

On examine avant tout quels sont les acides qui peuvent former des combinaisons solubles avec la base trouvée (*voy.* Appendice IV), car cela facilite les recherches suivantes.

La méthode suppose que l'acide organique est libre ou combiné à un alcali ou à une terre alcaline. Si la base est autre, il faut d'abord l'éliminer. Si elle appartient au groupe V ou VI, on y parvient avec l'acide sulfhydrique ; si elle fait partie du groupe IV, on emploie le sulfhydrate d'ammoniaque. Après avoir séparé le sulfure métallique par filtration, et enlevé l'excès de sulfhydrate d'ammoniaque avec l'acide chlorhydrique, avoir chauffé et filtré pour éliminer le soufre déposé, on opère d'après le n° (78).— Si la base est de l'alumine ou de l'oxyde de chrome, on essaye de la précipiter en faisant bouillir avec du carbonate de soude ; si cela ne réussit pas, comme cela arrivera si l'acide n'est pas volatil, on précipite celui-ci avec de l'acétate de plomb neutre, on lave le précipité, on le délaye dans l'eau, on fait passer un courant d'acide sulfhydrique, on sépare le sulfure de plomb par filtration et on traite la liqueur filtrée d'après la marche indiquée plus bas. L'alumine, dans ses combinaisons avec les acides organiques non volatils, peut encore être précipitée à l'état de silicate au moyen de la dissolution de verre soluble. Pour séparer l'acide acétique ou l'acide formique des bases qui rendront difficiles les réactions de ces acides, on peut distiller le sel avec de l'acide sulfurique étendu et chercher les acides dans le liquide condensé.

1. A une portion de la dissolution aqueuse, on ajoute de l'ammoniaque jusqu'à réaction faiblement alcaline, puis du chlorure de calcium. Si la dissolution était neutre, ou seulement un peu acide, avant de verser le chlorure de calcium, on ajouterait un peu de chlorhydrate d'ammoniaque. 78

a. *Il ne se forme pas de précipité, même après agitation et au bout de quelques minutes :* absence d'acide oxalique et d'acide tartrique. On passe au n° (80).

b. *Il se forme un précipité.* 79

α. *Le précipité se forme au bout de quelque temps et est cristallin : acide tartrique.* On s'en assure par la manière dont le précipité formé par le chlorure de calcium et lavé se comporte avec la soude caustique ou l'ammoniaque et l'azotate d'argent, ou aussi en essayant la dissolution aqueuse avec l'acétate de potasse et l'acide acétique (§ **163**).

β. *Le précipité se forme de suite et est en poudre fine : acide oxalique.* On s'en assure avec une portion de la liqueur primitive acidulée avec de l'acide acétique et la dissolution de sulfate de chaux (§ **145**).

2. On chauffe à l'ébullition le liquide 1. a., on l'y maintient quelque temps et on ajoute encore un peu d'ammoniaque au liquide bouillant. 80

a. *Il reste clair :* pas d'acide citrique. On passe au nº (81).

b. *Il se trouble et dépose un précipité : acide citrique*[1]. On s'en assure en formant le sel de plomb de l'acide et en examinant l'action de l'ammoniaque sur le sel lavé (il doit facilement se dissoudre). Il vaut encore mieux former le sel de baryte et observer au microscope la cristallisation caractéristique (§ **164**).

3. On mélange le liquide 2. a. avec 2 volumes d'alcool. 81

a. *Il reste clair, même après un long repos :* pas d'acide malique ni d'acide succinique. On passe au nº (82).

b. *Il se forme un précipité : acide malique* ou *acide succinique.* On chauffe un essai de la matière solide primitive avec de l'acide azotique, on évapore à siccité, on fait bouillir le résidu avec une dissolution de carbonate de soude, on filtre si c'est nécessaire, on neutralise *exactement* avec l'acide chlorhydrique et on essaye une portion de cette solution avec la dissolution de sulfate de chaux et une autre portion avec le perchlorure de fer. Un précipité (d'oxalate de chaux) formé par le gypse décèle l'acide malique[2], tandis que le précipité produit par le sel de fer indiquera l'acide succinique. Pour plus de certitude on fera le sel de plomb de l'acide et on en étudiera les caractères (§ **165**, 5 et § **168**, 5).

4. On neutralise *exactement* la dissolution primitive, dans le cas où elle ne le serait pas, avec de l'ammoniaque ou de l'acide chlorhydrique, puis on y verse de la solution de perchlorure de fer. 82

a. *Il se forme un précipité volumineux jaune rougeâtre : acide benzoïque.* On s'en assure en traitant la substance primitive sèche par l'acide chlorhydrique (§ **169**, 2).

b. *Il se produit une coloration rouge foncé intense et par une ébullition prolongée il se dépose un précipité brun rouge clair :* 83
acide acétique ou formique.

[1] Si l'ammoniaque renfermait de l'acide carbonique, il se formerait du carbonate de chaux, ce qu'on ne doit pas oublier. L'action de l'acide chlorhydrique fera distinguer facilement le carbonate et le citrate de chaux.

[2] Voir § **165**, la fin du nº 1.

On chauffe avec de l'acide sulfurique et de l'alcool une partie du sel à essayer, ou le résidu obtenu en évaporant le liquide (si ce dernier était acide, il faudrait auparavant le neutraliser avec de la soude). L'odeur de l'éther acétique indique la présence de l'*acide acétique* (§ **171**).

Quant à la présence de l'*acide formique*, qu'il faut admettre si l'on n'a pas trouvé d'acide acétique, on la démontre au moyen de l'azotate d'argent ou du bichlorure de mercure (§ **172**).

COMBINAISONS SIMPLES.

II. CORPS INSOLUBLES OU PEU SOLUBLES DANS L'EAU, SOLUBLES DANS L'ACIDE CHLORHYDRIQUE, L'ACIDE AZOTIQUE OU L'EAU RÉGALE.

Recherche de la base [1].

§ **185**

On étend d'eau une portion de la dissolution dans l'acide chlorhy- 84
drique ou azotique ou dans l'eau régale[2] et l'on procède immédiatement à la recherche des bases du *deuxième*, *cinquième* et *sixième* groupe d'après le § **182**, en commençant par le n° (46) si la dissolution est azotique, et par le n° (50) si elle contient déjà de l'acide chlorhydrique.

Il faut remarquer ici que, dans les dissolutions faites à l'aide de l'acide chlorhydrique seul, les oxydes passent en général dans la dissolution à l'état même où ils sont dans la substance, tandis que l'emploi de l'acide azotique ou de l'eau régale tend à faire passer les oxydes inférieurs en tout ou en partie aux degrés supérieurs d'oxydation. Si donc dans une dissolution faite avec de l'eau régale, on trouve du peroxyde de fer, du bioxyde de mercure, de l'oxyde d'étain, il faudra encore un essai particulier pour bien établir à quel degré d'oxydation ces métaux se trouvaient dans la matière primitive, à moins qu'on n'ait eu déjà des indications certaines dans le mode d'action du dissolvant. Souvent par exemple avec les sels de mercure, le traitement par la lessive de potasse ou de soude permet de distinguer les deux oxydes, car les sels

[1] Dans ce chapitre il sera question aussi de quelques sels de terres alcalines, auxquels la marche de l'analyse conduit directement.

[2] Si l'eau ajoutée produit un trouble ou un précipité, cela indique de l'antimoine, du bismuth (peut-être aussi de l'étain) : *voy.* § **121**, 9, et § **131**, 4. On chauffe avec de l'acide chlorhydrique jusqu'à ce que le liquide redevienne clair, et on passe au n° (50).

de bioxyde donnent un oxyde jaune, tandis que ceux de protoxyde en fournissent un noir, et les acides des sels se combinant à l'alcali peuvent facilement se retrouver dans le liquide filtré.

Dans l'essai des bases du *troisième* et du *quatrième* groupe avec le sulfhydrate d'ammoniaque d'après le n° (56), la marche ordinaire doit, d'après les circonstances, subir une modification motivée par ce qui suit. Si l'on a un corps *soluble dans l'eau* et que par l'addition du sel ammoniac, de l'ammoniaque et du sulfhydrate d'ammoniaque, on obtient un précipité blanc, celui-ci ne peut être que du *sulfure de zinc*, de l'*alumine* ou de la *silice hydratée* ou du *soufre*, comme nous l'avons vu au n° (59). Mais il n'en est plus de même, si le corps *insoluble dans l'eau* a été attaqué par l'acide chlorhydrique. Il se peut en effet alors que ce précipité blanc, produit par l'ammoniaque en présence du sel ammoniac, soit aussi un *phosphate*, un *borate*, un *oxalate*, un *silicate* ou un *fluorure alcalino-terreux*, car tous ces sels insolubles dans l'eau sont solubles dans l'acide chlorhydrique et sont précipités quand on neutralise l'acide (attendu qu'ils sont peu solubles dans la dissolution de sel ammoniac). En présence des substances organiques, de pareils précipités pourraient aussi provenir des combinaisons de certaines *terres alcalines* avec l'*acide tartrique* ou l'*acide citrique*. Si donc en essayant une dissolution acide obtenue dans les conditions actuelles, on obtenait un précipité blanc en suivant la marche indiquée au n° (56) du § **182**, il faudrait continuer de la manière suivante :

1. On se rappellera si l'essai préliminaire a fait découvrir de la *silice* 85
(20). Dans ce cas on évapore à siccité une portion de la solution chlorhydrique, on humecte le résidu avec de l'acide chlorhydrique et on ajoute de l'eau. S'il y a de l'acide silicique, il reste non dissous. Dans la dissolution on détermine la base d'après le n° (56) ou, suivant le cas, d'après le n° (62).

2. On ajoute à un essai de la dissolution chlorhydrique primitive un 86
peu d'acide tartrique, puis un excès d'ammoniaque.

a. *Il ne se forme pas de précipité permanent* : absence des sels alcalino-terreux énumérés plus haut. — On ajoute à une nouvelle portion de la dissolution primitive de la lessive de soude en excès, puis dans une moitié de la solution claire du chlorhydrate d'ammoniaque, dans l'autre de l'acide sulfhydrique : un précipité produit par le sel ammoniac indique l'*alumine* : s'il est fourni par l'acide, c'est du *zinc*.

b. *Il se forme un précipité permanent* : présence d'un sel alcalino-terreux.

α. On met un essai de la substance primitive sur un verre de montre avec un peu de bioxyde de manganèse, quelques gouttes d'eau et un peu d'acide sulfurique concentré. Il se dégage aussitôt de l'acide carbonique, c'est que le sel est un *oxalate*. Pour trouver la base, on calcine au rouge un nouvel essai, on dissout le résidu dans l'acide chlorhydrique étendu et on essaye la dissolution d'après le nº (62). 87

β. Pour chercher l'*acide phosphorique* et la terre alcaline qui y est combinée, dans une partie de la solution chlorhydrique on ajoute de l'ammoniaque jusqu'à ce qu'il se forme un précipité, puis de l'acide acétique jusqu'à ce que le précipité disparaisse de nouveau, et enfin de l'acétate de soude et une goutte de perchlorure de fer. S'il se forme un précipité blanc floconneux, c'est qu'il y a de l'acide phosphorique. On ajoute alors un peu plus de perchlorure de fer, jusqu'à ce que le liquide soit nettement rouge, on fait bouillir, on filtre bouillant, et dans le liquide filtré, débarrassé d'acide phosphorique, et dans lequel on a préalablement précipité par l'ammoniaque le peu de fer qui pourrait s'y trouver, on cherche d'après le nº (62) la terre alcaline combinée à l'acide phosphorique. 88

γ. L'*acide borique* est décelé dans la dissolution faiblement chlorhydrique au moyen du papier de curcuma (§ **144**). Pour chercher la base, on fait bouillir une partie de la substance primitive avec de l'eau et du carbonate de soude, on filtre, on lave, on dissout le carbonate formé dans le moins d'acide chlorhydrique étendu possible. On évapore la dissolution à siccité, on traite le résidu par l'eau et on étudie d'après le nº (62) la liqueur filtrée, si cela est nécessaire. 89

δ. On trouvera le *fluor* en chauffant avec de l'acide sulfurique un peu de la substance primitive ou du précipité formé par l'ammoniaque dans la dissolution chlorhydrique (§ **146**). Après avoir chassé le fluor, on cherche dans le résidu la terre alcaline combinée maintenant à l'acide sulfurique.

ε. L'*acide tartrique* et l'*acide citrique* ne pourraient exister dans la substance qu'autant qu'elle se carboniserait lorsqu'on la chauffe dans un tube de verre. Dans ce cas on trouve les bases comme au nº (87), et pour les acides on suit la marche indiquée au § **187**.

COMBINAISONS SIMPLES.

B. CORPS INSOLUBLES OU DIFFICILEMENT SOLUBLES DANS L'EAU, SOLUBLES DANS L'ACIDE CHLORHYDRIQUE, L'ACIDE AZOTIQUE OU L'EAU RÉGALE.

Recherche de l'acide.

I. *Acide inorganique.*

§ 186

1. Il ne saurait être question de l'*acide chlorique*, car tous les chlo- 90
rates sont solubles dans l'eau ; on aura déjà reconnu l'*acide azotique*, qui ne peut être qu'à l'état de sel basique, en chauffant au rouge dans un tube de verre ; de même pour le *cyanogène* (8). Quant aux *cyanures métalliques* insolubles dans l'eau, voir § **204**. — L'essai avec le sel de phosphore mettra sur la trace de l'*acide silicique*. On s'en convaincra en évaporant la solution chlorhydrique à siccité et traitant le résidu par l'acide chlorhydrique et l'eau.

2. L'*acide arsénieux*, l'*acide arsénique*[1], l'*acide carbonique*, l'*acide* 91
chromique, ainsi que le *soufre* à l'état de sulfure métallique, sont déjà trouvés en cherchant les bases ; quant à l'acide chromique, il est assez indiqué par la couleur jaune ou rouge du composé, par le dégagement de chlore quand on fait bouillir avec l'acide chlorhydrique, et par la présence de l'oxyde de chrome dans la dissolution. On s'en assure en fondant avec le carbonate de soude (§ **188**).

3. On fait bouillir un essai de la substance avec de l'acide azotique. 92

   a. Il se dégage du bioxyde d'azote et il se dépose du soufre ; cela indique la présence d'un *sulfure métallique*.

   b. Il se dégage des vapeurs violettes : *iodure métallique*[2].

   c. Il se dégage des vapeurs brun rougeâtre, d'une odeur analogue à celle du chlore : *bromure métallique*[2]. Dans ce cas, les vapeurs colorent l'amidon en jaune (§ **153**).

[1] La distinction de l'acide arsénieux et de l'acide arsénique, dans les combinaisons insolubles dans l'eau mais solubles dans l'acide chlorhydrique, se fait le mieux avec l'acide sulfhydrique, § **134**, 9.

[2] Parfois, surtout dans l'iodure, le bromure et le chlorure de mercure, on trouve facilement les halogènes en faisant bouillir la substance avec la lessive de potasse ou de soude, on filtre et on essaye le liquide filtré d'après le n° (73).

4. A une partie de la solution azotique, que l'on filtrerait dans le cas 93
où il y aurait un résidu insoluble dans l'acide azotique, on ajoute du nitrate d'argent après avoir étendu d'eau ; s'il se forme un précipité blanc, soluble dans l'ammoniaque après lavage, fusible sans décomposition, cela indique le *chlore*[1].

5. On fait bouillir un essai avec de l'acide chlorhydrique, on filtre, si 94
c'est nécessaire, on ajoute du chlorure de baryum, après avoir étendu d'eau ; s'il se forme un précipité blanc, insoluble dans un grand excès d'eau, c'est de l'*acide sulfurique*.

6. On cherche l'*acide borique* d'après le § **144**, 6. 95

7. Si l'on n'a trouvé aucun des acides précédents, on est porté à supposer la présence de l'*acide phosphorique*, de l'*acide oxalique*, du *fluor*, ou aussi l'absence d'un acide. — Les essais précédents auront déjà le plus souvent indiqué la présence de l'acide oxalique (8). Comme on aurait déjà découvert l'acide phosphorique et le fluor, s'ils sont combinés à une terre alcaline, et l'acide oxalique s'il est uni à la baryte, la strontiane ou la chaux (87 à 90), il n'est plus nécessaire maintenant de chercher ces acides que dans le cas où l'on aurait trouvé une autre base. Pour cela, si la base appartient au cinquième ou au sixième groupe, on la précipite avec l'acide sulfhydrique, et avec le sulfhydrate d'ammoniaque si elle fait partie du quatrième groupe, puis on filtre. Si l'on fait usage du sulfhydrate d'ammoniaque, on ajoute au liquide filtré de l'acide chlorhydrique jusqu'à réaction acide ; dans les deux cas on chasse l'acide sulfhydrique par l'ébullition et l'on filtre si cela est nécessaire. — On cherche dans cette dissolution l'acide phosphorique, l'acide oxalique ou le fluor d'après le nº (70). — Si la base était de l'alumine, de l'oxyde de chrome (ou peut-être aussi de la magnésie), on chercherait l'acide phosphorique avec la dissolution de molybdate d'ammoniaque dans l'acide azotique (§ **142**, 10), l'acide oxalique avec le bioxyde de manganèse et l'acide sulfurique (§ **145**), le fluor avec l'acide sulfurique (§ **146**).

[1] Voir la note 2 de la page précédente.

COMBINAISONS SIMPLES.

B. CORPS PEU SOLUBLES OU INSOLUBLES DANS L'EAU, SOLUBLES DANS LES ACIDES.

Recherche de l'acide.

II. *Acide organique.*

§ **187**

1. L'*acide formique* ne peut pas se rencontrer, car tous ses sels sont 96
solubles dans l'eau.

2. L'*acide acétique* se reconnaît facilement dans les essais préliminaires par le dégagement d'acétone. On s'en assure au moyen de l'acide sulfurique et de l'alcool (§ **171**).

3. On reconnaît l'*acide benzoïque* à ce qu'il se dépose en général quand on traite par l'acide chlorhydrique ou quand la solution chlorhydrique se refroidit. On contrôle en sublimant le précipité lavé et séché.

4. On maintient assez longtemps un essai en ébullition avec un excès 97
de carbonate de soude et l'on filtre chaud ; alors dans la plupart des cas l'acide organique sera en dissolution à l'état de sel de soude. On acidule faiblement la solution avec de l'acide chlorhydrique, on chasse l'acide carbonique en chauffant et on essaye le liquide ainsi qu'il est dit au § **184**. Avec les bases du groupe IV ainsi qu'avec l'oxyde de plomb, cette séparation n'est pas complète. Dans ces cas exceptionnels, après l'ébullition avec le carbonate de soude, on ajoute au liquide filtré du sulfhydrate d'ammoniaque jusqu'à ce que l'oxyde métallique soit précipité, on filtre et on opère comme il a été dit plus haut.

COMBINAISONS SIMPLES.

C. CORPS INSOLUBLES OU PEU SOLUBLES DANS L'EAU, L'ACIDE AZOTIQUE, L'ACIDE CHLORHYDRIQUE ET L'EAU RÉGALE.

Recherche de la base et de l'acide.

§ **188**

Sous ce titre nous comprenons le *sulfate de baryte*, le *sulfate de* 98
strontiane, le *sulfate de chaux*, le *fluorure de calcium*, les *silicates terreux*, l'*alumine* fortement calcinée ou naturelle, le *sulfate de plomb*,

les composés du *plomb* avec le *chlore* et le *brome*, ceux de l'*argent* avec le *chlore*, le *brome*, l'*iode* et le *cyanogène*, l'*oxyde d'étain* calciné ou naturel, l'*oxyde de chrome* calciné, et enfin le *soufre* et le *charbon*; ce sont les combinaisons qui se rencontrent le plus fréquemment. Pour les silicates simples, je renvoie au § **205**, pour les ferrocyanures et les ferricyanures métalliques, au § **204**. C'est l'essai préliminaire qui apprend si l'on a de pareils composés.

Le sulfate de chaux et le chlorure de plomb ne sont pas tout à fait insolubles dans l'eau : le sulfate de plomb peut se dissoudre dans l'acide chlorhydrique. Toutefois nous parlerons encore ici de ces composés, parce qu'ils sont si difficilement solubles qu'on en obtient rarement une dissolution complète et dès lors, s'ils échappaient dans la recherche faite sur une solution aqueuse ou acide, il faut pouvoir encore les retrouver ici.

1. Le *soufre* libre doit avoir été déjà découvert dans l'essai préliminaire.

2. Le *charbon* est généralement noir, insoluble dans l'eau régale, toujours combustible sur une feuille de platine chauffée en dessous à l'aide du chalumeau[1] : il donne du carbonate de potasse si on le fait détoner avec le salpêtre.

3. L'*oxyde de chrome* est vert ou vert noirâtre et a dû être déjà reconnu dans l'essai avec la perle de sel de phosphore (18).

4. On verse du sulfhydrate d'ammoniaque sur une petite partie de la 99
substance.

   a. *Elle devient noire :* cela indique un sel de plomb ou un sel d'argent.

      α. *Elle fond dans un petit tube* sans décomposition (3) : chlorure ou bromure de plomb, chlorure, bromure ou iodure d'argent. Dans un petit creuset de porcelaine on fond 1 p. du composé avec 4 p. de carbonate de potasse et de soude mélangés, on laisse refroidir, on fait bouillir le résidu avec de l'eau et dans la liqueur filtrée on cherche le *chlore*, le *brome* et l'*iode* d'après le n° (73). On dissout dans l'acide azotique le résidu, qui est de l'*argent métallique* ou de l'*oxyde de plomb*, et on essaye la dissolution dans l'acide azotique d'après le n° (46).

      β. *Elle dégage au rouge dans le tube du cyanogène et laisse de l'argent métallique : cyanure d'argent.*

[1] Le graphite ne brûle complétement que lorsqu'on le chauffe fortement dans un courant d'oxygène.

γ. *Chauffée au rouge dans le tube de verre, elle ne change pas : sulfate de plomb.* On fait bouillir une petite portion de la substance avec du carbonate de soude, on filtre, on acidule le liquide filtré avec de l'acide chlorhydrique et on cherche l'*acide sulfurique* avec le chlorure de baryum, — on dissout le résidu insoluble lavé dans de l'acide azotique et avec l'acide sulfhydrique ou l'acide sulfurique on décèle la présence du *plomb*.

b. *Elle reste blanche :* absence de plomb et d'argent. 100

α. Avec une portion on cherche l'*oxyde d'étain* au moyen de la perle de borax colorée faiblement en bleu par l'oxyde de cuivre (§ **129**, 12). Si la perle devient brun rouge ou rouge rubis, on s'assure tout à fait de la présence de l'oxyde d'étain par la réduction d'un essai avec la soude et le cyanure de potassium (§ **129**, 11).

β. On broie intimement une petite portion de l'essai avec du quartz en poudre bien fin, on humecte le mélange dans un petit creuset avec quelques gouttes d'acide sulfurique concentré et l'on chauffe doucement.

aa. *Il se dégage des fumées blanches, qui rougissent le tournesol et qui troublent une goutte d'eau* (§ **150**, 6) : cela indique le *fluorure de calcium.* On décompose une petite portion de la substance réduite en poudre fine avec de l'acide sulfurique dans un creuset de platine et on reconnaît le *fluor* à son action sur le verre (§ **146**) : on fait bouillir le résidu avec de l'acide chlorhydrique, on filtre, et après avoir neutralisé avec l'ammoniaque, on trouve la *chaux* dans la dissolution à l'aide de l'oxalate d'ammoniaque.

bb. *Il ne se dégage pas de fumées blanches ou rougissant le tournesol ou troublant une goutte d'eau suspendue au milieu des vapeurs.* On mélange une petite portion de la substance finement pulvérisée avec quatre fois autant de carbonates purs de potasse et de soude et on fait fondre dans un creuset de platine (ou sur une feuille de platine). On fait bouillir la masse fondue avec de l'eau, on filtre s'il y a un résidu et on lave celui-ci. On acidifie le liquide filtré avec de l'acide chlorhydrique; dans une portion on cherche l'*acide sulfurique* avec le chlorure de baryum, et dans le cas où l'on n'en trouve pas, on cherche l'*acide silicique* dans l'autre portion en l'évaporant à siccité (§ **150**, 2).

S'il n'y en a pas non plus, on cherche l'*alumine* avec l'ammoniaque dans la solution chlorhydrique du résidu de l'évaporation.

Si l'*acide silicique* était pur, la masse fondue obtenue avec les carbonates alcalins devrait donner une dissolution limpide : mais s'il y a des silicates, les bases de ces derniers restent insolubles et on peut les chercher dans le résidu. En présence de l'alumine, la masse fondue ne se dissout complétement dans l'eau, qu'autant qu'on aura employé beaucoup de carbonate de soude à une haute température.

Si l'on a trouvé de l'acide sulfurique, la terre alcaline qui lui était combinée est restée sur le filtre à l'état de carbonate. On dissout alors, après lavage, dans de l'acide chlorhydrique et on fait les essais du n° (62) pour trouver la *baryte*, la *strontiane* ou la *chaux*.

COMBINAISONS COMPLEXES[1].

A. CORPS SOLUBLES OU INSOLUBLES DANS L'EAU, MAIS SOLUBLES DANS L'ACIDE CHLORHYDRIQUE, L'ACIDE AZOTIQUE OU L'EAU RÉGALE.

Recherche des bases[2].

§ 189[3]

(Traitement par l'acide chlorhydrique : présence de l'argent, du protoxyde de mercure, du plomb.)

La méthode systématique pour trouver les bases est la même, que la 101
substance soit soluble dans l'eau ou qu'elle ne le soit que dans les acides. On indiquera avec soin lorsqu'il sera nécessaire de prendre telle ou telle marche particulière suivant la nature différente de la dissolution primitive.

[1] Nous emploierons ici, et par la suite, cette expression pour indiquer les combinaisons dans lesquelles on suppose toutes les bases, les acides, les métaux ou les métalloïdes qu'on rencontre le plus fréquemment.

[2] Il est bon *avant tout* de prendre connaissance des explications données dans le troisième chapitre. — On tient compte dans ce procédé des acides de l'arsenic, et des sels des terres alcalines qui se dissolvent dans l'acide chlorhydrique et que l'ammoniaque précipite sans altération, en neutralisant l'acide.

[3] Voir les remarques dans le troisième chapitre.

I. ON A UNE DISSOLUTION PUREMENT AQUEUSE.

On ajoute un peu d'acide chlorhydrique à la portion de la solution qu'on destine à la recherche des bases. 102

1. *La dissolution avait avant une réaction acide ou était neutre.*

a. *Il ne se forme pas de précipité;* absence d'argent ou de protoxyde de mercure. On passe au § **190**.

b. *Il se forme un précipité.* On ajoute goutte à goutte de l'acide chlorhydrique jusqu'à ce que le précipité n'augmente plus, puis encore 6 à 8 gouttes, on secoue et on filtre.

Le précipité formé par l'acide chlorhydrique peut être du chlorure d'argent, du protochlorure de mercure, du chlorure de plomb, un sel basique d'antimoine, du chlorure basique de bismuth, du métabichlorure d'étain et jusqu'à un certain point aussi de l'acide benzoïque. Si l'on a bien suivi la marche indiquée, il n'y a que les trois premiers chlorures (un peu d'acide benzoïque et du métabichlorure d'étain fort rare, toutefois nous ne nous en occuperons pas ici) qui resteront sur le filtre, car le sel basique d'antimoine et le chlorure basique de bismuth se redissoudront dans l'excès d'acide chlorhydrique ajouté.

Le précipité qui se trouve sur le filtre sera lavé deux fois avec de l'eau froide et le liquide filtré, réuni aux eaux de lavage, sera examiné plus tard d'après le § **190**.

(Si en réunissant les eaux de lavage à la liqueur filtrée acide il se produit un trouble (dénotant des composés d'antimoine ou de bismuth et aussi peut-être du métabichlorure d'étain), on n'en continue pas moins, sans rien changer, d'après le § **190**.)

Avec le précipité qui se trouve sur le filtre on opère de la manière suivante : 103

α. Pour la troisième fois on le lave sur le filtre, mais avec de l'eau chaude, et on essaye avec l'acide sulfhydrique ainsi qu'avec l'acide sulfurique si le liquide qui passe renferme du *plomb*. (Si l'on n'a pas de précipité, cela prouvera seulement que le précipité produit par l'acide chlorhydrique ne contient pas de plomb; mais il n'en faut pas conclure qu'il n'y en a pas dans la liqueur à analyser, car les dissolutions étendues de plomb ne sont pas précipitées par l'acide chlorhydrique. Si le précipité formé par l'acide chlorhydrique contient du chlorure de plomb, on le traite encore plusieurs fois par l'eau bouillante pour dissoudre autant que possible le chlorure de plomb.)

β. S'il reste un précipité sur le filtre, on l'arrose avec de l'ammoniaque. S'il devient noir ou gris, cela prouve la présence du *protoxyde de mercure*.

γ. Au liquide ammoniacal passant en β à travers le filtre, on ajoute de l'acide azotique jusqu'à forte réaction acide. S'il se forme un précipité caillebotté blanc, ou — pour de petites quantités — si la liqueur devient opaline, c'est qu'il y a de l'*argent*. (Dans le cas où il y a de l'argent dans le précipité, la solution ammoniacale paraît généralement trouble à cause d'un sel basique de plomb qui se dépose. Mais cela n'a pas d'influence sur la recherche de l'argent, car le sel basique de plomb se redissout quand on ajoute l'acide azotique.)

2. *La solution aqueuse a une réaction alcaline.* 104

a. *L'addition d'acide chlorhydrique jusqu'à forte réaction acide ne produit aucun dégagement de gaz ni aucun précipité, ou s'il en forme un, il se dissout dans une plus grande quantité d'acide.* On passe au § **190**.

b. *L'acide chlorhydrique produit un précipité, insoluble dans un excès d'acide même à l'ébullition.*

α. *Il ne se dégage en même temps ni acide sulfhydrique, ni acide cyanhydrique.* On filtre et on traite le liquide filtré d'après le § **190**. 105

aa. *Le précipité est blanc.* Ce peut être un sel de plomb ou d'argent insoluble dans l'eau et dans l'acide chlorhydrique (*chlorure de plomb*, *sulfate de plomb*, *chlorure d'argent*, etc.), ou aussi de l'*acide silicique* hydraté. On l'essaye, d'après le § **203**, pour y trouver les bases et les acides des combinaisons qu'il renferme, en n'oubliant pas que si l'on y trouve du chlorure de plomb ou d'argent, il pourrait bien avoir été formé, comme chlorure, par la manière même dont on a opéré.

bb. *Le précipité est jaune ou orangé;* il peut être du *sulfure d'arsenic*, si l'on n'a pas fait bouillir trop longtemps ou seulement avec de l'acide chlorhydrique étendu : il peut aussi être du *sulfure d'antimoine* ou du *sulfure d'étain*, qui étaient dissous dans l'ammoniaque, la potasse, la soude, le phosphate de soude ou tout autre liquide alcalin, à l'exception des sulfures et des cyanures alcalins. On traite d'après le n° (40) le précipité qui peut contenir aussi de la *silice hydratée.*

β. *Il se dégage de l'acide sulfhydrique, mais pas d'acide cyanhydrique*[1]. 106

aa. *Le précipité est blanc pur, formé par un dépôt de soufre.* C'est qu'on a un *polysulfure alcalin.* On reconnaît encore sa présence à ce que la dissolution alcaline est jaune ou jaune brun et que, par addition d'un acide, il se dégage outre l'odeur d'hydrogène sulfuré celle des composés complexes de soufre et d'hydrogène. On fait bouillir, on filtre, on opère avec le liquide d'après le § **194**, et avec le précipité d'après le § **203**.

bb. *Le précipité est coloré.* On en peut conclure qu'on a un *sulfosel métallique,* c'est-à-dire, un composé d'une sulfobase alcaline avec un sulfacide métallique. Le précipité peut donc être du *sulfure d'or,* du *sulfure de platine,* du *sulfure d'étain,* du *sulfure d'antimoine* ou du *sulfure d'arsenic.* Il pourrait renfermer aussi du *bisulfure de mercure,* aussi bien que du *sulfure de cuivre* ou de *nickel,* ou d'autres pareils (car le premier se dissout dans le sulfure de potassium et très-peu dans le sulfhydrate d'ammoniaque, et le dernier un peu dans le sulfhydrate d'ammoniaque). On filtre, on traite le liquide d'après le § **191** et le précipité d'après le n° (40).

γ. *Il se dégage de l'acide cyanhydrique, avec ou sans acide sulfhydrique.* C'est donc un *cyanure alcalin,* et si en même temps il se dégage de l'acide sulfhydrique, il y a aussi un *sulfure alcalin.* Dans ce cas, outre les combinaisons énumérées en α et en β, le précipité peut en renfermer encore beaucoup d'autres (par exemple : cyanure de nickel, cyanure d'argent, etc.). On fait bouillir après avoir ajouté plus d'acide chlorhydrique et aussi de l'acide azotique, jusqu'à ce que 107

[1] Si l'odeur du gaz, qui se dégage dans ces circonstances, laissait quelques doutes sur la présence ou l'absence de l'acide prussique, on reprendrait une autre petite portion de liquide dans lequel on mettrait un peu de chromate de potasse avant d'ajouter l'acide chlorhydrique.

tout l'acide cyanhydrique soit expulsé et on opère d'après le § **190** sur la dissolution obtenue, ou sur le liquide filtré si par hasard il y avait un résidu insoluble (que l'on étudierait d'après le § **203** ou **204**).

c. *L'addition de l'acide chlorhydrique ne produit pas de précipité permanent, mais un dégagement de gaz.* 108

α. *Le gaz qui se dégage a l'odeur de l'acide sulfhydrique*: cela dénote un *monosulfure alcalin* ou aussi un *sulfosel* à base *alcaline* ou *alcalino-terreuse*. On traite d'après le § **194**.

β. *Le gaz est inodore : acide carbonique* combiné à un alcali. On passe au § **190**.

γ. *Le gaz a l'odeur de l'acide cyanhydrique* (qu'il se dégage ou non en même temps de l'acide carbonique) présence d'un *cyanure alcalin*. On fait bouillir pour chasser tout l'acide cyanhydrique, et on passe au § **190**.

II. ON A UNE DISSOLUTION DANS L'ACIDE CHLORHYDRIQUE OU DANS L'EAU RÉGALE.

On la traite d'après le § **190**.

III. ON A UNE DISSOLUTION DANS L'ACIDE AZOTIQUE.

On étend un essai avec de l'eau; s'il se produit un trouble ou un précipité (indiquant du bismuth), on ajoute de l'acide azotique jusqu'à ce que le liquide redevienne limpide, puis de l'acide chlorhydrique. 109

1. *Il ne se forme pas de précipité*: absence d'argent et de protoxyde de mercure. On opère avec la dissolution primitive d'après le § **190**.

2. *Il se forme un précipité*. On traite une plus grande quantité de la solution azotique comme on avait fait avec l'essai : on filtre pour essayer le précipité d'après le nº (105), et le liquide d'après le § **190**.

§ **190**[1]

(Traitement par l'acide sulfhydrique, précipitation des oxydes métalliques du groupe V, 2e subd. et du groupe VI.)

A une PETITE PORTION *de la solution acide et limpide on ajoute de l'acide sulfhydrique, jusqu'à ce que, après avoir secoué, on en sente nettement l'odeur, puis on chauffe un peu.*

1. *Il ne se forme pas de précipité*[2], même au bout de quelque temps. 110
On passe au § **194**, car il n'y a pas à chercher le plomb, le bismuth, le cadmium, le cuivre, le mercure, l'or, le platine, l'antimoine, l'étain et l'arsenic[3] : de plus on peut être certain de l'absence du peroxyde de fer et de l'acide chromique.

2. *Il se forme un précipité.*

a. *Il est blanc pur*, ténu, en poudre fine et ne disparaît pas dans 111
un excès d'acide chlorhydrique. C'est du soufre. Cela fait présumer la présence du *protoxyde de fer*[4]. Tous les métaux énumérés au n° (**110**) ne peuvent pas se trouver dans la substance. On traite la dissolution primitive d'après le § **194**.

b. *Il est coloré.*

A la plus grande partie de la solution acide ou qu'on aura acidulée, 112
et le mieux dans un petit ballon, on ajoute un excès d'une dissolution d'acide sulfhydrique, jusqu'à ce que l'odeur du gaz soit bien nette et qu'une nouvelle addition n'augmente pas le précipité, on chauffe légèrement, on secoue fortement pendant quelque temps, on filtre, on garde le liquide (qui contient les oxydes des groupes I à IV) pour une recherche ultérieure d'après le § **194** : on lave *avec soin* (voir page 10)

[1] Voir les remarques du troisième chapitre.

[2] S'il y a beaucoup d'acide libre, le précipité ne se forme souvent que quand on étend la solution de beaucoup d'eau.

[3] Pour être bien convaincu de l'absence de l'acide arsénique, il faut pendant assez longtemps abandonner l'essai à une douce chaleur (environ 70°), ou le chauffer avec de l'acide sulfureux avant de le traiter par l'acide sulfhydrique (voir § **133**, 3). Du reste l'essai préliminaire donne déjà une indication à ce sujet.

[4] En présence de l'acide sulfureux, de l'acide iodique, de l'acide bromique, que nous n'avons pas considérés dans le procédé d'analyse, de même qu'avec l'acide chromique, l'acide chlorique et le chlore libre, il se dépose également du soufre. Avec l'acide chromique, le dépôt de soufre est accompagné d'une réduction de l'acide en oxyde, par suite de laquelle la couleur jaune rouge de la dissolution devient verte (voir § **138**). — Le précipité blanc de soufre, suspendu au milieu d'un liquide vert, paraît aussi être vert, ce qui induit souvent les commençants en erreur.

le précipité (qui renferme à l'état de sulfures les métaux des groupes V et VI).

Dans beaucoup de cas et en particulier quand on a des raisons de croire à la présence de l'arsenic, il est préférable de faire passer un courant de gaz acide sulfhydrique dans la dissolution *étendue d'eau*. Si l'on a des raisons pour soupçonner la présence de l'acide arsénique, il faudra chauffer le liquide vers 70° pendant l'action de l'acide sulfhydrique.

Si le précipité est jaune, c'est qu'il est en grande partie formé de sul- 113
fure d'arsenic, d'étain ou de cadmium; s'il est orangé, il renferme du sulfure d'antimoine; s'il est brun ou noir, il doit renfermer au moins un des métaux : plomb, bismuth, cuivre, mercure, or, platine, protoxyde d'étain. Mais comme un précipité jaune peut aussi contenir des traces d'un précipité jaune orangé, ou brun ou même noir sans qu'on puisse s'en apercevoir à la couleur, il faut, pour plus de certitude, lorsque l'hydrogène sulfuré a produit un précipité, supposer tous les métaux énumérés au n° (110) et procéder comme cela est indiqué dans le paragraphe suivant.

§ 191 [1]

(Traitement par le sulfhydrate d'ammoniaque du précipité obtenu par l'acide sulfhydrique, séparation des oxydes du Ve groupe, 2e subd., de ceux du VIe groupe.)

On met dans un petit tube[2] une petite portion du précipité bien lavé 114
et obtenu par l'action de l'acide sulfhydrique sur la dissolution acide, on ajoute un peu d'eau, dix à vingt gouttes de sulfhydrate d'ammoniaque jaune et l'on chauffe quelque temps à une douce chaleur[3].

[1] Voir les remarques du troisième chapitre.

[2] Si le précipité est assez volumineux, on peut le retirer du filtre avec une petite spatule en platine ou en corne; s'il est en trop petite quantité, on met l'entonnoir au-dessus du petit tube, on perce le fond du filtre, on chasse le précipité au moyen de la fiole à jet, et quand il s'est déposé on décante l'eau qui surnage.

[3] S'il y avait du cuivre dans la dissolution, ce que l'on reconnaîtrait déjà à la couleur et avec plus de certitude encore, en essayant une petite portion avec un fil de fer bien décapé (voir § **120**, 11), il faudrait au lieu de sulfhydrate d'ammoniaque, dans lequel le sulfure de cuivre n'est pas tout à fait insoluble (§ **120**, 5), employer une dissolution de sulfure de sodium et y faire bouillir le précipité des sulfures. Toutefois, si en même temps que le cuivre il y avait du bioxyde de mercure (dont la présence est généralement indiquée par les diverses couleurs que produit l'acide sulfhydrique (§ **119**, 3), et que l'on peut encore reconnaître sans ambiguïté en traitant préalablement par le protochlorure d'étain une petite portion de la liqueur primitive acidulée avec de l'acide chlorhydrique), il faudrait cependant employer le sulfhydrate d'ammoniaque; il est vrai qu'alors la séparation des sulfures du groupe

1. *Le précipité se dissout complétement dans le sulfhydrate d'ammoniaque* (ou *le sulfure de sodium*) : absence de métaux du Ve groupe (cadmium, plomb, bismuth, cuivre, mercure). On traite d'après le § **192** le reste du précipité dont on fait digérer une partie dans le sulfhydrate d'ammoniaque. (Si le précipité formé par l'acide sulfhydrique était en si petite quantité qu'il ait fallu l'employer tout entier pour essayer avec le sulfhydrate d'ammoniaque, on précipiterait de nouveau par l'acide chlorhydrique la dissolution dans le sulfure alcalin et l'on traiterait d'après le § **192** le nouveau précipité bien lavé.) 115

2. *Il ne se dissout pas du tout ou seulement incomplétement, même en chauffant avec du sulfhydrate d'ammoniaque* (ou du sulfure de sodium) *plus jaune* : présence des métaux du groupe Ve. On étend avec quatre ou cinq parties d'eau, on filtre et on ajoute au liquide filtré un léger excès d'acide chlorhydrique. 116

a. *Il ne se forme qu'un trouble blanc, produit par un dépôt de soufre* : absence de métaux du groupe VI (or, platine, étain, antimoine, arsenic[1]). On traite le reste du précipité (dont on a fait digérer une partie dans le sulfhydrate d'ammoniaque), d'après le § **193**.

b. *Il se forme un précipité coloré* : présence des métaux du groupe VI avec des métaux du groupe V. On opère avec tout le précipité formé par l'acide sulfhydrique comme avec l'essai, c'est-à-dire qu'on le fait digérer avec du sulfhydrate d'ammoniaque jaune, ou du sulfure de sodium suivant les circonstances; on laisse déposer, on décante le liquide sur un filtre, on fait de nouveau digérer le résidu dans un petit tube avec du sulfhydrate d'ammoniaque, ou du sulfure de sodium, on filtre. Le résidu insoluble (qui renferme les sulfures du groupe V) est bien lavé et conservé pour une recherche ultérieure d'après le § **193**[2]. — Quant à la dissolution (qui contient à l'état de sul- 117

l'antimoine avec le sulfure de cuivre ne sera pas complète, mais comme le bisulfure de mercure se dissout dans le sulfure de sodium, sa présence rendrait plus difficile la recherche des sulfures du groupe de l'antimoine.

[1] Inutile de faire remarquer que, si au lieu de n'employer que peu de sulfhydrate d'ammoniaque pour traiter les sulfures, on en prenait une trop grande quantité, la conséquence que nous tirons en (a) serait incertaine, car il se déposerait une si grande quantité de soufre, que nous n'y pourrions pas distinguer des traces de sulfure d'arsenic ou de sulfure d'étain. Voir les additions et les remarques aux §§ **190** et **191** dans le troisième chapitre.

[2] Si le précipité insoluble en suspension dans la liqueur sulfo-ammoniacale se déposait facilement, il ne faudrait pas le rassembler sur un filtre, on le laverait par dé-

fosels les métaux du groupe VI), on l'étend d'eau, on ajoute de l'acide chlorhydrique jusqu'à réaction franchement acide, on chauffe un peu, on filtre le précipité formé, qui contient les sulfures du groupe VI mélangés avec du soufre, on lave avec soin et on opère d'après le paragraphe suivant.

§ 192[1]

(Séparation des métaux du groupe VI; arsenic, antimoine, étain, or, platine.)

Si le précipité formé par les sulfures du groupe VI est *jaune pur*, 118
cela indique la présence de l'arsenic et du peroxyde d'étain; s'il est nettement *jaune orangé*, c'est qu'il y a de l'antimoine : s'il est *brun* ou *noir*, il renferme du protoxyde d'étain, du platine ou de l'or.

On ne saurait du reste rien conclure de certain de l'inspection seule de la couleur, et dans un précipité jaune il faut tout aussi bien rechercher l'antimoine, l'or et le platine, car de petites quantités des sulfures de ces derniers métaux pourraient parfaitement être masquées par beaucoup de sulfure d'étain ou d'arsenic. On opère donc de la manière suivante :

On chauffe un peu du précipité sur le couvercle d'un creuset en porcelaine, sur un tesson de porcelaine ou de verre[2].

1. *Il ne reste pas de résidu fixe :* présence probable de l'arsenic, ab- 119
sence des autres métaux du groupe VI. On s'en assure en réduisant une petite partie du précipité avec le cyanure de potassium et la soude (§ **132**, 12)[3]. Pour savoir si l'arsenic est à l'état d'acide arsénieux ou d'acide arsénique, on emploiera la méthode indiquée au § **134**, 9.

2. *Il reste un résidu fixe :* il faut tenir compte de tous les métaux du 120

cantation. Mais, s'il se dépose lentement, on jette tout sur le filtre, on lave, on perce le fond du filtre, on fait tomber le précipité dans une petite capsule en porcelaine à l'aide de la fiole à jet, on chauffe légèrement, ce qui facilite le dépôt, puis on décante l'excès d'eau. Souvent les sulfures métalliques en suspension sont tellement divisés, que le liquide ne filtre jamais clair. Dans ce cas on ajoute à la liqueur un peu de chlorhydrate d'ammoniaque et on laisse déposer à une douce chaleur.

[1] Voir les remarques du troisième chapitre.

[2] Il est évident que l'on peut passer cet essai préliminaire, si le précipité a une couleur autre que le jaune, et qu'il ne peut donner un résultat décisif qu'autant que le précipité des sulfures que l'on soumet à l'analyse aura été parfaitement et complétement lavé.

[3] Si le précipité contient beaucoup de soufre, on enlève le sulfure d'arsenic qui pourrait s'y trouver, en faisant digérer dans du carbonate d'ammoniaque : on filtre, on évapore à siccité la dissolution, après y avoir ajouté un peu de carbonate de soude, et on chauffe ce résidu avec du cyanure de potassium et de la soude.

groupe VI. On dessèche complètement le reste du précipité sur le filtre, on le broie avec environ 1 p. de carbonate de soude anhydre et 1 p. d'azotate de soude et on projette le mélange par petites portions dans un petit creuset en porcelaine, préalablement chauffé et contenant 2 p. d'azotate de soude en fusion[1]. Aussitôt que tout ce qui est oxydable a été oxydé, on verse la matière fondue sur un fragment de porcelaine. Après le refroidissement, on traite la masse fondue avec de l'eau froide[2] (aussi bien ce que l'on a versé hors du creuset que ce qui reste adhérent à ses parois); on filtre pour séparer le résidu insoluble (qu'il doit y avoir, s'il y a dans la substance de l'antimoine, de l'étain, de l'or, ou du platine), on la lave avec un mélange de parties égales d'eau et d'alcool (on ajoute ce dernier pour empêcher la dissolution de l'antimoniate de soude. — On ne laisse pas couler dans la liqueur filtrée le liquide servant au lavage). On essaye maintenant de la manière suivante le liquide filtré et le résidu insoluble :

a. *Recherche de l'arsenic dans le liquide* (où il doit être à l'état 121
d'arséniate de soude). On acidifie nettement le liquide avec de l'acide azotique[3], on chauffe pour chasser l'acide carbonique et l'acide azoteux et on le partage en deux parties. Dans l'une on verse de l'azotate d'argent en quantité suffisante, on filtre, dans le cas où il se déposerait du chlorure d'argent[4] ou de l'azotate d'argent : sur le liquide filtré on verse une couche d'ammoniaque étendue (1 p. d'ammoniaque ordinaire et 2 p. d'eau) en faisant couler le réactif le long de la paroi du tube, que l'on tient pour cela obliquement, et on abandonne pendant quelque temps, sans mélanger les liquides. S'il se forme à la surface de

[1] S'il y a trop peu de précipité pour qu'on puisse bien exécuter cette opération, on coupe le filtre avec le précipité, après dessiccation, en petits morceaux que l'on broie avec un peu de soude et d'azotate de soude, et l'on projette la poudre et les petits morceaux de papier dans l'azotate de soude fondu. — Toutefois il *vaut mieux*, si cela est possible, préparer une assez grande quantité du précipité, sans cela on n'aura qu'une faible chance de découvrir avec certitude tous les métaux du groupe VI.

[2] Si tous les sulfures du VIe groupe se trouvaient réunis, la masse fondue serait formée d'antimoniate et d'arséniate de soude, d'oxyde d'étain, d'or et de platine métalliques, de sulfate, de carbonate, d'azotate et d'un peu d'azotite de soude (voir aussi le § **134**, 1). S'il y a en même temps de l'or et de l'étain, la masse offre ordinairement une couleur rouge clair.

[3] En ajoutant à la dissolution de l'acide azotique, il peut se produire un léger précipité (peroxyde d'étain hydraté), si l'on a pris trop de soude, ou chauffé trop fort. On peut le séparer par filtration et le traiter comme le résidu insoluble.

[4] Il se précipite du chlorure d'argent, si les réactifs ne sont pas tout à fait purs, ou si le précipité n'a pas été parfaitement lavé.

contact des deux couches un précipité floconneux rouge brun (que l'on aperçoit bien mieux par réflexion que par transparence), c'est qu'il y a de l'*arsenic*.

S'il s'y trouve en quantité un peu notable, alors, quand on a saturé tout l'acide azotique par l'ammoniaque, en secouant le tube, tout le liquide devient rouge brun, à cause du précipité d'arséniate d'argent.

A l'autre portion de la dissolution acidifiée on ajoute d'abord de l'ammoniaque, puis du sulfate de magnésie et du chlorhydrate d'ammoniaque, et on frotte les parois du vase avec une baguette en verre. On reconnaît l'arsenic au précipité cristallin d'arséniate ammoniaco-magnésien, qui ne se forme souvent qu'au bout d'un temps assez long et se dépose surtout sur les parois. Pour plus de certitude on peut, après avoir lavé le précipité avec de l'eau ammoniacale, le dissoudre dans un peu d'acide chlorhydrique étendu, et précipiter par l'acide sulfhydrique la dissolution légèrement chauffée; ou bien encore on séparera l'arsenic à l'état métallique. (*Voir* § **132** et § **133**.) Pour savoir s'il est dans la substance à l'état d'acide arsénieux ou d'acide arsénique, on appliquera une des méthodes du § **134**, 9. 122

b. *Recherche de l'antimoine, de l'étain, de l'or, du platine, dans le résidu insoluble.* (Son aspect peut déjà donner quelques indications sur sa nature, car l'antimoine s'y trouve à l'état d'atimoniate de soude blanc, pulvérulent, l'étain à l'état de peroxyde d'étain blanc floconneux, l'or et le platine à l'état métallique.) Il faut toutefois ne pas oublier qu'à cause de la légère solubilité du sulfure de cuivre dans le sulfhydrate d'ammoniaque le résidu peut parfois contenir aussi un peu d'oxyde de cuivre. On met le précipité dans la partie creuse d'un couvercle de creuset en platine ou dans une petite capsule en platine, on le chauffe avec de l'acide chlorhydrique, on ajoute un peu d'eau et, sans s'inquiéter si le précipité s'est ou non dissous complètement dans l'acide chlorhydrique, on met un petit morceau de zinc (exempt surtout de plomb). Pendant tout ce traitement, l'or et le platine restent à l'état métallique, mais maintenant, sous l'influence du zinc, l'antimoine et l'étain passent également à l'état de métaux réduits. On reconnaît de suite ou au bout de peu de temps l'*antimoine* à la coloration noire du platine. Quand le dégagement d'hydrogène a cessé, on enlève le reste du zinc, on décante avec précaution la dissolution de chlorure de zinc, on chauffe les métaux déposés avec de l'acide 123 chlorhydrique et on essaye cette dernière dissolution par le bichlorure de mercure (§ **129**, 8), car elle contiendra du protochlorure d'étain, s'il y avait de l'*étain* dans le composé. — Pour connaître dans la substance primitive le degré d'oxydation de l'antimoine ou de l'étain trouvé, on cherchera d'après le § **134**, 7 et 8.

Après s'être débarrassé de l'étain par des ébullitions répétées 124
avec l'acide chlorhydrique, et de l'acide chlorhydrique par de suffisants lavages, on traite le résidu — si toutefois il y en a un — de la manière suivante : on le chauffe dans la petite capsule où il se trouve avec un peu d'eau et quelques grains d'acide tartrique, puis on ajoute de l'acide azotique et on chauffe encore légèrement. Si tout se dissout, c'est qu'il n'y a ni or, ni platine ; s'il y a un résidu, il faudra chercher ces métaux. Par décantation on sépare le liquide acide, dans lequel on pourra encore reconnaître l'*antimoine* à l'aide de l'acide sulfhydrique, on lave bien le résidu, on le chauffe dans une petite capsule en porcelaine avec de l'eau régale, on évapore presque à siccité et on cherche l'*or* et le *platine* d'après le § **128**.

§ 193[1]

(Recherche des métaux du groupe V, deuxième subdivision : oxyde de plomb, oxyde de bismuth, oxyde de cuivre, oxyde de cadmium, bioxyde de mercure.)

Après un lavage complet, on fait bouillir avec de l'acide azotique le 125
précipité qui n'a pas été dissous par le sulfhydrate d'ammoniaque. Cette opération se fait le plus facilement dans une capsule en porcelaine en remuant avec une baguette de verre. Il faut éviter de mettre trop d'acide.

1. *Le précipité se dissout, il ne nage dans la liqueur que des flocons* 126
légers et jaunes de soufre mis en liberté : absence de mercure. — Il peut y avoir du *cadmium*, du *cuivre*, du *plomb* et du *bismuth*. On filtre et on traite comme suit le liquide (qu'on aura soin d'évaporer auparavant, pour chasser la plus grande partie de l'acide azotique, dans le cas où l'on en aurait mis trop).

   A une portion on ajoute suffisante quantité d'acide sulfurique étendu, on chauffe et on abandonne quelque temps.

   a. *Il ne se forme pas de précipité :* absence de plomb. On ajoute 127
   au reste du liquide un excès d'ammoniaque et l'on chauffe.

[1] Voir les remarques du troisième chapitre.

α. *Il ne se forme pas de précipité :* absence de bismuth. — Si 128
la liqueur est bleue, cela décèle le *cuivre :* toutefois de petites traces de ce métal pourraient échapper, si on ne s'en tenait qu'à la couleur du liquide ammoniacal. — Pour procéder avec certitude, et en même temps rechercher le cadmium, on évapore presque à siccité le liquide ammoniacal, on ajoute un peu d'acide acétique, un peu d'eau, si cela est nécessaire, et on essaye[1]

aa. une partie avec le prussiate jaune de potasse. Un précipité 129
rouge brun, ou pour de petites quantités un trouble rouge brun clair, indique le *cuivre.*

bb. Au reste du liquide, autant toutefois qu'il ne renferme pas 130
de cuivre, on ajoute un excès d'acide sulfhydrique. Précipité jaune : *cadmium.* La présence simultanée du cuivre pourrait empêcher de reconnaître, ou au moins de reconnaître nettement le sulfure de cadmium ; dans ce cas le plus commode est de précipiter le cuivre à l'état de sulfocyanure de cuivre après addition d'un peu d'acide sulfureux et de rechercher le cadmium avec l'acide sulfhydrique dans la liqueur filtrée, après avoir toutefois chassé par l'évaporation l'excès d'acide sulfureux ; ou bien on précipite les deux métaux par l'acide sulfhydrique et on sépare les deux sulfures (récemment précipités) par le cyanure de potassium ou par l'acide sulfurique étendu et bouillant (§ **123**).

β. *Il y a un précipité :* présence du *bismuth.* On le sépare par 131
filtration et on lave : dans le liquide on cherche le cuivre et le cadmium d'après le n° (128). On dessèche le filtre entre des feuilles de papier à filtre, on prend le précipité humide avec une spatule en platine ou un couteau, on le dissout sur un verre de montre dans le moins d'acide chlorhydrique possible et on ajoute de l'eau en assez grande quantité. — Un trouble laiteux confirme la présence du bismuth.

b. *Il se forme un précipité :* présence du *plomb.* On ajoute dans 132
une petite capsule en porcelaine à toute la dissolution azotique une assez notable quantité d'acide sulfurique étendu, on évapore au bain-marie, jusqu'à ce que l'acide azotique soit chassé, on étend le résidu d'eau renfermant un peu d'acide sulfurique,

[1] Voir les remarques du troisième chapitre.

on sépare aussitôt par filtration le sulfate de plomb insoluble, que l'on essaye après lavage d'après un des procédés indiqués au § **123**; dans le liquide filtré on cherche le bismuth, le cuivre et le cadmium, d'après le n° (127)[1].

2. *Le précipité des sulfures métalliques ne se dissout pas complétement dans l'acide azotique bouillant, mais outre le dépôt de soufre* 133
il y a encore une partie du précipité non dissous : probablement (et presque certainement, si le précipité est noir et lourd) *bioxyde de mercure*. On laisse déposer, on filtre. Dans une petite portion du liquide on met beaucoup d'hydrogène sulfuré, et s'il se forme un précipité ou une coloration, on opère avec tout le liquide filtré d'après le n° (126), pour y chercher le cadmium, le cuivre, le plomb ou le bismuth.

Le résidu insoluble peut contenir, outre le sulfure de mercure, du sulfate de plomb provenant de l'action de l'acide azotique sur le sulfure de plomb, de l'oxyde d'étain, peut-être aussi du sulfure d'or et du sulfure de platine, (car les sulfures d'étain, d'or et de platine ne sont pas toujours complétement séparés des sulfures du cinquième groupe). On lave donc ce résidu et dans une moitié on cherche le mercure[2] en la dissolvant dans l'acide chlorhydrique avec quelques cristaux de chlorate de potasse et en employant comme réactifs le cuivre ou le protochlorure d'étain (§ **119**). — On fond l'autre moitié avec du cyanure de potassium et de la soude, et on reprend par de l'eau la masse fondue. S'il reste des grains métalliques ou une poudre métallique, on lave le résidu, on le chauffe avec de l'acide sulfurique. Si l'acide azotique laisse un résidu, il faut après lavage y chercher d'abord de l'acide métastannique hydraté (§ **130**, 1), à l'état de métachlorure d'étain. Si après ce traitement il reste encore une poudre métallique lourde, on la chauffe avec de l'eau régale, et on essaye, d'après le § **128**, si elle est formée d'or ou de platine.

[1] Voir le troisième chapitre de la deuxième partie, additions et remarques au § **193**, une autre marche pour trouver le cadmium, le cuivre, le plomb et le bismuth.

[2] Si l'on a affaire avec une dissolution aqueuse ou faite dans de l'acide chlorhydrique très-étendu, le bioxyde de mercure que l'on trouve était réellement à cet état dans la substance. Mais, si la dissolution s'est faite par ébullition avec de l'acide chlorhydrique concentré, ou en chauffant avec de l'acide azotique, le métal pouvait fort bien être primitivement à l'état de protoxyde.

§ 194 [1]

(Précipitation par le sulfhydrate d'ammoniaque, séparation et recherche des oxydes des groupes III et IV : alumine, oxyde de chrome, — oxyde de zinc, protoxyde de manganèse, protoxyde de nickel, protoxyde de cobalt, oxydes de fer, — et aussi sels des terres alcalines qui sont précipités par l'ammoniaque de leurs dissolutions dans l'acide chlorhydrique : phosphates, borates, oxalates, silicates et fluorures métalliques.)

On verse dans un petit tube à essais *une* PETITE *portion du liquide* 154
dans lequel l'acide sulfhydrique n'a pas produit de précipité (110) *ou de celui qu'on a séparé par filtration* (112), on observe s'il est ou non coloré[2], on fait bouillir pour chasser l'acide sulfhydrique qu'il pourrait encore contenir, on ajoute quelques gouttes d'acide azotique, on fait bouillir, on examine de nouveau la couleur du liquide : on verse alors avec précaution de l'ammoniaque, jusqu'à réaction alcaline, on regarde si cela produit un précipité et enfin, que l'ammoniaque ait ou non produit un précipité, on ajoute du sulfhydrate d'ammoniaque.

a. *L'ammoniaque ni le sulfhydrate d'ammoniaque ne produisent* 155
de précipité. On passe au § **195**, car il y a absence de fer, nickel, cobalt, zinc, manganèse, chrome, alumine[3], — phosphates, borates[4], silicates, oxalates[5], fluorures alcalino-terreux et acide silicique primitivement combiné à des alcalis.

b. *L'ammoniaque ne forme pas de précipité, mais le sulfhydrate* 156
d'ammoniaque en produit un. Absence de phosphates, borates[4], silicates, oxalates alcalino-terreux[5], fluorures alcalino-terreux,

[1] Voir les remarques du troisième chapitre.

[2] Si le liquide à essayer est incolore, il n'y a pas de chrome. — S'il est coloré, la couleur peut donner quelques indications. Une teinte verte ou violette, toujours verte après l'ébullition, indique du chrome; vert clair, c'est le nickel; rougeâtre, le cobalt; si la teinte devient jaune par ébullition avec de l'acide azotique, c'est probablement du fer. Il ne faut pas cependant oublier que ces colorations ne sont sensibles que lorsque les sels sont en assez grande quantité et que les couleurs complémentaires, par exemple, le vert du nickel et le rouge du cobalt, se neutralisent, de sorte qu'une dissolution peut renfermer des sels de ces deux métaux et paraître cependant incolore.

[3] Quant à ce qui regarde l'oxyde de chrome et l'alumine, cette conclusion n'est exacte qu'autant qu'il n'y a pas de substances organiques fixes, surtout pas d'acides fixes (acide citrique, acide tartrique, etc.). L'acide tartrique peut aussi empêcher complétement la précipitation du manganèse. (Voir la remarque de la page 296.)

[4] On pourra facilement empêcher la précipitation des borates alcalino-terreux par la présence d'une grande quantité de chlorhydrate d'ammoniaque.

[5] L'ammoniaque ne précipite qu'au bout d'un temps assez long, et encore jamais complétement, l'oxalate de magnésie dans une dissolution chlorhydrique : les solutions étendues ne sont jamais précipitées.

de silice primitivement combinée à d'autres bases, — et s'il n'y a pas de matières organiques, absence aussi de fer, d'oxyde de chrome et d'alumine. On passe au n° (138).

c. *L'ammoniaque avait déjà produit un précipité.* Dans ce cas il faut considérer : α. si la dissolution primitive était purement aqueuse et neutre, ou β. si elle était acide ou alcaline ; dans le premier cas, on passe au n° (138), car elle ne peut pas renfermer de phosphates, borates, oxalates, silicates, fluorures alcalino-terreux, ni enfin de silice unie à d'autres bases ; — dans le dernier cas, il faut passer au n° (150), car on pourrait avoir à rechercher tous les composés énumérés au n° (135) ; et aussi, en présence des substances organiques, les combinaisons de certaines terres alcalines avec l'acide tartrique et l'acide citrique. 137

1. *Recherches des bases du troisième et du quatrième groupe, en l'absence des phosphates, etc., des terres alcalines*[1]. 138

Au liquide du n° (134), dont on avait soumis une petite portion à un essai préliminaire, on ajoute un peu de sel ammoniac, puis de l'ammoniaque jusqu'à réaction alcaline, et enfin du sulfhydrate d'ammoniaque, assez pour qu'en agitant l'odeur en soit bien manifeste : on secoue, jusqu'à ce que le précipité commence à se déposer en flocons, on chauffe légèrement et on filtre.

On met de côté, pour l'étudier ultérieurement suivant le § **195**, le *liquide filtré*[2], qui renferme ou peut renfermer les bases des groupes I et II. Quant au *précipité*, après l'avoir lavé avec de l'eau additionnée d'un peu de sulfhydrate d'ammoniaque, on le soumet aux essais suivants :

a. *Il est blanc pur :* absence de fer, cobalt, nickel. Il faut rechercher toutes les autres bases du troisième ou du quatrième groupe, parce que les couleurs peu prononcées de l'hydrate de chrome et du sulfure de manganèse peuvent disparaître au milieu d'un abondant précipité blanc. — On dissout le précipité dans une petite capsule avec le moins d'acide chlorhydrique pos- 139

[1] Cette marche simple est très-suffisante pour la plupart des cas, mais pour les analyses très-exactes il faut procéder de préférence suivant le n° (150), parce que de cette façon on retrouvera les traces de terres alcalines qui auraient pu être précipitées avec l'alumine ou l'oxyde de chrome. Avec les dissolutions qui offrent nettement la couleur des sels de chrome, qui dès lors contiennent relativement beaucoup d'oxyde de chrome, il faut toujours opérer d'après le n° (150).

[2] S'il est brunâtre, cela tiendrait à du nickel, dont le sulfure est, comme on sait, un peu soluble dans le sulfhydrate d'ammoniaque dans certaines circonstances. Toutefois cela ne modifie en rien la marche à suivre.

sible et en chauffant, — on fait bouillir, si toutefois il se dégage de l'acide sulfhydrique, jusqu'à ce que celui-ci soit complétement chassé, — on concentre par évaporation, de manière à avoir un *faible* résidu[1], on ajoute un excès de lessive concentrée[1] de soude ou de potasse, on chauffe à l'ébullition que l'on maintient quelque temps.

α. *Le précipité se dissout complétement dans un excès de soude :* absence de manganèse et de chrome, présence d'alumine et d'oxyde de zinc. Dans une portion de la solution alcaline on cherche le *zinc* avec un peu (c'est-à-dire pas un excès) d'acide sulfhydrique. On acidifie le reste avec de l'acide chlorhydrique, on ajoute de l'ammoniaque en *léger* excès et on chauffe : précipité blanc floconneux insoluble dans un excès de sel ammoniac : *alumine*[2]. 140

β. *Le précipité ne se dissout pas dans l'excès de soude ou ne se dissout qu'incomplétement :* on filtre, on opère sur le liquide d'après le n° (140) pour y chercher le *zinc* et l'*alumine*. Quant au précipité, qui sera brun ou brunâtre, s'il contient du manganèse, on le traite comme suit : 141

aa. Si la couleur de la dissolution ne fait pas supposer la présence du chrome, on essaye avec le carbonate de soude et le chalumeau dans la flamme extérieure, s'il y a du *manganèse*.

bb. Si la couleur de la dissolution fait présumer qu'il y a du chrome, l'analyse du résidu insoluble dans la soude devient plus compliquée, car dans ce cas il peut contenir de l'oxyde de zinc et quelquefois tout ce dernier (§ **112**). On dissout le précipité dans l'acide chlorhydrique, on évapore presque à siccité la dissolution, on l'étend d'eau, on neutralise à peu près tout l'acide avec du carbonate de soude, on ajoute un léger excès de carbonate de baryte, on laisse digérer à froid jusqu'à ce que le liquide soit incolore, on filtre et on cherche le *chrome* dans le préci- 142

[1] Voir § **106**, 6.

[2] Bien entendu qu'on ne peut conclure la présence de l'alumine que si la lessive de soude ou de potasse ne renferme pas de cette base ou de silice. Comme ce n'est généralement pas ce qui arrive, on fera bien d'essayer, comme contre-épreuve, une quantité à peu près égale de la lessive. Si dans ce dernier cas on obtient un léger précipité, tandis que dans l'expérience du n° (140) on en a eu un bien plus abondant, on pourra admettre la présence de l'alumine comme suffisamment démontrée.

pité en le fondant avec du carbonate de soude et du chlorate de potasse (§ **102**, 8). Dans le liquide filtré, on élimine la baryte avec l'acide sulfurique, on filtre, on évapore presque à siccité, on verse un excès de lessive de potasse ou de soude concentrée et dans le liquide filtré on cherche le *zinc* avec l'hydrogène sulfuré ; enfin dans le résidu, s'il y en a un, on trouvera le *manganèse* d'après aa.

b. *Il n'est pas blanc :* cela indique le chrome, le manganèse, le fer, le cobalt ou le nickel. S'il est noir ou presque noir, il y a un des trois derniers métaux. Toutefois il faut tenir compte de tous les oxydes du troisième et du quatrième groupe. 143

Après avoir retiré le précipité du filtre avec une spatule, ou l'avoir chassé avec la fiole à jet, on le traite à froid, après l'avoir lavé, par un léger excès d'acide chlorhydrique modérément étendu (environ 1 p. d'acide chlorhydrique de densité 1,12 avec 5 p. d'eau).

α. *Il se dissout complétement* (sauf un peu de soufre éliminé) : absence de cobalt et de nickel, ou tout au moins d'une quantité appréciable de ces métaux. 144

On fait bouillir jusqu'à expulsion *complète* de l'acide sulfhydrique, on ajoute un peu d'acide azotique, on fait encore bouillir, on filtre, s'il y a des parcelles de soufre en suspension, on concentre par évaporation jusqu'à *faible* résidu, on verse un excès de lessive concentrée de potasse ou de soude, on fait bouillir, on sépare par filtration du précipité qui pourrait rester non dissous, on lave celui-ci, on essaye le liquide filtré, puis ensuite le précipité.

aa. Dans une partie du *liquide filtré*, on cherche le *zinc* avec l'acide sulfhydrique ; — dans le reste, acidulé avec l'acide chlorhydrique, on cherche l'*alumine* au moyen de l'ammoniaque. Voir (140). 145

bb. On dissout une partie du *précipité* dans l'acide chlorhydrique, on essaye avec le sulfocyanure ou le ferrocyanure de potassium s'il y a du *fer*[1] ; on cherche le *chrome* dans une autre partie, que l'on fond avec du carbonate de soude 146

[1] Comme le bleu de Prusse se dissout en un liquide incolore dans le ferrocyanure de potassium, il se pourrait qu'en versant brusquement beaucoup de ferrocyanure on ne reconnût pas de petites quantités de fer. — Pour savoir à quel degré d'oxydation se trouve le fer, il faut essayer la liqueur primitive avec le ferricyanure de potassium et le sulfocyanure de potassium.

et du chlorate de potasse (§ **102**, 8)[1]. Si l'on ne trouve pas de chrome, on cherche le *manganèse* avec le reste du précipité au moyen du carbonate de soude dans la flamme d'oxydation. Si au contraire il y avait du chrome, on traiterait d'après le nº (142) le reste du précipité pour y trouver le manganèse et le zinc qui quelquefois pourrait s'y trouver tout entier (§ **112**).

β. *Il ne se dissout pas complétement, mais il reste un résidu noir :* cobalt et nickel. Mais comme, surtout dans un précipité riche en sulfure de fer, il arrive fréquemment qu'une partie du précipité enveloppée par le soufre mis en liberté est préservée de l'action de l'acide chlorhydrique, la présence du nickel et du cobalt n'est pas tout à fait certaine. On filtre, on lave, on essaye la liqueur d'après le nº (144). Quant au précipité, on le chauffe avec le filtre au rouge au contact de l'air dans un creuset de porcelaine, jusqu'à l'incinération complète du filtre. On chauffe le résidu avec un peu d'acide chlorhydrique additionné de quelques gouttes d'acide azotique, on verse un peu d'eau, puis de l'ammoniaque en léger excès, et l'on filtre. 147

Le liquide ammoniacal est bleu, s'il y a une grande quantité de nickel, brunâtre, si le cobalt domine, et a une couleur intermédiaire, indéfinissable, si les deux métaux sont ensemble. On en essaye une portion avec le sulfhydrate d'ammoniaque. S'il se forme un précipité noir, qui ne se dissout pas quand on acidifie avec l'acide chlorhydrique, on peut conclure la présence du cobalt ou du nickel.

Dans ce cas on évapore à siccité le reste de la liqueur ammoniacale, on chasse le sel ammoniacal en chauffant légèrement au rouge et on traite d'abord

aa. une partie du résidu avec le borax dans la flamme extérieure, puis dans la flamme intérieure du chalumeau. — Si la perle dans la flamme d'oxydation est violette quand elle est chaude, brun rouge pâle quand elle est froide, et devient grise et trouble dans la flamme de réduction, c'est qu'il y a du *nickel;* — si elle est bleue, chaude ou froide, dans la flamme intérieure ou dans la flamme extérieure, c'est du *cobalt*. Comme dans ce dernier cas on ne pourrait 148

[1] Si la dissolution est colorée en vert par du manganate de soude, on la chauffe avec quelques gouttes d'alcool et on sépare par filtration le peroxyde de manganèse.

pas reconnaître bien nettement la présence du nickel, on traite

bb. le reste du résidu, en le dissolvant dans un peu d'acide chlorhydrique additionné de quelques gouttes d'acide azotique. On évapore presque à siccité, on ajoute de l'azotite de potasse, puis enfin de l'acide acétique (§ **109**, 104). Si après avoir laissé reposer assez longtemps à chaud il se forme un précipité jaune, il indique la présence du *cobalt*. On filtre environ douze heures après et dans le liquide on cherche le *nickel* avec la lessive de soude. 149

2. *Recherche des bases du troisième et du quatrième groupe, dans le cas où avec elles pourraient être précipités des phosphates, borates, oxalates, silicates* (peut-être aussi des tartrates et des citrates, en présence de substances organiques), *fluorures alcalino-terreux ou aussi de la silice*, c'est-à-dire si la dissolution primitive était acide ou alcaline ou si, dans le premier essai qu'on en a fait, l'ammoniaque avait formé un précipité (134). 150

On ajoute un peu de sel ammoniac au liquide du n° (134), puis de l'ammoniaque jusqu'à réaction alcaline, enfin du sulfhydrate d'ammoniaque, assez pour qu'en agitant l'odeur en soit bien manifeste : on secoue jusqu'à ce que le précipité commence à se déposer en flocons, on chauffe un peu pendant quelque temps et on filtre.

On met de côté, pour l'étudier plus tard d'après le § **195**, le liquide filtré qui renferme les bases des groupes II et I. On lave le *précipité* avec de l'eau additionnée d'un peu de sulfhydrate d'ammoniaque, et l'on traite comme nous allons l'indiquer. — Pour bien faire comprendre les difficultés que présente la marche à suivre, je rappellerai qu'il faut chercher dans ce précipité les corps suivants : fer, nickel, cobalt (dont la présence se trahit déjà par la couleur noire ou foncée du précipité), manganèse, zinc, oxyde de chrome (décelé le plus souvent par la couleur de la dissolution), alumine, — baryte, strontiane, chaux, magnésie, ces dernières pouvant être précipitées à l'état de phosphates, borates, oxalates, silicates ou fluorures des métaux correspondants ou bien en combinaison avec l'acide chromique. En outre il peut encore y avoir de la silice hydratée et du soufre libre dans le précipité (enfin, en présence des matières organiques, ce dernier pourrait renfermer aussi des tartrates et citrates alcalino-terreux, par exemple, du tartrate de chaux ou du citrate de baryte).

Comme plus tard on recherchera dans la substance primitive tous les acides qu'elle pourrait renfermer, il ne serait pas nécessaire ici de nous occuper des acides des sels en question, mais, comme sou- 151 vent il est intéressant de les connaître de suite, surtout quand on trouve une grande quantité de terres alcalines dans le précipité produit par le sulfhydrate d'ammoniaque, nous rechercherons ces acides après avoir trouvé les bases.

Aussitôt après avoir bien lavé le précipité, on l'enlève de dessus 152
le filtre avec une petite spatule ou on chasse avec la fiole à jet, et l'on verse sur lui un léger excès d'acide chlorhydrique étendu froid (environ **1** p. d'acide chlorhydrique de densité 1,12 et 5 p. d'eau).

a. *Il reste un résidu insoluble.* On filtre et l'on étudie le liquide 153
d'après le n° (**154**.) Si le précipité est noir, il peut contenir du sulfure de nickel, du sulfure de cobalt et en outre de la silice et du soufre, peut-être aussi du fluorure de calcium (qui est assez difficilement soluble dans l'acide chlorhydrique). — On le lave et on essaye une portion au chalumeau avec du sel de phosphore dans la flamme extérieure. — S'il reste une sorte de squelette de silice non dissoute (§ **150**, 8), on en conclut la présence de l'*acide silicique :* la couleur de la perle permet presque toujours de reconnaître aussitôt le *cobalt* ou le *nickel* (148). On incinère le reste du précipité et on y cherche le *fluor* en le chauffant avec de l'acide sulfurique (§ **146**, 5). Si l'on en trouve, il reste du sulfate de *chaux*, si l'on traite le résidu avec un peu d'eau et avec addition d'un volume égal d'esprit-de-vin. Enfin, si la perle obtenue au chalumeau n'a pas permis de reconnaître nettement le cobalt et le nickel, on cherche ces deux métaux suivant les n^{os} (147) à (150) dans la dissolution sulfurique, après avoir chassé, si cela est nécessaire, l'alcool par évaporation, et avoir précipité par l'ammoniaque les traces de fer qui pourraient s'y trouver.

b. *Il n'y a pas de résidu* (sauf le soufre éliminé dont on constatera 154
la pureté en le brûlant après l'avoir lavé et séché) : absence de cobalt et de nickel, au moins en quantité notable.

On fait bouillir la dissolution jusqu'à ce que tout l'acide sulfhydrique soit chassé, on filtre, si cela est nécessaire, et on procède comme il suit.

α. On ajoute de l'acide sulfurique étendu à un petit essai. S'il y 155
a un précipité, il peut être formé par du sulfate de *baryte* et de *strontiane*, peut-être aussi par du sulfate de chaux. — On filtre, on lave le précipité et on l'essaye soit d'après la coloration de la flamme, § **99**; ou bien on le décompose par ébullition ou par fusion avec un carbonate alcalin, on lave les

carbonates résultants, on les dissout dans l'acide chlorhydrique et on essaye la dissolution d'après le n° (164). — Le liquide non précipité par l'acide sulfurique ou celui qu'on a séparé par filtration du précipité est additionné de 3 volumes d'alcool. S'il en résulte un précipité, il est dû à du sulfate de chaux. On le filtre, on le dissout dans l'eau et on s'assure de la présence de la chaux par l'oxalate d'ammoniaque.

β. On chauffe une plus grande quantité de la dissolution avec un peu d'acide azotique et on essaye une petite portion avec le sulfocyanure de potassium pour y chercher du *fer*[1]; on ajoute au reste du liquide assez de perchlorure de fer pour qu'une goutte additionnée d'une goutte d'ammoniaque sur un verre de montre donne un précipité jaune[2], on évapore presque à siccité, on reprend avec un peu d'eau, on ajoute quelques gouttes d'une dissolution de carbonate de soude, pour neutraliser *presque* complétement l'acide libre, puis un léger excès de carbonate de baryte, on agite et on abandonne à froid, jusqu'à ce que le liquide dans lequel se trouve le précipité soit incolore. On sépare par filtration le précipité aa. de la dissolution bb, et on le lave. 156

aa. On fait bouillir quelque temps le *précipité* avec la lessive de soude, on filtre et on cherche l'*alumine*[3] dans le liquide filtré en le faisant chauffer avec un excès de chlorhydrate d'ammoniaque; dans la partie du précipité insoluble dans la soude, on trouvera le *chrome* en la fondant avec du chlorate de potasse et du carbonate de soude (§ **102**, 8). 157

bb. On ajoute d'abord à la *dissolution* quelques gouttes d'acide chlorhydrique, on fait bouillir (pour chasser tout l'acide carbonique) et on verse un peu d'ammoniaque, puis du sulfhydrate d'ammoniaque.

[1] Pour savoir si le fer était dans la substance donnée à l'état de protoxyde ou de peroxyde, il faut essayer la dissolution primitive avec le prussiate rouge et le sulfocyanure de potassium.

[2] L'addition du perchlorure de fer est nécessaire pour déterminer la précipitation du peu d'acide phosphorique et silicique qui pourrait se trouver dans le liquide.

[3] Si la solution contenait de la silice, le précipité qu'on prendrait pour de l'alumine pourrait aussi n'être que de l'acide silicique. Un simple essai avec le sel de phosphore sur un fil de platine dans la flamme du chalumeau indiquera s'il renferme ce dernier acide. Dans ce cas on calcine au rouge sur le couvercle d'un creuset en platine le reste du précipité que l'on soupçonne renfermer de l'alumine, on ajoute un peu de bisulfate de potasse, on fait fondre et on traite par l'acide chlorhydrique. L'alumine se dissout, tandis que la silice reste : la première est précipitée de sa dissolution par l'ammoniaque.

αα. *Il ne se forme pas de précipité :* absence de manganèse et de zinc. On verse dans cette dissolution contenant du chlorure de baryum un léger excès d'acide sulfurique étendu, on fait bouillir, on filtre, on sature d'ammoniaque et on ajoute de l'oxalate d'ammoniaque. S'il se forme un précipité d'oxalate de *chaux*, on le sépare par filtration, et dans le liquide on cherche la *magnésie* avec le phosphate de soude. 158

ββ. *Il se forme un précipité.* On filtre et on essaye le liquide d'après le n° (158). Le précipité peut contenir du sulfure de manganèse, de zinc, des traces de sulfure de cobalt et de nickel, et aussi de sulfure de fer, s'il y avait un citrate ou un tartrate alcalino-terreux. Après l'avoir lavé, on le traite suivant les n^{os} (143 à 150), pour y chercher le *manganèse*, le *zinc*, le *cobalt* et le *nickel*, si l'on n'a pas déjà trouvé ces deux derniers au n° (153). 159

γ. Si en α et en β on a trouvé des terres alcalines et si l'on désire savoir à quels acides elles sont combinées dans le précipité formé par le sulfhydrate d'ammoniaque, on fait avec le reste de la dissolution chlorhydrique de ce précipité les opérations suivantes : 160

aa. On évapore une portion de l'essai au bain-marie dans une petite capsule en porcelaine ou sur un verre de montre, on dessèche bien le résidu au bain-marie, puis on le reprend par l'acide chlorhydrique. S'il y avait de l'*acide silicique*, il resterait maintenant à l'état insoluble. On cherche ensuite l'acide phosphorique avec l'acide molybdique (§ **142**, 10) dans la solution évaporée avec de l'acide azotique. 161

bb. Dans une seconde portion de l'essai on verse un *excès* de carbonate de soude, on fait bouillir quelque temps, on filtre et dans une moitié du liquide on cherche l'*acide oxalique* en acidulant avec l'acide acétique et en versant de la dissolution de sulfate de chaux; — dans la seconde moitié on trouvera l'*acide borique* en l'acidulant faiblement avec de l'acide chlorhydrique et en essayant avec le papier du curcuma (§ **144** et § **145**). En présence des substances organiques, le reste du liquide filtré peut servir à chercher les acides *tartrique* et *citrique*. Voir n° (198).

cc. On précipite le reste avec de l'ammoniaque, on filtre, on lave, on dessèche et on cherche le *fluor* dans le précipité d'après le § **146**, 5. 162

§ 195[1]

(Séparation et recherche des oxydes du groupe II, précipités par le carbonate d'ammoniaque en présence du sel ammoniac : baryte, strontiane, chaux.)

A une petite portion du liquide dans lequel l'ammoniaque et le sulfhydrate d'ammoniaque n'ont pas produit de précipité (135), *ou de celui qu'on a séparé par filtration du précipité formé, on ajoute du sel ammoniac, si le liquide ne renferme pas déjà des sels d'ammoniaque, puis du carbonate d'ammoniaque, un peu d'ammoniaque caustique, et on chauffe doucement pendant quelque temps* (mais non pas à l'ébullition).

1. *Il ne se forme pas de précipité :* absence de quantité un peu notable de baryte, de strontiane et de chaux. — Pour reconnaître des traces de ces bases, on ajoute à un deuxième essai un peu de sulfate d'ammoniaque (préparé en sursaturant de l'acide sulfurique étendu avec de l'ammoniaque) ; s'il se produit un trouble, il dénote des traces de *baryte;* — dans un troisième essai on verse un peu d'oxalate d'ammoniaque ; si le liquide se trouble, quelquefois seulement au bout d'un certain temps, c'est qu'il y a des traces de *chaux.* — On opère avec tout le reste du liquide d'après le § **196**, après avoir éliminé préalablement les traces de baryte et de chaux avec les réactifs qui ont servi à les déceler. 163

2. *Il se forme un précipité :* présence de la chaux, de la baryte, de la strontiane. On traite tout le liquide comme la petite portion qu'on a essayée avec l'ammoniaque et le carbonate d'ammoniaque, on filtre le précipité après avoir un peu chauffé, on cherche si dans le liquide filtré il y a encore des traces de baryte ou de chaux au moyen du sulfate et de l'oxalate d'ammoniaque : si l'on en trouve, on les élimine à l'aide de ces réactifs et on cherche la magnésie d'après le § **196** dans ce liquide complétement débarrassé de chaux de baryte et de strontiane. Quant au précipité formé par le carbonate d'ammoniaque, on le lave, on le dissout dans le *moins possible* d'acide chlorhydrique étendu, on évapore à siccité au bain-marie, on reprend le résidu avec un peu d'eau et à une portion de la liqueur concentrée ne contenant pas ou à peine d'acide libre on 164

[1] Voir les remarques du troisième chapitre.

ajoute une quantité assez notable de dissolution de sulfate de chaux.

a. *Elle ne produit*, même au bout d'un temps assez long, *aucun précipité* : absence de baryte et de strontiane[1]. Présence de la *chaux*. On s'en assure au moyen de l'oxalate d'ammoniaque dans un second essai.

b. *La dissolution de sulfate de chaux forme un précipité.*

α. *Il se produit de suite : baryte.* Mais il peut y avoir en même 165
temps de la strontiane et de la chaux.

On évapore à siccité le reste de la dissolution chlorhydrique du précipité formé par le carbonate d'ammoniaque, on fait digérer le résidu avec de l'alcool concentré, on sépare par décantation le chlorure de baryum qui reste non dissous, on étend le liquide de son volume d'eau, on y verse quelques gouttes d'acide hydrofluosilicique (pour précipiter la petite quantité de baryte qui pourrait être dissoute à l'état de chlorure de baryum), on laisse reposer assez longtemps, on filtre et au liquide filtré on ajoute de l'acide sulfurique. S'il se forme un précipité, il y a de la strontiane ou de la chaux, ou tous les deux ensemble. Après quelque temps, on sépare le précipité par filtration, et on y cherche la *strontiane* et la *chaux* d'après la page 117. On se rappellera que dans la plupart des cas la séparation des sulfates par l'ébullition avec une dissolution de sulfate d'ammoniaque est suffisante; mais dans les recherches délicates il faudra séparer les azotates par un mélange d'alcool et d'éther et essayer le résidu insoluble par l'analyse spectrale.

β. *Il ne se forme qu'après quelque temps* : absence de la 166
baryte, présence de la *strontiane*. — A la dissolution aqueuse de chlorures on ajoute en quantité pas trop petite une solution concentrée de sulfate d'ammoniaque, et on fait bouillir quelques minutes en remplaçant l'eau qui s'évapore et de l'ammoniaque, de façon que la liqueur soit toujours alcaline. On sépare par filtration le sulfate de strontiane qui reste non dissous, et avec l'oxalate d'ammoniaque on cherche la chaux dans le liquide filtré.

[1] On ne peut pas par ce moyen reconnaître des traces de strontiane, parce que le sulfate de strontiane n'est pas insoluble, mais seulement très-difficilement soluble. (Voir au § **99** comment on trouve des quantités minimes de strontiane.)

§ 196

(Recherche de la magnésie.)

A une petite portion du liquide dans lequel le carbonate, le sulfate et l'oxalate d'ammoniaque n'ont pas produit de précipité (165), *ou de celui qu'on a séparé par filtration du précipité formé par ces réactifs* (164), *on ajoute de l'ammoniaque, puis un peu de phosphate de soude : s'il ne se forme pas de précipité de suite, on frotte les parois internes du vase avec une baguette de verre et on abandonne au repos pendant quelque temps.*

1. *Il ne se forme pas de précipité :* absence de magnésie. On évapore 167
un nouvel essai de liquide à siccité (dans l'intérieur du couvercle d'un creuset en platine) et l'on chauffe légèrement au rouge. *S'il y a un résidu,* on traite tout le reste du liquide comme cet essai, et dans le résidu, débarrassé par une chaleur rouge modérée des sels ammoniacaux, on cherche la potasse et la soude d'après le § **197**. — *S'il n'y a pas de résidu,* on reconnaît par là l'absence des alcalis fixes et on passe au § **198**.

1. *Il se forme un précipité :* présence de la *magnésie*[1]. Comme on ne 168
peut procéder à la recherche certaine des alcalis qu'après s'être débarrassé de la magnésie, on évapore à siccité le reste du liquide et on le calcine jusqu'à ce qu'on ait chassé tous les sels ammoniacaux. On chauffe le résidu avec un peu d'eau, on ajoute de l'eau de baryte[2] préparée avec des cristaux de baryte, tant qu'il se forme un précipité : on fait bouillir, on filtre, on ajoute au liquide filtré un mélange de carbonate d'ammoniaque et d'ammoniaque caustique en léger excès : on chauffe légèrement, on filtre, on évapore à

[1] Le phosphate ammoniaco-magnésien est toujours cristallin : si donc on obtenait avec le phosphate de soude un léger précipité floconneux, on ne serait pas en droit d'en conclure la présence de la magnésie. Ce faible précipité floconneux que l'on pourrait avoir serait du phosphate d'alumine. On l'obtient en effet lorsqu'en présence de l'alumine on a employé un trop grand excès d'ammoniaque pour précipiter les oxydes du IIIe groupe et ceux du IVe. Sa formation tient à ce que le phosphate d'alumine est bien plus insoluble dans l'ammoniaque que l'hydrate d'alumine. Le phosphate d'alumine se distingue du phosphate ammoniaco-magnésien par son insolubilité dans l'acide acétique. Pour essayer le précipité sous ce rapport, il faut d'abord le séparer par filtration. L'ammoniaque précipite de la solution acétique du phosphate ammoniaco-magnésien pur.

[2] Au lieu d'eau de baryte, on peut aussi fort bien faire usage d'un lait de chaux clair, en ayant eu soin de débarrasser la chaux de toute trace d'alcali par des lavages réitérés. On l'ajoutera au liquide chaud en remuant jusqu'à ce que le papier de curcuma soit *fortement* bruni.

siccité le liquide filtré, après addition d'un peu de chlorhydrate d'ammoniaque (pour transformer en chlorures les alcalis caustiques ou carbonatés qui pourraient se trouver dans le résidu), on chauffe au rouge naissant, on dissout dans un peu d'eau, on précipite encore, si cela est nécessaire, avec de l'ammoniaque et du carbonate d'ammoniaque, on évapore de nouveau à siccité et enfin, s'il reste un résidu, on l'essaye d'après le § **197** après l'avoir chauffé modérément au rouge.

§ 197

(Recherche de la potasse et de la soude.)

Le résidu obtenu au n° (167 *ou* (168), *légèrement chauffé au rouge, exempt de sels ammoniacaux et de terres alcalines, est traité maintenant pour y déceler la potasse et la soude.* On le dissout dans un peu d'eau, on filtre, si cela est nécessaire, on évapore de façon à n'avoir plus que peu de liquide, on en met la moitié sur un verre de montre et on laisse l'autre moitié dans une petite capsule en porcelaine.

1. A cette dernière on ajoute, après refroidissement, quelques gouttes 169
de la dissolution de *chlorure de platine.* S'il se forme de suite ou au bout de quelque temps un précipité jaune, cela indique la présence de la *potasse.* S'il n'y a pas de précipité, on laisse évaporer le liquide à siccité à une douce chaleur et on reprend le résidu avec très-peu d'eau (s'il n'y a que des chlorures métalliques, on prend de préférence un mélange d'eau et d'alcool). On reconnait alors les moindres traces de potasse à une très-petite quantité d'une poudre lourde jaune qui reste non dissoute (§ **89**, 3). En présence d'un iodure métallique, il serait difficile de reconnaître la potasse avec le chlorure de platine, à cause de la coloration brune intense du liquide et de l'iode mis en liberté ; dans ce cas, il vaut mieux rechercher la potasse avec le bitartrate de soude.

2. A l'autre moitié on ajoute un peu d'*antimoniate de potasse.* S'il se 170
forme de suite, ou après quelque temps, un précipité cristallin, c'est qu'il y a de la *soude.* On ne peut être certain de l'absence complète de la soude que si l'on ne voit pas de petits cristaux d'antimoniate de soude au bout de douze heures. Voir au § **90**, 2, les caractères cristallins du précipité et les précautions à prendre pour employer le réactif.

§ 198

(Recherche de l'ammoniaque.)

Il ne reste plus qu'à chercher l'ammoniaque. On broie un peu du 171
corps à essayer avec de l'hydrate de potasse en léger excès et on ajoute un peu d'eau, ou, si c'est un liquide, on y ajoute l'hydrate de potasse. S'il se dégage un gaz ayant l'odeur de l'ammoniaque, qui bleuit le papier de tournesol rougi et qui forme des vapeurs blanches quand on introduit dans le vase une baguette en verre mouillée avec de l'acide chlorhydrique, cela indique la présence de l'*ammoniaque*. La réaction est encore plus sensible, si l'on opère dans un petit vase à précipité que l'on couvre avec une lame de verre, sur la face inférieure de laquelle on a collé une bandelette de papier de curcuma humide ou de tournesol rougi.

COMBINAISONS COMPLEXES.

A. 1. CORPS SOLUBLES DANS L'EAU.

Recherche des acides[1].

I. *En l'absence des acides organiques.*

§ 199

Avant tout on examine quels sont les acides qui, avec les bases déjà trouvées, peuvent faire des composés solubles dans l'eau, et on en tient compte dans les recherches suivantes. — Les commençants feront bien de consulter à ce sujet la table de l'appendice IV. — Comme dans la marche que nous allons indiquer on arrive plus facilement et plus sûrement au but, si les acides sont unis à des alcalis ou à des terres alcalines, il sera généralement plus commode, avant de chercher les acides, de précipiter les métaux lourds par l'acide sulfhydrique ou le sulfhydrate d'ammoniaque. On séparera les sulfures par filtration, on chassera du liquide l'excès d'acide sulfhydrique par la chaleur, ou l'excès du sulfhydrate par l'acide chlorhydrique, puis on chauffera, on enlèvera le soufre par filtration et on procédera comme il suit. On n'oubliera pas cependant que dans ce liquide on ne pourra évidemment pas rechercher le soufre et l'acide chlorhydrique, pas plus que l'acide chromique et l'acide chlorique : la recherche de l'acide sulfurique et de l'acide azotique n'y offrira pas non plus toute la certitude désirable.

[1] Voir à ce sujet les explications données au chapitre III.

1. Les *acides de l'arsenic*, l'*acide carbonique*, le *soufre* uni à des métaux ou à de l'hydrogène, l'*acide chromique* et l'*acide silicique*, auront été trouvés en général dans le cours des essais faits pour chercher les bases, n° (20), n° (67) et n° (68). En outre on reconnaît facilement la présence de l'acide chromique à la couleur jaune ou jaune rougeâtre de la dissolution. Dans le cas où l'on douterait, on essayerait avec l'acétate de plomb et addition d'acide acétique (§ **138**, 8), ou bien, s'il s'agit de très-faibles quantités, avec la décoction de bois de Campêche (§ **138**, 12). 172

2. On verse dans une portion de la dissolution du chlorure de baryum, ou de l'azotate de baryte, si l'on a trouvé du plomb, de l'argent ou du protoxyde de mercure; si le liquide est acide, on ajoutera de l'ammoniaque jusqu'à ce que la réaction soit neutre ou faiblement alcaline.

a. *Il ne se forme pas de précipité :* absence d'acide sulfurique, phosphorique, chromique, silicique, oxalique, arsénieux et arsénique, ainsi que d'une quantité notable d'acide borique et d'acide fluorhydrique[1]. On passe au n° 175. 173

b. *Il se forme un précipité :* On étend la liqueur et on ajoute de l'acide chlorhydrique ou, selon les cas, de l'acide azotique; si le précipité ne se dissout pas ou se dissout incomplétement, c'est qu'il y a de l'*acide sulfurique*. 174

3. On ajoute à une portion de la dissolution de l'azotate d'argent. Si cela ne produit pas de précipité, on verse avec précaution, et de manière que les liquides ne se mélangent pas, un peu d'ammoniaque étendu, si la réaction primitive est acide, et au contraire un peu d'acide azotique étendu, si la liqueur était d'abord alcaline, puis on examine avec attention si à la couche de contact des deux liquides il se forme un précipité ou un trouble. 175

a. *Il ne se produit un précipité ni de suite, ni plus tard, à la surface de séparation des deux liquides.* On passe au n° (181); il n'y a pas de chlore, brome, iode, cyanogène[2], ferro et ferricyanogène, ni de soufre, pas plus que d'acide phosphorique, arsénique, arsénieux, chromique, oxalique et silicique, et, si le 176

[1] En présence d'une grande quantité d'un sel ammoniacal dans la dissolution, cette conclusion perd de sa rigueur, parce que les sels d'ammoniaque facilitent plus ou moins la solubilité des sels de baryte de la plupart des acides énumérés plus haut (sauf le sulfate).

[2] Nous avons déjà dit au n° (75) que le nitrate d'argent ne peut pas déceler le cyanogène dans le cyanure de mercure.

liquide n'était pas trop étendu, il n'y a pas non plus d'acide borique.

b. *Il se forme un précipité.* On examine sa couleur[1], puis on ajoute de l'acide azotique et on secoue. 177

α. *Le précipité se dissout complétement :* on passe au n° (181), car il n'y a ni chlore, ni brome, iode, cyanogène, ferro et ferricyanogène, ni soufre.

β. *Il y a un résidu :* il peut provenir du chlore, du brome, 178
de l'iode, du cyanogène, du ferro et du ferricyanogène, et si ce résidu est noir ou noirâtre, il indique de l'*hydrogène sulfuré* ou un *sulfure métallique.* — La présence du soufre peut, si cela est nécessaire, se constater en ajoutant à une portion de la dissolution un peu de sulfate de cuivre ou d'une dissolution d'oxyde de plomb dans de la lessive de soude.

aa. Dans un nouvel essai de la liqueur primitive, on cherche l'*iode*, puis le *brome*, d'après les méthodes données au § **157**.

bb. Dans une nouvelle portion, on cherche le *ferrocyanogène* 179
avec le perchlorure de fer, et dans un troisième essai (autant que la couleur du précipité d'argent le fait soupçonner) on cherche le *ferricyanogène* avec le sulfate de protoxyde de fer, fraîchement préparé en dissolvant à chaud quelques morceaux de fil de fer dans l'acide sulfurique étendu. (Dans les deux essais, il faut ajouter un peu d'acide chlorhydrique, si le liquide primitif est alcalin.)

cc. Le *cyanogène*, dans le cas où il serait à l'état de cyanure alcalin simple soluble dans l'eau, se reconnaît ordinairement à l'odeur d'acide cyanhydrique que la substance dégage naturellement et que l'on rendra plus forte en ajoutant un peu d'acide sulfurique étendu. — Dans le cas où il n'y a ni ferrocyanogène ni ferricyanogène, on découvrira le cyanogène d'après le § **155**, 6. Si les deux premiers composés se trouvaient avec le cyanogène, voir, § **226**, le moyen de reconnaître celui-ci.

[1] Le chlorure, le bromure, le cyanure, le ferrocyanure, l'oxalate, le silicate et le borate d'argent, sont blancs ; l'iodure, le phosphate tribasique et l'arsénite d'argent, sont jaunes ; l'arséniate et le ferricyanure d'argent sont rouge brun ; le chromate d'argent est rouge pourpre, le sulfure est noir.

dd. S'il n'y a ni brome, ni iode, ni cyanogène, ni ferro ou ferricyanogène, ni soufre, le précipité non dissous par l'acide azotique est formé de *chlorure* d'argent. 180

Mais, si l'on a trouvé l'un ou l'autre de ces corps, il devient souvent nécessaire de procéder à un essai particulier pour déceler le chlore, surtout si les proportions des divers précipités ne permettent pas de conclure avec certitude à l'existence du chlore[1]. Dans ces cas rares, on emploie les méthodes données au § **157**.

4. *On reconnaît l'*acide chlorique *à la coloration jaune qui se manifeste lorsqu'on place un peu de la substance solide sur un verre de montre avec un peu d'acide sulfurique concentré* (§ **160**). 181

5. On cherche l'*acide azotique* avec le sulfate de protoxyde de fer et l'acide sulfurique (§ **159**). Cette réaction est gênée ou même empêchée par la présence de quelques autres acides. S'il y avait de ces derniers, par exemple, de l'acide chlorique, de l'acide chromique ou de l'acide iodhydrique, il faudrait d'abord les détruire ou les éliminer. Pour l'acide chlorique, on le détruit par la chaleur (§ **161**, à la fin); on réduit l'acide chromique par l'acide sulfureux et on précipite l'oxyde de chrome par l'ammoniaque : on éloigne l'acide iodhydrique avec le sulfate d'argent.

Il reste encore à chercher l'acide phosphorique, l'acide borique, l'acide silicique, l'acide oxalique et aussi l'acide fluorhydrique.

On n'a besoin de rechercher les quatre premiers qu'autant que le chlorure de baryum et l'azotate d'argent auraient formé des précipités dans la dissolution neutre. Voir du reste la note du n° (175).

6. On cherche l'*acide phosphorique* en ajoutant à un essai de l'ammoniaque en excès, puis du sel ammoniac et du sulfate de magnésie (§ **142**, 7). Le meilleur moyen pour reconnaître des traces d'acide phosphorique est d'employer l'acide molybdique (§ **142**, 10). S'il y avait de l'acide arsénique, il faudrait commencer par l'éliminer en précipitant par l'acide sulfhydrique la dissolution acidulée et chauffée vers 70°. 182

7. On trouvera l'*acide oxalique* et l'*acide fluorhydrique* en versant du chlorure de calcium dans un nouvel essai. Si le liquide était acide, on ajouterait de l'ammoniaque jusqu'à réaction alcaline. Si le chlo-

[1] Si, par exemple, l'azotate d'argent donne un abondant précipité insoluble dans l'acide azotique, tandis que les essais ultérieurs n'ont indiqué que des traces d'iode et de brome, on peut regarder la présence du chlore comme démontrée.

rure de calcium forme un précipité que l'acide acétique ne fait pas disparaître, il est produit par l'un des acides ou par les deux. Dans ce cas, dans la substance primitive on cherche le fluor d'après le § **146**, 5, et l'acide oxalique d'après le § **145**, 7.

8. Pour chercher l'*acide borique*, on acidule légèrement avec l'acide 183
chlorhydrique et on se sert du papier de curcuma (§ **144**, 6).

Comme l'acide chlorique, l'acide chromique et l'acide iodhydrique gênent ou empêchent tout à fait la réaction, il faudrait d'abord les éliminer ou les détruire avant de rechercher l'acide borique (voir § **199**, 5).

9. Si en cherchant les bases on n'avait pas encore trouvé l'*acide silicique*, on ajouterait un peu d'acide chlorhydrique à un essai, on évaporerait à siccité et on reprendrait le résidu par l'acide chlorhydrique (§ **150**, 2).

COMPOSÉS COMPLEXES

A. 1. CORPS SOLUBLES DANS L'EAU.

Recherche des acides.

II. *En présence des acides organiques.*

§ 200

1. La recherche des acides inorganiques, y compris l'acide oxalique, 184
aura déjà été faite antérieurement d'après la manière indiquée au **199**. — Comme les tartrates et citrates de baryte et d'argent sont insolubles dans l'eau, on ne pourra avoir d'acide tartrique ou d'acide citrique qu'autant que le chlorure de baryum et l'azotate d'argent auront formé des précipités dans la liqueur neutre ; toutefois il ne faudra pas oublier que les sels en question sont un peu solubles dans les sels ammoniacaux.

Pour rechercher les acides *organiques*, il faut tout d'abord éviter les bases dont la présence gênerait les réactions, c'est-à-dire toutes celles des groupes III, IV, V et VI. On les élimine en suivant la méthode indiquée dans le § **184** et l'on procède ensuite comme il suit :

2. On rend faiblement alcaline avec de l'ammoniaque une petite portion du liquide primitif, on ajoute un peu de sel ammoniac, puis 185
du chlorure de calcium en quantité pas trop faible, on secoue fortement et on abandonne au repos pendant 10 à 20 minutes.

a. *Il ne se forme pas de précipité, même au bout de quelque temps :* absence d'acide tartrique. On passe au n° (186).

b. *Le précipité se forme de suite ou au bout de quelque temps :* on le sépare par filtration, on le lave et on garde le liquide pour l'étudier d'après le n° (186).

Le précipité, qui pourrait être formé de phosphate, d'oxalate, etc., de chaux, ne permet pas de conclure encore l'existance de l'acide tartrique : on le fait digérer en l'agitant, mais sans chauffer, dans la lessive de soude, on étend ensuite d'un peu d'eau, on filtre et on fait bouillir quelque peu le liquide filtré. S'il se forme par là un précipité, il indique de l'*acide tartrique*. On le filtre chaud et on le soumet à l'action de l'ammoniaque et de l'azotate d'argent, ainsi que cela est dit au § **163**, 8.

3. On ajoute environ trois volumes d'alcool au liquide dans lequel le 186
chlorure de calcium n'a pas produit de précipité, ou à celui qu'on a séparé par filtration (et dans ce dernier cas on mettra encore un peu de chlorure de calcium).

a. *Il ne se forme pas de précipité :* absence d'acide citrique, d'acide malique et d'acide succinique. On passe au n° (190). 187

b. *Il se forme un précipité.* On filtre, on traite le liquide d'après 188
le n° (190), et après avoir lavé le précipité avec un peu d'alcool on le soumet aux essais suivants :

On le dissout sur le filtre dans un peu d'acide chlorhydrique étendu, on ajoute au liquide de l'ammoniaque jusqu'à réaction alcaline et on chauffe quelque temps à l'ébullition.

α. *Le liquide reste clair :* absence d'acide citrique. On ajoute de nouveau de l'alcool au liquide, on filtre pour séparer le précipité qui peut renfermer du malate et du succinate de chaux, on le lave avec un peu d'alcool, on le sèche jusqu'à ce qu'on ait chassé tout l'alcool, on le dissout dans une petite capsule de porcelaine avec de l'acide azotique concentré, ajouté en quantité assez notable, et on évapore à siccité au bain-marie (ce qui n'altère pas l'acide succinique, tandis que l'acide malique se change en acide oxalique avec dégagement d'acide carbonique). On fait bouillir le résidu avec un excès de dissolution de carbonate de soude, on filtre, on neutralise exactement avec de l'acide chlorhydrique, on chauffe pour chasser l'acide carbonique et on ajoute de la dissolution de sulfate de chaux à un petit essai du liquide. S'il se forme un précipité blanc d'oxalate de chaux, on peut conclure la présence de l'*acide malique*. Pour rechercher l'acide succinique, on ajoute au reste du liquide un excès de chlorure de calcium, on filtre, on mélange le liquide filtré avec de l'esprit-de-vin. S'il se forme un précipité, il indique l'*acide succinique*. S'il n'y avait pas d'acide oxalique formé par l'acide malique, on chercherait l'*acide succinique* avec le perchlorure de fer dans le reste du liquide neutralisé (§ **168**). Si l'on a trouvé de l'acide malique, il est bon de préparer encore le précipité de chaux et de l'essayer de la façon indiquée au § **166**.

6. *Il se forme un précipité lourd, blanc :* présence de l'*acide citrique*. On filtre bouillant pour chercher comme en α l'acide malique et l'acide succinique dans le liquide filtré. — Pour se convaincre que le précipité formé est bien du citrate de chaux, on le dissout de nouveau dans l'acide chlorhydrique, on sursature de nouveau avec de l'ammoniaque, et en faisant bouillir le précipité doit reparaître (voir § **164**, 3). 189

4. Au liquide filtré du n° (188) ou au liquide dans lequel l'addition d'alcool n'a pas produit de précipité (187) on ajoute du perchlorure de fer, après avoir chassé l'alcool en chauffant et avoir *exactement* neutralisé avec de l'acide chlorhydrique. S'il ne se forme pas de précipité brun clair, floconneux, c'est qu'il n'y a pas d'acide benzoïque; s'il s'en produit un, on peut admettre la présence de cet acide. Pour s'en assurer davantage, on filtre, on fait digérer et chauffer avec un excès d'ammoniaque le précipité bien lavé; on filtre, on évapore presque à siccité le liquide filtré et on cherche l'*acide benzoïque* avec l'acide chlorhydrique (§ **169**, 2). En général ce dernier peut aussi se reconnaître facilement dans la substance primitive, en en traitant une petite portion avec de l'acide chlorhydrique étendu. L'acide benzoïque reste non dissous; on le sépare par filtration et on le chauffe sur la feuille de platine (§ **169**, 1). 190

5. On évapore à siccité une portion de la dissolution, après l'avoir saturée avec de la soude dans le cas où elle aurait une réaction acide, et on met le résidu (ou une portion de la substance primitive à l'état solide, si l'on en a) dans un petit tube avec un peu d'alcool, on ajoute une quantité égale (en volume) d'acide sulfurique concentré et l'on chauffe à l'ébullition. S'il se dégage une odeur d'éther acétique, qu'on reconnaît surtout bien nettement en agitant pendant ou après le refroidissement, c'est l'indice certain de l'*acide acétique*. 191

6. Pour trouver l'*acide formique*, on chauffe avec du bichlorure de 192
mercure un essai acidulé, si c'est nécessaire, avec de l'acide chlorhydrique. S'il se forme un trouble blanc provenant du protochlorure de mercure formé, c'est un indice de la présence de l'acide formique (§ **172**, 6). — On s'en assure encore avec l'azotate d'argent et l'azotate de protoxyde de mercure (§ **172**)[1].

COMPOSÉS COMPLEXES.

A. 2. CORPS INSOLUBLES DANS L'EAU, SOLUBLES DANS L'ACIDE CHLORHYDRIQUE, L'ACIDE AZOTIQUE OU L'EAU RÉGALE.

Recherche des acides.

I. *En l'absence des acides organiques.*

§ **201**

Dans ces composés on doit tenir compte de tous les acides, excepté l'acide chlorique. — On ne recherchera pas d'après cette méthode les composés du cyanogène ni les silicates (voir §§ **204**, **205**).

1. En cherchant les bases, on a déjà trouvé l'*acide carbonique*, le 193
soufre (à l'état de sulfure métallique), l'*acide arsénieux*, l'*acide arsénique*, l'*acide chromique* et l'*acide azotique*, en chauffant au rouge dans un petit tube en verre (8).

2. On mélange une portion de la substance avec 4 parties de carbonate 194
de potasse sodé pur ; on ajoute, dans le cas où il y aurait un sulfure métallique, un peu d'azotate de soude, on fond dans un creuset en platine, s'il n'y a pas d'oxydes métalliques réductibles, et dans un creuset en porcelaine, s'il y en avait, on fait bouillir la masse fondue avec de l'eau, on ajoute un peu d'acide azotique, tout en conservant cependant au liquide une réaction alcaline, on chauffe encore une fois, on filtre et l'on opère avec le liquide filtré d'après le § **199**[2]

[1] S'il y a de l'acide chromique ou de l'acide chlorique, on ne peut pas reconnaître l'acide formique par la réduction des sels d'argent et de mercure. S'il y a de l'acide chromique, il faut ajouter un peu d'acide sulfurique à la dissolution primitive, agiter avec un excès d'oxyde de plomb, filtrer, verser un excès d'acide sulfurique étendu dans le liquide filtré et distiller. On essaye le produit condensé de la distillation d'après le n° (192). En présence de l'acide chlorique, on combine les acides à l'oxyde de plomb, et on sépare d'abord avec l'alcool le formiate, qui y est insoluble, du chlorate qui s'y dissout. — De même, en présence de l'acide tartrique, il vaut mieux séparer d'abord l'acide formique par une distillation préalable après addition d'acide sulfurique étendu d'eau.

[2] S'il y avait un sulfure métallique, il faudrait, pour chercher l'acide sulfurique, chauffer une portion de la substance primitive avec de l'acide chlorhydrique, et essayer le liquide filtré avec du chlorure de baryum après addition d'eau.

pour chercher tous les acides qui pourraient être combinés aux bases.

3. Comme les phosphates alcalino-terreux ne sont qu'incomplétement décomposés quand on les fond avec les carbonates alcalins, il vaut mieux, quand il y a des terres alcalines et qu'on n'a pas encore trouvé d'acide phosphorique, dissoudre un nouvel essai dans l'acide azotique et chercher l'*acide phosphorique* avec la dissolution d'acide molybdique (§ **142**, 10). S'ils y a de l'acide silicique ou de l'acide arsénique, on prépare une dissolution chlorhydrique, on élimine ces acides, on évapore la solution presque à siccité après avoir ajouté de l'acide azotique, on étend avec de l'eau contenant de l'acide azotique et on essaye enfin avec la solution molybdique. 195

4. Quand la recherche des bases a fait découvrir des terres alcalines, on cherchera le *fluor*, en essayant une portion particulière de la substance d'après le § **146**, 5.

5. On ne peut chercher l'*acide silicique* dans l'essai traité au n° (194) que lorsque la fusion a été opérée dans un creuset de platine. Si l'on a employé un creuset en porcelaine, on prendra un essai nouveau, dont on évaporera à siccité la dissolution chlorhydrique ou azotique (§ **150**, 3). 196

6. Pour chercher l'*acide oxalique*, on fait bouillir un essai particulier avec une dissolution de carbonate de soude (voir au n° (198). On acidule avec de l'acide acétique le liquide filtré alcalin et on y verse une dissolution de sulfate de chaux ; s'il se forme une précipité pulvérulent, c'est l'acide oxalique. Pour corroborer la recherche, on traite un essai suivant le § **145**, 7, après avoir décomposé les carbonates par l'acide sulfurique étendu, si c'est nécessaire.

COMPOSÉS COMPLEXES.

A. 2. CORPS INSOLUBLES DANS L'EAU, SOLUBLES DANS L'ACIDE CHLORHYDRIQUE, L'ACIDE AZOTIQUE OU L'EAU RÉGALE.

II. *En présence des acides organiques.*

§ 202

1. On cherchera d'abord les acides inorganiques d'après les indications du § **201**. 197

2. On décèlera l'acide acétique d'après le § **171**, 7.

3. Dans un verre de montre on traite une petite portion de la substance avec un peu d'acide chlorhydrique étendu. S'il reste un résidu, il faut en le chauffant y chercher l'*acide benzoïque*. De cette façon on reconnaîtra facilement des quantités notables de cet acide ; mais, s'il n'y en a que très-peu, il peut se dissoudre complétement, c'est pourquoi au n° (198) il faut tenir compte de l'acide benzoïque.

4. On fait bouillir quelques minutes une portion de la substance avec 198
un grand excès de carbonate de soude, qu'on ajouterait en morceaux, si la dissolution n'était pas concentrée : on sépare le précipité par filtration. — On a de cette façon tous les acides organiques en dissolution et unis à la soude. On concentre par évaporation le liquide filtré, on acidifie avec l'acide chlorhydrique, on chauffe pour chasser l'acide carbonique, et on opère suivant le n° (185). Si par l'intermédiaire des acides organiques il y avait dans la solution des métaux lourds, il faudrait, avant de rechercher les acides organiques, les précipiter avec l'acide sulfhydrique ou le sulfhydrate d'ammoniaque.

COMPOSÉS COMPLEXES.

B. CORPS INSOLUBLES OU DIFFICILEMENT SOLUBLES DANS L'EAU, AUSSI BIEN QUE DANS L'ACIDE CHLORHYDRIQUE, L'ACIDE AZOTIQUE ET L'EAU RÉGALE.

Recherche des bases, des acides et des éléments non métalliques.

§ 203[1]

Sous ce titre nous comprendrons les corps et les composés sui- 199
vants :

Sulfate de baryte, de strontiane et de *chaux*[2].

Sulfate de plomb[3] et *chlorure de plomb*[4].

Chlorure d'argent, bromure d'argent, iodure d'argent, cyanure d'argent[5], ferro et ferricyanure d'argent[6].

[1] Voir les remarques du troisième chapitre.

[2] Le sulfate de chaux passe en partie dans les dissolutions aqueuses et souvent il se dissout complétement quand on emploie les acides pour opérer les dissolutions.

[3] Le sulfate de plomb peut se dissoudre complétement dans les solutions obtenues par les acides.

[4] On ne pourra trouver ici le chlorure de plomb qu'autant que le précipité insoluble dans les acides n'aura pas été lavé complétement avec de l'eau chaude.

[5] Le bromure, l'iodure et le cyanure d'argent sont décomposés par l'ébullition avec de l'eau régale et sont transformés en chlorure : on ne pourra donc les trouver ici que lorsqu'il s'agira d'une substance à essayer directement d'après le § **203**, parce qu'elle paraît insoluble dans l'eau régale.

[6] Pour ce qui est de la recherche de ces composés, voir également le § **204**.

Acide silicique et nombreux *silicates*.
Alumine naturelle ou fortement calcinée et plusieurs aluminates.
Oxyde de chrome calciné et *fer chromé* (mélange d'oxyde de chrome et de protoxyde de fer).
Oxyde d'étain calciné ou naturel.
Quelques métaphosphates et quelques arséniates.
Fluorure de calcium et quelques autres fluorures.
Soufre.
Charbon.

Parmi ces composés ceux qu'on rencontre le plus fréquemment sont écrits en italiques. Nous consacrerons un chapitre particulier (§ **205** jusqu'au § **208**) aux silicates, à cause du rôle important qu'ils jouent dans les analyses minérales.

On commencera d'abord par soumettre la substance insoluble dans l'eau et dans les acides aux essais préliminaires indiqués depuis a. jusqu'en e., autant toutefois que le permettra la quantité de la substance dont on peut disposer. Si on ne le peut pas, on passera aussitôt au n° (205), et dans ce cas il faudra supposer la présence de tous les corps énumérés au commencement de ce paragraphe.

a. On examine attentivement la constitution physique de la substance, pour s'assurer si elle est homogène ou non, sablonneuse, en poudre plus ou moins fine, uniformément colorée, ou composée de parties de diverses couleurs, etc. On se servira pour cela avec avantage du microscope et aussi de la loupe. 200

b. On chauffe un petit essai dans un petit tube de verre fermé par un bout. — S'il se forme des vapeurs brunes et s'il se sublime du *soufre*, on le reconnaît aisément. 201

c. Si la substance est noire, cela indique le plus souvent du charbon (charbon de bois, houille, noir animal, noir de fumée, graphite, etc.). On chauffe un petit essai sur la feuille de platine, en dirigeant au-dessous le dard de la flamme du chalumeau. Si la matière colorante noire brûle, elle est due à du charbon. Le graphite (qu'on reconnaît déjà à ce qu'il tache les doigts ou le papier) ne brûle complétement que si l'on emploie le gaz oxygène et une forte chaleur rouge. 202

d. On chauffe un petit essai avec un petit morceau de cyanure de potassium et un peu d'eau, on filtre et on ajoute du sulfhydrate d'ammoniaque au liquide filtré. — Un précipité noir brun indique que la substance renferme des composés d'*argent*. 203

e. S'il reste en d. un résidu insoluble, on le lave complétement avec de l'eau, et, s'il est blanc, on jette sur lui quelques gouttes de sulfhydrate d'ammoniaque. S'il devient noir, c'est qu'il y a des *sels de plomb*. Si au contraire le résidu est naturellement noir, on le chauffe avec un peu d'acétate d'ammoniaque après addition de quelques gouttes d'acide acétique, on filtre et on cherche le *plomb*[1] dans le liquide filtré avec l'acide sulfurique et l'acide sulfhydrique. 204

Après ces premiers essais, on continue l'examen ultérieur et approfondi de la manière suivante :

1. a. *Il n'y a pas de sels de plomb.* On passe au n° (206).

b. *Il y a des sels de plomb.* On chauffe la substance à plusieurs reprises avec une dissolution concentrée d'acétate d'ammoniaque, jusqu'à ce que tout le sel de plomb soit enlevé. Dans une partie du liquide filtré on cherche le *chlore*, dans une autre l'*acide sulfurique* et dans le reste le *plomb* au moyen d'un excès d'acide sulfurique et avec l'acide sulfhydrique. Si l'acétate d'ammoniaque laisse un résidu, on le lave et on le traite d'après le n° (206). 205

2. a. *Il n'y a pas de sels d'argent.* On passe au n° (207). 206

b. *Il y a des sels d'argent.* On fait digérer plusieurs fois à une douce chaleur (ou à froid, s'il y avait du soufre) avec du cyanure de potassium et de l'eau la substance, qui ne renferme pas de plomb, ou dans laquelle on a enlevé tout ce métal au moyen de l'acétate d'ammoniaque : on continue l'action du cyanure jusqu'à ce que tout le sel d'argent soit dissous et éliminé. S'il reste un *résidu*, on le lave et on le traite d'après le n° (207). — A la plus grande partie du *liquide filtré* on ajoute du sulfhydrate d'ammoniaque pour précipiter l'argent. En dissolvant le sulfure d'argent lavé dans l'acide azotique et en ajoutant de l'acide chlorhydrique dans la liqueur étendue, on s'assure que le précipité qu'on a pris pour du sulfure d'argent en était bien réellement. — Dans une petite portion du liquide filtré contenant du cyanure de potassium on cherche l'*acide sulfurique*[2].

[1] On ne pourrait pas découvrir par ce moyen la présence du plomb dans les silicates, par exemple, dans le verre à base de plomb.

[2] Le carbonate de potasse contenu dans le cyanure de potassium peut en effet avoir subi une décomposition complète ou partielle par les sulfates alcalino-terreux que renfermerait la substance.

3. a. *Il n'y a pas de soufre*. On passe au n° (208). 207

b. *Il y a du soufre*. On chauffe, dans un creuset de porcelaine fermé, la substance débarrassée de plomb et d'argent, jusqu'à ce que tout le soufre ait été chassé, et, s'il y a un résidu, on le traite d'après le n° (208).

4. On mélange à la substance débarrassée de plomb, d'argent et de soufre, 2 parties de carbonate de soude, 2 parties de carbonate de potasse et 1 partie de salpêtre[1], on chauffe assez longtemps dans un creuset de platine, jusqu'à ce que tout soit en fusion tranquille: on place le creuset rouge sur une plaque de fer épaisse et froide et on laisse refroidir. Par ce moyen on réussit presque toujours à faire détacher du creuset la masse fondue. On la traite par l'eau, puis on fait bouillir, on filtre, et on lave le résidu, jusqu'à ce que le chlorure de baryum ne précipite plus le liquide qui passe à travers le filtre. (On ne mêle au liquide filtré que les premières eaux de lavage.) 208

a. *La dissolution ainsi obtenue* renferme les acides contenus dans le résidu désagrégé. Mais on peut encore y trouver les bases solubles dans les alcalis caustiques. 209

On la soumet aux essais suivants :

α. Dans une partie, on cherche l'*acide sulfurique*.

β. Dans une deuxième, l'*acide phosphorique* et l'*acide arsénique* avec l'acide molybdique, après avoir acidifié avec l'acide azotique (§ **142**, 10). Si l'on obtient un précipité jaune, on élimine l'acide arsénique avec l'acide sulfhydrique, et après avoir enlevé l'acide silicique, s'il y en a, on cherche encore l'acide phosphorique.

γ. Dans un nouvel essai, on cherche le *fluor* (§ **146**, 7).

δ. Si la dissolution est jaune, il y a de l'*acide chromique*. On s'en assure avec l'acétate de plomb dans un essai additionné d'acide acétique.

[1] L'addition du salpêtre est nécessaire quand on a des poudres blanches, parce qu'il empêche l'action nuisible sur le creuset de platine d'un peu de silicate de plomb qui pourrait se trouver dans la matière. — Avec des poudres noires on augmente la quantité de salpêtre, afin que le charbon soit brûlé le plus complétement possible et que la petite quantité de fer chromé qui se trouverait dans la substance soit mieux désagrégée.

3. Au reste du liquide on ajoute de l'acide chlorhydrique, on évapore à siccité, on reprend par l'eau et l'acide chlorhydrique. S'il y a un résidu insoluble, même dans l'eau bouillante, c'est de l'*acide silicique*. Dans la dissolution chlorhydrique, on cherche à la manière ordinaire les bases qui pourraient s'y trouver, parce qu'elles se sont dissoutes dans les alcalis caustiques. 210

b. On dissout dans l'acide chlorhydrique *le résidu obtenu au n°* (208) (s'il y a effervescence, cela prouve qu'il contient des terres alcalines; — s'il y avait un résidu insoluble, il faudrait chercher, suivant le § **130**, 8, si ce ne serait pas par hasard de l'*oxyde d'étain* resté non dissous) et l'on cherche d'après le § **190** les bases que pourrait contenir la dissolution. — [Si au n° (210) on a trouvé beaucoup de silice, il faut évaporer à siccité la dissolution du résidu et traiter la masse par l'acide chlorhydrique et l'eau, afin d'éliminer autant que possible la silice qui reste dans le résidu.] 211

5. Si l'on a trouvé en 4 que le résidu insoluble dans les acides contient un silicate, il faut en traiter une portion d'après le n° (228), pour s'assurer si le silicate contient ou non des alcalis. 212

6. Si, en traitant par l'acide chlorhydrique (211) le résidu obtenu au n° (208), il y a encore une partie insoluble, elle peut être ou de la silice éliminée, ou du sulfate de baryte échappé à la décomposition : cela pourrait être aussi du fluorure de calcium ou du fer chromé, si la couleur est foncée, parce que ces deux dernières combinaisons ne se décomposent que difficilement par le traitement indiqué au n° (208). Je rappellerai donc ici que le fluorure de calcium est facilement attaqué par l'acide sulfurique, et que la désagrégation du fer chromé réussit facilement de la façon suivante. On introduit la poudre fine dans environ douze fois son poids de bisulfate de potasse en fusion, on remue fréquemment, on chauffe d'abord le creuset doucement pendant une demi-heure, puis on élève la température fortement au rouge pour chasser le deuxième équivalent d'acide sulfurique. On ajoute ensuite du carbonate de soude, environ six fois le poids du fer chromé; on chauffe jusqu'à fusion; on ajoute peu à peu une quantité de salpêtre égale à celle du carbonate de soude, en remuant la masse fondue avec un fil de platine. Après le refroidissement on fait bouillir avec de l'eau. 213

7. Si le résidu insoluble dans les acides renferme de l'argent, il reste encore à savoir si dans la substance primitive il est à l'état de chlo- 214

rure, de bromure, d'iodure, etc., ou s'il est passé à l'état de chlorure lorsqu'on a opéré la dissolution. A cet effet on épuise une partie de la substance primitive avec de l'eau bouillante, puis avec de l'acide azotique étendu, on lave le résidu avec de l'eau et tout d'abord on cherche l'argent d'après (203) dans une petite partie de ce résidu. Si l'on en trouve, pour découvrir le corps halogène auquel il est combiné, on fait bouillir le reste du résidu d'abord avec une lessive de soude assez étendue, on filtre, et après avoir acidifié le liquide, on y cherche le ferro et le ferricyanogène. On fait ensuite digérer le résidu lavé avec de la grenaille fine de zinc, de l'eau et un peu d'acide sulfurique, et l'on filtre après environ dix minutes. Dans la dissolution ainsi obtenue on cherche le chlore, le brome, l'iode et le cyanogène. On peut aussi précipiter d'abord le zinc avec le carbonate de soude, pour avoir les halogènes en combinaison avec le sodium.

CHAPITRE II

PROCÉDÉS PRATIQUES DANS QUELQUES CAS PARTICULIERS

I. MÉTHODE PARTICULIÈRE POUR LA DÉCOMPOSITION DES COMPOSÉS DU CYANOGÈNE, DU FERROCYANOGÈNE, ETC., INSOLUBLES DANS L'EAU, ET DES SUBSTANCES INSOLUBLES DANS L'EAU ET RENFERMANT DE CES COMBINAISONS[1].

§ 204

En traitant les composés ferro ou ferricyanurés par la méthode ordinaire, on observe souvent des réactions si différentes de celles auxquelles on devait s'attendre, que l'on pourrait être facilement induit en erreur : en outre leur dissolution dans les acides est souvent très-incomplète. Aussi pour ces raisons nous conseillons de prendre la marche suivante, lorsqu'on aura entre les mains de pareilles substances. 215

1. On fait bouillir avec une lessive forte de potasse ou de soude le résidu débarrassé par l'eau de toutes les substances solubles : on ajoute,

[1] Avant d'appliquer cette méthode, il faut bien se pénétrer des explications données sur le § **204** au troisième chapitre de la deuxième partie.

après une ébullition de quelques minutes, du carbonate de soude, et l'on fait bouillir encore quelque temps; on filtre dans le cas où il reste un résidu et on lave ce dernier.

a. Le *résidu*, maintenant débarrassé de cyanogène (à moins qu'il ne renferme du cyanure d'argent), est traité à la manière ordinaire, en commençant par le n° (55). 216

b. La *dissolution* renferme à l'état de composés alcalins les radicaux composés du cyanogène (ferrocyanogène, cobalticyanogène, etc.), dans le cas où la substance en contenait : il peut aussi s'y trouver les acides que l'ébullition avec le carbonate de soude a séparés de leurs bases et enfin des oxydes qui sont solubles dans les alcalis caustiques. 217

On la soumet aux essais suivants :

α. Pour trouver les métaux du quatrième et ceux du cinquième groupe, on ajoute un peu d'une dissolution d'acide sulfhydrique[1] au liquide alcalin. 218

aa. *Il ne se forme pas de précipité permanent :* absence de zinc et de plomb. On passe au n° (219).

bb. *Il se forme un précipité permanent :* on ajoute goutte à goutte au liquide du sulfure de sodium, jusqu'à la précipitation complète des métaux des quatrième et cinquième groupes contenus dans la solution alcaline : on chauffe, on sépare le précipité par filtration, on étudie le liquide d'après le n° (219); on dissout le précipité lavé dans l'acide azotique, ce qui pourra laisser du bisulfure de mercure, et dans la dissolution on cherche le cuivre, le plomb aussi bien que le zinc et d'autres métaux du quatrième groupe, qui ont pu, comme le cuivre, passer dans la solution alcaline à la faveur des matières organiques.

β. Pour trouver le mercure, qui pourrait être dans la dissolution parce que son sulfure est soluble dans le sulfure de potassium, et les métaux du sixième groupe, on ajoute au liquide alcalin, qui contient aussi un peu de sulfure alcalin, une suffisante quantité d'eau, puis de l'acide sulfurique 219

[1] Il faut éviter d'ajouter de la dissolution d'acide sulfhydrique ou de faire passer un courant de ce gaz jusqu'à ce que le liquide en répande l'odeur, par conséquent jusqu'à ce que tout l'alcali soit transformé en sulfhydrate de sulfure : sans cela, l'alumine qui pourrait être dans la liqueur alcaline, ainsi que les sulfures du sixième groupe, seraient précipités, et cela ne doit pas être.

étendu jusqu'à réaction acide, et de l'acide sulfhydrique, si le liquide n'en répand pas déjà l'odeur d'une manière prononcée.

aa. *Il ne se forme pas de précipité :* absence du mercure et des oxydes du sixième groupe. On passe au n° (220).

bb. *Il se forme un précipité.* On filtre, on le lave et on y cherche le mercure et les métaux du sixième groupe d'après le § **191**.

γ. Le liquide acidifié par l'acide sulfurique peut renfermer main- 220
tenant les métaux qui forment avec le cyanogène des radicaux composés (fer, cobalt, manganèse, chrome) et en outre aussi de l'alumine. Il faut y chercher le cyanogène ou le ferrocyanogène, etc., et aussi d'autres acides. On le partage en deux portions *aa* et *bb*.

Avec *aa.* on procède à la recherche des acides d'après le § **199** et le § **200**[1]. (Le cobalticyanogène se reconnait au précipité vert qu'il forme avec les sels de nickel et aux précipités blancs qu'il donne avec les sels de manganèse et avec ceux de zinc, et dans ces précipités on retrouvera le cobalt en les fondant avec le borax.)

On évapore *bb.* presque à siccité, on ajoute un peu d'acide sulfurique concentré pur et l'on chauffe jusqu'à ce que l'on ait chassé la plus grande partie de l'acide sulfurique libre. On dissout le résidu dans l'eau et l'on cherche dans la solution le fer, le manganèse, le cobalt, l'alumine et le chrome d'après le § **194**.

2. On décompose un nouvel essai par une ébullition prolongée avec l'acide sulfurique concentré pur, et dans le résidu on cherche les *alcalis* après avoir éliminé toutes les autres bases.

II. ANALYSE DES SILICATES.

§ 205

L'essai préliminaire du chalumeau avec le sel de phosphore appren- 221
dra si la substance à analyser est ou non un silicate. Les oxydes métalliques se dissolvent en effet pendant la fusion, tandis que la silice

[1] Il ne faut pas oublier ici que le ferricyanogène qui se trouverait primitivement dans la substance peut être transformé en ferrocyanogène par les bases capables de se suroxyder, etc. Par exemple :

$$Cy^6Fe^2,3K + KO,HO + 2.FeO = 2(Cy^3Fe,2K) + Fe^2O^3 + HO.$$

mise en liberté nage dans la perle liquide sous forme de petites masses boursouflées et transparentes (§ **150**, 8).

L'analyse des silicates diffère des analyses ordinaires surtout au point de vue du traitement préliminaire auquel il faut les soumettre, pour séparer l'acide silicique des bases et faire entrer celles-ci en dissolution.

Tous les silicates peuvent se partager en deux classes qu'il faut nettement caractériser, parce que pour chacune la marche analytique à suivre est différente. Dans la première se rangent tous les silicates facilement décomposables par les acides (chlorhydrique, azotique, sulfurique); dans la seconde tous ceux qui ne le sont pas ou que les acides n'attaquent que difficilement. — Beaucoup de minéraux sont des mélanges de ces deux sortes de silicates.

Pour trouver à quelle catégorie appartient un silicate, on le réduit en poudre aussi fine que possible, on en fait digérer une partie avec de l'acide chlorhydrique à une température voisine de l'ébullition. Si l'essai n'est pas attaqué, on en prend un nouveau que l'on soumet à l'action prolongée à chaud d'un mélange de 3 parties d'acide sulfurique monohydraté et 1 partie d'eau. Si le silicate résiste encore, il faut le ranger dans le second groupe. — Quant à savoir si les acides ont ou n'ont pas produit une décomposition, on le reconnaît le plus souvent à la simple vue, parce qu'il se forme généralement une dissolution colorée : en outre, à la place de la poudre primitive, lourde, grinçant sous la baguette de verre, on a de la silice hydratée gélatineuse, floconneuse ou en poudre fine. — Pour savoir si la décomposition est complète ou n'a atteint qu'une partie du minéral, on sépare la silice hydratée, on la lave et on la fait bouillir avec une dissolution de carbonate de soude. Si elle se dissout sans résidu, c'est que la décomposition a été complète; dans le cas contraire elle n'est que partielle. Ces essais préalables feront connaître s'il faut traiter le silicate suivant le § **206**, ou le § **207** ou le § **208**.

Avant d'aller plus loin, on cherche encore si le silicate renferme de l'eau, en le chauffant dans un petit tube de verre bien sec. Si la substance contenait de l'eau hygrométrique, il faudrait préalablement la dessécher à 100°. L'essai d'abord chauffé modérément est à la fin porté à une haute température au moyen du chalumeau, et l'on s'assure en même temps s'il y a du fluor (§ **146**, 8).

A. SILICATES DÉCOMPOSÉS PAR LES ACIDES

§ 206

a. *Décomposables ar l'acide chlorhydrique ou par l'acide azotique*[1].

1. On fait digérer le silicate réduit en poudre fine avec l'acide chlor- 222
hydrique, à une température voisine du point d'ébullition jusqu'à complète décomposition ; on filtre une petite partie du liquide et l'on évapore à siccité tout le reste avec l'acide silicique qui s'y trouve en suspension : on chauffe le résidu en remuant constamment à une température égale ou peu supérieure à 100°, jusqu'à ce qu'il ne se dégage plus ou presque plus de vapeurs chlorhydriques, on laisse refroidir, on humecte le résidu avec de l'acide chlorhydrique ou avec de l'acide azotique, plus tard on ajoute un peu d'eau et on chauffe quelque temps.

Dans cette opération, la silice est éliminée et les bases se dissolvent à l'état de chlorures ou d'azotates. On filtre, on lave bien le résidu, on traite la solution d'après la méthode ordinaire, en commençant au § **89**, II ou III. On ne doit jamais regarder la silice qui reste comme pure sans un essai ultérieur. Fréquemment elle renferme un peu d'acide titanique, parfois on y trouve du sulfate de baryte, quelquefois du sulfate de strontiane, et il n'est pas rare qu'elle entraîne aussi un peu d'alumine. On la chauffera à plusieurs reprises dans un creuset de platine avec de l'acide fluorhydrique et de l'acide sulfurique, jusqu'à ce qu'on ait chassé toute la silice sous forme de fluorure de silicium. A la fin on chauffe au rouge le résidu, on le fond avec le bisulfate de potasse, et on reprend la masse fondue par l'eau froide. S'il y a un résidu insoluble, on le sépare par filtration et l'on y cherche du *sulfate de baryte* (et de strontiane) d'après le § **99**. Dans la dissolution aqueuse étendue on trouvera l'*acide titanique*[2] par une ébulition prolon-

[1] L'acide azotique doit être préféré à l'acide chlorhydrique, lorsqu'on a des composés d'argent ou de plomb.

[2] Lorsqu'on a séparé la silice par évaporation au bain-marie, elle ne renferme qu'une partie de l'acide titanique, l'autre partie, souvent la plus considérable, passe dans la dissolution chlorhydrique et en est précipitée par l'ammoniaque avec l'alumine et le peroxyde de fer. Pour retrouver cette portion, on fond le précipité desséché avec du bisulfate de potasse, on dissout la masse fondue dans l'eau froide, on filtre, si c'est nécessaire, on étend fortement d'eau, on fait passer un courant d'acide sulfhydrique jusqu'à ce que tout le peroxyde de fer soit réduit, et (sans filtrer pour enlever le soufre) on maintient le liquide à l'ébullition pendant une demi-heure

gée (§ **104**, 9), et dans le liquide filtré on cherchera l'*alumine* avec l'ammoniaque. — (S'il avait pu se déposer du chlorure d'argent avec la silice, on ferait digérer une partie du précipité avec de l'ammoniaque, on filtrerait et on saturerait le liquide avec de l'acide azotique.)

2. Souvent les silicates, surtout ceux décomposables par l'acide chlor- 223
hydrique, renferment d'autres acides et des métalloïdes; il faut donc, pour ne pas les laisser passer inaperçus, faire attention à ce qui suit et faire les expériences que nous allons indiquer.

α. Les *sulfures métalliques* et les *carbonates* se reconnaissent déjà à la manière d'agir de l'acide chlorhydrique.

β. Si la silice déposée est noire, et devient blanche quand on la chauffe au rouge au contact de l'air, c'est qu'il y a du *charbon* ou des *matières organiques*. Avec ces dernières, les silicates chauffés dans un tube de verre dégagent une odeur empyreumatique.

γ. Pour chercher l'*acide sulfurique*, l'*acide phosphorique*, l'*acide arsénique*, on prend la portion de la dissolution chlorhydrique filtrée avant l'évaporation. On cherche l'acide sulfurique au moyen du chlorure de baryum après addition d'eau, l'acide arsénique au moyen d'un courant d'acide sulfhydrique dans la liqueur chauffée à 70°, et l'acide phosphorique avec l'acide molybdique, après avoir évaporé à siccité au bain-marie la dissolution chlorhydrique additionnée d'acide azotique, avoir chauffé le résidu avec de l'acide azotique et filtré. S'il y avait de l'arsenic, on emploierait pour trouver l'acide phosphorique le liquide séparé par filtration du sulfure d'arsenic, après en avoir chassé l'acide sulfhydrique.

δ. Le meilleur moyen de découvrir l'*acide borique* sera de faire 224
fondre un essai de la substance dans une cuiller en platine avec du carbonate de potasse sodé : on fera bouillir la masse avec de l'eau et on cherchera l'acide borique dans la dissolution d'après le § **144**, 6.

ε. La simple ébullition dans l'eau peut séparer les *chlorures métalliques* de certains silicates, et dans le liquide filtré on décè-

en y faisant passer un courant non interrompu d'acide carbonique : on filtre, on lave le précipité, on le chauffe au rouge, le soufre précipité brûle, l'acide titanique reste. S'il renfermait encore du fer, on le fondrait de nouveau dans le bisulfate de potasse, on redissoudrait avec de l'eau froide, et on précipiterait en faisant bouillir avec de l'hyposulfite de soude.

lera leur présence à l'aide de l'azotate d'argent ; — mais le plus certain, c'est de dissoudre le minéral dans l'acide azotique étendu et d'essayer la dissolution avec le sel d'argent.

ζ. Les *fluorures métalliques*, qui se trouvent dans les silicates tantôt en grande, tantôt en faible quantité, se reconnaîtront par la méthode donnée au § **146**, 6.

b. *Silicates indécomposables par l'acide chlorhydrique, mais décomposables par l'acide sulfurique concentré.*

On chauffe le minéral réduit en poudre fine avec un mélange de 225
3 parties d'acide sulfurique monohydraté pur et 1 partie d'eau (dans une capsule en platine), on évapore l'excès d'acide sulfurique presque complétement, on fait bouillir le résidu avec de l'acide chlorhydrique, on étend d'eau, on filtre et on continue d'après le § **190**. Quant au résidu, qui outre la silice éliminée peut contenir des sulfates alcalino-terreux, etc., on le traite d'après le § **206**, 1. — Si dans de pareils silicates on veut chercher les acides et les halogènes, il faut opérer sur une portion nouvelle de la substance d'après le § **207**.

B. SILICATES INDÉCOMPOSABLES PAR LES ACIDES[1].

§ 207

Le meilleur moyen de désagréger ces silicates étant de les fondre 226
avec du carbonate de potasse sodé, on ne pourra évidemment pas chercher les alcalis dans la portion de la substance ainsi traitée. L'analyse complète de ces minéraux se partage donc en deux opérations : on cherchera dans une portion du minéral l'acide silicique et toutes les bases, à l'exception des alcalis, dans une seconde on s'occupera seulement des alcalis. — En outre il faudra faire des expériences ultérieures pour s'assurer de la présence ou de l'absence des autres acides.

1. *Recherche de l'acide silicique et de toutes les bases, sauf les alcalis.*

On mélange la poudre fine avec 4 parties de carbonate de potasse 227
sodé et l'on chauffe dans un creuset en platine sur la lampe à gaz ou la

[1] Nous avons déjà dit au § **205** qu'ils ne sont pas décomposés quand on les chauffe dans des vases ouverts avec de l'acide chlorhydrique et de l'acide sulfurique. Mais si, après les avoir réduits en poudre fine, on les chauffe entre 200° et 210° avec un mélange de 3 parties d'acide sulfurique et 1 partie d'eau, ou avec de l'acide chlorhydrique, dans un tube fermé à la lampe, alors la plupart sont décomposés et peuvent être analysés de cette façon. (*Al. Mitscherlich.*)

lampe à alcool de *Berzelius*, jusqu'à ce que la masse soit en fusion tranquille. On pose le creuset rouge sur une plaque en fer épaisse et froide et on laisse refroidir, ce qui permet en général de pouvoir retirer la matière fondue du creuset. On brise la masse et on en conserve une partie pour chercher les acides. Quant à la portion destinée à la recherche des bases, on la met dans une capsule en porcelaine, si elle est détachée du creuset, sinon on y place le creuset lui-même, on ajoute de l'acide chlorhydrique et l'on chauffe, jusqu'à ce que tout soit dissous, sauf l'acide silicique, qui se sépare en flocons. — On évapore à siccité et l'on opère avec le résidu exactement d'après le n° (222).

2. *Recherche des alcalis.*

Il faut attaquer le silicate avec une substance exempte d'alcali. Ce qu'il y a de mieux, c'est l'emploi de l'acide fluorhydrique ou d'un fluorure métallique; — mais on peut y parvenir aussi en fondant avec de l'hydrate de baryte. 228

a. *Décomposition au moyen du fluorure.* — On mêle 1 partie du minéral réduit en poudre fine avec 5 parties de fluorure de baryum ou de spath fluor pur en poudre fine, ou 3 parties de fluorure d'ammonium, on remue le mélange dans un creuset en platine avec de l'acide sulfurique concentré, de façon à en faire une bouillie épaisse : puis, dans un endroit où les vapeurs puissent facilement se dégager, on chauffe assez longtemps à une douce chaleur et à la fin plus fortement jusqu'à ce qu'on ait chassé tout l'excès d'acide sulfurique. On fait bouillir le résidu avec de l'eau, on ajoute du chlorure de baryum avec précaution, tant qu'il se forme un précipité, ensuite de l'eau de baryte jusqu'à réaction alcaline : on fait bouillir, on filtre, on ajoute du carbonate d'ammoniaque et un peu d'ammoniaque tant qu'il se forme un précipité et l'on achève en suivant exactement ce qui est dit au n° (168) dans la marche générale de l'analyse.

b. *Décomposition au moyen de l'hydrate de baryte.* — A 1 partie du minéral très-finement pulvérisé on ajoute 4 parties d'hydrate de baryte, on chauffe le mélange dans un creuset de platine aussi fortement que possible pendant une demi-heure sur une bonne lampe *Berzelius* ou sur la lampe à gaz; on traite par l'eau et l'acide chlorhydrique jusqu'à dissolution de la masse fondue ou concrétionnée, on précipite avec l'ammoniaque et le carbonate d'ammoniaque, on filtre, on évapore à siccité, on porte au rouge, on dissout le résidu dans l'eau, on ajoute un peu d'hydrate de chaux pur, on fait bouillir, on filtre, on précipite de nouveau 229 avec le carbonate d'ammoniaque et l'ammoniaque, on filtre encore, on évapore à siccité, on porte au rouge et dans le résidu on cherche la potasse et la soude d'après le § **197**.

3. Recherche du fluor, du chlore, des acides borique, phosphorique, arsénique et sulfurique.

On emploie la portion de la masse fondue conservée au n° (227), ou, s'il le faut, on fait fondre de nouveau 1 partie du minéral primitif finement pulvérisé avec 4 parties de carbonate de potasse sodé pur. On fait bouillir avec de l'eau, on filtre la dissolution qui contient : le fluor à l'état de fluorure de sodium, le chlore à l'état de chlorure de sodium, l'acide borique et l'acide sulfurique à l'état de borate et sulfate de soude, tout l'arsenic à l'état d'arséniate et toujours au moins une partie de l'acide phosphorique en phosphate de soude. On l'essaie de la façon suivante : *a.* on acidule un essai avec de l'acide azotique et avec l'azotate d'argent, on y cherche le *chlore* ; — *b.* dans une seconde portion, on cherche l'*acide borique* d'après le § **144**, 6 ; — *c.* un troisième essai est traité d'après le § **146**, 7, pour y déceler le *fluor* ; — *d.* on acidule le reste avec de l'acide chlorhydrique : dans une partie on cherche l'*acide sulfurique* avec le chlorure de baryum et l'on chauffe l'autre partie à 70° pour y chercher l'acide *arsénique* avec l'acide sulfhydrique. S'il ne se forme pas de précipité, on évapore immédiatement le liquide à siccité après addition d'acide azotique ; s'il s'en est fait un, on le sépare d'abord par filtration : on traite le résidu par l'acide azotique et l'eau, et l'on cherche l'*acide phosphorique* dans la dissolution avec le sulfate de magnésie ou le molybdate d'ammoniaque dissous dans l'acide azotique (§ **142**). 230

C. SILICATES PARTIELLEMENT DÉCOMPOSÉS PAR LES ACIDES.

§ **208**

La plupart des roches que l'on trouve dans la nature sont des mélanges de plusieurs silicates, dont les uns sont souvent décomposables par les acides, tandis que les autres ne le sont pas. Si l'on traitait ces silicates multiples comme ceux qui sont complétement insolubles, on trouverait à la vérité tous les éléments renfermés dans la roche elle-même, mais on n'aurait pas une notion exacte de la constitution propre de la roche. 231

On fera donc bien de chercher à séparer les éléments du mélange que les acides peuvent prendre. On fait digérer avec de l'acide chlorhydrique, pendant longtemps et à une douce chaleur, le minéral finement pulvérisé, on filtre un peu de la dissolution, on évapore à siccité la plus grande partie du reste, on chauffe en remuant à une température égale ou peu supérieure à 100°, jusqu'à ce qu'il ne se dégage plus ou presque plus de vapeurs chlorhydriques, on humecte le résidu avec de l'acide chlorhydrique, on chauffe avec de l'eau et l'on filtre.

Cette dissolution, qui renferme les bases de la partie du silicate décomposée par l'acide chlorhydrique, est essayée d'après le n° (222), le premier liquide filtré d'après le n° (223). γ : dans une partie de la substance primitive on cherche les autres acides d'après le n° (223) α. et β. et le n° (224). Quant au résidu qui contient, outre la silice éliminée des silicates décomposés, tous les éléments non attaqués par les acides, on le fait bouillir avec un excès d'une dissolution de carbonate de soude, on filtre chaud, on lave d'abord avec la dissolution chaude de carbonate de soude, puis ensuite avec de l'eau bouillante. — Alors on soumet au traitement du § 207 les éléments non décomposés du mélange, débarrassés de l'acide silicique. Quant au liquide alcalin, on l'acidule avec de l'acide chlorhydrique, on évapore à siccité, on traite par l'acide chlorhydrique et l'eau, on sépare la silice par filtration, on rend le liquide filtré alcalin avec de l'ammoniaque et on chauffe. S'il se forme un précipité, il faut y rechercher, ainsi que dans la silice qui a été éliminée plus haut, l'acide titanique d'après le n° (222). — S'il n'est pas nécessaire de mettre à part la silice de la partie décomposée par les acides, on peut supprimer le traitement ennuyeux par le carbonate de soude et désagréger de suite le résidu mélangé à cette silice.

III. ANALYSE DES EAUX NATURELLES.

§ 209

La méthode analytique générale se simplifie quand on l'applique aux 252
eaux naturelles, parce que l'on sait par expérience les corps et les combinaisons qu'elles renferment le plus ordinairement. — Bien qu'une analyse quantitative puisse seule nous éclairer sur la véritable nature d'une eau, parce que la seule différence essentielle entre plusieurs eaux tient surtout aux proportions des principes qu'elles contiennent, il peut cependant être souvent utile d'en faire une analyse qualitative : en examinant si un réactif donné produit un trouble plus ou moins léger, un précipité plus ou moins abondant, on pourra déjà se faire une idée approximative de la proportion des différents corps que cette eau renferme.

Dans ce qui suit, je sépare l'analyse des eaux douces ordinaires (eaux de source, de fontaine, de rivière, de fleuve, etc.) de celle des eaux minérales, parmi lesquelles je compte l'eau de mer : bien qu'il soit difficile d'établir une distinction nette et tranchée entre ces deux sortes d'eaux, l'essai analytique des premières est toutefois plus simple, parce qu'on n'y recherche qu'un nombre de substances bien plus limité que dans les eaux minérales.

A. ANALYSES DES EAUX DOUCES ORDINAIRES (EAUX DE SOURCE, DE FONTAINE, DE RIVIÈRE, DE FLEUVE, ETC.).

§ 210

L'expérience a montré que les substances que l'on peut rencontrer 253
dans ces sortes d'analyses sont :

a. *Bases :* potasse, soude, ammoniaque, chaux, magnésie, protoxyde de fer.

b. *Acides*, etc. *:* acide sulfurique, acide phosphorique, acide silicique, acide carbonique, acide azotique, acide azoteux, chlore.

c. *Matières organiques.*

d. *Matières en suspension :* argile, etc.

Cela ne veut pas dire toutefois que les eaux douces ne peuvent pas renfermer d'autres substances ; au contraire, il y en a beaucoup d'autres, comme on peut le conclure de l'origine même de la source, etc., et comme le démontrent également les recherches analytiques [1]. Mais la quantité en est si faible, qu'on ne peut ordinairement les trouver qu'en opérant non plus sur des kilogrammes, mais sur des quintaux de liquide. Je laisse donc ici la manière de les trouver et je renvoie pour cela au § **211**.

1. On fait bouillir de 1000 à 2000 gram. de l'eau dans une capsule en 254
bonne porcelaine, qu'on ne remplit qu'à moitié. (Il faut autant que possible éviter l'emploi des vases en verre, parce qu'ils sont bien plus facilement attaqués par l'eau bouillante que la porcelaine.) En

[1] *Chatin* (*Journ. de Pharm. et de Chim.*, IIIe série, t. XXVII, p. 418) a trouvé de l'iode dans toutes les plantes d'eau douce, tandis qu'on n'en a pu découvrir dans les plantes terrestres : il faut donc que l'eau des fleuves, des ruisseaux, etc., contienne des traces d'iodures métalliques, mais en quantité infinitésimale. Suivant *Morchand* (*Compt. rend.*, t. XXXI, p. 495), toutes les eaux naturelles renferment de l'iode, du brome et de la lithine. *Van Ankum* a démontré la présence de l'iode dans presque toutes les eaux potables de Hollande. — Il est également certain que toutes ou presque toutes les eaux naturelles contiennent des composés de strontiane, de baryte, de fluor, etc.

général il se produit un précipité. On le sépare par filtration à travers un filtre de papier parfaitement pur (exempt de chaux et de fer), on le lave bien, après avoir mis de côté le liquide filtré, et on essaie séparément le précipité et le liquide.

a. *Essai du précipité.*

Il consiste en principes dissous, surtout à l'état de bicarbonates, à la faveur de l'acide carbonique : carbonate de chaux, carbonate de magnésie, hydrate de peroxyde de fer (qui était en dissolution à l'état de bicarbonate de protoxyde de fer, et qui s'est précipité par l'ébullition à l'état de peroxyde hydraté, de silicate de peroxyde, ou en combinaison avec l'acide phosphorique dans le cas où ce dernier se trouve dans l'eau), phosphate de chaux, — en outre acide silicique, parfois aussi sulfate de chaux (si l'eau en contient beaucoup), et argile en suspension. 255

On dissout le précipité sur le filtre dans le moins possible d'acide chlorhydrique étendu (effervescence : *acide carbonique*) et on essaie diverses parties de la dissolution :

α. On cherche le *fer* avec le sulfocyanure de potassium ou le prussiate jaune de potasse ajouté goutte à goutte.

β. Après une ébullition préalable avec de l'ammoniaque, on filtre, 256
si c'est nécessaire, on ajoute au liquide filtré de l'oxalate d'ammoniaque et on abandonne assez longtemps dans un lieu chaud. Précipité blanc : *chaux* (carbonatée ou sulfatée, si l'on trouve en γ. de l'acide sulfurique) ; on filtre, on ajoute de nouveau de l'ammoniaque au liquide filtré, puis un peu de phosphate de soude ; on remue avec un agitateur et on laisse reposer 12 heures : précipité blanc cristallin, que souvent on ne reconnaît sur les parois du vase qu'en décantant le liquide : *magnésie* (carbonatée).

γ. On verse du chlorure de baryum et on laisse reposer 12 heures dans un endroit chaud. Si au bout de ce temps il s'est formé un précipité, c'est qu'il y avait de l'*acide sulfurique*. Si le précipité est très-faible, pour l'apercevoir facilement on décante avec précaution le liquide clair, en n'en laissant qu'une petite quantité, qu'on agite alors dans le vase.

δ. On évapore à siccité après addition d'acide azotique, on traite 257
le résidu par l'acide azotique et l'eau, on filtre pour séparer la silice et dans le liquide filtré on cherche l'*acide phosphorique*

avec la dissolution d'acide molybdique (§ **142**, 10) ou bien avec l'acétate de soude et le perchlorure de fer (§ **142**, 9).

b. *Essai du liquide filtré.*

α. On ajoute à un essai un peu d'acide chlorhydrique et du chlorure de baryum. Précipité blanc, qui se voit de suite ou après un temps plus ou moins long : *acide sulfurique.* 238

β. On ajoute à un autre essai de l'acide azotique et de l'azotate d'argent. Précipité ou trouble blanc : *chlore.*

γ. Dans une troisième portion on cherche l'*acide phosphorique* en évaporant avec de l'acide azotique et en opérant comme au n° (237) avec la solution azotique du résidu.

δ. On évapore une quantité un peu notable du liquide pour le concentrer fortement et l'on essaie la réaction. Si elle est alcaline et si une goutte de la solution concentrée versée sur un verre de montre fait effervessence quand on y ajoute une goutte d'acide, et s'il se forme un précipité de carbonate de chaux en ajoutant avec précaution du chlorure de calcium, c'est qu'il y a un *carbonate alcalin.* — Dans ce cas on achève l'évaporation à siccité, on fait bouillir le résidu avec de l'alcool, on filtre, on évapore à siccité la dissolution alcoolique, on dissout le résidu dans un peu d'eau et on cherche l'*acide azotique* dans la solution d'après le § **159**, 7, 8 ou 9[1].

ε. On ajoute à tout le reste un peu de sel ammoniac, de l'ammoniaque et de l'oxalate d'ammoniaque et on laisse reposer longtemps. Précipité : *chaux.* On filtre et on cherche

aa. dans un petit essai, la *magnésie* à l'aide de l'ammoniaque et du phosphate de soude.

bb. On évapore le reste à siccité, on le chauffe au rouge, on enlève le peu de magnésie qui pourrait s'y trouver (168) et on cherche la *potasse* et la *soude* d'après le § **197**.

2. On acidifie avec de l'acide chlorhydrique pur une assez grande quantité de l'eau filtrée et on évapore presque à siccité; on partage le résidu en deux parties et l'on cherche 239

[1] Fréquemment cette manière d'opérer, longue, mais exacte, n'est pas nécessaire ; on trouve l'acide azotique sans peine en essayant directement l'eau évaporée presque à siccité.

a. dans l'une l'*ammoniaque* avec l'hydrate de chaux (§ **91**, 3)[1].

b. On évapore l'autre à siccité, on humecte le résidu avec de l'acide chlorhydrique, on ajoute de l'eau, on chauffe et l'on filtre, s'il reste un résidu. Celui-ci peut être de la *silice* ou bien, dans le cas où l'eau n'était pas encore tout à fait claire après la filtration, de l'argile en suspension : on pourra les enlever en faisant bouillir avec une dissolution de carbonate de soude. Fréquemment le résidu est coloré en brun par des matières organiques, mais il devient tout à fait blanc, si on le chauffe au rouge.

3. On verse de l'eau de chaux dans une portion de l'eau fraîchement puisée à la source. S'il se produit un précipité, il indique de l'*acide carbonique libre* ou des *bicarbonates*. Dans le premier cas le précipité n'est pas persistant, si l'on ajoute beaucoup d'eau à une petite quantité d'eau de chaux (parce qu'il se forme du bicarbonate de chaux). 240

4. On cherche l'*acide nitreux*[2], en mettant dans un essai de l'eau de l'empois d'amidon additionné d'iodure de potassium (1 partie d'iodure de potassium très-pur, 20 parties d'amidon, 500 parties d'eau) et de l'acide sulfurique étendu pur. On regarde s'il se produit une coloration bleue, de suite ou après quelques minutes (§ **158**, 1). Il sera prudent de faire une expérience à blanc comparative, avec le même réactif et de l'eau exempte d'acide azoteux. 241

5. On reconnaît les *matières organiques* en évaporant à siccité une partie de l'eau, chauffant le résidu légèrement au rouge, ce qui doit lui donner une teinte noire. — Si cet essai doit être fait de façon à ne laisser aucune incertitude, on fera l'évaporation et on chauffera le résidu dans un ballon en verre ou une cornue. 242

6. Le meilleur moyen de trouver les substances odorantes (les matières organiques en décomposition), c'est de remplir un flacon au deux tiers avec l'eau, le fermer avec la main, l'agiter et sentir l'odeur. — Si l'on reconnaît par là l'acide sulfhydrique, on le cherchera d'après le § **212**, 3. Si outre l'hydrogène sulfuré il y avait encore des matières organiques odorantes, avant de chercher l'odeur on ajouterait un peu de sulfate de cuivre.

[1] Dans les eaux limpides on peut très-bien trouver l'ammoniaque directement, sans les concentrer, au moyen du bichlorure de mercure après addition de carbonate de potasse, ou bien aussi en employant le réactif de *Nessler*. (Voir p. 104.)

[2] *Schœnbein* en a trouvé dans toutes les eaux de pluie ou de neige fondue.

7. Si l'on veut connaître plus exactement les *matières en suspension* 243
dans une eau (par exemple, les eaux troubles de rivière ou de fleuve), on en remplit un grand flacon, on le ferme bien et on laisse reposer plusieurs jours, jusqu'à ce que l'eau soit claire : on enlève le liquide limpide avec un siphon, on filtre le reste et on analyse le précipité qui est resté sur le filtre. Comme il peut être formé de la fine poussière de différents minéraux, on le traite d'abord avec de l'acide chlorhydrique étendu : pour la partie insoluble on emploie la méthode d'analyse des silicates (§ **205**).

8. Pour ne pas laisser échapper les traces de plomb, qui pourraient provenir de ce que l'eau a coulé dans des tuyaux de conduite en plomb, on traite une assez grande quantité d'eau par l'acide sulfhydrique, on laisse reposer longtemps et enfin, s'il y a un précipité noir, on l'essaie d'après le § **193**. — S'il faut rechercher des traces très-minimes de plomb, on acidifie 6 à 8 litres d'eau avec de l'acide acétique, on ajoute un peu d'acétate d'ammoniaque pour prévenir la précipitation du plomb à l'état de sulfate de plomb, on évapore jusqu'à faible résidu, on filtre, dans le liquide on fait passer un courant d'acide sulfhydrique et l'on étudie d'après le § **193** le précipité noir qui pourrait se former.

B. ANALYSE DES EAUX MINÉRALES

§ 211

Le nombre des substances dont il faut tenir compte ici est bien plus 244
considérable, et en général celles qu'il faut rechercher, outre les matières des eaux naturelles, sont les suivantes :

Oxyde de cæsium, oxyde de rubidium, protoxyde de thallium, lithine, baryte, strontiane, alumine, protoxyde de manganèse, acide borique, brome, iode, fluor, acide sulfhydrique (acide hyposulfureux), *acide crénique* et *acide apocrénique* (acide formique, acide propionique, etc., azote, oxygène, protocarbure d'hydrogène[1]).

En outre dans la vase ocreuse ou dans les concrétions solides des sources, ainsi que dans le résidu de l'évaporation de très-grandes masses d'eau, il faut rechercher l'*acide arsénieux*, l'*acide arsénique*, les *oxydes d'antimoine*, de *cuivre*, de *plomb*, de *cobalt* et de *nickel*, et d'autres métaux lourds, pour lesquels cependant on ne saurait cher-

[1] Pour les substances entre parenthèse, comme leur recherche et leur dosage quantitatif peuvent le plus souvent se faire en même temps, je renvoie pour ce sujet au chapitre correspondant du traité d'analyse quantitative, §§ **206** et suiv.

cher avec trop de circonspection, s'ils proviennent réellement de l'eau, ou n'y sont pas introduits par l'emploi de tuyaux, de robinets, etc., métalliques[1]. Je recommande en outre la plus grande attention dans l'essai de la pureté des réactifs qu'on emploiera dans des recherches aussi délicates.

I. ANALYSE DE L'EAU.

a. *Travail à la source.*

§ 212

1. On filtre l'eau à la source, autant toutefois qu'elle n'est pas claire, 245
à travers du papier à filtre lavé (page 8), dans un grand flacon fermé par un bouchon à l'émeri. Le précipité qui reste sur le filtre, formé des matières en suspension dans l'eau et des substances qui se précipitent au contact de l'air (oxyde de fer et composés de cet oxyde avec l'acide phosphorique, l'acide silicique, l'acide arsénique), sera essayé comme nous l'indiquerons au § 214.

2. Il est généralement inutile de rechercher l'*acide carbonique libre*, 246
parce que sa présence se reconnaît ordinairement à la première vue. Si l'on veut cependant s'en convaincre par des réactifs, on essaiera l'eau d'abord avec la teinture de tournesol, puis avec l'eau de chaux; la première prendra une couleur rouge vineux, la seconde se troublera, mais le trouble disparaîtra par addition d'un excès d'eau minérale.

3. L'odorat sera le réactif le plus sensible pour reconnaître l'*acide* 247
sulfhydrique libre. On remplit à demi le flacon avec l'eau minérale, on ferme avec la main, on agite et on sent dans le flacon. — On trouve assez souvent ainsi des traces d'acide sulfhydrique que ne pourraient indiquer les réactifs. Si l'on veut une réaction chimique sensible, dans un grand flacon en verre blanc, rempli de l'eau minérale, on verse goutte à goutte une dissolution d'oxyde de plomb dans une lessive de soude, on place le flacon sur une feuille de papier blanc, et en regardant de haut en bas on examine s'il se produit une coloration brune ou un précipité noir; ou bien on ferme un grand flacon à moitié rempli d'eau minérale avec un bouchon au-dessous duquel on a suspendu une bande de papier trempée dans une dissolution d'acétate de plomb et ensuite

[1] On peut à cet égard, et au sujet d'une analyse complète d'eau minérale, consulter les remarquables travaux faits par M. *Fresenius*, depuis 1850 jusqu'aujourd'hui, sur les nombreuses sources minérales d'Allemagne. (Note du Trad.)

dans une dissolution de carbonate d'ammoniaque : on regarde si au bout de quelques heures le papier a bruni. On agite un peu le flacon de temps en temps. — Si, par l'addition de la dissolution d'oxyde de plomb, l'eau s'était colorée en brun, ou s'il s'était formé un précipité, tandis que la bande de papier n'indiquait aucune réaction, ce serait un indice que l'eau contient des sulfures alcalins, mais pas d'acide sulfhydrique libre.

4. Dans un verre à boire plein d'eau on met un peu d'acide tannique, 248
dans un autre un peu d'acide gallique. Si le premier donne une couleur violet rouge et le second une coloration violet bleu, cela indique le protoxyde de fer. Au lieu de ces deux acides, on peut tout simplement employer une décoction de noix de galle qui les renferme tous deux. Les colorations ne se produisent souvent qu'au bout de quelque temps et se propagent de la partie supérieure du liquide, où l'air à accès, jusqu'au bas.

5. On cherche de l'*acide azoteux* et les *substances organiques odorantes* 249
suivant les nos (241) et (242). Si l'eau renferme de l'acide sulfhydrique, il faut l'enlever en ajoutant avec précaution un peu de sulfate d'argent avant de chercher l'acide azoteux (il ne faut pas qu'il reste de sel d'argent dans la dissolution).

b. *Travail dans le laboratoire.*

§ 213

Comme de l'analyse qualitative on peut déjà tirer quelques conclusions sur la nature des combinaisons dans lesquelles entrent les principes contenus dans l'eau, on emploiera une petite quantité de l'eau pour y découvrir les corps principaux et établir, autant que ce sera possible, leurs modes de combinaisons et le caractère chimique de l'eau, puis dans une quantité plus grande de liquide on cherchera les substances qui y sont en moindre quantité, et enfin dans une très-grande masse de l'eau, et surtout dans les dépôts solides, on trouvera les éléments qui ne sont qu'en quantité excessivement petite. — On opère donc comme il suit :

1. RECHERCHE DES SUBSTANCES QUI SONT EN QUANTITÉ NOTABLE.

a. On fait bouillir pendant une heure dans une capsule de porce- 250
laine, moins bien dans un ballon en verre, environ 1500 grammes de l'eau claire ou que l'on aura filtrée à la source et l'on a soin, en ajoutant de temps en temps de l'eau distillée, de façon

que le volume total ne diminue pas, qu'il ne se dépose par l'ébullition que les sels qui sont dissous à la faveur de l'acide carbonique. On filtre et on essaie le précipité et le liquide suivant le § **210**.

b. On cherche de même l'*ammoniaque*, la *silice*, les *matières organiques*, etc., d'après la méthode indiquée au § **210**.

2. RECHERCHE DES ÉLÉMENTS FIXES QUI SONT EN MOINDRE QUANTITÉ.

Dans une capsule en argent ou en porcelaine, le plus possible dans 251
un endroit sans poussière et en ayant soin d'observer la plus grande propreté, on évapore à siccité une grande quantité d'eau, au moins 10 kilogrammes. Si l'eau ne contient pas de carbonates alcalins, on ajoute un léger excès de carbonate de potasse pur. On peut commencer l'évaporation à feu nu sur la lampe à gaz et on la termine au bain de sable. On chauffe le résidu au rouge très-faible. Si l'on a évaporé dans une capsule en argent, on pourra y porter le résidu au rouge, mais, si l'on s'est servi d'une capsule en porcelaine, on en mettra le contenu dans une capsule en platine ou en argent pour chauffer au rouge faible. — Si la masse noircit par la chaleur, c'est un signe qu'il y a des *matières organiques* [1].

On mélange intimement le résidu ainsi obtenu, on le partage en trois parties *a*, *b* et *c*, — *c* formant environ la moitié, *a* et *b* chacune un quart.

a. *Recherche de l'acide phosphorique.*

On chauffe la portion *a*. avec un peu d'eau, on ajoute un léger 252
excès d'acide azotique pur, on évapore à siccité au bain-marie, on chauffe de nouveau le résidu avec de l'acide azotique, on étend un peu avec de l'eau, on filtre à travers du papier lavé à l'acide chlorhydrique et à l'eau, et on cherche l'*acide phosphorique* avec la solution azotique de molybdate d'ammoniaque (§ **142**, 10).

[1] Cette conclusion n'est rigoureuse qu'autant que, pendant l'évaporation, l'eau a été réellement mise à l'abri de la poussière; si l'on ne peut pas le faire et que cependant il soit nécessaire d'établir d'une manière certaine la présence des matières organiques, il faut évaporer dans une cornue une nouvelle portion spéciale de l'eau. Si l'on trouve des substances organiques et si l'on veut savoir si ce sont des acides crénique et apocrénique, on traite une partie du résidu de l'évaporation d'après la méthode du § **214**, 3.

b. *Recherche du fluor.*

On chauffe la portion *b.* avec de l'eau, on ajoute du chlorure de calcium tant qu'il se forme un précipité, on laisse déposer, on sépare par filtration le précipité composé pour la plus grande partie de carbonate de chaux et de carbonate de magnésie. Après l'avoir lavé et desséché, on le chauffe au rouge, on le met dans une petite capsule avec de l'eau, on ajoute un léger excès d'acide acétique, on évapore à siccité au bain-marie, où l'on chauffe jusqu'à disparition complète de l'odeur d'acide acétique : on ajoute de l'eau, on chauffe, on filtre la dissolution des acétates alcalino-terreux : on lave le résidu insoluble, on le dessèche et on le chauffe au rouge, puis on y cherche le *fluor* d'après le § **146**, 5. 253

c. *Recherche des autres éléments fixes qui sont en petite quantité.*

On fait bouillir la portion *c.* avec de l'eau à plusieurs reprises, on filtre et on lave la partie insoluble avec de l'eau bouillante. On obtient ainsi un résidu α et une dissolution β. 254

α. Le *résidu* est formé en grande partie de carbonate de chaux, carbonate de magnésie, acide silicique et — dans les eaux minérales ferrugineuses — de peroxyde de fer hydraté. Il peut en outre renfermer de la *baryte*, de la *strontiane*, de l'*alumine*, du *protoxyde de manganèse* et de l'acide titanique : il faudra donc y chercher ces substances.

Dans une capsule en platine ou en porcelaine, on ajoute à une portion du résidu insoluble de l'eau, de l'acide chlorhydrique en léger excès, puis 4 à 5 gouttes d'acide sulfurique étendu : on évapore à siccité au bain-marie, on humecte avec un petit excès d'acide chlorhydrique, puis on ajoute de l'eau, on chauffe légèrement, on filtre et on lave.

aa. *Analyse du résidu insoluble dans l'acide chlorhydrique.* Il est en grande partie formé par la silice, mais il peut aussi contenir des sulfates alcalino-terreux, de l'acide titanique et du charbon. — On le chauffe à plusieurs reprises dans un creuset de platine avec de l'acide fluorhydrique ou du fluorure d'ammonium additionné d'acide sulfurique, jusqu'à ce que toute la silice soit chassée. A la fin on évapore à siccité ; s'il y a un résidu, on le fond avec du bisulfate de potasse, on traite la masse fondue avec de l'eau froide, on filtre et on essaie s'il y a de l'*acide titanique*, par une ébullition prolongée. Si après le traitement de la masse fondue par l'eau il y a un résidu insoluble, on le lave et on incinère le petit 255 filtre. Si l'on possède un appareil spectral, on fixe les cendres à la boucle d'un fil de platine, on expose quelque temps à la flamme de réduction, on humecte avec de l'acide chlorhydrique et l'on cherche la *baryte* dans le spectre. Il ne peut pas y avoir de strontiane ou il n'y en aurait que des traces. Si l'on n'a pas d'appareil spectral, on met de côté les cendres du filtre.

bb. *Analyse de la solution chlorhydrique*. On la verse dans un ballon avec un peu de sel ammoniac pur, on y ajoute de l'ammoniaque, jusqu'à ce que la liqueur soit tout au plus alcaline, puis du sulfhydrate d'ammoniaque exempt d'ammoniaque libre. On ferme avec un bouchon le ballon qui doit être complètement rempli et on l'abandonne 24 heures à une douce chaleur. S'il se forme un précipité, on le sépare par filtration, on le dissout dans l'acide chlorhydrique, on fait bouillir, on ajoute un excès de lessive de potasse (§ **34**, *c*), on fait bouillir, on filtre. On cherche l'*alumine*[1] dans la liqueur filtrée en acidifiant avec de l'acide chlorhydrique et chauffant avec de l'ammoniaque. Dans une partie du précipité on trouvera le *manganèse* avec le chalumeau et le carbonate de soude : en dissolvant l'autre partie dans l'acide chlorhydrique, on y cherchera le *fer* avec le sulfocyanure ou le ferrocyanure de potassium. 256

Dans le liquide séparé par filtration du précipité formé par le sulfhydrate d'ammoniaque, il peut y avoir des traces de baryte; en outre il s'y trouve toute ou presque toute la strontiane. On le précipite avec le carbonate d'ammoniaque après addition d'ammoniaque, on filtre après avoir laissé déposer assez longtemps, on sèche et on le soumet à la méthode d'*Engelbach*, décrite à la page 118. — Si l'on possède un appareil spectral, on évapore à siccité avec de l'acide chlorhydrique le liquide dans lequel on a fait bouillir le précipité calciné et dans le spectre du résidu on cherche la *strontiane* et quelquefois des traces de baryte qu'il pourrait y avoir. Si l'on n'a pas d'appareil spectral, on évapore presque à siccité, après addition d'un peu de sulfate d'ammoniaque, le liquide obtenu en faisant bouillir avec de l'eau le précipité calciné; on fait bouillir le résidu avec une solution saturée de sulfate d'ammoniaque, on filtre, on lave, on sè-

[1] Il est bien entendu que l'alumine, que l'on trouverait ainsi, ne pourrait être considérée comme un élément de l'eau qu'autant qu'on aurait fait l'évaporation dans une capsule en argent ou en platine et non pas dans un vase en porcelaine.

che, on incinère le filtre, on réunit le résidu et les cendres à celles de l'incinération du n° (255), on fond avec un peu de carbonate de soude, on traite par l'eau, on lave, on dissout le résidu dans l'acide chlorhydrique et l'on cherche s'il y a de la *baryte* et de la *strontiane* dans la dissolution, comme il est dit au § **99**.

b. *La dissolution alcaline* renferme les sels alcalins et ordinairement aussi de la magnésie et des traces de chaux. Il faut maintenant y chercher l'*acide azotique*[1], l'*acide borique*, l'*iode*, le *brome*, la *lithine*. — On l'évapore jusqu'à ce qu'elle soit très-concentrée, on laisse refroidir, on incline la capsule afin que la petite quantité du liquide alcalin qui reste se sépare de la masse saline; avec une baguette de verre on place sur un verre de montre quelques gouttes de la dissolution concentrée, on acidule avec de l'acide chlorhydrique et au moyen du papier de curcuma on cherche l'*acide borique*. Tout le contenu de la capsule est évaporé en le remuant avec une baguette en verre pour obtenir un résidu pulvérulent, que l'on partage en deux parties *aa* et *bb*, *aa* formant les deux tiers, *bb* un tiers. 257

aa. *Dans la plus grande portion on cherche l'acide azotique, l'iode et le brome.* 258

Pour cela on la broie, on fait bouillir au bain-marie dans un ballon avec de l'alcool pur à 90 pour 100, et cela trois fois en filtrant à chaud chaque fois. — On ajoute quelques gouttes de lessive de potasse à l'extrait alcoolique, on distille pour enlever presque complètement l'alcool et on laisse refroidir. S'il se dépose de petits cristaux, ils peuvent être formés d'azotate de potasse; on décante le liquide, on lave les cristaux avec un peu d'alcool, on les dissout dans un peu d'eau et l'on cherche l'acide azotique dans la dissolution avec l'indigo, la brucine ou l'empois d'amidon additionné d'iodure de potassium et de zinc (§ **159**). On évapore maintenant à siccité complète la liqueur alcoolique. Si l'on n'a pas trouvé plus haut d'acide azotique, on dissout une petite portion du résidu dans le moins d'eau possible et on y cherche cet acide. — La plus grande partie du résidu, au besoin tout ce qui reste, est traitée trois fois par l'alcool chaud : on filtre on évapore à siccité le liquide filtré après y avoir ajouté une

[1] En chauffant légèrement au rouge le résidu n° (251), l'acide azotique pourrait être décomposé, s'il y avait des matières organiques. Si l'on avait cela à craindre et si l'on n'avait pas encore trouvé d'acide azotique au n° (250), pour le chercher il faudrait traiter d'après le n° (258) une assez forte portion du résidu non calciné.

goutte de lessive de potasse, on dissout le résidu dans très-peu d'eau, on y met de l'empois d'amidon, on acidule faiblement avec de l'acide sulfurique, on ajoute un peu de sulfure de carbone pur, et enfin pour découvrir l'iode on ajoute un peu d'azotite de potasse dissous ou une goutte d'une dissolution d'acide hypoazotique dans de l'acide sulfurique. — Après avoir bien examiné les phénomènes qui se produisent, on cherche le brome dans le même liquide au moyen de l'eau de chlore et du chloroforme ou du sulfure de carbone, en suivant le procédé indiqué au § **157**.

bb. *Dans la plus petite portion on cherche la lithine.* 259

On chauffe avec de l'eau le résidu, qui peut contenir un peu de lithine à l'état de carbonate ou de phosphate, on ajoute de l'acide chlorhydrique jusqu'à réaction acide bien nette, on évapore presque à siccité, on mélange avec de l'alcool à 90 pour 100; par là on précipite la plus grande partie du sel marin, tandis que toute la lithine reste dans la solution alcoolique. On chasse l'alcool par évaporation, et, si l'on possède un appareil spectral, on s'en sert pour chercher la lithine (§ **93**, 3).

Si l'on n'a pas d'appareil, on reprend le résidu par l'eau et quelques gouttes d'acide chlorhydrique, on ajoute un peu de perchlorure de fer, puis de l'ammoniaque en *léger* excès et un peu d'oxalate d'ammoniaque : on laisse reposer longtemps, on sépare par filtration le liquide débarrassé maintenant d'acide phosphorique et des dernières traces de chaux : on l'évapore à siccité, on chauffe au rouge faible, pour chasser tous les sels ammoniacaux, on traite le résidu par l'eau de chlore (pour éliminer l'iode et le brome) et quelques gouttes d'acide chlorhydrique, on évapore à siccité : on ajoute un peu d'eau et de bioxyde de mercure en poudre fine (pour chasser la magnésie), on évapore à siccité, on chauffe au rouge jusqu'à ce qu'on ait chassé tout le mercure : on reprend le résidu avec un mélange d'alcool absolu et d'éther anhydre, après addition d'une goutte d'acide chlorhydrique, on filtre la dissolution, on la concentre par évaporation et enfin on allume l'alcool. S'il brûle avec une flamme rouge carmin, c'est qu'il y a de la *lithine*. Pour s'en assurer, on transforme cette base en phosphate (§ **93**, 3).

3. *Recherche des substances qui ne sont dans l'eau qu'en très-petites quantités.*

On évapore 100 à 150 litres d'eau dans une grande chaudière en fer 260
bien propre, jusqu'à ce que les sels solubles commencent à se déposer. Si l'eau minérale ne renferme pas naturellement du carbonate de soude, on en ajoute auparavant en quantité suffisante pour qu'elle ait une réaction franchement alcaline. Après l'évaporation, on filtre la dissolution, on lave le précipité sans mêler les eaux de lavage au premier liquide et on traite

a. le précipité par la méthode indiquée plus bas (§ **124**) pour les dépôts de la source.

b. On acidule la dissolution avec de l'acide chlorhydrique, on chauffe : on précipite l'acide sulfurique, s'il y en a, avec le chlorure de baryum, on filtre, on évapore à siccité le liquide filtré : on fait digérer le résidu avec de l'alcool à 90 pour 100 et on cherche dans la dissolution alcoolique le *cœsium* et le *rubidium* d'après le § **93**. On dissout dans l'eau le résidu insoluble dans l'alcool et à la liqueur chaude on ajoute un excès d'ammoniaque. S'il se forme un précipité, on filtre : dans la liqueur claire ou éclaircie par filtration, chaude et contenant de l'ammoniaque libre, on verse de l'iodure de potassium. S'il se produit un précipité de suite ou au bout d'un peu de temps, on le sépare par filtration et l'on y cherche le *thallium* avec l'appareil spectral.

II. ANALYSE DES DÉPÔTS ET CONCRÉTIONS DE LA SOURCE.

§ **214**

1. On fait digérer avec de l'eau et de l'acide chlorhydrique (s'il y a ef- 261
fervescence : *acide carbonique*) une assez grande quantité (environ 200 grammes) du dépôt ou des concrétions, en les débarrassant préalablement, soit à la main, soit au tamis, ou par des lavages, etc., des impuretés retenues mécaniquement ou des sels solubles qui y sont adhérents : on laisse digérer à chaud jusqu'à ce que tout ce qui peut se dissoudre soit dissous, on étend d'eau, on laisse refroidir, on filtre et on lave le résidu.

a. *Analyse du liquide filtré.*

α. On chauffe à 70° la plus grande partie du liquide filtré, et l'on 262
y fait passer un courant d'acide sulfhydrique, que l'on continue même pendant le refroidissement. On abandonne le li-

quide à lui-même dans un lieu chaud jusqu'à ce qu'il ne répande plus qu'une odeur d'acide sulfhydrique faible et on filtre.

Après avoir lavé et séché, on enlève la plus grande partie du soufre libre en faisant digérer et en lavant avec du sulfure de carbone, puis on chauffe légèrement le précipité avec du sulfure de potassium jaune : on étend d'eau, on filtre, on lave avec de l'eau renfermant du sulfure de potassium, et on précipite le liquide filtré et l'eau de lavage avec de l'acide chlorhydrique. On laisse déposer, on filtre, on lave le précipité, on le sèche, on le traite de nouveau par le sulfure de carbone : s'il y a un résidu, on le met avec le petit filtre dans une capsule en porcelaine, on verse de l'acide azotique rouge fumant et pur, on chauffe jusqu'à ce qu'on ait évaporé la plus grande partie, on ajoute du carbonate de soude en léger excès, puis un peu d'azotate de soude, on chauffe jusqu'à fusion : on reprend la masse fondue avec de l'eau froide, on filtre, on lave avec un mélange d'alcool et d'eau ; dans la solution aqueuse on cherche l'acide arsénique (121) et (122), et dans le résidu l'*antimoine* et l'*étain*, en le dissolvant dans l'acide chlorhydrique et essayant la solution dans une petite capsule en platine avec du zinc exempt de plomb (123). 263

Si, après avoir traité par le sulfure de potassium le précipité produit par l'acide sulfhydrique, il y a un résidu, on le retire du filtre après lavage, on le fait bouillir avec un peu d'acide azotique étendu, on filtre : on lave le contenu du filtre et on le traite d'abord avec de la dissolution d'acide sulfhydrique, pour ne pas laisser échapper le sulfate de plomb qu'il pourrait renfermer, puis on y cherche la *baryte* et la *strontiane* (255). A la dissolution azotique on ajoute un peu d'acide sulfurique pur, on évapore à siccité au bain-marie, on reprend par de l'eau, et, s'il y a un résidu, il est formé de *sulfate de plomb*. Pour s'en assurer, on filtre, on lave et on examine si ce résidu noircit par l'acide sulfhydrique. — On cherche le *cuivre* dans le liquide séparé du sulfate de plomb par filtration, avec l'ammoniaque et avec le prussiate jaune de potasse. 264

Du liquide séparé par filtration des précipités formés par l'hydrogène sulfuré on prend une portion, on l'évapore à siccité au bain-marie, après addition d'acide azotique, on traite le résidu par l'acide azotique et l'eau, on filtre et dans le liquide on cherche l'*acide phosphorique* avec l'acide molybdique ; au reste du liquide séparé des précipités dus à l'a- 265 cide sulfhydrique et qu'on a mis dans un ballon on ajoute du sel ammoniac, de l'ammoniaque, du sulfhydrate d'ammoniaque, on ferme le ballon, qui doit être rempli jusqu'au col, on l'abandonne dans un endroit chaud, jusqu'à ce que le liquide qui est au-dessus du précipité paraisse jaune et non plus verdâtre, on filtre, on lave le précipité avec de l'eau additionnée de sulfhydrate d'ammoniaque. On le traite alors avec de l'acide chlorhydrique étendu et l'on y cherche le *cobalt*, le *nickel*, le *fer*, le *manganèse*, le *zinc*, l'*alumine* et l'*acide silicique*, d'après le n° (152) jusqu'au n° (160). Pour trouver l'acide *titanique*, on précipite une partie de la dissolution chlorhydrique avec l'ammoniaque et on traite le précipité d'après (222). — Dans le liquide séparé par filtration du précipité formé par le sulfhydrate d'ammoniaque on précipite la *chaux*, la *strontiane* et le peu de baryte qui pourrait encore s'y trouver avec du carbonate et un peu d'oxalate d'ammoniaque, et dans le précipité on cherche les deux dernières bases d'après le procédé d'*Engelbach* (page 118). Enfin on cherche la *magnésie* dans le liquide séparé du précipité calcaire.

6. On étend de beaucoup d'eau la dissolution chlorhydrique, on y verse du chlorure de baryum, on abandonne douze heures dans un lieu chaud. Précipité blanc : *acide sulfurique*.

b. *Analyse du résidu*. Il est généralement formé de sable, de si- 266
lice hydratée, d'alumine et de matières organiques ; mais il peut aussi contenir du soufre, si l'eau est sulfureuse, et de plus du sulfate de baryte et du sulfate de strontiane. On le fait d'abord bouillir avec du carbonate de soude ou de la soude caustique pour dissoudre la *silice hydratée* et le soufre et on le traite sur le filtre avec un peu d'acide chlorhydrique étendu, pour enlever la baryte et la strontiane en laissant l'alumine et le sable. Dans la dissolution chlorhydrique, on cherche la *baryte* et la *strontiane* suivant le n° (256).

2. Pour trouver le *fluor*, on traite une portion particulière du dé- 267
pôt ou des concrétions. Si elle ne contient pas déjà beaucoup de carbonate de chaux, on la mélange avec la moitié de son poids de chaux hydratée pure, on chauffe au rouge (ce qui permet de reconnaître s'il y a des matières organiques), on délaie le résidu dans l'eau, on ajoute de l'acide acétique jusqu'à réaction acide, on évapore jusqu'à ce qu'on ait chassé tout l'acide acétique, et on opère comme au n° (253).

3. On fait bouillir quelque temps le dépôt ou la concrétion avec de la lessive de potasse ou de soude, et l'on filtre.

a. On acidifie une portion du liquide avec de l'acide acétique, on ajoute de l'ammoniaque, on sépare douze heures après, par filtration, le précipité d'alumine et le silice, qui se forme généralement ; on ajoute de nouveau de l'acide acétique jusqu'à réaction acide, puis une dissolution d'acétate neutre de cuivre : s'il se forme un précipité brunâtre, c'est de l'*apocrénate de cuivre*. Au liquide séparé par filtration du précipité on ajoute du carbonate d'ammoniaque, jusqu'à ce que la couleur verte devienne bleue, et l'on chauffe : s'il se fait un précipité vert bleuâtre, c'est du *crénate de cuivre*.

b. Dans le cas où l'on aurait trouvé de l'arsenic, on emploierait le reste du liquide alcalin pour chercher si ce métalloïde se trouve dans le dépôt à l'état d'*acide arsénieux* ou d'*acide arsénique* (*voy.* § **134**, 9).

IV. ANALYSE DU SOL DES CHAMPS OU DES FORÊTS.

§ **215**

Lorsqu'une plante croît dans un terrain, celui-ci doit renfermer toutes les substances qui se trouvent dans la plante, excepté toutefois celles qui sont fournies par l'air et par les pluies. Si l'on a observé qu'un végétal, dont on connaît les principes constituants, croît dans le sol que l'on veut étudier, par exemple, sur une roche dénudée, on peut en tirer des conséquences sur la nature des éléments de ce sol et jusqu'à un certain point s'épargner la peine d'en faire une analyse qualitative.

D'après cela il pourrait paraître tout à fait superflu d'entreprendre l'analyse qualitative d'un terrrain sur lequel croissent des végétaux, car on sait que les cendres de ceux-ci renferment presque toujours les mêmes éléments ; il n'y a guère de différence que dans les proportions. Mais, si dans l'analyse qualitative on tient compte — autant qu'on peut le faire par approximation — de la proportion apparente des éléments, de l'état dans lequel ils se trouvent dans le sol, si l'on ajoute à cela une séparation mécanique des parties du mélange constituant le sol et une étude de ses propriétés physiques[1], on arrivera

[1] Pour ce qui est de la séparation mécanique des substances composant un terrain, de l'étude de ses propriétés physiques et de sa nature chimique, on peut consulter le travail de *Franz Schulze* : « Introduction à l'étude des propriétés physiques et des

à des résultats très-utiles sur la constitution du terrain, ce qui est d'autant plus important que les analyses quantitatives, difficiles et fort longues, ne peuvent guère être entreprises par les agronomes praticiens.

Les plantes ne pouvant absorber que des substances solubles, il est de toute importance dans une analyse qualitative de distinguer les principes solubles dans l'eau pure[1], ceux qui ne se dissolvent que dans les acides (en général l'acide carbonique dans la nature), ceux enfin qui ne se dissolvent ni dans l'eau, ni dans les acides, et qui dès lors ne peuvent pas encore servir d'aliments aux végétaux. — Pour ces derniers, il est encore intéressant de savoir si les éléments qui les constituent peuvent ou non se désagréger, si la désagrégation est plus ou moins facile et quels sont les produits qui en résultent[2].

A ce point de vue donc il faudra, dans une analyse du sol, chercher séparément les éléments solubles dans l'eau pure, ceux qui ne sont solubles que dans les acides et ceux qui sont tout à fait insolubles. Quant aux matières organiques, il faudra faire un essai particulier.

L'analyse se partage dès lors en quatre opérations, qui sont les suivantes :

1. PRÉPARATION ET ANALYSE DE L'EXTRAIT AQUEUX.

§ 216

On emploie environ 1000 grammes de terre séchée à l'air. La pré- 269
paration d'un extrait aqueux parfaitement limpide n'est pas aussi fa-

éléments des terres arables. » *Journ. de chim. prat.*, t. XLVII, p. 241. Voir en outre Fresenius, *Analyse quantitative*, § **263**, et le travail de *E. Wolff* sur l'analyse du sol (*Zeitschrift. f. Analyt. Chem.*, III, 85).

[1] Depuis qu'il est démontré que le sol, à la façon du charbon poreux, a la propriété d'enlever aux dissolutions étendues les substances dissoutes, il a fallu modifier cette supposition, généralement admise autrefois, que les corps solubles dans l'eau ou dans l'eau carbonatée circulaient librement dans le sol, quand celui-ci contenait les dissolvants convenables. Nous savons maintenant qu'il n'en est pas ainsi, mais que plus exactement les terres retiennent avec une certaine force les substances naturellement solubles, et nous devons en conclure que l'extrait aqueux d'un sol ne nous livre pas les substances qu'il renferme dans l'état où elles sont immédiatement utilisées par les végétaux. — Nous ne devons pas nous attendre davantage à trouver dans cet extrait aqueux les corps dans la même proportion que le sol les renferme, car évidemment il cédera facilement ceux pour lesquels sa propriété absorbante est satisfaite, tandis qu'il retiendra ceux pour lesquels cela n'a pas eu lieu. Pour cette raison l'analyse particulière des principes que l'eau enlève au sol n'aura plus la même importance qu'autrefois ; cependant, comme il est bon de connaître les matières que l'eau enlève au sol d'une manière factice, j'ai cru devoir indiquer encore ici comment on prépare et on analyse l'extrait aqueux d'un terrain.

[2] Voir pour plus de détails l'ouvrage de l'auteur : *Chimie à l'usage des agronomes, des forestiers*, etc., Brunswick, 1847, p. 485.

cile qu'on pourrait le croire; en effet, si l'on fait digérer la terre avec de l'eau, ou si l'on fait bouillir et que l'on filtre, on reconnaîtra bientôt que l'argile finement divisée rend l'opération difficile, car premièrement elle bouche les pores du papier, et en second lieu elle trouble presque toujours le liquide filtré, surtout au commencement. — Le moyen suivant, indiqué par *Fr. Schulze* (voir la note de la page 380), m'a paru le plus commode dans la pratique. On ferme la pointe de plusieurs entonnoirs de moyenne grandeur avec de petits filtres en papier poreux grossier, on humecte ceux-ci et on les applique bien contre les parois des entonnoirs, que l'on remplit environ aux 2/3 avec de la terre séchée à l'air, non pulvérisée, seulement concassée (ce qu'il y a de mieux, c'est de la réduire en morceaux de grosseur moyenne, depuis celle d'un pois jusqu'à celle d'une noix). On verse dessus de l'eau distillée, de façon qu'elle couvre toute la terre; si le premier liquide qui passe est trouble, on le reverse dans l'entonnoir et on laisse couler lentement goutte à goutte; on remplit de nouveau avec de l'eau et cela jusqu'à ce que le poids du liquide filtré soit environ deux ou trois fois celui de la terre employée. On réunit et on mélange toutes ces eaux de lavage : on garde une portion de la terre épuisée par l'eau.

On partage la solution aqueuse en deux portions 1 et 2, 1 contenant les 2/3 et 2 l'autre tiers.

1. On évapore les 2/3 dans une capsule en porcelaine jusqu'à forte concentration et l'on soumet aux essais suivants :

   a. On filtre une petite portion, on essaie la réaction du liquide fil- 270
   tré, on en prend une portion pour chercher les matières organiques suivant (280), on chauffe le reste et l'on y ajoute de l'acide azotique. Un dégagement de gaz décèle un *carbonate alcalin*. Ensuite avec l'azotate d'argent on cherche le *chlore*.

   b. Dans une petite capsule en porcelaine ou mieux en platine on 271
   met le reste du liquide concentré en 1, avec le précipité qui se forme généralement; on évapore à siccité et l'on chauffe avec précaution le résidu brun à la lampe jusqu'à décomposition complète de la matière organique. S'il y avait des *azotates*, il se produirait une déflagration plus ou moins vive suivant la proportion de ces sels. — On essaie le résidu légèrement chauffé au rouge de la manière suivante :

      α. Dans une petite partie on cherche le *manganèse* avec le carbonate de soude dans la flamme d'oxydation;

      β. On chauffe le reste de l'eau, on ajoute un peu d'acide chlorhydrique (une effervescence dénote de l'acide carbonique), on évapore à siccité, pour séparer la silice, on humecte avec de l'acide chlorhydrique, on ajoute de l'eau, on chauffe et on filtre.

aa. Le résidu lavé renferme généralement un peu de charbon, en outre un peu d'argile (quand l'extrait aqueux n'est pas tout à fait limpide) et enfin de la *silice*. Pour reconnaître celle-ci, on perce la pointe du filtre, on chasse le résidu avec la fiole à jet, on fait bouillir avec du carbonate de soude, on filtre, on sature avec de l'acide chlorhydrique, on évapore à siccité et on reprend avec de l'eau. La silice reste.

bb. Dans une partie de la solution chlorhydrique on cherche l'*acide sulfurique* avec le chlorure de baryum : on traite une autre portion évaporée avec de l'acide azotique par la dissolution de molybdate d'ammoniaque pour déceler l'*acide phosphorique ;* dans un troisième essai on verse du sulfocyanure de potassium pour trouver le *peroxyde de fer*. Dans le reste on ajoute (pour séparer l'acide phosphorique) quelques gouttes de perchlorure de fer, puis de l'ammoniaque avec précaution jusqu'à ce que la liqueur soit faiblement alcaline, on chauffe un peu, on filtre ; dans le liquide filtré on précipite la *chaux* avec l'oxalate d'ammoniaque et on suit, pour la *magnésie*, la *soude* et la *potasse*, la marche ordinaire de l'analyse (§ **196** et § **197**). Enfin on soumet à l'analyse spectrale un peu des chlorures alcalins purs pour y déceler la *lithine*.

L'alumine ne passe pas facilement dans l'extrait aqueux 272
(*Fr. Schulze* ne l'y a jamais trouvée). Si cependant on voulait l'y rechercher, on ferait bouillir avec une lessive de soude ou de potasse dans une capsule en platine ou en argent le précipité obtenu par l'ammoniaque, on filtrerait, on acidifierait avec de l'acide chlorhydrique et l'on chaufferait avec l'ammoniaque.

2. Si l'on a trouvé du fer, on cherche dans une portion du dernier 273
tiers de l'extrait aqueux son degré d'oxydation, en employant le ferricyanure de potassium et le sulfocyanure dans deux essais séparés additionnés d'un peu d'acide chlorhydrique. — On ajoute au reste de l'extrait un peu d'acide sulfurique, on évapore au bain-marie presque à siccité et en ajoutant au résidu de l'hydrate de chaux on recherche l'*ammoniaque*. Si l'extrait est parfaitement limpide, on peut aussi employer directement le bichlorure de mercure, etc. (*voir* page 104), pour déceler l'ammoniaque.

2. PRÉPARATION ET ANALYSE DE L'EXTRAIT ACIDE.

§ 217

La terre étant autant que possible épuisée par l'eau (il est presque 274
impossible de l'épuiser complètement par lavage), on en met environ 50 grammes avec de l'acide chlorhydrique de concentration moyenne (une effervescence indique de l'*acide carbonique*); on chauffe quelques heures au bain-marie et on filtre. On soumet aux essais suivants le liquide, qui est presque toujours coloré en jaune rougeâtre par du perchlorure de fer :

1. Dans une petite portion, on cherche le *peroxyde de fer* avec le 275
sulfocyanure de potassium, dans une autre le *protoxyde de fer* avec le prussiate rouge.

2. Dans un petit essai on cherche l'*acide sulfurique* avec le chlorure de baryum; on évapore une autre portion à siccité, on chauffe le résidu à une température qui ne dépasse pas 100°, on le chauffe avec de l'acide azotique, on sépare la silice par filtration et dans le liquide, sans chauffer, on cherche l'*acide phosphorique* avec la solution azotique de molybdate d'ammoniaque.

3. A une plus grande quantité on ajoute de l'ammoniaque pour neu- 276
traliser les acides libres, puis du sulfhydrate d'ammoniaque, et, le liquide étant versé dans un ballon rempli jusqu'au col, on l'abandonne dans un endroit chaud jusqu'à ce que la liqueur paraisse jaune : on filtre et l'on cherche d'après la méthode ordinaire la *chaux*, la *magnésie*, la *potasse* et la *soude* dans le liquide.

4. On dissout dans l'acide chlorhydrique le précipité obtenu au n° 3, 277
on évapore la dissolution à siccité, on humecte avec de l'acide chlorhydrique, on ajoute de l'eau, on chauffe, on filtre et on cherche dans la dissolution, d'après le n° 150, le *fer*, le *manganèse*, l'*alumine* et au besoin la chaux, la magnésie, dont les combinaisons avec l'acide phosphorique auraient pu être précipitées par le sulfhydrate d'ammoniaque.

5. La *silice* qui se précipite au n° 4 est d'ordinaire colorée par des matières organiques. On la porte au rouge pour l'avoir pure.

6. Si l'on croit utile de chercher dans l'extrait chlorhydrique l'*oxyde* 278
de cuivre, l'*acide arsénique*, etc., on traite le reste de la dissolution par l'acide sulfhydrique, etc., comme cela est indiqué au n° 262 jusqu'au n° 264.

7. Pour trouver le *fluor*, dans le cas où l'on voudrait le chercher, on traiterait d'après le n° 230 une portion nouvelle de la terre, que l'on calcinerait au rouge.

3. RECHERCHE DES SUBSTANCES INORGANIQUES INSOLUBLES DANS L'EAU ET DANS LES ACIDES.

§ 218

Après avoir chauffé la terre avec de l'acide chlorhydrique (274), la plus grande partie reste toujours sans se dissoudre. Si l'on veut encore analyser ce résidu, on le lave, on le dessèche, on sépare au tamis les cailloux et les fragments pierreux d'avec l'argile et le sable, on sépare encore ces derniers par lévigation, puis enfin on soumet les différentes parties à l'analyse des silicates, telle que nous l'avons indiquée au **§ 205**.

4. RECHERCHE DES MATIÈRES ORGANIQUES DU SOL[1].

§ 219

Les principes organiques du sol, qui influent si puissamment sur sa fertilité aussi bien par leur action physique que par leur action chimique, sont les uns des parties de végétaux encore reconnaissables à leur structure (de la paille, des racines, des graines, etc), les autres des produits de la décomposition spontanée des plantes, produits qu'on désigne sous le nom général d'*humus ;* mais ces matières jouissent de propriétés différentes, suivant qu'elles proviennent de la décomposition de principes végétaux azotés ou non azotés, — avec ou sans l'action des alcalis ou des terres alcalines, — et suivant aussi qu'elles ne font que commencer à entrer en décomposition ou que celle-ci est déjà fort avancée. Séparer tous ces principes serait un travail difficile et qui du reste n'offrirait pas grand avantage : aussi dans l'analyse qualitative d'un terrain on peut, au point de vue de ses éléments organiques, se contenter des essais suivants.

a. *Recherche des matières organiques solubles dans l'eau.*

On évapore à siccité au bain-marie la portion de l'eau que l'on a 280
mise de côté pour cela au n° 270, et l'on traite le résidu par l'eau. Les acides ulmique, humique et géique, combinés aux bases dans l'eau, restent insolubles, tandis que l'acide crénique et l'acide apocrénique

[1] Voir *Fresenius, Traité de chimie agricole,* etc., § 282 au § 285.

combinés à l'ammoniaque se dissolvent. On a indiqué au nº (268) la manière de reconnaître ces derniers.

b. *Traitement par les alcalis carbonatés.*

On dessèche une portion de la terre épuisée par l'eau, on sépare à l'aide d'un tamis les brins de paille, les morceaux de racines, etc., les pierres ; on fait digérer la terre en poudre, entre 80° et 90°, pendant quelques heures, avec une dissolution de carbonate de soude et l'on filtre. On ajoute au liquide filtré de l'acide chlorhydrique jusqu'à réaction acide. S'il se dépose des flocons bruns, ils sont dus à de l'acide *ulmique* ou *humique* ou *géïque*. Plus il y a d'acide ulmique, plus la couleur du précipité est brun clair ; au contraire elle est brun foncé si les deux autres acides dominent. 281

c. *Traitement par les alcalis caustiques.*

On fait bouillir quelques heures avec une lessive de potasse caustique, en ayant soin de remplacer l'eau qui s'évapore, la terre séparée en *b* de la dissolution de carbonate de soude et bien lavée avec de l'eau ; on étend d'eau, on filtre et on lave. On traite le liquide brun comme en *b*. Les acides de l'humus (ulmique et humique) qui se déposent alors proviennent de l'action de la potasse bouillante sur l'*ulmine* et l'*humine*. 282

V. RECHERCHES DES SUBSTANCES MINÉRALES EN PRÉSENCE DE MATIÈRES ORGANIQUES.

§ 220

On comprend facilement combien il doit être difficile de trouver les corps inorganiques en présence des matières organiques colorées, visqueuses, etc., et qu'il faut avant tout détruire complétement ces dernières : dans un liquide coloré on ne saurait en effet distinguer la couleur d'un précipité : comment filtrer des liqueurs visqueuses? etc. Or, dans les analyses de médicaments, dans la recherche des poisons minéraux dans les aliments ou dans le contenu de l'estomac, dans l'analyse enfin, au point de vue minéral, des plantes, des animaux ou de leurs parties, on peut rencontrer souvent les difficultés dont nous parlons : nous avons donc cru utile d'indiquer les moyens de les vaincre aussi bien d'une manière générale que dans certains cas particuliers.

1. RÈGLES GÉNÉRALES POUR TROUVER LES SUBSTANCES MINÉRALES EN PRÉSENCE DE MATIÈRES ORGANIQUES, QUI PAR LEUR COULEUR, LEUR CONSISTANCE OU TOUTE AUTRE PROPRIÉTÉ EMPÊCHENT L'ACTION DES RÉACTIFS, OU MASQUENT LES PHÉNOMÈNES QUE CEUX-CI DOIVENT PRODUIRE.

§ 221

Il ne peut être naturellement question ici que des méthodes applicables dans la plupart des cas, laissant à l'opérateur le soin d'y apporter les modifications nécessitées par les particularités des circonstances.

1. *Le corps se dissout dans l'eau, mais la dissolution a une couleur* 283
foncée ou une consistance visqueuse.

a. On chauffe une portion de la dissolution au bain-marie, en y ajoutant de l'acide chlorhydrique et peu à peu du chlorate de potasse, jusqu'à ce que le liquide soit fluide et incolore : on chauffe ensuite jusqu'à ce que toute odeur de chlore ait disparu, on étend d'eau et l'on filtre. On traite le liquide filtré d'après la marche ordinaire, en commençant au § **190**. Voir aussi § **225**. Bien entendu que dans cette manière d'opérer on ne fait que reconnaître la présence des métaux, sans rien savoir sur leur degré d'oxydation, car en traitant par l'acide chlorhydrique et le chlorate de potasse les protoxydes de mercure, d'étain, de fer, etc., sont changés en peroxydes.

b. On fait bouillir quelque temps une autre partie avec de l'acide azotique et l'on cherche dans le liquide l'*argent* et la *potasse*. Si la décoloration et la décomposition des matières visqueuses réussissent bien avec l'acide azotique, ce moyen est souvent de beaucoup préférable.

c. Par ce moyen d'opérer, on pourrait laisser échapper l'*alumine* et l'*oxyde de chrome* (parce qu'ils ne sont pas précipités par l'ammoniaque et le sulfhydrate d'ammoniaque dans les liqueurs qui contiennent des matières organiques non volatiles). *Si* donc on avait des raisons pour soupçonner leur présence, il faudrait ajouter à un troisième essai de la substance du carbonate de soude et du chlorate de potasse et jeter le mélange par portions dans un creuset chauffé au rouge. Après le refroidissement, on traite la masse fondue par l'eau : dans la dissolution on cherche l'acide chromique et l'alumine, et encore l'alumine dans le résidu (§ **103**).

d. Avec l'hydrate de potasse on cherche l'*ammoniaque*.

e. Enfin on soumet une autre portion à la dialyse et dans le liquide dialysé (§ **8**) on trouvera les acides.

2. *Le corps ne se dissout pas, ou ne se dissout qu'en partie dans l'eau bouillante: la dissolution peut se filtrer.* On filtre et on traite la dissolution soit d'après le § **189**, soit d'après le n° (283) si elle est colorée. Le résidu peut être de diverses natures. 284

a. *Il est gras.* On enlève la graisse avec de l'éther, et s'il y a un résidu, on le traite d'après le § **175**.

b. *Il est résineux.* Au lieu d'éther on emploiera l'alcool ou un mélange des deux.

c. *Il est d'autre nature*, par exemple, ligneux, etc.

α. On en dessèche et on en porte une partie au rouge dans un vase en porcelaine ou en platine, jusqu'à ce que l'incinération soit complète ou partielle, en évitant une trop haute température ; on chauffe le résidu avec de l'acide chlorhydrique et un peu d'acide azotique, on étend d'eau et on essaie la dissolution d'après le n° (109). S'il y a un résidu, on le traite d'après le § **203**.

β. Pour chercher les métaux lourds et les acides, on traite une seconde portion exactement d'après la méthode du n° (283). — (Dans l'opération indiquée en α, il peut en effet se volatiliser non seulement des composés mercuriels, mais encore de l'arsenic, du cadmium, du zinc, etc.)

γ. On cherche l'ammoniaque dans le reste de la substance, en le broyant avec de l'hydrate de chaux.

3. *Le corps est de nature telle qu'on ne peut pas filtrer, ou en général séparer les matières dissoutes de celles qui ne le sont pas.* 285

Dans ce cas on opère comme nous l'avons indiqué (284) pour le résidu insoluble dans l'eau.

Relativement à la calcination indiquée (284) c. α., il est souvent préférable de faire bouillir avec de l'eau la masse d'abord simplement carbonisée au rouge faible, d'analyser cette dissolution à part, de laver le résidu, de l'incinérer ensuite et de faire également l'analyse des cendres.

4. *E. Millon* a donné[1] une méthode d'un emploi tout à fait général pour trouver les oxydes métalliques en présence des matières organiques. Dans une cornue tubulée on place la substance coupée en petits morceaux avec de l'acide sulfurique concentré et pur. On prendra de ce dernier environ quatre fois le poids de la matière non desséchée; la cornue sera au plus remplie au tiers. On chauffe lentement jusqu'à décomposition ou division de la masse et au moyen d'un tube à entonnoir passant par la tubulure, on verse peu à peu de l'acide azotique, en élevant graduellement la température. Cette première opération a pour but de décomposer les chlorures et elle est terminée à peu près au bout d'une demi-heure. — Alors on chauffe dans une capsule en platine le contenu de la cornue jusqu'à ce que l'acide sulfurique, qui perd peu à peu sa couleur noirâtre et devient jaune orangé et rouge, commence à se volatiser. On ajoute à ce moment de l'acide azotique de nouveau et par portions. Après chaque addition le liquide se décolore, mais en chauffant davantage il redevient foncé. On continue à ajouter de l'acide azotique jusqu'à ce qu'il n'y ait plus de décoloration : on chasse l'acide sulfurique et l'on obtient enfin une masse saline blanche, qu'on analyse à la manière ordinaire. En ayant soin vers la fin de l'opération de modérer la température, l'arsenic et le mercure se trouvent en entier dans le résidu, suivant *Millon*. Toutefois cela n'est exact qu'autant que la quantité des chlorures est faible.

5. S'il faut rechercher dans les substances organiques des sels appartenant à la classe des colloïdes, on pourra souvent employer la dialyse (§ **8**) avec avantage. Suivant les circonstances, on mettra dans le dialyseur soit la matière telle quelle, soit après l'avoir chauffée avec de l'acide chlorhydrique ou avec de l'acide chlorhydrique et du chlorate de potasse (voy. § **221**).

2. RECHERCHE DES POISONS MINÉRAUX DANS LES ALIMENTS, LES CADAVRES, ETC., AU POINT DE VUE DE LA MÉDECINE LÉGALE[2].

§ 222

On charge fréquemment les chimistes de rechercher dans les ali- 286
ments, les matières vomies, dans un cadavre, etc., la présence d'une

[1] *Jour. de pharm. et de chimie*. XLVI, 33.

[2] Voir à ce sujet : *a*. le travail de *Frésénius* sur le rôle du chimiste dans les affaires criminelles, etc. (*Ann. d. Chemie u. Phar.*, XLIX, 275) et *b*. mémoire de *Frésénius* et de *Babo* sur un procédé certain de reconnaître dans toutes les circonstances et de doser quantitativement l'arsenic dans les cas d'empoisonnement. (*Ann. d. Chemie u. Pharm.*, XLIX, 287.) — Dragendorff, Toxicologie, page 68, 1873.

matière vénéneuse, pour constater un empoisonnement criminel ou involontaire. Parfois la question posée est moins générale : il s'agit de ne constater dans ces substances que la présence d'un poison minéral, ou bien, d'une manière encore plus précise, on n'a qu'à décider si les matières suspectes contiennent de l'arsenic, de l'acide prussique ou un autre poison nettement désigné; cela arrive quand les symptômes de l'empoisonnement indiquent déjà la nature du poison, ou quand le juge d'instruction croit devoir, d'après des motifs particuliers, préciser ainsi la question.

Évidemment le problème est d'autant plus facile à résoudre qu'il est moins général. Mais quand même il ne se rapporterait qu'à une substance déterminée, par exemple à l'arsenic, le chimiste agira prudemment s'il dirige ses opérations non pas seulement pour trouver *un seul* poison, dont parfois on soupçonne la présence sans données solides, mais aussi pour s'assurer de la présence ou de l'absence réelle de toute autre matière vénéneuse, car on ne doit pas oublier que l'on a entre les mains le corps du délit.

Si l'on voulait aller plus loin et indiquer un procédé qui s'appliquât à la recherche de tous les poisons possibles, on pourrait évidemment le rédiger sur le papier, mais la pratique apprendrait bientôt que les détails nombreux, inhérents à une pareille méthode, nuiraient tellement à son application facile et à la certitude des résultats, qu'elle aurait plus d'inconvénients que d'avantages.

En général les circonstances qui accompagnent l'empoisonnement indiquent déjà avec assez de certitude le groupe auquel appartient la substance vénéneuse. — Partant de là, j'indiquerai dans ce qui suit :

1. Un procédé qui permet de trouver des traces d'arsenic, d'en déterminer la quantité pondérable et ensuite de reconnaître tous les autres poisons minéraux ;

2. Un procédé pour découvrir l'acide prussique, qui n'empêche pas d'employer ensuite la substance à la recherche des poisons minéraux et des alcaloïdes;

3. Un procédé pour déceler le phosphore et qui permet également de trouver sans difficulté les autres poisons.

Je ne prétends pas indiquer ici une méthode complète, applicable à toutes les analyses chimico-légales possibles; mais ce que je puis affirmer, c'est que toutes ces méthodes ont été vérifiées par moi et j'en ai constaté l'exactitude. Elles suffiront dans la majorité des cas, d'autant plus que j'ai ajouté comme appendice au chapitre sur les alcaloïdes, les meilleurs procédés à employer pour rechercher ces derniers dans les analyses judiciaires.

I. MÉTHODE POUR TROUVER L'ARSENIC (EN TENANT COMPTE AUSSI DE TOUS LES POISONS MINÉRAUX.)

§ 223

De tous les poisons minéraux, l'arsenic est le plus dangereux et le plus fréquemment employé dans un but criminel. Parmi les composés arsenicaux, c'est à l'acide arsénieux (l'arsenic blanc) que l'on donne la triste préférence, parce que : 1° il donne la mort à petite dose; 2° il n'a pas de saveur qui puisse le trahir ou tout au plus elle est très-faible, et 3° on peut se le procurer trop facilement. 287

L'acide arsénieux étant peu soluble dans l'eau, et en outre ne s'y dissolvant que fort lentement à cause de la difficulté avec laquelle il est mouillé, il en résulte qu'en général la plus grande partie de l'arsenic avalé se retrouve tel quel dans le corps; de plus comme les plus petites parcelles de cette substance peuvent se reconnaître promptement et avec certitude au moyen d'une expérience très-simple, et comme on peut affirmer (on pensera tout ce qu'on voudra de l'arsenic normal des os, etc.) que jamais l'acide arsénieux ne se trouve normalement dans l'économie à l'état de *grains* ou de *poudre*, il faudra toujours rechercher avec un soin tout particulier l'arsenic en substance et cela de la manière suivante.

A. *Procédé pour trouver l'acide arsénieux non dissous.*

1. Si l'on a des aliments, des matières vomies, etc., à examiner, on mélange le tout, après l'avoir pesé, de manière à en faire un tout homogène et l'on en met un tiers de côté pour les cas imprévus; on agite les deux autres tiers dans une capsule en porcelaine avec de l'eau distillée, on laisse un peu reposer, on décante le liquide dans une autre capsule avec les matières légères en suspension. On recommence ce lavage encore une fois, et si c'est possible avec le même liquide que l'on transvase de la seconde capsule dans la première. Enfin on lave encore une fois avec de l'eau pure, on enlève le liquide autant que possible et on examine attentivement si l'on ne voit pas dans le résidu de petits grains blancs, durs, semblables à du sable et craquant sous la pression d'une baguette en verre. Si cela n'est pas, on opère suivant le § **224** ou le § **225**; si au contraire on en trouve, on les enlève tous ou en partie avec une petite pince, on les pose sur du papier à filtre, on les pèse sur un verre de montre et on en soumet un ou plusieurs à la chaleur dans un tube en verre ; on en chauffe d'autres au rouge avec un peu de 288

charbon (*voy.* § **132**, 2 et 11). — Si l'on obtient dans le premier cas un sublimé blanc cristallin, dans le second le miroir brillant et noir d'arsenic, cela démontre, sans laisser le moindre doute, que ces petits grains blancs essayés sont bien de l'acide arsénieux. — Faut-il doser l'arsenic quantitativement, ou chercher d'autres métaux vénéneux? on réunit le contenu des deux capsules et on opère d'après le § **224** ou le § **225**.

2. Si l'on a entre les mains un estomac, on en verse le contenu dans une capsule en porcelaine, on le retourne, et on cherche : *a.*) sur les parois des petits grains sablonneux, blancs, durs ; d'ordinaire les places où ils sont attachés sont rougeâtres et souvent ils adhèrent fortement à la membrane interne du viscère : *b.*) après avoir pesé le contenu de l'estomac, l'on le mélange intimement, on en traite les deux tiers comme en 1, et l'on garde le troisième tiers. — Avec les intestins on opère absolument comme avec l'estomac. On ne peut pas trouver d'acide arsénieux en grains dans d'autres parties du corps (excepté quelquefois dans l'arrière-bouche et dans la gorge), quand le poison a été introduit par la bouche. — Si l'on a trouvé de semblables grains, on les essaie comme en 1, et si l'on veut chercher d'autres poisons métalliques, on traite d'après le § **224** ou le § **225**.

B. *Procédé pour trouver l'arsenic dissous et les autres poisons métalliques par la dialyse*[1].

§ **224**

Si en A on n'a pas trouvé d'acide arsénieux en substance, et si d'a- 289
près cela on procède de suite d'après le § **225**, en détruisant complétement la matière organique au moyen du chlorate de potasse et de l'acide chlorhydrique, on se met dans l'impossibilité de pouvoir reconnaître, dans la portion de la substance avec laquelle on travaille, à quel état existait l'arsenic que l'on trouve : on obtient tout simplement une dissolution renfermant de l'acide arsénique, que l'arsenic ait été primitivement à l'état d'acide arsénieux, d'arsenic métallique ou de sulfure d'arsenic. On peut éviter cet inconvénient en intercalant une opération dialytique B entre le traitement A et le traitement C. Le cercle est en bois ou mieux en gutta-percha : il a environ 5 centimètres de hauteur et 22 à 26 centimètres de diamètre.

A cet effet on se sert de l'appareil représenté § **8**, fig. 5.

Lorsque le dialyseur est bien préparé, on y verse la matière à essayer (résidu et liquide du § **223**, A), après avoir ajouté préalablement, au cas échéant, les deux tiers de l'estomac, du canal intestinal, etc., cou-

[1] Voir § **8**.

pés en petits morceaux et qu'on y avait laissés digérer pendant vingt-quatre heures à une température d'environ 32° : le tout doit faire une couche d'au plus 2 centimètres dans le dialyseur, qu'on laisse flotter sur l'eau contenue dans le plus grand vase et dont la quantité doit être environ quatre fois celle du liquide à dialyser. Au bout de vingt-quatre heures la moitié ou les trois quarts des substances cristalloïdes sont passées dans l'eau extérieure, qui reste ordinairement incolore. On la concentre par évaporation au bain-marie, on acidule avec de l'acide chlorhydrique, on traite par l'acide sulfhydrique, et en somme on opère d'après le n° (291). S'il y avait dans l'eau un composé arsenical soluble (ou tout autre sel métallique dissous), on obtiendrait le sulfure correspondant, presque complétement pur. En faisant flotter le dialyseur avec ce qu'il contient sur de nouvelles eaux, on finit par enlever à la matière toutes les substances cristalloïdes solubles. — Dans le reste du liquide dialysé concentré par évaporation, on essaie enfin suivant le § **134**, 9, si l'arsenic trouvé est à l'état d'acide arsénieux ou d'acide arsénique.

Le contenu du dialyseur épuisé par l'eau pourra en général fort bien servir à rechercher de suite suivant le § **225**, les combinaisons métalliques insolubles dans l'eau : dans beaucoup de cas il pourra être plus commode de le chauffer d'abord avec de l'acide chlorhydrique étendu et de le soumettre de nouveau à la dialyse, surtout pour bien établir le degré d'oxydation ou la nature de la combinaison des composés d'arsenic ou d'autres métaux insolubles dans l'eau.

Si entre le traitement de la matière soumise aux recherches suivant le § **223** et le § **225** on ne veut pas intercaler l'essai par la dialyse (qui naturellement rend l'analyse plus longue), on peut, dans le cas où l'on a trouvé un poison minéral, soumettre à la dialyse le tiers de la substance qu'on avait mis de côté, afin de bien s'assurer du degré d'oxydation et de la forme de la combinaison du métal.

C. *Procédé pour trouver l'arsenic, sous quelque forme qu'il soit, pour en déterminer le poids et en même temps reconnaître la présence ou l'absence des autres poisons métalliques*[1].

§ **225**

Si par l'opération A ou par la dialyse on n'a trouvé ni acide arsénieux, ni composé arsenical soluble, on évapore dans une capsule en

[1] Cette méthode, dans ce qu'elle a d'essentiel, a été étudiée et publiée en 1844 par *Frésénius* en collaboration avec *L. de Babo* (*Ann. d. Chemie u. Pharm.* XLIV, p. 308). Depuis *Frésénius* l'a fréquemment appliquée lui-même ou l'a fait employer sous ses yeux : *elle a toujours donné les meilleurs résultats.*

porcelaine au bain-marie et à consistance de bouillie la masse étendue d'eau par les lavages : on y ajoute, au cas où on ne l'aurait pas déjà fait pour la dialyse, les deux tiers de l'estomac, du canal intestinal, etc., coupés en petits morceaux.

Si l'on avait encore à examiner d'autres parties du corps (les poumons, le foie, etc.), on les couperait également en petits morceaux et on en prendrait environ les deux tiers.

Le procédé comprend les opérations suivantes[1] :

1. Décoloration et dissolution.

Aux matières qui sont dans la capsule en porcelaine et dont le poids sera de 100 à 250 gr., on ajoute une quantité d'acide chlorhydrique pur de densité 1,12, égale ou un peu supérieure au poids des substances sèches contenues dans le mélange, puis assez d'eau pour donner au tout la consistance d'une bouillie claire. L'acide chlorhydrique ajouté ne doit jamais dépasser le tiers du liquide total. On chauffe la capsule au bain-marie, et de 5 en 5 minutes on jette dans le liquide chaud, en remuant, environ 2 grammes de chlorate de potasse, jusqu'à ce que le contenu de la capsule soit devenu jaune clair, bien homogène et fluide : il faut pendant cette opération ajouter de temps en temps de l'eau pour remplacer celle qui s'évapore.— Lorsqu'on a atteint ce point, on ajoute encore une portion de chlorate de potasse et on enlève la capsule du bain-marie. Après le refroidissement complet on verse la liqueur, suivant la quantité, sur un filtre soit en toile, soit en papier blanc, on laisse égoutter complétement le liquide, et on le chauffe au bain-marie, en remplaçant l'eau qui s'évapore, jusqu'à ce que l'odeur du chlore ait complétement ou presque complétement disparu. On lave bien avec de l'eau chaude le résidu que je désignerai par le n° 1, on le dessèche et on le met de côté, en l'étiquetant, pour l'étudier ultérieurement (303). On évapore à 100 grammes environ et au bain-marie l'eau de lavage, qu'on réunit, avec le dépôt qui peut s'y être formé, au principal liquide filtré. 290

2. Traitement de la dissolution par l'acide sulfhydrique (précipitation de l'arsenic et des métaux du cinquième et du sixième groupe à l'état de sulfures).

On introduit dans un ballon le liquide obtenu en 1, dont le volume est trois ou quatre fois plus grand que celui de l'acide chlorhydrique employé, on le chauffe au bain-marie à 70° et l'on y fait passer pendant 291

[1] Il est inutile de dire que dans de pareilles recherches on ne doit faire usag que de vases neufs et de réactifs parfaitement purs, exempts d'arsenic et de toute combinaison des métaux lourds.

environ douze heures un courant lent d'acide sulfhydrique lavé ; on laisse refroidir en continuant le courant du gaz ; on lave le tube abducteur avec de l'ammoniaque et la liqueur ammoniacale provenant de ce lavage, rendue acide, est réunie au liquide principal dans le ballon ; on ferme celui-ci avec du papier ordinaire et on abandonne à une douce température (30°) jusqu'à ce que l'odeur de l'acide sulfhydrique ait presque complétement disparu. On rassemble sur un petit filtre le précipité ainsi formé et on le lave jusqu'à ce que l'eau de lavage ne contienne plus de chlore. — On évapore le liquide filtré et l'eau de lavage. Si cela produit un précipité, on le sépare par filtration, on le lave et on le réunit au précipité principal obtenu par l'acide sulfhydrique. Quant au liquide concentré par évaporation, on le verse dans un ballon d'une grandeur convenable, on y ajoute de l'ammoniaque jusqu'à réaction alcaline, puis du sulfhydrate d'ammoniaque, on ferme bien le ballon presque complétement rempli et on le met de côté pour essayer plus tard son contenu d'après le n° (307).

3. Purification du précipité formé par l'acide sulfhydrique. 292

Le précipité obtenu en 2 renferme, outre des matières organiques, du soufre libre, tout l'arsenic à l'état de sulfure, et en général tous les métaux des 5e et 6e groupes également à l'état de sulfures ; on le dessèche complétement au bain-marie dans une petite capsule en porcelaine, on y ajoute goutte à goutte de l'acide azotique fumant pur, surtout exempt de chlore, jusqu'à ce que tout soit humecté, puis on évapore à siccité au bain-marie. Au résidu on ajoute de l'acide sulfurique pur, préalablement chauffé, de manière à en bien imprégner toute la masse : on chauffe ensuite, pendant deux ou trois heures, au bain-marie, puis ensuite à une température un peu plus élevée, mais ne dépassant pas 170° soit à l'air libre, soit au bain de sable ou d'huile, jusqu'à ce que la masse charbonneuse ait une consistance friable et qu'un petit essai (qu'on remettra après dans la masse) agité dans l'eau donne après dépôt un liquide incolore. Si l'on n'obtenait pas ce résultat, mais si le résidu donnait un liquide brun, oléagineux, on ajouterait quelques petits morceaux de papier à filtrer Berzelius et on continuerait à chauffer : de cette façon on obtiendra toujours complétement et avec certitude le but qu'on se propose, savoir la décomposition de la matière organique, sans perte d'aucun métal. — On chauffe le résidu au bain-marie avec un mélange de 8 parties d'eau et 1 partie d'acide chlorhydrique, on filtre, on lave le résidu avec de l'eau distillée chaude, additionnée d'un peu d'acide chlorhydrique ; puis on réunit au liquide filtré les eaux de lavage, concentrées par l'évaporation au bain-marie, si cela est nécessaire.

Le résidu charbonneux lavé, que je désignerai par le n° II, est desséché, puis gardé, bien étiqueté, pour des recherches ultérieures n° (304).

4. Recherche ultérieure de l'arsenic et des métaux vénéneux du cinquième et du sixième groupe (seconde précipitation par l'acide sulfhydrique). 293

A un essai du liquide obtenu en 3, qui doit être limpide comme de l'eau et tout au plus coloré légèrement en jaune, et qui contient tout l'arsenic à l'état d'acide arsénieux et aussi l'étain, l'antimoine, le mercure, le cuivre, le bismuth et le cadmium, on ajoute jusqu'à saturation, avec précaution et peu à peu, du carbonate d'ammoniaque avec un peu d'ammoniaque, et on regarde s'il se forme ou non un précipité. Après avoir fait cette observation, on acidule l'essai avec de l'acide chlorhydrique, qui devra redissoudre le précipité que l'ammoniaque aurait formé, on verse de nouveau l'essai dans la liqueur primitive, et on la traite par l'acide sulfhydrique absolument comme il a été dit au n° (291), en chauffant doucement pour commencer, mais en cessant ensuite. — Il peut alors se présenter trois cas, qu'il faut nettement distinguer.

a. *Un courant prolongé d'acide sulfhydrique ne produit pas de précipité*, mais par le repos il s'en forme un léger, blanc ou blanc jaunâtre. — Dans ce cas il y a toute probabilité pour qu'il y ait absence complète des métaux du cinquième et du sixième groupe. — Toutefois pour ne pas laisser échapper des traces d'arsenic, etc., on traite d'après le n° (297) le précipité séparé par filtration et bien lavé. 294

b. *Il se forme un précipité jaune pur* de la couleur du sulfure d'arsenic. — On prend une petite portion du liquide avec le précipité qui y est en suspension, on y ajoute un peu d'ammoniaque et on secoue, sans chauffer, pendant quelque temps. Si le précipité se dissout facilement et complétement, sauf quelque trace de soufre, et si en traitant (293) par le carbonate d'ammoniaque on n'a pas eu de précipité, c'est qu'on a de l'arsenic et pas d'autre métal (ou tout au moins il ne peut y avoir des autres métaux, étain et antimoine, que des quantités insignifiantes). On verse de l'acide chlorhydrique jusqu'à réaction acide à la dissolution ammoniacale du petit essai, on rejette ce liquide acide dans la liqueur principale contenant le précipité et on opère suivant le n° (297). — Mais si le précipité ne se dissout pas dans l'ammoniaque ou ne s'y dissout qu'incomplétement, ou si dans l'essai (293) le carbonate d'ammoniaque a produit un 295 précipité, tout porte à croire qu'il y a peut-être un autre métal avec de l'arsenic. On ajoute également de l'acide chlorhydrique à l'essai qui est dans le petit tube, on le réunit au liquide contenant le précipité principal, et on opère d'après (298).

c. *Il se forme un précipité d'une autre couleur.* — Il faut alors 296
conclure qu'il y a probablement d'autres métaux avec l'arsenic, et on traite suivant le nº (298).

5. Traitement du précipité fourni par l'acide sulfhydrique, lorsque, d'après le nº (295), on est conduit à n'y admettre que de l'arsenic. — Dosage en poids de l'arsenic. 297

Lorsque le liquide précipité au nº (293) a presque complétement perdu l'odeur de l'acide sulfhydrique, on sépare le précipité jaune sur un petit filtre, on le lave parfaitement, on le dissout encore humide sur le filtre avec la solution d'ammoniaque, on lave le filtre (sur lequel dans ce cas il ne doit rien rester, sauf un peu de soufre) avec de l'ammoniaque étendue, on évapore le liquide ammoniacal au bain-marie, dans une petite capsule en porcelaine exactement pesée, on dessèche le résidu à 100°, jusqu'à ce qu'il ne perde plus de poids et on le pèse. Si après la réduction on reconnaît que le résidu n'est composé que de sulfure d'arsenic pur, pour chaque partie de celui-ci on compte 0,8049 d'acide arsénieux ou 0,6098 d'arsenic. Avec le résidu qui est dans la petite capsule on fait les expériences décrites au nº (300).

6. Traitement du précipité pur obtenu par l'acide sulfhydrique lorsque, d'après le nº (295) ou le nº (296), on a des raisons pour y soupçonner un autre métal avec de l'arsenic. — Séparation des métaux. — Dosage en poids de l'arsenic. 298

Si l'on a des raisons pour croire que dans le liquide précipité suivant le nº (293) il y a d'autres métaux, peut-être avec de l'arsenic, on le filtre aussitôt que la précipitation par l'acide sulfhydrique est complète et que l'odeur de ce gaz a disparu : on recueille le précipité formé sur un petit filtre, on le lave complétement, on perce la pointe du filtre, on chasse dans un petit ballon tout le précipité avec le moins d'eau possible, on ajoute au liquide dans lequel il est en suspension d'abord de l'ammoniaque, puis du sulfhydrate jaune d'ammoniaque, on laisse digérer quelque temps à une douce chaleur et on filtre s'il y a un résidu insoluble. Le *précipité* que je désignerai par le nº III, est lavé, étiqueté et conservé pour être étudié plus tard d'après (305). — Dans une petite capsule en porcelaine, on évapore à siccité le liquide filtré avec les eaux de lavage. On traite le résidu par un peu d'acide azotique pur et fumant, exempt de chlore, on évapore avec soin à siccité et on ajoute,

comme l'a indiqué le premier *C. Meyer*, par petites portions une dissolution de carbonate de soude pur, jusqu'à ce qu'il y en ait un excès. On y ajoute encore un mélange de 1 partie de carbonate et 2 parties d'azotate de soude, en quantité suffisante, mais cependant pas trop grande, on évapore à siccité et on chauffe le résidu très lentement jusqu'à la fusion. On traite par l'eau froide après refroidissement. S'il y a un ré- 299
sidu, on le sépare par filtration, on le lave avec un mélange de parties égales d'alcool et d'eau : je le désignerai par le n° IV, et on le conserve pour l'analyser d'après le n° (306). A la dissolution, dans laquelle se trouve tout l'arsenic à l'état d'arséniate de soude, on ajoute le liquide employé pour les lavages et débarrassé l'alcool par évaporation, on acidifie avec précaution et assez fortement avec de l'acide sulfurique pur étendu, on évapore dans une petite capsule en porcelaine, et en ajoutant encore de l'acide sulfurique, on essaie dans le liquide fortement concentré si la première addition de cet acide a suffi pour chasser tout l'acide azotique et l'acide azoteux; on chauffe avec soin jusqu'à ce qu'il commence à se dégager des vapeurs blanches d'acide sulfurique hydraté. — Après le refroidissement on ajoute de l'eau, on met la dissolution dans un petit ballon et en la maintenant à la température de 70°, on y fait passer pendant au moins six heures un courant lent d'acide sulfhydrique lavé, puis on laisse refroidir en continuant le courant de gaz. S'il y a de l'arsenic, il se forme un précipité jaune. On le sépare par filtration quand il s'est déposé et que l'odeur d'acide sulfhydrique a disparu, on le lave, on le sèche, on le débarrasse du soufre par le sulfure de carbone, on le dissout dans l'ammoniaque et on emploie cette dissolution pour déterminer le poids d'arsenic (297).

7. Réduction du sulfure d'arsenic.

Il faut mettre le plus grand soin à extraire l'arsenic métallique du 300
sulfure d'arsenic, ce qui sera la preuve la plus convaincante de la présence de l'arsenic. — Le procédé le meilleur et le plus exact est celui indiqué au § **132**, 12 (p. 195) : on fond le composé arsenical avec du cyanure de potassium et de la soude, dans un courant lent d'acide carbonique. Cette méthode est surtout excellente pour les recherches judiciaires, parce que, outre une grande rigueur, elle n'offre pas le danger de pouvoir faire confondre l'arsenic avec d'autres corps (surtout avec l'antimoine). Il faut avoir bien soin que tout l'appareil soit rempli d'acide carbonique et que le courant gazeux ait la force convenable, avant de commencer à chauffer. Au lieu de l'appareil à acide carbonique de la page 195, on pourra parfaitement se servir de celui plus simple représenté dans la figure 44. On se servira de bouchons en caoutchouc et la pince sera munie d'une vis de pression. On ferme la partie supérieure

du flacon renversé avec une capsule en verre ou en porcelaine. Pour un essai aussi important que celui dont il s'agit ici, il ne faut pas faire usage d'appareil qui ne permette pas de régler le courant d'acide carbonique.

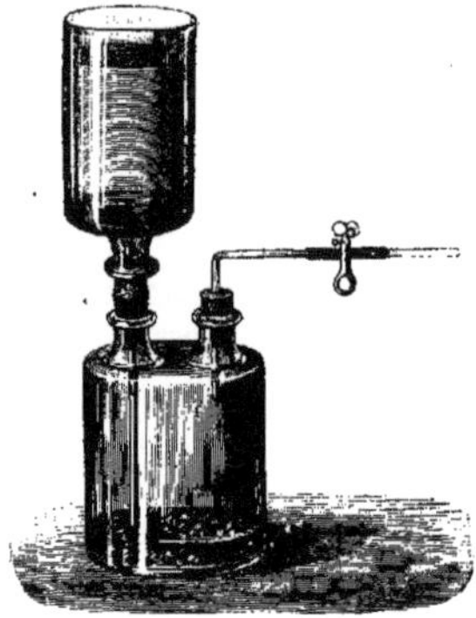

Fig. 44.

Pour opérer la réduction on peût employer le sulfure d'arsenic tel quel. Mais autant que possible on ne prendra pas tout ce qui reste dans la petite capsule après l'évaporation de la dissolution ammoniacale : on n'en emploiera qu'une portion pour pouvoir, au besoin, répéter plusieurs fois la réduction. Si cependant le résidu était trop faible pour qu'on pût le diviser, on le dissoudrait dans quelques gouttes d'ammoniaque, on ajouterait deux ou trois grains de carbonate de soude, on évaporerait à siccité au bain-marie, en bien mélangeant, et on opérerait sur des parcelles du nouveau résidu.

Otto préfère réduire par le cyanure de potassium l'acide arsénique 301 provenant de la transformation du sulfure d'arsenic. Suivant lui, on évapore de l'acide azotique concentré sur le sulfure d'arsenic placé dans une petite capsule, en renouvelant le liquide si cela est nécessaire; on enlève toute trace d'acide azotique en humectant plusieurs fois avec de l'eau et desséchant chaque fois le résidu : on ajoute enfin quelques gouttes d'eau et du carbonate de soude pulvérisé, afin d'avoir une masse alcaline, que l'on dessèche complétement dans la petite capsule en la remuant fréquemment et en ayant soin de la maintenir toujours le plus ramassée possible au milieu de la capsule. — J'approuve parfaitement ce procédé d'*Otto*, mais je ferai remarquer encore une fois d'une façon expresse que le résidu ne doit pas contenir la *moindre trace* d'acide azotique ou d'un azotate quelconque, sans quoi, en calcinant avec le cyanure de potassium, il y aurait explosion et l'analyse serait perdue.

L'opération terminée, on coupe le tube à réduction en *c* (*fig.* 45), 302 on enlève la partie antérieure contenant le miroir arsenical : on met la partie postérieure dans une petite éprouvette avec de l'eau : après la dilution de la masse saline on filtre, on ajoute de l'acide chlorhydrique au liquide jusqu'à ce qu'il soit acide, on y fait encore passer un courant d'acide sulfhydrique et on regarde s'il se forme un précipité. — Si l'on avait eu à réduire du sulfure d'arsenic, en général on aura encore dans cette dernière réaction un léger précipité jaune; s'il y avait des traces d'antimoine, le précipité serait jaune orangé et insoluble dans le carbo-

Fig. 45.

nate d'ammoniaque. — Après avoir enlevé tous les sels solubles à la masse fondue, on cherche dans le résidu métallique qui pourrait rester des traces d'étain et d'antimoine (car si l'on a bien suivi la marche indiquée, il ne peut rester là que des traces de ces deux métaux). Si l'on en trouvait d'une façon appréciable, il faudrait en tenir compte dans le dosage en poids de l'arsenic.

8. Recherche des autres métaux du cinquième et du sixième groupe dans les résidus mis de côté.

a. *Résidu I.* Voir (290). 303

Il peut contenir du chlorure d'argent, du sulfate de plomb, peut-être aussi de l'oxyde d'étain et du sulfate de baryte.

On l'incinère dans une capsule en porcelaine, on brûle le charbon avec un peu d'azotate d'ammoniaque, on traite par l'eau, on dessèche la partie insoluble et on la fond avec du cyanure de potassium et du carbonate de soude dans un creuset en porcelaine. Après le refroidissement on reprend la masse par l'eau, on traite d'abord le résidu par l'acide acétique, pour enlever un peu de carbonate de baryte qui aurait pu se former, on chauffe avec de l'acide azotique ce qui pourrait rester non dissous et on opère suivant le § **181**. — Dans la solution acétique, on cherche la baryte avec le sulfate de chaux.

b. *Résidu II.* Voir (292). 304

Le résidu charbonneux obtenu en purifiant avec l'acide azotique et l'acide sulfurique le précipité brut obtenu avec l'acide sulfhydrique, peut renfermer du plomb, du mercure et de l'étain, comme aussi du bismuth et de l'antimoine; on le chauffe assez longtemps avec de l'eau régale. Après la filtration on lave le résidu avec de l'eau, additionnée au commencement d'un peu d'acide chlorhydrique. — Le liquide filtré étendu avec les eaux de lavage est soumis à l'action de l'acide sulfhydrique, et s'il se forme un précipité on l'étudiera d'après le § **191**. Le résidu insoluble dans l'eau régale est incinéré, les cendres sont fondues avec du cyanure de potassium et la masse est traitée comme au n° (303).

c. *Résidu III*. Voir (298). 305

Dans le précipité insoluble dans le sulfhydrate d'ammoniaque, on cherchera les métaux du Ve groupe, d'après le § **193**.

d. *Résidu IV*. Voir (299). 306

Il peut contenir de l'étain, de l'antimoine et aussi du cuivre. On le traite d'après le n° (123). S'il était noir (renfermant du cuivre), on traiterait les métaux réduits d'après le § **181**.

9. Recherche dans le liquide filtré et conservé des métaux du quatrième et du cinquième groupe, surtout du zinc, du chrome et du thallium.

a. Le liquide séparé (291) des précipités formés par l'acide sulfhydrique a déjà été plus haut additionné de sulfhydrate d'ammoniaque. Cela produit généralement un précipité de sulfure de fer et de phosphate de chaux, mais qui peut aussi renfermer du sulfure de zinc, du sulfure de thallium et de l'hydrate d'oxyde de chrome. On filtre, on lave le précipité avec de l'eau additionnée de sulfhydrate d'ammoniaque, on le dissout à chaud dans de l'acide chlorhydrique additionné d'acide azotique : dans une cornue, on évapore le liquide filtré, additionné d'acide sulfurique, jusqu'à consistance de bouillie, et dans le liquide passé à la distillation on cherche le *thallium* avec l'iodure de potassium, le chlorure de platine et enfin à l'aide de l'appareil spectral (§ **113**, *b*). On traite par l'eau le résidu dans la cornue, on filtre, on ajoute du carbonate de soude jusqu'à réaction alcaline, puis un excès d'une dissolution de cyanure de potassium (qui doit être exempt de sulfure de potassium). On chauffe quelque temps, on filtre, on met de côté le précipité α resté sur le filtre, et dans le liquide filtré on verse du sulfhydrate d'ammoniaque pour précipiter le *thallium*, qui pourrait y être, à l'état de sulfure qu'on examine dans l'appareil spectral. On évapore à l'air libre ou sous une bonne cheminée d'appel le liquide filtré avec le précipité α, en ajoutant un excès d'acide sulfurique, jusqu'à ce qu'il se dégage des vapeurs d'hydrate d'acide sulfurique : on étend d'eau, on filtre, on précipite avec l'ammoniaque et le sulfhydrate d'ammoniaque, et dans le précipité qui peut 307 se former on cherche le *zinc* et le *chrome*, suivant (156) à (159).

b. Le liquide filtré au n° (307) et séparé ainsi du précipité formé 308
par le sulfhydrate d'ammoniaque peut encore renfermer une partie et même la totalité du chrome qui se trouvait dans la substance, parce que l'oxyde de chrome n'est pas précipité complétement par le sulfhydrate d'ammoniaque en présence des matières organiques. Si donc on voulait le chercher, il faudrait évaporer le liquide à siccité, chauffer au rouge le résidu, mélanger la partie fixe avec 3 parties de chlorate de potasse et 1 partie de carbonate de soude et projeter le tout dans un creuset rouge. On ferait ensuite bouillir la masse fondue avec de l'eau, et s'il y a du chrome, le chromate alcalin formé colorera le liquide en jaune. Pour un essai plus complet, voir le § **138**.

II. RECHERCHE DE L'ACIDE CYANHYDRIQUE.

§ 226

Si un empoisonnement a été causé ou est soupçonné avoir été causé 309
par l'acide cyanhydrique, ou le cyanure de potassium, qui est aussi vénéneux que le premier, et que l'on peut maintenant se procurer facilement parce qu'il est d'un emploi fréquent dans l'industrie, et s'il faut rechercher ce poison dans des aliments ou dans le contenu d'un estomac, on doit avant tout opérer sans retard, parce que l'acide prussique, étant très-instable, peut se décomposer avec rapidité. Toutefois sa décomposition n'est pas aussi prompte qu'on pourrait le croire et elle se continue assez longtemps avant que tout l'acide ait été détruit[1].

Bien que l'acide prussique, même en petite quantité, soit avec assez de certitude reconnaissable à son odeur, cela ne suffit cependant pas pour en conclure rigoureusement sa présence. Il faut encore le séparer et le faire passer dans des combinaisons nettes et connues.

La méthode suivante repose sur la distillation de la masse suspecte rendue acide, et sur la recherche de l'acide cyanhydrique dans le liquide distillé. — Mais comme le prussiate jaune et le prussiate rouge de potasse, tous deux non vénéneux, soumis à cette opération donnent à

[1] Il m'est arrivé de trouver une quantité notable d'acide cyanhydrique dans l'estomac d'un homme qui s'était empoisonné avec cet acide pendant les fortes chaleurs de l'été et dont les viscères ne me furent remis que 36 heures après l'événement. — De même, après avoir mêlé le sang et le contenu de l'estomac d'un chien empoisonné avec une faible dose d'acide prussique officinal, on put retrouver le poison 24 heures après, en ayant laissé toutes les matières pendant ce temps exposées à la chaleur de l'été.

la distillation un liquide contenant de l'acide cyanhydrique, il faut avant tout, comme l'a fort judicieusement fait remarquer *Otto*, chercher si par hasard un de ces sels ne se trouverait pas dans la substance à analyser. — A cet effet on agite une petite portion de la matière à essayer avec de l'eau, on filtre, on acidule le liquide filtré avec de l'acide chlorhydrique et on en traite une partie par le perchlorure de fer et une autre partie par le sulfate de protoxyde de fer. Si dans l'un et l'autre cas on n'a ni précipité bleu ni coloration bleue, c'est qu'il n'y a ni ferrocyanure, ni ferricyanure soluble, et l'on peut procéder en toute sécurité aux opérations suivantes. Mais si les réactions ont indiqué un ferrocyanure ou un ferricyanure, il faut opérer suivant le n° (314).

On essaye d'abord la réaction de la matière suspecte, après l'avoir 310
étendue d'eau si c'est nécessaire ; dans le cas où elle n'est pas fortement acide, on y ajoute assez d'une dissolution d'acide tartrique pour rougir fortement le papier de tournesol ; on met le tout dans une cornue ; on fixe celle-ci dans une marmite en fonte ou en cuivre, de manière que la panse ne touche ni le fond ni les parois ; on la couvre par précaution avec un linge, on remplit la marmite d'une dissolution de chlorure de calcium et l'on chauffe de façon à amener à une ébullition modérée le contenu de la cornue, dont le col est relevé. On conduit les vapeurs au moyen d'un tube recourbé à angle obtus dans un réfrigérant de *Liebig*[1], et tout étant bien fermé, on reçoit le produit de la distillation dans un petit ballon taré. Lorsqu'on a recueilli environ 15 centimètres cubes de liquide, on remplace le ballon par un autre un peu plus grand et également taré.

On pèse le premier liquide distillé et on le traite comme il suit :

a. A un quart on ajoute un peu de lessive de potasse ou de soude, 311
jusqu'à forte réaction alcaline, on y verse un peu d'une dissolution de sulfate de protoxyde de fer, mélangée d'un peu de perchlorure, on laisse digérer quelques minutes à une douce chaleur, puis on sursature enfin avec de l'acide chlorhydrique. S'il se forme un précipité bleu, c'est qu'il y a relativement beaucoup d'acide prussique dans le liquide distillé ; tandis qu'il y en a relativement peu si l'on n'obtient qu'une coloration vert bleuâtre, puis des flocons bleus, mais seulement après avoir laissé reposer assez longtemps.

b. On traite un autre quart comme il est dit au § **155**, 7, pour 312
transformer l'acide cyanhydrique en sulfocyanure de fer. — Seu-

[1] Si l'on voulait rechercher en même temps le phosphore et l'acide prussique, l'appareil distillatoire devrait être tout en verre et il faudrait opérer la distillation dans un endroit tout à fait obscur. (Voir 318.)

lement, comme le liquide distillé pourrait contenir de l'acide acétique, on ne négligera pas d'ajouter en dernier lieu un peu plus d'acide chlorhydrique pour empêcher l'effet nuisible de l'acétate d'ammoniaque.

c. Si les essais a. et b. ne laissent aucun doute sur la présence de 313
l'acide prussique et si l'on veut encore en connaître la proportion avec une certaine approximation, on pousse la distillation tant qu'il passe du liquide contenant de l'acide cyanhydrique, on réunit la moitié du contenu du second récipient avec la moitié restant du premier produit de la distillation, on y verse de l'azotate d'argent, puis un excès d'ammoniaque et enfin de l'acide azotique jusqu'à réaction fortement acide : on laisse le précipité se déposer, on le jette sur un filtre séché à 100° et pesé, on lave, on dessèche complétement à 100° et l'on pèse. — Après cela on porte au rouge dans un petit creuset en porcelaine, pour décomposer le cyanure d'argent, puis après on fait fondre le résidu avec du carbonate de soude et de potasse (pour décomposer le chlorure d'argent qui pourrait se trouver mélangé au cyanure), on fait bouillir avec de l'eau, on filtre, on précipite avec le nitrate d'argent, après avoir acidulé avec de l'acide azotique, on pèse le précipité qui se formerait et on en retranche le poids du poids total précédent de cyanure et de chlorure. La différence donne le poids du cyanure d'argent : en le multipliant par 0,2017, on a la quantité correspondante d'acide cyanhydrique anhydre et en multipliant de nouveau par 2 (puisqu'on n'a employé que la moitié du liquide distillé), on obtient la quantité d'acide prussique renfermé dans toute la substance soumise à l'analyse. — Au lieu de faire fondre avec du carbonate de potasse sodé le précipité d'argent préalablement fondu, on peut le réduire avec l'acide sulfurique et le zinc et doser le chlore dans le liquide filtré.

On peut remplacer cette méthode par la suivante, qui est plus directe : on met dans une cornue avec du borax la moitié du liquide destiné au dosage de l'acide cyanhydrique, on distille jusqu'à ce qu'il n'y ait plus qu'un faible résidu et on dose l'acide cyanhydrique à l'état de cyanure d'argent dans le produit liquide de la distillation. Celui-ci ne peut pas contenir d'acide chlorhydrique, car ce dernier aura été complétement arrêté par la soude du borax (*Wackenroder*).

Dans le cas où l'on aurait trouvé des ferrocyanures ou des ferricya- 314
nures métalliques, *J. Otto* recommande d'acidifier faiblement la matière, d'y ajouter un excès de carbonate de chaux en poudre très-fine

(préparé par précipitation) et de distiller au bain-marie vers 40° à 50°. L'acide ferro ou ferricyanhydrique est retenu par la chaux du carbonate, mais l'acide cyanhydrique distille. — Il ne faut pas faire la distillation à feu nu, parce qu'alors, même avec les seuls ferro ou ferricyanures, il passerait toujours un peu d'acide cyanhydrique à la distillation.

III. MÉTHODE POUR TROUVER LE PHOSPHORE.

§ 227

Depuis l'emploi de la pâte phosphorée pour la destruction des rats, 315
des souris, etc., et depuis que l'on a reconnu l'action vénéneuse de la matière inflammable des allumettes dites chimiques, on a fréquemment des exemples d'empoisonnement par le phosphore. Le chimiste peut donc être appelé à rechercher cette substance toxique dans les aliments ou dans les viscères. Ici toute son attention doit se porter sur les moyens de trouver le *phosphore libre* ou de produire les réactions qui permettent de conclure la présence du *phosphore libre* seulement : car si on le trouve à l'état de phosphate, cela ne pourra avoir aucune valeur, attendu que ces sels se rencontrent toujours dans l'organisme des plantes ou des animaux.

A. RECHERCHE DU PHOSPHORE NON OXYDÉ.

1. On cherche avant tout si la présence du phosphore ne se trahirait 316
pas par son odeur et par la lueur qu'il répand dans l'obscurité : il faut pour cela, en remuant la masse, en l'agitant, amener autant que possible au contact de l'air le phosphore qu'elle pourrait renfermer.

2. On met un peu de la substance dans un petit ballon, suivant l'indi- 317
cation de *J. Scherer*[1], on ferme imparfaitement avec un bouchon auquel on a suspendu en dessous une bandelette de papier à filtre, trempée dans une dissolution de nitrate d'argent, et on chauffe à 30° ou 40°. Si au bout d'un temps assez long le papier ne noircit pas, c'est qu'il n'y a pas de phosphore non oxydé, et c'est inutile ou presque inutile d'employer les méthodes (3) et (4), on peut passer au n° (324). Si le papier noircit, ce n'est pas encore une preuve certaine de la présence du phosphore, car cela pourrait être produit par l'acide sulfhydrique (s'en assurer avec un papier imprégné d'acétate de plomb, ou de protochlorure d'antimoine), par l'acide formique, par des matières volatiles putrides, etc. On applique alors à la masse entière la méthode 3 et 4.

[1] *Ann. d. Chem. u. Pharm.*, 112, 214.

5. Comme la lueur que répand le phosphore est toujours le moyen le 318
plus net de s'assurer qu'il n'est pas oxydé, on soumet une grande partie de la substance à la méthode suivante, indiquée par *E. Mitscherlich*[1]; elle est excellente et d'une rigueur irréprochable.

A la matière suspecte on ajoute de l'eau et un peu d'acide sulfurique, ou d'acide tartrique dans le cas où l'on voudrait en même temps cher-

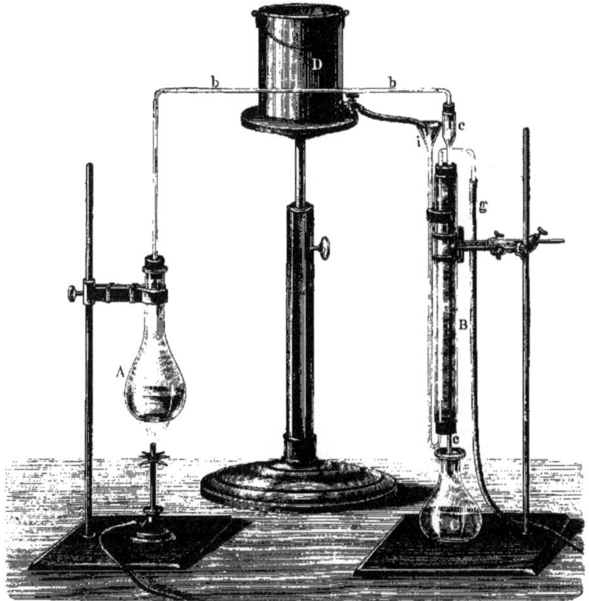

Fig. 46.

cher l'acide cyanhydrique; on soumet le tout dans le ballon A (fig. 46) à la distillation, en chauffant de façon à faire bouillir légèrement. Le

[1] *Journ. f. prackt. Chem.* LXVI, 238.

ballon communique au moyen du tube *b* avec un tube réfrigérant en verre *ccc*, fixé au milieu du cylindre en verre B, en passant à travers le bouchon inférieur, et débouchant dans le flacon C. Un courant d'eau froide, sortant du réservoir D, arrive par l'entonnoir *i* au fond du réfrigérant, et l'eau chaude s'écoule par le déversoir *g*. (On peut aussi employer l'appareil distillatoire représenté à la p. 15, fig. 7.)

Si la substance mise dans le ballon A renferme du phosphore, en plaçant l'appareil dans l'obscurité, on aperçoit dans la partie *r* du tube une lueur très-nette, ordinairement sous forme d'un anneau lumineux. Avec 150 gr. environ d'une matière qui ne renfermait que 1,5 milligr. de phosphore, par conséquent $\frac{1}{100000}$ du poids total, pendant tout le temps qu'a duré la distillation de 90 gr. de liquide, environ une demi-heure, la phosphorescence n'a pas cessé. Et même *Mitscherlich* ayant interrompu l'expérience au bout d'une demi-heure et laissé le ballon ouvert pendant quinze jours, puis reprenant la distillation, vit la lueur se produire de nouveau sans être pour ainsi dire affaiblie.

Si le liquide contient des substances qui empêchent la phosphorescence du phosphore, comme de l'éther, de l'alcool, de l'essence de térébenthine, tant que ces dernières distillent, on n'aperçoit aucune lueur. Avec l'alcool et l'éther, qui sont très-volatils, la lumière apparaît bientôt, mais l'essence de térébenthine empêche le phénomène d'une manière permanente.

Au fond du flacon dans lequel on reçoit le liquide distillé on trouve 319
des grains de phosphore. 130 grammes d'une matière contenant 20 milligrammes de phosphore fournirent à *Mitscherlich* assez de globules de phosphore pour que la dixième partie en fût suffisante pour reconnaître nettement leur nature. Dans une analyse on lavera d'abord ces granules avec de l'alcool, puis on les pèsera. On pourra en employer une partie pour s'assurer que c'est bien réellement du phosphore; le reste sera réuni à une portion du liquide qui a donné des lueurs pendant la distillation, pour être joint au rapport des experts.

L'expérience doit se faire dans un local complétement obscur, et le mieux vers le soir. Si l'on opère pendant le jour, il faut avoir soin de bien fermer les fenêtres avec les volets pour ne laisser pénétrer aucune lumière, sans quoi les réflexions produites à la surface du verre et du liquide en mouvement pourraient induire en erreur. Il sera bon de placer en *b* un écran à travers lequel on ferait passer le tube à dégagement, pour éviter les effets de lumière réfléchie produits par la lampe à alcool ou la lampe à gaz. Toutes ces précautions minutieuses ne sont évidemment indispensables qu'autant qu'on veut rechercher les plus petites traces de phosphore.

On cherche ensuite l'acide phosphoreux d'après (324) dans le résidu de la distillation : on pourra traiter de la même façon le produit de la distillation pour y constater la présence du phosphore ou de l'acide phosphoreux provenant de l'oxydation des vapeurs de phosphore[1].

4. D'après des recherches faites par *Neubauer* et moi[2], on place une 320
autre portion de la matière, additionnée d'eau si cela est nécessaire, dans un ballon en verre fermé par un bouchon percé de deux trous : on verse de l'acide sulfurique jusqu'à réaction acide, et au moyen d'un tube en verre plongeant presque jusqu'au fond, on fait passer un courant lent de gaz acide carbonique bien lavé[3] : celui-ci sort par le second tube et se dégage en traversant un ou deux tubes en U, contenant une dissolution neutre d'azotate d'argent. Quand le ballon est rempli d'acide carbonique, on le chauffe au bain-marie. Il faut continuer l'expérience pendant quelques heures. S'il y a du phosphore libre, il se vaporise sans s'oxyder dans le courant d'acide carbonique, arrive dans la solution d'argent, et y produit d'une part du phosphure d'argent noir, insoluble, et d'autre part de l'acide phosphorique. Comme le précipité pourrait se produire en l'absence du phosphore (par de l'acide sulfhydrique ou des substances réductrices volatiles), sa formation n'indique rien de positif; mais s'il ne se produit pas, c'est une preuve certaine qu'il n'y a pas de phosphore non oxydé.

S'il y a un précipité, on le filtre à travers un filtre bien lavé avec 321
de l'acide azotique étendu et avec de l'eau, puis on le lave avec de l'eau. Pour y déceler le phosphure d'argent, on applique la méthode de *Dussard* perfectionnée par M. *Blondlot*. On emploie l'appareil de la figure 47, que chacun peut facilement construire.

a est un flacon à hydrogène, *b* un tube en U rempli de pierre ponce imbibée d'une dissolution concentrée de potasse, *c* une pince ordinaire de *Mohr*, *d* une pince à vis, *e* un ajutage en platine, que l'on refroidit en l'entourant de coton mouillé. L'ajutage en platine est absolument indispensable; sans lui on n'a pas de flamme incolore, mais une flamme d'hydrogène colorée en jaune par la soude du verre.

Il faut d'abord s'assurer que le zinc et l'acide sulfurique donnent de l'hydrogène exempt d'hydrogène phosphoré. Après avoir laissé le gaz se dégager quelque temps, on ferme en *c* jusqu'à ce que le

[1] Si l'on distille une matière contenant en même temps de l'acide prussique et du phosphore, le premier passe en grande partie dans les premiers produits de la condensation et le phosphore dans les derniers. On fera donc bien de changer de récipient quand on aura recueilli environ 15 centimètres cubes de liquide, pour que l'acide cyanhydrique ne soit pas trop étendu.

[2] *Zeitsch. f. analyt. Chem.*, I. 336.

[3] Comme flacon à dégagement on emploiera avec avantage celui de la page 398.

liquide de *a* soit monté en *f*. On ferme *d* solidement, on ouvre *c* et on règle le courant en dévissant en *d*, de façon à obtenir une flamme convenable. On examine celle-ci dans l'obscurité; si elle est incolore, si elle n'offre pas trace d'un cône vert dans le milieu de la

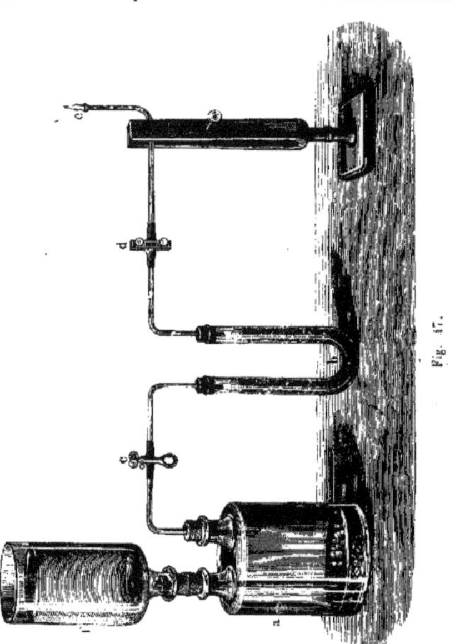

Fig. 47.

flamme et point de coloration vert émeraude lorsqu'on l'écrase, comme dans l'appareil de *Marsh*, contre un tesson de porcelaine froid, c'est que l'hydrogène est pur. On recommence encore l'expérience une seconde fois, on jette le précipité dans le vase *f*, on a soin qu'il descende tout entier en *a* et on répète l'expérience absolument comme précédemment. Si le précipité contient des traces de phosphure d'argent, on voit très-bien le cône vert intérieur et la coloration vert émeraude.

On débarrasse par l'acide chlorhydrique de l'excès de sel d'argent 322
le liquide séparé par filtration du précipité d'argent : on filtre à travers un filtre bien lavé avec de l'acide et de l'eau, on chasse l'acide libre en évaporant au bain-marie, on reprend le résidu avec un peu d'acide azotique, et enfin on cherche l'acide phosphorique avec le molybdate d'ammoniaque ou avec un mélange de sulfate de magnésie, de sel ammoniac et d'ammoniaque.

En employant cette méthode, nous avons retrouvé le phosphore dans une grande quantité de sang corrompu, à laquelle nous avions ajouté seulement le bout phosphoré d'une allumette, et cela fort nettement et même en présence de substances qui rendraient impraticable de la méthode de *Mitscherlich*.

5. S'il y a assez de phosphore pour qu'on puisse le peser, on em- 323
ploie la méthode de *Mitscherlich* modifiée par *Scherer*, c'est-à-dire que l'on distille la masse acidifiée avec de l'acide sulfurique dans une atmosphère d'acide carbonique. Je conseille pour cela de fermer le ballon avec un bouchon percé de deux trous, de faire passer à travers l'appareil un courant d'acide carbonique jusqu'à ce qu'il en soit rempli, puis d'arrêter le courant gazeux. Pour récipient on prendra un ballon fermé également par un bouchon à deux trous : dans l'un passe l'extrémité inférieure du tube réfrigérant et de l'autre part un tube recourbé qui amène les vapeurs dans un tube en U contenant une dissolution d'azotate d'argent pur.

La distillation terminée, le récipient renferme des grains de phosphore : on peut faire passer alors de nouveau un léger courant d'acide carbonique, chauffer un peu pour réunir en un seul globule tout le phosphore, le purifier, le peser, comme dans le procédé de *Mitscherlich*. Le liquide séparé des granules de phosphore luit dans l'obscurité quand on l'agite. Il faut toutefois, pour apercevoir ces lueurs, plus de phosphore que par le moyen de *Mitscherlich*. Le phosphore contenu dans ce liquide peut être dosé après sa transformation en acide phosphorique par l'acide azotique ou par le chlore; mais les résultats n'ont de valeur qu'autant qu'on est certain que des gouttelettes du liquide du ballon (qui peut contenir de l'acide phosphorique) n'ont pas été entraînées. — Pour compléter le dosage du phosphore, on traite enfin le contenu du tube en U avec de l'acide azotique, on précipite l'argent avec de l'acide chlorhydrique, on filtre à travers un filtre bien lavé, on concentre dans une capsule en porcelaine, on précipite l'acide phosphorique à l'état de phosphate ammoniaco-magnésien, que l'on pèse après l'avoir transformé en pyrophosphate.

B. RECHERCHE DE L'ACIDE PHOSPHOREUX.

Si l'on n'a pas réussi à trouver le phosphore en nature, il faut cher- 324
cher encore s'il ne se rencontrerait pas à l'état d'acide phosphoreux par suite de l'action oxydante de l'air. Pour cela on met le produit de la distillation du n° (318) ou (323) ou aussi du n° (320) dans l'appareil décrit au n° (321), figure 47, et on examine si le gaz hydrogène par sa coloration indique la présence du phosphore. Si cela a lieu, le but est atteint; mais s'il n'y a pas de coloration, cela peut être causé par la présence de matières organiques. Si donc la flamme n'est pas colorée, on ferme de suite la pince, on introduit à la place de l'ajutage un tube en U contenant une dissolution neutre d'azotate d'argent, on ouvre de nouveau le robinet, et on laisse passer plusieurs heures un courant lent de gaz à travers le sel d'argent. S'il y a de l'acide phosphoreux, il se forme dans la dissolution d'argent un précipité qui contient du phosphure d'argent et que l'on traite alors comme au n° (321)[1].

3. ANALYSE DES PARTIES MINÉRALES DES PLANTES, DES VÉGÉTAUX OU DE LEURS DIVERS ORGANES, DES ENGRAIS, ETC. (analyse des cendres).

§ 228

A. PRÉPARATION DES CENDRES.

Pour une analyse qualitative, il suffit d'incinérer une petite quantité 325
de la substance bien purifiée, dans laquelle on veut chercher les éléments inorganiques. Le meilleur moyen, c'est de faire cette opération dans un petit moufle en argile; mais on peut aussi très-bien prendre un creuset de Hesse incliné, ou même, suivant les circonstances, une capsule en porcelaine ou en platine, en plaçant au-dessus un large tube en verre (un verre de lampe) pour déterminer un courant d'air. La chaleur doit toujours être modérée, afin que certains éléments, surtout les chlorures métalliques, ne se volatilisent pas. Il n'est pas toujours nécessaire de chauffer au rouge jusqu'à ce que tout le charbon soit brûlé. Pour les cendres qui contiennent beaucoup de sels fusibles, par exemple les cendres des mélasses de betteraves, il vaut mieux, après la carbonisation complète, faire bouillir la masse avec de l'eau, et continuer l'incinération sur le résidu lavé et desséché. — J'ai indiqué en détail les précautions à prendre dans le traité d'analyse chimique quantitative : § **256**.

[1] Il n'est pas exact que l'acide sulfurique étendu et le zinc puissent réduire l'acide phosphorique, ainsi que l'avait annoncé W. *Herapatt* (*Pharm journ. and Transact.*,

B. ANALYSE DES CENDRES.

Les analyses qualitatives des cendres ont un but pratique : ou bien elles servent à déterminer le caractère général d'une cendre, ou la nature de tel ou tel élément qui s'y rencontre dans des conditions données : elles peuvent aussi, autant qu'une appréciation superficielle le permet, donner une idée approchée de leur composition quantitative. Il sera donc bon en général de séparer les principes solubles dans l'eau, ceux qui ne se dissolvent que dans l'acide chlorhydrique et enfin les éléments insolubles dans ces deux dissolvants. Cela sera d'autant plus avantageux que l'analyse de ces trois portions se fera plus rapidement et plus facilement, le nombre des substances que l'on cherchera dans chaque analyse partielle étant par cela même plus limité. 326

a. *Recherche des principes solubles dans l'eau.*

On fait bouillir les cendres avec de l'eau, on filtre, et tout en lavant le résidu, on essaye le liquide filtré.

1. Après avoir chauffé un essai, on y ajoute de l'acide chlorhydrique en excès, on chauffe et on laisse reposer. — Une effervescence indique de l'*acide carbonique* combiné à des alcalis ; l'odeur de l'acide sulfhydrique dénote un *sulfure alcalin*, provenant de la réduction d'un sulfate alcalin par le charbon. — Un trouble produit par un dépôt de soufre en même temps que l'odeur de l'acide sulfureux sont les indices d'un *hyposulfite* (on en trouve souvent dans les cendres de houille). — On ajoute au liquide, filtré si cela est nécessaire, du chlorure de baryum. S'il y a un précipité blanc, c'est qu'il y a de l'*acide sulfurique*. 327

2. On réduit une portion à un très-petit volume par évaporation ; on ajoute de l'acide chlorhydrique jusqu'à réaction acide (effervescence : *acide carbonique*), on essaye quelques gouttes avec le papier de curcuma pour chercher l'*acique borique* (§ **144**, 6), on évapore ensuite à siccité, on reprend le résidu par l'acide chlorhydrique et par l'eau ; résidu : *acide silicique*. On filtre, on ajoute de l'ammoniaque, du sel ammoniac, du sulfate de magnésie ; précipité blanc : *acide phosphorique*. Au lieu de cette réaction on peut au liquide séparé par filtration de l'acide silicique ajouter de l'acétate de soude et goutte à goutte du perchlorure de fer, ou bien aussi essayer la liqueur filtrée avec la dissolution azotique de molybdate d'ammo- 328

1865, VII, 375.) Voir le travail de *Fresenius* dans le *Zeitsch. f. analyt. Chem.* VI, 203.

niaque (§ **142**), après avoir évaporé l'essai à siccité au bain-marie avec un excès d'acide azotique et repris le résidu par l'acide azotique.

3. A une autre portion on ajoute de l'azotate d'argent tant qu'il se fait 329
un précipité, on chauffe légèrement et on verse avec précaution de l'ammoniaque; s'il y a un résidu noir, c'est du sulfure d'argent (provenant d'un sulfure alcalin ou d'un hyposulfite) : on verse ensuite dans la dissolution ammoniacale, filtrée s'il le faut, de l'acide azotique en léger excès, de façon que le phosphate d'argent précipité le premier se redissolve et qu'il ne reste que le *chlorure d'argent* (ou l'iodure[1] ou le bromure). On sépare par filtration le précipité, qu'on étudiera d'après le nº (178), et on neutralise exactement le liquide filtré par l'ammoniaque. S'il se produit un précipité jaune clair, c'est que l'acide phosphorique trouvé au nº (228) est tribasique ; si le précipité est blanc, l'acide était à l'état bibasique.

4. Après avoir chauffé une portion avec de l'acide chlorhydrique, on la 330
rend de nouveau alcaline avec de l'ammoniaque, on y verse de l'oxalate d'ammoniaque et on laisse reposer; précipité blanc : *chaux*. On filtre, on ajoute au liquide filtré de l'ammoniaque et du phosphate de soude; précipité cristallin, qui ne se produit souvent qu'après un long repos : *magnésie*. (La magnésie se trouve souvent en proportion très-appréciable, tandis que la chaux n'est qu'en très-minime quantité, surtout quand il y a des carbonates et des phosphates alcalins.)

5. On cherche la *potasse* et la *soude* d'après le § **197**. S'il y a de la magnésie, on commence par neutraliser avec de l'acide chlorhydrique la portion du liquide filtré dans lequel on veut chercher les alcalis et on enlève d'abord la magnésie d'après le § **196**, 2.

6. Quant à la *lithine*, qui se rencontre dans les cendres bien plus fréquemment qu'on ne le croyait, et à l'*oxyde de rubidium*, qui accompagne presque toujours la potasse, le meilleur moyen de les trouver est de soumettre à l'analyse spectrale (§ **93**) le résidu composé des sels alcalins.

b. *Recherche des principes solubles dans l'acide chlorhydrique.*

On chauffe avec de l'acide chlorhydrique la substance épuisée par 331
l'eau (après une nouvelle incinération, si elle renfermait encore beaucoup de charbon). S'il y a effervescence, elle est due à l'*acide carbonique*, uni aux terres alcalines ; un dégagement de chlore proviendrait

[1] Pour trouver l'iode dans les plantes aquatiques, on les plonge dans une lessive étendue de potasse (*Chatin*), on les sèche, on les incinère et on essaye la dissolution aqueuse comme au nº (258).

de l'*oxyde de manganèse*. On évapore le tout à siccité, après addition de quelques gouttes d'acide sulfurique, on chauffe plus fortement pour éliminer la *silice*, on humecte le résidu avec de l'acide chlorhydrique et un peu d'acide azotique, on ajoute de l'eau, on chauffe et on sépare par filtration du résidu insoluble, dans lequel on cherchera encore suivant le n° (255) la *baryte* et la *strontiane*.

1. On essaye une partie de la dissolution avec de l'acide sulfhydrique. Si le précipité qui se forme n'est pas parfaitement blanc, il faut soumettre le liquide à l'analyse générale. (Les cendres des végétaux contiennent parfois du *cuivre;* il peut y avoir du *plomb* quand on a employé pour engrais des excréments désinfectés par l'azotate de plomb, etc.)

2. A une portion de la liqueur primitive on ajoute du carbonate de 332
soude tant que le précipité formé se redissout par agitation, puis de l'acétate de soude et un peu d'acide acétique. Cela produit le plus souvent un précipité blanc de *phosphate de peroxyde de fer*, auquel peut être mêlé, suivant les circonstances, un peu de *phosphate d'alumine*. On le sépare par filtration, on le lave, on le chauffe avec de la lessive de potasse pure, on filtre et dans le liquide filtré on cherche l'*alumine* en acidulant avec de l'acide chlorhydrique et chauffant avec de l'ammoniaque. Si le liquide dans lequel est suspendu le précipité (formé seulement ou en majeure partie de phosphate de fer) est rougeâtre, c'est qu'il y a plus de peroxyde de fer que n'en comporte la quantité d'acide phosphorique; s'il est incolore, on ajoute du perchlorure de fer jusqu'à ce que la liqueur soit rouge. (La quantité de phosphate de peroxyde de fer précipité permet d'apprécier à peu près la quantité d'acide phosphorique.) On chauffe à l'ébullition (si le liquide ne se décolorait pas, il faudrait ajouter encore un peu d'acétate de soude), on filtre chaud, après addition d'ammoniaque, on ajoute au liquide filtré du sulfhydrate d'ammoniaque, en mettant le tout dans un ballon qu'on puisse fermer et qui soit presque complétement rempli : après avoir laissé reposer, on filtre et dans le précipité on cherche d'après le n° (141) le *manganèse* et le *zinc* (ce dernier ne se rencontrant qu'exceptionnellement) : dans le liquide filtré on trouvera comme d'habitude de la *chaux* (à laquelle peut encore être mélangé un peu de *strontiane* et qu'il faudra dès lors essayer comme il est dit à la page 118) et de la *magnésie* (330).

3. On cherche le *fluor* suivant le § **146**, 6, dans le résidu des cendres épuisées par l'eau.

c. *Recherche des principes insolubles dans l'acide chlorhydrique.*

Le résidu insoluble dans l'acide chlorhydrique renferme :

1. La silice éliminée par l'action de l'acide chlorhydrique : 333

2. Les éléments des cendres insolubles par eux-mêmes dans l'acide chlorhydrique. Ce sont dans la plupart des cendres : du sable, de l'argile, du charbon ; puis aussi des substances qui viennent d'un nettoyage et d'une carbonisation incomplète des plantes, ou aussi du creuset employé pour l'incinération. Il n'y a guère que les cendres très-siliceuses des chaumes des graminées qui laissent une partie complétement insoluble dans l'acide chlorhydrique.

On fait bouillir le résidu bien lavé avec un excès d'une dissolution de 334
carbonate de soude, on filtre chaud, on lave avec de l'eau bouillante et on démontre la présence de la silice dans le liquide filtré, en l'évaporant avec de l'acide chlorhydrique (§ **150**, 2). Si la cendre avait été décomposée primitivement par l'acide chlorhydrique, on peut en général regarder l'analyse comme terminée (car ce ne sera que rarement qu'il importera d'examiner avec soin le mélange souvent fortuit de sable et d'argile) ; mais si la cendre est très-riche en silice, si elle n'a pas été complétement décomposée par l'acide chlorhydrique, on évapore à siccité dans une capsule en argent ou en platine avec un excès de lessive de soude pure la moitié du résidu insoluble dans le carbonate de soude. On décompose ainsi les silicates des cendres, en attaquant à peine le sable. On acidifie avec l'acide chlorhydrique, on évapore à siccité et on opère exactement d'après le n° (331) : pour trouver les alcalis on se sert de l'autre moitié du résidu, que l'on traite d'après le n° (228).

CHAPITRE III

EXPLICATION DE LA MÉTHODE PRATIQUE

ADDITIONS ET REMARQUES

I. REMARQUES RELATIVES A L'ESSAI PRÉLIMINAIRE.

DU § **175** AU § **178**.

L'examen des propriétés physiques d'un corps, surtout quand il n'est pas un mélange, donne le plus souvent des indications assez certaines sur sa nature, comme nous l'avons déjà fait remarquer. Si l'on a par exemple un corps blanc, on peut affirmer que ce n'est pas du cinabre; un corps très-léger ne sera pas une combinaison de plomb, etc. Toutes ces conclusions exactes et utiles aideront à arriver au but, si l'on a soin de leur conserver une certaine généralité. Mais si l'on sort de là, si l'on veut en tirer plus, on se forme des opinions préconçues qui conduisent presque toujours à des résultats faux, car elles empêchent de voir toutes les réactions qui ne sont pas d'accord avec elles.

Pour étudier l'action d'une haute température sur une substance on peut se servir d'une petite cuiller en fer ou d'une feuille de platine; cependant l'expérience faite dans un tube de verre donne des résultats plus faciles à saisir, on est moins exposé à laisser échapper les corps volatils, on peut mieux reconnaître leur nature. Souvent il sera bon de chauffer un essai du corps dans un tube court, ouvert aux deux bouts et dans une position inclinée, pour connaître les produits de son oxydation; de cette façon, par exemple, on découvrira facilement de petites quantités d'un sulfure métallique (§ **156**, 6).

Quant aux essais au chalumeau, je recommanderai aux commençants de ne pas leur attribuer une trop grande importance, tant qu'ils ne seront pas tout à fait familiarisés avec ce genre d'expériences. Si l'on veut reconnaître un métal avec certitude à un faible enduit formé sur le charbon, ou si l'on croit être convaincu de l'absence de tel ou tel corps à une réduction qu'on n'aperçoit pas ou à une coloration par la solution de cobalt, qui ne se produit pas, etc., il arrive très-facilement que l'on se trompe ou qu'on laisse échapper quelque élément; non pas que les réactions au chalumeau soient trompeuses, mais elles ne sont pas toujours faciles à produire et peuvent être modifiées par des circonstances accidentelles.

Je sais encore par expérience que beaucoup de commençants, convaincus que par l'analyse directe ils doivent trouver la nature de la substance, négligent les essais préliminaires, espérant gagner du temps et s'éviter de la peine. Sans chercher à démontrer la légèreté d'un pareil raisonnement, je me contenterai de dire, par exemple, qu'avec une semblable idée, ils chercheront pendant des heures entières dans un composé tous les acides organiques, pour arriver enfin à reconnaître qu'il n'y en a aucun. Tout cela pour aller plus vite et avoir moins de mal !

II. REMARQUES RELATIVES A LA DISSOLUTION DES CORPS, ETC.

DU § 179 AU § 181.

Au § 179 nous avons indiqué les caractères des classes dans lesquelles on peut grouper les corps, excepté les métaux, d'après l'action de certains dissolvants ; mais cette subdivision paraît plus facile à opérer qu'elle ne l'est réellement. Cette incertitude porte surtout sur les corps qui sont à la limite des groupes, sur ceux qui sont difficilement solubles, et il en résulte une difficulté pour les commençants. Il est donc bon de revenir ici sur ce qu'il y a de général dans cette classification.

Il est fort difficile de déterminer exactement quels corps il faut regarder comme solubles dans l'eau, quels corps sont insolubles, car le nombre de ceux difficilement solubles dans l'eau est considérable et leur solubilité diminue presque d'une manière continue. Le sulfate de chaux, soluble dans 430 parties d'eau, pourrait peut-être servir de limite, car dans sa solution aqueuse on peut encore facilement le reconnaître à l'aide des réactifs sensibles que nous possédons pour la chaux et pour l'acide sulfurique.

Lorsqu'on cherche, en évaporant quelques gouttes d'eau sur une feuille de platine, si le liquide renferme quelques corps solides en dissolution, il reste souvent un résidu tellement insignifiant qu'on ne sait quelle conséquence on en doit tirer. Dans ce cas on essaye d'abord la réaction du liquide avec les papiers de tournesol, puis on ajoute à une petite portion une goutte de chlorure de baryum et à une autre un peu de carbonate de soude. Si ces réactifs ne produisent aucun changement et si de plus le liquide est neutre, en général il est inutile de pousser plus loin la recherche des acides et des bases. On peut être certain que le corps formant le résidu laissé par évaporation se trouvait dans l'eau à l'état insoluble, car les acides et les bases, qui forment en général des composés peu solubles, sont décelés avec beaucoup de sensibilité par les réactifs employés.

Si l'eau dissout quelque chose, on fera bien de chercher les acides et les bases que peut contenir cette dissolution aqueuse ; on arrivera ainsi plus facilement à la connaissance de la nature des combinaisons et aussi avec plus de certitude : deux avantages qui compensent bien le faible désagrément de rencontrer parfois le même corps dans la dissolution aqueuse et dans la dissolution acide.

Sont insolubles dans l'eau, mais solubles dans l'acide chlorhydrique ou dans l'acide azotique, sauf bien entendu quelques exceptions, les phosphates, les arséniates, les arsénites, les borates, les carbonates et les oxalates des terres et des métaux proprement dits, en outre différents tartrates, citrates, malates, benzoates et succinates, les oxydes et les sulfures des métaux lourds, l'alumine, la magnésie, beaucoup d'iodures et de cyanures métalliques, etc. Presque toutes ces combinaisons, si elles ne sont pas décomposées par l'acide chlorhydrique étendu, le sont par le même acide concentré et bouillant (voir les exceptions au § **203**); toutefois il en résulte avec l'oxyde d'argent un produit insoluble et avec le protoxyde de mercure et le plomb des composés difficilement solubles. Cela n'a pas lieu avec l'acide azotique, aussi obtient-on souvent avec cet acide une dissolution complète, tandis que l'acide chlorhydrique laisse un résidu. L'acide azotique, outre les corps généralement insolubles dans les acides ordinaires, laisse sans les dissoudre l'oxyde d'antimoine, celui d'étain, le bioxyde de plomb, etc., et il en dissout d'autres, par exemple le peroxyde de fer, l'alumine, moins facilement que l'acide chlorhydrique.

Les substances insolubles dans l'eau sont traitées, en deux mots, de la façon suivante : on cherche à les dissoudre dans l'acide chlorhydrique étendu, ou dans le même acide concentré et froid, ou enfin dans le même acide bouillant; si l'on n'y parvient pas ou seulement d'une manière incomplète, on essaye avec une portion si l'acide azotique réussira mieux : enfin dans le cas où la dissolution ne se ferait pas encore, on aura recours à l'eau régale, qui est un excellent dissolvant surtout pour les sulfures métalliques. — La plupart du temps il n'est ni nécessaire, ni avantageux d'analyser séparément la solution chlorhydrique ou azotique et la solution dans l'eau régale. Il n'est pas bon de préparer une dissolution azotique ou dans l'eau régale, quand la nature de la substance n'y force pas, parce que la dissolution chlorhydrique se prête bien mieux à la précipitation par l'acide sulfhydrique. — Il serait dangereux de concentrer par évaporation une solution dans l'eau régale pour chasser l'excès des acides, car on pourrait perdre, par suite de leur volatilité, des chlorures métalliques et surtout le chlorure d'arsenie. Il ne faut donc employer tout d'abord que la quantité du mélange des acides juste nécessaire pour faire la dissolution. — Les solutions faites avec l'acide chlorhydrique renferment en général les métaux au degré d'oxydation qu'ils avaient primitivement (le protoxyde de mercure fait exception, parce qu'en faisant bouillir longtemps le protochlorure de mercure avec de l'acide chlorhydrique, il se change peu à peu en bichlorure); mais si l'on fait la dissolution avec de l'acide azotique ou de l'eau régale, les oxydes inférieurs se peroxydent souvent, par exemple les protoxydes de fer, d'étain, l'acide arsénieux se changent en peroxydes de fer, d'étain, acide arsénique, etc.; il ne faut pas l'oublier.

Quant à la dissolution des métaux et des alliages, nous ferons remarquer qu'en les faisant bouillir avec de l'acide azotique, il se forme fréquemment un précipité blanc, quand même il n'y a ni étain, ni antimoine. Ces précipités seront souvent confondus par les commençants avec les oxydes de ces métaux, bien qu'ils aient un tout autre aspect. Ce sont des azotates, peu solubles dans l'acide azotique employé, mais qui se dissoudront facilement dans l'eau; il faudra donc, avant de conclure qu'on a de l'étain ou de l'antimoine, essayer si ces résidus ne disparaîtront pas en ajoutant de l'eau.

III. REMARQUES RELATIVES A LA RECHERCHE SPÉCIALE DU § **182** AU § **201**.

A. *Aperçu général et explication de la marche analytique.*

a. RECHERCHE DES BASES.

Dans le troisième chapitre de la première partie, qui traite de l'action des réactifs sur les corps, nous avons partagé les bases en six groupes et nous avons indiqué comment on peut reconnaître et séparer les bases appartenant à chaque groupe. Ceux-ci sont en général les mêmes que ceux en lesquels nous avons divisé les bases dans la méthode analytique générale. C'est sur cette division en groupes et sur la connaissance des caractères de chaque métal ainsi groupé, que repose la marche de l'analyse exposée du § **189** au § **198**, pour étudier les combinaisons dans lesquelles on suppose toutes les bases que l'on peut le plus fréquemment rencontrer. — On ne s'est occupé non plus que de donner un procédé pratique, d'indiquer comment il faut opérer lorsqu'on veut faire une véritable analyse. A cause de cela on a laissé de côté beaucoup d'explications n'ayant rapport qu'à l'intelligence purement théorique de la méthode et qui auraient nui à l'exposition rapide de l'ensemble; mais les conditions essentielles d'un travail fructueux sont précisément de le bien comprendre dans son ensemble et dans ses détails ; c'est pourquoi nous donnerons ici la clef de la méthode pour ce qui est relatif à la séparation des groupes. Quant à la recherche de chaque base en particulier, nous renvoyons aux récapitulations et remarques des paragraphes depuis le § **88** jusqu'au § **135**.

Les réactifs généraux qui nous ont servi dans la marche générale de l'analyse pour partager les bases en groupes principaux sont : l'*acide chlorhydrique*, l'*acide sulfhydrique*, le *sulfhydrate d'ammoniaque* et le *carbonate d'ammoniaque*. L'ordre suivant lequel on les emploie est celui même dans lequel nous les avons énumérés. Le sulfhydrate d'ammoniaque joue un double rôle.

Supposons que nous avons dans une seule et même dissolution toutes les bases, de l'acide arsénieux, de l'acide arsénique et enfin du phosphate de chaux (qui sera comme le type des sels alcalino-terreux solubles dans les acides et précipités sans altération par l'ammoniaque); en un mot, admettons tous les corps que nous avons examinés dans la recherche générale des bases.

Le chlore ne forme des composés insolubles qu'avec l'argent et le mercure; le chlorure de plomb est en outre peu soluble dans l'eau. Le chlorure de mercure insoluble correspond au protoxyde. Ajoutons d'après cela à notre dissolution

1. de l'*acide chlorhydrique*.

Nous en éliminons les oxydes des métaux de la première subdivision du cinquième groupe, savoir : tout l'*oxyde d'argent* et tout le *protoxyde de mercure*. Suivant la concentration de la liqueur, nous précipiterons aussi probablement une partie du *plomb* à l'état de chlorure. Pour ce dernier cela n'est pas essentiel, car dans tous les cas il restera toujours assez de plomb dans la dissolution pour qu'on puisse l'y retrouver.

L'acide sulfhydrique précipite complétement dans une dissolution renfermant un acide minéral libre les oxydes du cinquième et ceux du sixième groupe, car l'affinité des radicaux métalliques de ces oxydes pour le soufre, aidée de celle de l'hydrogène pour l'oxygène, est tellement forte, qu'elle l'emporte sur l'affinité des métaux pour l'oxygène et sur celle des oxydes pour les acides forts, *même quand les acides sont en excès*. — Mais toutes les autres bases dans les mêmes conditions ne sont pas précipitées : celles du premier et du second groupe (abstraction faite de ce que leurs sulfures ne peuvent exister dans les dissolutions acides), parce que les sulfures correspondants sont solubles dans l'eau ; celles du troisième groupe, parce que le sulfure d'aluminium et celui de chrome ne peuvent pas se former par la voie humide : celles du quatrième groupe, parce que l'affinité de leurs radicaux métalliques pour le soufre, aidée de celle de l'hydrogène pour l'oxygène, ne peut vaincre l'affinité du métal pour l'oxygène et de l'oxyde pour un acide fort, *quand ce dernier est en excès.*

Dès lors dans cette dissolution, d'où nous avons enlevé tout l'argent et le protoxyde de mercure et qui contient encore de l'acide chlorhydrique en excès, ajoutons

2. de l'*acide sulfhydrique*,

et nous précipiterons le reste des oxydes du cinquième groupe et tous ceux du sixième, savoir : les oxydes de *plomb*, de *mercure*, de *cuivre*, de *bismuth*, de *cadmium*, d'*or*, de *platine*, les *oxydes d'étain*, l'*oxyde d'antimoine*, l'*acide arsénieux* et l'*acide arsénique*. Tous les autres oxydes restent dans la dissolution, soit sans avoir subi d'altération, soit ramenés à un degré inférieur d'oxydation, comme cela arrive par exemple pour le peroxyde de fer, l'acide chromique, etc.

Les sulfures correspondant aux oxydes du sixième groupe, au moins ceux au maximum de sulfuration, forment avec les sulfures métalliques basiques (les sulfures alcalins) des sulfosels solubles dans l'eau. Les sulfures des oxydes du cinquième groupe n'ont pas cette propriété ou elle est fort limitée (le bisulfure de mercure s'unit au sulfure de potassium et au sulfure de sodium, mais pas au sulfhydrate d'ammoniaque; le sulfure de cuivre se dissout un peu dans le sulfhydrate d'ammoniaque, mais pas dans le sulfure de potassium ou de sodium). — D'après cela si nous traitons l'ensemble de tous les sulfures précipités par l'acide sulfhydrique dans la dissolution acide

3. par le *sulfhydrate d'ammoniaque* (ou par le *sulfure de sodium*),

après avoir ajouté, s'il le faut, un peu de soufre ou de sulfhydrate jaune d'ammoniaque, les sulfures de mercure, de plomb, de cuivre, de bismuth et de cadmium resteront non dissous, tandis que les autres sulfures se dissoudront à l'état de sulfures doubles d'ammonium (ou de sodium) et d'*or*, — de *platine*, — d'*antimoine*, — d'*étain*, — d'*arsenic*, et seront précipités de cette dissolution par l'acide chlorhydrique soit sans altération, soit à un plus haut degré de sulfuration (parce qu'ils auront pris du soufre au sulfhydrate jaune d'ammoniaque). La sulfobase (sulfhydrate d'ammoniaque ou sulfure de sodium) est décomposée par l'acide chlorhydrique en chlorure métallique et acide sulfhydrique, mais le sulfure métallique électro-négatif (le sulfacide) libre se précipite. Il se dépose en même temps du soufre, si le sulfhydrate d'ammoniaque en renferme un excès; cela rend plus claire la couleur des sulfures métalliques précipités, circonstance qu'il ne faut pas oublier.

Les sulfures correspondant aux oxydes restant encore en dissolution sont les uns solubles dans l'eau, comme ceux des alcalis et des terres alcalines, les autres décomposés par l'eau en oxyde hydraté et en acide sulfhydrique, comme avec l'alumine et l'oxyde de chrome ; d'autres enfin, ceux du quatrième groupe, sont insolubles dans l'eau. Ces derniers se seraient donc précipités sans l'influence de l'acide libre. Si donc d'après cela nous enlevons la cause de la non-précipitation, c'est-à-dire l'acide libre, si nous rendons la dissolution alcaline et, s'il le faut, si nous ajoutons encore de l'acide sulfhydrique, ou

4. du *sulfhydrate d'ammoniaque*,

qui réunit les deux réactifs, nous précipiterons les sulfures correspondant aux oxydes du quatrième groupe, le *sulfure de fer*, de *manganèse*, de *cobalt*, de *nickel* et de *zinc* (pour éviter un dégagement inutile d'acide sulfhydrique, on neutralisera d'abord l'acide libre avec de l'ammoniaque, puis on ajoutera du chlorhydrate d'ammoniaque pour empêcher la précipitation de la magnésie par l'ammoniaque). En même temps, on précipite aussi de l'*hydrate d'alumine*, de l'*hydrate d'oxyde de chrome* et du *phosphate de chaux*, et cela à cause de l'affinité de l'oxyde d'ammonium pour l'acide du sel de chrome ou du sel d'alumine ou pour l'acide à la faveur duquel est dissous le phosphate de chaux, d'où résulte une décomposition du sulfhydrate d'ammoniaque et de l'eau et formation d'oxyde d'ammonium et d'acide sulfhydrique. Le premier s'unit aux acides : l'acide sulfhydrique se dégage ne pouvant s'unir aux oxydes privés de leurs acides, ni au phosphate de chaux, et enfin ces oxydes et le sel de chaux se précipitent.

Il ne nous reste plus maintenant dans la dissolution que les terres alcalines et les alcalis. — Les carbonates neutres des premières sont insolubles dans l'eau, ceux des derniers sont solubles. Ajoutons donc

5. du *carbonate d'ammoniaque*,

avec un peu d'ammoniaque caustique, pour empêcher la formation des bicarbonates, et nous devrons précipiter toutes les terres alcalines. Cela n'est toutefois vrai que pour la *chaux*, la *strontiane* et la *baryte*[1]. Quant à la magnésie, nous savons qu'à cause de la grande tendance qu'elle a à faire des sels doubles avec les sels ammoniacaux, elle n'est

[1] Nous avons déjà fait remarquer dans le § **99** que des traces de ces bases peuvent rester dans la dissolution, en partie parce que les carbonates ne sont pas par eux-mêmes absolument insolubles dans l'eau, en partie surtout parce qu'ils se dissolvent notablement dans la dissolution de sel ammoniac. C'est ce qui nécessite l'essai indiqué au n° (164) par le sulfate et l'oxalate d'ammoniaque du liquide séparé par filtration du précipité obtenu avec le carbonate d'ammoniaque. Dans l'explication générale de la marche de l'analyse, j'ai laissé de côté les traces de baryte, de strontiane et de chaux qui passent dans la dissolution.

précipitée qu'en partie ou même elle ne l'est pas du tout si l'on a ajouté un sel ammoniacal, ou au moins la précipitation ne se fait pas dans un laps de temps assez court. Aussi, pour faire disparaître complétement cette incertitude, avant de verser le carbonate d'ammoniaque on ajoute du chlorhydrate d'ammoniaque, s'il n'y en a pas déjà assez, et l'on filtre peu de temps après la réaction, afin que la précipitation de la magnésie ne puisse avoir lieu.

La solution contient encore la *magnésie* et les *alcalis*. On s'assure de la présence de la première avec le phosphate de soude et l'ammoniaque : nous les séparons toutefois par un autre procédé, pour ne pas introduire d'acide phosphorique, qui gênerait dans l'analyse ultérieure. On met à profit l'insolubilité de la magnésie pure. On chauffe au rouge pour chasser les sels ammoniacaux, on précipite la magnésie par la baryte, de sorte qu'on a en dissolution les alcalis avec le sel de baryte formé et l'excès de baryte caustique employée. On éloigne les composés barytiques avec le carbonate d'ammoniaque et les alcalis fixes restent en dissolution avec le sel ammoniacal formé et celui employé en excès. On élimine ces derniers en chauffant au rouge et il ne reste plus que les premiers. — Ce moyen de se débarrasser de la baryte, plutôt que d'employer l'acide sulfurique, a l'avantage de laisser les alcalis à l'état de chlorures, forme très-convenable pour les reconnaître et les séparer. — Toutefois, comme le carbonate de baryte est un peu soluble dans les sels ammoniacaux et que, évaporé avec le chlorhydrate d'ammoniaque, il forme du carbonate d'ammoniaque et du chlorure de baryum, il faut en général, pour avoir une dissolution bien exempte de baryte, précipiter encore une fois avec un peu de carbonate d'ammoniaque additionné de quelques gouttes d'oxalate d'ammoniaque, après qu'on a éliminé les sels ammoniacaux par la calcination au rouge.

Enfin pour trouver l'*ammoniaque*, on comprend qu'il faudra prendre un nouvel essai.

b. RECHERCHE DES ACIDES.

Avant de procéder à la recherche des acides et des corps halogènes, on se demande quels sont ceux qu'on pourrait rencontrer d'après la nature des bases déjà trouvées et la solubilité même de la substance ; on évite ainsi des opérations inutiles. Le tableau annexé à l'appendice IV pourra servir dans ce cas, surtout pour les commençants.

Les réactifs généraux que nous employons pour trouver les acides sont, comme nous l'avons vu, le *chlorure de baryum* et l'*azotate d'argent* pour les acides inorganiques, le *chlorure de calcium* et le *perchlorure de fer* pour les acides organiques. Avant tout il faut bien s'assurer si l'on n'a rien que des acides minéraux, ou s'il faudra tenir compte aussi des acides organiques. — Le dernier cas arrive toujours lorsque la substance se carbonise par la chaleur rouge. — Dans l'analyse des bases, les réactifs généraux nous servent à séparer réellement les différents groupes des bases; avec les acides nous les employons tout différemment, pour nous assurer simplement de l'absence ou de la présence des acides appartenant aux différents groupes.

Supposons donc encore ici, comme nous l'avons fait pour les bases, que nous avons en dissolution aqueuse tous les acides que l'on rencontre le plus fréquemment dans une analyse, et que ces acides sont combinés à de la soude.

La baryte forme des composés insolubles, ou très-peu solubles, avec l'acide sulfurique, l'acide phosphorique, l'acide arsénieux, l'acide arsénique, l'acide carbonique, l'acide silicique, l'acide borique, l'acide chromique, l'acide oxalique, l'acide tartrique, l'acide citrique : le fluorure de baryum est également insoluble ou tout au moins très-peu soluble : en outre tous ces composés, à l'exception du sulfate de baryte, se dissolvent dans l'acide chlorhydrique. Ajoutons donc d'après cela à notre dissolution neutre, ou rendue neutre si cela était nécessaire,

1. du *chlorure de baryum*,

et nous apprendrons de suite, d'une manière générale, si nous avons un des acides que nous venons d'énumérer. Versons de l'acide chlorhydrique sur le précipité formé et l'insolubilité du sulfate de baryte, tandis que les autres sels barytiques se dissoudront, nous fera reconnaître l'acide sulfurique. — Dans ce dernier cas la réaction du chlorure de baryum ne nous permettra de reconnaître avec certitude qu'une partie des autres acides indiqués plus haut. Si nous filtrons en effet la dissolution chlorhydrique du précipité et que nous sursaturions avec l'ammoniaque, certains sels, par exemple le borate, le tartrate, le citrate de baryte, ne seront pas toujours précipités de nouveau, parce qu'ils pourraient rester en dissolution à la faveur du sel ammoniac formé. Le chlorure de baryum ne peut donc pas nous servir à séparer réellement tous ces acides, il n'a de valeur certaine que pour indiquer spécialement l'acide sulfurique. C'est toutefois un réactif d'une grande importance, parce que, dans une dissolution neutre ou alcaline, il nous indique par l'absence d'un précipité l'absence d'un grand nombre d'acides.

L'argent forme des composés insolubles dans l'eau avec le soufre, le chlore, l'iode, le brome, le cyanogène, le ferrocyanogène, le ferricyanogène, — et l'oxyde d'argent fait des sels également insolubles avec l'acide phosphorique, l'acide arsénieux, l'acide arsénique, l'acide borique, l'acide chromique, l'acide silicique, l'acide oxalique, l'acide tartrique, l'acide citrique. Ces composés se dissolvent dans l'acide azotique étendu, excepté le chlorure, le bromure, l'iodure, le cyanure, le ferrocyanure, le ferricyanure et le sulfure. Dès lors à notre dissolution parfaitement neutre ou rendue telle, ajoutons

2. de l'*azotate d'argent*,

et s'il y a un ou plusieurs des corps que nous avons indiqués, nous l'apprendrons aussitôt, mais d'une manière générale pour la plupart d'entre eux. L'acide chromique, l'acide arsénique et quelques autres dont les sels d'argent sont colorés, pourront cependant être reconnus avec quelque certitude d'après la couleur du précipité. Ajoutons maintenant au précipité de l'acide azotique et nous reconnaîtrons la présence des combinaisons haloïdes et du sulfure d'argent, parce qu'ils resteront insolubles, tandis que tous les oxysels se dissoudront. — La raison qui empêche de grouper les acides au moyen du chlorure de baryum, s'oppose également à leur séparation complète au moyen de l'azotate d'argent. Le sel ammoniacal formé empêche la précipitation nouvelle par l'ammoniaque de plusieurs des sels d'argent dissous par l'acide. En sorte que, excepté l'usage qu'on en fait pour séparer le chlore, le brome, l'iode, le cyanogène, etc., et aussi pour reconnaître l'acide chromique et quelques autres, l'azotate d'argent comme réactif général n'a d'importance qu'en nous faisant connaître l'absence d'un assez grand nombre d'acides dans une dissolution neutre qu'il ne précipite pas : il a un rôle analogue à celui du chlorure de baryum.

La manière dont le liquide à analyser se comporte avec ces deux réactifs nous donne donc de suite, tout en commençant, de bonnes indications pour savoir s'il faut faire tous les essais indiqués, ou quels sont ceux que l'on devra omettre. Si par exemple le chlorure de baryum a formé un précipité, tandis que l'azotate d'argent n'en a pas donné, il sera superflu, en supposant que la dissolution soit assez concentrée et ne renferme pas déjà un sel ammoniacal, de rechercher les acides phosphorique, chromique, borique, silicique, arsénieux, arsénique, oxalique, tartrique, citrique. On tirerait une conclusion analogue si l'on avait un précipité avec l'azotate d'argent et pas de précipité avec le chlorure de baryum. On comprend combien on s'épargnera d'opérations particulières par ces simples combinaisons de réactions.

Si nous revenons maintenant au cas général où nous supposons la présence simultanée de tous les acides, nous sommes conduits à rechercher plus spécialement le *chlore*, le *brôme*, l'*iode*, le *cyanogène*, le *ferrocyanogène*, le *ferricyanogène* et le *soufre* (leur séparation et leur distinction spéciale sont indiquées au § **157**) : nous savons comment on s'est assuré de la présence de l'*acide sulfurique*. Il faudrait encore tenir compte de tous les acides que peuvent précipiter les deux réactifs : on ne peut maintenant les trouver que par des essais tout à fait spéciaux, particuliers à chacun d'eux et qu'il est inutile de répéter ici, attendu que nous les avons indiqués et expliqués dans la méthode générale, ainsi que ce qui est relatif au reste des acides inorganiques, par conséquent à l'acide azotique et à l'acide chlorique.

Quant aux *acides organiques*, le chlorure de calcium précipite à froid, en présence du chlorhydrate d'ammoniaque, l'acide oxalique (l'acide paratartrique) et l'acide tartrique : les deux premiers aussitôt, le dernier souvent au bout d'un temps assez long ; au contraire, la précipitation du citrate de chaux est empêchée par la présence des sels ammoniacaux et ne se produit que par l'ébullition de la dissolution ou par son mélange avec de l'alcool : ce dernier moyen sert aussi à précipiter le malate et le succinate de chaux de leur dissolution aqueuse. Si d'après ces considérations nous ajoutons à notre liqueur

3. du *chlorure de calcium* en excès, et du sel ammoniac,

nous précipiterons l'*acide oxalique*, l'*acide paratartrique* et l'*acide tartrique*, et peut-être aussi les sels calcaires de quelques acides minéraux qui n'auraient pas été complétement éliminés, par exemple du phosphate de chaux. Il faudra donc ensuite pour la recherche spéciale des acides organiques précipités, employer des réactions qui ne permettent pas de les confondre avec les acides minéraux qui pourraient se trouver également dans le précipité. — Pour cela on choisit la dissolution de sulfate de chaux additionnée d'acide acétique pour déceler l'acide oxalique (§ **145**) ; pour trouver l'acide tartrique (et l'acide paratartrique) nous traitons par la lessive de soude le précipité formé par le chlorure de calcium, parce qu'il n'y a que les sels de chaux de ces deux acides qui puissent s'y dissoudre à froid, tandis qu'ils y sont insolubles à l'ébullition.

Cela fait, nous avons encore dans la dissolution les acides citrique et malique, succinique et benzoïque, acétique et formique. L'*acide citrique* et l'*acide malique* comme aussi l'*acide succinique* seront précipités par l'alcool qu'on ajoutera au liquide séparé par filtration de l'oxalate, du tartrate, etc., de chaux et qui devra contenir encore un excès de chlorure de calcium. Avec le malate, le citrate et le succinate de chaux, on précipitera toujours du borate et du sulfate de chaux, s'il y a dans le liquide de l'acide sulfurique et de l'acide borique ; il faudra donc bien se garder de confondre ces précipités calcaires des acides minéraux avec ceux des acides organiques que l'on cherche. Après avoir chassé l'alcool par évaporation, nous ajouterons au liquide parfaitement neutre.

4. du *perchlorure de fer.*

L'*acide benzoïque* et la partie de l'*acide succinique* qui n'a pas encore été enlevée à l'état de sel de chaux, se précipitent combinés au peroxyde de fer ; l'*acide formique* et l'*acide acétique* restent en dissolution. Quant aux méthodes propres à opérer les subdivisions particulières dans chaque groupe, il est inutile d'y revenir ici.

B. *Remarques particulières et additions à la marche de l'analyse.*

Dans ce chapitre, nous appellerons l'attention sur quelques particularités dont nous n'avons pu parler dans l'exposition de la marche analytique générale. Nous aurons aussi l'occasion d'indiquer en peu de mots, et en petits caractères, comment le procédé d'analyse peut s'étendre lorsque dans une recherche on doit tenir compte de tous les corps.

AU § **189**.

Au commencement du § **189** il est prescrit d'ajouter de l'acide chlorhydrique aux dissolutions aqueuses, neutres ou acides. Cette addition se fait goutte par goutte. S'il ne se forme pas de précipité, quelques gouttes suffisent, car on n'a d'autre but que de rendre le liquide acide pour empêcher la précipitation des métaux du groupe du fer par l'acide sulfhydrique. Si l'acide chlorhydrique produit un précipité, on pourrait, ainsi que cela est indiqué par certains chimistes, prendre un nouvel essai et l'acidifier par l'acide azotique. Mais outre que, dans beaucoup de cas, l'acide azotique peut aussi produire des précipités, par exemple dans une dissolution d'émétique, je préfère pour trois raisons employer l'acide chlorhydrique et par conséquent précipiter complétement ce qu'il peut précipiter. D'abord l'acide sulfhydrique précipite beaucoup plus facilement les métaux dans une dissolution acidulée avec l'acide chlorhydrique que lorsqu'elle l'est avec l'acide azotique ; — ensuite, si la liqueur contient de l'argent, du protoxyde de mercure ou du plomb, leur élimination complète ou partielle à l'état de chlorure insoluble facilite beaucoup la suite de l'analyse, et enfin il n'est pas possible de mettre les trois métaux sous une forme plus convenable que celle de chlorure, pour les distinguer lorsqu'ils sont ensemble. En outre l'emploi de l'acide chlorhydrique épargne la peine de faire un essai nouveau pour reconnaître si le mercure qu'on pourra trouver avec les métaux du cinquième groupe est à l'état de bioxyde ou de protoxyde. On ne saurait reprocher à cette méthode l'inconvénient apparent de faire passer le plomb, lorsqu'il y en a beaucoup dans le mélange, partie à l'état de chlorure, partie dans le précipité formé par l'acide sulfhydrique, attendu que la recherche des autres métaux du cinquième et du sixième groupe sera rendue plus facile, puisque la plus grande partie du plomb aura été éliminée tout au commencement.

Avec les deux chlorures insolubles et avec le chlorure de plomb peu soluble, il pourrait se déposer, comme nous l'avons déjà dit, un sel d'antimoine basique, provenant par exemple de l'émétique ou d'un composé analogue. Toutefois comme ce précipité se dissout facilement dans l'excès d'acide chlorhydrique qu'il faut ajouter, cela n'a aucun inconvénient pour le reste de l'opération. Il n'est ni bon, ni même nécessaire de faire chauffer le liquide additionné d'acide chlorhydrique en excès ; on pourrait, en le faisant, transformer en bichlorure un peu de protochlorure de mercure précipité.

En lavant avec de l'eau le précipité formé par l'acide chlorhydrique, il arrive que, lorsqu'il y a du bismuth, de l'antimoine ou de l'acide métastannique, il se forme un trouble quand l'eau de lavage tombe dans le premier liquide filtré ; cela arrive en présence du bismuth et de l'antimoine, quand la quantité de l'acide chlorhydrique libre n'est pas suffisante pour empêcher la formation des sels basiques qui sont la cause de ce trouble ; mais avec l'acide métastannique cela se produit quand le métabichlorure d'étain précipité, se dissolvant dans l'eau pendant le lavage, rencontre dans le liquide filtré une quantité d'acide chlorhydrique suffisante pour en déterminer de nouveau l'insolubilité. Mais qu'il y ait ou non trouble ou précipité, on n'a rien à changer à la marche ultérieure de l'analyse, car ce précipité très-divisé est transformé en sulfure par l'acide sulfhydrique aussi bien que si les métaux étaient réellement en dissolution.

Lorsqu'on ajoute de l'acide chlorhydrique à une dissolution alcaline, il faut le verser goutte à goutte, jusqu'à ce que le liquide ait une forte réaction acide. Le corps qui produisait la réaction alcaline se combine à l'acide et les substances qui pouvaient être dissoutes à la faveur de l'alcali et combinées avec lui se déposent généralement. Si par exemple l'alcali était caustique, il peut se précipiter de l'oxyde de zinc, de l'alumine, etc. Mais ceux-ci se dissolvent de nouveau dans un excès d'acide chlorhydrique, tandis que le chlorure d'argent y est tout à fait insoluble et le chlorure de plomb difficilement soluble. Si la réaction alcaline est due à un sulfosel métallique, l'acide chlorhydrique met le sulfacide en liberté, par exemple le sulfure d'antimoine, tandis que la sulfobase, le sulfure de sodium par exemple, forme avec les éléments de l'acide chlorhydrique du chlorure de sodium et de l'acide sulfhydrique. Si l'alcalinité provient d'un carbonate alcalin, d'un cyanure ou d'un sulfure alcalin, il se dégage de l'acide carbonique, de l'acide cyanhydrique ou de l'acide sulfhydrique. Tous ces phénomènes sont importants à observer; non-seulement ils servent à reconnaître la présence des substances qui les produisent, mais encore ils font éliminer de l'analyse des séries entières de corps.

L'acide chlorhydrique forme également des précipités dans les dissolutions qui renferment du protoxyde de thlalium, des sels alcalins, des acides antimonique, tantalique, niobique, molybdique et tungstique. Ceux provenant des acides antimonique, tantalique et molybdique se redissolvent dans un excès d'acide chlorhydrique (l'acide tantalique donne un liquide opalin); — le *protochlorure de thallium* et les précipités obtenus avec l'acide *niobique* et l'acide *tungstique* ne se dissolvent pas. Ces derniers peuvent donc éventuellement rester dans le précipité formé de chlorure d'argent, protochlorure de mercure, chlorure de plomb et acide silicique. — Si l'addition d'acide chlorhydrique forme au bout de quelque temps un dépôt de soufre, et si en même temps il se dégage une odeur d'acide sulfureux, cela dénote la présence d'un *hyposulfite*.

Si l'on a des raisons pour rechercher les éléments rares dans le précipité formé par l'acide chlorhydrique, on essaye avec l'iodure de potassium le liquide qui passe à la filtration dans un lavage à l'eau bouillante, pour y déceler le *thallium* (on s'assure de sa présence avec le spectroscope). Après avoir épuisé le précipité avec de l'eau, on le traite par l'ammoniaque, qui dissout le chlorure d'argent et transforme le protochlorure de mercure en amido-chlorure de mercure. On dissout celui-ci dans l'acide azotique, et il reste l'acide niobique et l'acide tungstique, avec l'acide silicique, suivant les circonstances. On peut séparer les deux premiers de la silice en fondant avec le sulfate acide de potasse, traitant par l'eau et après par une solution étendue de carbonate d'ammoniaque; puis on pourra séparer le niobium du tungstène en traitant la liqueur par un excès de sulfhydrate d'ammoniaque.

AU § 190 ET AU § 191.

Pour faire des analyses dans le moins de temps possible, on s'habituera à faire plusieurs choses à la fois : par exemple, après le traitement par l'acide sulfhydrique, il ne faut pas se croiser les bras jusqu'à ce que le précipité formé soit complétement lavé. Les premières gouttes du liquide qui passe suffisent déjà pour reconnaître s'il y a des substances précipitables par le sulfhydrate d'ammoniaque, et dans le cas où il n'y en aurait pas, pour essayer avec le carbonate d'ammoniaque. Alors, suivant le résultat obtenu, pendant qu'on lave le précipité formé par l'acide sulfhydrique, on traite aussitôt le liquide filtré par le sulfhydrate d'ammoniaque ou le carbonate d'ammoniaque; — pendant qu'on fait digérer le premier précipité dans le sulfhydrate d'ammoniaque, on lave le second, et ainsi de suite. — En s'habituant ainsi à bien partager son temps, on peut, sans se donner beaucoup de mal, faire en une heure ce qu'on ne pourrait pas faire en deux, en travaillant autrement.

Dans le cas où l'on n'a que des métaux du sixième groupe, par exemple, de l'oxyde d'antimoine et des métaux du quatrième et du cinquième, comme du fer ou du bismuth, on peut pour les séparer ne pas procéder d'abord par la précipitation de la liqueur acide par l'acide sulfhydrique, mais commencer de suite par verser dans la solution rendue neutre du sulfhydrate d'ammoniaque en excès. On a dans le précipité le sulfure de fer, etc., tandis que le sulfure d'antimoine et les sulfures analogues sont dans une dissolution d'où on les précipitera par l'addition d'un acide. On a par là l'avantage d'avoir une liqueur moins étendue que lorsqu'on emploie l'acide sulfhydrique, l'opération se fait plus rapidement et elle est plus facile à conduire que lorsqu'il faut faire passer un courant de gaz hydrogène sulfuré. En outre je crois devoir encore rappeler combien, lorsqu'on commence à faire des analyses, on accroît souvent les difficultés du travail en se servant de dissolutions aqueuses d'acide sulfhydrique altérées ou trop étendues, en employant des quantités insuffisantes pour la précipitation complète, ou en faisant passer un courant de gaz hydrogène sulfuré dans une dissolution contenant un *grand excès* d'acide chlorhydrique ou d'acide azotique. Supposons, par exemple, du fer et du bismuth ensemble dans une dissolution très-acide. On y fait passer un courant d'acide sulfhydrique ou bien on y verse quelques gouttes d'une dissolution aqueuse de ce réactif; il ne s'y produit pas de précipité, parce que le grand excès d'acide concentré l'empêche de se former. On en conclut qu'il n'y a pas de métal précipitable par l'acide sulfhydrique, et on fait usage du sulfhydrate d'ammoniaque, qui précipite le sulfure de bismuth avec le sulfure de fer. On traite ce précipité par l'acide chlorhydrique étendu, on a un résidu noir : rien de plus naturel que d'en conclure l'existence du cobalt et du nickel. — Or, lorsqu'une fois le commençant s'est ainsi égaré, il lui est très-difficile, pour ne pas dire impossible, de retrouver le vrai chemin. — C'est là l'écueil le plus fréquent dans la marche de l'analyse, surtout quand on fait usage de l'acide sulfhydrique à l'état gazeux, car le précipité ne peut pas se former dans les dissolutions très-acides, si l'on n'a pas la précaution de les étendre de beaucoup d'eau. — On peut aussi très-facilement laisser échapper l'acide arsénique, si l'on néglige de favoriser l'action de l'acide sulfhydrique par l'action suffisamment prolongée de la chaleur.

En traitant les dissolutions acides par l'acide sulfhydrique, ou en décomposant par l'acide chlorhydrique le sulfhydrate d'ammoniaque employé pour séparer les sulfures métalliques du sixième groupe, on obtient fréquemment des précipités qui ont presque l'aspect du soufre pur et on ne sait s'il faut y chercher des métaux. Dans ce cas on lave le précipité avec de l'eau, puis avec de l'alcool et enfin avec du sulfure de carbone pour enlever tout le soufre : on peut alors reconnaître si le soufre était ou non mélangé à une petite quantité d'un sulfure métallique.

Parmi les éléments plus rares, qui dans les dissolutions acides donnent des précipités de sulfures avec l'acide sulfhydrique, il faut compter :

Le palladium, le rhodium, l'osmium, le ruthénium, l'iridium [1], le molybdène, le tellure, le sélénium et parfois le thallium [2].

On obtient un dépôt de soufre, provenant de la décomposition de l'acide sulfhydrique, avec les combinaisons plus rares suivantes :

Les peroxydes et perchlorures de manganèse et de cobalt, qui passent à l'état de protoxydes et de protochlorures; l'acide vanadique (avec une coloration bleue du liquide), l'acide azoteux, l'acide sulfureux et l'acide hyposulfureux, l'acide hypochloreux et l'acide chloreux, l'acide bromique et l'acide iodique.

En traitant le précipité par le sulfhydrate d'ammoniaque (sulfure de sodium), on dissout (avec le sulfure d'arsenic, le sulfure d'antimoine, etc.) les sulfures de molybdène, iridium, tellure et sélénium, tandis que restent insolubles (avec le sulfure de plomb, le sulfure de bismuth, etc.) ceux de palladium, rhodium, osmium, ruthénium et thallium, si par hasard ce métal se rencontre dans la substance.

AU § 192.

Si l'on fait fondre, ainsi que cela est indiqué au § **192**, avec du carbonate et de l'azotate de soude un précipité renfermant tous les sulfures métalliques du sixième groupe, par conséquent ceux d'étain, antimoine, arsenic, tellure, sélénium, molybdène, or, platine et iridium, et si l'on traite la masse fondue par de l'eau froide, on aura dans la dissolution, outre l'acide arsénique, les acides *tellurique*, *sélénique*, et *molybdique*, tandis que l'*iridium* restera non dissous avec l'oxyde d'étain, l'antimoniate de soude, l'or et le platine.

On a indiqué au § **135** la manière de découvrir les éléments rares dans la dissolution et dans le précipité.

AU § 193.

Outre la méthode indiquée dans la marche de l'analyse pour trouver le cadmium, le cuivre, le plomb et le bismuth, le procédé suivant peut conduire au même but avec une grande certitude. — A la dissolution azotique on ajoute du carbonate de soude tant qu'il se forme un

[1] Les métaux du minerai de platine sont difficilement précipités par l'acide sulfhydrique : pour atteindre ce but il faut faire passer longtemps le courant de gaz, en chauffant.

[2] Le tungstène et le vanadium ne se trouvent pas dans le précipité, quand celui-ci a été obtenu en traitant une dissolution acide avec l'acide sulfhydrique; on ne peut les rencontrer que lorsqu'on ajoute au liquide, d'abord du sulfhydrate d'ammoniaque, puis de l'acide en excès, auquel cas les sulfures de nickel et de cobalt se trouveront

précipité, puis on verse de la dissolution de cyanure de potassium en excès et l'on chauffe. De cette façon le plomb et le bismuth sont complétement précipités à l'état de carbonates. Le cuivre et le cadmium restent dissous sous forme de cyanure double de cuivre ou de cadmium et de potassium. Les premiers seront facilement séparés par l'acide sulfurique : pour distinguer les derniers, on ajoute un excès d'acide sulfhydrique à la dissolution de leurs cyanures dans le cyanure de potassium, on chauffe et l'on ajoute encore un peu de cyanure de potassium pour redissoudre un peu de sulfure de cuivre précipité. On reconnaît le cadmium au précipité jaune qui se forme. Au liquide filtré on ajoute de l'acide chlorhydrique, et un précipité noir de sulfure de cuivre révèle la présence de ce métal.

Si dans le précipité formé par les sulfures du cinquième groupe on a des raisons de croire à la présence des sulfures de palladium, rhodium, osmium, ruthénium ou thallium, à côté des sulfures de cuivre, de bismuth, etc., on peut opérer comme il suit avec la plus grande partie du précipité, après avoir cherché le thallium au spectroscope avec une petite portion du précipité :

On le fond avec de l'hydrate de potasse et du chlorate de potasse, on chauffe à la fin au rouge et on traite par l'eau la masse fondue refroidie. Le liquide renferme de l'osmiate et du ruthéniate de potasse et est coloré en jaune foncé par ce dernier. On neutralise avec précaution avec de l'acide azotique : il se dépose de l'*oxyde de ruthénium* noir : au liquide filtré on ajoute plus d'acide azotique et en distillant on obtient l'*acide osmique*. Le résidu de la masse fondue, insoluble dans l'eau, chauffé légèrement au rouge dans un courant d'hydrogène (ce qui chasse le peu de cadmium qu'il pourrait contenir) et traité avec précaution par l'acide azotique étendu, laisse insoluble le rhodium et le palladium, tandis que le cuivre, le plomb, etc., se dissolvent. Avec l'eau régale, on dissout le *palladium*; le *rhodium* n'est pas attaqué. Si l'on veut pousser plus loin les essais des métaux ainsi séparés, je renvoie au § **124**. — Pour trouver le mercure, il aurait fallu réserver une portion particulière du précipité des sulfures.

AU § 194.

Si nous supposons que le liquide, séparé par filtration du précipité formé par l'acide sulfhydrique dans la dissolution acide, renferme encore tous les éléments non précipités, il faut admettre que le précipité nouveau que formera le sulfhydrate d'ammoniaque, après qu'on aura ajouté du sel ammoniac et neutralisé par l'ammoniaque, contiendra les éléments suivants :

avec ceux du cinquième et du sixième groupe. — Le thallium, qui dans les conditions ordinaires n'est pas précipité par l'acide sulfhydrique de ses dissolutions acides, peut se séparer cependant en combinaison avec le sulfure d'arsenic.

a. A l'état de sulfures : cobalt, nickel, manganèse, fer, zinc, uranium, thallium, indium.

b. A l'état d'oxydes : aluminium, glucinium, thorium, zirconium, yttrium, cérium, erbium, lanthane, didymium, chrome, titane, tantale, niobium[1].

Si dans ce précipité on désirait chercher quelques-uns des éléments plus rares, le procédé suivant semble le plus digne de confiance.

1. On fait sécher la plus grande partie du précipité bien lavé, on le grille dans un creuset en porcelaine, puis on le fait fondre dans un creuset de platine avec du *sulfate acide de potasse;* on lave la masse fondue et refroidie avec de l'eau froide et on la fait digérer longtemps avec l'eau, mais sans chauffer. On sépare par filtration le liquide du résidu non dissous.

Le RÉSIDU, qui renferme les acides du tantale et du niobium et peut contenir de la silice, un peu d'oxyde de fer et d'oxyde de chrome, fondu avec de l'hydrate de soude et un peu de chlorate de potasse, donne une masse qui, lavée avec une lessive de soude étendue, lui abandonne du chromate et du silicate de potasse, tandis que le tantalate et le niobate de soude (insolubles dans la lessive de soude) restent non dissous avec le peroxyde de fer. Après avoir enlevé l'excès de soude, on traite à plusieurs reprises par une dissolution très-étendue de carbonate de soude dans laquelle le *niobate* de soude se dissout bien plus facilement que le *tantalate*. Pour des essais plus développés voir § **104**, 10 et 11.

La DISSOLUTION ACIDE, qui contient toutes les autres bases du troisième et du quatrième groupe, est traitée par l'acide sulfhydrique pour réduire le peroxyde de fer : on étend fortement et on fait passer un courant d'acide carbonique en chauffant assez longtemps à l'ébullition. Si par ce moyen il se forme un précipité, on essayera s'il est formé d'*acide titanique;* il pourrait aussi renfermer un peu de *zircone*.

Après avoir ajouté un peu d'acide azotique au liquide filtré, on le concentre par évaporation, on précipite par l'AMMONIAQUE, on redissout dans l'acide chlorhydrique le précipité séparé par filtration et bien lavé, puis on précipite de nouveau par l'ammoniaque. De cette façon on obtient le *zinc*, le *manganèse*, le *nickel* et le *cobalt* presque entièrement en dissolution, tandis que les terres restent insolubles avec les oxydes de fer, d'indium, d'uranium et de chrome. On dissout de nouveau le précipité dans l'acide chlorhydrique et, sans chauffer, on ajoute de la LESSIVE CONCENTRÉE DE POTASSE. Par là l'oxyde de chrome l'alumine et la glucine restent dissous, tandis que les autres terres se précipitent avec les oxydes de fer, d'indium et d'uranium. On étend d'eau et on fait bouillir la dissolution alcaline pendant assez longtemps : l'*alumine* reste en dissolution (et on la précipitera avec le sel ammoniac), tandis que l'oxyde de chrome et la glucine se précipitent. On fait fondre le précipité avec du carbonate de soude et du chlorate de potasse et on sépare la glucine de l'acide chromique de la même façon que l'on sépare l'alumine et l'acide chromique (§ **103**).

[1] Quant à l'acide niobique, il ne peut s'en trouver qu'une petite quantité que l'acide chlorhydrique a redissoute lors de la première précipitation.

Le précipité qui contient les oxydes de fer, d'indium, d'uranium, et les terres insolubles dans la potasse, peut renfermer encore de l'oxyde de chrome, et suivant les circonstances, par exemple lorsqu'il y a de l'oxyde d'yttrium et de l'oxyde de cérium, de l'alumine et de la glucine. On le dissout dans l'acide chlorhydrique, dont on chasse l'excès par évaporation, on étend d'eau, on ajoute du CARBONATE DE BARYTE et on laisse reposer à froid pendant 4 à 6 heures.

Le précipité qui se produit renferme le *peroxyde de fer*, l'*oxyde d'indium*, le peu d'*alumine* qui pourrait y rester, peut-être de l'*oxyde de chrome*, et l'*oxyde d'uranium*. On sépare le dernier des premiers, après une nouvelle dissolution dans l'acide chlorhydrique, au moyen d'un excès de bicarbonate de soude ; dans le précipité, on cherche l'*indium* au moyen du spectroscope, et le *chrome* en le fondant avec le carbonate de soude et le chlorate de potasse.

On débarrasse d'abord de la baryte au moyen de l'acide sulfurique le liquide séparé par la filtration du précipité formé par le carbonate de baryte. On concentre fortement par évaporation, on neutralise exactement par la potasse (la liqueur étant plutôt acide qu'alcaline), on ajoute du SULFATE NEUTRE DE POTASSE en cristaux, on fait bouillir et on laisse reposer 12 heures. On filtre et on lave avec une dissolution de sulfate neutre de potasse. Le liquide filtré renferme la portion de glucine qui peut avoir échappé plus haut à la dissolution par la potasse et aussi de l'oxyde d'yttrium et de l'oxyde d'erbium ; on les précipite par l'ammoniaque et on peut facilement les séparer en traitant par une dissolution concentrée et chaude d'ACIDE OXALIQUE dans laquelle la *glucine* est soluble, tandis que les oxalates d'*yttrium* et d'*erbium* ne se dissolvent pas. On fait ensuite bouillir à plusieurs reprises avec de l'eau et un peu d'acide chlorhydrique le précipité des sulfates doubles de potasse ; celui de *zircone* reste non dissous, ceux de *thorium* et de *cérium* se dissolvent ; on les précipite par l'ammoniaque et on les distingue par les réactions indiquées au § **104**.

2. Quant au reste du précipité, on en soumet une partie à l'analyse spectrale pour y chercher le thallium et l'indium. Pour être plus certain de trouver le thallium, on peut dissoudre une partie du précipité dans l'acide chlorhydrique étendu et bouillant, traiter la dissolution par l'acide sulfureux pour réduire le peroxyde de fer qui pourrait s'y trouver, neutraliser presque complétement l'acide libre avec de l'ammoniaque et chercher avec l'iodure de potassium à précipiter l'iodure de thallium, qu'on essaierait en définitive dans l'appareil spectral.

AUX §§ 195-198

Le liquide séparé par filtration du précipité formé par le sulfhydrate d'ammoniaque peut contenir non seulement les terres alcalines et les alcalis, mais encore un peu de nickel, puis de l'acide vanadique et la portion d'acide tungstique qui n'a pas été précipitée au commencement par l'acide chlorhydrique. Les trois derniers sont à l'état de sulfures dissous dans un excès de sulfhydrate d'ammoniaque et se précipitent comme tels quand on ajoute au liquide de l'acide chlorhydrique. On sépare le précipité par filtration, on le lave, on le sèche, on le fond avec du carbonate de soude et du salpêtre, on traite la masse fondue par l'eau : le protoxyde de nickel reste, tandis que le vanadate et le tungstate de potasse se dissolvent. De la dissolution on peut séparer l'acide vanadique par le chlorhydrate d'ammoniaque solide, l'acide tungstique en évaporant avec de l'acide chlorhydrique et traitant le résidu par de l'eau ; puis on étudiera les deux produits d'une façon plus précise d'après le § **113**. *d.* et § **135**. *c.*

Quant à ce qui est relatif à la recherche du lithium, du cæsium et du rubidium, nous l'avons indiqué à propos de l'analyse des eaux minérales, n° (259) et n° (260).

AU § **203**

Si l'on veut prendre en considération les substances rares qui peuvent se rencontrer, cela augmente beaucoup le nombre des éléments qui résistent à l'action dissolvante de l'eau, de l'acide chlorhydrique, de l'acide azotique et de l'eau régale. En voici quelques-unes qui, soit par elles-mêmes, soit après calcination ou dans certains états de combinaison, sont insolubles ou lentement et difficilement solubles dans les acides :

Glucine, oxyde de thorium, zircone, oxyde de cérium, acide titanique, acide tantalique, acide niobique, acide molybdique, acide tungstique, rhodium, iridium, osmiure d'iridium, ruthénium.

Lorsque dans la marche de l'analyse on est arrivé au n° (208), on fond la substance débarrassée d'argent, de plomb et de soufre, avec du carbonate de soude additionné d'un peu de salpêtre, on traite à plusieurs reprises par de l'eau chaude, on fond le résidu insoluble dans un creuset en argent avec de l'hydrate de potasse et du salpêtre et on reprend de nouveau avec de l'eau. Les dissolutions alcalines, que l'on peut traiter séparément ou après les avoir réunies, renferment de la glucine, une partie des acides titanique, tantalique, niobique, molybdique, tungstique, osmique, ruthénique et une partie de l'iridium.

On fond le résidu insoluble des opérations précédentes avec du sulfate acide de potasse, et en reprenant la masse fondue par de l'eau, on peut dissoudre l'oxyde de thorium, la zircone, l'oxyde de cérium, le reste de l'acide titanique et le rhodium.

S'il y a encore un résidu, il pourrait provenir de la désagrégation des métaux du minerai de platine; ce qu'il y aurait de mieux à faire, serait de le mélanger avec du chlorure de sodium et de le chauffer au rouge dans un courant de chlore.

Pour séparer ensuite et reconnaître les éléments qui se trouvent dans les différentes dissolutions, on trouvera toutes les indications nécessaires dans les additions aux §§ **189** jusqu'à **198**, ainsi que dans le troisième chapitre de la première partie.

AU § **204**

L'analyse des cyanures n'est pas facile dans certains cas; souvent même il est difficile de reconnaître tout d'abord qu'on a de pareilles combinaisons entre les mains. Toutefois les doutes seront le plus souvent levés, si l'on fait bien attention à la manière dont se comporte la substance quand on la chauffe au rouge (8), et si l'on reconnaît l'odeur de l'acide cyanhydrique en la faisant bouillir avec de l'acide chlorhydrique (35).

Rappelons-nous bien que les composés cyanogénés insolubles que l'on rencontre dans les pharmacies, etc., appartiennent à deux classes essentiellement différentes. Ce sont ou des *cyanures simples*, ou des *composés de métaux avec du ferrocyanogène* ou tout autre radical analogue.

Tous les cyanures simples sont décomposés à l'ébullition par l'acide chlorhydrique en chlorures métalliques et acide cyanhydrique. Leur analyse n'est donc pas difficile. Mais les ferrocyanures, etc., pour lesquels on a donné au § **204** une méthode d'analyse particulière, éprouvent par l'action des acides des décompositions si compliquées, que leur analyse par le procédé indiqué n'est pas toujours facile. — Leur décomposition par la potasse ou la soude est bien plus simple. En effet l'alcali met en liberté à l'état d'oxyde le métal combiné au ferrocyanogène ou en général au radical composé, en lui cédant son oxygène, en même temps que le métal alcalin s'unit au radical pour former du ferrocyanure, etc., de potassium. — Or plusieurs oxydes, ceux de plomb, de zinc, etc,. sont solubles dans un excès de potasse. Aussi en faisant bouillir du ferrocyanure double de potassium et de zinc avec de la potasse caustique, il se dissout complétement et nous pouvons admettre que dans la liqueur nous avons du ferrocyanure de potassium et de l'oxyde de zinc dissous dans la potasse. Si nous ajoutions un acide à cette dissolution, nous reformerions naturellement notre précipité de ferrocyanure double de potassium et de zinc primitif et nous n'aurions rien gagné à l'opération. Pour lever la difficulté, faisons passer dans la dissolution alcaline un courant d'acide sulfhydrique (non pas jusqu'à ce que la liqueur en répande l'odeur, mais seulement jusqu'à ce que l'oxyde précipitable soit complétement éliminé). Alors tous les métaux lourds, dissous comme oxydes dans la potasse, passeront à l'état de sulfures. Ceux de ces derniers qui sont insolubles dans la potasse, comme les sulfures de plomb, de zinc, etc., se précipiteront; mais ceux qui peuvent se dissoudre dans les sulfures alcalins, comme les sulfures d'étain, d'antimoine, etc., resteront en dissolution. Pour que leur présence n'échappe pas, on acidulera le liquide et on continuera s'il le faut le courant d'acide sulfhydrique.

Dans le liquide séparé par filtration des oxydes et des sulfures métalliques, on a encore les métaux qui font avec le cyanogène des radicaux composés : en outre il peut aussi s'y trouver de l'alumine, car dans ce traitement primitif par la lessive d'alcali caustique, elle peut être dissoute à l'état d'aluminate alcalin, qui n'a pas été précipité plus tard. Enfin il faut encore chercher des acides dans ce liquide. On recommande alors de séparer la liqueur en deux portions. Dans l'une on cherchera les acides, dans l'autre l'alumine et les métaux formant des radicaux composés avec le cyanogène. En chauffant cette dernière partie avec de l'acide sulfurique concentré, toutes les combinaisons cyanogénées seront décomposées de telle façon que les métaux resteront dans le résidu à l'état de sulfates (*H. Rose*[1]).

Si dans les cynanures simples ou composés on ne veut chercher que les bases, et pour cela décomposer les cyanures, il suffit de les réduire en poudre, de les mettre dans un creuset de platine avec de l'acide sulfurique concentré additionné d'un peu d'eau et de les chauffer assez longtemps et assez fortement pour chasser tout l'acide sulfurique libre. La masse restante est formée de sulfates qu'on dissout dans l'eau et dans l'acide chlorhydrique.

La raison pour laquelle dans les composés ferrocyanurés, etc., complétement lavés avec de l'eau, il faut cependant encore chercher les alcalis, c'est qu'avec les ferrocyanures métalliques, etc., insolubles, il se précipite souvent aussi des ferrocyanures, etc., alcalins, que le lavage n'enlève pas.

[1] *Zeitschrift f. analyt. Chem.*, I, 194.

APPENDICE

I

ACTION DES RÉACTIFS SUR LES ALCALOÏDES LES PLUS IMPORTANTS ET MARCHE SYSTÉMATIQUE A SUIVRE POUR LES DÉCOUVRIR.

§ 229

Il est bien plus difficile de reconnaître et de séparer les alcaloïdes à l'aide des réactifs que de trouver la plupart des bases minérales. Pour beaucoup de bases organiques les combinaisons ne sont pas assez insolubles pour permettre une séparation complète ; pour d'autres les réactions ne sont connues que par leurs caractères extérieurs, mais on ne sait rien sur la cause qui les produit et on ignore dès lors les circonstances qui peuvent les modifier; enfin pour beaucoup d'alcaloïdes les réactions caractéristiques manquent complétement[1].

Toutefois pour venir en aide aux jeunes chimistes et surtout aux pharmaciens, pour lesquels ce sujet doit offrir un intérêt tout particulier, j'ai cru devoir rédiger cet appendice en ne considérant que les alcaloïdes les plus importants, les plus fréquemment employés, savoir : la nicotine, la conine, la morphine, la narcotine, la quinine, la cinchonine, la strychnine, la brucine, la vératrine et l'atropine.

Lorsqu'on saura retrouver et séparer ces bases, on sera à même par la suite d'étendre les recherches sur les autres alcaloïdes.

Je ferai les subdivisions suivantes dans ce que nous dirons sur les alcaloïdes :

A. Réactifs généraux propres aux alcaloïdes.

B. Propriétés et réactions de chaque alcaloïde. (A la fin de ce chapitre j'ai décrit l'ensemble des caractères propres à quelques substances non azotées, que l'on peut rapprocher des alcaloïdes surtout au point de vue toxicologique, ou qui servent quelquefois à falsifier les alcaloïdes, telles que la salicine, la digitaline, la picrotoxine).

[1] Voyez : *Manuel de toxicologie* par *Dragendorff*, trad. *Ritter*, Paris, 1875. Cet ouvrage étudie avec beaucoup de détails la manière dont les alcaloïdes se comportent avec les réactifs de coloration ou de séparation.

C. Marche systématique à suivre pour trouver les alcaloïdes lorsqu'il n'y en a qu'un.

D. Marche systématique à suivre pour trouver les alcaloïdes lorsqu'il y en a plusieurs ensemble.

E. Recherche des alcaloïdes en présence d'autres matières organiques.

A. RÉACTIFS GÉNÉRAUX DES ALCALOÏDES.

§ 230

Nous appelons réactifs généraux des alcaloïdes ceux qui les précipitent tous ou presque tous. Ils sont par conséquent tous propres à essayer si un liquide renferme un alcaloïde et peuvent servir à les séparer de leurs dissolutions ; toutefois ils ne permettent pas de les distinguer les uns des autres ou ils ne le font que d'une façon tout à fait secondaire.

Parmi ces réactifs nous considérerons :

Le chlorure de platine, la solution d'iode dans l'iodure de potassium (*Wagner*[1]), — l'iodure double de potassium et de mercure (*Planta*[2]), — l'iodure double de potassium et de cadmium (*Marmé*[3]), — l'iodure double de potassium et de bismuth (*Dragendorff*[4]), — l'acide phosphomolybdique (*de Vrij*, *Sonnenschein*[5]), — l'acide phosphoantimonique (*Fr. Schulze*[6]), — l'acide métatungstique (*Schebler*[7]), — l'acide picrique (*H. Hager*[8]).

Le *chlorure de platine* forme avec les chlorhydrates des bases organiques des composés analogues au chlorure double de platine et d'ammoniaque. Ces composés sont les uns difficilement solubles, les autres assez solubles dans l'eau. Pour être le plus certain de les obtenir et de les séparer le plus complétement possible, on évaporera presque à siccité les dissolutions additionnées d'une quantité suffisante de chlorure de platine et on traitera le résidu par l'alcool. Les combinaisons sont

[1] *Zeitschrift f. analyt. Chem.*, IV, 387.
[2] Son mémoire sur l'*Action des réactifs sur les alcaloïdes les plus importants*, 1846.
[3] *Zeitschrift f. analyt. Chem.*, VI, 123.
[4] *Manuel de toxicologie*, trad. *Ritter*. Paris, 1873.
[5] *Ann. d. Chem. u. Pharm.*, CIV, 47.
[6] *Ann. d. Chem. u. Pharm.*, CIX, 179.
[7] *Journ. f. prackt. Chem.*, LXXX, 211.
[8] *Pharm. centralbl.*, 10e Jahrg, p. 131.

jaune clair ou foncé, les unes cristallines, les autres floconneuses, la plupart plus solubles dans l'acide chlorhydrique que dans l'eau.

Une dissolution d'*iode* dans une dissolution d'*iodure de potassium* (12,7 d'iode libre dans un litre) précipite les dissolutions des sels de tous les alcaloïdes. Les précipités sont bruns, floconneux. Leur formation et leur séparation sont facilitées si l'on acidule les liqueurs avec de l'acide sulfurique. Si après l'avoir lavé, on dissout le précipité dans une dissolution aqueuse d'acide sulfureux et si l'on évapore la solution au bain-marie, pour chasser l'excès d'acide sulfureux et l'acide iodhydrique, la base reste en combinaison avec de l'acide sulfurique. Si l'on obtient le précipité avec un liquide contenant beaucoup d'autres matières organiques, on dissout ce premier précipité dans une dissolution étendue d'hyposulfite de soude, on filtre, on précipite de nouveau avec la liqueur d'iode et on opère avec ce nouveau précipité comme il est dit plus haut[1].

L'*iodure double de potassium et de mercure* précipite les dissolutions des sels de tous les alcaloïdes. La couleur des précipités varie du blanc au blanc jaunâtre. Ils sont insolubles dans l'eau et dans l'acide chlorhydrique étendu.

L'*iodure double de cadmium ou de potassium*[2] précipite les dissolutions des sels des alcaloïdes additionnées d'acide sulfurique, même quand elles sont étendues. Tous les précipités sont d'abord floconneux, blancs, mais bientôt ils deviennent en partie cristallins. Ils sont insolubles dans l'éther, facilement solubles dans l'alcool et dans un excès du précipitant, mais peu dans l'eau. Ils ont une tendance à se décomposer quand on les abandonne à eux-mêmes. On peut retirer les alcaloïdes des précipités non décomposés, en les mettant en contact avec de l'eau et un alcali caustique ou carbonaté, et en agitant le liquide avec un dissolvant de l'alcaloïde qui ne se mélange pas avec l'eau (benzine, alcool amylique, éther, etc.)

La dissolution d'*iodure double de potassium et de bismuth*[3], versée

[1] Si l'on dissout dans de l'esprit-de-vin additionné d'acide sulfurique, le précipité rouge brun formé par la liqueur d'iode dans une solution d'un sel de strychnine, et si on laisse évaporer, on obtient du sulfate d'iodo-strychnine prismatique très polarisant [*de Vrij* et van *der Burg*. Jahresber. von *Liebig* u. *Kopp*., 1857, 602.) Cette réaction ne serait caractéristique, pour la strychnine, qu'autant qu'on connaîtrait les propriétés optiques des composés analogues des autres alcaloïdes.

[2] La dissolution se prépare en mettant de l'iodure de cadmium jusqu'à saturation dans une solution concentrée bouillante d'iodure de potassium, et ajoutant un volume égal d'une dissolution d'iodure de potassium saturée à froid. La liqueur concentrée peut se garder, mais non pas celle qui est étendue.

[3] Pour préparer ce réactif on chauffe dans un tube en verre peu fusible, fermé à un bout, 32 parties de sulfure de bismuth avec 41,5 d'iode : l'iodure de bismuth se rassemble dans un récipient ; on le purifie par une nouvelle sublimation : on le chauffe

goutte à goutte dans une dissolution aqueuse des sels à alcaloïdes additionnée d'un peu d'acide sulfurique (10 C. C. de solution saline, 5 gouttes d'acide sulfurique concentré), produit presque aussitôt des précipités floconneux de couleur orangée avec la nicotine, la conine, la morphine, la narcotine, la quinine, la cinchonine, la strychnine, la brucine, l'atropine et la plupart des autres alcaloïdes : les solutions de vératrine ne sont que faiblement troublées. Les précipités formés dans les sels des premiers alcaloïdes s'agglomèrent un peu par la chaleur : ils se dissolvent par une ébullition prolongée et la plus grande partie de la combinaison se précipite de nouveau par le refroidissement. Aucun des précipités n'est cristallin. Les alcaloïdes peuvent se retirer des précipités en opérant comme avec l'iodure de potassium et de cadmium.

La dissolution d'*acide phosphomolybdique*[1] est précipitée par les solutions de tous les alcaloïdes, même en très-petite quantité. Les précipités sont jaune clair, jaune d'ocre, jaune brun, insolubles ou très-peu solubles à la température ordinaire dans l'eau, l'alcool, l'éther, les acides minéraux étendus, sauf l'acide phosphorique : ils sont particulièrement insolubles dans l'acide azotique étendu, si ce dernier contient un peu de réactif ; l'acide acétique froid est aussi presque sans action, mais à chaud il les dissout. Les précipités se dissolvent facilement dans les alcalis caustiques ou carbonatés, la plupart du temps avec séparation de l'alcaloïde. En agitant la dissolution additionnée d'alcali avec un dissolvant convenable (éther, alcool amylique, benzine, etc.), on peut séparer l'alcaloïde.

L'*acide phospho-antimonique*, obtenu en versant goutte à goutte du perchlorure d'antimoine dans une dissolution aqueuse d'acide phosphorique, précipite comme l'acide phospho-molybdique aussi bien l'ammoniaque que la plupart des alcaloïdes (la caféine n'est pas précipitée). Les réactions sont sensibles, mais cependant pour la plupart des bases, surtout la nicotine et la conine, elles le sont moins que celles de l'acide phosphomolybdique. Il n'y a que pour l'atropine que l'acide phos-

avec une dissolution d'iodure de potassium, on filtre chaud et on ajoute un volume égal d'une dissolution d'iodure de potassium saturée à froid. La dissolution concentrée, orangée, se conserve bien : la solution étendue s'altère.— En ajoutant à 10 C. C. d'eau 5 gouttes d'acide sulfurique et 1 à 2 gouttes du réactif, il ne doit pas se produire de trouble.

[1] Pour préparer ce réactif on précipite la dissolution azotique de molybdate d'ammoniaque avec le phosphate de soude ordinaire : on lave bien le précipité, on le met en suspension dans l'eau et on le chauffe avec une solution de carbonate de soude jusqu'à dissolution complète. On évapore la dissolution jusqu'à siccité, on chauffe le résidu au rouge : quand la réduction est commencée, on l'humecte avec de l'acide azotique et on le chauffe de nouveau au rouge. On le chauffe alors avec de l'eau, et on le dissout en ajoutant de l'acide azotique de façon que celui-ci domine fortement. Avec une partie du résidu on prépare 10 parties de la solution. Celle-ci, de couleur jaune d'or, doit être préservée des vapeurs ammoniacales.

pho-antimonique est le réactif le plus délicat. Les précipités sont généralement floconneux et blanchâtres. Celui de brucine seul est rose rouge ; il se dissout à chaud et par le refroidissement il se sépare de nouveau du liquide, qui reste coloré en rouge cramoisi intense.

L'*acide métatungstique*[1] précipite les dissolutions de tous les alcaloïdes : les précipités sont blancs, floconneux. Ce réactif est d'une sensibilité très-grande. Les dissolutions acides, qui ne renferment que $\frac{1}{200000}$ de quinine ou de strychnine, sont nettement troublées et au bout de vingt-quatre heures on trouve un dépôt floconneux au fond du vase.

L'*acide picrique* précipite presque tous les alcaloïdes, même dans les dissolutions où l'acide sulfurique domine fortement. Les précipités sont jaunes et insolubles dans un excès d'acide picrique : ils se forment avec la plupart des alcaloïdes, même quand les liqueurs sont assez étendues. — La morphine et l'atropine (pure) ne sont précipitées que dans les dissolutions neutres et concentrées : les précipités disparaissent quand on étend avec de l'eau (la caféine et la pseudomorphine ne sont pas précipitées, pas plus que les glycosides).

B. CARACTÈRES ET RÉACTIONS PROPRES A CHAQUE ALCALOÏDE EN PARTICULIER.

I. ALCALOÏDES VOLATILS

Les alcaloïdes volatils sont liquides à la température ordinaire et se volatilisent aussi bien quand ils sont à l'état pur que lorsqu'ils sont mélangés avec de l'eau. On les retrouve donc dans le produit condensé de la distillation, quand on distille leurs sels avec de l'eau et une base fixe puissante. Les vapeurs produisent des fumées dans l'air quand elles rencontrent des acides volatils.

1. Nicotine ($C^{20}H^{14}Az^2$).

§ 231

1. La nicotine (qui se trouve dans les feuilles et les graines de tabac) tout à fait pure est un liquide oléagineux, incolore, mais qui devient bientôt jaunâtre ou brunâtre au contact de l'air. Sa densité est 1,048. Elle bout à 250°, mais en se décomposant en partie : ce-

[1] On peut employer comme réactif non-seulement l'acide métatungstique pur, mais encore un métatungstate additionné d'un acide minéral, ou le tungstate de soude ordinaire avec de l'acide phosphorique, parce que l'acide phosphorique enlève à tous les tungstates solubles ordinaires une partie de la base et détermine ainsi la formation d'un métatungstate.

pendant dans un courant d'hydrogène elle distille sans décomposition, entre 100 et 200°. Elle se dissout facilement en toutes proportions dans l'eau, l'alcool et l'éther.

La nicotine a une odeur particulière, désagréable, un peu éthérée, rappelant celle du tabac : elle a une saveur âcre, brûlante et est très-vénéneuse ; chauffée, elle exhale l'odeur stupéfiante du tabac. Elle produit sur le papier une tache transparente qui disparaît lentement : elle brunit le papier de curcuma et bleuit le papier rouge de tournesol. Ces réactions sont plus nettes avec la dissolution aqueuse concentrée de nicotine qu'avec l'alcaloïde pur.

2. La nicotine a tous les caractères d'une base très-forte : elle précipite les oxydes métalliques de leurs dissolutions et forme des sels avec les acides. Ces sels ne sont pas volatils, ils sont facilement solubles dans l'eau et l'alcool, insolubles dans l'éther et l'alcool amylique, en partie cristallisables, sans odeur, mais ayant une forte saveur de tabac. Leurs dissolutions distillées avec de la lessive de potasse donnent de la nicotine dans le liquide condensé. Ce dernier, neutralisé par de l'acide oxalique et évaporé, donne de l'oxalate de nicotine mélangé avec un peu d'oxalate d'ammoniaque, mais dont on peut le débarrasser par l'alcool qui dissout le sel de nicotine et laisse l'oxalate d'ammoniaque.

3. Si l'on agite avec de l'ÉTHER une dissolution aqueuse de nicotine, ou d'un sel de nicotine additionné de lessive de soude ou de potasse, l'éther s'empare de la nicotine. Si l'on fait évaporer l'éther sur un verre de montre, vers 20° à 30°, la nicotine reste en formant des gouttelettes ou des stries. En chauffant le verre de montre, ces gouttes se transforment en vapeurs blanches, répandant une forte odeur.

4. Le CHLORURE DE PLATINE précipite en blanc jaunâtre les dissolutions aqueuses de nicotine ou de ses sels. Le précipité est floconneux. Si l'on chauffe le liquide dans lequel il est en suspension, il se redissout : mais il se dépose bientôt de nouveau si l'on continue à chauffer, et alors sous la forme d'une poudre lourde, jaune orangé, cristalline, qui au microscope semble formée de grains ronds cristallins. — Si l'on ajoute du chlorure de platine à une dissolution étendue de nicotine, sursaturée avec de l'acide chlorhydrique, le liquide reste tout d'abord parfaitement limpide. Mais au bout de quelque temps il se dépose un sel double sous la forme de petits cristaux (prismes obliques à quatre pans) reconnaissables à l'œil nu.

5. Le CHLORURE D'OR, ajouté en excès dans les dissolutions des sels de

nicotine ou dans la dissolution aqueuse de l'alcaloïde, donne un précipité jaune rougeâtre, floconneux, difficilement soluble dans l'acide chlorhydrique.

6. Une dissolution d'IODE DANS DE L'IODURE DE POTASSIUM, ajoutée en petite quantité dans une dissolution aqueuse de nicotine, donne un précipité jaune, qui disparaît au bout de quelque temps. Si l'on verse une plus grande quantité d'iode, il se forme un précipité abondant, couleur de kermès; mais celui-ci disparaît au bout d'un certain temps. Les dissolutions des sels de nicotine sont précipitées en brun kermès.

7. Une dissolution d'ACIDE TANNIQUE produit dans la solution aqueuse de nicotine un fort précipité blanc, que dissout un peu d'acide chlorhydrique.

8. Si l'on ajoute à une dissolution de BICHLORURE DE MERCURE en excès une dissolution aqueuse de nicotine, il se forme un abondant précipité blanc, floconneux. En versant maintenant en quantité suffisante une dissolution de sel ammoniac, le précipité se dissout complétement ou en grande partie; mais bientôt le liquide se trouble de nouveau et il se dépose un lourd précipité blanc.

2. **Conine** ($C^{16}H^{15}Az$).

§ 232

1. La conine (dans les tiges, les graines et les fleurs de la grande ciguë) est un liquide incolore, huileux, brunissant au contact de l'air, de densité 0,88. A l'état pur, elle bout à 168°; dans un courant d'hydrogène elle distille sans décomposition : mais si l'appareil est plein d'air, elle brunit et se décompose en partie ; elle passe facilement avec la vapeur d'eau. Elle se dissout difficilement dans l'eau; 100 parties d'eau à une température moyenne ne dissolvent qu'une partie de conine. La dissolution se trouble par la chaleur, mais redevient claire en se refroidissant. La conine se mêle en toutes proportions avec l'alcool et l'éther. — Les dissolutions aqueuse et alcoolique ont une forte réaction alcaline.

La conine a une odeur forte, nauséabonde, produisant des maux de tête; sa saveur est très-âcre et repoussante. Elle est un poison violent.

. La conine est une base forte : elle précipite les oxydes métalliques comme ferait l'ammoniaque et forme des sels avec les acides ; ceux-ci sont solubles dans l'eau et l'alcool, l'éther dissout aussi quelques sels de conine, par exemple le sulfate. Le chlorhydrate de conine cristallise facilement; la plus petite quantité de conine mise en présence d'une trace d'acide chlorhydrique donne en très-peu de temps une quantité correspondante de cristaux rhombiques non déliquescents (*Th. Wertheim*); le sulfate de conine ne cristallise qu'après un long repos. Les dissolutions des sels de conine se colorent en brun quand on les évapore, par suite de la décomposition partielle de la base. Les sels secs n'ont pas l'odeur de la conine : si on les humecte, ils l'offrent faiblement, mais elle se développe avec force aussitôt qu'on ajoute de la lessive de soude; si l'on distille alors, le liquide condensé renferme de la conine. En le neutralisant par de l'acide oxalique, en évaporant et traitant le résidu par de l'alcool, l'oxalate de conine se dissout seul et le peu d'oxalate d'ammoniaque auquel il était mélangé reste.

Comme la conine est difficilement soluble dans l'eau et plus difficilement encore dans les alcalis, la dissolution concentrée d'un sel de conine devient laiteuse, quand on y verse de la lessive de soude. Les gouttelettes qui se forment au commencement se réunissent peu à peu et se rassemblent à la surface du liquide.

3. En agitant une dissolution aqueuse d'un sel de conine avec de la LESSIVE DE SOUDE ET DE L'ÉTHER celui-ci prend l'alcaloïde. En l'évaporant sur un verre de montre, entre 20° et 30°, la conine reste en gouttes huileuses, jaunâtres.

4. Le CHLORURE D'OR forme un précipité blanc jaunâtre, insoluble dans l'acide chlorhydrique; le BICHLORURE DE MERCURE, un abondant précipité blanc, soluble dans l'acide chlorhydrique. Le CHLORURE DE PLATINE ne précipite pas les dissolutions aqueuses un peu étendues des sels de conine, parce que la combinaison de cet alcaloïde correspondant au sel double de platine et d'ammoniaque est bien insoluble dans l'alcool et dans l'éther, mais elle est soluble dans l'eau. Le sel double se dissout aussi à l'ébullition dans l'alcool : par le refroidissement il se dépose à l'état amorphe.

5. La conine se comporte comme la nicotine avec l'IODE DISSOUS DANS L'IODURE DE POTASSIUM et avec l'ACIDE TANNIQUE.

6. L'EAU DE CHLORE détermine un fort trouble blanc dans un mélange d'eau et de conine.

Les alcaloïdes volatils sont très-faciles à reconnaître quand ils sont purs ; il faut donc s'efforcer de les amener toujours à cet état. Le moyen d'y parvenir est le même pour la nicotine que pour la conine, et nous l'avons indiqué. On distille avec addition de lessive de soude, on neutralise par l'acide oxalique, on évapore, on reprend par l'alcool, on laisse la dissolution s'évaporer, on traite le résidu par de l'eau, on ajoute de la lessive de soude, on agite avec de l'éther et on évapore la solution éthérée. La conine se distingue de la nicotine par son odeur, son peu de solubilité dans l'eau, et par l'action de l'eau de chlore.

II. ALCALOÏDES FIXES.

Les alcaloïdes fixes sont solides, et ne sont pas entraînés par la distillation avec l'eau.

PREMIER GROUPE.

ALCALOÏDES FIXES PRÉCIPITÉS DES DISSOLUTIONS DE LEURS SELS PAR LA POTASSE OU LA SOUDE ET QUI SE REDISSOLVENT FACILEMENT DANS UN EXCÈS DU PRÉCIPITANT.

Parmi les alcaloïdes appartenant à ce groupe nous ne considérerons que la

Morphine ($C^{34}H^{19}AzO^{6}=\overset{+}{Mo}$).

§ 233

1. La morphine (accompagnée de la codéine, la thébaïne, la papavérine, la narcotine, la narcéine, de l'acide méconique et de la méconine) se trouve dans l'opium, suc laiteux concrété des capsules vertes du pavot (*papaver somniferum*). Cristallisée ($\overset{+}{Mo}+2Aq$) elle se présente sous forme de prismes à 6 pans, incolores, brillants, ou de poudre cristalline, blanche (quand elle est obtenue par précipitation). Elle a une saveur amère, se dissout difficilement dans l'eau froide, un peu plus facilement dans l'eau bouillante. L'alcool froid en dissout environ 1/90, et quand il est bouillant de 1/30 à 1/20 de son poids. Ces dissolutions, ainsi que celle faite dans l'eau chaude, ont une réaction nettement alcaline. La morphine, surtout à l'état cristallisé, est presque insoluble dans l'éther; elle se dissout dans l'alcool amylique, surtout à chaud; elle est insoluble dans la benzine (*Rodgers*), très-difficilement soluble dans le chloroforme (*Pettenkofer*). A une chaleur modérée la morphine cristallisée perd ses deux équivalents d'eau. En chauffant davantage et avec certaines précautions, elle peut se sublimer sans décomposition[1].
2. La morphine neutralise complétement les acides et forme avec eux des SELS généralement cristallisables, facilement solubles dans l'eau

[1] Voir dans le *Zeitschrift f. analyt. Chem.*, III, 43, (*Helwig*) la manière la plus convenable pour conduire cette opération, et les caractères microscopiques du su-

et l'alcool, insolubles dans l'éther et l'alcool amylique et ayant une saveur amère repoussante.

3. La potasse et l'ammoniaque précipitent des dissolutions des sels de morphine (le plus souvent au bout d'un certain temps) $\overset{+}{\mathrm{M}}\mathrm{o}+2\mathrm{Aq}$ sous forme de poudre cristalline blanche. L'agitation du liquide et le frottement contre les parois du vase favorisent la précipitation. Le précipité se dissout très-facilement dans un excès de potasse, plus difficilement dans l'ammoniaque; il est également dissous par le chlorhydrate d'ammoniaque et le carbonate d'ammoniaque, mais avec difficulté par ce dernier. En ajoutant une solution de morphine dans une lessive de potasse ou de soude avec de l'éther, peu de morphine seulement passe dans l'éther, mais tout est enlevé si l'on fait usage d'alcool amylique chaud.

4. Le carbonate de potasse et le carbonate de soude donnent le même précipité que la potasse et l'ammoniaque. Il est insoluble dans un excès du précipitant. D'après cela, si dans une dissolution de morphine dans de la potasse caustique on ajoute un bicarbonate alcalin fixe, ou si l'on y fait passer un courant d'acide carbonique, il se dépose, après une ébullition préalable, $\overset{+}{\mathrm{M}}\mathrm{o}+2\mathrm{Aq}$ en poudre cristalline. En examinant celle-ci avec précaution, surtout à la loupe, on reconnaît qu'elle est formée de petits cristaux aciculaires; et avec un grossissement de 100 fois on reconnaît des prismes rhombiques.

5. Le bicarbonate de soude ou de potasse précipite des dissolutions des sels de morphine neutres, au bout de très-peu de temps, de la morphine hydratée en poudre cristalline. Le précipité est insoluble dans un excès du précipitant. Les dissolutions acidulées ne sont pas précipitées à froid.

6. Si l'on met de la morphine ou une de ses combinaisons à l'état solide ou en dissolution concentrée dans de l'acide azotique fort, on obtient un liquide rouge jaune. L'addition du protochlorure d'étain ne donne pas de coloration violette (différence avec la brucine). Les dissolutions étendues ne changent pas de couleur à froid après l'addition de l'acide : par la chaleur elles prennent une teinte jaune.

blimé. Consulter aussi les dessins photographiques des préparations microscopiques dans l'ouvrage intitulé : *le Microscope en toxicologie*, par le Dr *Helwig*. Mayence, 1864. — Je rappellerai que, pour la réussite de ces intéressantes expériences, il est nécessaire que les alcaloïdes soient parfaitement purs et exempts de toute matière organique étrangère. — Consulter *Dragendorff*, *Manuel de toxicologie*, traduction *Ritter*, Paris, 1873, in-8 avec figures.

7. Si l'on ajoute à de la morphine ou à une de ses combinaisons 4 à 6 gouttes d'ACIDE SULFURIQUE concentré et pur, et si l'on chauffe environ un quart d'heure au bain-marie, il y a dissolution sans coloration : si après le refroidissement on ajoute de 8 à 20 gouttes d'ACIDE SULFURIQUE CONTENANT DE L'ACIDE AZOTIQUE[1], puis 2 à 3 gouttes d'eau, il se produit une coloration rouge violet (on favorise la réaction en chauffant légèrement), et enfin si l'on met 4 à 6 petits morceaux gros comme des lentilles de PEROXYDE DE MANGANÈSE, exempt de poussière, ou un grain de CHROMATE DE POTASSE (*Otto*), le liquide se colore en brun acajou intense. Enfin si dans un tube à essai que l'on refroidit on étend ce liquide de 4 parties d'eau et qu'on neutralise presque avec de l'ammoniaque, le tout se colore en jaune sale, puis en rouge brun par un excès d'ammoniaque, mais il ne se dépose aucun précipité apparent (*J. Erdmann*). — Suivant *A. Hussemann*[2], la coloration violette du sulfate de morphine par l'acide azotique ne se produit que lorsque la morphine a subi une modification. Elle se produit de suite si l'on chauffe au delà de 100 la dissolution dans l'acide sulfurique concentré (mais il ne faut pas dépasser 150°). Si après le refroidissement on laisse tomber une goutte d'acide azotique dans la liqueur, il se produit une magnifique couleur violet foncé, qui persiste quelques minutes sur les bords, tandis qu'au centre elle prend bientôt une teinte rouge de sang foncé, qui pâlit peu à peu mais très-lentement. L'hypochlorite de soude agit comme l'acide azotique. — En chauffant la morphine avec l'acide sulfurique au delà de 150°, il se produit une coloration passagère violet rouge clair et enfin une teinte d'un vert sale. Si, après le refroidissement d'une pareille dissolution de morphine surchauffée et décolorée, on la met en contact avec l'acide azotique, il n'y a plus de coloration violette, mais aussitôt il se développe une couleur rouge.

8. Si dans une dissolution d'ACIDE MOLYBDIQUE DANS L'ACIDE SULFURIQUE CONCENTRÉ (5 milligrammes de molybdate de soude dans 1 C.C. d'acide sulfurique concentré), placée dans une petite capsule en porcelaine ou un verre de montre, on met de la morphine ou un sel de morphine à l'état sec, et si l'on mélange avec une petite baguette en verre, il se produit aussitôt une magnifique couleur violet rouge, qui cependant passe bientôt au brun verdâtre sale. Par l'action prolongée de l'air, le liquide se colore à partir des bords en bleu foncé intense, et cette teinte persiste pendant plusieurs heures (*Frœde*[3]).

[1] Voici comment on prépare cet acide : à 100 C. C. d'eau on ajoute 6 gouttes d'acide azotique de densité 1,25 et on verse 10 gouttes de ce mélange dans 20 gr. d'acide sulfurique concentré pur.

[2] *Zeitschr. f. analyt. Chem.*, III, 150.

[3] *Zeitschr. f. analyt. Chem.*, V, 214.

Si à la liqueur devenue bleue on ajoute de l'eau, la couleur disparaît : on a un liquide brun sale, un peu trouble, qui donne par filtration une solution brune (différence avec la salicine).

9. Le PERCHLORURE DE FER NEUTRE colore les dissolutions neutres concentrées en beau bleu foncé. Un acide libre fait disparaître la couleur. Si les dissolutions contiennent des matières extractives animales ou végétales, ou un acétate, la coloration est moins pure et moins nette.

10. De l'ACIDE IODIQUE dans une dissolution de morphine ou d'un de ses sels donne un dépôt d'*iode*. Si les dissolutions sont aqueuses et concentrées, le précipité a un aspect brun kermès : si elles sont alcooliques ou étendues, le liquide prend une couleur brune ou brun jaune. Si avant ou après l'addition de l'acide iodique on ajoute au liquide de l'empois d'amidon, la sensibilité de la réaction est beaucoup augmentée, parce que la couleur bleue de l'iodure d'amidon qui se forme est plus facile à saisir dans un liquide étendu que la couleur brune de l'iode. La réaction réussit le mieux si l'on ajoute un peu d'empois d'amidon à la dissolution d'acide iodique et si l'on y projette ensuite le sel de morphine à l'état solide. — Il n'est pas nécessaire de dire qu'on pourrait enlever l'iode dans la dissolution aqueuse au moyen du sulfure de carbonate et qu'on augmenterait encore par là la sensibilité de la réaction. — Comme d'autres substances azotées (le blanc d'œuf, la caséine, la fibrine, etc.) réduisent également l'acide iodique, cette élimination de l'iode n'a qu'une valeur purement relative ; mais si, après avoir ajouté l'acide iodique on verse de l'ammoniaque, le liquide devient incolore si l'iode a été mis en liberté par toute autre substance que la morphine, tandis que si la réaction est due à cet alcaloïde, la coloration devient bien plus intense (*Lefort*[1]).

11. L'ACIDE TANNIQUE précipite en blanc les dissolutions aqueuses pas trop étendues des sels de morphine. Le précipité se dissout facilement dans les acides.

[1] M. *Lefort* recommande d'opérer de la manière suivante pour découvrir des traces de morphine : on trempe dans la dissolution à essayer des bandelettes de papier très-blanc, non collé, on les sèche et on recommence l'opération plusieurs fois, de façon que le papier ait absorbé une quantité assez notable du liquide et renferme la morphine à l'état solide et dans un grand état de division. L'acide azotique, le perchlorure de fer, ainsi que l'acide iodique et l'ammoniaque, produisent alors très-nettement et très-facilement toutes les réactions sur le papier ainsi préparé.

DEUXIÈME GROUPE.

ALCALOÏDES FIXES, PRÉCIPITÉS DE LEURS DISSOLUTIONS SALINES PAR LA POTASSE, SANS QU'UNE PROPORTION APPRÉCIABLE SE REDISSOLVE DANS UN EXCÈS DU PRÉCIPITANT, ET QUI SONT AUSSI PRÉCIPITÉS PAR LE BICARBONATE DE SOUDE DE LEURS DISSOLUTIONS ACIDES, autant toutefois que celles-ci ne sont pas étendues au delà de 1 pour 100 : *narcotine, quinine, cinchonine.*

a. **Narcotine** ($C^{44}H^{23}AzO^{14} = \overset{+}{Na}$).

§ **234**

1. La narcotine se trouve dans l'opium avec la morphine, etc., (page 445). Cristallisée, elle a pour composition $\overset{+}{Na} + Aq$ et forme en général des prismes rhombiques droits, incolores, brillants : quand elle est précipitée par les alcalis, c'est une poudre cristalline, blanche, légère. Elle est insoluble dans l'eau, se dissout difficilement à froid, un peu plus facilement à chaud dans l'alcool et dans l'éther. Elle se dissout très-bien dans le chloroforme, difficilement dans l'alcool amylique, plus facilement dans la benzine. Solide, elle n'a pas de saveur : sa dissolution alcoolique ou éthérée est très-amère. Elle ne change pas les couleurs végétales. Elle fond vers 170° en perdant 1 équivalent d'eau.

2. La narcotine se dissout facilement dans les acides, avec lesquels elle forme des sels. Ceux-ci ont toujours une réaction acide. Ceux à acides faibles sont décomposés par beaucoup d'eau et aussi par l'évaporation quand les acides sont volatils. La plupart sont incristallisables et solubles dans l'eau, l'alcool et l'éther ; ils ont une saveur amère.

3. Les ALCALIS CAUSTIQUES, CARBONATÉS et BICARBONATÉS, précipitent aussitôt une poudre blanche $\overset{+}{Na} + Aq$ des dissolutions des sels de narcotine : cette poudre, vue avec un grossissement de 100 fois, est formée d'une agrégation de petits cristaux en aiguilles. Le précipité est insoluble dans un excès du précipitant. — Si dans une dissolution d'un sel de narcotine on verse de l'ammoniaque, et qu'on y ajoute une quantité suffisante d'éther, on obtient deux couches liquides limpides, puisque l'alcaloïde se dissout dans l'éther. En laissant évaporer une goutte de la dissolution éthérée sur une lame de verre, et en examinant le résidu avec un grossissement de 100 fois,

on reconnaît très-nettement qu'il est formé de petits cristaux allongés, en partie aciculaires.

4. L'ACIDE AZOTIQUE CONCENTRÉ dissout la narcotine en un liquide incolore, qui devient jaune, si on le chauffe.

5. Si l'on verse sur la narcotine de l'ACIDE SULFURIQUE CONCENTRÉ, il se produit des phénomènes qui ne sont pas les mêmes avec les différentes sortes de narcotine. Celle qui semble la plus pure se colore en beau violet bleu, la dissolution qui se produit avec la même couleur passe bientôt au jaune orangé sale; d'autres échantillons de l'alcaloïde se colorent en jaune pur et donnent de suite une solution jaune [1]. Si dans une petite capsule blanche on chauffe *très-progressivement* la dissolution, on remarque les changements suivants, que la solution ait été primitivement jaune de suite, ou qu'elle ait acquis cette nuance après avoir été précédemment violette. D'abord la liqueur devient rouge orangé, puis partant des bords il se forme des stries magnifiques violet bleu, parfois bleu pourpre pur, et enfin, à la température à laquelle l'acide sulfurique commence à se volatiliser, le liquide devient rouge violet foncé. Si l'on cesse de chauffer, quand apparaît la coloration bleue ou quand commence le violet rouge, la dissolution en se refroidissant lentement prend une teinte rouge cerise. Cette réaction est très-sensible (*Husemann*)[2].

6. Dans la dissolution faite à froid de la narcotine dans l'acide sulfurique concentré, on ajoute 8 à 20 gouttes d'un acide sulfurique contenant un peu d'ACIDE AZOTIQUE [3], puis deux à trois gouttes d'eau, et aussitôt le liquide devient rouge foncé. La réaction est favorisée par une légère chaleur. L'addition de peroxyde de manganèse ne change pas la couleur d'une manière sensible. Après avoir étendu d'eau, si l'on neutralise *presque* complétement avec de l'ammoniaque, l'intensité de la couleur diminue, parce que la liqueur est plus étendue. Enfin, quand l'ammoniaque domine, il se forme un abondant précipité brun foncé (*J. Erdmann*). — Si dans la solution faite à froid de narcotine dans l'acide sulfurique on met un peu d'hypochlorite de soude, il se produit d'abord une coloration nette, cramoisie et assez persistante, qui devient peu à peu rouge jaune. Les dissolutions de narcotine dans l'acide sulfurique concentré, colorées par la chaleur, deviennent aussitôt jaune clair par l'action de

[1] On ignore la cause de ces différences.
[2] *Zeitschrift f. analyt. Chem.*, III, 151.
[3] Voir pour la préparation la note de la page 447.

l'acide azotique ou de l'hypochlorite de soude, et peu à peu la teinte devient rougeâtre (*Husemann*).

7. Si l'on verse de l'EAU DE CHLORE dans une dissolution d'un sel de narcotine, elle devient jaune avec une légère teinte verte : en ajoutant de l'ammoniaque, le liquide se colore fortement en rouge jaunâtre.

8. Si l'on dissout de la narcotine ou un de ses composés dans un excès d'ACIDE SULFURIQUE étendu, qu'on y ajoute un peu de PEROXYDE DE MANGANÈSE en poudre fine et qu'on maintienne quelques minutes à l'ébullition, l'ammoniaque ne précipite plus de narcotine dans le liquide filtré. Celle-ci en effet en absorbant de l'oxygène s'est transformée en acide opianique, cotarnine (base soluble dans l'eau) et acide carbonique.

9. L'ACIDE TANNIQUE dans les dissolutions des sels de narcotine donne un précipité blanc, mais il se produit seulement un trouble, si la liqueur est très-étendue. Dans ce dernier cas l'addition d'une goutte d'acide chlorhydrique détermine une précipitation. Le précipité n'est que bien peu soluble dans l'acide chlorhydrique.

b. **Quinine** ($C^{40}H^{24}Az^{2}O^{4} = \overset{+}{Q}$).

§ 235

1. La quinine se rencontre dans les écorces vraies des quinquinas : elle est accompagnée surtout de cinchonine. La quinine cristallisée ($\overset{+}{Q} + 6Aq$) est tantôt sous forme d'aiguilles fines, soyeuses, brillantes, souvent réunies en houppes, tantôt en poudre blanche poreuse. Elle est difficilement soluble dans l'eau froide, un peu plus soluble dans l'eau chaude. L'alcool la dissout aussi bien à chaud qu'à froid, elle est moins soluble dans l'éther. Sa saveur est amère, ses dissolutions ont une réaction alcaline. Sous l'action de la chaleur elle perd 6 éq. d'eau.

2. Les acides neutralisent complétement la quinine. Les sels neutres sont presque tous cristallisables, difficilement solubles dans l'eau froide, plus facilement dans l'eau chaude et dans l'alcool, et ont une saveur très-amère. Les sels acides sont très-solubles dans l'eau, et les dissolutions ont un aspect chatoyant bleuâtre. Si au moyen d'une lentille on fait arriver de côté ou d'en haut un cône de lumière dans ces dissolutions, on aperçoit même dans les liqueurs très-étendues un beau cône lumineux bleu.

3. La POTASSE, l'AMMONIAQUE et les ALCALIS MONOCARBONATÉS précipitent des dissolutions pas trop étendues des sels de quinine de la quinine combinée à de l'eau, à l'état de poudre blanche, légère, qui, vue au microscope, est opaque et amorphe aussitôt après la précipitation, mais qui s'agrége en cristaux aiguillés au bout d'un temps assez long. Le précipité se dissout à peine dans un excès de potasse, un peu mieux dans l'ammoniaque. Le sel ammoniac augmente la solubilité dans l'eau. Les carbonates alcalins fixes ne le dissolvent guère mieux que l'eau pure. En ajoutant de l'ammoniaque à une dissolution d'un sel de quinine et en agitant avec de l'éther, le précipité disparaît et il se forme deux couches de liquides bien limpides. (Différence essentielle avec la cinchonine, qui permet de distinguer ces deux alcaloïdes et de les séparer.)

4. Le BICARBONATE DE SOUDE produit également un précipité blanc, et cela dans les dissolutions neutres ou acides. Si les dissolutions acides sont étendues dans la proportion de 1 p. de quinine pour 100 d'eau et d'acide, le précipité se forme aussitôt : avec la proportion 1 : 150, il se dépose au bout de 1 à 2 heures sous forme d'aiguilles groupées; enfin avec la proportion 1 : 200 le liquide reste clair, et ce n'est qu'après 12 à 24 heures qu'on aperçoit un léger dépôt. — Le précipité n'est pas tout à fait insoluble dans le précipitant : aussi moins ce dernier sera en excès, plus la précipitation sera complète ; le précipité renferme de l'acide carbonique.

5. La quinine se dissout dans l'ACIDE AZOTIQUE CONCENTRÉ en un liquide incolore, qui devient jaunâtre quand on le chauffe.

6. Si l'on verse de l'EAU DE CHLORE dans une dissolution d'un sel de quinine, celle-ci ne change pas ou se colore à peine; en ajoutant de l'ammoniaque la dissolution devient vert émeraude foncé. — Après l'addition de l'eau de chlore, si l'on introduit un peu d'une solution de PRUSSIATE JAUNE DE POTASSE, puis quelques gouttes d'AMMONIAQUE (ou de tout autre alcali), la liqueur se colore en rouge foncé magnifique. La teinte passe bientôt au brun sale. La réaction est sensible et caractéristique. Si à la liqueur rouge on ajoute un acide, surtout de l'acide acétique, la couleur disparaît; mais elle revient de nouveau, si l'on verse de l'ammoniaque avec précaution (*O. Livonius*, *A. Vogel*).

7. L'ACIDE SULFURIQUE CONCENTRÉ dissout la quinine pure et ses combinaisons pures en un liquide incolore ou à peine jaunâtre : en chauffant légèrement la teinte jaune s'avive, en chauffant davantage le

liquide devient brun. L'acide sulfurique nitreux dissout la quinine sans coloration ou avec une teinte légèrement jaune.

8. L'acide TANNIQUE dans les dissolutions aqueuses, même assez étendues, des sels de quinine, donne un précipité blanc, caillebotté, qui s'agglomère par la chaleur et se dissout dans l'acide acétique.

9. Quant à la réaction indiquée par *Herapath* et qui s'appuie sur les propriétés polarisantes du sulfate d'iodoquinine, voir le *Phil. mag.*, VI, 171. — *Journ. f. prakt. Chem.*, t. LXI, p. 87.

c. **Cinchonine** ($C^{40}H^{24}Az^2O^2 = \overset{+}{Ci}$).

§ 236

1. La cinchonine est en prismes transparents, brillants, à quatre pans, ou en fines aiguilles, ou enfin (obtenue par précipitation dans les dissolutions concentrées) en poudre blanche, légère. Tout d'abord insipide, elle manifeste un peu plus tard la saveur amère des quinquinas. Elle n'est pour ainsi dire pas soluble dans l'eau froide et se dissout très-difficilement dans l'eau chaude. Elle se dissout peu dans l'alcool aqueux froid, plus facilement quand il est chaud et très-facilement dans l'alcool absolu. Dans les dissolutions alcooliques chaudes, la plus grande partie de la cinchonine cristallise par refroidissement. Les dissolutions ont une saveur amère et une réaction alcaline. — Elle ne se dissout pas dans l'éther[1].

2. Les acides neutralisent complétement la cinchonine. Les sels ont la saveur amère du quinquina, cristallisent pour la plupart et sont plus facilement solubles dans l'eau et dans l'alcool que les sels correspondants de quinine. L'éther ne les dissout pas.

3. Si l'on chauffe de la cinchonine avec précaution, elle fond d'abord (sans perdre d'eau), puis elle laisse dégager des vapeurs blanches qui se déposent comme l'acide benzoïque sur les corps froids en petites aiguilles brillantes ou en sublimé léger. En même temps il se développe une odeur particulière aromatique. En la chauffant dans un courant de gaz hydrogène, on obtient de longs prismes brillants (*Hlasiwetz*).

[1] Presque toujours la cinchonine du commerce renferme à l'état de mélange un alcaloïde soluble dans l'éther (la cinchotine). — Il cristallise en gros cristaux rhomboïdaux ayant l'éclat adamantin, qui fondent sous l'action de la chaleur, et ne peuvent se sublimer ni par eux-mêmes, ni dans un courant d'hydrogène (*Hlasiwetz*).

4. La POTASSE, l'AMMONIAQUE, les CARBONATES NEUTRES ALCALINS précipitent la cinchonine de ses sels, en poudre blanche, poreuse et qui ne se dissout pas dans un excès du précipitant. Si la dissolution est concentrée, le précipité vu avec un grossissement de 200 paraît imparfaitement cristallisé; mais, si la liqueur est assez étendue pour que le précipité ne se forme qu'au bout de quelque temps, on reconnaît très-nettement au microscope des aiguilles cristallines groupées en étoiles.

5. Le BICARBONATE DE SOUDE et celui de POTASSE, dans les dissolutions des sels de cinchonine neutres ou acides, précipitent l'alcaloïde sous les états indiqués au nº 4; toutefois la précipitation n'est pas aussi complète qu'avec les carbonates neutres. Dans les dissolutions qui renferment pour 1 p. de cinchonine 200 p. d'eau et d'acide, le précipité se forme encore de suite, et il augmente par le repos.

6. L'ACIDE SULFURIQUE CONCENTRÉ dissout la cinchonine en un liquide incolore, qui par la chaleur devient brun, puis enfin noir. — En ajoutant un peu d'acide azotique la dissolution est également incolore à froid et par la chaleur elle passe du brun jaune au brun et au noir.

7. En versant de l'EAU DE CHLORE dans une dissolution d'un sel de cinchonine celle-ci ne change pas : en ajoutant de l'ammoniaque, il se forme un précipité blanc jaunâtre.

8. Dans une dissolution d'un sel de cinchonine, qui ne contient pas ou contient peu d'acide libre, si l'on verse du ferrocyanure de potassium, il se produit un précipité floconneux de ferrocyanure de cinchonine. Si l'on ajoute un excès du précipitant et si l'on chauffe très-lentement, le précipité se dissout; mais par le refroidissement il se dépose de nouveau en écailles brillantes, jaune d'or, ou bien en longues aiguilles souvent groupées en éventail. Si pour les observer on emploie le microscope, cette réaction est tout à fait sensible et caractéristique (*Ch. Dolfus*, — *Bill*, — *Seligshon*).

9. L'ACIDE TANNIQUE forme un précipité blanc floconneux dans les solutions aqueuses des sels de cinchonine. Le précipité se dissout, dans un peu d'acide chlorhydrique, mais il se forme de nouveau, si l'on augmente la quantité d'acide.

RÉCAPITULATION ET REMARQUES.

§ 237

L'insolubilité de la cinchonine dans l'éther, tandis que la narcotine et la quinine s'y dissolvent, est le meilleur moyen de séparer les uns des autres les alcaloïdes du second groupe. A cet effet on met un excès d'ammoniaque dans la dissolution aqueuse de leurs sels, puis on y verse de l'éther. La cinchonine se dépose, la quinine et la narcotine restent dans la solution éthérée. On évapore celle-ci, on dissout le résidu dans l'acide chlorhydrique et assez d'eau pour que la liqueur soit étendue dans le rapport de 1 : 200, puis on ajoute du bicarbonate de soude : la narcotine se précipite, tandis que la quinine reste en dissolution. En évaporant et en traitant par l'eau, on obtient cette dernière isolée [1].

TROISIÈME GROUPE.

ALCALOÏDES FIXES, PRÉCIPITÉS DES DISSOLUTIONS DE LEURS SELS PAR LA POTASSE, SANS SE DISSOUDRE EN QUANTITÉ NOTABLE DANS UN EXCÈS DU PRÉCIPITANT, MAIS QUI NE SONT PAS PRÉCIPITÉS PAR LES BICARBONATES ALCALINS FIXES DE LEURS DISSOLUTIONS SALINES ACIDES, même quand celles-ci sont très-concentrées : *strychnine, brucine, vératrine, atropine.*

a. **Strychnine** ($C^{42}H^{22}Az^{2}O^{4}=\overset{+}{S}r$).

§ 238

1. La strychnine (qui se trouve avec la brucine dans les différentes sortes de strychnos, surtout dans le fruit de la noix vomique et dans ceux du strychnos Ignatii ou fève de saint Ignace) forme des prismes rhombiques blancs, brillants, ou (quand on l'obtient par précipitation ou évaporation rapide) une poudre blanche. Elle est très-amère. Elle est pour ainsi dire insoluble dans l'eau froide et à peine soluble dans l'eau chaude. L'alcool absolu et l'éther la dissolvent à peine et l'alcool aqueux difficilement. Elle se dissout facilement

[1] Si l'on voulait distinguer la quinine non-seulement de la cinchonine, mais des autres bases du quinquina, qui jusqu'à présent ne sont pas regardées comme officinales (α quinidine, β quinidine, γ quinidine, cinchonidine), l'essai par l'ammoniaque et l'éther ne suffirait pas, car *G. Kerner* a montré (*Zeitschr. für analyt. Chem.*, I, 150) que quelques-uns de ces alcaloïdes se dissolvent aussi facilement dans l'éther. On ne peut guère atteindre ce but par de simples réactions qualitatives : ce qu'il y a

dans l'alcool amylique, surtout à chaud, de même dans la benzine (*Rodgers*) et le chloroforme (*Pettenkofer*). Elle ne fond pas par l'action de la chaleur. Mais en la chauffant avec précaution on peut la sublimer sans altération (voir la remarque du § **233**, 1) (*Helwig*).

2. Les acides neutralisent complétement la strychnine. Les sels sont presque tous cristallisables et solubles dans l'eau. Tous ont une saveur amère insupportable et sont, comme la strychnine, vénéneux au plus haut degré.

3. La POTASSE et le CARBONATE DE SOUDE précipitent les dissolutions salines en blanc. Le précipité (*strychnine*) est insoluble dans le précipitant. Au microscope, avec un grossissement de 100 fois, le précipité est formé d'une agrégation de petits cristaux aciculaires. Dans les dissolutions étendues il ne se forme qu'au bout de quelque temps, mais on y reconnaît les aiguilles à l'œil nu.

4. L'AMMONIAQUE forme le même précipité que la potasse, mais il se dissout dans un excès du précipitant. Au bout de peu de temps (moins promptement cependant dans les dissolutions étendues) la strychnine cristallise dans cette dissolution ammoniacale en aiguilles facilement reconnaissables à l'œil nu.

5. En versant dans une dissolution neutre d'un sel de strychnine du BICARBONATE DE SOUDE, la strychnine se dépose bientôt en fines aiguilles, insolubles dans un excès du précipitant. Mais, si l'on ajoute une goutte d'acide (assez peu pour que le liquide reste encore alcalin), le précipité formé se dissout facilement dans l'acide carbonique mis en liberté. Si l'on traite un sel acide par le bicarbonate de soude, il ne se fait pas de précipité. Au bout de 24 heures ou même d'un temps plus long, la strychnine cristallise en prismes très-nets, à mesure que l'acide carbonique libre se dégage. Si l'on fait bouillir quelque temps une dissolution sursaturée avec du bicarbonate de soude, il se forme un précipité aussitôt, si la dissolution est concentrée, et seulement après concentration, si elle est étendue.

6. Si l'on ajoute du SULFOCYANURE DE POTASSIUM à une dissolution d'un

de plus exact, c'est de faire des essais volumétriques. Ceux-ci reposent sur ce fait que, lorsqu'on a précipité la quinine de son sulfate par l'ammoniaque, il faut pour la redissoudre moins d'ammoniaque que pour toutes les autres bases du quinquina : le procédé est exactement décrit par *G. Kerner*, *loc. cit.* Pour la séparation de la quinine et de la quinidine, voir *Schwarzer* (*Zeitschr. f. analyt. Chem.*, IV, 129), et pour la séparation de tous les alcaloïdes du quinquina, voir *Van der Burg* (*Zeitschrift für analyt. Chem.*, IV, 273). — *Drayendorff*, *Toxicologie*. Paris, 1873.

sel de strychnine, il se forme de suite dans les liqueurs concentrées, au bout de quelque temps dans les liqueurs étendues, un précipité qui, vu au microscope, consiste en aiguilles aplaties, tronquées ou bien terminées en pointes et peu solubles dans un excès du précipitant.

7. Le BICHLORURE DE MERCURE donne un précipité blanc, qui se change au bout de quelque temps en aiguilles groupées en étoiles, très-reconnaissables à la loupe. En chauffant le liquide, tout se dissout, et par le refroidissement on obtient le composé double en grosses aiguilles.

8. Si l'on met quelques gouttes d'ACIDE SULFURIQUE PUR CONCENTRÉ dans une petite capsule en porcelaine, puis un peu de strychnine, il y a dissolution sans coloration. Si l'on ajoute maintenant une petite quantité d'un corps oxydant (chromate de potasse, permanganate de potasse, prussiate rouge de potasse, peroxyde de plomb, peroxyde de manganèse), surtout à l'état solide (car, si les liqueurs sont étendues, cela nuit à la réaction), il se produit bientôt une magnifique coloration violet bleu, qui au bout de quelque temps passe à la teinte rouge vin, puis au jaune rougeâtre. Avec le chromate de potasse et le permanganate la réaction se produit aussitôt ; en inclinant la petite capsule, on voit couler des fragments du sel ajouté, des stries violettes, et en tournant la capsule sur elle-même, tout le liquide se colore bientôt. Le phénomène ne se produit pas aussi vite avec le prussiate rouge, et c'est avec les peroxydes qu'il apparaît le moins promptement. Plus la coloration apparaît vite, plus vite aussi se produisent les changements de teinte. Je préfère employer le chromate de potasse recommandé par *Otto* ou aussi le permanganate de potasse que *Guy* donne comme le plus sensible réactif. Avec le chromate de potasse, *Jourdan* a nettement reconnu $\frac{1}{1000000}$ de gramme. *J. Erdmann* donne la préférence au peroxyde de manganèse en morceaux gros comme une lentille. Les chlorures métalliques, une trop grande quantité d'azotate ou d'une substance organique quelconque. contrarient ou empêchent complétement la réaction. Il faudra donc avoir la précaution, avant de faire cet essai, de séparer autant que possible la strychnine de toutes les autres substances. — Si à la dissolution devenue rouge (par le manganèse) on ajoute 4 à 6 fois son volume d'eau en évitant une élévation de température, puis de l'ammoniaque jusqu'à rendre *presque* neutre, la liqueur devient d'un rouge pourpre violet magnifique ; en ajoutant plus d'ammoniaque, elle passe au vert jaunâtre, puis au jaune (*J. Erdmann*). Toutefois j'ai reconnu par mes propres expériences que cette réaction ne se produit qu'avec des quantités relativement un peu considérables, bien que

cependant encore très-petites en elles-mêmes. — La présence de la morphine contrarie ou empêche cette réaction de la strychnine (*Reese, Zeitschr. f. analyt. Chem.*, I, 399. — *Horsley, Zeitschr. f. analyt. Chem.*, 505[1]). Pour produire la réaction de la strychnine en présence de la morphine, on ajoute à la dissolution aqueuse concentrée des sels du ferricyanure de potassium (*Neubauer*) ou du chromate neutre de potasse (*Horsley*), on sépare par filtration le précipité formé par le ferricyanhydrate ou le chromate de strychnine (les combinaisons correspondantes de morphine restent en dissolution) et on met en contact avec l'acide sulfurique concentré un essai de l'un ou de l'autre précipité après l'avoir lavé et séché. La couleur violet bleu apparaît aussitôt. — On n'oubliera pas que ces précipités de strychnine ne sont pas insolubles dans l'eau, mais y sont très-difficilement solubles[2]. Enfin on se rappellera que la curarine se comporte comme la strychnine avec l'acide sulfurique et le chromate de potasse. Toutefois les deux derniers alcaloïdes se distinguent déjà l'un de l'autre parce que la curarine seule colore l'acide sulfurique en rouge et les colorations qu'elle donne avec l'acide sulfurique et le chromate de potasse sont bien plus stables (*Dragendorff*).

9. L'eau de chlore concentrée produit un précipité blanc, soluble dans l'ammoniaque en un liquide incolore.

10. Dans l'acide azotique concentré la strychnine ou un de ses sels se dissout en un liquide incolore, qui devient jaune quand on le chauffe.

11. L'acide tannique donne avec les sels de strychnine un précipité dense, blanc, insoluble dans l'acide chlorhydrique.

b. Brucine ($C^{46}H^{26}Az^{2}O^{8} = \dot{B}r$).

§ 239

1. La brucine (qui se trouve avec la strychnine dans les strychnos, voir page 455) cristallisée (Br + 8Aq) forme tantôt des prismes rhomboïques droits, transparents, tantôt des aiguilles groupées en étoiles, tantôt une poudre blanche composée de petites lamelles cristalli-

[1] Voir P. *Thomas* (*Zeitschr. f. analyt. Chem.*, I, 157).

[2] *Rodgers* préfère séparer d'abord la strychine de la morphine avec la benzine, dans laquelle la strychnine se dissout seule. *Thomas* ajoute à la solution des acétates de la potasse caustique jusqu'à ce que la liqueur soit alcaline, puis il agite avec du chloroforme. La morphine reste dans la dissolution alcaline, tandis que la strychnine se dissout dans le chloroforme.

nes. Elle se dissout difficilement dans l'eau froide, un peu plus facilement dans l'eau chaude, facilement dans l'alcool absolu ou aqueux, dans l'alcool amylique, surtout à chaud ; elle est à peine dissoute par l'éther. Sa saveur est très-amère. En la chauffant elle fond en perdant son eau : en prenant des précautions on peut la sublimer sans altération (voir la remarque au § **233**, 1).

2. Les acides neutralisent complètement la brucine. Ses sels sont facilement solubles dans l'eau, cristallisent généralement et ont une saveur très-amère.

3. La POTASSE et le CARBONATE DE SOUDE précipitent la brucine de ses sels, à l'état de précipité blanc, insoluble dans un excès du précipitant. Ce précipité, examiné au microscope aussitôt après sa formation, paraît formé de petits grains. En continuant à l'observer, on voit ces granulations (par suite de leur combinaison avec l'eau) se réunir subitement en aiguilles, et celles-ci se grouper toutes concentriquement. Ce changement du précipité peut même se remarquer à l'œil nu.

4. L'AMMONIAQUE précipite les sels de brucine en blanc. Le précipité, qui tout d'abord ressemble à des gouttelettes d'huile, se change peu à peu en petites aiguilles (en se combinant à l'eau). Immédiatement après sa formation, le précipité disparaît avec une grande facilité dans un excès d'ammoniaque. Toutefois au bout de peu de temps (plus tard, quand la liqueur est étendue) la brucine, unie à son eau de cristallisation, cristallise au milieu de cette dissolution en petites aiguilles groupées concentriquement et que l'ammoniaque ajoutée de nouveau ne peut plus dissoudre.

5. Le BICARBONATE DE SOUDE, ajouté à une dissolution neutre d'un sel de brucine, produit au bout d'un temps assez court un dépôt de brucine unie à son eau de cristallisation, sous forme d'aiguilles soyeuses, groupées concentriquement, insolubles dans un excès du précipitant, mais solubles dans l'acide carbonique libre (*voy.* Strychnine). Les sels acides de brucine ne sont pas précipités. Après un temps assez long, à mesure que l'acide carbonique se dégage, la combinaison indiquée plus haut se dépose en cristaux réguliers, proportionnellement volumineux.

6. Si l'on met de la brucine ou une de ses combinaisons avec de l'ACIDE AZOTIQUE CONCENTRÉ, on obtient une dissolution colorée fortement en rouge foncé au premier moment, puis en rouge jaune et qui devient jaune par la chaleur. Quand le liquide a été chauffé à ce point, qu'il soit concentré ou qu'on l'étende d'eau, si l'on ajoute du

protochlorure d'étain ou du sulfhydrate d'ammoniaque, la couleur jaune faible devient violette et très-intense.

7. Si l'on met un peu de brucine dans 4 à 6 gouttes d'ACIDE SULFURIQUE CONCENTRÉ pur, elle se dissout en un liquide faiblement coloré en rouge rosé et qui devient jaune plus tard. Si l'on ajoute ensuite 8 à 20 gouttes d'acide sulfurique contenant un peu d'ACIDE AZOTIQUE[1], il se produit une couleur rouge, qui plus tard passe au jaune. Le peroxyde de manganèse ajouté donne une coloration rouge passagère, devenant jaune gomme-gutte. Si l'on étend alors avec 4 parties d'eau en ayant soin de bien refroidir et qu'on verse de l'AMMONIAQUE jusqu'à neutralité presque complète ou même jusqu'à réaction alcaline, la dissolution devient jaune d'or (*J. Erdmann*).

8. Dans une dissolution d'un sel de brucine, si l'on verse de l'EAU DE CHLORE, elle devient d'un beau rouge pâle; la couleur passe au brun jaune par l'addition d'ammoniaque.

9. Le SULFOCYANURE DE POTASSIUM produit de suite dans les dissolutions concentrées, au bout de quelque temps dans les dissolutions étendues et surtout si l'on frotte les parois du vase, un précipité grenu cristallin. Vu au microscope, il est composé de grains cristallins polyédriques irrégulièrement rangés les uns à côté des autres.

10. Le BICHLORURE DE MERCURE donne également un précipité blanc, grenu, qui, vu au microscope, paraît formé de petits grains ronds cristallins.

11. L'ACIDE TANNIQUE dans les dissolutions des sels de brucine forme un précipité dense, blanc sale, soluble dans l'acide acétique, insoluble dans l'acide chlorhydrique.

c. **Vératrine** ($C^{64}H^{52}Az^{2}O^{16} = \overset{+}{Ve}$).

§ 240

1. La vératrine se trouve dans différents vératrums, surtout dans les graines du vératrum sabadilla (la cévadille) avec de l'acide vératrique et dans les racines du vératrum album (ellébore blanc) (dans ce dernier avec de la jarvine). Elle se présente en petits prismes incolores, qui prennent à l'air l'aspect de la porcelaine : fréquemment aussi c'est une poudre blanche, d'une saveur pénétrante et brûlante, mais pas amère : elle est très-vénéneuse. Sa

[1] Voir la préparation, page 447, remarque.

poussière en pénétrant dans le nez, même en très-petite quantité, fait fortement éternuer. Elle est insoluble dans l'eau, facilement soluble dans l'alcool, plus difficilement dans l'éther. A 115° elle fond comme de la cire et par le refroidissement elle se prend en une masse transparente. Chauffée avec certaines précautions, elle peut se sublimer sans altération (voir la remarque au § **233**, 1).

2. Les acides neutralisent complétement la vératrine. Ses sels sont cristallisables pour la plupart, beaucoup prennent l'aspect gommeux quand on les dessèche. Ils sont solubles dans l'eau et ont une saveur forte et brûlante.

3. La POTASSE, l'AMMONIAQUE et les CARBONATES ALCALINS NEUTRES forment dans les dissolutions des sels de vératrine un précipité floconneux, blanc, qui, vu au microscope au moment de sa formation, n'est pas cristallin. Mais au bout de quelques minutes il change de structure, et, si on l'examine alors, on voit, au lieu de la masse coagulée qu'il semblait former, çà et là de petits groupes de prismes cristallins courts. Le précipité n'est pas soluble dans un excès de potasse ou de carbonate de potasse. L'ammoniaque le dissout un peu à froid, mais en chauffant la portion dissoute se dépose de nouveau.

4. Avec LE CARBONATE DE POTASSE et celui de SOUDE, les sels de vératrine se comportent comme ceux de strychnine et de brucine. Toutefois par l'ébullition la vératrine se sépare facilement, même des dissolutions étendues.

5. Si l'on met de la vératrine en contact avec de l'ACIDE AZOTIQUE CONCENTRÉ, elle prend l'aspect de petites masses résineuses qui se dissolvent lentement. Si elle est pure, la dissolution est incolore.

6. Avec l'ACIDE SULFURIQUE CONCENTRÉ elle se change aussi en grumeaux résinoïdes. Ceux-ci cependant se dissolvent facilement en un liquide jaune faible, dont la couleur de plus en plus jaune foncé, passe par le jaune rouge et devient enfin rouge de sang intense. Cette coloration se conserve 2 ou 3 heures et disparaît peu à peu.
   L'addition d'acide sulfurique nitreux ou de peroxyde de manganèse ne produit aucun changement appréciable de couleur. Si après on étend d'eau, et si l'on neutralise presque complétement avec de l'ammoniaque, la dissolution devient jaune et donne, avec un excès d'ammoniaque, un précipité brun clair verdâtre (*J. Erdmann*).

7. Si l'on dissout la vératrine dans l'acide chlorhydrique concentré, on obtient un liquide incolore qui, soumis à une ébullition pro-

longée, prend peu à peu une couleur d'abord rougeâtre, puis ensuite rouge intense, et qui ne disparaît pas par le repos. La réaction est très-sensible et réussit aussi bien avec la vératrine pure qu'avec la vératrine ordinaire du commerce (*Trapp*).

8. Le SULFOCYANURE DE POTASSIUM ne forme un précipité gélatineux floconneux que dans les dissolutions concentrées des sels de vératrine.

9. Si l'on ajoute de l'EAU DE CHLORE à une solution d'un sel de vératrine, celle-ci se colore en jaune, la nuance devient brunâtre et moins intense par addition d'ammoniaque. Si les liqueurs sont concentrées, l'eau de chlore produit un précipité blanc.

d. **Atropine** ($C^{34}H^{23}AzO^{6}$).

§ 241

1. L'atropine, qui se rencontre dans toutes les parties de la belladone (atropa belladona) et de la pomme épineuse (datura stramonium), forme de petits prismes et des aiguilles incolores, brillants; quand elle est pure, elle est sans odeur, fortement amère, elle fond à 90° et se volatilise vers 140° en se décomposant en partie; chauffée entre deux verres de montre, elle se sublime sans se carboniser. Le sublimé est mou et huileux.

L'atropine se dissout dans environ 300 p. d'eau froide, 60 parties d'eau bouillante; elle est très-soluble dans l'esprit-de-vin et la solution alcoolique saturée est précipitée par une addition de très-peu d'eau. Elle se dissout très-facilement dans l'alcool amylique et dans le chloroforme; il faut environ 40 p. d'éther.

2. L'atropine se combine avec les acides pour former des sels, qui en partie, surtout quand ils sont acides, ne cristallisent pas ou cristallisent très-difficilement.

Les sels se dissolvent facilement dans l'eau, dans l'esprit-de-vin, presque pas dans l'éther. La solution aqueuse des sels d'atropine devient foncée par une ébullition prolongée.

3. L'atropine et ses sels sont des poisons narcotiques. Introduits dans l'œil, ils dilatent la pupille pour un temps assez long. (Toutefois l'hyoscyamine produit le même effet : il se manifeste un peu plus tard, mais dure plus longtemps).

4. La LESSIVE DE POTASSE et les CARBONATES SIMPLES DES ALCALIS FIXES précipitent dans les dissolutions aqueuses concentrées une partie

de l'atropine. Le précipité, d'abord pulvérulent, ne se dissout pas mieux dans un excès du précipitant que dans l'eau. Il devient cristallin à la longue quand on l'abandonne. L'AMMONIAQUE précipite également et un excès redissout le précipité. En contact avec les alcalis fixes ou avec l'eau de baryte, l'atropine se décompose, lentement à froid, rapidement à chaud, en formant de l'acide atropique et de la tropine.

5. Le CARBONATE D'AMMONIAQUE et les BICARBONATES ALCALINS ne précipitent pas les sels d'atropine.

6. Le CHLORURE D'OR forme dans les dissolutions aqueuses des sels une combinaison de chlorhydrate d'atropine et de chlorure d'or sous forme d'un précipité jaune, qui devient lentement cristallin.

7. L'ACIDE TANNIQUE donne un précipité blanc, caillebotté, soluble dans l'ammoniaque.

8. Si l'on chauffe l'atropine dans l'acide sulfurique concentré jusqu'à ce qu'il se forme une coloration brune faible et si l'on fait tomber quelques gouttes d'eau dans le verre de montre, il se développe une odeur agréable, qui rappelle celle des fleurs du prunier sauvage ou peut-être plutôt celle du caille-lait jaune (galium verum). En chauffant davantage elle se manifeste toujours.

9. En faisant passer un courant de CYANOGÈNE dans une dissolution alcoolique suffisamment concentrée d'atropine, le liquide se colore en brun rouge (*Hinterberger*).

10. L'ACIDE PICRIQUE ne précipite pas les dissolutions des sels purs d'atropine. Celles qui, acidulées avec de l'acide sulfurique étendu, sont précipitées par l'acide picrique, renferment outre l'atropine un autre alcaloïde non encore étudié (*Hager*).

RÉCAPITULATION ET REMARQUES.

§ 242

La strychnine peut se séparer de la brucine, de la vératrine et de l'atropine au moyen de l'alcool absolu, dans lequel elle est insoluble, tandis que ce liquide dissout les trois autres. La strychnine se reconnaît le mieux par la réaction de l'acide sulfurique et des agents d'oxydation cités plus haut[1], de même aussi par l'observation microscopique de sa forme

[1] L'aniline est le seul corps qui, outre la curarine, dans ces circonstances, se comporte à peu près d'une manière analogue. Cependant *A. Guy* fait remarquer que l'ani-

cristalline, lorsqu'elle a été précipitée par les alcalis, ou enfin par la forme des précipités produits par le sulfocyanure de potassium ou le bichlorure de mercure. On séparera la brucine et la vératrine de l'atropine en agitant avec de l'essence de pétrole la dissolution rendue alcaline (*Dragendorff*). Ce liquide dissout la brucine et la vératrine et ne prend pas l'atropine. En agitant avec de l'éther le liquide aqueux séparé de l'essence de pétrole, on aura une dissolution éthérée d'atropine. — La brucine et la vératrine ne peuvent pas bien se séparer l'une de l'autre, mais on peut les reconnaître l'une en présence de l'autre. A cet effet on choisira pour la brucine les réactions avec l'acide azotique et le protochlorure d'étain, ou le sulfhydrate d'ammoniaque, ou aussi l'observation microscopique de la forme cristalline du précipité produit par l'ammoniaque dans les dissolutions des sels de brucine. — Pour distinguer la vératrine de la brucine et de tous les autres alcaloïdes dont nous avons parlé, il suffit d'observer la manière dont elle se comporte quand on la chauffe légèrement, car le phénomène qu'elle présente est caractéristique; on pourra examiner sa forme quand elle est précipitée par les alcalis. Pour la reconnaître en présence de la brucine, on se servira de la réaction de l'acide sulfurique concentré ou de celle de l'acide chlorhydrique.

CARACTÈRES ET RÉACTIONS PROPRES A QUELQUES CORPS NON AZOTÉS QUI SE RAPPROCHENT DES ALCALOÏDES.

Bien que la salicine, la digitaline et le picrotoxine n'appartiennent pas à la classe des alcaloïdes, nous croyons cependant devoir terminer ce chapitre en faisant connaître leurs caractères chimiques.

a. **Salicine** ($C^{26}H^{18}O^{14}$).

§ 243

1. La salicine, qui se trouve dans l'écorce et les feuilles de la plupart des saules et des peupliers, se présente en aiguilles et en lamelles blanches, à éclat soyeux, ou bien, quand ces aiguilles ou lamelles sont fines ou petites, en poudre ayant le brillant de la soie. Sa saveur est amère. Elle est facilement soluble dans l'eau et dans l'alcool, mais ne l'est pas du tout dans l'éther.
2. La salicine n'est précipitée par aucun réactif, de telle façon qu'on puisse la retrouver sans altération dans le précipité.

line traitée par l'acide sulfurique et les agents d'oxydation prend une couleur d'abord gris pâle, devenant peu à peu plus foncée, puis d'un bleu magnifique, qui persiste assez longtemps et passe enfin au noir.

3. Si l'on met de la salicine dans de l'ACIDE SULFURIQUE CONCENTRÉ, elle se colore en rouge de sang intense, en s'agglomérant en forme de résine, sans se dissoudre. Au commencement l'acide sulfurique ne se colore pas.

4. Si dans une dissolution aqueuse de salicine on verse de l'ACIDE CHLORHYDRIQUE et si l'on fait bouillir quelques instants, le liquide se trouble tout d'un coup, il se forme du sucre et il se dépose un précipité (salirétine) blanc, qui se rassemble en flocons. Si l'on fait bouillir le liquide précipité après y avoir ajouté une ou deux gouttes de chromate de potasse dissous, la salirétine se colore en rouge rose vif, en même temps qu'on sent l'odeur agréable et caractéristique de l'acide salicylique.

b. **Digitaline** ($C^{50}H^{40}O^{30}$?).

§ 244

1. La digitaline se trouve dans les feuilles, les graines et les capsules de la digitale pourprée. Elle est généralement blanche, amorphe, mais on peut aussi l'avoir cristallisée[1]. Elle n'a pas d'odeur, a une saveur amère : elle est très-vénéneuse, sa poussière attaque les yeux et fait éternuer; — à 180° elle se colore sans fondre, au-dessus de 200° elle se décompose complétement.

2. La digitaline est neutre. Elle se dissout en toute proportion dans le chloroforme ; à la température ordinaire elle se dissout dans 12 parties d'alcool à 90°, plus facilement à la température de l'ébullition, mais l'alcool absolu en prend moins facilement ; l'éther exempt d'alcool n'en dissout que très-peu. L'eau, même à l'ébullition, dissout très-difficilement la digitaline pure (1 p. exige 1000 p. d'eau bouillante) ; la solution a une saveur amère.

3. Si l'on dissout la digitaline dans l'ACIDE SULFURIQUE concentré, ce qui donne d'abord une coloration verte, et si l'on remue la solution avec une baguette en verre trempée dans de l'EAU BROMÉE, on voit apparaître une teinte rougeâtre violacée (*Grandeau*, *J. Otto*). La réaction faite comme l'a indiqué *Otto* est très-sensible et très-caractéristique. (La delphine seule se comporte de la même façon, mais en agitant la dissolution acide avec de l'éther, celle-ci ne passe pas dans la solution éthérée, comme le fait la digitaline.) (*Otto*.)

[1] *Nativelle* a indiqué brièvement un moyen de préparer la digitaline cristallisée (*Journ. de pharm.*, IX, 255). La digitaline du commerce est très-souvent impure : c'est un mélange de plusieurs substances, et c'est pour cela que les chimistes ne sont pas d'accord sur les caractères, la solubilité, etc., de la digitaline.

4. L'ACIDE CHLORHYDRIQUE donne avec la digitaline une dissolution jaune verdâtre, de laquelle l'eau précipite un corps résinoïde. — L'ACIDE AZOTIQUE la dissout avec dégagement de vapeurs rutilantes; — l'ACIDE ACÉTIQUE la dissout sans se colorer.

5. En agitant une dissolution de digitaline, même acide, avec de l'ÉTHER, elle passe dans le liquide éthéré (*J. Otto*).

6. Les dissolutions de digitaline ne sont pas précipitées par la solution d'IODE, l'ACIDE PICRIQUE et les SELS MÉTALLIQUES, mais elles le sont par l'ACIDE TANNIQUE. Le précipité est un peu soluble dans l'eau bouillante.

7. En faisant bouillir la digitaline avec de l'ACIDE SULFURIQUE ÉTENDU, on produit du sucre et de la digitalirétine (*Kossmann, Walz*). On reconnaît le premier à la réduction de la solution alcaline d'oxyde de cuivre, — la digitalirétine cristallise en grains brillants dans la dissolution alcoolique (*Kossmann*). Suivant *Otto*, en faisant bouillir une dissolution de digitaline dans l'acide sulfurique étendu, il se développe une odeur qui rappelle celle de l'infusion de digitale.

c. **Picrotoxine** ($C^{24}H^{14}O^{10}$).

§ 245

1. La picrotoxine, principe vénéneux des coques du Levant, fruits du menispermum cocculus, forme des aiguilles ou de petits prismes à quatre pans, blancs, brillants, sans odeur; elle est très-amère; c'est un poison narcotique : elle fond quand on la chauffe et dégage des vapeurs combustibles.

2. La picrotoxine est neutre. Elle se dissout très-facilement dans l'eau, surtout dans l'eau chaude; par le refroidissement et par l'évaporation elle cristallise en aiguilles. L'alcool chaud la dissout très-facilement; la dissolution concentrée laisse déposer par le refroidissement une masse ayant un éclat soyeux, tandis que les solutions étendues donnent des aiguilles blanches semblables à de la soie. — Elle se dissout difficilement dans l'éther. Celui-ci ne l'enlève pas aux dissolutions aqueuses ou alcalines, mais bien aux liqueurs acides (*G. Gunckel*). La dissolution éthérée en s'évaporant abandonne la picrotoxine en poudre, ou en houppes cristallines.

3. Les acides ne neutralisent pas la picrotoxine : ils n'augmentent pas (sauf l'acide acétique) sa solubilité dans l'eau.

4. L'AMMONIAQUE, l'HYDRATE DE SOUDE, celui de POTASSE, dissolvent beaucoup de picrotoxine. Les acides, même l'acide carbonique, la

précipitent de nouveau de ces dissolutions. La picrotoxine aurait donc plutôt le caractère d'un acide que celui d'une base. Les dissolutions dans la soude ou dans la potasse se colorent en jaune ou rouge jaune quand on les chauffe.

5. En ajoutant à une dissolution de picrotoxine un peu d'hydrate de soude ou de potasse et une solution de TARTRATE ALCALIN DE BIOXYDE DE CUIVRE (liqueur de *Fehling*), en chauffant un peu il se dépose du protoxyde de cuivre.

6. La liqueur d'IODE, l'ACIDE PICRIQUE, l'ACIDE TANNIQUE et les SELS MÉTALLIQUES ne précipitent par les dissolutions de picrotoxine.

MARCHE SYSTÉMATIQUE A SUIVRE POUR TROUVER LES ALCALOÏDES FIXES INDIQUÉS PRÉCÉDEMMENT, AINSI QUE LA SALICINE, LA DIGITALINE ET LA PICROTOXINE.

Dans le procédé que nous allons indiquer sous les rubriques I et II, nous supposerons que nous avons un ou plusieurs des alcaloïdes fixes, dont nous avons parlé, en dissolution aqueuse concentrée au moyen d'un acide, et que cette dissolution ne contient aucune substance étrangère qui cacherait ou modifierait les réactions. Lorsque nous aurons appris la marche à suivre dans ces conditions particulières, nous indiquerons au paragraphe III les méthodes les plus convenables pour éviter les inconvénients de la présence des matières colorantes ou extractives et pour trouver les alcaloïdes *volatils*.

I. RECHERCHE DES ALCALOÏDES FIXES DANS UNE DISSOLUTION QUI N'EN CONTIENT QU'UN SEUL [1].

§ 246.

1. A un petit essai de la dissolution additionné d'une goutte d'acide sulfurique concentré on ajoute de la dissolution d'iode dans l'iodure de potassium ou de l'acide phosphomolybdique :

a. *Il ne se forme pas de précipité*. Absence de tout alcaloïde : il peut y avoir de la salicine, de la digitaline, de la picrotoxine. On passe au nº 5.

b. *Il se forme un précipité*. On peut dans ce cas conclure la présence d'un alcaloïde et on passe au nº 2.

[1] S'il s'agit de démontrer seulement la présence de la morphine, de la narcotine, de la strychnine, de la brucine et de la vératrine, le moyen le plus simple d'arriver au

2. A une petite portion de la solution aqueuse on ajoute goutte à goutte de la lessive étendue de potasse ou de soude, jusqu'à ce que la liqueur ait à peine la réaction alcaline, on agite et on laisse reposer.

a. *Il ne se forme pas de précipité :* si la dissolution était concen-

but est le suivant, indiqué par *J. Erdmann*. On suppose que l'alcaloïde est pur et à l'état solide. Le procédé s'applique surtout quand on n'a à sa disposition que de très-petites quantités de matière.

1. On verse sur la substance à essayer 4 à 6 gouttes d'acide sulfurique concentré pur :
   Coloration jaune, passant bientôt au rouge : *vératrine*.
   Coloration rose, devenant plus tard jaune : *brucine*.

Les autres alcaloïdes, quand ils sont purs, ne colorent pas l'acide sulfurique. (Voir toutefois les remarques de *Husemann* relatives à certaines narcotines, § **234**, 5, et qui ne sont pas d'accord avec les données de *J. Erdmann*.)

2. Qu'il y ait ou non coloration, on ajoute au liquide 1, 8 à 10 gouttes d'acide sulfurique nitreux (voir la préparation, page 447, remarque), puis 2 à 3 gouttes d'eau. Au bout d'un quart d'heure ou d'une demi-heure le liquide offre :

a. Une coloration rouge violet : *morphine;*

b. Une coloration pelure d'oignon : *narcotine ;*

c. Une coloration jaune (passant après au rouge) : *brucine;*

d. La couleur rouge de la dissolution sulfurique de *vératrine* ne change pas d'une façon sensible ;

e. Avec la *strychnine* il n'y a pas de coloration.

3. Au liquide 2, qu'il y ait eu ou non coloration, on ajoute 4 à 6 morceaux gros comme des lentilles de peroxyde de manganèse sans poussière.
   Au bout d'une heure, le liquide offre une coloration :

a. Brun d'acajou : *morphine;*
b. Rouge jaune à rouge sang : *narcotine;*
c. Rouge pelure d'oignon foncé (passant au violet pourpre) : *strychnine;*
d. Jaune gomme-gutte (passant plus tard au rouge) : *brucine;*
e. Rouge cerise sale, foncé : *vératrine*.

4. Dans un tube à essai contenant un volume d'eau égal à 4 fois celui du liquide 3, on verse ce dernier, et on ajoute de l'ammoniaque jusqu'à amener *presque* à la neutralité. Il faut autant que possible empêcher la température de s'élever.

a. Couleur jaune sale, passant au rouge brun en sursaturant avec l'ammoniaque, sans remarquer sur-le-champ le dépôt d'un précipité appréciable : *morphine;*

b. Couleur rougeâtre au moment où l'on étend le liquide, précipité abondant brun foncé en sursaturant avec l'ammoniaque : *narcotine;*

c. Dissolution pourpre violet, vert jaune et jaune avec excès d'ammoniaque : *strychnine;*

d. Dissolution jaune d'or, ne changeant pas sensiblement par un excès d'ammoniaque : *brucine;*

e. Dissolution faiblement brunâtre, jaunâtre par addition d'ammoniaque en excès et dépôt d'un précipité brun clair verdâtre : *vératrine;*

trée, cela indique avec certitude l'absence de tout alcaloïde; mais, si elle est un peu étendue, elle pourrait rester limpide malgré la présence de l'atropine. On prend donc un nouvel essai, qu'on évapore, s'il le faut, et on y cherche l'*atropine* avec le chlorure d'or, l'acide tannique, et en chauffant avec l'acide sulfurique (§ **241**, 6, 7 et 8).

b. *Il se forme un précipité :* on ajoute goutte à goutte assez de potasse ou de soude pour que la réaction soit fortement alcaline, et, si cela ne rendait pas la liqueur claire, on y verserait encore un peu d'eau.

α. *Le précipité disparaît :* morphine ou atropine.
On essaie une nouvelle portion de la dissolution avec l'acide iodique (§ **233**, 10).

aa. Il y a dépôt d'iode : *morphine;* s'en assurer d'après le § **233**, 7 et 8.

bb. Il n'y a pas dépôt d'iode : *atropine;* s'en assurer comme en *a*.

β. *Le précipité ne disparaît pas :* présence d'un alcaloïde du 2e ou du 3e groupe (excepté l'atropine); on passe au n° 3.

3. A une seconde portion de la liqueur primitive on ajoute deux ou trois gouttes d'acide sulfurique étendu, puis une dissolution saturée de bi-carbonate de soude jusqu'à ce que la réaction acide ait juste disparu : on frotte alors fortement les parois du verre au-dessous du liquide avec un agitateur et on laisse le mélange reposer pendant une demi-heure.

a. *Il ne se forme pas de précipité :* absence de la narcotine et de la cinchonine; on passe au n° 4.

b. *Il se forme un précipité :* narcotine, cinchonine et peut-être aussi quinine (car sa précipitation par le bicarbonate de soude dépend tout à fait du degré de concentration). A une petite portion de la liqueur primitive on ajoute de l'ammoniaque en excès, puis une quantité pas trop petite d'éther, et on agite ;

α. *Le précipité formé se dissout dans l'éther ; on a deux couches de liquide limpide :* narcotine ou quinine. Pour les distinguer l'une de l'autre, on verse de l'eau de chlore et de l'ammoniaque dans une nouvelle portion de la liqueur primitive. Si la dissolution devient verte, c'est de la *quinine;* si elle devient rouge jaune, c'est de la *narcotine*. Pour s'assurer tout à fait de la présence de la narcotine, on fera la réaction avec l'acide sulfurique nitreux (§ **234**, 6).

β. *Le précipité formé ne se dissout pas dans l'éther : cinchonine*. On s'en assure en chauffant (§ **236**, 3) ou avec le ferrocyanure de potassium (§ **236**, 8).

4. Dans un verre de montre on met avec de l'acide sulfurique concentré une petite portion de la matière primitive, ou du résidu obtenu en évaporant la dissolution.

a. On a une solution rouge rose, que l'acide azotique rend rouge vif : *brucine*. On s'en assure par la réaction avec l'acide azotique et celle du protochlorure d'étain (§ **239**, 6).

b. La dissolution est jaune, et peu à peu elle devient rouge jaunâtre, rouge de sang et rouge cramoisi : *vératrine*.

c. La dissolution reste incolore et ne se colore même pas au bout de quelque temps. On y ajoute un grain de chromate de potasse, coloration bleue foncée : *strychnine*; pas de changement : *quinine*. Essayer avec l'eau de chlore et l'ammoniaque.

5. Pour savoir si la liqueur renferme de la salicine, de la digitaline ou de la picrotoxine, on verse de l'acide tannique dans un nouvel essai.

a. *Il se forme un précipité floconneux, blanc sale :* cela peut faire soupçonner de la *digitaline*. On essaie avec l'acide sulfurique et l'eau bromée (§ **244**, 3).

b. *Il ne se forme pas de précipité.*

On rend alcalin avec de la lessive de soude un essai de la liqueur primitive, on y verse du tartrate alcalin de cuivre et on chauffe :

α. *Il se dépose du protoxyde de cuivre :* il peut y avoir de la *picrotoxine*. On agite avec de l'éther une portion acidulée du liquide primitif, on enlève la couche d'éther et on la laisse évaporer. S'il y a de la picrotoxine, elle reste pulvérulente ou cristallisée en houppes et on peut l'étudier suivant le § **245**.

β. *Il ne se forme pas de protoxyde de cuivre :* il peut y avoir de la *salicine*. On s'en assure en faisant bouillir avec de l'acide chlorhydrique étendu, etc., suivant le § **243**, 4, et avec l'acide sulfurique concentré suivant le § **243**, 3.

II. Recherche des alcaloïdes fixes, etc., dans les dissolutions qui en renferment plusieurs, ou les renferment tous.

§ 247

1. On acidule la solution avec de l'acide chlorhydrique, on l'agite avec de l'éther pur exempt d'alcool, on sépare la couche éthérée du liquide aqueux et on la laisse évaporer dans une capsule en verre.

   a. *Il ne reste pas de résidu :* absence de digitaline et de picrotoxine. On passe au n° 2.

   b. *Il reste un résidu :* on peut penser qu'il y a de la digitaline et de la picrotoxine (mais il ne faut pas oublier qu'il peut aussi dans ces circonstances se dissoudre dans l'éther quelques substances, comme l'acide oxalique, l'acide tartrique, l'acide malique (*Otto*). On agite de nouveau la solution aqueuse avec de l'éther, afin d'enlever le plus complétement possible tout ce qui peut se dissoudre dans l'éther, on évapore la solution éthérée et on traite la solution aqueuse suivant 2. Quant au résidu de la dissolution éthérée, qui peut renfermer un peu d'atropine, on le traite comme il suit :

   α. On en dissout une portion dans l'alcool et on laisse évaporer lentement : si l'on remarque de fines aiguilles, longues, à éclat soyeux, partant en rayonnant d'un point, on peut conclure l'existence de la *picrotoxine*. On s'en assure par les réactions indiquées au § **245**.

   β. On en dissout une partie dans l'acide sulfurique concentré et l'on ajoute un peu d'eau de brome. Coloration rouge : *digitaline*. Voir § **244**.

   γ. On ne pourra reconnaître des traces d'*atropine* qu'à l'action de la solution aqueuse du résidu sur la pupille.

2. A une portion du liquide aqueux on ajoute de la solution d'iode dans l'iodure de potassium et à une autre portion un peu d'acide phosphomolybdique.

   a. *Ces réactifs produisent des précipités :* présence probable d'alcaloïdes. On passe au n° 3 :

   b. *Il ne se forme pas de précipités :* absence d'alcaloïdes. On cherche la *salicine* suivant le § **243**.

3. A une petite portion de la solution aqueuse on ajoute de la lessive de potasse ou de soude jusqu'à ce qu'elle soit tout juste alcaline ; on examine bien s'il se forme un précipité et on ajoute ensuite plus de potasse ou de soude jusqu'à ce que la réaction soit fortement alcaline, puis on étend d'un peu d'eau.

a. *Avec la potasse ou la soude on n'a pas eu de précipité, ou celui qui s'est produit s'est de nouveau dissous :* présence probable de l'atropine ou de la morphine, absence des autres alcaloïdes. On prend une nouvelle quantité plus grande de la solution aqueuse, on y verse un excès de bicarbonate de potasse ou de soude, on agite et on laisse reposer quelque temps.

α. *Il ne se forme pas de précipité :* absence de morphine. On agite le liquide avec de l'éther, on sépare la couche éthérée,- on laisse évaporer l'éther et dans le résidu on cherche l'*atro pine* suivant le § **241**, 6, 7, 8.

β. *Il se forme un précipité : morphine.* On filtre ; dans le liquide on cherche l'atropine suivant α et dans le précipité la morphine suivant le § **233**, 7 et 8.

b. *Avec la lessive de potasse ou de soude on a obtenu un précipité, qui ne s'est dissous ni dans un excès du précipitant ni en étendant d'eau.* On traite la plus grande partie de la dissolution aqueuse acide comme on a fait plus haut avec un petit essai, on sépare le précipité par filtration et on le traite suivant 4. Quant au liquide filtré alcalin, on l'agite avec de l'éther, on laisse reposer une heure (afin que la morphine qui aurait pu tout d'abord passer dans l'éther ait le temps de se déposer aussi complétement que possible), on sépare la couche éthérée de la liqueur aqueuse et on cherche l'*atropine* suivant le § **241**, 6, 7, 8, dans le résidu de l'évaporation de la solution éthérée, tandis qu'on précipite la *morphine* de la liqueur aqueuse alcaline avec de l'acide carbonique (§ **233**, 4) et qu'on s'assure du résultat suivant le § **233**, 7 et8.

4. On lave avec de l'eau froide le précipité obtenu au § **247**, 3, b, et séparé par filtration, on le dissout dans l'acide sulfurique étendu de façon qu'il y ait un léger excès d'acide, on ajoute une dissolution de bicarbonate de soude jusqu'à disparition de la réaction acide, on agite fortement en frottant les parois du verre et on laisse reposer une heure.

a. *Il ne se forme pas de précipité :* absence de narcotine et de cinchonine. On fait bouillir la dissolution pour l'évaporer presque à siccité et on reprend le résidu par de l'eau froide. S'il n'y a pas de résidu insoluble, on passe au n° 6. S'il y en a un, on y cherche d'après le n° 5 la quinine (dont il pourrait y avoir une petite quantité), la strychnine, la brucine et la vératrine.

b. *Il se forme un précipité.* (Il peut contenir de la narcotine, de la cinchonine et aussi de la quinine, voir § **246**, 5, b.) On le sépare par filtration et on étudie le liquide qui passe suivant le § **247**, 4, a. Quant au précipité, on le lave avec de l'eau froide, on le dissout dans un peu d'acide chlorhydrique, on ajoute un excès d'ammoniaque, puis de l'éther en quantité pas trop faible.

α. Le *précipité formé s'est complétement dissous dans l'éther; on a deux couches de liquides limpides :* absence de cinchonine, présence de la quinine ou de la narcotine. — On évapore la solution éthérée, on reprend le résidu avec un peu d'acide chlorhydrique et on étend d'eau dans la proportion de 1 à 200. On neutralise avec le bicarbonate de soude et on laisse reposer. Précipité : *narcotine*. (On s'en assure avec l'eau de chlore et l'ammoniaque et aussi avec l'acide sulfurique nitreux, § **234**.) On évapore à siccité le liquide resté limpide ou celui qu'on a séparé par filtration et on traite par l'eau. S'il y a un résidu, on le lave, on le dissout dans l'acide chlorhydrique, on ajoute de l'eau de chlore et de l'ammoniaque. Coloration verte : *quinine.*

β. *Le précipité formé ne s'est pas dissous ou ne s'est dissous qu'incomplétement dans l'éther : cinchonine,* peut-être aussi quinine ou narcotine. On filtre ; dans le liquide on cherche comme en α. la quinine et la narcotine, et le précipité est de la cinchonine, qu'on peut essayer d'après le § **236**, 3 ou 8.

5. Dans le résidu insoluble dans l'eau et bien lavé, obtenu au § **247**, 4, a, en évaporant le liquide additionné de bicarbonate de soude, on cherche la quinine (dont il peut y avoir une petite quantité), la strychnine, la brucine et la vératrine, de la façon suivante :
On sèche au bain-marie et on fait digérer avec de l'alcool absolu.

a. *La dissolution est complète :* absence de strychnine, présence (de la quinine) de la brucine ou de la vératrine. On évapore au bain-marie à siccité la solution alcoolique : si l'on a déjà trouvé plus haut de la quinine, on partage le résidu en deux parties : dans l'une on cherche la *brucine* (§ **239**, 6) avec l'acide azotique et le protochlorure d'étain, dans l'autre la *vératrine* (§ **240**, 6) avec l'acide sulfurique concentré. — Si l'on n'a pas déjà trouvé de quinine, on fait trois parts a, b et c du résidu. Dans a et dans b on cherche la *brucine* et la *vératrine* comme nous venons de le dire, et dans c on cherche la *quinine* avec l'eau de chlore et l'ammoniaque. Toutefois, s'il y avait de la brucine, il faudrait dissoudre c dans l'acide chlorhydrique, ajouter de l'ammoniaque et de l'éther, laisser reposer assez longtemps, évaporer la solution éthérée et chercher la quinine dans le résidu.

b. *Le résidu ne se dissout pas ou se dissout incomplètement :* présence de la *strychnine*, peut-être aussi (de la quinine) de la brucine et de la vératrine. On filtre; dans le liquide on cherche (la *quinine*) la *brucine* et la *vératrine* d'après le § **247**, 5, a, et pour plus de garanties on traite le précipité avec l'acide sulfurique et le chromate de potasse (§ **238**, 8).

6. Il reste encore à chercher la salicine. Pour cela au reste de la dissolution aqueuse acide, qu'on a secouée avec de l'éther, on ajoute un peu plus d'acide chlorhydrique et on fait bouillir quelque temps. S'il n'y a pas de précipité, l'absence de la salicine est démontrée; s'il y en a un, c'est qu'il y a de la *salicine :* on s'en assure en ajoutant un peu de chromate de potasse au liquide précipité et en faisant bouillir (§ **243**, 4) : on essaiera aussi la substance primitive avec l'acide sulfurique concentré (§ **243**, 3).

III. Recherche des alcaloïdes, de la digitaline et de la picrotoxine en présence des matières végétales ou animales extractives et colorantes.

Il est bien plus difficile de retrouver les alcaloïdes en présence des matières albuminoïdes extractives et colorantes que dans les conditions où nous nous sommes placés précédemment. Il n'y a pas ici de procédé parfait pour reconnaître en général par un essai préliminaire si l'on a oui ou non un des alcaloïdes en question. — Je vais indiquer diverses méthodes qui permettent de séparer les alcaloïdes des autres substances et de les reconnaître. Suivant les circonstances on choisira l'une ou l'autre. (Consulter *Dragendorff, Manuel de toxicologie*, trad. *Ritter*, Paris, 1873, ouvrage où l'étude des alcaloïdes est traitée avec soin.)

1. *Méthode de Stas*[1] *pour trouver les alcaloïdes vénéneux (ainsi que la digitaline et la picrotoxine), modifiée par J. Otto*[2].

§ 248

Le procédé de *Stas* repose sur les faits suivants :

α. Les sels acides des alcaloïdes sont solubles dans l'eau et dans l'esprit-de-vin.

β. La plupart des sels neutres et acides des alcaloïdes sont insolubles dans l'éther.

Il en résulte qu'en agitant une dissolution neutre ou acide avec de l'éther, les sels des alcaloïdes ne passeront pas dans la dissolution éthérée, tandis que les alcaloïdes iront dans la dissolution aqueuse à l'état de sulfates acides, si l'on agite les dissolutions éthérées des alcaloïdes purs avec de l'acide sulfurique étendu.

γ. Si à des dissolutions aqueuses renfermant des sels neutres ou acides des alcaloïdes on ajoute des carbonates purs ou des bicarbonates alcalins, les bases organiques sont mises en liberté, et, si l'on agite alors avec de l'éther ou de l'alcool amylique, les alcaloïdes purs se dissolvent dans l'éther ou l'alcool amylique.

Nous allons indiquer dans ce qui suit les exceptions qu'on pourra rencontrer dans l'application de ces données générales.

a. Si l'alcaloïde est dans le contenu de l'estomac ou des viscères, dans les aliments ou en général dans un magma pulpeux, on chauffe celui-ci entre 70° et 75° avec le double de son poids d'alcool pur concentré et assez d'acide tartrique pour que le liquide ait juste la réaction acide (il faut éviter d'en mettre un excès). — On filtre après refroidissement et on lave le résidu insoluble avec de l'alcool pur concentré.

S'il faut chercher les bases dans le cœur, le foie, les poumons ou d'autres organes analogues, on coupe ceux-ci en petits morceaux, on les humecte avec de l'alcool acidulé, comme nous

[1] *Bull. de l'Académie de médecine de Belgique*, IX, 304. — *Jahrb. f. prak. Pharm.*, XXIV, 313. — *Jahrb. von Liebig u. Kopp*, 1851, 640.
[2] *Ann. d. Chem. und Jahrb.*, c. 54. — Dragendorff, *Manuel de Toxicologie*, page 274.

l'avons dit, on soumet à la presse, on recommence jusqu'à ce qu'on ait enlevé tout ce qui peut se dissoudre et on filtre les liquides réunis.

b. On concentre ensuite la liqueur alcoolique à la plus basse température possible. On fait cette opération dans une capsule en porcelaine, au bain-marie dont la température ne dépassera pas 80°, de sorte que le contenu de la capsule ne s'échauffera pas au-dessus de 40° à 50°. Si l'on veut opérer à une température plus basse, on activera l'évaporation en soufflant sur la surface du liquide. — Suivant *Stas*, il ne faut pas dépasser 35°. A cet effet il évapore sous une cloche avec de l'acide sulfurique en diminuant ou non la pression; ou bien il opère dans une cornue tubulée en y faisant passer un courant d'air. — Il est rare toutefois qu'il soit nécessaire de prendre ces précautions, et le plus souvent on peut faire usage du bain-marie modérément chauffé.

Si pendant l'évaporation il se dépose des substances insolubles comme de la graisse, par exemple, ce qui arrive le plus souvent, on filtre la solution aqueuse à travers un filtre mouillé et on évapore le liquide filtré avec les eaux de lavage jusqu'à consistance d'extrait, suivant un des procédés indiqués plus haut. Si pendant l'évaporation du liquide alcoolique il ne se dépose rien, on peut procéder de suite à l'évaporation du tout jusqu'à consistance d'extrait.

c. Pour faciliter l'extraction complète, on ajoute au résidu de l'évaporation de l'alcool absolu froid, peu à peu par petites portions ; on mélange intimement et enfin on verse une quantité assez considérable d'alcool pour séparer tout ce que ce liquide peut précipiter. On passe l'extrait alcoolique à travers un filtre mouillé avec de l'alcool, on lave le résidu avec de l'alcool froid, on laisse la solution alcoolique s'évaporer à une température basse (voir plus haut), on reprend le résidu avec un peu d'eau et après avoir neutralisé la plus grande partie de l'acide libre avec de la lessive de soude, de façon toutefois qu'il reste encore une réaction acide, mais faible, on agite la solution acide avec de l'éther, bien exempt d'alcool et d'alcool amylique (*Otto*). Avec un entonnoir à robinet ou une burette à pince, on sépare la couche éthérée de la couche aqueuse et on recommence le traitement par l'éther jusqu'à ce que celui-ci ne se colore plus.

L'éther prend, outre les matières colorantes, la picrotoxine et la digitaline (et aussi la colchicine). Il sera bon de conserver séparément pour un traitement ultérieur (voir h.) l'éther fortement coloré et celui qui l'est moins.

d. On chauffe doucement la solution aqueuse acide séparée de l'éther pour chasser la portion de ce dernier qui serait dissoute : on ajoute ensuite avec précaution de la lessive de soude, jusqu'à ce que le papier de curcuma brunisse nettement. On met ainsi les alcaloïdes en liberté et on dissout dans l'excès de soude la morphine, s'il y en a. On agite le liquide alcalin avec de l'éther tout à fait pur, et au bout d'une demi-heure ou une heure, on sépare les deux couches de liquide comme en c. L'extrait éthéré renferme maintenant tous les alcaloïdes, sauf la morphine dont une faible partie seulement s'est dissoute dans l'éther. Cette portion est d'autant plus faible qu'on a débarrassé plus complétement la solution aqueuse acide de l'éther qui s'y trouvait dissous et qu'on a laissé plus longtemps reposer le liquide avant de séparer les deux couches. On laisse évaporer un essai de l'extrait éthéré sur un grand verre de montre, qu'on pose sur un support chauffé à 25° ou 30° (pour empêcher la condensation de la vapeur d'eau). S'il n'y a pas de résidu, c'est que la liqueur essayée ne renferme pas d'alcaloïdes : on passe à g. S'il y en a un, son aspect seul permet déjà de tirer quelques conclusions. Des stries oléagineuses qui se rassemblent peu à peu en une goutte et qui, chauffées légèrement, exhalent une odeur désagréable, suffocante, dénotent une base liquide volatile; un résidu solide ou un liquide trouble dans lequel sont suspendues des particules solides indique une base solide, fixe. — Si l'extrait éthéré a laissé un résidu, on recommence avant tout le traitement de la solution aqueuse alcaline avec un grand excès d'éther, et on le renouvelle jusqu'à ce qu'un essai du dernier extrait ne donne pas de résidu par l'évaporation. On évapore tous les extraits éthérés dans une petite capsule en verre que l'on chauffe au bain-marie à 30°.

On traite suivant g. la liqueur aqueuse alcaline séparée de l'extrait éthéré et pouvant contenir un peu de morphine.

e. Si l'on a traité en c. avec soin et complétement par l'éther la solution aqueuse acide, l'évaporation de l'extrait éthéré donne les alcaloïdes assez purs pour qu'on puisse soumettre le résidu directement aux différents essais. S'il se forme des stries ou des gouttes huileuses, on place à la fin la petite capsule dans le vide à côté de l'acide sulfurique pour faire disparaître les dernières traces d'éther et d'ammoniaque et dans le résidu on cherche la conine et la nicotine comme il est dit à la page 428 : si le résidu est cristallin, on l'examine d'abord au microscope et on l'étudie d'après le § **246** ou **247**, à moins que la forme des petits cristaux ne fasse présumer la présence d'un alcaloïde déterminé, auquel cas on l'essayerait directement. — Enfin, si par l'évaporation il reste des anneaux amorphes, on les dissout à une douce chaleur dans un peu d'alcool absolu, on laisse évaporer lentement, on observe s'il se forme des petits cristaux et on traite le résidu comme il a été déjà dit.

f. Mais, si l'on n'a pas agité convenablement le liquide aqueux acide avec l'éther, le résidu obtenu en évaporant l'extrait éthéré de la solution alcaline n'est souvent pas assez pur pour pouvoir être étudié tel quel. Dans ce cas on le redissout dans de l'eau additionnée d'un peu d'acide sulfurique ; on filtre, s'il le faut, on agite à plusieurs reprises le liquide acide avec de l'éther (le liquide éthéré ainsi obtenu peut contenir des restes de digitaline et de picrotoxine et il faudra le traiter comme en c.), puis on ajoute à la solution aqueuse de la lessive de potasse ou de soude jusqu'à ce que l'alcali domine nettement : on agitera à plusieurs reprises avec de l'éther en opérant comme il est dit en d. On laisse alors, comme en d. évaporer la dissolution éthérée, et on traite suivant e [1] le résidu actuel composé des alcaloïdes purs : quant à la dissolution aqueuse alcaline, qui peut renfermer des restes de morphine, on la réunit à celle obtenue en d.

g. Le liquide alcalin aqueux de d. ou de d. et de f., dans lequel la morphine peut être en totalité ou en grande partie, est additionné d'acide chlorhydrique jusqu'à réaction acide, puis d'ammoniaque en excès et de suite après d'alcool amylique, et on secoue[2]. Comme la morphine se dissout beaucoup mieux dans l'alcool amylique chaud que dans le liquide froid, il sera bon de chauffer un peu le vase en le plongeant dans de l'eau chaude.

[1] Dans le cas où par ce procédé on n'aurait pas encore la strychnine tout à fait pure, *Fr. Janssens* (*Zeitschr. f. analyt. Chem.*, IV, 48) recommande de redissoudre dans l'acide tartrique étendu, et de traiter cette dissolution, renfermant encore des substances étrangères, par du bicarbonate de soude en poudre que l'on ajoute en agitant jusqu'à ce que le liquide ne soit plus acide que par l'acide carbonique libre. S'il se forme un précipité, on l'enlève rapidement en filtrant à travers un filtre bien poreux. La strychnine reste en dissolution à la faveur de l'acide carbonique libre et se dépose quand on fait bouillir et partiellement évaporer le liquide filtré. Après l'avoir séparée par filtration et bien lavée, on la dissout dans une petite quantité d'acide sulfurique étendu (1 : 200), on ajoute du carbonate de potasse en excès, on agite à plusieurs reprises avec dix fois le volume d'éther et on laisse évaporer l'extrait éthéré.

[2] *L. Uslar* et *J. Erdmann* (*Ann. d. Chem u. Pharm.*, CXX et CXXII, 360) remplacent tout à fait par l'alcool amylique l'éther que *Stas* emploie pour l'extraction des alcaloïdes. Ce qu'il y a de mieux, c'est de faire usage successivement des deux dissolvants, comme il est dit dans le procédé que nous indiquons.

Après avoir séparé la couche alcoolique au moyen d'un entonnoir, on recommence le traitement du liquide ammoniacal par l'alcool amylique. On laisse évaporer les extraits alcooliques réunis et on y cherche la morphine. Si le résidu n'était pas assez pur, on le dissoudrait dans l'eau additionnée d'acide sulfurique, on filtrerait, on agiterait le liquide acide avec de l'alcool amylique chaud, on additionnerait la solution aqueuse avec de l'ammoniaque et on agiterait la liqueur alcaline avec de l'alcool amylique. Le résidu de l'évaporation de l'extrait amylique serait alors assez pur.

h. Il faut encore chercher la digitaline et la picrotoxine dans les extraits éthérés préparés en agitant avec de l'éther les dissolutions aqueuses acides obtenues en c. ou en c. et en f. Les extraits renferment aussi des matières colorantes, surtout ceux provenant du premier traitement. Il est donc bon, suivant le conseil d'*Otto*, de séparer les dernières liqueurs de celles obtenues en premier lieu, et d'étudier leurs résidus d'évaporation séparément.

On les fait bouillir avec de l'eau et on en sépare par filtration le résidu, qui le plus souvent est de nature résinoïde. Si les liqueurs ont une réaction acide, on les neutralise avec du carbonate de chaux préparé par précipitation, on évapore avec précaution jusqu'à siccité, on épuise le résidu avec l'éther, on laisse évaporer l'extrait éthéré, on traite de nouveau le résidu par l'eau, et c'est dans cet extrait aqueux que l'on cherche la digitaline et la picrotoxine, ainsi que des traces d'atropine suivant le § **247**, **1**. (S'il y avait de la colchicine, la solution aqueuse serait jaune.)

2. *Recherche de la strychnine, basée sur l'emploi du chloroforme*[1].

§ **249**

a. D'après *Rodgers* et *Girdwood*[2].

On fait digérer la substance à essayer avec de l'acide chlorhydrique étendu (1 d'acide et 10 d'eau), on filtre, on évapore à siccité le liquide au bain-marie, on reprend le résidu par l'alcool, on évapore l'extrait,

[1] Ces méthodes pourraient s'employer pour extraire d'autres alcaloïdes, mais on n'a pas suffisamment étudié l'action du chloroforme.

[2] *Pharm. Journ. Trans.*, XVI, 497. — *Jahresbericht*, von *Liebig* und *Kopp*, 1857.

on le traite par l'eau, on filtre, on sursature le liquide filtré avec de l'ammoniaque, on verse quinze grammes de chloroforme, on agite : au moyen d'une pipette on retire le chloroforme pour le mettre dans une capsule, on évapore au bain-marie, on humecte le résidu avec de l'acide sulfurique concentré pour carboniser les matières organiques étrangères : au bout de quelques heures on traite par l'eau et l'on filtre. Le liquide filtré est de nouveau sursaturé d'ammoniaque, et agité avec environ 4 grammes de chloroforme. On répète cette opération tant que le résidu de l'évaporation du chloroforme noircit par l'acide sulfurique. Avec un tube capillaire, on fait tomber goutte à goutte la solution du résidu pur dans le chloroforme sur le même point du fond d'une capsule de porcelaine chauffée, on laisse évaporer et enfin on essaie le résidu avec l'acide sulfurique et le chromate de potasse.—On peut ainsi découvrir $\frac{1}{30}$ de milligramme de strychnine.

b. D'après *E. Prollius*[1].

On fait bouillir deux fois avec de l'alcool, après avoir ajouté un peu d'acide tartrique, on évapore à une douce chaleur, on filtre la dissolution acide qui reste à travers un filtre mouillé, on ajoute de l'ammoniaque en léger excès, puis environ 1 1|2 gramme de chloroforme, on agite, on décante le chloroforme, on le débarrasse de toute trace de lessive en le secouant avec de l'eau, on le mélange avec 3 parties d'alcool et on laisse évaporer. S'il y a une quantité assez appréciable de strychnine, on l'obtient en cristaux.

c. Suivant *R. P. Thomas*[2].

On acidule avec de l'acide acétique pur[3] (densité 1,041), faiblement, mais cependant nettement, et on laisse digérer quelques heures à une douce chaleur. On filtre le liquide obtenu en le passant à travers un linge et en pressant la substance ; on ajoute de la lessive de potasse jusqu'à ce qu'elle domine fortement et l'on agite avec du chloroforme. S'il y a de la strychnine, elle se dissout dans le chloroforme et reste par l'évaporation de celui-ci séparée de la partie aqueuse, tandis que le peu de morphine qu'il pourrait y avoir reste dans la dissolution alcaline et peut en être peu à peu précipité par le sel ammoniac.

[1] *Chem. centralbl.*, 1857, 231.

[2] *Zeitschr. f. analyt. Chem.*, I, 517. — La méthode suppose aussi la présence de la morphine.

[3] *Thomas* donne la préférence à l'acide acétique, parce qu'il dissout aussi les combinaisons de la strychnine et de la morphine avec l'acide tannique.

3. *Méthode employée par Graham et A. W. Hofmann pour découvrir la strychnine dans la bière*[1].

§ **250**

Cette méthode, qui s'appuie sur ce fait déjà connu qu'une dissolution de strychnine agitée avec du charbon animal abandonne sa strychnine au charbon, pourrait sans doute s'étendre à la recherche d'autres alcaloïdes ; on l'applique de la manière suivante.

On agite avec du charbon animal (*Graham* et *Hoffmann* en prennent 30 grammes par litre de liquide) le liquide aqueux neutre ou acide dans lequel on doit chercher la strychnine, on abandonne pendant 12 à 14 heures en secouant de temps en temps, on filtre, on lave le charbon deux fois avec de l'eau et on le fait bouillir avec de l'alcool à 80 ou 90 pour 100, dans la proportion d'environ 4 fois plus qu'on n'a pris de charbon; on maintient l'ébullition pendant une demi-heure, en ayant soin d'empêcher l'évaporation de l'alcool au moyen d'une disposition convenable de l'appareil. On distille l'alcool séparé à chaud du charbon par filtration : au résidu aqueux on ajoute un peu de lessive de potasse, on agite avec de l'éther que l'on décante ensuite. Par évaporation spontanée l'éther abandonne la strychnine dans un état de pureté suffisant pour qu'on puisse facilement faire toutes les réactions (§ **238**).

St. Macadam[2] a employé cette méthode pour rechercher la strychnine dans les cadavres des animaux. Il traitait à froid les matières coupées en très-petits morceaux par une dissolution aqueuse étendue d'acide oxalique, il filtrait à travers une mousseline, lavait avec de l'eau, chauffait à l'ébullition, séparait la matière albumineuse coagulée en filtrant à chaud, agitait avec le charbon et continuait comme plus haut. En général, dans ces recherches, le résidu provenant de l'évaporation de la dissolution alcoolique pouvait immédiatement servir à faire les essais sur la strychnine. Quand cela n'arrivait pas, on traitait de nouveau par la dissolution d'acide oxalique et on recommençait l'expérience avec le charbon animal.

4. *Séparation par la dyalise.*

§ **251**

Le procédé dyalitique, introduit dans la science par *Graham* et décrit § **8**, peut être appliqué avec avantage pour séparer les alcaloïdes des

[1] *Ann. der Chem. und Pharm.*, 83, 39.

[2] *Pharm. Journ. Trans.*, XVI, 120, 160. — *Liebig* et *Kopp*, *Jahresber.*, 185?, 759.

aliments, des matières des intestins, etc. On acidule avec de l'acide chlorhydrique et on verse dans le dyaliseur. Les alcaloïdes, en qualité de substances cristalloïdes, traversent la membrane et se trouvent, au bout de 24 heures, presque complétement dans le liquide extérieur; suivant les conditions, on peut concentrer ce dernier par évaporation et précipiter directement les alcaloïdes, ou les traiter par une des méthodes indiquées plus haut.

II

INDICATION GÉNÉRALE DE LA MANIÈRE DONT ON DOIT ÉTUDIER LES SUBSTANCES POUR APPRENDRE L'ANALYSE QUALITATIVE ET DE L'ORDRE DANS LEQUEL ON DOIT LES FAIRE SUIVRE.

§ 252

Quand on est bien familiarisé avec l'action des réactifs sur les différents corps, lorsque l'on sait et lorsque l'on a essayé pratiquement comment, à l'aide de ces mêmes réactifs, on peut partager les bases et les acides en différents groupes et reconnaître les membres de chaque groupe, on peut procéder à des recherches réelles d'analyse qualitative. Il n'est pas indifférent de prendre des substances au hasard pour s'exercer et de faire toutes les expériences sans avoir un point de vue arrêté. On peut employer bien des moyens sans doute, mais il en est toujours un plus court et plus sûr. Pour ne pas laisser les élèves sans guide, même sur la manière de diriger leurs études, je leur donnerai dans ce qui suit quelques conseils, et l'expérience m'a appris que, s'ils les suivent, ils arriveront promptement et certainement au but.

Avant tout, tant qu'on fait des analyses pour s'exercer, il faut opérer avec la plus grande rigueur et s'assurer que les résultats obtenus sont bien certains, bien positifs; ce n'est qu'ainsi qu'on pourra ajouter foi à la certitude de la marche suivie et qu'on pourra acquérir surtout une certaine assurance, une certaine confiance en soi, qui est indispensable : ainsi s'accroît de plus en plus la conviction que l'on ne peut arriver au but que par une méthode régulière, mûrement approfondie. On fait donc faire le mélange des substances que l'on veut chercher par une autre personne, qui devra en connaître parfaitement tous les éléments. Si on ne le pouvait pas, plutôt que de s'exercer sur des substances tout à fait inconnues, il vaudrait mieux faire le mélange soi-même et en chercher les éléments absolument comme si on les ignorait. Si l'on donne à un commençant à analyser un mélange dont on ne connaît pas les parties constituantes, il y trouvera ceci et cela, et jusque-là n'aura aucun doute: mais ensuite comment pourra-t-il avoir confiance dans la méthode et dans ses propres forces, si à ses questions, au lieu de répondre nettement oui ou non, vous ne pouvez lui dire que ces mots ambigus : c'est très-possible, cela pourrait bien être.

Il est certain que, suivant l'intelligence des élèves et leurs connaissances antérieures, les uns acquerront la pratique de l'analyse après avoir fait un petit nombre d'expériences, tandis que pour d'autres il faudra des exercices plus nombreux. Je partage les travaux à leur donner en 100 numéros, parce que j'ai reconnu que ce nombre est suffisant, quand les exercices sont bien choisis et bien gradués.

A. De 1 à 20.

Solutions aqueuses de sels simples, par exemple, sulfate de soude, sulfate de chaux, chlorure de cuivre, etc.

Elles apprennent la marche à suivre pour analyser les substances à une seule base, solubles dans l'eau. Il ne faudra chercher ici que la nature de la base en dissolution, sans démontrer qu'il n'y en a pas d'autres et sans trouver l'acide.

B. De 21 à 50.

Sels solides (réduits en poudre) *renfermant un acide et une base*, par exemple, carbonate de baryte, borate de soude, phosphate de chaux, acide arsénieux, chlorure de sodium, crème de tartre, sous-acétate de cuivre, sulfate de baryte, chlorure de plomb, etc.

C'est pour s'exercer aux essais préliminaires d'une substance solide en la chauffant dans un petit tube et en la traitant par le chalumeau, pour s'habituer à lui donner une forme convenable (la dissoudre ou la désagréger) pour faire les essais, pour savoir trouver *un* oxyde métallique quand le corps n'est pas soluble dans l'eau et démontrer la présence d'*un acide*. — Il faut ici trouver l'acide et la base, mais sans démontrer qu'il n'y a pas d'autres éléments dans le mélange.

C. De 51 à 65.

Dissolutions aqueuses ou acides renfermant plusieurs bases. — Pour apprendre à séparer et à distinguer plusieurs oxydes métalliques, il faudra prouver qu'il n'y a pas d'autres bases que celles qu'on aura trouvées. On ne tiendra pas compte des acides.

D. De 66 à 80.

Mélanges solides de diverses sortes. Les sels seront les uns inorganiques, les autres organiques; les éléments du mélange seront en partie solubles dans l'eau, en partie solubles dans l'acide chlorhydrique, en partie insolubles, par exemple : chlorure de sodium, carbonate de chaux et oxyde de cuivre, — phosphate ammoniaco-magnésien et acide arsénieux, — tartrate de chaux, oxalate de chaux et sulfate de baryte, — phosphate de soude, azotate d'ammoniaque et acétate de potasse, etc.

C'est pour apprendre à traiter par les dissolvants des substances différentes mélangées, à trouver plusieurs acides à la fois, à chercher les bases en présence des phosphates, des oxalates alcalino-terreux, etc., en général à faire les analyses comme elles se présentent dans la science et dans les applications.

Il faudra trouver tous les éléments et chercher à connaître la nature même de la substance.

E. De 81 à 100.

Substances telles qu'on les trouve dans la nature, dans le commerce, etc. — Eaux de fontaine, minéraux de toutes sortes, sol arable, potasses, soudes, alliages métalliques, couleurs, etc.

III

MANIÈRE DE REPRÉSENTER LES RÉSULTATS OBTENUS DANS LA MARCHE DE L'ANALYSE.

§ 253

Tant que l'on fait des analyses pour s'exercer, la façon dont on note les résultats des diverses réactions n'est pas indifférente ; il est vrai que, de quelque manière qu'on les indique, on arrivera toujours à son but ; cependant il y a un moyen plus propre que tous les autres à bien faire saisir, et à faire saisir rapidement, l'ensemble des divers résultats et leurs conséquences essentielles.

Les exemples suivants suffiront pour donner une idée de la méthode qui m'a paru la plus convenable dans la pratique.

Mode de représentation pour essais du n° 1 au n° 20.

Liquide incolore et neutre.

HCl	HS	AzH^4S	AzH^4O,CO^2 et AzH^4Cl
0 donc point de AgO Hg^2O	0 donc point de PbO HgO CuO BiO^3 CdO ——— AsO^3 AsO^5 SbO^3 SnO^2 SnO AuO^3 PtO^2 ——— Fe^2O^3	0 donc point de FeO MnO NiO CoO ZnO ——— Al^2O^3 Cr^2O^3	*précipité blanc* donc BaO, SrO ou CaO ; point de précipité avec la dissolution de sulfate de chaux, donc *chaux*, preuve par $\bar{O}$

Mode de représentation pour les essais du n° 21 au n° 50.

Poudre blanche, fondant à chaud dans son eau de cristallisation, et ensuite inaltérable. Soluble dans l'eau, réaction neutre.

HCl	HS	AzH^4S	AzH^4O,CO^2 et AzH^4Cl	$PhO^5,2NaO,HO$ et AzH^4O
0	0	0	0	*précipité blanc*, donc *magnésie.*

La base étant de la magnésie et la substance étant soluble dans l'eau, l'acide ne peut être que Cl,I,Br,SO^3,AzO^5,$\bar{A}$, etc. L'essai préliminaire prouve l'absence d'un acide organique et d'acide azotique.

BaCl donne un précipité blanc, insoluble dans HCl, donc *acide sulfurique.*

N. B. — Les 0 dans les tableaux ci-dessus indiquent qu'il n'y a pas de réaction.

Mode de représentation pour les essais du n° 51 au n° 100.

Poudre blanche, qui devient jaune permanent lorsqu'on la chauffe dans un tube de verre, sans former de sublimé et sans donner de vapeurs visibles ou reconnaissables par une réaction acide ou alcaline. Elle fournit au chalumeau un grain métallique malléable et un enduit jaune qui devient blanc par le refroidissement. — Insoluble dans l'eau, effervescence avec l'acide chlorhydrique, solubilité incomplète dans cet acide, solubilité complète dans l'acide azotique en un liquide incolore.

HCl	HS	AzH^4S	AzH^4O, CO^2	Par évaporation,	L'hydrate de chaux ne dégage pas d'ammoniaque.
Précipité blanc, insoluble dans un excès, complétement soluble dans l'eau chaude, la dissolution est précipitée en blanc par SO^3: *Plomb.*	Précipité noir, insoluble dans le sulfhydrate d'ammoniaque, facilement soluble dans l'acide azotique. SO^3 donne un précipité blanc : *Plomb.* Les essais pour trouver Cu, Bi et Cd, donnent des résultats négatifs.	Précipité blanc. L'ammoniaque seule n'en forme pas. La solution chlorhydrique reste limpide avec un excès de soude. AzH^4Cl: 0 — HS: Précipité blanc : *Zinc.*	Précipité blanc, dissous par l'acide chlorhydrique. Par le sulfate de chaux, précipité blanc au bout de quelque temps : *Strontiane.* Précipitation complète par le sulfate d'ammoniaque et ébullition avec ce dernier, essai du liquide filtré pour la chaux avec $\overline{O}$: 0	pas de résidu fixe.	

Parmi les acides, on a déjà reconnu l'*acide carbonique*. Quant aux autres :

Pas d'acides organiques et acide azotique, d'après les essais préliminaires ;

Pas de ClO^5, puisque la substance est tout à fait insoluble dans l'eau ;

Pas de S et SO^3, puisque la substance est facilement soluble dans l'acide azotique ;

Pas de CrO^3, puisque la solution azotique est incolore ;

Pas de PhO^5,SiO^2,HFl et $\bar{O}$, parce que le liquide séparé par filtration du sulfure de plomb n'est pas précipité par l'ammoniaque seule ;

BO^3 pourrait s'y trouver en petite quantité, un essai fournit un résultat négatif.

Cl,I,Br, pourraient être à l'état de composés basiques de plomb. La dissolution azotique essayée par l'azotate d'argent ne donne pas de précipité, donc ces acides n'y sont pas.

Donc le résultat définitif fournit { BASES : oxyde de plomb, oxyde de zinc, strontiane. ACIDES : acide carbonique. }

IV

ENSEMBLE DES FORMES ET DES COMBINAISONS SOUS LESQUELLES ON RENCONTRE LE PLUS FRÉQUEMMENT LES CORPS QUE NOUS AVONS ÉTUDIÉS, AVEC L'INDICATION DES CLASSES DANS LESQUELLES ON PEUT LES GROUPER D'APRÈS LEUR SOLUBILITÉ DANS L'EAU, DANS L'ACIDE CHLORHYDRIQUE, DANS L'ACIDE AZOTIQUE ET DANS L'EAU RÉGALE.

§ 254

Observations.

Pour abréger nous avons indiqué par des numéros les classes en lesquelles nous avons partagé les combinaisons dans le § **179.** Ainsi I ou 1 indiquera un corps soluble dans l'eau ; — II ou 2 un corps insoluble dans l'eau, soluble dans l'acide chlorhydrique, l'acide azotique ou l'eau régale ; III ou 3 un corps insoluble dans l'eau, l'acide chlorhydrique et l'acide azotique. Pour les substances qui seront sur la limite de deux classes, nous indiquerons ensemble les numéros de ces classes ; ainsi I-II ou 1-2 indique un corps difficilement soluble dans l'eau, mais pouvant se dissoudre dans l'acide chlorhydrique ou azotique ; I-III ou 1-3 marque un corps peu soluble dans l'eau, et dont la solubilité est peu augmentée par les acides ; enfin II-III ou 2-3 un corps insoluble dans l'eau et peu soluble dans les acides. Si l'action de l'acide chlorhydrique sur la combinaison était bien différente de celle de l'acide azotique, on l'indiquerait dans les remarques.

Les sels haloïdes et les sulfures correspondent aux mêmes colonnes que les sels ordinaires des oxydes ou oxydules correspondants, et on n'a pas fait une colonne particulière pour le métal pur : ainsi le protochlorure de mercure se cherchera dans la colonne Hg^2O, le bichlorure dans celle de HgO, etc.

Les composés pharmaceutiques et ceux qu'on rencontre le plus souvent dans l'industrie sont marqués en chiffres romains, ainsi BaO avec I, — BaO,SO^3 avec III, — BaO,CO^2 avec II, etc., tandis que les autres, qui ne sont ni pharmaceutiques ni industriels ou qu'on emploie rarement, sont désignés par des chiffres arabes : BaO,BO^3 par 2, — BaBr par 1, etc.

Parmi les sels nous ne comptons en général que les sels neutres ; quant aux sels basiques, aux sels acides et aux sels doubles, nous les avons cités dans les notes, au cas où ils sont employés en pharmacie ou dans l'industrie. Les petits nombres inscrits à droite et un peu au-dessous des chiffres se rapportant aux sels simples ou neutres servent à renvoyer dans les notes à ces sels acides, basiques ou doubles.

	KO	NaO	AzH^4O	BaO	SrO	CaO	MgO	Al^2O^3	Cr^2O^3	ZnO	MnO	NiO
	I	I	1	1	1	I-II	I	II	II-III	II	2_{19}	II
CrO^3	I_1	1	1	2	1-2	1-2	1		2	1	1	2
SO^3	$I_{2;16}^{13}$	I	$I_{30}^{14;20}$	III	III	I-III	I	I_{14}^{13}	$I\text{-}II_{15}$	I	I	I
PhO^5	1	1_8	1_{8-12}	2	2	II_{11}	2_{12}	2	2	2	2	2
BO^3	1_3	1	1_9	2	2	2	1-2	2	2	2	2	2
$\overline{O}$	I_4	I	I	2	2	II	2	2	1-2	2	1-2	2
Fl	1	1	1	2-3	2-3	II-III	2-3	1	1	1-2	2	1-2
CO^2	I_5	I_{10}	1	II	II	II	II			II	II	II
SiO^2	I	I		2	2	2	2	2-3	2	2	2	2
Cl	I_{37}	I_{35}	$I_{21.38}$	I	I	I	I	1	I et III	I	I	1
Br	I	1	1	1	1	1	1	1	1-5	1	1	1
I	I	1	I	1	1	1	1	1	1	1	1	1
Cy	1	1	1	1-2	1	1	1		2	II	2	2-5
Cfy	I	1	1	1-2	1	1	1			II-III	2	3
Cfdy	I	1	1			1	1			2	3	3
S	I	1	I	I	1	$I\text{-}II_{45}$	2	2	2-3	II_{18}	II	2_{18}
AzO^5	I	I	I	I	1	1	1	1	I	1	1	1
ClO^5	I	1	1	1	1	1	1	1	1	1	1	1
$\overline{T}$	$I_{23;46}^{5;6;7}$	I_7	1_6	2	2	II	1-2	1	1	2	1-2	2
$\overline{Ci}$	1	1	1	2	2	1-2	1	1	1	1-2	2	1
$\overline{Ma}$	1	1	1	1 et 2	1	2	1	1		1	1	
$\overline{Su}$	1	1	1	1-2	1-2	1-2	1	1-2		1-2	1	1
$\overline{Bz}$	1	1		1		1	1				1	
$\overline{A}$	I	1	1	I	1	I	1	I	1	I	1	1
$\overline{Fo}$	1	1	1	1	1	1	1	1	1	1	1	1
AsO^3	I	1	1	2	2	2	2				2	2
AsO^5	I	I	1	2	2	2	2	2	2	2	2	2
	KO	NaO	AzH^4O	BaO	SrO	CaO	MgO	Al^2O^3	Cr^2O^3	ZnO	MnO	NiO

NOTES.

1. Bichromate de potasse I.
2. Bisulfate de potasse I.
3. Borotartrate de potasse I.
4. Oxalate acide de potasse I.
5. Tartrate acide de potasse I.
6. Tartrate double de potasse et d'ammoniaque I.
7. Tartrate double de potasse et de soude I.
8. Phosphate double de soude et d'ammoniaque I.
9. Borate acide de soude I.
10. Bicarbonate de soude I.
11. Phosphate basique de chaux II.

CoO	FeO	Fe^2O^3	AgO	PbO	Hg^2O	HgO	CuO	BiO^3	CdO	AuO^3	PtO^2	SnO	SnO^2	SbO	
II	2	II	2	II_{24}	II	II	II	2	2		2	2	2 et 3	II_{48}	
2		1	2	II-III	2	1-2	1	2	2			2		2	CrO^3
1	I_{20}	I	I-II	II-III	1-2	1_{27}	I_{30}	1	1		1	1		2	SO^3
2	2	II	2	2	2	2	2	2	2			2	2	1-2	PhO^5
2	2	2	2	2			2	2	1,2			2			BO^3
2	2	2	2	2	2	2	2	2	2		1	2	1	2	$\overline{O}$
1-2	1-2	1	1	2		1-2	2	1	1,2			1	1	1	Fl
II	II		2	II	2	2	II	2	2						CO^2
	2	2		2			2		2						SiO^2
1	I	I_{21}	III	I-III	II-III	I_{28}	I	$I\text{-}II_{33}$	I	I_{35}	I_{38}^{37}	1	I_{40}	$I\text{-}II_{43}$	Cl
1	1	1	3	1-3	2-3	1	1	1-2	I	1	1			1-2	Br
1	I	1	3	I-II	II	II	1	2	I	2	3	1	1	1-2	I
2-3	2-3		III	2		I	2		2	1	1				Cy
3	3	III	3	2			3					3	3		Cfy
3	III	1	3	1-2								3			Cfdy
2_{19}	II	2	2_{23}	II	II	II_{29}	2_{31}	2	II	2_{36}	2_{39}	2_{41}	2_{41}	II_{45}^{44}	S
I	1	1	I	I	I_{26}	I	1	I_{34}	1		1				AzO^5
1	1	1	1	1	1	1	1	1	1			1			ClO^5
1	1-2	I_{22}	2	2	1-2	2	1	2	1-2			2		2_{46}	$\overline{T}$
1	1	I	2	2	2	1-2	1		2						$\overline{Ci}$
		I	1-2	1-2	2	1-2	1					1	1		$\overline{Ma}$
1-2	1-2	2	2	2	2	1-2	1-2		1				2		$\overline{Su}$
	1	2	1-2	2		1-2	2		1						$\overline{Bz}$
1	1	I	1	1_{25}	1-2	1	I_{32}	1	1			1	1		$\overline{A}$
1	1	I	1	1-2	1	1	1	1	1			1			$\overline{Fo}$
2	2	2	2	2	2	2	II							2	AsO^3
2	2	2	2	2	2	2	2	2					2	2	AsO^5
CoO	FeO	Fe^2O^3	AgO	PbO	Hg^2O	HgO	CuO	BiO^3	CdO	AuO^3	PtO^2	SnO	SnO^2	SbO^3	

12. Phosphate ammoniaco-magnésien II.
13. Sulfate double d'alumine et de potasse I.
14. Sulfate double d'alumine et d'ammoniaque I.
15. Sulfate double de chrome et de potasse I.
16. Sulfate de zinc facilement soluble dans l'acide azotique, un peu difficilement dans l'acide chlorhydrique.
17. Peroxyde de manganèse facilement soluble dans l'acide chlorhydrique, insoluble dans l'acide azotique.
18. Sulfure de nickel facilement décomposé par l'acide azotique, très-difficilement par l'acide chlorhydrique.
19. Sulfure de cobalt comme celui de nickel.
20. Sulfate double de protoxyde de fer et d'ammoniaque I.
21. Arsénio-chlorure d'ammonium I.

22. Tartrate double de fer et de potasse I.
23. Sulfure d'argent soluble seulement dans l'acide azotique.
24. Minium changé en chlorure de plomb par l'acide chlorhydrique ; l'acide azotique le transforme en oxyde soluble dans l'excès d'acide et en peroxyde puce insoluble dans l'acide azotique.
25. Acétate tribasique de plomb I.
26. Mercure soluble d'Hahnemann II.
27. Sulfate basique de bioxyde de mercure II.
28. Amido-chlorure de mercure II.
29. Bisulfure de mercure insoluble dans l'acide chlorhydrique, dans l'acide azotique, mais soluble à chaud dans l'eau régale.
30. Sulfate double de cuivre et d'ammoniaque I.
31. Sulfure de cuivre décomposé difficilement par l'acide chlorhydrique, facilement par l'acide azotique.
32. Acétate basique de cuivre, en partie soluble dans l'eau, complétement dans les acides.
33. Chlorure basique de bismuth II.
34. Azotate basique de bismuth II.
35. Chlorure double d'or et de sodium I.
36. Sulfure d'or non décomposé par l'acide chlorhydrique et par l'acide azotique, mais décomposé par l'eau régale à chaud.
37. Chlorure double de platine et de potassium 1-3.
38. Chlorure double de platine et d'ammonium I-III.
39. Sulfure de platine non attaqué par l'acide chlorhydrique, peu par l'acide azotique bouillant, dissous par l'eau régale chaude.
40. Chlorure double d'ammonium et d'étain I.
41. Protosulfure et bisulfure d'étain décomposés et dissous par l'acide chlorhydrique chaud, transformés par l'acide azotique en oxyde insoluble dans un excès d'acide. — Bisulfure d'étain sublimé décomposé seulement par l'eau régale à chaud.
42. Oxyde d'antimoine soluble dans l'acide chlorhydrique, insoluble dans l'acide azotique.
43. Chlorure basique d'antimoine II.
44. Sulfure d'antimoine complétement dissous, surtout à chaud, par l'acide chlorhydrique, décomposé, mais fort peu dissous par l'acide azotique.
45. Sulfure double d'antimoine et de calcium I-II.
46. Tartrate double d'antimoine et de potasse I.

TABLE ANALYTIQUE DES MATIÈRES

PREMIÈRE PARTIE

INTRODUCTION A L'ANALYSE QUALITATIVE.

CHAPITRE PREMIER

ADDITION AU CHAPITRE PREMIER

CHAPITRE II.

A. RÉACTIFS PAR LA VOIE HUMIDE

I. Dissolvants simples.

CHAPITRE III

A. ACTION DES RÉACTIFS SUR LES OXYDES MÉTALLIQUES ET LEURS RADICAUX. § 87.

B. ACTION DES RÉACTIFS SUR LES ACIDES ET LEURS RADICAUX.

I. ACIDES INORGANIQUES.

DEUXIÈME PARTIE

MARCHE SYSTÉMATIQUE DE L'ANALYSE QUALITATIVE

CHAPITRE PREMIER

Procédé pratique, marche générale à suivre.

CHAPITRE II

Procédés pratiques dans des cas particuliers.

CHAPITRE III

Explication du procédé pratique, additions et remarques relatives à ce procédé.

APPENDICE

TABLE ALPHABÉTIQUE

23 239. — TYPOGRAPHIE A. LAHURE, RUE DE FLEURUS, 9, PARIS.

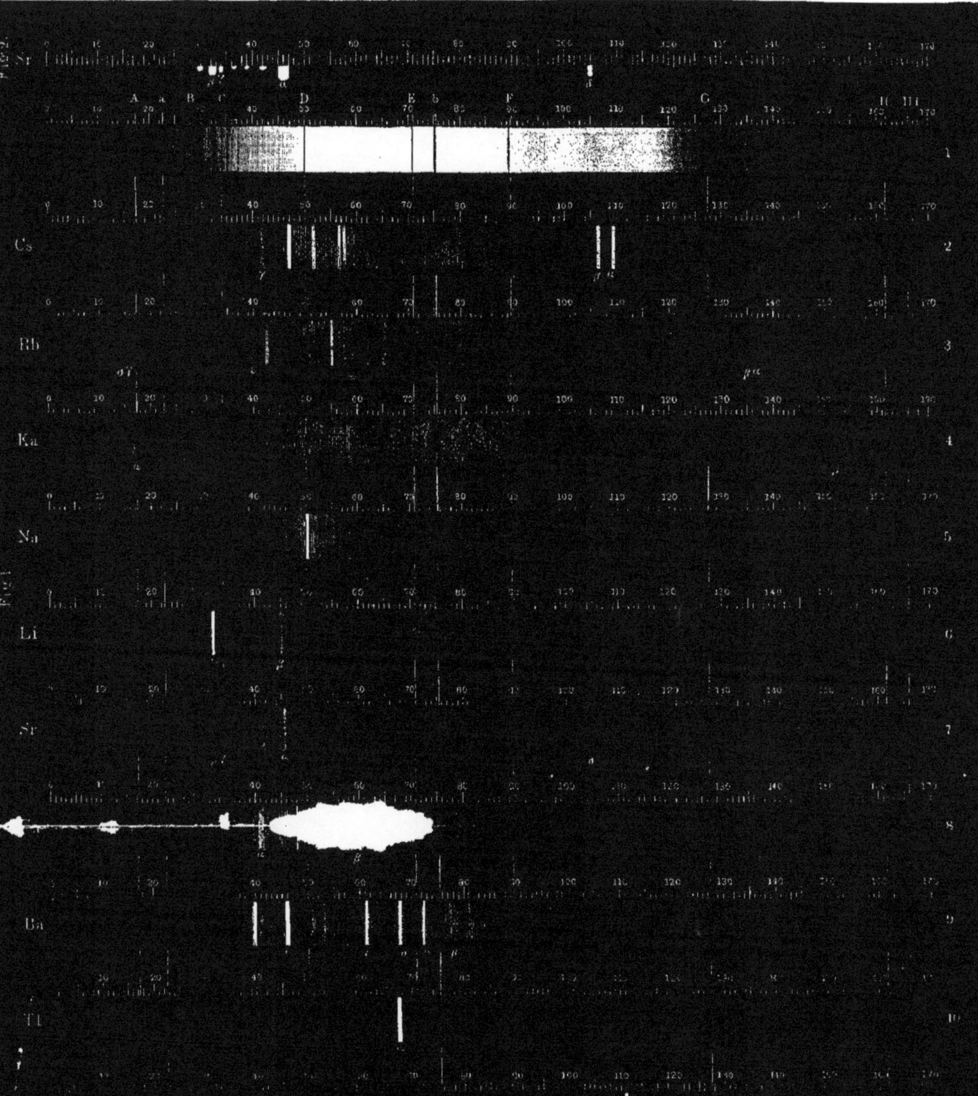
Fig. 2
Fig. 1
Sr
A a B C D E b F G H H1
1
Cs
2
Rb
3
Ka
4
Na
5
Li
6
Sr
7
8
Ba
9
Tl
10
In
11
Ka α
Li α
Na
Tl
Sr δ
Rb
Ka β

www.ingramcontent.com/pod-product-compliance
Ingram Content Group UK Ltd.
Pitfield, Milton Keynes, MK11 3LW, UK
UKHW020256230726
13925UKWH00001B/72